Vorwort.

Wenn der Herausgeber den Schlußband des Werkes einleitet, so erfüllt ihn die Genugtuung, eine als dringlich erkannte und einmal in Angriff genommene Aufgabe schließlich zu Ende geführt zu haben, trotzdem äußere Umstände dies in hohem Grade erschwerten. Die Übernahme eines neuen Arbeitsfeldes unterbrach nämlich zunächst für 2 Jahre seine eigene Arbeit am Schlußbande und machte es weiter notwendig, die Bearbeitung desselben mehr aufzuteilen, als ursprünglich geplant war. Die zunächst zur Mitarbeit gewonnenen weiteren Autoren kamen jedoch infolge Arbeitsüberlastung nicht dazu, ihr Vorhaben auszuführen. Um so dankbarer bin ich denen, welche die Fertigstellung des Schlußbandes durch ihre Mitarbeit dann doch ermöglicht haben.

In einigen Abschnitten bringt dieser noch mehr Ausführungen allgemeinphysiologischer Art und über die Verhältnisse beim Erwachsenen, als schon der voraufgegangene 2. Band, auf dessen Vorwort zu diesem Punkte verwiesen sei. Stoffgliederung, Hervorhebung im Druck und Register sollen es aber dem Leser ermöglichen, trotzdem rasch aufzufinden, was im engeren Sinne die Biologie des Kindesalters betrifft und nicht nur „für den Kinderarzt" zu wissen wichtig ist.

Obgleich viel von Hinweisen auf Ausführungen an anderer Stelle (auch auf solche im 1. und 2. Bande) Gebrauch gemacht ist, konnten manche Überschneidungen des Zusammenhanges halber nicht vermieden werden.

Am Schluß enthält dieser Band *Nachträge* vom *Herausgeber* sowie von E. Thomas und A. Peiper zu unseren Kapiteln in den beiden voraufgegangenen, 1932 und 1934 erschienenen Bänden, welche inzwischen hinzugekommenes Wissensgut vermitteln wollen.

Mit der Ausgestaltung des Registers als *Generalregister* für sämtliche 3 Bände bin ich dem Wunsche zahlreicher Rezensenten nachgekommen.

Wenn das letzte halbe Jahrhundert gerade in der Gesunderhaltung des Kindes gewaltige Erfolge gebracht hat, so sind diese in erster Linie dem Umstande zu verdanken, daß Heilkunde und Hygiene auf naturwissenschaftlichen Grundlagen aufbauen. Wie denn das ärztliche Rüstzeug von heute jeweils das Ergebnis der Wissenschaft von gestern darstellt. In diesem Sinne will auch dieses Werk der Vertiefung und Förderung unserer kinderärztlichen Arbeit am Deutschen Kinde dienen.

Bad Dürrheim (Schwarzwald),
DRK-Kinderheilstätte, im August 1939.

J. Brock.

Inhaltsverzeichnis.

Elftes Kapitel.

Stoffwechsel (chemisch betrachtet).

BIOLOGISCHE DATEN FÜR DEN KINDERARZT

GRUNDZÜGE EINER BIOLOGIE DES KINDESALTERS

DRITTER BAND

STOFFWECHSEL (EIWEISSSTOFFWECHSEL · KOHLEHYDRATSTOFFWECHSEL · FETTSTOFFWECHSEL · MINERALSTOFFWECHSEL) — BIOCHEMIE DER KÖRPERSÄFTE — ERNÄHRUNG — HAUT — IMMUNBIOLOGIE — STATISTIK

BEARBEITET VON
DEM HERAUSGEBER
PROFESSOR **JOACHIM BROCK**
BAD DÜRRHEIM (SCHWARZWALD)

PROFESSOR **H. KNAUER**
BONN

PROFESSOR **B. DE RUDDER**
FRANKFURT A. M.

PROFESSOR **J. BECKER**
BREMEN

DOZENT **K. KLINKE**
BRESLAU

MIT 24 ABBILDUNGEN

BERLIN
VERLAG VON JULIUS SPRINGER
1939

ISBN 978-3-662-23048-0 ISBN 978-3-662-25013-6
DOI 10.1007/978-3-662-25013-6

Zwölftes Kapitel.

Biochemie der Körpersäfte.

Dreizehntes Kapitel.

Ernährung.

Von Professor Dr. J. BROCK Bad Dürrheim.

Vierzehntes Kapitel.

Die Haut.

Von Professor Dr. J. BECKER-Bremen.

Fünfzehntes Kapitel.

Immunbiologie des Kindesalters.

Von Professor Dr. B. de Rudder-Frankfurt a. M.

Sechzehntes Kapitel.

Biologische Massenerscheinungen am Kindesalter (Statistik).

Von Professor Dr. B. de Rudder-Frankfurt a. M.

Elftes Kapitel.

Stoffwechsel (chemisch betrachtet).

A. Der Stoffwechsel des Eiweiß und sonstiger Stickstoffverbindungen.

Von JOACHIM BROCK-Bad Dürrheim (Schwarzwald).

I. Physiologisch-Chemisches.

1. Die Baustoffe.

a) Allgemeines über Eigenschaften und Aufbau der Eiweißkörper.

Die Eiweißkörper verbinden sich bekanntlich mit Wasser zu sog. kolloidalen Lösungen. Dieser Fähigkeit verdanken sie neben ihren chemischen, zahlreiche für den Lebensvorgang außerordentlich wichtige physikalisch-chemische Eigenschaften, auf die hier nur hingewiesen werden kann (Kolloidchemie).

Nach den neuesten Untersuchungen haben die meisten Eiweißkörper anscheinend ein Molekulargewicht, das 34500 oder ein Vielfaches (bis etwa Zehnfaches) davon beträgt. Dem Aufbau nach bestehen sie wahrscheinlich aus durch noch unbekannte Kräfte zu einer micellaren Struktur zusammengefaßten Polypeptidketten. Die Polypeptide wiederum aus säureamidartig vereinigten Aminosäuren nach dem Schema:

$$NH_2 \cdot R_1 \cdot COOH + NH_2 \cdot R_2 \cdot COOH = NH_2 \cdot R_1 \cdot CO{-}NH \cdot R_2 \cdot COOH + H_2O.$$

Und die Fähigkeit der Aminosäuren, dank ihrer Ampholytnatur sowohl Säuren als Basen in größerer Menge ohne deutliche Änderungen der aktuellen Reaktion zu binden, verleiht auch den Eiweißkörpern die biologisch so wichtige Eigenschaft der Pufferung (vgl. den Abschnitt Säurebasenstoffwechsel im Bd. 2, S. 287).

Es folgt eine kurze Beschreibung der bisher bekannt gewordenen Aminosäuren.

b) Aminosäuren.

Aliphatische Aminosäuren.

α) Monoaminomonocarbonsäuren.

Glykokoll: Aminoessigsäure $NH_2CH_2 \cdot COOH$.
Alanin: α-Aminopropionsäure $CH_3 \cdot CH(NH_2) \cdot COOH$.
Aliphatische Substitutionsprodukte des Alanins sind
Serin: α-Amino-β-Oxypropionsäure $CH_2(OH) \cdot CH(NH_2){-}COOH$.
Cystein: α-Amino-β-Thiopropionsäure $CH_2(SH) \cdot CH(NH_2) \cdot COOH$.

Cystin: Di-α-Amino-β-Thiopropionsäure

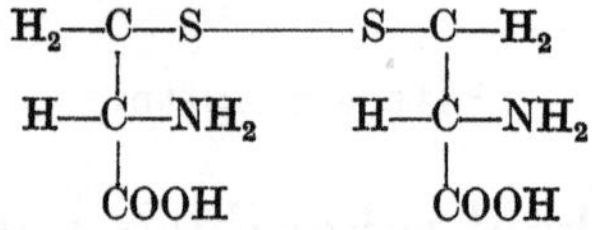

Der Übergang des Sulfhydrils Cystein in das Disulfid Cystin erfolgt leicht ($2\,R \cdot SH = R \cdot S{-}S \cdot R + H_2$) und macht diese im Organismus unter dem Namen *Glutathion* als Tripeptid (in der Verbindung mit Glutaminsäure und Glykokoll) vorkommende Verbindung zu einem reversiblen Redoxsystem. Die andere schwefelhaltige Aminosäure ist das viel später bekannt gewordene

Methionin: α-Amino-γ-Methylthiobuttersäure

$$CH_2 \cdot (S \cdot CH_3) \cdot CH_2 \cdot CH(NH_2) \cdot COOOH.$$

Ebenso von der α-Aminobuttersäure leitet sich ab das

Thyreonin (α-Amino-β-Oxybuttersäure) $CH_3CH(OH) \cdot CH(NH_2) \cdot COOH$.

Valin: α-Aminoisovaleriansäure $\substack{CH_3\\CH_3}\!>CH \cdot CH(NH_2) \cdot COOH$.

Norvalin: α-Amino-n-Valeriansäure $CH_3 \cdot (CH_2)_2 \cdot CH(NH_2) \cdot COOH$.

Leucin: α-Amino-Isocapronsäure $\substack{CH_3\\CH_3}\!>CH \cdot CH_2 \cdot CH(NH_2) \cdot COOH$.

Isoleucin: α-Amino-β-Methyl-β-Äthylpropionsäure $\substack{CH_3\\C_2H_5}\!>CH \cdot CH(NH_2) \cdot COOH$.

Norleucin: α-Amino-n-Capronsäure $CH_3(CH_2)_3 \cdot CH(NH_2) \cdot COOH$.

β) *Monoaminodicarbonsäuren.*

Asparaginsäure (Aminobernsteinsäure):

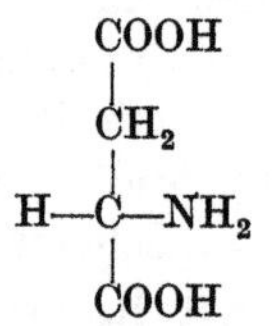

Daraus: Asparagin (Aminobernsteinsäureamid):

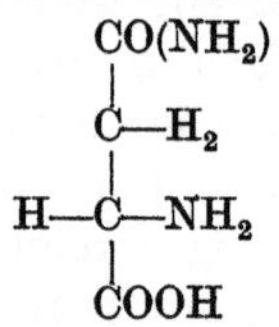

Glutaminsäure (α-Amino-Glutarsäure):

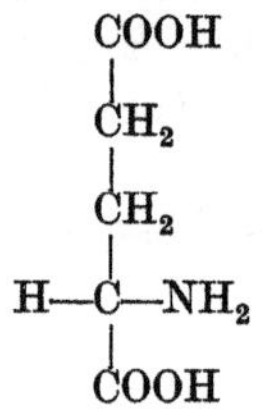

Daraus: Glutamin (α-Amino-Glutarsäureamid):

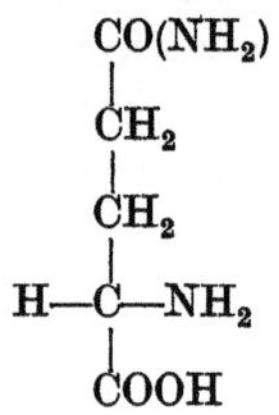

γ) *Diaminomonocarbonsäuren.*

Arginin: α-Amino-δ-Guanidinvaleriansäure

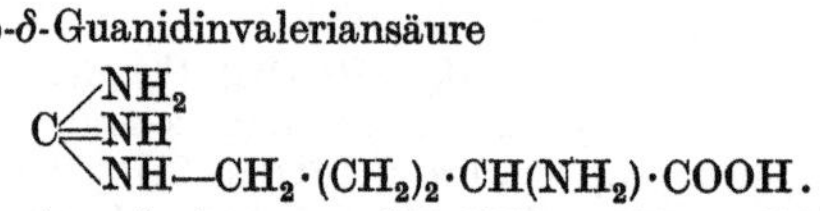

Ornithin: α-δ-Diaminovaleriansäure $CH_2(NH_2) \cdot (CH_2)_2 \cdot CH(NH_2) \cdot COOH$.

Lysin: α-ε-Diaminocapronsäure $CH_2(NH_2) \cdot (CH_2)_3 \cdot CH(NH_2) \cdot COOH$.

Cyclische Aminosäuren.

Phenylalanin:

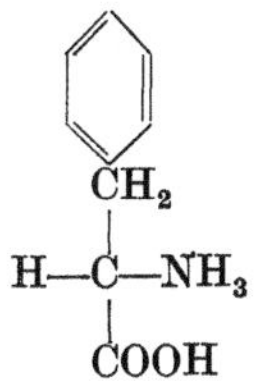

Tyrosin (Oxyphenylalanin):

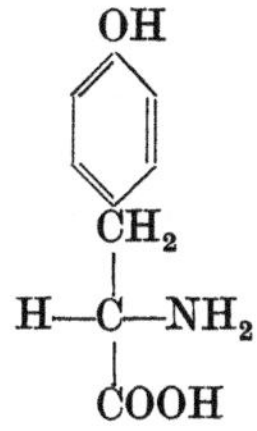

Heterocyclische Aminosäuren.

Histidin: β-Imidazol-α-Aminopropionsäure

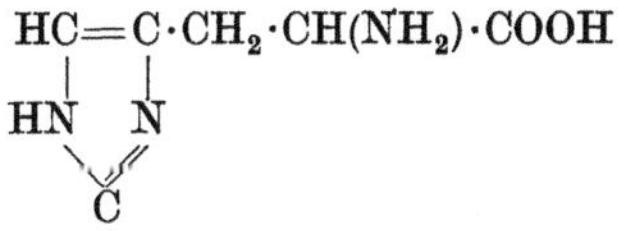

Prolin:
α-Pyrrolidin-Carbonsäure

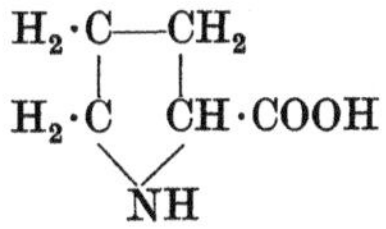

Oxyprolin:
γ-Oxypyrrolidin-α-Carbonsäure

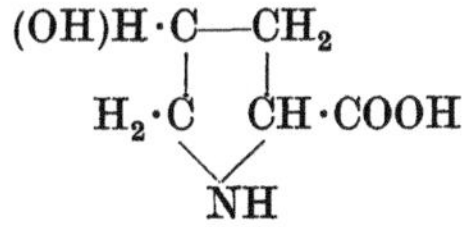

Tryptophan: β-Indol-α-Aminopropionsäure

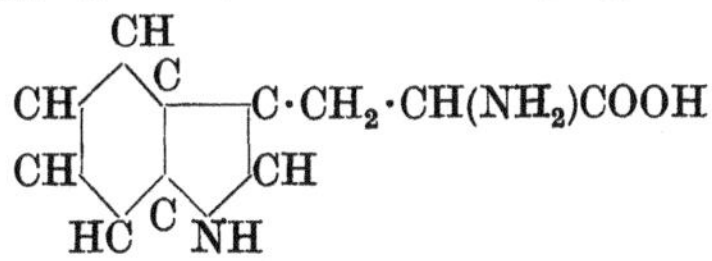

Anscheinend nur aus Aminosäuren als Grundbestandteilen aufgebaut sind die im engeren Sinne so benannten

c) Proteine.

Die einfachsten bekannten Eiweißkörper sind die besonders im Sperma vorkommenden basischen, schwefelfreien **Protamine.** Gewissermaßen einen Übergang von ihnen zu den anderen Eiweißkörpern bilden die **Histone,** welche aber nicht frei, sondern nur als Bestandteil zusammengesetzter Eiweißkörper bekannt sind: in salzartiger Verbindung mit Nucleinsäuren in den Nucleoproteiden, als Globin im Hämoglobin usw. Beide genannten Eiweißarten scheinen in Pflanzen nicht vorzukommen.

Die in verdünntem Alkohol löslichen **Prolamine** (in Weizen und Roggen als Gliadin, im Hafer als Avenin, in Gerste als Hordein, im Mais als Zein bezeichnet) und die in diesem unlöslichen **Glutenine** bilden, beide wasserunlöslich, das Mehleiweiß, auch Klebereiweiß oder Gluten genannt, das beim Anrühren mit Wasser in eine klebrige Masse übergeht und beim Backen gerinnt.

Die am weitesten verbreitete Gruppe von Eiweißkörpern sind die schwachsauren, in Wasser unlöslichen, in verdünnten Mineralsalzlösungen aber löslichen **Globuline.** Von den tierischen Globulinen sind am bekanntesten das Fibrinogen und Serumglobulin des Blutplasmas, von den pflanzlichen Globulinen die von OSBORNE in den Samen studierten (z. B. das Legumin und Vicilin aus Bohnen, Erbsen und Linsen, Phaseolin aus der weißen Bohne, Glyzinin aus der Sojabohne, Edestin aus Hanfsamen usw.).

Im Gegensatz zu den Globulinen sind die **Albumine** wasserlöslich. Sie enthalten kein Glykokoll und sind stark schwefelhaltig (1,9—2,25%). Während die chemische Natur des sog. Eieralbumins noch strittig ist, seien als Vertreter der tierischen Albumine das Serumalbumin und das Lactalbumin der Milch genannt. Im Gegensatz zu den weiter oben genannten Eiweißkörpern treten die pflanzlichen Albumine mehr in den lebenstätigen Pflanzenzellen als in den Reservestoffbehältern auf.

Als **Gerüstproteine** bezeichnet man im tierischen Körper durchweg in ungelöstem Zustande vorkommende Eiweißkörper, welche das Stütz- und Bindegewebe bilden: Das Kollagen in Epidermis, Fascien, Sehnen, Bändern, Knorpel und Knochen (hier als Ossein bezeichnet), das Elastin in den elastischen Gewebselementen, das Keratin, stark schwefelhaltig, in der Epidermis und ihren Anhangsgebilden (Haaren, Nägeln, Hufen, Hörnern, Federn usw.).

d) Proteide (zusammengesetzte Eiweißkörper).

Diese bestehen aus einem Eiweißanteil und einem Nichteiweißanteil, letzterer wird auch als prosthetische Gruppe bezeichnet.

Phosphorproteide enthalten als prosthetische Gruppe in einer Konzentration von etwa 0,7% Phosphorsäure und reagieren dementsprechend ziemlich stark sauer. Ihr wichtigster Vertreter ist das hier als Kalksalz vorliegende Caseinogen der Milch.

Glykoproteide enthalten in ihrer prosthetischen Gruppe Aminozucker, in welchem also eine OH-Gruppe durch die NH_2-Gruppe ersetzt ist, in der Verbindung mit Schwefelsäure. Die Mucoproteide (Mucoide oder Mucine) in den Sekreten der Schleimdrüsen enthalten Glucosaminschwefelsäure, die Chondroproteine in Knorpel, Sehnen usw. Chondroitinschwefelsäure.

Nucleoproteide. Hauptvorkommen in den Zellkernen. Eiweißanteil und prosthetische Gruppe sind nach KOSSEL in folgendem Bauplan vereinigt:

Nucleoproteide
Eiweiß — Nucleine
Nucleine: Eiweiß — Nucleinsäuren

Die Nucleinsäuren bestehen aus 3 Bestandteilen: Pyrimidin- oder Purinbase, einem Kohlehydrat (Pentose oder Hexose) und Phosphorsäure, und werden Mononucleotide genannt, wenn sie diese Bestandteile einmal, Polynucleotide, wenn sie dieselben mehrfach enthalten.

1. *Die Basen:* *Pyrimidin:* *Purin:*

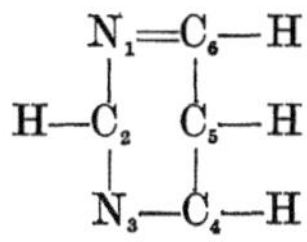

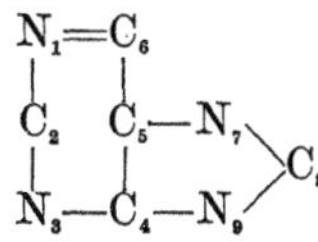

Bei Spaltung der Nucleinsäuren erhält man die Pyrimidinbasen Uracil (2,6-Dioxypyrimidin), Thymin (5-Methyl-2,6-Dioxypyrimidin) und Cytosin (2-Oxy-6-Aminopyrimidin) sowie die Purinbasen Xanthin (2,6-Dioxypurin), Guanin (2-Amino-6-Oxypurin), Hypoxanthin (2-Oxypurin) und Adenin (6-Aminopurin).

2. Die Verbindungen des Kohlehydrats mit der Base werden als *Nucleoside* bezeichnet. Man hat bisher die nach den entsprechenden Basen benannten Nucleoside Uridin und Cytidin sowie Guanosin, Hypoxanthosin (Inosin) und Adenosin als Spaltprodukte der Nucleinsäuren aufgefunden.

Bei der Vereinigung zu Nucleinsäure scheint die Phosphorsäure im allgemeinen esterartig mit dem Zuckeranteil des Nucleosids verbunden zu sein. Als Beispiel für ein Mononucleotid sei hier die Formel der Muskeladenylsäure wiedergegeben:

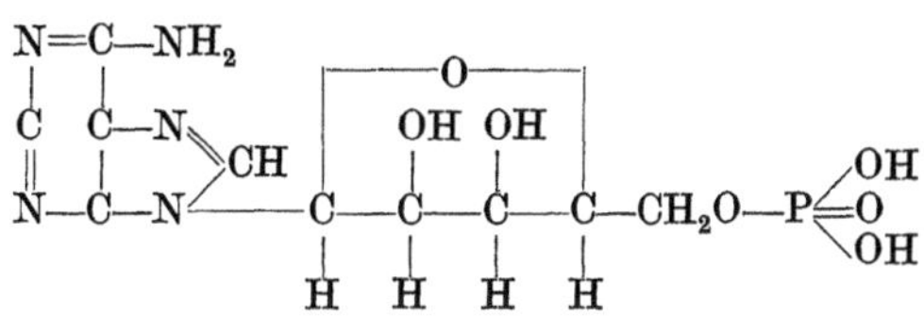

In der lebensfrischen Muskulatur ist diese Verbindung mit weiterer Phosphorsäure zu Adenylpyrophosphorsäure vereinigt. Auch so überaus bedeutungsvolle Verbindungen wie das „wasserstoffübertragende Co-Ferment" sowie die Co-Zymase des Koh-Stoffwechsels sind frei als Zellbestandteil vorkommende Mononucleotide.

Während die Wirkungsweise dieser freien Nucleinsäuren weitgehend erforscht ist, ist es noch unbekannt, welche Rolle die Polynucleotide in den Nucleoproteiden des Zellkerns spielen. Dabei muß man annehmen, daß gerade ihnen auch eine lebenswichtige Bedeutung zukommt, spielen sich doch, wie LEHNARTZ ausführt, alle morphologisch erkennbaren Veränderungen am Zellkern (Chromosomen!) im wesentlichen an den

Nucleoproteiden ab. Die Untersuchungen über den Aufbau der Polynucleotide haben zu folgendem Schema geführt:

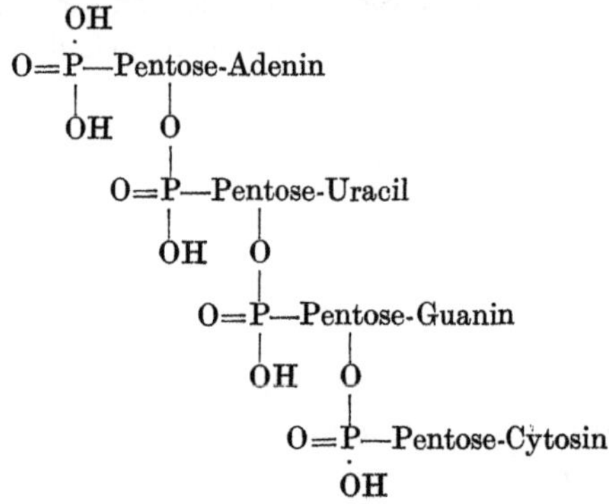

Auch hier wäre also der Zucker (Pentose) des einen immer mit der Phosphorsäure des anderen Mononucleotids vereinigt.

Chromoproteide (Pyrrolfarbstoffe). Die prosthetische Gruppe dieser Proteide enthält durchgehend in verschiedener Substituierung die umfangreiche Ringverbindung Porphyrin, welche man sich wieder aus vier Pyrrolringen aufgebaut denken kann.

Pyrrol: 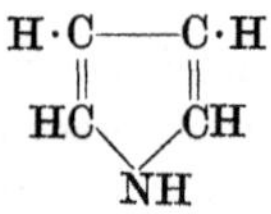

Charakteristisch ist weiter, daß diese Porphyrine Metalle eingelagert enthalten: Das Hämoglobin und die sog. Zellhämine (deren wichtigstes das Warburgsche Atmungsferment ist) Fe, das Hämocyanin, ein dem Hämoglobin entsprechender Farbstoff niederer Tiere, Cu, das pflanzliche Chorophyll Mg. Im Hämoglobin ist das Histon ,,Globin" mit einem Porphyrineisensalz verbunden, das zweiwertiges (Ferro-)Eisen enthält.

2. Stoffwechsel.

Im Stoffwechsel des Eiweiß kann man mit Neubauer eine obere und untere Stufe unterscheiden. Erstere umfaßt seinen Abbau zu Aminosäuren, seinen Aufbau aus Aminosäuren sowie den Umbau von Eiweißkörpern. Hierbei handelt es sich, wie bei der Verdauung im Darm, um hydrolytische Spaltungen bzw. Anhydrosynthesen, die in den Gewebszellen durch Kathepsin und die Zellpeptidasen bewirkt werden. Die untere Stufe umfaßt die Verbrennung der Aminosäuren bzw. ihre Synthese, wobei Verbindungen zum Stoffwechsel insbesondere der Fette, Kohlehydrate und Nucleotide gegeben sind.

Der Abbau der Aminosäuren beginnt mit einer oxydativen Desaminierung, welche mit einer Verkürzung der Kette um ein C-Atom verbunden ist, besteht also in der Umwandlung in die um 1 C-Atom ärmere Fettsäure. (Über die wahrscheinlichen Zwischenstufen dieses Vorgangs vgl. die chemischen Formeln bei LEHNARTZ, S. 323/324.) Dieser fermentative Vorgang soll sich in der Hauptsache in Leber und Nieren abspielen, die Umwandlung des abgespalteten Ammoniaks in Harnstoff zum Zwecke seiner Entgiftung dagegen nur in der Leber. Entgegen früheren Vorstellungen kommt hierbei dem Arginin eine zentrale Stellung zu, welches unter Anlagerung von CO_2 und NH_3 jeweils aus Ornithin entsteht, um sich dann immer wieder unter Harnstoffabspaltung in dieses zurückzuverwandeln. (Chemische Formeln bei LEHNARTZ, S. 325.)

Harnstoff: 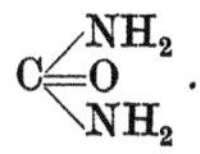

Der Abbau der Aminosäurereste schlägt verschiedene Wege ein, je nachdem es sich um glucoplastische, ketoplastische oder solche Aminosäuren handelt, aus denen sich weder Zucker noch Aceton bildet. *Durchschnittlich wirken Eiweißkörper zu 60% glucoplastisch also aketogen* (letzteres aber natürlich nur beim Nichtdiabetiker) *und zu 40% ketogen.* Glucoplastische Aminosäuren sind Glykokoll, Alanin, Serin, Cystin, Asparaginsäure, Glutaminsäure, Arginin, Ornithin, Prolin, vielleicht auch Valin und Histidin. Ketoplastische Aminosäuren sind: Leucin, Isoleucin, Phenylalanin, Tyrosin. Aglucoplastische und aketoplastische Aminosäuren sind Trypophan und Lysin. Beim Abbau der glucoplastischen Aminosäuren entstehen zunächst Bernsteinsäure oder Apfelsäure und Oxalessigsäure, letztere beiden auf dem Abbauwege der Bernsteinsäure zu Brenztraubensäure, oder auch letztere direkt, womit dann die Verbindung zu den Kohlehydraten gegeben ist. Aus den ketoplastischen Aminosäuren entsteht dagegen wie aus den Fetten, Buttersäure und daraus dann β-Oxybuttersäure → Acetessigsäure (→ Aceton). Doch sind die Abbauwege noch nicht für alle Aminosäure beider Gruppen in der geschilderten Weise aufgeklärt.

Besondere Abbauwege.

Tyrosin (und Phenylalanin) werden wahrscheinlich zu der auch als Alkapton bezeichneten Homogentininsäure abgebaut, aus der normalerweise wahrscheinlich Muconsäure entsteht, welche ketoplastisch ist. Daneben ist aber auch für einige körpereigene Stoffe wie Melanin, Adrenalin und Tyroxin wahrscheinlich, daß sie Tyrosinderivate sind. Außerdem entstehen bei der Darmfäulnis durch Abspaltung des Alanins aus dem Tyrosin p-Kresol und Phenol, die in der Leber mit Schwefelsäure bzw. Glucuronsäure gepaart im Harn ausgeschieden werden.

Für das **Tryptophan,** das im allgemeinen wohl restlos zu Wasser, CO_2 und NH_3 verbrannt wird, steht *mit Sicherheit* ein intermediärer

Abbauweg ebensowenig fest, wie eine Beziehung zu einem körpereigenen Stoff, aus der seine biologische Unentbehrlichkeit unmittelbar abzuleiten wäre. Bei der Darmfäulnis entstehen aus Tryptophan durch Abspaltung der Aminopropionsäure (also analog wie beim Tyrosin) Skatol und Indol, welche auch in gleicher Weise, wie die Tyrosinabkömmlinge entgiftet zur Ausscheidung im Harn gelangen.

Ein Abbauprodukt des **Cysteins bzw. Cystins** ist die Taurocholsäure der Galle. Wahrscheinlich erfolgt dabei zunächst eine Paarung mit der Cholsäure, dann Umwandlung des Cysteins durch Decarboxylierung und Oxydation in Taurin: $CH_2(SO_3H)CH_2(NH_2)$. Der weitaus größere Teil wird jedoch zu Schwefelsäure oxydiert, denn als Quelle des Harnsulfats kommen nur das Cystein und Methionin in Frage. Näheres ist nicht bekannt. Der Aminosäurerest wirkt jedenfalls glucoplastisch. Daneben gibt es im Harn ja noch die sog. „Neutralschwefelfraktion", zu zwei Drittel in der sog. Proteinsäurefraktion enthalten. Genaue chemische Kenntnisse hierüber fehlen noch.

Anhangsweise sei hier das **Kreatin** erwähnt, welches außer im Rest-N der Körperflüssigkeiten nur in der Muskulatur, und zwar als Phosphagen vorkommt.

Kreatin:

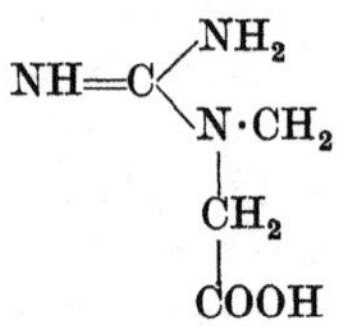

Herkunftsmöglichkeiten desselben aus Arginin, aus Histidin, ferner synthetisch aus Cholin + Harnstoff sowie Glykokoll bzw. Betain + Harnstoff. Aus der Kreatinphosphorsäure entstehen bei der Muskelkontraktion Kreatinin (das Anhydrit des Kreatins) + Phosphorsäure, und ersteres wird, soweit es nicht wieder zur Resynthese dient, Quelle des Harnkreatinins.

Abbau der Nucleine. Die Harnsäure entstammt beim Menschen bekanntlich hauptsächlich, viele meinen ausschließlich, dem Nucleinstoffwechsel, im Vogelorganismus ist sie dagegen, ohne im Eiweißmolekül vorgebildet zu sein, analog dem Harnstoff der Menschen Endprodukt des Eiweißstoffwechsels. Danach muß hier eine Fähigkeit zur Purinsynthese angenommen werden, zu welcher aber auch der Mensch bestimmt befähigt ist, kann dieser doch ohne Schaden purinfrei ernährt werden, obgleich er sicher einen dauernden Bedarf an Nucleinen hat. Gesicherte Vorstellungen über die Wege der Purinsynthese (Herkunft aus Arginin oder Histidin ?) bestehen aber noch nicht, so daß nur der Abbau der Nucleine kurz zu schildern ist. Im Verdauungskanal werden die Polynucleotide der Nahrung in Mononucleotide zerlegt. Letztere werden ja auch von vornherein oft in der Nahrung vorhanden sein, wie z. B. die

Adenylsäure im Muskelfleisch. Der weitere Abbau umfaßt eine Abspaltung der Phosphorsäure, Trennung der Bindung zwischen Kohlehydrat und Purinbasen, Desaminierung und schließlich Oxydation der letzteren. Auf diese Weise entstehen aus den Purinbasen Adenin (6-Aminopurin) und Guanin (2-Amino-6-Oxypurin) Xanthin (Dioxypurin) und schließlich *Harnsäure* (Trioxypurin):

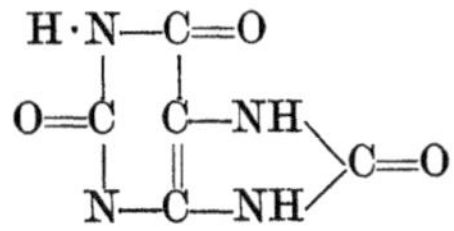

Mit dieser ist aber nicht die letzte biologische Abbaustufe erreicht. Soweit eine Uricolyse stattfindet, führt diese vielmehr zum *Allantoin:*

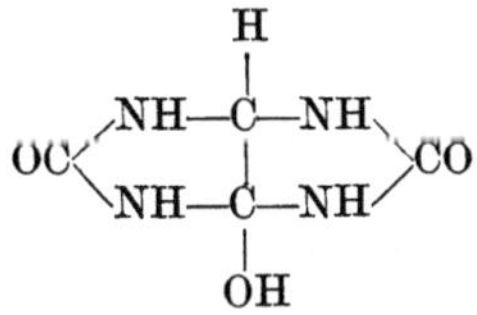

Mit Ausnahme von Mensch und Anthropoiden, überwiegt dieses sogar im Harn der Säugetiere Purinbasen und Harnsäure weit. Schließlich kann das Allantoin noch weiter bis zum Harnstoff abgebaut werden.

Abbau der Chromoproteide. Der Organismus ist zur synthetischen Bildung des Porphyrinringes befähigt, doch ist nicht einmal bekannt, aus welchen Vorstufen (Tryptophan, Oxyprolin, Glutaminsäure ?). Beim Abbau des Hämoglobins (welches wegen der nur nach Wochen zählenden Lebensdauer der roten Blutkörperchen ständig erfolgt), zerfällt dieses zunächst in Häm und Globin. Aus ersterem entstehen dann durch Eisenabspaltung Protoporphyrin und aus diesem durch Sprengung des Porphyrinringes Gallenfarbstoff, also Bilirubin, welches im Darm zu Urobilinogen und Stercobilin reduziert wird.

II. Die biologischen Verhältnisse.

1. Die verschiedenen Komponenten des N-Umsatzes.

a) Harnstoff, Aminosäuren und NH_3.

Die Verhältnisse beim Erwachsenen. Die Ausscheidung der in der Überschrift genannten Stickstoffverbindungen im Harn kann nach Terroine (9) als Maßstab der eigentlichen Eiweißoxydation gelten, weshalb er die prozentige Beteiligung der 3 Summanden an der Gesamt-N-Ausscheidung als Koeffizienten der Eiweißoxydation bezeichnet. Bei hohem Eiweißumsatz kann dieser Koeffizient den Wert von 90 übersteigen, um im Eiweißminimum bis etwa 60 abzusinken, da dann die weiter unten besprochenen mehr endogenen Komponenten des N-Stoffwechsels verhältnismäßig mehr ins Gewicht fallen. Am größten ist immer die Harnstoffausscheidung, dessen Stickstoff bei gemischter Kost etwa 85% des Gesamt-N ausmacht. Die Aminosäuren sind beim Erwachsenen mit etwa 2% am Gesamt-N des Harns beteiligt. Sie machen aber dessen Schwankungen nicht immer im vollen Umfange mit, wie folgendes Beispiel zeigt [Brock (3), S. 388, Tabelle 4]: Gesamt-N 0,239/kg: Amino-N-Koeffizient 2,3, Gesamt-N 0,08/kg: Amino-N-Koeffizient 4,0, Gesamt-N 0,300—0,400/kg: Amino-N-Koeffizient etwa 1,3. Dies würde dafür sprechen, daß auch in der Aminosäurefraktion des Harns eine endogene Komponente enthalten ist.

Der NH_3-Koeffizient beträgt beim älteren Kinde und Erwachsenen bei gemischter Kost etwa 3,5. Wenn eine mehr saure Stoffwechsellage ein erhöhtes Neutralisationsbedürfnis bedingt, kann es zu einer unter Umständen sehr erheblichen Mehrausscheidung von Ammoniak auf Kosten von Harnstoff kommen. Diese Verhältnisse sind sehr ausführlich im Abschnitt „Säurebasenstoffwechsel“ (Bd. 2, S. 296ff.) behandelt. Dort ist auch schon erwähnt, daß bei gleichbleibender Reaktionslage auch der Ammoniakkoeffizient bei sehr niedriger Gesamt-N-Ausscheidung etwas erhöht ist, daß also auch die NH_3-Ausscheidung nicht im gleichen Maße sinkt, wie der N-Umsatz.

Die Verhältnisse im Säuglingsalter. Bezüglich des *Harnstoffs* besteht keinerlei Abweichung von den Verhältnissen beim Erwachsenen. Entsprechend der Beziehung zum Gesamt-N-Umsatz macht bei Brustkindern die Ausscheidung etwa 65, bei Flaschenkindern etwa 80% der Gesamt-Stickstoffausscheidung aus. Diese Werte gelten auch schon für die Neugeborenenperiode.

Die *Aminosäuren*ausscheidung ist im Säuglingsalter erhöht und macht durchschnittlich beim Brustkinde etwa 7, beim Flaschenkinde 5% der Gesamt-N-Ausscheidung aus (hinter welchen Zahlen sich allerdings eine erhebliche Schwankungsbreite der vorkommenden Werte verbirgt). Die relative Mehrausscheidung bei dem niedrigen N-Umsatz des Brustkindes entspricht ja dem für den Erwachsenen geschilderten Verhältnissen. Warum sind aber überhaupt die Ausscheidungswerte im Säuglingsalter so hoch? Bei einem gleichen Amino-N-Gehalt des Blutes, wie später, muß man für die erhöhte Harnausscheidung beim Säugling wohl mit Goebel eine spezifisch erniedrigte Nierenschwelle annehmen. Goebel glaubt, daß diese erhöhte Durchlässigkeit der Niere mit ihrer größeren Durchspülung zusammenhängt. Dies schließt aber abweichende Verhältnisse im Stoffwechsel nicht aus, hat sie vielmehr zur Voraussetzung, da bei gleichem Amino-N-Gehalt des Blutes der vermehrten Ausscheidung aus demselben ein entsprechend vermehrter Zustrom von der Stoffwechselseite entsprechen muß [vgl. Brock (2), S. 55]. Nach älteren Autoren soll übrigens die vom Säugling ausgeschiedene Aminosäure nicht Glykokoll sein wie später, sondern eine in ihrer Zusammensetzung noch nicht genau geklärte andere Verbindung.

Auch der *Ammoniak*koeffizient liegt beim Säugling erheblich höher als beim älteren Kind und Erwachsenen, und beträgt beim Brustkinde 10 und mehr, beim Flaschenkinde etwa 6. Ausführliches hierüber findet sich im Abschnitt Säurebasenstoffwechsel Bd. 2, S. 305ff.

b) Die Purinkörper.

Die Verhältnisse beim Erwachsenen. Trotz weitgehender Klärung eines Teiles der physiologisch-chemischen Fragen sind die biologischen Verhältnisse noch wenig geklärt, so daß die Ansichten der maßgebenden Forscher noch weit auseinandergehen.

Die Abbaustufen der Nucleinsubstanzen: Purinbasen → Harnsäure → Allantoin finden sich im Harn aller Säugetiere, wobei beim Mensch und Anthropoiden die Harnsäure, bei den übrigen das Allantoin ganz überwiegt. TERROINE (10) schlägt deshalb für den Harn folgende Oxydationsquotienten des Purinstoffwechsels vor. Beim Menschen Harnsäure in Prozenten von Purinbasen + Harnsäure, bei den übrigen Säugetieren: Allantoin in Prozenten von Purinbasen + Harnsäure + Allantoin.

Beim Menschen befinden sich 10—15 mg-% ungespaltenes Adeninnucleotid, nach ROTHMANN Muskeladenosinphosphorsäure, im Blut (und zwar ganz überwiegend in den roten Blutkörperchen), was 2—3 mg-% Nucleotid-N entspricht. Daneben 2,5—3,5 mg-% Harnsäure — entsprechend 1 mg-% Harnsäure-N — und mindestens ebensoviel Purinbasen. Von den Verdauungssäften enthalten der Speichel 0,6 mg-%, der Magensaft 1 mg-%, Galle und Pankreassaft 2 mg-% Harnsäure, was eine Tagesausscheidung von etwa 50 mg „enterotropischer" Harnsäure ergibt. Im Harn werden bei nucleinfreier eiweißarmer Kost 150 bis 600 mg, durchschnittlich 350 mg „urotropischer" endogener Harnsäure ausgeschieden. Purinbasen, die unvollkommene Oxydationsstufe, machen nur etwa $^1/_{10}$ der Harnsäuremenge im Harn aus und steigen auch bei Nucleinbelastung kaum an. Noch geringer ist die Tagesausscheidung von Allantoin (2—5 mg), bei neuroendokrinen Störungen nach CHROMETZKA allerdings manchmal erheblich vermehrt und bei manchen Individuen auch auf Nucleinbelastung deutlich ansteigend.

Die vorzugsweise studierte Harnausscheidung der Purinkörper ist in der Nacht geringer als am Tage, nach Mahlzeiten, besonders nach eiweißreichen, gesteigert, wobei ein Anstieg des Blutwertes vorangehen soll. Bei eiweißreicher (nucleinfreier) Kost ist die Harnsäureausscheidung unter Umständen auf ein Mehrfaches gesteigert, und zwar meist nicht nur vorübergehend, sondern auch dauernd. In entsprechenden Versuchen von TERROINE (6) an wachsenden Schweinen stiegen z. B. die Gesamtpurine auf das $2^1/_2$ bis 4fache, Allantoin auf das 4 bis 8fache an. Verfüttertes Nuclein erscheint nur zu $^1/_3$—$^1/_2$ als Harnsäure im Harn wieder, i.v. injizierte harnsaure Salze durchschnittlich zu 70%, doch ist das „Harnsäuredefizit" auch hierbei oft noch erheblich größer.

Welche Schlußfolgerungen auf die Natur des Purinstoffwechsels erlauben diese Tatsachen? TERROINE (7) hat nachgewiesen, daß der (endogene) N-Umsatz im Eiweißminimum nicht dem Körpergewicht, sondern dem Energieumsatz entspricht, und daß dies auch für den Purinanteil desselben gilt. Mit dieser Feststellung wäre die ältere Ansicht wohl vereinbar, wonach die endogene Harnsäureausscheidung dem Grundumsatz des Stoffwechsels der Kernsubstanzen der Zelle entspräche. Gegen eine solche Annahme sprechen aber verschiedene Gründe. Dazu schwankt nämlich der endogene Harnsäurewert doch wohl zu sehr, sowohl beim einzelnen Individuum, als auch beim Vergleich verschiedener Menschen untereinander (beim Erwachsenen z. B. von 2—8 mg/kg!), auch gibt es sehr erhebliche pathologische Schwankungen, bei denen entsprechende Verschiedenheiten des Zellzerfalls mit ziemlicher Sicherheit nicht vorliegen (CHROMETZKA). Einen sehr interessanten gegenteiligen Beweis hat TERROINE (8) im Rattenversuch geliefert: Ratten bekamen bis zum schließlichen Tode nucleinfreie N-Minimum-(Koh-) Kost. Ihr Anfangsbestand an Nuclein-N wurde durch Analyse von Kontrolltieren ermittelt, ihr Nuclein-N-Gehalt am Schluß des Versuches direkt nach erfolgtem Tode. Außerdem wurde bei den Versuchsratten fortlaufend die Ausscheidung von Gesamt-Purinen + Allantoin quantitativ bestimmt. Und diese war nun 5mal so groß, als der Differenz zwischen Nuclein-N zu Beginn und am Ende des Versuches entsprach! TERROINE schließt daraus, daß $^4/_5$ der endogenen Purinkörperausscheidung entweder der Nucleinsynthese oder — dem Eiweißabbau entstammen. Zu letzterer Ansicht neigen z. B. BORSOOK und KEIGHLEY, welche im Minimum einen enormen Anstieg der Harnsäureausscheidung nicht nur nach Zulage von Aminosäuren, sondern auch von bloßen Ammoniumsalzen erlebten und vermuten, daß sich hierin ein Residuum der Vogelfähigkeit zur Entgiftung des NH_3 durch Harnsäurebildung zeige. Wobei für die quantitativen Verhältnisse zu berücksichtigen ist, daß z. B. beim Menschen die gesamte Harnsäureausscheidung ja 3% des Gesamt-N-Umsatzes kaum je überschreitet, wovon ein großer Teil ja sicher dem Nucleinstoffwechsel entstammt.

Von manchen Forschern, insbesondere von SCHITTENHELM und seiner Schule, wird auf der anderen Seite angenommen, daß der Nucleinabbau selber auch beim Menschen nicht bei der Harnsäurestufe haltmache, sondern durch Uricolyse bis zum Harnstoff führe. Dem weiter oben erwähnten „Harnsäuredefizit“ ginge eine etwa entsprechende Harnstoffmehrausscheidung parallel. Eine ganz entgegengesetzte Erklärung für das gleiche Phänomen des „Verschwindens“ von Harnsäure gibt z. B. LUCKE. Er leugnet, wie andere Forscher auch, beim Menschen die Existenz einer Uricolyse und erklärt das Harnsäuredefizit mit der bakteriellen Zerstörung unresorbierter Purinsubstanzen im Dickdarm (dasjenige bei i.v. Injektion auf dem Umwege einer vermehrten

Ausscheidung enterotroper Harnsäure), wobei das entstehende NH_3 resorbiert und von den Nieren als Harnstoff ausgeschieden würde. Doch muß hervorgehoben werden, daß die Nucleine im Dünndarm ausgezeichnet resorbiert werden und daß über eine entsprechende Mehrausscheidung von enterotroper Harnsäure nach i.v. Injektion (reine Harnsäure und Purinbasen sind ja wirklich vom Darm aus kaum resorptionsfähig) wohl keinerlei quantitative Untersuchungen existieren.

Es sei dann noch eingegangen auf das Zustandekommen der postdigestiven Mehrausscheidung von Harnsäure, welche in besonders hohem Grade nach eiweißreichen Mahlzeiten beobachtet wird. Man hat eine erhöhte Kernmauserung in den Verdauungsdrüsen (Eiweiß ist ja auch der Haupt-Saftlocker) zur Erklärung angenommen, doch scheint diese Hypothese durch einen Versuch von TERROINE (9) widerlegt. Dieser verfütterte ein eiweiß- und purinfreies, aber stark sekretlockendes Futter — nämlich Knochenasche an Schweine und Sägespäne an Ratten —, aber trotz starken Anwachsens des Kot-N als Beweis für eine vermehrte Arbeit der Verdauungsdrüsen blieb die endogene Purin-N-Ausscheidung im Harn unverändert.

Andere Autoren, so z. B. ROSE (2), nehmen eine allgemeine Reizwirkung auf den Zellstoffwechsel an, etwa entsprechend der spezifisch-dynamischen Wirkung, welche ja auch nach Eiweißgaben am stärksten ist. Dies ist wohl eine plausiblere Erklärung, wenn sie auch für die starken Erhöhungen der Purinausscheidung bei fortgesetzt hohem Eiweißangebot quantitativ nicht ausreicht, was natürlich noch mehr für die alte FOLINsche Annahme einer vermehrten Ausschwemmung von Harnsäure gilt. Hier bleibt als Erklärung eigentlich nur die Annahme einer gesteigerten Nucleinsynthese mit entsprechendem Wiederabbau oder eines gesteigerten Purinanfalls aus dem Eiweißabbau, entsprechend den Folgerungen, die TERROINE, wie weiter oben berichtet, aus dem Verhalten des endogenen Purinstoffwechsels bei seinen Stickstoffhungertieren zog.

Die Besonderheiten im Wachstumsalter. Der Harnsäureinfarkt. Bei der Sektion faßt aller Neugeborenen in den ersten 2—3 Lebenswochen findet man im Markanteil der Harnkanälchen goldgelbe Konkrementausscheidungen, welche chemisch aus dreifach saurem Ammonurat bestehen. Über die mikroskopische Beschaffenheit dieses „Harnsäureinfarktes", welcher zum Teil aus Uratniederschlägen auf Zylindern aus „eiweißartiger" Substanz besteht, finden sich im CZERNY-KELLER, 2. Aufl., Bd. 1, 1. Teil, sehr ausführliche Angaben. Die rostbraunen Flecken in den Neugeborenenwindeln entsprechen wohl nicht nur diesen allmählich ausgeschwemmten Konkrementen, sondern auch dem weiteren Ausfall harnsaurer Salze aus dem in der Windel erkaltenden konzentrierten sauren Harn der Neugeborenenperiode. Ob bei beiden Vorgängen noch eine wirkliche Vermehrung der Harnsäureausscheidung in den ersten Lebenstagen mit im Spiel ist, ist noch nicht einmal ganz sichergestellt.

Die Purinkörperausscheidung im Kindesalter ist verhältnismäßig wenig studiert. Als *tägliche Harnsäureausscheidung pro Körperkilogramm* werden angegeben *für die Neugeborenenperiode* von SIMON 8,5 mg, von NIEMANN 12,9 mg, *für den jüngeren Säugling* von SIMON 12,0 mg, von ORGLER 16,0 mg, von ERICH MÜLLER und STEUDEL sogar 20,0 mg. Nimmt man als Mittelwert 16,0 mg, so ist dieser etwa 2,8mal so hoch als der Erwachsenenwert, wenn man für dieses Alter eine endogene Tagesausscheidung von 400 mg bei einem Körpergewicht von 70 kg in Rechnung stellt. *Und damit entspricht die Erhöhung der — bei dem purinfrei ernährten Säugling ja auch endogenen — Harnsäureausscheidung gerade etwa der Erhöhung des Grundumsatzes auf dieser Altersstufe, was mit der TERROINschen These, wonach die Purinkörperausscheidung dem Energiewechsel entspricht, also gut übereinstimmt.*

Eine Besonderheit des Säuglingsalters scheint noch darin zu bestehen, daß die Purinbasenausscheidung einen größeren Anteil an der Gesamtausscheidung hat, als später. Während nämlich der Erwachsene nur etwa $^1/_{10}$ des Harnsäurewertes an Purinbasen ausscheidet, beträgt die Ausscheidung des Säuglings nach NIEMANN $^1/_5$ bis $^1/_{20}$, nach ORGLER durchschnittlich $^1/_7$ des Harnsäurewertes.

Eine Vermehrung der Harnsäureausscheidung bei Erhöhung der Eiweißzufuhr, etwa durch Übergang von Frauenmilch auf Kuhmilchgemische, ist häufig zu beobachten, doch scheint es sich dabei um kein gesetzmäßiges Verhalten zu handeln. Und so waren die durchschnittlichen Unterschiede in der Harnsäureausscheidung von Brust- und Flaschenkindern in den Versuchen von ORGLER gering. Die Ausscheidung der letzteren betrug 18,0 mg pro Körperkilogramm gegenüber 16 mg bei Brustkindern.

c) Kreatin-Kreatinin.

Die Verhältnisse beim Erwachsenen.

Während FOLIN noch annahm, daß die Kreatininausscheidung als Maß des endogenen N-Umsatzes betrachtet werden könne, wissen wir heute, daß dieses zwar für die Kreatinausscheidung bis zu einem gewissen Grade gilt, nicht dagegen für die Kreatininausscheidung [TERROINE (3)]. Die Kreatininausscheidung ist vielmehr eine Funktion des Körpergewichtes oder noch richtiger der Muskelmaße. Und so besteht auch hinsichtlich der Harnausscheidung beider Körper trotz bestehender Verbindungen eine weitgehende Unabhängigkeit.

Die Kreatininausscheidung. Die Harnausscheidung des Kreatinins — im Blute in einer Menge von etwa 1,2 mg-% vorhanden — wird ausgedrückt durch den Kreatininkoeffizienten: Tagesmenge in mg pro kg Körpergewicht. Dieser *Koeffizient* beträgt durchschnittlich etwa *24,0 beim Manne und 18,0 bei der Frau.* Die Tagesschwankungen sind sehr gering. Innerhalb von 24 Stunden ist die Stundenausscheidung nachts bedeutend niedriger als am Tage, was wahrscheinlich mit der Verminderung des Muskeltonus zusammenhängt, da bei Bettruhe überhaupt die Tagesausscheidung am 2. Tage um 30% und am 3. Tage um 50% gegenüber dem Ausgangswert absinkt [EIMER (2)]. Über Erniedrigungen des Koeffizienten bei Muskelschlaffheit und Muskelerkrankungen vgl. weiter unten. Die Muskeltätigkeit scheint nach EIMER nur unter abnormen Bedingungen die Kreatininausscheidung stärker zu beeinflussen.

Verhältnis zum Eiweißumsatz. Bei Ratten und Schweinen ist nach TERROINE (3 u. 4) die *Kreatinin*ausscheidung von der Höhe des Eiweißumsatzes in weiten Grenzen ganz unabhängig, wenn dieser von der Basis des minimalen N-Umsatzes auf die verschiedenste Weise gesteigert wird. Und auch beim Menschen ist nach FOLIN die Kreatininausscheidung bei eiweißreicher Kost mit einem Tageswert von 19 g N nicht höher als im Eiweißminimum.

Abhängigkeit von Kreatinzufuhr. Nach EIMER (1) werden bei kreatinfreier eiweißarmer Rohkost und bei gemischter Kost mit 200 g Fleisch (= 1 g Kreatin) die gleichen Kreatininmengen ausgeschieden. Wird aber durch Erhöhung der Fleischmenge auf 400—600 g immer mehr Kreatin zugeführt, so werden von der Mehrzufuhr $^3/_4$ in Form von Kreatinin ausgeschieden. Und auch in einer kreatinfreien Nachperiode bleibt die Ausscheidung noch eine Zeitlang erhöht, so daß sie nach 10 Tagen den Ausgangspunkt noch nicht erreicht. Während das in 200 g Fleisch enthaltene eine Gramm Kreatin also toleriert (zu niederen Stufen abgebaut?) wird, findet nach Mehrzufuhr von Kreatin anscheinend eine Kreatinspeicherung und vermehrte Bildung von Kreatinin statt.

Zugeführtes Kreatinin wird als Stoffwechselendprodukt restlos wieder ausgeschieden, ja es findet, verbunden mit einer Vermehrung der Harnmenge, sogar eine überschießende Mehrausscheidung statt (OERTEL).

Kreatinausscheidung. Im Harn gesunder Männer fehlt Kreatin, obgleich es im Blut mit durchschnittlich 3,5 mg-% in größerer Menge vorhanden ist, als Kreatinin. Im Harn von Frauen kommt Kreatin häufiger in Spuren vor, während der Schwangerschaft regelmäßig in größeren Mengen (Tagesmenge von 0,170 g in den letzten Schwangerschaftsmonaten). Ferner scheiden sowohl Erwachsene mit erloschener Geschlechtsfunktion als auch Kinder bis etwa zum 14. Lebensjahr spontan Kreatin aus. Ferner gehen pathologische Zustände der Muskulatur, bei welchen die Kreatininausscheidung erniedrigt ist, unter Umständen mit Kreatinurie einher, und besonders die kindliche Spontankreatinurie kann unter solchen Umständen bedeutend gesteigert sein (vgl. weiter unten).

Verhältnis zum Eiweißumsatz. Bei Versuchen TERROINS (3 u. 4) an wachsenden Schweinen machte das Kreatin — ganz im Gegensatz zum Kreatinin — alle Schwankungen des Eiweißumsatzes mit, wenn dieser von der Basis des Minimums aus auf die verschiedenste Weise gesteigert wurde: Unter anderem durch einfache Eiweißmehrzufuhr, durch Tyroxin[1], durch Säuerung, durch Vergiftungen usw. Und auch MONROT sah bei Stickstoffhungertieren, Ratten, daß die Kreatinausscheidung entsprechend der Gesamt-N-Ausscheidung allmählich immer mehr zunahm, während die Kreatininausscheidung entsprechend dem Schwunde der Muskelmasse immer mehr absank. Über die diesbezüglichen Verhältnisse bei der Spontankreatinurie der Kinder vgl. weiter unten.

Abhängigkeit von Kreatinzufuhr. Bei Neigung zu Spontankreatinurie wird auch peroral oder parenteral zugeführtes Kreatin mit dem Harn wieder ausgeschieden. Bei Frauen sowie bei Erwachsenen mit erloschener Geschlechtsfunktion in einem von Fall zu Fall wechselnden Anteil von etwa 30—70% (BÜHLER, REMEN, LASCH, OERTEL). Durch Zufuhr von Sexualhormon, z. B. Proviron bzw. Progynon, kann die Kreatintoleranz wieder bedeutend gebessert werden (BÜHLER), im Kindesalter bleibt Hormonzufuhr jedoch ohne jeden Einfluß! Vgl. weiter unten.

Bekanntlich steigt die Spontankreatinurie bei der progressiven Muskeldystrophie auch unter Glykokollzufuhr. Theoretisch kann aus zwei Mol Glykokoll ein Mol Kreatin entstehen, die Mehrausscheidung beträgt aber im allgemeinen nur etwa 3% der Glykokollzufuhr.

Die Besonderheiten im Wachstumsalter.

Kreatinin. Die Tagesausscheidung pro Körperkilogramm beträgt beim natürlich ernährten Neugeborenen nach AMBERG und MORRILL *5,5—9,9*, nach CATHERWOOD und STEARNS schon durchschnittlich 10 mg, um in den folgenden Wochen auf einen Durchschnittswert von etwa 13,2 mg im Säuglingsalter anzusteigen (MARPLES und LEWINE). Frühgeburten weisen nach diesen Autoren einen Wert auf, welcher ihrem Geburtsalter entspricht. Für die spätere Kindheit gibt KLEINSCHMIDT einen Kreatininkoeffizienten von *15,8* als Durchschnittswert an. Bei muskelschlaffen, sonst gesunden Kindern ist nach diesem Autor der Kreatininkoeffizient auf etwa 9,4 erniedrigt, bei ERBscher Muskeldystrophie auf 7,2 ,bei WERDNIG-HOFFMANNscher Krankheit auf 5,9. In letzteren Fällen wird neben der Funktionsstörung der Muskulatur wohl auch die Verringerung der Muskelmasse durch Atrophie eine bedeutsame Rolle spielen. Über die Kreatinausscheidung in diesen Fällen vgl. weiter unten.

Die Kreatinausscheidung. Nach CATHERWOOD und STEARNS ist die Kreatinausscheidung *in der Neugeborenenperiode* sehr schwankend. Als Durchschnittswert fanden sie bei natürlich ernährten Kindern in der

[1] Hierbei ist wohl noch ein spezifischer Einfluß der Schilddrüse anzunehmen, denn erwachsene Basedowkranke zeigen Kreatinurie, während bei Kindern mit Myxödem die normale kindliche Spontankreatinurie vermißt wird (BEUMER und ISEKE).

ersten Lebenswoche eine Ausscheidung von *4,6* mg pro Körperkilogramm. *Bei mit Kuhmilch ernährten Säuglingen steigt die Kreatinausscheidung dann rasch an.* Als Durchschnittswerte pro Körperkilogramm werden von den verschiedenen Autoren angegeben: 10,5 mg (CATHERWOOD und STEARNS), 12,0 mg (MARPLES und LEWINE) und 17,0 mg (ROUGICHITSCH), so daß bei Flaschenkindern das Kreatin fast die Hälfte der „Gesamtkreatin"- (Kreatinin + Kreatin) Ausscheidung ausmacht.

Wahrscheinlich handelt es sich bei diesen hohen Kreatinwerten aber um eine Folge des hohen Eiweißumsatzes des Flaschenkindes. Bei einem älteren Säugling, den CATHERWOOD und STEARNS mit Frauenmilch ernährten, betrug nämlich der Kreatinkoeffizient (also die Ausscheidung in mg/Körperkilogramm) auch nur etwa 4,5, um bei Kuhmilchernährung auf annähernd 8,0 in die Höhe zu gehen. Auch MARPLES und LEWINE machten bei einem 8monatigen Säugling einen ähnlichen Versuch mit noch eindrucksvollerem Ergebnis:

N-Zufuhr (g)	Kreatin-Koeffizient
4,89—6,50	12,4—19,3
0,96	2,9— 3,4

Auch die niedrigere Kreatinausscheidung der *Frühgeburten* — nämlich nur 0—7—14% der Gesamtkreatinmenge (PAFFRATH und OHM, MARPLES und LEWINE) beruht wahrscheinlich auf der Tatsache, daß sie mit Frauenmilch ernährt wurden und ja überhaupt bei dieser einen besonders niedrigen Eiweißumsatz haben (vgl. S. 35).

Für die sog. Spontankreatinurie der älteren Kinder werden folgende Werte angegeben: Bei einer Kost von mittlerem Eiweißgehalt (Gesamt-N-Ausscheidung pro Körperkilogramm 0,2—0,3 g) Koeffizienten von etwa 3,5—5,5 (FOLIN und DENIS) bei eiweißreicher Kost (Gesamt-N-Werte im Harn 0,35—0,45 g pro Körperkilogramm) Kreatinkoeffizienten von etwa 6—11 (HARDING und GAEBLER). Ausführliche Versuche über die Abhängigkeit der Kreatinausscheidung von der Höhe der Eiweißzufuhr (natürlich auch bei praktisch kreatinfreier Nahrung) machten DENIS und KRAMER, indem sie die Eiweißzufuhr bei denselben Kindern von hohen Ausgangswerten aus immer mehr verringerten und dann wieder steigerten. Bei hohen Harnstickstoffwerten lagen die Kreatinkoeffizienten auch zwischen 10—15, um bei auf etwa 0,100 g N pro Körperkilogramm erniedrigten Harnwerten bis auf 3—1, ja auf Bruchteile von 1 abzusinken. So ist es nicht verwunderlich, daß KLEINSCHMIDT, der in seiner Versuchskost den Kindern überhaupt nur pflanzliches Eiweiß in einer Menge von 1 g pro Körperkilogramm verabreichte, bei einzelnen Kindern überhaupt Kreatin im Harn zeitweise vermißte! Der durchschnittliche Kreatinkoeffizient betrug bei dieser Kost nur 1,0.

Wie schon erwähnt, geht verringerte Kreatininausscheidung oft mit Steigerung der Spontankreatinurie einher. So schieden nach KLEINSCHMIDT die muskelschlaffen, sonst gesunden Kinder — gegenüber einem

Tageswert von etwa 0,024 g der Normalkinder — durchschnittlich 0,059 g Kreatin täglich aus. Und bei WERDNIG-HOFFMANNscher Krankheit betrug die Tagesausscheidung 0,086 g, bei Poliomyelitis 0,170 g, bei ERBscher Muskeldystrophie 0,200 g. (Alle diese Werte gelten für die oben erwähnte eiweißarme Ernährung!) Peroral oder parenteral zugeführtes Kreatin wird von Kindern ebenso ganz oder teilweise als solches wieder ausgeschieden, wie von den oben erwähnten Erwachsenen mit Spontankreatinurie. So schieden Säuglinge Kreatingaben von 0,2—0,3 g schon in den ersten 24 Stunden zu $^2/_3$—$^4/_5$ aus (MARPLES und LEWINE). Und bei den gesunden Kindern KLEINSCHMIDTs betrug nach einer Kreatingabe von 3 g die Wiederausscheidung binnen 5 Tagen annähernd die Hälfte. Übrigens wies dieser Autor nach, daß auch gesunde Kinder bei Glykokollzufuhr eine Steigerung der Kreatinausscheidung zeigen. Allerdings ist diese gering und entsprach bei Tagesgaben von 10—15 g $^1/_2$—1% dieser Menge. Wie schon erwähnt, wird bei Kindern jeder Einfluß von Sexualhormonzufuhr auf die Kreatintoleranz vermißt (FASOLD). Kinder mit Pubertas praecox verhalten sich dagegen verschieden: teils wie Erwachsene, teils wie sonst normale Kinder (FASOLD, SCHARFF). Was die Dauer der kindlichen Spontankreatinurie betrifft, so wurde von einigen Autoren entgegen früheren Angaben BEUMERs angegeben, daß sie bei den Knaben schon bis zum 10. Lebensjahre verschwindet, bei Mädchen erst mit der Pubertät. Nach neuen Untersuchungen aus der BEUMERschen Klinik (SCHARFF) verhalten sich jedoch beide Geschlechter gleich in dem Sinne, daß erst die Pubertät den Umschwung im Kreatinstoffwechsel herbeiführt.

Zusammenfassung über Kreatin-Kreatinin unter Berücksichtigung der Verhältnisse bei Erwachsenen und Kindern.

Da auch bei kreatinfreier Ernährung der wachsende Organismus seine Muskulatur aufbaut, welche beim Erwachsenen doch etwa 140 g Kreatin enthält (40% des Körpergewichtes mit einem Kreatingehalt von 500 mg-%[1]), und da weiter auch bei kreatinfreier Ernährung ständig erhebliche Kreatinmengen ausgeschieden werden, muß ständig Kreatin aus Nahrungseiweiß entstehen, ohne daß über die hierbei beschrittenen Wege sicheres bekannt ist (vgl. oben S. 8). Auch die Abhängigkeit bestehender Kreatinurie vom Umfang des Eiweißumsatzes weist ja in dieser Richtung. Wie es aber überhaupt zu Kreatinurie kommt — die beim gesunden erwachsenen Manne ganz vermißt wird, obgleich der Kreatinwert im Blute fast dreimal so hoch ist als der des Kreatinins —, ist noch unbekannt. Man könnte für die verschiedenen Fälle unter anderem denken an eine Erniedrigung der Harnschwelle, an einen erhöhten Anfall durch Einschmelzung von Muskelsubstanz, an eine verringerte Speicherungsfähigkeit der Muskulatur usw.

[1] Für den Neugeborenen werden übrigens nur 190 [ROSE (1)], für das einjährige Kind (DENIS) 300 mg-% als Kreatingehalt seiner Muskulatur angegeben.

Bezüglich der Kreatininurie liegen die Verhältnisse einfacher. Wie auf S. 8 ausgeführt, wird bei dem in der Muskulatur ständig vor sich gehenden Zerfall von Kreatinphosphorsäure in Phosphorsäure und Kreatinin wohl immer ein Teil des letzteren der Resynthese entgehen, ins Blut übergehen und so zur Quelle des Harnkreatinins werden. Und die Alterskurve der Kreatininausscheidung mit ihrem Anstieg des Kreatininkoeffizienten von 13,2 beim Säugling auf 24,0 beim erwachsenen Manne, entspricht fast genau dem von etwa 24% beim Neugeborenen auf 42% beim Manne anwachsenden Anteil der Muskelmasse an Gesamtgewicht. Auch der niedrigere Koeffizient der erwachsenen Frau entspricht gut der geringeren Ausbildung ihrer Muskulatur und im allgemeinen schon durch größeren Fettreichtum relativ geringeren Muskelmasse. Überhaupt muß ja immer der Kreatininkoeffizient in dem Maße sinken, als der relative Anteil der Muskelmasse an Gesamtgewicht durch Ausbildung des Fettpolsters herabgedrückt wird, worauf TALBOT kürzlich eine Methode aufgebaut hat, um Kinder in magere, normale und fettsüchtige einzuteilen. Fürs Säuglingsalter wird von GYÖRGY noch auf den Parallelismus von Chronaxiewert und Resynthesegrad der Kreatinphosphorsäure hingewiesen. Nachdem die Chronaxie in der ersten Lebenszeit gegenüber dem Erwachsenenalter bedeutend verlängert ist (vgl. Bd. 2, S. 182ff.), sei schon allein deswegen ein verminderter Anfall von Kreatinin zu erwarten.

d) Der übrige Rest-N des Harns. Die Neutral-Schwefelfraktion und der Schwefelstoffwechsel.

Die Verhältnisse beim Erwachsenen. Der Schwefelgehalt des Harns entstammt in der Hauptsache dem Abbau des Eiweißes, das ja die beiden schwefelhaltigen Aminosäuren Cystin und Methionin enthält, und der Schwefelstoffwechsel kann daher praktisch als Maß des Eiweißumsatzes gelten. Der Hauptanteil des Schwefels wird bis zu H_2SO_4 oxydiert. Etwa 10% derselben werden in Bindung an die enterogenen Fäulnisprodukte Phenol und Indol, der übrige Teil als anorganisches Sulfat im Harn ausgeschieden. Daneben gibt es die sog. Neutralschwefelfraktion, welche zu über $^2/_3$ in den sog. Oxyproteinsäuren (Oxyproteinsäure und Antoxyproteinsäure, Alloxyproteinsäure) des Harns enthalten ist, chemisch noch nicht völlig definierten besonders schwefelhaltigen Aminoverbindungen, welche zum Teil Peptidcharakter aufweisen. Die Ausscheidung dieser Oxyproteinsäuren erfolgt ersichtlich aus endogenen Gründen, da sie Schwankungen des N-Umsatzes nur in geringem Maße folgt. Ihr Anteil an der gesamten N-Ausscheidung ist deshalb um so höher, je geringer diese ist und beträgt etwa 3—5%. Und dasselbe gilt eben auch für die Neutralschwefelausscheidung. Im Eiweißminimum von relativ beträchtlicher Höhe, so daß der Neutralschwefel etwa 30% des Gesamt-S ausmacht, steigt sie auch bei beträchtlicher Eiweißzufuhr nicht immer, jedenfalls aber nie entsprechend an, so daß der „Neutralschwefelkoeffizient“ dann von 30 auf etwa 10 abzusinken pflegt. Auf jeden Fall handelt es sich hier um einen zwangsläufigen, wohl mit notwendigen biologischen Funktionen zusammenhängenden unvollkommenen Eiweißabbau. Denn dieser erfolgt in der gleichen Weise nicht nur, wenn der Organismus im Eiweißminimum auf das eigene Körpereiweiß zurückgreifen muß, sondern auch bei reichlicher Eiweißzufuhr. Über eine solche sich ergebende allgemeine Schlußfolgerung hinaus, weiß man im einzelnen leider nichts.

Krauss hat Stickstoff- und *Gesamt*-S-Ausscheidung im Harn im Eiweißminimum und bei gemischter Kost einander gegenübergestellt und folgendes gefunden:

Eiweißminimum . .	2,8 g N	0,4 g S	Verhältnis 7:1
Gemischte Kost . .	15 g N	1,0 g S	Verhältnis 15:1

Danach wäre im Eiweißminimum auch die Gesamtschwefelausscheidung im Vergleich zur N-Ausscheidung sehr hoch, was für den Aufbrauch besonders schwefelhaltiger Eiweißverbindungen spräche, während die Oxydation des Nahrungseiweiß (und auch die des Körpereiweiß, wenn sie zu energetischen Zwecken erfolge, denn im absoluten Hunger sei das Verhältnis von N zu S im Harn auch wie 15:1) einen Quotienten ergäbe, wie er dem durchschnittlichen Schwefelgehalt der Proteine entspricht. Nach dem weiter oben Ausgeführten wäre anzunehmen, daß ein solcher Abbau besonders schwefelhaltiger Eiweißsubstanzen immer vor sich geht und durch den Abbau größerer Mengen von Nahrungseiweiß nur gewissermaßen verdeckt wird.

Die Verhältnisse beim Säugling und Kinde. Will man eine Schwefelbilanz beim Säugling aufstellen, so begegnet man auf der Einnahmeseite d. h. hinsichtlich des Schwefelgehaltes von Frauen- und Kuhmilch, stark voneinander abweichenden Angaben in der Literatur, wie folgende Zahlen erweisen (die SO_3-Werte sind jeweils in S-Gehalte umgerechnet): Nahrungsmitteltabellen von Schall: Kuhmilch etwa 40 mg-%, Frauenmilch knapp 4 mg-% (letzterer Wert allerdings mit einem Fragezeichen versehen). Steffen und Süllmann: Kuhmilch 30,5 mg-%, Frauenmilch 12 mg-%. Alexandre Blazso, welcher dieselbe Methode, nämlich die alkalische Veraschung nach v. Fellenberg anwandte, wie letztere Autoren, gibt dagegen für Kuhmilch und Frauenmilch die gleichen Werte an, und zwar 48 mg-% S! Und nach Surany würde die peptisch-tryptische Verdauung bei colorimetrischer Bestimmung des freiwerdenden Cystins in der Frauenmilch sogar höhere Cystinwerte ergeben als in der Kuhmilch: nämlich durchschnittlich 100 gegenüber 70 mg-% Cystin in der Kuhmilch (Cystin hat einen Schwefelgehalt von 26%). Nach den vorliegenden Angaben über die Proteinsubstanzen der Milch und deren Schwefelgehalt sind dagegen folgende Werte zu folgern: *Kuhmilch 27 mg-%, Frauenmilch 16 mg-% S.* Letztere Werte, welche auch etwa in der Mitte der aufgezählten anderen Angaben liegen, sollen der Betrachtung zugrunde gelegt werden. Die hohen Neutral-Schwefelwerte der Milch von Blazso dürften schon einem Abbau der Milchproteine entsprechen, die den niederen eigentlichen Rest-N-Gehalt der Milch um Produkte erhöhen, welche als solche in der ganz frischen Milch nicht vorkommen (GRONOVER). Vgl. darüber auch im Kapitel „Ernährung“.

Als relativ schwefelreich darf man dem Gesamtschwefelwerte nach die Frauenmilch übrigens bezeichnen, denn ihr Gehalt an N-Substanz beträgt 40%, ihr Schwefelgehalt aber fast 60% von den entsprechenden Werten in der Kuhmilch, was sie ihrem hohen Gehalt an Lactalbumin verdankt.

Schwefelumsatz. Aus BLAZSOs Tabellen ergeben sich folgende Durchschnittswerte für die Harnausscheidung:

Tabelle 1.

Nahrung	Alter	Gewicht (g)	Gesamt-S abs.	Gesamt-S pro Körperkilogramm	Anorgan. S %	Ätherschwefelsäuren S %	Neutral-S %	Neutral-S pro Körperkilogramm
Frauenmilch	4—6 Mon.	5950	0,036	0,006	60	—	39	0,0024
Kuhmilch. .	5—$6^1/_2$Mon.	5200	0,076	0,015	64	16	20	0,0029
Gem. Kost .	8—14 J.	(28000)	0,495	(0,017)	80	6,5	13,5	(0,0011)

Dann gibt BLAZSO noch (im Verhältnis zu den gewöhnlichen Kot-Stickstoffwerten ziemlich hohe) Gesamtschwefelwerte für den Stuhl an: für die Brustkinder durchschnittlich 0,0145, für die Flaschenkinder 0,0390 g täglich. Hinsichtlich der von ihm auch durchgeführten Trennung in die einzelnen Schwefelfraktionen sollen hier nur die Ätherschwefelsäuren erwähnt werden, deren Tagesmenge im Stuhl der Brustkinder 0,0033, bei den Flaschenkindern 0,010 g S ausmachte.

Bilanzmäßig ergibt sich in Anbetracht der hohen Gesamtschwefelwerte BLASZOs in der Frauenmilch eine bedeutend höhere S-Retention pro Körperkilogramm bei den Brustkindern als bei den Flaschenkindern, eine Angabe, welche unbedingt der Nachprüfung bedarf! Auch im Verhältnis zu der üblichen N-Retention der Brustkinder (vgl. S. 31) liegen diese S-Retentionswerte unwahrscheinlich hoch, da sie einen Durchschnittswert von 0,063 g S täglich erreichen. Überhaupt dürfte es sich, schon zur Kontrolle, empfehlen, den Schwefelstoffwechsel nie gesondert, sondern gleichzeitig mit dem N-Umsatz zu studieren.

Der prozentige Neutralschwefelwert liegt in dem stickstoffarmen Harn der Brustkinder natürlich sehr hoch und entspricht einigen älteren Angaben von TOBLER. Auch mit der relativ hohen *Oxyproteinsäurenausscheidung der Brustkinder — 6,5—10,5% des Gesamt-N* nach SIMON — stimmt dies überein.

Beachtenswert erscheint weiter, wenn man den Angaben von BLASZO folgt, das Absinken des aufs Körperkilogramm bezogenen Neutralschwefelwertes im Harn von der Säuglingszeit bis zum späteren Kindesalter.

In diesem Abfall kommen zum Ausdruck einerseits die engen Beziehungen des Neutralschwefels zu den Rest-N-Substanzen des Harns und damit zum minimalen N-Umsatz und andererseits die Abhängigkeit des letzteren zu dem pro Körperkilogramm allmählich sinkenden Energiewechsel. Da bei den älteren Kindern die Pro-Kilowerte von mir nach dem Normalgewicht des Durchschnittsalters eingesetzt wurden, dürften die tatsächlichen Neutral-S-Werte pro Körperkilogramm bei ihnen übrigens noch etwas höher liegen und dadurch noch besser ihren Grundumsatzwerten entsprechen. (Hinsichtlich dieser vgl. Bd. 2, S. 200.)

e) Das Verhältnis $\frac{C}{N}$ sowie der H. Müllersche Oxydationsquotient $\frac{\text{Vakat O}}{N}$ im Harn.

Die Verhältnisse beim Erwachsenen. Die in der Überschrift genannten Harnquotienten (Methodisches bei Osuka sowie Kanitz) sind besonders von Bickel (1) und seinen Schülern benutzt worden, um die ,,Oxydationslage" des Organismus zu erforschen, wobei aus Erhöhungen der Quotienten auf ,,dysoxydative Carbonurie" geschlossen wird. Dazu ist folgendes zu sagen: $\frac{C}{N}$ im Harnstoff ist $= 0{,}425$, der Quotient $\frac{\text{Rest C}}{\text{Rest N}}$ (es sind damit diejenigen Kohlenstoff- bzw. Stickstoffverbindungen gemeint, welche *nicht* als Harnstoff oder NH_3 vorliegen) hat dagegen bei gemischter Kost einen Wert von etwa 3,3. Infolgedessen müssen die in der Überschrift genannten Quotienten im Harn mit ansteigender N-Ausscheidung fallen, bei sinkenden N-Werten steigen. Die gesetzmäßigen Beziehungen, die zwischen der Höhe der Gesamt-N-Ausscheidung und dem Harnstoffanteil an derselben bestehen (vgl. S. 9, 10) bringen dies automatisch mit sich. So beträgt der Quotient $\frac{C}{N}$ bei gemischter Kost und Gesamt-N-Werten von 11—16 g im Tagesharn etwa 0,60—0,78, bei der eiweißarmen vegetarischen Ernährung dagegen 1,10—1,20. Soweit also in Arbeiten von Bickel und dessen Schülern, aber auch von anderen Autoren, die Erhöhungen obiger Quotienten unbeabsichtigterweise mit einer erheblichen Erniedrigung der N-Ausscheidung einhergehen, sind sie nicht im Sinne einer dysoxydativen Carbonurie verwertbar, so, wie letztere gemeint ist und auch sicher vorkommt. In letzter Zeit hat sich Bickel (2—6) mit seinen Mitarbeitern übrigens einer etwas anderen Fragestellung zugewandt, indem er im Rattenversuch eine große Anzahl von Eiweißen auf ihre Beeinflussung der Harnquotientenlage prüfte, und die im Literaturverzeichnis genannten Arbeiten sind solche, wo Veränderungen der Harn-N-Ausscheidung die Verwertung nicht unmöglich machen. Hiernach ergaben sich für jedes geprüfte Eiweiß (auch für Aminosäurengemische und einzelne Aminosäuren) charakteristische, immer wieder reproduzierbare Werte der Harnquotienten, ohne daß übrigens Beziehungen zur biologischen Eiweißwertigkeit erkennbar waren. Immerhin scheint hier ein neuer Weg gegeben, um in die Fragen des intermediären Eiweißstoffwechsels einzudringen.

Merkwürdigerweise ist der Rest-C des Harns im oben definierten Sinne noch zu etwa 40% unbekannt, d. h. man weiß nicht, um was für Verbindungen es sich dabei handelt! Wohingegen der „unbekannte Rest-N" des Harns, eine Fraktion, die bei Aufarbeitung der Oxyproteinsäuren übrig bleibt, nur etwa 0,8% der Gesamt-N-Ausscheidung ausmacht. Nun enthält der Tagesharn des Erwachsenen, wenn man deren Gesamtwert nach VAN SLYKE und PALMER bestimmt, etwa 450 ccm 0,1 n organischer Säuren [Näheres einschließliche Methodik bei BROCK (1)], und etwa 190 ccm von diesen sind chemisch bekannt. Nimmt man nun an, daß die noch unbekannten 260 ccm durchschnittlich 4 C-Atome im Molekül haben, so würden sie 1,248 g C und damit etwa die Hälfte des „Restkohlenstoffdefizits" verbrauchen, bei der Annahme längerer C-Ketten entsprechend mehr, der Rest des Defizits müßte Verbindungen ohne Dissoziationskonstanten angehören.

Die Verhältnisse beim Säugling. Nach vorstehend Ausgeführtem ist es klar, daß das eiweißarmgenährte Brustkind einen hohen, das Flaschenkind einen niedrigen Quotienten $\frac{C}{N}$ haben muß. Und so wurden folgende Werte (Tabelle 2) ermittelt. Beim Säugling decken übrigens die noch unbekannten organischen Säuren innerhalb des nach VAN SLYKE und PALMER bestimmten Gesamtwertes [vgl. BROCK (2 u. 3), sowie Bd. 2, S. 299ff.) gleichfalls bei Annahme von 4 C-Atomen im Molekül das Restkohlenstoffdefizit auch etwa zur Hälfte, beim Brustkinde verbliebe anscheinend ein etwas größerer, beim Flaschenkinde ein etwas kleinerer Rest. Insbesondere für pathologische Zustände wie Ernährungsstörungen, Rachitis usw. harren diese Verhältnisse noch ganz der Bearbeitung.

Tabelle 2.

Autoren	Wert des Harnquotienten C/N beim	
	Brustkind	Flaschenkind
RUBNER und HEUBNER	1,26	0,60
v. OORDT.	1,13	—
LANGSTEIN-STEINITZ . .	1,2—2,0	0,67—0,78

2. Der Gesamt-N-Umsatz quantitativ betrachtet.

a) Die Verhältnisse beim Erwachsenen.

Der minimale N-Umsatz.

Die minimalste N-Ausscheidung mit dem Harn wird erhalten bei einer eiweißfreien, kohlehydrat- und calorienreichen Kost. Unter diesen Umständen sinkt die Tagesausscheidung beim Erwachsenen pro Körperkilogramm auf etwa 0,038 g Harn-N + 0,012 Kot-N = 0,050 g N.

Besonders TERROINE hat darauf hingewiesen, daß dieser minimale N-Umsatz der Energieproduktion entspricht, da er auf die Gewichtseinheit bezogen, bei kleinen Tierspezies sowie bei jungen Tieren in demselben Maße erhöht ist, wie die Energieproduktion (vgl. zu letzterer Bd. 2). Andererseits dient aber der minimale N-Umsatz gerade nicht energetischen Zwecken! Vielmehr ist nur die Frage, ob er eine Folge der ständigen „Abnutzung" des Organismus ist, oder ob er im Zusammenhang mit der Deckung gewisser ständiger stofflicher Bedürfnisse steht (FRIEDRICH MÜLLER). Im ersteren Sinne wird gewöhnlich auch auf die N-Verluste des Körpers durch Abschilferung der Hornschicht der Epidermis (vermehrt durch eingetrockneten Schweiß), durch Schneiden der immer nachwachsenden Haare und Nägel, durch Abgabe von Samenflüssigkeit und Menstrualblut hingewiesen, ohne dabei zu erwähnen, wie die N-Verluste auf besagten Wegen mit der *Harn*-N-Ausscheidung bei eiweißfreier Ernährung zusammenhängen sollen. Dabei ist ein indirekter Zusammenhang wohl möglich: Zur Produktion dieser N-haltigen Körpersubstanzen bzw. Sekrete muß bei eiweißfreier Ernährung an anderer Stelle des Organismus N-Substanz abgebaut, mit anderen Worten ein „Umbau" vorgenommen werden, und es spricht vieles dafür, daß bei einem solchen die nicht verwendbaren Bestandteile des Eiweißmoleküls teilweise oder ganz der Oxydation anheimfallen, so daß der Umbau unter Verlust erfolgt. Übrigens muß man die gleiche Annahme wohl machen, wenn man die minimale Harn-Ausscheidung bei eiweißfreier Ernährung mit der Deckung stofflicher Bedürfnisse des Organismus in Zusammenhang bringt, wie sie etwa der ständige Bedarf an Fermenten, Hormonen usw. bedingt. Denn der überwiegende Teil der Harn-N-Ausscheidung entfällt doch auch im Eiweißminimum auf die auf S. 9ff. behandelten Produkte der, sagen wir einmal, unspezifischen Eiweißoxydation. Wir hätten demnach sowohl für die Abnützung, als für die Bedarfsdeckung einen Umbau von N-Substanz unter Verlust anzunehmen.

Beide Vorgänge sind ja übrigens gar nicht so wesensverschieden. Denn bei den extrarenalen N-Verlusten erhöht ja doch auch nur das primäre stoffliche Produktionsbedürfnis auf dem Wege über den Umbauvorgang die renale N-Ausscheidung. Ein unmittelbarer Abnützungsvorgang, weiter und besser gefaßt: ein Verlust durch die Funktion, wird dagegen zugrunde liegen einem Teil der Purinausscheidung, sowie der Kreatininausscheidung. Über die der Neutralschwefelfraktion entsprechende N-Ausscheidung vgl. in diesem Zusammenhang das S. 19, 20 Gesagte.

Wie hoch muß die N-Einfuhr sein, um gerade noch ein Stickstoffgleichgewicht zu ermöglichen? Frage der verschiedenen biologischen Wertigkeit der Eiweißkörper.

Während die Verhältnisse des minimalen N-Umsatzes, bei denen ein ständiger N-Verlust stattfindet, von hoher theoretischer Bedeutung sind, kann für die Ernährung nur ein Zustand interessieren, bei dem sich der Erwachsenenorganismus im N-Gleichgewicht befindet.

Bekanntlich wird ein solches bei ausreichender Eiweißzufuhr vom Erwachsenenorganismus normalerweise immer hergestellt. Eine Ausnahme bedeutet nur die Übergangszeit, wenn man etwa vom Minimum plötzlich auf eine eiweißreiche Ernährung übergeht, und umgekehrt. Im ersteren Falle wird N retiniert, im letzteren geht N zu Verlust, da dann die Harn-N-Ausscheidung erst im Verlaufe von 5 und mehr Tagen allmählich auf den niedrigen Minimumwert absinkt. Daraus kann man wohl folgendes schließen: 1. Der Organismus ist „bestrebt", sich eine gewisse Eiweißreserve anzulegen. 2. Bei plötzlicher Einschränkung der Eiweißzufuhr geht diese Eiweißreserve wieder zu Verlust. 3. Die Höhe des N-Umsatzes in den Übergangstagen entspricht wahrscheinlich der noch vorhandenen Menge an Reserveeiweiß. Nach SHERMANN besteht ja in den Zellen ein für die Funktion wichtiger Gleichgewichtszustand zwischen freien Aminosäuren und Eiweiß, und wahrscheinlich werden für endogenen Bedarf an N-Substanzen zunächst erstere herangezogen (FELIX). Für das hauptsächlich in Leber und Muskulatur verlegte Reserveeiweiß (Synonyma: Übergangs-, Zelleinschluß-, zirkulierendes, labiles Eiweiß) scheint aber festzustehen, daß es nicht in Aminosäurenform vorliegt. Wahrscheinlich handelt es sich um Polypeptide oder ein Gemisch von solchen und Eiweiß. Nach den Bilanzstudien von RAZAFIMAHERY scheint es sich dabei um im Verhältnis zur Zusammensetzung des eigentlichen Zelleiweiß schwefelärmere N-Substanzen zu handeln. Die Frage, ob nicht überhaupt immer zunächst dieses Reserveeiweiß zersetzt und jeweils durch Nahrungseiweiß wieder ersetzt wird, werfen BORSOOK und KEIGHLEY auf.

Erstrebt man, vom minimalen N-Umsatz ausgehend, ein Stickstoffgleichgewicht auf möglichst niedriger Basis, so muß immer nicht unerheblich mehr Eiweiß zugeführt werden, als der minimalen N-Ausscheidung entspricht (das wenigste sind wohl 20%). Von manchen Autoren wird dies auf die Vorgänge zurückgeführt, welche der spezifisch-dynamischen Wirkung des Nahrungseiweiß zugrunde liegen. Es kann aber auch vorkommen, daß ein Vielfaches des minimalen N-Ausscheidungswertes an Eiweiß zugeführt wird, *ohne* daß sich ein N-Gleichgewicht herstellen läßt. Wie ist das möglich?

Nun, wie ist es überhaupt möglich, ein Stickstoffgleichgewicht zu erzielen, obgleich der endogene N-Umsatz zwangsläufig immer gleichbleibt? Ersichtlich nur dadurch, daß von dem Nahrungseiweiß so viel retiniert wird, als der endogenen N-Ausscheidung entspricht. Je gleichwertiger das Nahrungseiweiß dem Körpereiweiß ist, welches dem endogenen Abbau unterliegt, um so kleiner wird der Mehrbedarf an Nahrungseiweiß über die minimale N-Ausscheidung hinaus sein. Ist dagegen das Nahrungseiweiß arm an bestimmten notwendigen Bestandteilen, so wird eine große Menge davon zersetzt werden müssen, um dem Körper die zum Ersatz für den endogenen Abbau benötigten Bausteine zur Verfügung zu stellen. Und bei Ernährung mit Einzeleiweißen, denen bestimmte Bestandteile fehlen, ist es sogar möglich, daß auch bei noch so reichlicher Eiweißzufuhr kein N-Gleichgewicht zu erzielen ist. Die Stickstoffbilanz bleibt negativ — wenn auch natürlich nicht ganz so negativ, wie bei der stickstofffreien Ernährung im N-Minimum —, und das Versuchstier nimmt langsam an Gewicht ab.

Nach dem Gesagten bestimmt also das stoffliche Ersatzbedürfnis für das eigene Körpereiweiß die zu einem bilanzmäßigen N-Gleichgewicht notwendige Höhe der Zufuhr eines jeden Eiweißes. Und nach dieser Höhe bemißt sich die sog. biologische Wertigkeit der verschiedenen Eiweißkörper. Um sie zahlenmäßig berechnen zu können, hat K. Thomas folgende Formel aufgestellt:

Biologische Wertigkeit = (minimale N-Ausscheidung + N-Bilanz) in Prozenten des resorbierten N.

Beispiel: Minimale N-Ausscheidung 3 g. N-Zufuhr jetzt 10 g. Harnausfuhr 11 g, Kot-N 1 g. Biologische Wertigkeit also: 3 + (10 minus 11) = 2, in Prozenten von 9 (10 minus 1) = 22.

Es gibt nun aber für die biologische Wertigkeit eines Eiweißes noch ein anderes Kriterium: Außer der Höhe des zur Erhaltung notwendigen N-Umsatzes beim erwachsenen Tier, die beim wachsenden Tier mit einer bestimmten Eiweißmenge in der Nahrung erzielbaren Gewichtszunahme, und es liegt auf der Hand, daß, wenn es sich darum handelt, einen Organismus überhaupt erst aufzubauen, die größeren Anforderungen an die Qualität eines Eiweiß gestellt werden. Terroine (1) hat für Wachstumsversuche in dieser Hinsicht mehrere „*Ansatzkoeffizienten*" aufgestellt. *Am einfachsten vergleicht man, wieviel Prozent der N-Resorption die N-Retention bei gleichem Eiweiß- und Energiegehalt der Nahrung ausmacht.* Besonders anschauliche Vergleichswerte erhält man, wenn man den Retentionswert der Milch gleich 100 setzt. Als Anhalt für die verschiedene biologische Wertigkeit diene Tabelle 3. Die Zahlen beziehen sich durchweg auf gleiche Eiweißzufuhr!

Tabelle 3. Biologische Wertigkeit.

	Nach Thomas (Erhaltung)	Nach Terroine (Wachstum)
Milch	100	100
Rindfleisch	104	77
Casein	70	78
Sojamehl	—	70
Kartoffel	79	—
Blumenkohl	84	—
Spinat	64	—
Roggenmehl	—	60
Erbsenmehl	55	55
feines Weizenmehl	40	38

In Bestätigung der hohen Wertigkeitszahlen für Gemüse von Thomas hat später auch Boruttau darauf hingewiesen, daß die Eiweißkörper der Cuticularsubstanzen von Blättern und Stielen ebenso eine verhältnismäßig hohe biologische Wertigkeit besitzen, wie die Schalen von Knollen und Früchten im Verhältnis zu deren Inhalt (letzteres ja am bekanntesten bei den Getreidekörnern).

Für die praktische Ernährung kommt es natürlich entscheidend auch auf die in einem Nahrungsmittel vorhandene Eiweiß*quantität* an. Unter Berücksichtigung dieser ergeben sich folgende wichtige Zahlen nach K. Thomas: Der in 100 Teilen des *frischen* Nahrungsmittels enthaltene Stickstoff kann ersetzen vom Körper-N:

Rindfleisch	3,69 g	Weizenmehl	0,73 g	Blumenkohl	0,22 g
Fisch	2,63 g	Milch	0,50 g	Kartoffel	0,20 g
Erbsenmehl	2,06 g	Spinat	0,33 g	Banane	0,10 g

Für Eiweißqualität *und* -quantität lehrreich ist auch folgende Übersicht nach C. Röse (Tabelle 4).

Chemisch betrachtet, hängt die biologische Wertigkeit eines Eiweiß bekanntlich davon ab, ob und in welcher Menge es einige *unentbehrliche Aminosäuren* enthält. Dies sind solche, welche lebensnotwendig sind, aber vom Organismus nicht selber gebildet werden können. Dabei mag eine beschränkte Bildungsfähigkeit unter Umständen noch die Erhaltung ermöglichen, zum Wachstum wird sie nicht ausreichen (O. Neubauer). *Unentbehrlich sind* in erster Linie die vier cyclischen Aminosäuren *Tryptophan, Prolin, Histidin und Phenylalanin,* ferner *Lysin* und *Methionin* sowie fürs Wachstum nach Felix (1938) noch *Leucin und Isoleucin, Thyreonin und Valin.*

Tabelle 4.

Ein N-Gleichgewicht ist bei einem Erwachsenen zu erzielen bei einer Tageszufuhr von:

Eiweiß g	Herkunft	Enthalten in einer Menge des Nahrungsmittels von kg
20,5	Milch	0,600
26,5	Kartoffeln	1,325
46,0	Banane	4,500
67,0	Wirsing	(2,480)
79,0	Kohlrüben	(5,643)

Entbehrlichkeit einer Aminosäure bedeutet andererseits nur, daß sie vom Körper gebildet werden kann. Gebraucht werden ja wohl alle Aminosäuren, und ihr Vorhandensein in der Nahrung wird immer den Vorteil haben, dem Organismus die Synthese zu ersparen.

Weiter besteht neben differenziertem, anscheinend ein undifferenzierter Bedarf an Aminostickstoff überhaupt, der also selbst durch einfache Ammoniakverbindungen befriedigt werden kann, denen infolgedessen in dem nach K. Thomas angestellten Versuche eine nicht unerhebliche biologische Wertigkeit zukommt [Terroine (2)].

Der praktische Eiweißbedarf.

Dessen Höhe hängt nach dem vorstehend Ausgeführten natürlich weitgehend davon ab, inwieweit er durch biologisch hochwertiges Eiweiß gedeckt werden kann.

Ausschließlich ist solches übrigens, auch wenn man eine möglichst niedrige Gesamtzufuhr erstrebt, anscheinend nicht notwendig. Aus experimentellen Erfahrungen über die Verfütterung von Einzeleiweißen und von Kombinationen von solchen geht nämlich hervor, daß eine Mischung aus einem vollkommenen und unvollkommenen Eiweiß eine höhere biologische Wertigkeit haben *kann*, als ersteres allein. FELIX deutet dies so, daß bei einer Mischung verschiedener Eiweißkörper ein Verhältnis der einzelnen Aminosäuren zueinander hergestellt würde, das mit weniger Abfällen verwertet werden kann, als dies bei einem Einzeleiweiß möglich wäre.

Wer also der Ansicht ist, daß man mit möglichst wenig Eiweiß mit der Nahrung auskommen soll, darf nicht *gleichzeitig* die Ernährung mit nur minderwertigem pflanzlichen Eiweiß propagieren, denn eines schließt das andere aus! Und daß man bei alleiniger Reisnahrung gesund bleiben und schwer arbeiten könne, ist ein Märchen. Der biologisch minderwertige Reis ist in Ostasien ein begehrter Luxus im Sinne eines zusätzlichen Nahrungsmittels, wie bei uns etwa das Weißbrot. Die vegetarische Nahrung der breiten Massen enthält dort hinreichend biologisch hochwertiges Eiweiß aus Kartoffel, Hirse, Buchweizen, besonders aber in Gestalt der Sojabohne, vgl. bei HINTZE! Und so erklärt sich der Zusammenbruch SÜSSKINDs bei seinem bekannten Selbstversuch mit lang dauernder eiweißarmer Ernährung wohl mit aus der vorzugsweisen Verwendung von minderwertigem Eiweiß (Nüsse!)[1]. Von *lang dauernden Versuchen mit einer möglichst eiweißarmen Nahrung* scheinen am exaktesten durchgeführt und vertrauenswürdigsten zwei neuere von RÖSE (2) (1934), sowie SCHMID (1933). Bei der Kartoffel-Milchkost RÖSEs genügten 23 g Nahrungseiweiß keineswegs. Nach 5 Monaten traten Appetitlosigkeit, mangelnde Arbeitslust und gedrückte Gemütsstimmung auf. Das mit 25 g Eiweiß hergestellte N-Gleichgewicht wurde in langer Beobachtungszeit immer wieder durch kleinste Anlässe, welche die Harn-N-Ausscheidung bis um 2 g und mehr steigerten, gestört. (Dazu genügte schon ein Schnupfen!) Bei 28 g Nahrungseiweiß, in der Hauptsache dem Eiweiß von 500 g Milch und 400 g Kartoffeln, sind nach RÖSE auch solche Störungen mit in Rechnung gestellt. Immerhin bewegt man sich auch dabei noch an der untersten Grenze des Eiweißbedarfs, und die gleichartige Kost, mit der RÖSE als Bauernsiedler 15 Jahre bei bester Gesundheit lebte, enthielt denn auch 38—40 g Eiweiß.

Auch bei SCHMIDs zweijährigem Selbstversuch mit einer Zufuhr von 30—40 g, zu 50% hochwertigem, Eiweiß war die Stickstoffbilanz dauernd leicht positiv, zum Schluß nahm trotzdem die körperliche Leistungsfähigkeit etwas ab, es entstand erhöhtes Schlafbedürfnis und der Grundumsatz erniedrigte sich. Als optimal wird man ein solches Ernährungsregime — bei dem neben 1 g Kot-N etwa 5,5 g Harn-N ausgeschieden

[1] Eine Diskussion der verschiedenen bekannten Vertreter eines Standpunktes in der Frage des praktischen Eiweißbedarfs findet sich in der Z. Volksernährung **9** (1934), Heft 8, 9, 11, 12, 17, 20, 23.

werden — deshalb nicht bezeichnen dürfen. *Dagegen dürften* 60 g Eiweiß für den gesunden Erwachsenen im allgemeinen genügen, *wenn mindestens die Hälfte davon hochwertiges Eiweiß ist*, und 80 g jedenfalls *reichlich auslangen* (HEUPKE).

Inwieweit spielt ein Basenüberschuß in der Nahrung für die Höhe des Eiweißbedarfs eine Rolle? TERROINE (5) konnte in sorgfältigen Tierversuchen die minimale N-Ausscheidung durch eine künstlich herbeigeführte Azidosis regelmäßig steigern. RAGNAR BERG sowie RÖSE (1) konnten im Ernährungsversuch am Menschen nachweisen, daß ein Stickstoffgleichgewicht an der untersten Grenze des Bedarfs sich lange Zeit hindurch nur bei einer basenreichen Ernährung aufrecht erhalten läßt. Daß deshalb auch bei auskömmlicher Eiweißzufuhr ein Basenüberschuß in der Nahrung gefordert werden muß, ist aber unbewiesen.

Zunächst die Frage, warum eigentlich eine eiweißreiche Kost im allgemeinen den Stoffwechsel in saurer Richtung verschiebt? Nicht wegen der organischen Stoffwechselschlacken! Vergleicht man z. B. „vegetarisch" und „fleischreich", so wird die Minderausscheidung von Harnsäure im ersteren Falle zum Teil wettgemacht durch eine Mehrausscheidung von Hippursäure (Cellulose!), und auf der anderen Seite vermehrt stärkere Fleischzufuhr neben der Harnsäureausscheidung auch die des basischen Kreatinins. Was die anorganischen Bestandteile betrifft, so enthalten Fleisch und Brot in Prozenten ihres Gewichtes etwa ebensoviel anorganische Basen, wie Kartoffeln und viele Gemüse und Früchte. Der Unterschied liegt vielmehr in den anorganischen Säuren: Fleisch, Fisch und Zerealien liefern schon an Phosphorsäure etwa das Doppelte und Dreifache, wie die sog. basenreichen Nahrungsmittel, und dazu kommt dann noch der starke Anfall von Schwefelsäure aus der Oxydation des in so großer Menge vorhandenen Eiweiß.

Daß durch diese Azidosis die Oxydation des Eiweißmaterials beeinträchtigt wird, ist aber recht unwahrscheinlich. Weisen doch gerade bei exogen stark erhöhtem Eiweißstoffwechsel alle Kriterien auf eine ausgezeichnete Durchoxydation desselben hin, während umgekehrt der niedrige endogene Eiweißumsatz wirklich relativ viel mangelhaft oxydierte Produkte liefert (vgl. darüber die ausführlichen Angaben weiter oben). Und was die Ausscheidung der sauren Produkte betrifft, so sind bei gemischter Kost die Möglichkeiten der Neutralitätsregulation durch NH_3-Abspaltung in der Niere doch sicher bei weitem nicht ausgeschöpft. Aber aus anderen Gründen muß man sich fragen: Schadet eine dauernde überreichliche (also 100 g täglich mehr oder weniger überschreitende) Eiweißzufuhr? Diese bedeutet praktisch eine hohe Zufuhr von animalischem Eiweiß, insbesondere von Fleisch. Daß der Übergang von einer solchen Ernährung zu einer „lactovegetabilen Diät" bei manchen Gefäß- und Stoffwechselkrankheiten von ersichtlichem Nutzen ist, läßt immerhin die Möglichkeiten offen, daß diese Erkrankungen, wenn die Ernährung von vornherein von letzterer Art gewesen wäre, gar nicht entstanden wären. Und deswegen ist nichts dagegen einzuwenden, wenn die Gesundheitsführung einen übertriebenen Fleischgenuß bekämpft, auch ohne daß man vorläufig weiß, worauf dessen Schädlichkeit für Menschen von bestimmter Veranlagung beruht. (Denn die Rolle der Harnsäure dabei ist ja durchaus hypothetisch.)

b) Die Besonderheiten in der Wachstumsperiode.

Das Säuglingsalter.

Der minimale (endogene) Eiweißumsatz.

Diesen ermittelten Finkelstein und Langstein nach folgendem Vorgehen: 3 Tage bekamen die Säuglinge eine eiweißarme, mit Zucker und Fett angereicherte Nahrung, $^1/_5$ Milch, dann eine eiweißfreie Kohlehydratkost solange, bis die Harn-N-Ausscheidung konstant war. Auf diese Weise erhielten die Autoren bei vier Säuglingen im ersten Lebenshalbjahr nebenstehende Werte für das N-Minimum (Tabelle 5).

Tabelle 5. Tages-N-Werte (g/Körperkilogramm).

	Urin	Kot
	0,077	0,036
	0,060	0,017
	0,082	0,035
	0,100	0,033
Durchschn.	0,080	0,030

Ein Vergleich mit den auf S. 23 mitgeteilten entsprechenden Erwachsenenwerten — 0,038 g Harn-N und 0,012 g Kot-N — steht in vollem Einklang mit der These, daß der minimale N-Umsatz eine Funktion des Grundumsatzes ist. Letzterer ist nämlich pro Körperkilogramm beim Erwachsenen mit 24, beim Säugling mit 54 Calorien anzunehmen (vgl. Bd. 2, S. 200, Abb. 15 und 16). Es verhält sich aber 24 : 54 genau wie 38 : 80!

Über den bilanzmäßigen Eiweißstoffwechsel bei Ernährung mit Frauenmilch (einschließlich der Frage des zusätzlichen Eiweißbedarfs für das Wachstum).

Aus den sehr gut übereinstimmenden Stoffwechselversuchen an gut gedeihenden Brustkindern von Peiser, Tobler-Noll, Lindberg, Malmberg und Muhl sind im folgenden Durchschnittszahlen berechnet. Ebenso aus den mittels besonderer Methodik langfristig durchgeführten gleichartigen Versuchen von Rominger und Meyer.

Der *N-Umsatz.* Dieser ist bei Ernährung mit Frauenmilch äußerst niedrig, kaum höher, als der Minimalumsatz. So ist in dem Durchschnittswert von 0,13 g Harn-N/kg z. B. ein Wert von 0,10 enthalten, welcher also nicht höher liegt, als der eine Wert in der vorstehenden kleinen Tabelle nach Finkelstein-Langstein. Daß der Säugling mit einem so niedrigen N-Umsatz auskommt, liegt wahrscheinlich mit an der besonders hohen biologischen Wertigkeit der Frauenmilch (näheres weiter unten S. 33).

Tabelle 6. N-Stoffwechsel bei Brustkindern (Durchschnittswerte).

Körpergewicht	Tageszunahme während des Versuches	Einfuhr		Ausfuhr			Retention	Retention in Prozent der	
		abs.	pro Körperkilogramm	Faeces	Urin abs.	Urin pro Körperkilogramm		Resorption	Einfuhr
g	g	g		g			g		
4825	25	1,3	0,27	0,18 (0,13–0,27)	0,62	0,13	0,54 (0,44–0,78)	48	41
3890	20—26	1,2	0,30	—	—	—	0,46 (0,36–0,54)	—	38

Die N-Retention (Eiweißansatz). Die durchschnittliche tägliche Gewichtszunahme beträgt bei einem gut gedeihenden Säugling im ersten Lebensquartal 28 g (vgl. Bd. 1, S. 20). Nimmt man an, daß der Ansatz denselben Eiweißgehalt aufweist, wie der Neugeborenenkörper, nämlich 11% Eiweiß (vgl. Bd. 2, S. 231: Energetik der Massenbildung), so entsprechen diese 28 g einem N-Wert von 0,52 g. Wie man sieht, wird dieser Wert beim Brustkind zuweilen nicht unerheblich unterschritten. Zur Erklärung kann die Tatsache dienen, daß ein gut gedeihender Säugling und insbesondere das Brustkind erheblich rundlicher zu sein pflegt, als ein Neugeborener. Wegen dieses sich ausbildenden stärkeren Fettpolsters muß aber natürlich der relative Eiweißgehalt des Ansatzes etwas niedriger sein. *Zusammenfassend ist zu sagen, daß Frauenmilch das Eiweißbedürfnis des Säuglings knapp, aber ersichtlich völlig hinreichend deckt mit einer täglichen Eiweißzufuhr von 1,8 g pro Körperkilogramm, wobei annähernd $^2/_5$ dieser Menge zum Ansatz verwertet werden.*

Der bilanzmäßige Eiweißstoffwechsel bei Ernährung mit Kuhmilch.

Bedenkt man, zu welch guten Resultaten die Aufzucht junger Säuglinge mit Kuhmilch, etwa in der Form von gesäuerter Vollmilch, oft führt, so zeigt sich darin eine erstaunliche Anpassungsfähigkeit des menschlichen

Tabelle 7. N-Stoffwechsel bei mit Kuhmilch ernährten Säuglingen (Durchschnittswerte).

Körpergewicht	Tageszunahme während des Versuches	Einfuhr		Ausfuhr			Retention	Retention in Prozent der	
		abs.	pro Körperkilogramm	Faeces	Urin abs.	Urin pro Körperkilogramm		Resorption	Einfuhr
g	g	g		g	g	g	g		
4450	33	2,63	0,59	0,25 (0,22—0,27)	1,61	0,36	0,73 (0,58—0,88)	30	28
4410	34	2,92	0,66	—	—	—	0,85 (0,66—1,07)	—	29
8175	48	5,14	0,62	0,55	3,37	0,41	1,22	26	24

Organismus schon auf dieser frühen Entwicklungsstufe, welche alle einseitigen Ernährungsapostel nachdenklich stimmen sollte! Für den N-Stoffwechsel des künstlich genährten Säuglings bringe ich die sehr gut übereinstimmenden Werte einmal aus Versuchen von CRONHEIM und ERICH MÜLLER sowie TANGL, andererseits wieder die Zahlenergebnisse der langfristigen Versuche von ROMINGER und MEYER (angeordnet nach der Höhe des N-Umsatzes) (Tabelle 7).

Vor der Besprechung von Tabelle 7 seien noch des Zusammenhanges wegen die folgenden Versuchsergebnisse wiedergegeben:

Tabelle 8. N-Umsatz bei extrem eiweißangereicherter Nahrung. (Nach den Versuchen von FINKELSTEIN und JONAS über das Eiweißfieber des Säuglings.)

Körpergewicht g	Einfuhr g	Faeces g	Urin		Retention	
			abs. g	pro Körperkilogramm	abs. g	pro Körperkilogramm
6000	8,55	0,47	6,08	1,01	2,10	0,35
	17,85	1,88	7,20	1,20	8,77	1,46
	32,20	1,78	16,95	2,82	13,47	2,24
	48,30	3,09	28,39	4,73	16,82	2,80

Die *Kot-N-Werte*. Hierfür sei auf das Kapitel Verdauung in Bd. 1 verwiesen, vergleiche dort S. 206/207 (Ausnutzung des Nahrungseiweiß). Bei Kuhmilch werden höhere Werte, als bei Frauenmilch gefunden, doch bleiben sie bedeutend hinter der erhöhten Einfuhr zurück. Wahrscheinlich handelt es sich nur darum, daß der höhere Gehalt der Kuhmilch an Eiweiß, dem Hauptsaftlocker, eine erhöhte Ausscheidung von Sekret-N mit dem Stuhl bewirkt, wobei letzteres natürlich teilweise in Form der Stuhlbakterien vorliegt. Aus Tabelle 8 kann man die Stuhl-N-Werte bei extrem angereicherter Versuchsnahrung ersehen.

Der *N-Umsatz*. Die Höhe desselben ist beim mit $^2/_3$ Kuhmilch ernährten Säugling etwa 3—3$^1/_2$ mal so groß wie beim Brustkinde (Prokilowerte 0,36—0,41 gegen 0,13). Wohl mit Recht nehmen ROMINGER und MEYER an, daß der höhere Calorienbedarf des Flaschenkindes mit diesem höheren Eiweißumsatz in Beziehung zu bringen ist, welcher ja eine höhere spezifisch-dynamische Wirkung der Kuhmilch bedeutet (vgl. über diese Verhältnisse in Abschnitt Kraftwechsel Bd. 2, S. 222/225). Daß der N-Umsatz des Säuglings auch extremen Eiweißangeboten genügen kann, so daß er bis zum 50(!)fachen des Wertes beim Brustkinde emporgetrieben wird, zeigen die Versuche von FINKELSTEIN und JONAS (Tabelle 8).

Wie steht es mit der *N-Retention* bei Ernährung mit Kuhmilch? Bei Frauenmilchernährung sahen wir Retentionswerte, die 38—41% der Resorption betragen. Bei den üblichen Kuhmilchgemischen werden nur 24—29% der Resorption retiniert, trotzdem liegen die absoluten N-Retentionswerte über 50% höher als beim Brustkinde. Eine langsame Wiederausscheidung des retinierten N sahen ROMINGER und MEYER nur, wenn von Kuhmilch auf eine eiweißarme Nahrung übergegangen wurde. *Es ist daher* nach den langfristigen Versuchen dieser Autoren *kein Zweifel, daß das Flaschenkind nicht nur einer Hypermineralisation unterliegt (vgl. S. 128/129), sondern daß es auch dauernd Stickstoff in erhöhtem Maße thesauriert,* wobei sich es sich um sog. Reserveeiweiß handeln wird. Wie groß die Fähigkeit zur Stickstoffretention in dieser Periode der größten Wachstumsintensität ist, geht ja aus den Eiweißanreicherungsversuchen von JONAS und FINKELSTEIN hervor: Gegenüber den von diesen Autoren durchgeführten extremen Eiweißbelastungen erreicht die *relative* N-Retention zeitweise sogar die hohen Werte wie beim Brustkinde, und die absolute tägliche Retentionsmenge erklimmt die gewaltige Höhe von 16,82 g N, das ist mehr als das 30fache des Wertes beim Brustkinde!

N-Ansatz und biologische Eiweißwertigkeit bei der Säuglingsernährung.

Frauenmilch und Kuhmilch. Das ausgezeichnete Gedeihen des Brustkindes bei einem an der unteren nach der Theorie zulässigen Grenze liegenden Eiweißumsatz spricht, wie wir sahen, für eine optimale biologische Wertigkeit der Frauenmilch. Anscheinend verdankt sie diese ihrem hohen Gehalt an Lactalbumin, welches mit $^2/_5$ an ihrem Gesamt-N-Gehalt beteiligt ist, dagegen nur mit $^1/_7$ in der Kuhmilch. FINKELSTEIN und LANGSTEIN ermittelten nämlich in ihren auf S. 30 besprochenen Versuchen, in dem sie nach Feststellung des minimalen N-Umsatzes der Säuglingsnahrung wieder Eiweiß zulegten, bis die Harn-N-Ausscheidung an zwei aufeinanderfolgenden Tagen konstant war, folgende durchschnittliche *biologische Wertigkeiten nach* K. THOMAS:

Lactalbumin . . .	87	Casein	73
Frauenmilch . . .	88	Kuhmilch . . .	73

Nach der Natur solcher Versuche kommt es bei diesen Zahlen weniger auf ihre absolute Höhe, als auf das Verhältnis der Werte zueinander an, und dieses zeigt eindeutig, daß das arteigene Frauenmilcheiweiß eine noch höhere biologische Wertigkeit besitzt, als das schon so hochwertige Kuhmilcheiweiß.

Kuhmilch und Pflanzenmilchen. Aus Versuchen an wachsenden jungen Ratten von BROCK und RÖNTSCH ging schon hervor, daß Sojaeiweiß, wenn es auch das Wachstum ausgezeichnet fördert, hinter Kuhmilcheiweiß biologisch zurücksteht (S. 619). TSO und CHU ernährten nun Säuglinge vergleichsweise mit Sojamilch und Kuhmilch mit folgendem Ergebnis: Obgleich der sog. Resorptionswert bei Sojaeiweiß nur etwa 80% der Einfuhr ausmachte gegenüber mehr als 90% bei Kuhmilcheiweiß, waren die Retentionswerte in Prozent der Resorption bei Sojamilch nur etwa halb so hoch wie bei Kuhmilch. Mit anderen Worten: Der auf S. 26 besprochene Ansatzkoeffizient TERROINEs ist bei Sojabohnenmilch erheblich niedriger als bei Kuhmilch. Trotzdem ist es natürlich möglich, Säuglinge mit Sojaeiweißmilch zu ernähren. Dagegen sind andere pflanzliche Eiweiße, wie z. B. das der Mandelmilch, biologisch so minderwertig, daß ihre Propagierung für die Säuglingsernährung geradezu eine Gefahr bedeutet. [Ansatzwert im Rattenversuch $^1/_5$ von dem der Kuhmilch, knapp $^1/_3$ von dem der Sojabohnenmilch (BROCK und RÖNTSCH)!].

Eine besondere Besprechung erfordern die Neugeborenenperiode sowie die Verhältnisse bei den Frühgeborenen.

Der N-Stoffwechsel in der Neugeborenenperiode.

Die Natur hat es so weise eingerichtet, daß dem in den ersten Tagen noch trinkschwachen Neugeborenen eine in bezug auf die Ansatzstoffe Eiweiß und Mineralien konzentriertere Nahrung, nämlich die Erstmilch oder das Colostrum zur Verfügung steht, welche etwa erst im Laufe einer Woche die Beschaffenheit reifer Frauenmilch annimmt (vgl. Kapitel „Ernährung"). So ist es eigentlich nicht verwunderlich, daß Neugeborene, welche von vornherein mit abgespritzter reifer Ammenmilch ernährt werden, trotz dieser Erleichterung der Nahrungsaufnahme noch negative N-Bilanzen aufweisen, Frühgeburten sogar noch nach 8 Tagen (LANGSTEIN und NIEMANN, BIRK). Anders bei der natürlichen Kolostralernährung nach von BIRK durchgeführten Stoffwechselversuchen.

Tabelle 9.
N-Stoffwechsel der Neugeborenen bei Kolostralernährung. (Nach BIRK.)

Lebenstag	Einnahme	Urin	Kot	Bilanz
		Versuch I.		
1	—	0,070	—	—0,070
2	0,418	0,336	—	+0,082
3	0,585	0,392	—	+0,193
4	0,839	0,256	}0,524	+0,383
5	1,045	0,357		+0,383
		Versuch II.		
1	—	—	—	—
2	—	0,109	—	—0,109
3	0,203	0,102	0,004	+0,100
4	0,231	0,174	0,029	+0,028
5	0,768	0,592	0,010	+0,166
6	0,536	0,255	0,108	+0,173
7	0,580	0,222	0,169	+0,189
8	0,752	0,315	0,056	+0,381

Bei diesen wurde, während die Neugeborenen an der einen Brust tranken, jeweils die andere Brust künstlich entleert und diese Milch zur Analyse verwendet. Die Stühle wurden logischerweise nur insoweit zur Berechnung der Ausfuhr herangezogen, als sie nicht mehr aus Meconium bestanden, weil dieses ja ein Restprodukt der Fetalzeit darstellt (vgl. Bd. 1, S. 212).

In diesen Versuchen war nun die N-Bilanz schon am 2. bzw. 3. Tage positiv, obgleich die Neugeborenen in der ersten Woche wegen ungenügender Flüssigkeitszufuhr in üblicher Weise an Körpergewicht abnahmen.

Der N-Stoffwechsel bei Frühgeburten.

Dieser sei auf Grund langfristiger Stoffwechselversuche von JOHN hier kurz besprochen. Vgl. nachstehende Tabelle:

Tabelle 10. N-Stoffwechsel von natürlich genährten Frühgeburten. (Nach JOHN.)

Geburtsgewicht g	Lebensalter	Versuchsdauer (Tage)	Einfuhr g	Ausfuhr		Retention	Retention in Prozent der	
				Faeces	Urin		Resorption	Einfuhr
1700	1 Monat	10	0,78	0,097	0,17	0,52	76	66
1100	1 Monat	10	0,49	0,11	0,12	0,26	68	53
1100	2 Monat	—	1,94 [1]	0,080	0,55	1,30	70	66

Aus diesen Versuchen geht folgendes hervor: 1. Die Eiweißausnützung ist eine vorzügliche, wie insbesondere die niedrigen Stuhl-N-Werte bei der Eiweißzulage beweisen. 2. Der N-Umsatz ist, wenn man seinen Wert pro Körperkilogramm abschätzt, noch niedriger als bei ausgetragenen Brustkindern. Dies würde mit dem niedrigeren Grundumsatz der Frühgeburten gut im Einklang stehen (vgl. Bd. 2, S. 208/209). Es bestätigt ferner den klinischen Eindruck, daß diese kleinen Geschöpfe gewissermaßen nur eine vita minima führen und ganz der vegetativen Funktion des Wachsens hingegeben sind. 3. Die Retention ist nämlich eine noch hervorragendere, als bei den ausgetragenen Brustkindern, und erreicht auf die „Resorption" bezogen, den phantastischen Wert von über 70%! Besonders verdient hervorgehoben zu werden, daß diese Fähigkeit zur N-Retention auch aphysiologisch hohen Eiweißangeboten gewachsen ist, wie sich bei der Anreicherung der Frauenmilch mit 3% Lactanaeiweiß zeigt.

Das spätere Kindesalter.

Der minimale (endogene) Eiweißumsatz.

Bei 9 Kindern zwischen 10—12 Jahren hat WAGNER folgende Werte für den minimalen N-Umsatz erhalten:

Tägliche Harn-N-Ausscheidung bei N-freier Kost (g/Körperkilogramm).

	0,0527
	0,0478
	0,0705
	0,0613
	0,0584
	0,0558
	0,0630
	0,0666
	0,0402
Durchschn.	0,0599
Dazu täglich Kot-N-Ausfuhr (g/kg)	0,018

[1] Anreicherung der Frauenmilch mit 3% Lactanaeiweiß.

Auch dieser Harn-N-Wert zeigt wieder, daß der minimale N-Umsatz eine Funktion des Grundumsatzes ist, denn sein Verhältnis zum Erwachsenenwert von 0,038 entspricht wieder ziemlich genau dem Verhältnis der zugehörigen aufs Körperkilogramm bezogenen Grundumsatzwerte, nämlich 35 : 24.

Der praktische Eiweißbedarf im Wachstumsalter jenseits der Säuglingsperiode.

Über diesen Gegenstand sind sehr viele Untersuchungen angestellt worden, ohne daß eine Übereinstimmung erzielt worden wäre. In folgendem soll deshalb einmal — anders wie bisher — nicht von Beobachtungen und Stoffwechselversuchen an so oder so ernährten Kindern ausgegangen werden, sondern es wird gefragt, welches Eiweißangebot aus unseren Einsichten in den N-Stoffwechsel als Forderung abzuleiten ist!

Aus den für das Säuglingsalter sowie für 10—12jährige Kinder ermittelten minimalen N-Umsatzwerten lassen sich diese, als eine Funktion des Grundumsatzes, für das übrige Kindesalter *berechnen.* Danach fällt dieser Wert vom 3. bis zum 14. Lebensjahre allmählich von 0,086 auf 0,052 g Harn-N/kg.

Nach den Ausführungen über den praktischen Eiweißbedarf des Erwachsenen (S. 29) genügt der Eiweißumsatz reichlich allen Anforderungen, wenn er das Dreifache des Minimumwertes ausmacht, was beim Erwachsenen der Fall ist bei einer Zufuhr von 60 g zur Hälfte hochwertigem, animalischen, Eiweiß. Wenn man jeweils $^7/_6$ dieses Wertes als Zufuhr nimmt, ist damit schon einer ungünstigen „Resorption" (von 85%) Rechnung getragen.

Tabelle 11. Eiweißbedarf im Wachstumsalter (nach Verfasser).

Lebensalter (Jahre)	g N/kg	g Eiweiß/kg
3	0,322	1,93
4	0,300	1,88
5	0,290	1,81
6	0,273	1,70
7	0,260	1,63
8	0,254	1,59
9	0,248	1,55
10	0,224	1,39
11	0,225	1,41
12	0,225	1,41
13	0,214	1,34
14	0,214	1,34

Bleibt noch der Ansatzbedarf. Aus den bekannten Tabellen — so derjenigen von Pirquet-Kornfeld, Bd. 1, S. 24/25 — läßt sich die durchschnittliche tägliche Gewichtszunahme für jedes kindliche Lebensalter ohne weiteres berechnen. Der Eiweißgehalt dieses Ansatzes beträgt, hochgerechnet, 15%. Danach läßt sich dann der tägliche Bedarf an Eiweiß bzw. Stickstoff für das Wachstum ausrechnen. Dieser ist erstaunlich gering und schwankt zwischen dem 3. und 14. Lebensjahr zwischen 0,0053 und 0,0092 g N/Körperkilogramm. Wegen des unregelmäßig verlaufenden Wachstums wird dieser Wert wieder verdreifacht.

Zieht man nun beide Posten, den für die Erhaltung (Umsatz) und den fürs Wachstum, zusammen, so ergeben sich für den Eiweißbedarf im Wachstumsalter die Werte der Tabelle 11.

Diese Werte decken sich interessanterweise fast ganz mit denen, welche SIEGERT 1906 für den Eiweißbedarf des Kindes ableitete, denn seine Zahlen gingen in der entsprechenden Altersspanne von 2,00—1,10 g Eiweiß/Körperkilogramm. 1907 teilte SIEGERT dann auch entsprechende Stoffwechselversuche mit: Kinder von $4^1/_2$—14 Jahren erhielten täglich 1,89—1,28, zur Hälfte animalisches, Eiweiß täglich pro Körperkilogramm. Dabei schwankte der durchschnittliche tägliche N-Ansatz/kg zwischen 0,033—0,067 g N, was nach der oben angestellten Berechnung etwa das 7fache des durchschnittlichen normalen Wachstumsbedarfes darstellt, auf jeden Fall also reichlich genug ist.

Gewiß ist nach den vorliegenden Stoffwechseluntersuchungen kein Zweifel, daß sich, ebenso wie beim Säugling, auch im späteren Kindesalter durch reichliche Eiweißzufuhr die N-Retention, zum mindesten vorübergehend, über den tatsächlichen Bedarf hinaus steigern läßt, wie z. B. aus nebenstehender Tabelle nach DANIELS, HUTTON, KNOTT, WRIGHT, EVERSON und SCOULER hervorgeht.

Tabelle 12. N-Retention derselben Kinder bei steigendem Eiweißangebot.

N-Zufuhr g/kg	N-Retention g/kg
0,26	0,010
0,30	0,031
0,31	0,041
0,35—0,39	0,063
0,40—0,44	0,066
0,45—0,49	0,083
0,50—0,54	0,101
0,55—0,59	0,121
0,60—0,64	0,112
0,65—0,69	0,114

Man darf nur aus solchen Beobachtungen keine falschen Schlüsse ableiten, wie es die Autoren tun, wenn sie aus dem Wiederabsinken der Retentionszahlen bei Steigerung der N-Zufuhr über 0,59 g N/kg hinaus folgern, daß mehr also nicht gegeben zu werden „brauche“, und daß also etwa 0,57 g N (= 3,5 g Eiweiß!) pro Körperkilogramm gegeben werden „sollten“. Denn mit dem tatsächlichen Bedarf haben diese Zahlen ja gar nichts zu tun, zeigen vielmehr nur die Anpassungsfähigkeit des kindlichen Organismus und seine Fähigkeit zur Thesaurierung.

Es ist zuzugeben, daß bei frei gewählter Kost die Eiweißzufuhr im allgemeinen höher liegt, als den Werten der Tabelle 11 entspricht. Dies kann z. B. einer guten Zusammenstellung von ELLEN AHLQVIST entnommen werden. Danach enthielten die untersuchten Kostformen vom 2. bis 10. Lebensjahr etwa 3,4—2,4 g Eiweiß pro Körperkilogramm, also etwa 75% mehr, als von mir als Bedarf errechnet. Es ist sogar anzunehmen, daß eine Eiweißzufuhr in dieser Höhe den Kindern keineswegs schädlich ist. Eine völlig offene Frage ist jedoch, ob sie etwa einen besonderen Nutzen bedeutet. Und auf alle Fälle hat die Wissenschaft doch die Aufgabe, der Volkswirtschaft Auskunft darüber zu geben, mit welcher Eiweißzufuhr ein Kind gut auskommen *kann*, und dies sollen die von mir berechneten Werte besagen, wobei in Rechnung gesetzt ist, daß 50% des Eiweiß hochwertiger, also animalischer Natur sind. Durch $^1/_2$ l Kuhmilch ist dieser Anteil übrigens meist schon ganz oder überwiegend gedeckt.

Auch ROMINGER gibt übrigens für den praktischen Eiweißbedarf im Kindesalter ziemlich niedrige Werte an, nämlich 2,5—2,0 g Eiweiß vom 3.—6. und 2,0—1,8 g Eiweiß vom 7.—14. Lebensjahr (auch berechnet aufs Körperkilogramm). Untergewichtigen Kindern, welche an Körpergewicht aufholen sollen, mag man und soll man mehr geben. Solche Kinder haben nach den Untersuchungen von WANG, HAWKS und HAYS ja sicher auch eine erhöhte Retentionsbereitschaft.

Literatur.

I. Zusammenfassende Abhandlungen.

CASPARI u. SCHILLING: Der Eiweißstoffwechsel. Handbuch der Biochemie, 2. Aufl., Bd. 8, S. 636. 1925.
CHROMETZKA: Erg. inn. Med. **44**, 538 (1932.)
FELIX: Der Eiweißstoffwechsel. Handbuch der Biochemie, 2. Aufl., Ergänzungswerk, Bd. **3**, S. 562. 1936.
GYÖRGY: Wachstum, Aufbau, Stoffwechsel und Ernährung des gesunden Säuglings. Handbuch PFAUNDLER-SCHLOSSMANN, 4. Aufl., Bd. 1, S. 324. 1931.
HINTZE: Geographie und Geschichte der Ernährung. Leipzig 1934.
LEHNARTZ: Einführung in die chemische Physiologie. Berlin 1937.
LUCKE: Erg. inn. Med. **44**, 499 (1932).
NEUBAUER, O.: Intermediärer Eiweißstoffwechsel. Handbuch der Physiologie, Bd. 5, S. 671. 1928.
ROMINGER: Stoffwechsel und Ernährung älterer Kinder. Lehrbuch der Kinderheilkunde. Berlin 1933.
TILLMANNS u. HIRSCH: Proteine und sonstige Stickstoffverbindungen. Handbuch der Lebensmittelchemie, Bd. 1, S. 117. Berlin 1933.

II. Einzelarbeiten.

AHLQVIST, E.: Scand. Arch. Physiol. **34**, 1 (1916).
AMBERG u. MORRILL: J. of biol. Chem. **3**, 311 (1907).
BERG, RAGNAR: Münch. med. Wschr. **1930 I**, 66.
BEUMER u. ISECKE: Berl. klin. Wschr. **1920 I**, 178.
BICKEL: (1) Zbl. inn. Med. **54**, 673 (1933).
BICKEL u. Mitarbeiter: (2) Münch. med. Wschr. **1925 II**, 1482.
— — (3) Biochem. Z. **287**, 433 (1936).
— — (4) Z. exper. Med. **100**, 61 (1936).
— — (5) Z. exper. Med. **100**, 217 (1937).
— — (6) Biochem. Z. **289**, 266 (1937).
BIRK: Mschr. Kinderheilk. **9**, 279, 595 (1910).
BLAZSO: J. Physiol. et Path. gén. **33**, 1076 (1935).
— J. Physiol. et Path. gén. **34**, 120, 523 (1936).
— Jb. Kinderheilk. **151**, 255 (1938).
BORSOOK u. KEIGHLEY: Proc. roy. Soc. Lond. B **118**, 488 (1935).
BORUTTAU: Biochem. Z. **69**, 225 (1915).
BROCK: (1) Z. klin. Med. **101**, 51 (1924).
— (2) Z. Kinderheilk. **39**, 44 (1925).
— (3) Z. Kinderheilk. **41**, 378 (1926).
BROCK u. RÖNTSCH: Z. Kinderheilk. **58**, 612 (1935.)
BÜHLER: Z. exper. Med. **86**, 638 (1933).
CATHERWOOD and STEARNS: J. of biol. Chem. **119**, 201 (1937).
CRONHEIM u. E. MÜLLER: Biochem. Z. **9**, 76 (1908).

DANIELS, HUTTON, KNOTT, WRIGHT, EVERSON, SCOULER: J. Nutrit. **9**, 91 (1935).
DENIS: J. of biol. Chem. **26**, 379 (1916).
DENIS and KRAMER: J. of biol. Chem. **30**, 189 (1917).
EIMER: Z. exper. Med. **74**, 738, (1930); **75** 428 (1931).
FASOLD: Z. Kinderheilk. **51**, 527 (1931).
FELIX: Münch. med. Wschr. **1938 II**, 1440.
FINKELSTEIN u. JONAS: Z. Kinderheilk. **49**, 55 (1930).
FINKELSTEIN u. LANGSTEIN: Z. Kinderheilk. **20**, 112 (1919).
FOLIN and DENIS: J. of biol. Chem. **11**, 253 (1912).
GAROT: C. r. Soc. Biol. Paris **101**, 1157 (1929).
GOEBEL: Z. Kinderheilk. **34**, 94 (1922).
HARTING u. GAEBLER: J. of biol. Chem. **54**, 579 (1922).
HEUPKE: Münch. med. Wschr. **1934 I**,' 3, 353.
JOHN: Z. Kinderheilk. **51**, 794 (1931).
KANITZ: Biochem. Z. **244**, 249, 234 (1932); **254**, 361 (1933).
KLEINSCHMIDT: Mschr. Kinderheilk. **64**, 1 (1936).
KRAUSS: Dtsch. Arch. klin. Med. **150**, 13 (1926).
LANGSTEIN u. NIEMANN: Jb. Kinderheilk. **71**, 604 (1910).
LANGSTEIN u. STEINITZ: Jb. Kinderheilk. **61** (1905).
LASCH: Z. exper. Med. **81**, 314 (1932).
LINDBERG: Z. Kinderheilk. **16**, 90 (1917).
MALMBERG: Acta paediatr. (Stockh.) **2**, 209 (1923).
MARPLES u. LEWINE: Amer. J. Dis. Childr. **51**, 30 (1936).
MONROT: Bull. Soc. Chem. biol. Paris **17**, 1741 (1935).
MUHL: Acta paediatr. (Stockh.) **1924**, Suppl.
MÜLLER, FRIEDRICH: Dtsch. med. Wschr. **1922 I**, 513, 545.
MÜLLER, E. u. STEUDEL: Arch. Kinderheilk. **76—78** (1925/26).
NIEMANN: Jb. Kinderheilk. **71**, 286 (1910).
OERTEL: Diss. Marburg 1934.
v. OORDT: Z. Biol. **43** (1902).
ORGLER: Jb. Kinderheilk. **67**, 383 (1908).
OSUKA: Biochem. Z. **244**, 284 (1932).
PAFFRATH u. OHM: Z. Kinderheilk. **54**, 377 (1933).
RAZAFIMAHERY: Ann. de Physiol. **11**, 261 (1935).
REMEN: Z. exper. Med. **81**, 223 (1932).
ROESE, C.: (1) Eiweißüberfütterung und Basenunterernährung, 2. Aufl. Dresden 1925.
— (2) Z. exper. Med. **94**, 579 (1934).
ROMINGER u. MEYER: Z. Kinderheilk. **50**, 509 (1931).
ROSE: (1) J. of biol. Chem. **10**, 265 (1911/12).
— (2) J. of biol. Chem. **48**, 563 (1921).
ROTHMANN: Z. exper. Med. **77**, 22 (1931).
ROUGICHITSCH: Arch. Dis. Childhood **1**, 348 (1926).
RUBNER u. HEUBNER: Z. Biol. **36** u. **38** (1898/99).
SCHMID, E.: Mitt. Lebensmittelunters. **24**, Heft 3 (1933).
SCHARFF: Mschr. Kinderheilk. **67**, 273 (1936).
SCHERMANN: J. of biol. Chem. **41**, 97 (1920).
SIEGERT: Verh. dtsch. Ges. Kinderheilk. **1906** (Stuttgart), 251.
— Verh. dtsch. Ges. Kinderheilk. **1907** (Dresden), 442.
SIMON: Z. Kinderheilk. **2**, 1 (1911).
STEFFEN u. SÜLLMANN: Schweiz. med. Wschr. **1931**, 1114.
SURANY: Nourisson **22**, 377 (1934).
TALBOT: Amer. J. Dis. Childr. **55**, 42 (1938).
TANGL: Pflügers Arch. **104**, 453 (1904).

TERROINE: (1) Arch. int. Physiol. **28**, 101 (1927).
— (2) Arch. int. Physiol. **33**, 60 (1930).
— (3) C. r. Acad. Sci. Paris **191**, 1473 (1930).
— (4) Bull. Soc. Chim. biol. Paris **14**, 12, 47, 68, 900 (1932).
— (5) C. r. Acad. Sci. Paris **194**, 203 (1932).
— (6) Bull. Soc. Chim. biol. Paris **14**, 12 (1932).
— (7) Bull. Soc. Chim. biol. Paris **15**, 23 (1933).
— (8) C. r. Acad. Sci. Paris **198**, 772 (1934).
— (9) Arch. int. Physiol. **42**, 461 (1936).
— (10) Bull. Soc. Chim. biol. Paris **18**, 665 (1936).
THOMAS, K.: Arch. f. Anat. u. Physiol. (Physiol. Abt.) **1909**, 219; **1910**. Suppl., 249.
TOBLER-NOLL: Mschr. Kinderheilk. **9**, 210 (1911).
TSO u. CHU: Chin. J. Physiol. **5**, 287 (1931).
WAGNER: Z. exper. Med. **33**, 250 (1923).
WANG, HAWKS, HAYS: Amer. J. Dis. Childr. **35**, 968 (1928); **36**, 1161 (1928).

B. Der Kohlehydratstoffwechsel.

Von HANS KNAUER-Bonn.

I. Physiologisch-Chemisches.

1. Die Baustoffe.

a) Allgemeine Chemie der Kohlehydrate.

Kohlehydrate stellen wie für jeden tierischen Organismus, so auch für den menschlichen eine besonders leicht angreifbare und verfügungsbereite Energiequelle dar. Die Stapelungsform im tierischen Organismus ist das Glykogen. Der im Blut vorhandene Traubenzucker dürfte die Transportform darstellen.

Will man sich ein Bild über die Auf- und Abbauvorgänge der Kohlehydrate im menschlichen Organismus verschaffen, dann ist es zweckmäßig, ganz kurz auf die Chemie der Kohlehydrate überhaupt einzugehen.

Kohlehydrate (K.H.) sind Stoffe, die aus Kohlenstoff, Wasserstoff und Sauerstoff im Verhältnis 1:2:1 zusammengesetzt sind — $C_n(H_2O)_n$. Es gibt sehr viele Stoffe mit dieser gleichen Zusammensetzung und verschiedenartigsten Eigenschaften. Man kann die K.H. am besten als primäre Oxydationsprodukte mehrwertiger Alkohole ansprechen. Je nachdem, ob die Oxydation an der primären oder sekundären Alkoholgruppe erfolgt ist, spricht man von Aldosen oder Ketosen.

Aldosetyp

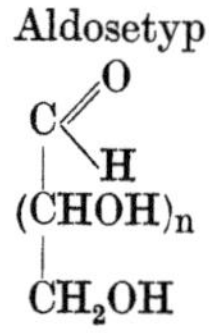

Ketosetyp

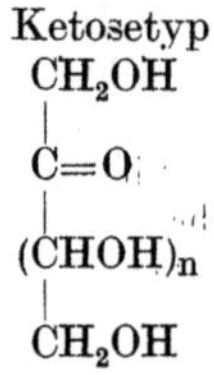

Je nach der Zahl der C-Atome spricht man von Diosen, Triosen, Tetrosen, Pentosen und Hexosen. Nur einige von den zahlreichen vorkommenden bzw. denkbaren Formen haben praktische Bedeutung für den menschlichen Stoffwechsel.

Diejenigen K.H., die durch Behandlung mit Säuren nicht in einfachere, gleichartig gebaute Körper übergeführt werden können, heißen Monosaccharide oder einfache Zucker. Entstehen bei der Behandlung mit Säuren 2, 3 oder 4 Monosaccharide, so spricht man von Di-, Tri- oder Tetrasacchariden, bezeichnet diese Körper auch als Oligosaccharide. Entstehen bei der entsprechenden Behandlung zahlreiche Monosaccharide, dann handelt es sich um Polysaccharide.

K.H., die ein C-Atom besitzen, das an seinen 4 Valenzen mit 4 verschiedenen Substanzen abgesättigt, d. h. asymmetrisch ist, haben die Fähigkeit, die Ebene des polarisierten Lichtes zu drehen, sind also optisch aktiv. Sind gleiche Mengen der optischen Antipoden (d- und l-Form) vorhanden, dann hebt sich die Wirkung auf, es entsteht die optisch inaktive Racemform.

Durch milde Oxydation lassen sich sowohl die Aldehyd- als auch die endständige Alkoholgruppe eines K.H. zu Säuregruppen oxydieren. Bei stärkerer Oxydation, die im menschlichen Körper wohl nicht vorkommt, entstehen verschiedene Zerfallsprodukte von zum Teil noch unbekannter chemischer Natur. Bei Behandlung mit schwachen Alkalilösungen kommt es zu einer Umlagerung stereo-isomerer Zucker, die sich bei den Aldosen zwischen der Aldehyd- und der benachbarten Alkoholgruppe, bei den Ketosen zwischen der primären Alkohol- und der Ketogruppe abspielt. Durch stärkere Alkalien kommt es zum Zerfall der Moleküle, hierbei entstehen große Mengen von Milchsäure (Weiteres bei Lehnartz und Lichtwitz).

b) Monosaccharide.

Die 2- und 4-wertigen Zucker kommen in der Natur nicht vor, sind deshalb für uns bedeutungslos. Die 3-wertigen Zucker — d- und l-*Glycerinaldehyd* und *Dioxyaceton* — kommen im Organismus nicht in freier Form vor, spielen jedoch als Phosphorsäureester eine wichtige Rolle im intermediären Stoffwechsel der Muskulatur. *Pentosen* kommen besonders in Früchten vor und sind auch für den menschlichen Organismus als Bausteine der Nucleotide und Nucleoside bedeutungsvoll.

Von den 16 möglichen, verschiedenen, stereo-isomeren Aldo-Hexosen sind bisher 14 im Laboratorium synthetisch dargestellt worden. Nur 3 von ihnen kommen jedoch in der Natur vor: d-Glucose, d-Mannose und d-Galactose. Am wichtigsten hiervon ist der **Traubenzucker**, auch Glucose oder Dextrose genannt. Er kommt in zahlreichen Früchten und im tierischen Organismus vor und ist ein lebensnotwendiger Bestandteil des menschlichen Körpers. Er wird durch Hefe unter Bildung von Alkohol oder organischen Säuren (Essig-, Milch-, Buttersäure) gespalten. Dieser Spaltungsvorgang, der ohne Beteiligung von Sauerstoff — also anaerob — abläuft, wird als Gärung bezeichnet. Durch Oxydation der primären Alkoholgruppe entsteht Glucuronsäure, die auch im menschlichen Organismus im Blut und im Harn vorkommt.

Von besonderem Interesse für den Kinderarzt ist auch die d-**Galactose**, die im Tier- und Pflanzenreich in zahlreichen Derivaten vorkommt. Sie wird in der tierischen Milchdrüse wahrscheinlich aus Glucose gebildet, wo sie *mit Glucose zum Disaccharid Milchzucker vereinigt* wird. Die Galactose ist als Bestandteil der Cerebroside unentbehrlich für das Zentralnervensystem, in Verbindung mit Glucosamin ein Bestandteil fast sämtlicher Eiweißkörper.

d-*Mannose* ist ein pflanzliches Produkt, das aber als Baustein vieler Eiweißkörper auch im menschlichen Organismus nachgewiesen wurde.

Der linksdrehende Fruchtzucker, **Fructose** oder **Lävulose**, wird im Pflanzenreich in verschiedenen Bildungsformen angetroffen. Vom Körper aufgenommen wird er als *Rohr- oder Rübenzucker*, der *aus Fructose und Glucose* besteht. Er soll auch gelegentlich im tierischen Organismus in freier Form vorkommen, bei schweren Fällen von Diabetes findet man ihn neben Glucose.

Aminozucker entstehen im Organismus aus Kohlehydraten dadurch, daß die der Aldehydgruppe benachbarte Hydroxylgruppe durch eine Aminogruppe ersetzt ist. Von Bedeutung sind für den Organismus das Chitosamin (Amino-Mannose) und das Chondrosamin (Aminogalactose), die als Bausteine bestimmter Eiweißkörper vorkommen.

Besondere Bedeutung besitzen die *Phosphorsäureester der Zucker*. Durch Veresterung von Zucker mit o-Phosphorsäure entsteht eine Gruppe von Verbindungen, die in freier Form oder im Verband größerer Moleküle als chemische Bausteine des Körpers fungieren oder beim Abbau von K.H. als Übergangsstufen auftreten. Schon in der Darmwand und besonders in der Muskulatur entstehen beim Zuckerabbau Phosphorsäureester. Am bekanntesten ist das Lactacidogen von EMBDEN, eine C_6-phosphorylierte Monophosphorsäure bzw. eine Hexose-Monophosphorsäure. Es kommt sowohl die Aldo- wie die Ketoform dieses Esters vor. Aber auch Triose- und Pentose-Phosphorsäuren sind im menschlichen Körper festgestellt worden.

c) Disaccharide.

Treten 2 Monosaccharide unter Wasseraustritt zusammen, dann bilden sich Disaccharide ($C_{12}H_{22}O_{11}$). Es verbindet sich hierbei die Aldehydgruppe des einen Monosaccharids mit einer Hydroxylgruppe eines anderen, es entstehen also Glucoside. Je nachdem, ob sich die beiden Acetalhydroxyle unter H_2O-Austritt vereinigen, oder nur ein Acetalhydroxyl mit einem der alkoholischen Hydroxyle des zweiten Zuckers zusammentritt, entstehen verschiedenartige Zucker. Die Doppelzucker mit noch einem freien Acetalhydroxyl geben positive Reduktionsproben und bilden Osazone, die Zucker ohne freies Acetalhydroxyl geben diese Reaktionen nicht.

Nur einige Zucker haben für den Säugling und den Menschen überhaupt praktische Bedeutung. Aus 2 Molekülen Glucose kann entstehen:

α) Die **Maltose** oder der *Malzzucker*, ein Glucose-d-Glucosid. Sie reduziert FEHLINGsche Lösung, bildet ein Osazon und wird durch Hefe vergoren. Im Körper wird sie durch das Ferment Maltase gespalten und entsteht beim fermentativen Abbau des Glykogens als Zwischenprodukt. Auch im Darm bildet sich bei fermentativer Spaltung der Polysaccharide Maltose.

β) Die *Zellobiose*, ein Glucose-β-Glucosid, die beim unvollständigen Abbau der Cellulose gebildet wird, reduziert, bildet Osazone, wird aber durch Hefe nicht vergoren. Sie ist für das Kind bedeutungslos.

γ) Entsteht durch den Zusammentritt von 1 Molekül Glucose und 1 Molekül Galactose die **Lactose** oder der *Milchzucker*, ein Glucose-β-Galactosid. Dieser für den Säugling so wichtige Zucker wird bekanntlich in der Milchdrüse gebildet. Ob hierbei in der Drüse eine sterische oder — wie v. WENDT annimmt — sogar eine strukturelle Umlagerung stattfindet, ist noch nicht geklärt. RÖHMANN nahm die Mitwirkung spezifischer Fermente an. Man hat zwei isomere Galactosen, die Gynolactose und die Allolactose gefunden, deren Struktur noch nicht feststeht. Die Lactose reduziert, bildet Osazone und wird durch das Ferment Lactase gespalten.

δ) Die **Saccharose** oder der *Rohr- bzw. Rübenzucker* entsteht aus d-Glucose und β-Fructose in der Pflanze. Er ist ein d-Glucosido-β-Fructosid. Dieser Zucker reduziert nicht, bildet kein Osazon, wird aber von Hefe vergoren, wenn er vorher fermentativ in Glucose und Fructose gespalten wird. Dieses Ferment Invertin, Invertase, Saccharase kommt auch im Darm vor und spaltet den Nahrungszucker. Rohrzucker dreht die Ebene des polarisierten Lichtes nach rechts, das bei seiner Aufspaltung entstehende Gemisch aus Glucose und Fructose wegen der höheren entgegengerichteten spezifischen Drehung der Fructose nach links. Dieser Vorgang wird als Inversion, der Zucker deshalb als Invertzucker bezeichnet.

d) Polysaccharide.

Durch Verbindung zahlreicher Monosaccharide entstehen Polysaccharide. Sie dienen dem tierischen und pflanzlichen Organismus als Gerüst- oder Reservesubstanzen. Die Gerüstsubstanz des pflanzlichen Organismus ist die *Cellulose*. Reservesubstanzen des pflanzlichen und tierischen Organismus sind *Stärke, Glykogen und Inulin*. Polysaccharide sind nicht mehr im üblichen Sinne krystallinisch und schmecken nicht süß. Ihre chemische Formel ist $(C_6H_{10}O_5)_n$.

Stärke wird in den grünen Blättern unter Mitwirkung von Chlorophyll aus Kohlensäure und Wasser gebildet. Aus dem Stärkekorn können 2 verschiedene Stärkefraktionen gewonnen werden — Amylose und Amylopektin. *Amylose* liegt im Inneren des Kernes, *Amylopektin* ist die Umhüllungssubstanz. Amylose löst sich ohne Fällungserscheinungen in Wasser auf und bildet nicht den typischen Stärkekleister; es gibt mit Jod Blaufärbung. Amylopektin quillt in Wasser und bildet beim Erwärmen Kleister, der beim Stehen gelatiniert; mit Jod gibt es Violett- oder Braunfärbung. Amylopektin enthält Phosphorsäure in esterartiger Bindung; der P-Gehalt beträgt 0,075%. Bei Hydrolyse durch Säure oder aufeinanderfolgende Wirkung von Amylase und Maltase wird Stärke quantitativ in Glucose aufgespalten. Durch Amylase allein erfolgt die Spaltung bis Maltose. Zahlreiche Kindermehle und Nährzucker sind fermentativ teilweise aufgeschlossene Stärke.

Auf dem Wege von Stärke zur Maltose werden verschiedene Zwischenstufen durchlaufen, die **Dextrine**, die auch bei Einwirkung von Säuren auf Stärke gebildet werden. Ihre Molekulargröße ist verschieden, die Dextrine geben bereits positive Reduktionsproben. Je nach dem Verhalten gegenüber Jodlösungen unterscheidet man bei dem Abbau der Stärke — Amylodextrine (blau), Erythrodextrine (rot) und Achroodextrine (farblos). Der weitere Abbau erfolgt über Maltose zur Glucose.

Die für den menschlichen Organismus wichtigste Stärke ist das **Glykogen**. Außer im tierischen Organismus kommt es auch in der Hefe vor. Es stellt die Speicherungsform, ein Reservekohlehydrat, dar. Im tierischen Organismus ist es nahezu in allen Zellen vorhanden. *Besonders reichlich* findet es sich jedoch *in* der *Leber* und der *Muskulatur*, neuerdings ist es auch im *Fettgewebe* in großen Mengen nachgewiesen worden. Durch Mästung mit K.H. gelingt es, bei Tieren den Glykogengehalt der Leber auf sehr hohe Werte zu treiben — bis zu 20% des Gesamtgewichtes der Leber beim Hund. Aber auch beim Menschen sind je nach Ernährung bzw. Stoffwechsellage hohe Werte gefunden worden. Die höchsten beim Menschen bisher festgestellten Mengen fanden sich in der Leber von Patienten mit Glykogenspeicherkrankheit (bis zu 47% des Gesamtgewichtes der Leber, nach UNSHELM).

Bei Hydrolyse verhält sich das Glykogen genau wie die Stärke; durch Amylase wird es zur Maltose, durch Säure zu d-Glucose abgebaut. Glykogen färbt sich mit Jod braun, quillt in Wasser und bildet hier eine opalescierende kolloidale Lösung. Es enthält Phosphorsäure in höherer Konzentration als Stärke. Auch beim Glykogen findet man 2 Fraktionen; beide sind jedoch im Gegensatz zur Pflanzenstärke phosphorhaltig. Glykogen und Amylopektin sind chemisch sehr nahe verwandt, vielleicht sogar identisch (v. KLINKENBERG). Glykogen stellt eine α-Stärke dar.

Ob gewisse Darmbakterien des Menschen die Fähigkeit besitzen, **Cellulose** teilweise zu spalten, ist noch nicht einwandfrei entschieden. Die cellulosespaltenden Fermente Zellulase und Zellobiase kommen im tierischen Organismus nicht vor. Von den übrigen Polysacchariden seien nur noch das Inulin und der Agar-Agar erwähnt. Inulin, ein Polysaccharid aus Fructose, kommt in gewissen Pflanzenknollen vor. Agar-Agar, ein Polysaccharid aus Galactose wurde neuerdings von SCHEER warm für die Behandlung dyspeptischer Störungen des Säuglings empfohlen. Sonstige Polysaccharide sind für den Menschen, besonders den Säugling, bedeutungslos.

2. Der Kohlehydratabbau.

Die Erkenntnisse über den heute noch keineswegs völlig geklärten intermediären Kohlehydratab- und -aufbau sind fast ausschließlich im Tierexperiment gewonnen worden. Wir müssen bei dem Abbau eine anaerobe bzw. anoxybiotische und eine aerobe bzw. oxybiotische Phase auseinanderhalten.

a) Der anaerobe Abbau.

Als wichtigstes Endprodukt entsteht beim anaeroben Abbau die Milchsäure. Schon LAQUER hatte festgestellt, daß im phosphatgepufferten Muskelbrei die Stärke der Milchsäurebildung aus Glykogen der aus Dextrose weit überlegen ist. Man hat den Eindruck gewonnen, als ob Dextrose, um abbaufähig zu werden, im Körper zunächst in Glykogen übergeht. Aus dem Glykogen entsteht über bisher noch unbekannte Zwischenstufen (Maltose?) eine aktive Form der Dextrose, die durch Veresterung mit 1 oder 2 Molekülen H_3PO_4 in eine Hexose-Diphosphorsäure übergeht. Nach den Untersuchungen von EMBDEN, DEUTICKE und KRAFFT sowie EMBDEN und ZIMMERMANN könnte diese Synthese folgendermaßen stattfinden:

entweder 1 Mol Hexose + 1 Mol H_3PO_4 = Hexosemonophosphorsäure;

aus 1 Molekül Hexose-Monophosphorsäure + 1 Mol H_3PO_4 entsteht Hexose-Diphosphorsäure,

oder es entsteht direkt aus 1 Mol Hexose + 2 Mol H_3PO_4 → Hexosediphosphorsäure.

In der frischen Muskulatur findet sich nach den eben genannten Autoren ausschließlich Hexosemonophosphorsäure, die von EMBDEN als die nächste im Muskel vorgebildete Vorstufe der Milchsäure deshalb „Lactacidogen" genannt wurde. Hexosediphosphorsäure ist wohl deshalb nicht im Muskel nachzuweisen, weil sie viel leichter als die Hexosemonophosphorsäure abgebaut wird. Der weitere Abbau einer Hexosediphosphorsäure würde nach EMBDEN und Mitarbeitern folgendermaßen verlaufen (Phase 1):

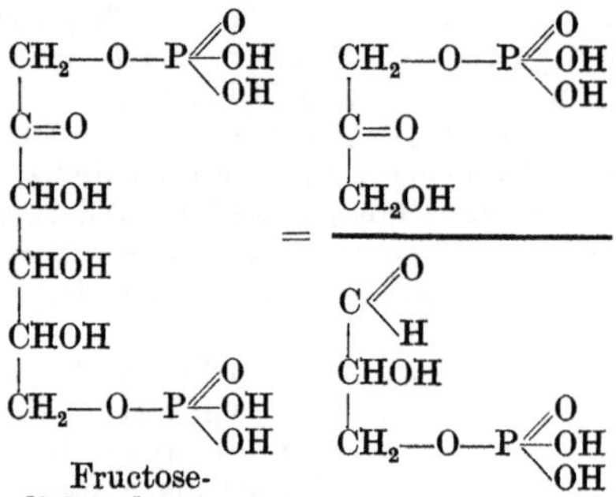

= Dioxyacetonphosphorsäure

= Glycerinaldehydphosphorsäure

Fructose-diphosphorsäure

Durch Dismutation nach Art der CANNIZZAROschen Umlagerung könnten diese beiden Triosephosphorsäuren umgewandelt werden in 1 Mol. Glycerinphosphorsäure und 1 Mol. Phosphoglycerinsäure (Phase 2):

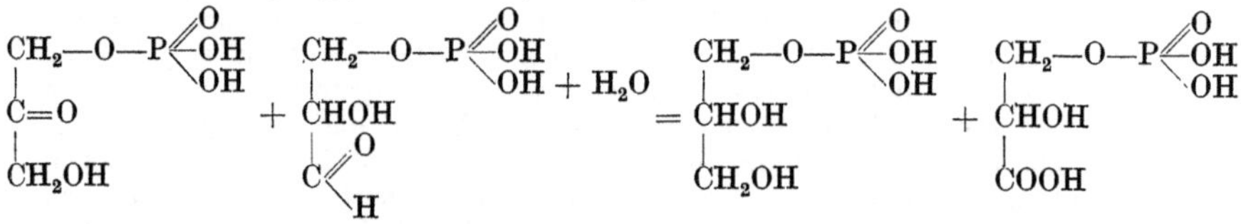

Dioxyaceton-phosphorsäure | Glycerinaldehyd-phosphorsäure | Glycerin-phosphorsäure | Phospho-glycerinsäure

Hierbei könnte α- oder β-Glycerinphosphorsäure entstehen, je nachdem, ob die Hexosediphosphorsäure Ketose- oder Aldosecharakter hat.

Die Phosphoglycerinsäure wird entweder auf dem Wege über Phosphobrenztraubensäure oder direkt in Brenztraubensäure + H_3PO_4 gespalten:

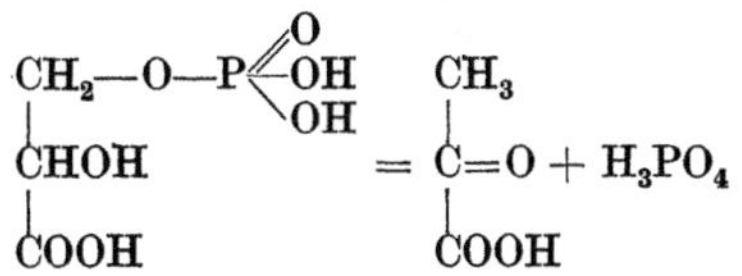

Phosphoglycerinsäure Brenztraubensäure

Aus Brenztraubensäure + Glycerinphosphorsäure erfolgt reduktive Umwandlung der Brenztraubensäure in Milchsäure auf Kosten oxydativer Triosephosphorsäurebildung aus Glycerinphosphorsäure:

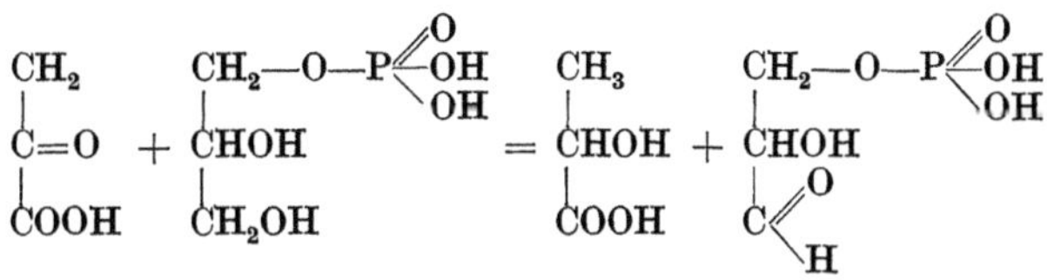

Brenztraubensäure Glycerinphosphorsäure Milchsäure Glycerinaldehyd bzw. Triosephosphorsäure

Folgendes Schema nach EMBDEN, das von LEHNARTZ modifiziert wurde, läßt die einzelnen Phasen des Aubbaues übersichtlich erkennen:

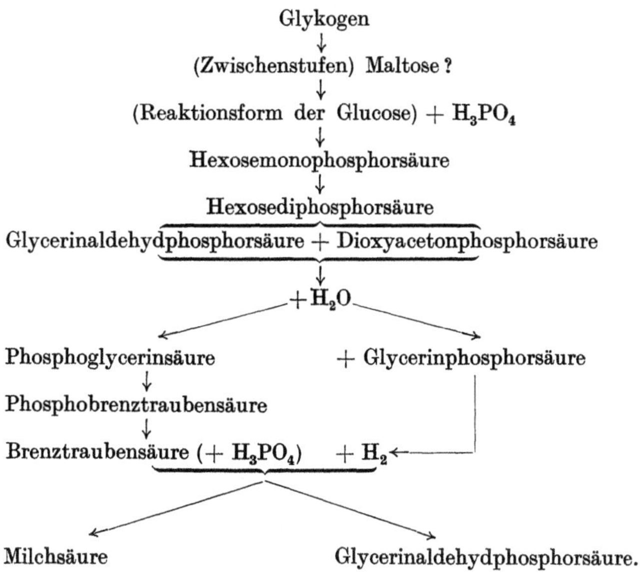

Einen etwas anderen Ablauf des Kohlehydratabbaues im Organismus nimmt MEYERHOF an (weiteres bei LEHNARTZ).

b) Der aerobe Abbau.

Nachdem der anaerobe Abbau bis zu Milchsäure gegangen ist, erfolgt die Aufspaltung von der Brenztraubensäure ab wohl oxydativ. Nur ein Teil der Milchsäure und Brenztraubensäure wird auf oxydativem Wege zu CO_2 und H_2O verwandelt. Das nachstehende Schema zeigt die Möglichkeiten des Aubbaues:

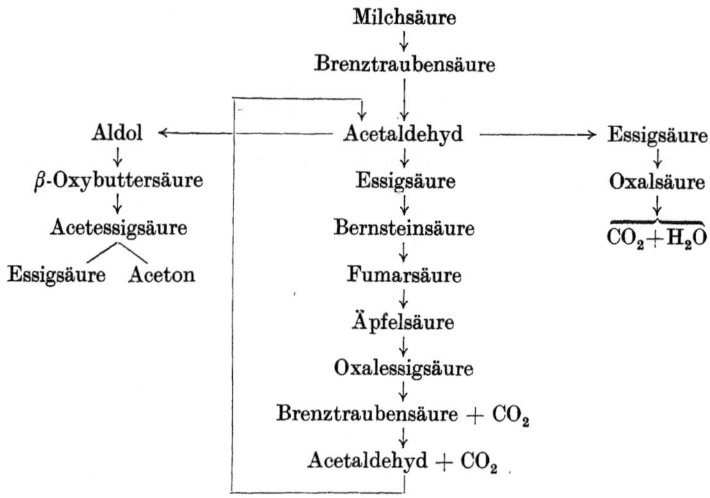

Nach dem Oxydationsquotienten der Milchsäure (MEYERHOF)

$$\frac{\text{verschwundene}}{\text{verbrannte}}\ \text{Milchsäure} = 3\text{—}6.$$

wird nur etwa $^1/_3$ bis $^1/_6$ der Milchsäure verbrannt, $^2/_3$ bis $^5/_6$ werden wieder zu K.H. resynthetisiert. Der Körper geht also sehr sparsam mit dem K.H. um. Nach den neuesten Arbeiten von DEUTICKE, der auch im Herzmuskel eine — wenn auch geringgradigere — Fähigkeit des Kohlehydratabbaues, ähnlich wie im Skeletmuskel, feststellen konnte, spielt die Brenztraubensäure bei dem Abbau in anderen Organen eine wesentlich größere Rolle als die Milchsäure. Ein nicht unwesentlicher Teil von Brenztraubensäure verschwindet z. B. im Leberbrei, ohne in Milchsäure überzugehen, teils oxydativ, teils auf vorerst unbekanntem Wege. Es wäre demnach möglich, daß der Abbau in einzelnen Organen verschieden abläuft. Wir sehen also, daß das ganze Problem des intermediären Kohlehydratauf- und -abbaues sich noch in völligem Fluß befindet.

Für die moderne Fermentchemie, soweit sie den intermediären Kohlehydratabbau betrifft, muß auf das Buch von LEHNARTZ verwiesen werden.

II. Der Stoffwechsel der K.H. im Organismus.

Im 1. Band wurde die Verdauung und Resorption der K.H. im Darm besprochen. Die dort resorbierten Monosaccharide werden wahrscheinlich so wie sie vom Darm aufgenommen werden, d. h. als Glucose, Galactose oder Fructose durch die Pfortader der Leber zugeführt. Im allgemeinen Kreislauf, also im Blut, das die Leber bereits passiert hat, findet man unter normalen Ernährungsbedingungen lediglich Traubenzucker. Das Pfortaderblut enthält während der Resorption bis zu 0,4% Glucose. Im übrigen Blut schwankt der Blutzuckerwert beim Erwachsenen zwischen 0,08—0,12%. Die Erythrocyten enthalten etwa die gleiche Menge Glucose wie das Plasma, von einigen Untersuchern wurden in den Erythrocyten nur etwa 80% des Traubenzuckergehaltes des Plasmas festgestellt. Nach EDELMANN und SINGER soll jedoch die Verteilung des Zuckers auf Erythrocyten und Plasma abhängig von dem Verhältnis der Adrenalin- zur Insulinwirkung sein. Es sei zunächst auf die Besonderheiten der Blutzuckerwerte im Säuglings- und Kindesalter und deren Abhängigkeit von der Ernährung eingegangen.

1. Der Blutzucker.

Der Blutzuckerwert eines Menschen ist abhängig von dem Zuckerbestand der Gewebe und den mit der Nahrung zugeführten K.H. Ein Teil des mit der Nahrung aufgenommenen Zuckers entgeht der Fixierung in der Leber und führt so zu einer, wenn auch nur vorübergehenden Erhöhung des peripheren Blutzuckerwertes. In erster Linie dürfte aber der Blutzucker durch die bei der Glykogenmobilisierung der Leber freiwerdenden Traubenzuckermengen zu erklären sein. Zunächst wäre die Frage zu diskutieren, wann man am zweckmäßigsten die Höhe des Blutzuckerspiegels bestimmt. Der sog. Morgen-Nüchtern-Blutzucker wird von manchen Autoren beim Kind nicht als der normale Blutzuckerwert sondern bereits als ein Hungerwert angesprochen. Bisher wurde angenommen, daß der Nüchternblutzucker bei den einzelnen Menschen in bestimmtem Alter ziemlich konstant ist. SCHLOMKA und Mitarbeiter haben jedoch gezeigt, daß auch beim völlig gesunden Menschen recht erhebliche Schwankungen vorkommen; hierbei hat sich besonders eine deutliche Abhängigkeit vom Lebensalter erwiesen. In nachstehender Tabelle 13 und Abb. 1 sind die Schwankungen des Vormittagblutzuckers in verschiedenen Lebensaltern nach SCHLOMKA und FRENTZEN verzeichnet.

Tabelle 13.

Alter in Jahren		Mittlere Blutzuckerwerte in mg-% um				
Bereich	Mittel	9 Uhr	10 Uhr	11 Uhr	12 Uhr	13 Uhr
6—10	8	90	87	87	83	85
11—20	15	91	88	86	83	87
21—30	23	91	88	83	83	88
31—40	34	92	89	89	89	93
41—50	44	93	89	87	86	91
51—60	56	94	90	89	87	90
61—70	64	99	94	94	93	98
71—85	77	104	102	101	100	103

Es geht aus dieser Tabelle hervor, daß mit zunehmendem Alter die Blutzuckerkurve immer stabiler wird, und daß gerade beim jugendlichen Organismus Spontanschwankungen besonders häufig anzutreffen sind. Welche Werte soll man nun als den reellen Nüchternblutzucker ansprechen? Man bevorzugt im Säuglings- und Kindesalter im allgemeinen die Zeit 4 Stunden nach der letzten Nahrungsaufnahme. SCHÖNFELD fand, daß der Blutzucker (B.Z.) 4 Stunden nach der Nahrungsaufnahme beim Säugling etwa 80 mg-% beträgt, 16 Stunden nach der letzten Mahlzeit jedoch bereits auf 57 mg-% abgesunken war. Man wird also zunächst, wenn man sich über den normalen Blutzuckerwert unterrichten will, den Zeitpunkt der Bestimmung festlegen müssen, und es sollen *im folgenden für den Säugling nur Werte nach 4stündiger Nahrungspause diskutiert* werden.

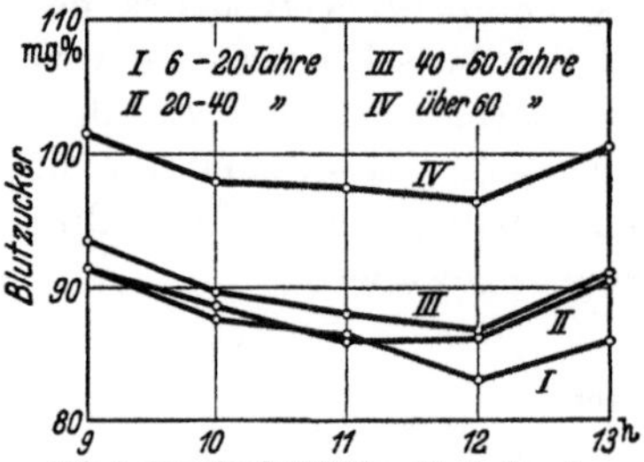

Abb. 1. Durchschnittliches Verhalten der Nüchternblutzuckerkurve in den einzelnen Lebensaltern.

a) Der Nüchternblutzucker.

B.Z. beim Embryo und Frühgeborenen. Schon der Embryo besitzt nach SZENDI ein den Kohlehydratstoffwechsel regulierendes Organ und damit einen autonomen Kohlehydratstoffwechsel. Dieses ist zuerst die Decidua — liegt also extraovulär —; später sind es die fetalen Lungen, weil zu dieser Zeit die Leber Blutbildungsorgan ist. Von der 2. Hälfte der Schwangerschaft an greift die Leber immer intensiver in die Regulation der K.H. ein und übernimmt vom 7. Monat ab die führende Rolle. Schon in der 2. Hälfte der Schwangerschaft sind deutliche Glykogendepots vorhanden. Trotzdem ist der B.Z. bei Frühgeburten noch außerordentlich labil.

BOTT fand bei 22 Frühgeburten einen Durchschnittsblutzuckerwert von 79,8 mg-%. Bei HAAS schwankten die Werte zwischen 79—95 mg-%; auffallend tiefe Werte — bis 31 mg-% — fand er bei unterkühlten Frühgeburten. Im Gegensatz zu VAN CREVELD, der bei Unterkühlung ebenfalls eine Abnahme des B.Z. feststellte, erblickt HAAS die Ursache der Abnahme nicht in einer physiologischen Unreife, sondern in einer schädigenden Beeinflussung des vegetativen Nervensystems durch die Unterkühlung, wodurch es zu einer Hemmung der Glykogenolyse kommen soll. Wesentlich niedriger lagen die Werte bei DESSYLLA, der bei Frühgeburten bei einem Minimalwert von 40 mg-% einen Mittelwert von 67 mg-% fand.

B.Z. bei Mutter und Neugeborenem. Mit den Beziehungen des B.Z. der Mutter und des Neugeborenen befaßt sich eine Arbeit von MARTINOLLI. Er fand entsprechend anderen Untersuchern beim Neugeborenen niedrigere Werte als beim Erwachsenen. Am niedrigsten war der Wert am Tage der Geburt, um von da ab konstant anzusteigen.

Mittelwerte:	1. Tag	67 mg-%
„	7. „	89 mg-%.

Bei der Mutter lagen die Werte erheblich höher. Auch hier waren sie am Tage der Geburt am niedrigsten, was wohl auf den vermehrten Verbrauch und die verminderte Nahrungsaufnahme zurückzuführen sein dürfte. Das Verhältnis von kindlichem und mütterlichem B.Z. schwankte zwischen 1:1,52 und 1:1,24, im Mittel 1:1,38.

Der B.Z. reifer Neugeborener. Über den B.Z. des ausgetragenen Neugeborenen in den ersten Lebenstagen liegen derart zahlreiche Untersuchungen vor, daß nur auf einen kleinen Teil der Arbeiten eingegangen werden kann. Die Mehrzahl der Autoren, z. B. KÖHLER, sind der Ansicht, daß der B.Z. in den ersten Lebenstagen eine außerordentlich labile Größe darstellt. So fand SCHMIDT am 1. Lebenstage Schwankungen zwischen 47 und 95 mg-%. Bei Kindern mit höherem Gewicht soll der B.Z. relativ geringer sein als bei solchen mit niedrigem Geburtsgewicht, bei Knaben etwas höher als bei Mädchen liegen. Die Immobilisierung des Zuckers soll beim Neugeborenen langsamer als beim Erwachsenen erfolgen. Solange der Neugeborene an Gewicht abnimmt, soll auch der B.Z. absinken. KÖHLER fand hierbei ausgesprochene Hypoglykämien bis zu 20 mg-% und erklärt sie mit einer Überproduktion von Insulin im Verhältnis zu dem geringen Glykogen- und Zuckergehalt der Gewebe. Bei Kindern, deren Gewicht nur wenig abnimmt, sinkt der B.Z. nur wenig ab. WINTER bezeichnet diese Hypoglykämie direkt als physiologisch und bringt sie mit der in den ersten Tagen bestehenden Unterernährung in Zusammenhang. FERRI, der ebenfalls ein Parallelgehen von Gewichtskurve und Blutzuckerwert fand, gibt folgende Mittelwerte an:

1. Lebenstag	85 mg-%
3. „	77 mg-%
5. „	98 mg-%.

Mit dem Anstieg des B.Z. biegt auch die Gewichtskurve nach oben um.

SCHRETTLER fand bei 48% der Neugeborenen Werte von unter 70 mg-%, erst am Ende der 1. Woche kommt es zu einer gewissen Stabilisierung.

Der B.Z. beim Säugling. Bei etwas älteren Säuglingen fand LUCIA einen Durchschnittsblutzucker von 82,4 mg-%, bei Kleinkindern von 95 mg-%. KLINGENBERG fand folgende Mittelwerte:

4.—21. Tag . . .	74,4 mg-%	3.—6. Monat . .	72 mg-%
1.—3. Monat . .	78,6 mg-%	6.—10. „ . .	76 mg-%

Um die Anführung weiterer Einzelwerte zu ersparen, sind in folgender Tabelle 14 die Zahlen verschiedener Untersucher gegenübergestellt.

Diese teilweise recht divergierenden Resultate lassen erkennen, daß der Blutzucker des Neugeborenen und jungen Säuglings keine konstante Größe ist, sondern ziemlich erheblichen Schwankungen, die zum Teil auf äußere Einwirkungen zu beziehen sind, unterworfen ist. Wir verstehen WINTER, wenn er sagt, daß die K.H.-Assimilationsfähigkeit beim Neugeborenen infolge einer gewissen Unfertigkeit des Organismus normalerweise sehr schlecht ist. Auch GILCHRIST spricht von einer sehr variablen Zuckertoleranz des Säuglings. Nur RUMPF glaubt, daß die Nüchternwerte beim Säugling nur kleinen Schwankungen unterworfen sind, und SIMONINI ist sogar der Ansicht, daß der Neugeborene bereits einen völlig normal funktionierenden Zuckerstoffwechsel besitzt. SIMONINI fand auch keine erheblichen Unterschiede im Blutzuckerwert der stillenden Mütter und der von ihnen gestillten Säuglinge und lehnt damit die These von MASSA ab, nach der der B.Z. bei der stillenden Mutter niedriger als in der Norm liegen soll.

Tabelle 14.

Autoren	Minimal-wert mg-%	Maximal-wert mg-%	Mittel-wert mg-%
RUMPF	71	89	76
NIEMANN . . .	70	85	79
GOTZKY	70	88	77
MERTZ und ROMINGER .	60	101	81

LUCIA unterscheidet den freien und gebundenen B.Z. Er fand an gebundenem Zucker beim Säugling und Erwachsenen Werte von 37 bis 51 mg-%. Die Werte für freien Zucker schwankten zwischen 75 und 106 mg-%. Durch subcutane Glucosezufuhr soll nur der freie B.Z. ansteigen.

Tabelle 15.

Alter	Blutzucker (Mittelwerte) mg-%
Säuglinge	76
Kleinkinder (3—7 Jahre)	85
Schulkinder (10—14 Jahre)	91

Blutzuckerwerte im Verlaufe der Kindheit. RUMPF gibt hierfür die Werte der nebenstehenden Tabelle 15 an.

Blutzuckerwerte bei Erwachsenen. In nebenstehender Tabelle 16 sind einige Nüchternwerte beim Erwachsenen angeführt.

Tabelle 16.

Autoren	Minimal-wert mg-%	Maximal-wert mg-%	Mittel-wert mg-%
STAUB.	75	113	96
RUMPF	90	101	96
PUNSCHEL . . .	—	—	94

Nach den Untersuchungen PUNSCHELs soll mit zunehmendem Alter der B.Z. weiter ansteigen. So fand er bei Menschen im Alter von 58—70 Jahren einen Mittelwert von 106 mg-%, bei einem Alter zwischen 70 und 91 Jahren einen Mittelwert von 110 mg-%. Er stellt deshalb die

These auf, daß der Blutzuckerspiegel um so tiefer liegt, je jünger das Individuum ist.

b) Die Blutzuckerregulation bei Nahrungsentzug und im Hunger.

Beim Säugling und Kind. Daß der B.Z. im Hunger absinkt, und zwar um so stärker, je jünger das Kind ist, ist bekannt. Es war nun von Interesse, festzustellen, wie die Blutzuckerkurve *bei länger dauerndem Hunger* sich verhält. Hierüber gibt die folgende Tabelle 17 von HEYMANN und HOWE Auskunft. Sie läßt deutlich erkennen, daß *die Blutzuckererniedrigung um so rascher* eintritt *und um so tiefer ist, je jünger das Kind*

Tabelle 17. Das Verhalten des Blutzuckers nach der letzten Mahlzeit (nach HEYMANN und HOWE).

	Kinder			Säuglinge		
Alter	$1^1/_2$ J.	2 J.	4 J.	1 Mon.	2 Mon.	6 Mon.
Gewicht	11,6 kg	12,8 kg	14,1 kg	3200 g	3830 g	5000 g
4 Std. nach der letzten Mahlzeit	86	74	73	64	67	73
8 ,, ,, ,, ,, ,,	74	90	72	86	61	84
12 ,, ,, ,, ,, ,,	60	73	67	81	42	55
16 ,, ,, ,, ,, ,,	78	83	70	57	48	50

ist. Während bei 4jährigen Kindern selbst nach 16 Stunden kaum eine Erniedrigung festzustellen ist, kann bei Säuglingen die Erniedrigung über 30% betragen. *Nach 2tägiger kohlehydratfreier Kost sinkt der B.Z. auf 30—55 mg-% ab,* der Abfall erfolgt in den ersten 3 Tagen progredient, scheint sich aber dann im Bereich der genannten Werte einzustellen. Eine Gegenregulation zu Normalwerten tritt innerhalb der 3 Tage nicht ein.

Diese Befunde bedeuten eine Bestätigung der klinischen Erfahrung, daß der Kohlehydratbedarf des Säuglings besonders hoch ist. Ist doch die Zuckerzufuhr von besonderer Bedeutung für die Wasserbindung. FINKELSTEIN geht sogar so weit, zu sagen, den Besonderheiten des intermediären Kohlehydrathaushaltes komme für die Wasserbindung eine größere Bedeutung zu als den Besonderheiten des Salzhaushaltes.

Auf die Erniedrigung des B.Z. bei älteren Kindern, welche ketogene Kost erhalten, also unter relativem Kohlehydratmangel leiden, weisen GILCHRIST sowie TALBOT und BATES hin.

Beim Erwachsenen. Im Gegensatz zu diesem raschen Blutzuckerabfall beim hungernden Säugling zeigen Untersuchungen am Erwachsenen, daß hier nur ein geringes Absinken festzustellen ist. So fand BILLIGHEIMER, daß nach 3tägigem Kohlehydrathunger die Blutzuckerwerte von 130 und 100 nur auf 120 und 96 mg-% gesenkt waren. Bei ketogener Kost fand SCHLOSS ein Absinken von 113 und 82 auf 97 und 74 mg-%. Der B.Z. erweist sich demnach auch beim Erwachsenen als von der oralen Zuckerzufuhr abhängig, schwankt aber in so geringen Grenzen, daß die niedrigeren Werte noch als im Bereich des Normalen liegend anzusehen sind.

c) Einfluß von Zuckerzufuhr und Ernährung auf den Blutzucker.

α) Die Glykämiekurve nach Zuckerbelastung.

Die Verhältnisse beim Erwachsenen. Die Blutzuckerkurve des gesunden Erwachsenen bei Zuckerbelastung verläuft nach den Untersuchungen von MEYTHALER und SEEFISCH in 4 verschiedenen Phasen. In den ersten 5 Minuten kommt es zu einer alimentären Prähyperglykämie, anschließend zu einer kurz dauernden Prähypoglykämie. Dieser folgt die alimentäre Hyperglykämie, nach deren Abklingen sich eine posthyperglykämische Hypoglykämie einstellt. Der Zeitraum einer derartigen Untersuchung erstreckt sich im allgemeinen über 4 Stunden. Die Glykämiekurve ist beim Erwachsenen für die einzelnen K.H. ziemlich einheitlich. Eine besondere Prüfungsform sind die Belastungen nach STAUB und TRAUGOTT. Bei der Belastung nach STAUB werden in kürzeren Abständen gewisse Mengen von Zucker eingenommen, bei der Belastung nach TRAUGOTT wird nach der ersten Belastung nach etwa 1 Stunde eine zweite Belastung mit einer kleineren oder gleichen Menge vorgenommen. Beim gesunden Erwachsenen kommt es hierbei zu keinem dauernden Anstieg des B.Z., weil beim Normalen durch die jetzt eintretende Insulinausschüttung der Zucker rascher an die Gewebe absorbiert wird. So ist beim normalen Erwachsenen bei der Belastung nach TRAUGOTT der zweite Anstieg der Kurve bedeutend niedriger als der erste (STAUB-TRAUGOTT-Effekt). Bei unvollkommener Regulation z. B. beim Diabetes, ergibt eine zweite oder mehrmalige Belastung ein dauerndes Ansteigen der Blutzuckerkurve.

Was die quantitativen Verhältnisse betrifft, so erfolgt beim Erwachsenen (es wird im allgemeinen mit 20 bzw. 50 g Glucose geprüft) schon auf 20 g, also etwa 0,3 g/Körperkilogramm des Traubenzuckers eine deutliche Reaktion, so z. B. ein Anstieg des B.Z. von 95—135 mg-% in 30 Minuten.

Die Verhältnisse beim Säugling einschließlich des Frühgeborenen. Nach den Untersuchungen von RUMPF führt beim Säugling erst die 3—4fach größere Menge — 1,0—1,5 g Dextrose pro kg Körpergewicht — zu demselben Effekt wie 0,3 g Dextrose beim Erwachsenen. Dieser Autor stellt danach fest, daß die glykämische Reaktion eine Funktion des Alters ist, und daß bei gleich großer Belastung die Blutzuckerkurve um so höher ansteigt, je älter das Individuum ist.

Dies gilt allerdings nur mit Einschränkungen! Diese betreffen zunächst die Frühgeborenen. So sah DESSYLLA nach peroraler Darreichung von 1,3 g Glucose pro kg Körpergewicht bei diesen einen höheren und steileren Anstieg sowie einen langsameren Abfall des B.Z. als beim normalen Säugling. Und auch BOTT fand, daß bei Frühgeburten nach Zuckerbelastung der Quotient der Blutzuckererhöhung mit 1,93 wesentlich höher lag als bei reifen Säuglingen (1,5—1,6).

Und weiter zeigen Säuglinge und Frühgeburten hinsichtlich des STAUB-TRAUGOTT-Effektes ein anderes Verhalten als der Erwachsene. Säuglinge reagieren nach BOTT mit einem verzögerten STAUB-TRAUGOTT-Effekt, welcher auch bis ins Spielalter hinein noch nicht einheitlich positiv ist, um erst im Schulalter typisch zu werden wie beim Erwachsenen. Hiermit stimmen die Untersuchungen von WINTER überein, der beim Säugling bei Prüfung nach STAUB-TRAUGOTT stets einen zweiten Gipfel feststellte, der erheblich höher war als der erste. Noch ausgeprägter ist dieses Verhalten nach BOTT bei Frühgeburten anzutreffen, die auf häufige kleine Zuckergaben mit anhaltendem Steigen des B.Z. reagieren und bei denen bei Blutzuckerbelastung nach TRAUGOTT die zweite Blutzuckerzacke die erste weit überragt.

SCHAFFERSTEIN spricht die Ansicht aus, daß die glykämische Reaktion als Indicator für die Resorptionsfähigkeit des Darmes anzusehen ist und deshalb von Art und Konzentration der Nahrung abhängig sei. Kinder mit guter Resorptionsfähigkeit zeigten deshalb im allgemeinen einen steilen Anstieg des B.Z., solche mit schlechter Resorptionsfähigkeit eine flache Kurve. Jedoch ist nach v. KULIN die Höhe der Blutzuckerkurve weitgehend von der Leber abhängig, da diese das Resorptionsorgan des Zuckerüberschusses darstellt. Unterstellt man dieses als richtig, so würde das Verhalten des Säuglings insoweit dem Verständnis näher gerückt, als infolge seines höheren relativen Lebergewichtes (vgl. Bd. 1, S. 170) erst relativ größere Zuckermengen zu denselben Blutzuckeranstieg führen wie beim Erwachsenen. Damit, daß die Leber vor der Geburt auch hämatopoetischen Zwecken dient, könnte man das abweichende Verhalten der Frühgeburten erklären. Andererseits wäre anzunehmen, daß die Fähigkeit zu einer reaktiven Insulinausschüttung (auf welcher der positive STAUB-TRAUGOTT-Effekt beruht) in der ersten Lebenszeit leichter erschöpfbar ist.

Damit würde übereinstimmen, daß durch reichliche Kohlehydratzufuhr die Assimilationsfähigkeit für Zucker beim Säugling geübt und damit beschleunigt wird. Denn bei reichlich mit K.H. ernährten Säuglingen verläuft der Anstieg des B.Z. rascher und der Abfall schneller, während bei eiweiß- und fettreicher Nahrung mit wenig K.H. (also ketogener Kost) ein steiler Anstieg und ein langsames Abfallen des B.Z. beobachtet wird (GILCHRIST). Und letzteres Verhalten ist nach RUMPF auch bei Säuglingen festzustellen, die gehungert haben und deren Ernährungszustand geschwächt ist.

Auch die Tatsache, daß sich die Blutzuckerkurven bei parenteraler Zuckerzufuhr nicht von denen bei oraler Belastung unterscheiden

(Rumpf), würde dafür sprechen, daß in ihnen weniger die Resorption als die Stoffwechselregulierung zum Ausdruck kommt.

β) Der Einfluß verschiedener Zucker auf den Ablauf der Glykämiekurve.

Die Verhältnisse beim Erwachsenen. Bei diesen ist in der Hauptsache das Verhalten bei Zufuhr von Lävulose und Galactose geprüft, weil diese zur Leberfunktionsprüfung verwendet werden. Nach 100 g Lävulose (also etwa 1,4 g/Körperkilogramm) wird nach Isaac beim gesunden Erwachsenen der Gesamtblutzucker nur unwesentlich beeinflußt, da die gesunde Leber bei Lävulosezufuhr die Sekretion der Dextrose ins Blut einstellt bzw. verringert. Und auch 40—100 g Galactose per os sollen beim Erwachsenen nach Kahler und Macbold, Folie und Berklund kaum zu einem Anstieg des B.Z. beim Lebergesunden führen. Die Hyperglykämie nach diesen Zuckern ist also beim Erwachsenen viel geringer als auf Dextrose (vgl. oben S. 52).

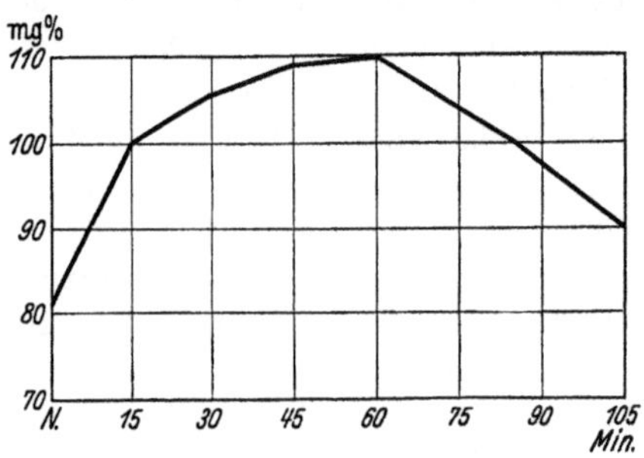

Abb. 2. (Nach Kulin.) Lävulose Kurventyp. (50 g Lävulose + 250 g Aq. dest.)

Das Verhalten in der Wachstumsperiode. v. Kulin untersuchte das Verhalten *bei älteren Kindern* (von 7—10 Jahren) und stellte folgendes fest: im Gegensatz zum Erwachsenen erfolgte auch auf 50 g (also etwa 2 g/Körperkilogramm) Lävulose ein erheblicher Anstieg des B.Z. mit flachem Abfall (vgl. Abb. 2). Noch größer war die Abweichung hinsichtlich der Galactose (vgl. Abb. 3); denn hier war die Reaktion sogar stärker als bei Dextrose, und zwar waren 40 g (also etwa 1,6 g/Körperkilogramm) Galactose biologisch äquivalent mit der Kurven-Gipfelreaktion von 100 g gleichartig verabreichter Glucose (vgl. Abb. 4). In bezug auf die Assimilationsgrenze stellte v. Kulin folgende Reihenfolge fest: Lävulose, Glucose, Galactose. Der rascheste Anstieg erfolgt bei Dextrose; bei Galactose wurde die längste Dauer des Anstieges beobachtet; die Kurve verlief außerordentlich protrahiert.

Säuglingsalter. Über die glykämische Kurve nach Darreichung verschiedener Zucker — im allgemeinen wurde 1 g/Körperkilogramm verabreicht — stellte Bentivoglio ausführliche Untersuchungen an. Danach ruft im frühen Kindesalter *Lävulose* sogar einen stärkeren Anstieg hervor als Glucose! Das Maximum wurde nach $^1/_2$—1 Stunde erreicht (nach Glucose nach $^1/_2$ Stunde), die Kurve blieb dann 1 Stunde lang hoch und kehrte erst nach 2—$2^1/_2$ Stunden zur Norm zurück. Dagegen war hier der Anstieg nach *Galactose* nur mäßig hoch. Er erfolgte im Laufe einer Stunde, der Abfall trat innerhalb von 3 Stunden ein. Auch nach

Lactose (Galactose + Dextrose) war das Verhalten ähnlich: ein geringer und langsamer Anstieg des B.Z., zuweilen erst nach 60—90 Minuten erfolgend, das Maximum durchschnittlich nach 90 Minuten erreichend und nach 2 Stunden wieder abgeklungen. Nach *Saccharose* (Lävulose + Dextrose) wurde schon innerhalb $^1/_4$ Stunde ein derartiger Anstieg gesehen, das Maximum war nach $^1/_2$—1 Stunde erreicht, der Abfall verlief langsamer und unregelmäßig. Nach *Maltose* (Dextrose + Dextrose) war der Anstieg sehr rasch, das Maximum bereits nach $^1/_2$ Stunde erreicht. Der

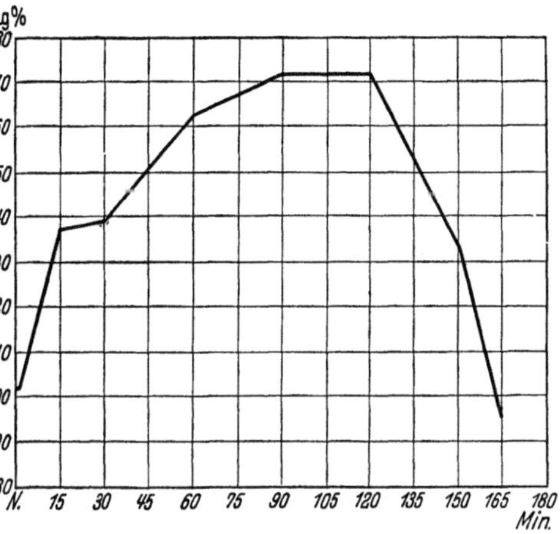

Abb. 3. (Nach KULIN.) Galactose Kurventyp. (40 g Galaktose + 250 g Aq. dest.)

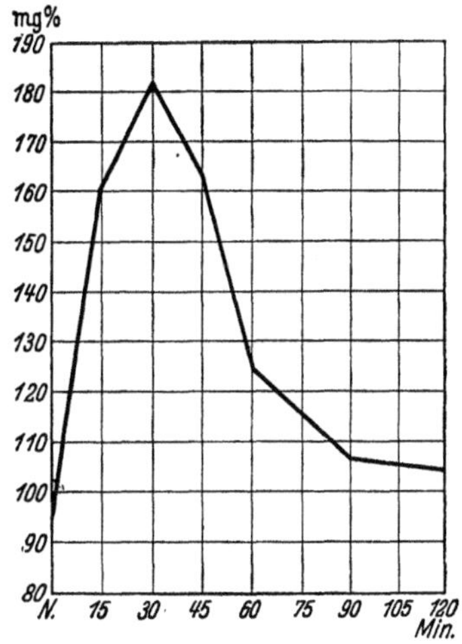

Abb. 4. (Nach KULIN.) Dextrose Kurventyp. (100 g Dextrose + 250 g Aq. dest.)

rasche Abfall wurde nach 1—$1^1/_2$ Stunden unterbrochen, doch war nach 2 Stunden der Blutzuckerwert wieder zur Norm zurückgekehrt.

Beim Neugeborenen fanden GREENWALD und PEUNELL den höchsten Anstieg des B.Z. nach *Dextrose* und *Rohrzucker*. Der Höhepunkt der Kurve war nach $^1/_2$—1 Stunde, der Nüchternwert nach 2 Stunden erreicht. Bei *Lactose*zufuhr war der Anstieg ähnlich, jedoch der Abfall verlangsamt. Die Blutzuckerkurve nach Belastung mit *Dextrinmaltose* ergab kein einheitliches Bild: mitunter wurde überhaupt kein Anstieg beobachtet, in anderen Fällen ein verzögerter oder normaler Ablauf gesehen.

d) Die Beeinflussung der Blutzuckerkurve durch andere, den Stoffwechsel beeinflussende Nahrungsfaktoren.

Die reinen Untersuchungen des B.Z. gestatten uns nicht, tiefere Einblicke in den intermediären Kohlehydratstoffwechsel zu gewinnen. Es erscheint unwahrscheinlich, ob alles, was wir als reduzierende Substanz bestimmen, wirklich Zucker ist. Es ist ja noch nicht einmal möglich festzustellen, wieviel von den K.H. im Darm wirklich resorbiert werden, da die Kohlehydratmengen, die der Resorption etwa entgehen sollten, in den tieferen Darmabschnitten durch Bakterien weiter abgebaut werden können. Wollte man den intermediären Kohlehydratstoffwechsel verfolgen, so müßte man zumindest die CO_2-Ausscheidung und den respiratorischen Quotienten bestimmen, Untersuchungen, welche beim Säugling fast unmöglich sind. Mit dem B.Z. bestimmen wir nur die Zuckermengen, welche sich auf dem Transport von und zu den Geweben befinden. Und erst hier dürfte der eigentliche Stoffwechsel stattfinden.

Darüber hinaus ist die Höhe des B.Z. weitgehend abhängig von dem gesamten Nahrungsmilieu. Dies scheint z. B. aus den Untersuchungen von Welcker und Jäger hervorzugehen. Diese gingen aus von der Verschiedenheit der glykämischen Kurve nach Frauen- und Kuhmilch. Im ersteren Falle ein steiler Anstieg und langsamerer Abfall, bei Kuhmilch ein langsamerer Anstieg zu niedriger Höhe und ein noch langsameres Absinken. Sie fanden denselben Unterschied auch bei Verfütterung der auf gleichen Zuckergehalt gebrachten Molken und konnten wahrscheinlich machen, daß der hohe Phosphatgehalt der Kuhmilch(molke) den Unterschied der glykämischen Reaktion bedingt.

Ferner haben Untersuchungen von Geyer aus der Stolteschen Klinik gezeigt, daß der Ablauf der Blutzuckerkurve weitgehend von der am Vortage gereichten Nahrung abhängig ist. Bertazzoli fand an Kindern, daß der B.Z. nach kohlehydratreicher Diät weniger als nach Normalkost ansteigt, während nach Gerson-Diät das Maximum höher als bei Normalkost lag. Der stärkere Ausschlag erfolgte nach ketogener Kost. Der B.Z. wies hiernach einen Anstieg bis zum Dreifachen der Norm auf; das Maximum war erst nach 1 Stunde erreicht, nach 3 Stunden waren die Werte noch nicht zur Norm zurückgekehrt. Bertazzoli nimmt an, daß durch die verschiedene Diät das neurohumorale Gleichgewicht gestört wird. Da reine Kohlehydrat-, Fett- oder Eiweißnahrung normalerweise wohl nie gereicht wird und da wir heute noch recht wenig darüber wissen, wie durch Fett- und Eiweißzufuhr der B.Z. beeinflußt wird, scheint es fast unmöglich, die Blutzuckerkurven richtig zu deuten. Wie widersprechend hier die Ergebnisse einzelner Autoren sein können, zeigen folgende Untersuchungen.

Knauer und Mitarbeiter untersuchten den *Einfluß von Fett und Eiweiß auf den Ablauf der Blutzuckerkurve.* Sie fanden nach Fett im allgemeinen eine deutliche Erhöhung, nach Eiweiß keine Veränderung. Schiaparelli sah nach Ölzufuhr bald eine Steigerung, bald ein Absinken des B.Z. Andere Untersucher, z. B. Schönfeld, Panoff, Mac Lean u. a., beobachteten dagegen nach Ölzufuhr regelmäßig ein Absinken der Blutzuckerkurve. Glycerinzufuhr soll nach Untersuchungen von Behrens und Knoop keine Steigerung der Blutzuckerkurve ergeben, während MacLean ein Ansteigen von 8,4—43,0 (im Mittel 20,0 mg-%) fand.

2. Das Verhalten bei Toleranzprüfung und die Nierenschwelle.

a) Bei oraler Zufuhr.

Die Verhältnisse beim Erwachsenen. Nach verschiedenen Angaben der Literatur werden bei oraler Zufuhr vom gesunden Erwachsenen folgende Zuckermengen toleriert, nach deren Überschreitung es erst zur Zuckerausscheidung kommt:

Glucose 150—180 g = etwa 2—2,5 g/Körperkilogramm,
Rohrzucker 150—200 g = etwa 2—2,8 g/Körperkilogramm,
Milchzucker 70—120 g = etwa 1—1,7 g/Körperkilogramm,
Lävulose bis etwa 100 g = 1,45 g/Körperkilogramm,
Galactose bis 42 g = 0,6 g/Körperkilogramm.

Dabei soll die Nierenschwelle bei einem Blutzuckerwert von etwa 160 mg-% liegen, bei Überschreitung desselben tritt normalerweise Zucker in den Harn über.

Die Verhältnisse in der Wachstumsperiode. Hier liegt zunächst die Nierenschwelle nicht unerheblich höher, nämlich nach Gilchrist selbst beim Kleinkinde noch bei 190—230 mg-% B.Z. Das Verhalten gegenüber den einzelnen Zuckern ist natürlich verschieden.

Glucose. Nach Gross werden vom Säugling 5 g/Körperkilogramm toleriert, nach Gilchrist werden sogar vom Kleinkinde noch 11 g Glucose/Körperkilogramm ohne Glucosurie vertragen.

Rohrzucker. Es wird nach Gross vom Säugling eine Zufuhr bis zu 3,1—3,6 g/Körperkilogramm toleriert.

Milchzucker. Derselbe Wert (3,1—3,6 g/Körperkilogramm) gilt nach Gross bei Säuglingen auch für den Milchzucker.

Lävulose. Nach Fabisch und Etzold toleriert der unreife Neugeborene 1,5 g, der reife Neugeborene schon bis zu 2,6 g Lävulose/Körperkilogramm.

Am meisten Untersuchungen liegen vor über das Verhalten gegenüber *Galactose.* Nach Fabisch und Etzold verträgt der unreife Neugeborene 1,6, der reife Neugeborene 2,2 g/Körperkilogramm. Heymann und Howe gaben Säuglingen 30 g, größeren Kindern 40 g Galactose in 150—200 g Tee. Bei 14 Säuglingen fiel die Probe im Harn nur zweimal positiv aus (danach ergäbe sich für den Säugling eine Galactosetoleranz von mindestens 4 g/Körperkilogramm, nämlich 25 g dividiert durch etwa 6 kg). Bei den älteren Kindern war die Toleranz schon bedeutend niedriger, da bei den 16 geprüften 14mal eine positive Probe festgestellt wurde. Dies entspricht auch Feststellungen von Chromet. Bei lebergesunden älteren Kindern sah er bei einer Galactosebelastung mit 30 g eine Harnausscheidung von 2—3 g (je nachdem es sich um Kinder von über oder unter 30 kg Körpergewicht handelte), bei 40 g Zufuhr konnte die Ausscheidung bis 5 g betragen. An dieser Stelle dürfte eine Beobachtung von Fanconi interessieren. Er fand bei einem 9jährigen Knaben mit Neurofibromatose eine ganz hochgradige Galactoseintoleranz. Etwa 50—87 % der zugeführten Galactose wurden im Harn ausgeschieden, der B.Z. stieg dabei bis 440 mg-% an. Alle anderen K.H. wurden von diesem Kind gut verwertet, woraus hervorgeht, wie weitgehend unabhängig die einzelnen Partiarfunktionen der Leber voneinander sind.

Zusammenfassend kann man feststellen, daß beim Säugling die Zuckertoleranz bedeutend größer ist als beim Erwachsenen. Daran werden zwei Faktoren beteiligt sein. Einmal tritt bei ihm eine entsprechende Hyperglykämie erst nach relativ viel größeren Zuckergaben auf als beim Erwachsenen (vgl. S. 54), und zweitens muß der B.Z. bei ihm viel höher ansteigen bis es zur Zuckerausscheidung kommt (vgl. S. 57).

b) Parenterale Zuckerzufuhr.

Bei parenteraler Zufuhr von Traubenzucker — nur dieser Zucker kann ja auf diese Weise zugeführt werden — ist die Toleranz, da ja die Leber umgangen wird, naturgemäß viel geringer. Nach György und Veszelsky toleriert der Säugling 0,3—0,4 g parenteral zugeführte Dextrose, ohne daß eine Glucosurie auftritt. Nach 0,5—2 g/Körperkilogramm kommt es zu Glucosurie, Fieber und Schüttelfrost infolge osmotischer Veränderung der Gewebssäfte. Aber auch hierbei ist selbst bei 2 g/Körperkilogramm nach 2 Stunden der Ausgangswert des B.Z. erreicht. Ablauf der Kurve und Verträglichkeit hängen jedoch weitgehend vom Wassergehalt der Gewebe ab. So konnte ich kürzlich feststellen, daß bei einem wasserverarmten Säugling mit Pylorospasmus, dem als Vorbereitung für die Operation eine Traubenzuckerlösung injiziert wurde, das Bild einer schweren Dehydratation auftrat. Fälschlicherweise war eine 20%ige Traubenzuckerlösung benutzt und von dieser dem 3 kg schweren Säugling 80 ccm injiziert worden. Hiernach kam es zu hohem Fieber, Wasserverlust und Bewußtseinstrübung. Nach Zufuhr von Ringer-Lösung war nach 24 Stunden der normale Zustand wieder erreicht.

Hat der Säugling vor der intravenösen Zuckergabe gehungert und ist infolgedessen sein B.Z. niedrig, dann kann es zu sehr steilem Anstieg, lange dauernder Glykämie und vorübergehender Hydrämie kommen.

3. Einfluß der Hormone auf den Kohlehydratstoffwechsel.

a) Insulin.

Daß das Insulin die Fähigkeit besitzt, den B.Z. im Sinne einer Senkung zu beeinflussen, wird heute wohl von keinem mehr bezweifelt. Die Frage, wie aber das Insulin sonst auf den Organismus wirkt, ist damit keineswegs gelöst. Ist doch das Insulin nicht in der Lage, in vitro die Blutglykolyse zu beeinflussen. Es muß der Angriffspunkt des Insulins demnach direkt in die Gewebszellen verlegt werden. Im übrigen wirkt das Insulin auch auf den Wasser- und Mineralstoffwechsel sowie die

Ketonurie, d. h. auf den Säurebasenhaushalt und den Fettstoffwechsel. Auch der Eiweißstoffwechsel, das übrige endokrine System und Nervensystem werden, wie im folgenden zu zeigen ist, durch das Insulin beeinflußt. Von BÜRGER wurde gezeigt, daß in dem gewöhnlichen Pankreasextrakt des Insulins noch eine zweite Substanz enthalten ist, die hyperglykämisierende Eigenschaften entfaltet und mit dem Adrenalin nicht identisch ist. BÜRGER gewann diese Substanz, die er Glukagon nennt, dadurch, daß er Insulin Welcome durch Kochen mit Soda inaktivierte. HEYMANN und HOWE studierten den Einfluß des Insulins auf den Stoffwechsel unter verschiedenen Voraussetzungen. Folgende Tab. 18 u. 19, die dieser Arbeit entnommen sind, zeigen, daß beim Säugling die initiale Insulinhyperglykämie nur knapp halb so groß ist als beim Erwachsenen, beim

Tabelle 18. Initiale Insulinhyperglykämie unter normaler Ernährung (nach HEYMANN und HOWE).
(Je kg 1 Einheit Insulin Welcome, inaktiviert.) Maximale Ausschläge.

Nr.	Erwachsene		Säuglinge		Kinder	
	%	absolut	%	absolut	%	absolut
1	Nach BÜRGER		39	21	75	33
2			16	12	38	18
3			10	7	32	22
4			10	6	54	27
5			24	16	38	26
6			13	9	23	13
7			7	3	16	9
8			17	8	38	26
9			18	10	—	—
Durchschnittswerte	20	17	17	10	39	22

Tabelle 19. Initiale Insulinhyperglykämie nach kohlehydratfreien Tagen (Anstieg in mg-% Glykose) (nach HEYMANN und HOWE).

Nr.	Säuglinge				Kinder			
	Anzahl kohlehydratfreier Tage	vorher	nachher	Ausfall	Anzahl kohlehydratfreier Tage	vorher	nachher	Ausfall
1	2	12	30	0	2	22	22	0
2	2	7	13	0	1	13	14	0
3	2	6	16	0	1	9	10	0
4	1	9	10	0	2	33	7	+
5	1	3	10	0	2	18	9	+
6	1	7	16	0	2	27	2	+
7	2	21	0	+	2	26	18	+
8	2	16	8	+	1	22	5	+
9	2	16	4	+	1	9	0	+
10	—	—	—	—	1	26	17	+
Durchschnittswerte: Von 9 = 3 +					Von 10 = 7 +			

Kleinkind dagegen höher. Die Autoren glauben, daß das Leberglykogen bei Säuglingen schwerer diastasiert wird als bei größeren Kindern. Nach kohlehydratfreien Tagen fiel der Versuch nur bei einem Drittel der Säuglinge positiv aus, bei größeren Kindern in $^3/_4$ aller Fälle. Diese schwere Glykogenfreigabe der Leber soll die geringe Neigung der Säuglingsleber zur Acetonkörperbildung erklären.

Der Gewebszucker. Die Zellen der Muskulatur sollen nach Bürger der Hauptangriffspunkt des Insulins sein. Es wäre deshalb von Interesse, sich mit dem Gewebszucker zu befassen. Leider sind die Untersuchungen hierüber sehr spärlich. Béla Steiner prüfte den Gewebszucker im *Inhalt von Cantharidenpflasterblasen* und fand, daß der B.Z. gesunder Kinder höher ist als der Gewebszucker. Die Unterschiede liegen zwischen wenigen Milligramm bis 40 mg-%. Säuglinge verhalten sich wie größere Kinder. Der niedrigste Gewebszuckerwert betrug 51 bei 69 mg-% B.Z. Beim Diabetes fand Steiner analog den Beobachtungen von Gänsslen, Barát und Hetényis einen höheren Gewebs- als B.Z. Nach Bürger benötigt jede Zelle für ihre geordnete Arbeit ein Minimum an Kohlehydratmaterial, an „Zellzucker". Das Insulin steigert den Zuckerverbrauch der Muskulatur; die Leber hat die Aufgabe, gebrauchsfähiges Material nachzuliefern.

b) Die Nebennierenhormone.

Adrenalin. Nächst dem Insulin wird die Zuckerausschüttung in das Blut durch das Adrenalin, das bis zu einem gewissen Grade ein Antagonist des Insulins ist, gefördert. Nach Untersuchungen von Mann und Magath wirkt es durch Diastasierung des Leberglykogens. Schon sehr kleine Mengen Adrenalin bewirken eine starke Glucosurie. Dieser Glykosurie geht eine Hyperglykämie voraus, die ihre Ursache in einer Mobilisierung der Glykogenvorräte des Körpers und zwar, nicht wie man früher annahm, ausschließlich oder auch nur vorwiegend in der Leber, als vielmehr in der Skeletmuskulatur hat. Dies kann man besonders an Tieren mit glykogenverarmter Leber nachweisen (Cori und Cori). Auch bei diesen wird zunächst in der Leber Glykogen gespalten und als Traubenzucker an das Blut abgegeben; aber in noch höherem Grade erfolgt die Blutzuckersteigerung auf Kosten des Muskelglykogens. Zwischen den Glykogenabbau im Muskel und die Hyperglykämie ist aber die Leber geschaltet. Im Muskel entsteht beim Glykogenabbau nicht Glucose, sondern Milchsäure. Diese tritt ins Blut über, so daß auch dessen Milchsäurespiegel ansteigt. In der Leber wird Milchsäure zu Glucose aufgebaut, zum größten Teil ins Blut abgegeben und eventuell durch die Niere ausgeschieden. Ein Teil der neugebildeten Glucose wird aber in der Leber als Glykogen abgelagert. Im Verlauf einiger Stunden sind Milchsäure und Zucker im Blut wieder auf normale Werte abgesunken, dabei ist aber der Glykogengehalt der Muskulatur fast erschöpft, derjenige der Leber dagegen vielfach höher als vor der Adrenalininjektion.

Die Zuckerausschüttung nach Adrenalininjektion ist aber oft wesentlich größer als der gesamte Kohlehydratbestand der Tiere gewesen sein kann. Das beruht wahrscheinlich auf einer Neubildung von Zucker aus Fett. Das Leberfett wird durch Adrenalin beschleunigt zum Verschwinden gebracht und beim Hungertier kann die Glucosurie, die wegen Erschöpfung der Kohlehydratreserven des Körpers aufgehört hatte, durch Ölinfusion wieder ausgelöst werden.

Durch die wechselnde Größe der Adrenalinabgabe ins Blut ist eine weitgehende Beherrschung des Kohlehydratstoffwechsels gewährleistet. Die feinere Regulation erfolgt aber durch das enge Zusammenwirken mit dem entgegengesetzt wirkenden Hormon, dem Insulin.

Verhältnisse beim Kind. HEYMANN und HOWE fanden nach subcutaner Injektion von 0,5 ccm Adrenalin bei 18 Säuglingen nach 1 bis $2^1/_2$tägiger Kohlehydratkarenz den Adrenalineffekt 14mal verringert, bei 16 untersuchten älteren Kindern wurde dasselbe Ergebnis 12mal erhalten. Es hängt also der Adrenalineffekt weitgehend vom Glykogenvorrat des Körpers ab, der sich bei Säuglingen schon nach relativ kurzem Hunger rasch zu erschöpfen scheint, ein Beweis für die große Bedeutung der K.H. in der Säuglingsernährung. Daß aber trotzdem immer noch gewisse Glykogenreserven verbleiben, zeigen die Befunde von SCHÖNFELD, der nach 16stündigem Hunger noch eine mehr oder weniger starke Adrenalinhyperglykämie feststellte (vgl. aber dazu die oben erwähnte Möglichkeit der Neubildung von Zucker aus Fett).

Nebennierenrindenhormon. Auch das lipoidlösliche Nebennierenrindenhormon Corticosteron hat nach REICHSTEIN und KEUDALL eine sehr große Bedeutung für den Kohlehydratstoffwechsel. Es ist im Muskel für den normalen Ablauf der chemischen Prozesse unbedingt notwendig. Sein Einfluß scheint sich hauptsächlich auf die Phosphorylierungsvorgänge zu erstrecken. In der Darmwand ist anscheinend die Bildung von Hexosephosphorsäure und damit die Resorption der K.H. gestört, auch an anderen Stellen des Körpers geht das Phosphorylierungsvermögen verloren. Der Grundumsatz sinkt bis unter die Hälfte der Norm, der B.Z. ist niedrig, Leber- und Muskelglykogen schwinden fast vollständig, es kommt zur Bluteindickung.

c) Hypophyse.

Daß zwischen den beiden eben genannten — den Kohlehydratstoffwechsel regulierenden — Drüsen, Pankreas und Nebenniere, sowie der Hypophyse engste wechselseitige Beziehungen bestehen, ist auf Grund zahlreicher klinischer und pathologisch-anatomischer Beobachtungen, z. B. von FALTA, BORCHARDT, PARTOS, KATZ-KLEIN, seit langem wahrscheinlich. Experimentelle Untersuchungen der letzten Jahre haben nun zur Entdeckung einer Reihe von Stoffen in der Hypophyse geführt, die in den Kohlehydratstoffwechsel eingreifen. Von ANSELMINO, HEROLD und HOFFMANN wurde aus dem *Hypophysenvorderlappen* ein Stoff isoliert, der das Pankreas zu gesteigerter Funktion anregt, und den die Autoren deshalb als pankreatotropes Hormon bezeichnen. Vermehrte Zufuhr dieses Stoffes führt zur Pankreasvergrößerung. STEPPUHN, der diese Befunde von ANSELMINO bestätigte, fand im Hypophysenvorderlappen noch ein zweites Hormon, das entgegengesetzt wirkt, d. h. zur Verminderung des Leberglykogens und Hyperglykämie führt. Schon nach 5 Minuten war bei Tieren die Leber glykogenfrei geworden. LUCKE, der sich besonders eingehend mit dem Studium dieses Hormons befaßt hat, nennt es das kontrainsuläre. KYLIN hat auch im Hypophysenstil einen dem kontrainsulären gleichen Stoff festgestellt. LUCKE nimmt an, daß dieses Hormon des Hypophysenvorderlappens durch den Hypophysenstil direkt in den Liquor — wo es KYLIN, KJELLIN und KRISTENSON nachwiesen — abgegeben wird und so an das zentrale Zuckerzentrum gelangt. Auf dem Wege über die sympathische Nervenbahn wird dann der Reiz zur Nebenniere weitergeleitet.

HÖGLER fand auch im *Hypophysenhinterlappen* ein den Kohlehydratstoffwechsel beeinflussendes Hormon. Nach Tonephinzufuhr beobachtete er eine mehr oder weniger starke Erhöhung des B.Z. Dieses Hormon soll weder im Großhirn noch Corpus striatum, noch im Zwischenhirn oder in den oberen Partien des Mittelhirns angreifen. Auch durch Zufuhr von Pituitrin konnten PARTOS und KATZ-KLEIN den B.Z. um 20—50% steigern.

SCHÖNFELD *studierte an Säuglingen den Einfluß verschiedener Hypophysenpräparate auf den B.Z.* Er fand, daß das Hormon des Hinterlappens — Pituitrin — in fast allen Fällen die Hungerhypoglykämie beseitigt, während das Vorderlappenhormon — Präphyson — keine eindeutigen Resultate zeitigte. Nur in der Hälfte aller Fälle kam es hier zu einer Blutzuckersenkung.

d) Schilddrüse.

Daß die Schilddrüse den gesamten Stoffwechsel beeinflußt, ist bekannt. Durch vermehrte Zufuhr kann der Grundumsatz bis auf das Doppelte gesteigert werden. In erster Linie ist hierbei jedoch die Fettverbrennung vermehrt. MEYTHALER und MANN fanden, daß beim Menschen bei Hyperfunktion der Schilddrüse infolge Hyperfunktion des sympathico-adrenalen Systems Glykogenarmut, bei Myxödem — also Unterfunktion — normaler Glykogengehalt der Leber vorhanden ist.

e) Ovar.

Nach den Untersuchungen von DE AMILIBIA und BOTELLA-SLUSSIÁ sollen auch Ovarialhormone den Kohlehydratstoffwechsel beeinflussen.

Bei Tieren steigert Follikelhormon den B.Z. und senkt den Glykogengehalt der Leber, Luteumhormon hat die genau entgegengesetzte Wirkung. Über den Einfluß männlicher Sexualhormone auf den Kohlehydratstoffwechsel konnte ich nichts finden.

f) Parotis.

Die Parotis soll nach MOMMSEN keinen unmittelbaren Einfluß auf den Kohlehydratstoffwechsel haben. Bei Erkrankungen der Parotis fanden MOMMSEN und MAYER jedoch nach Zuckerbelastungen diabetische Glykämiekurven und nehmen an, daß der Parotisinfekt gleichzeitig das Pankreas schädigt. In Untersuchungen der STOLTEschen Klinik wurde bei Diabetikern mit Parotitis keine Verschlechterung der Kohlehydratbilanz gefunden.

4. Die neuro-humorale Regulation des Kohlehydratstoffwechsels sowie der Einfluß der Erbanlage.

Hierüber haben uns in letzter Zeit besonders die Arbeiten von MEYTHALER und RAAB Aufschluß verschafft. Nach MEYTHALER soll es kein einheitliches *Zuckerzentrum*, sondern mehrere geben. Die Hauptbedeutung bei der Regulierung scheint dem Sympathicus obzuliegen. Vom Sympathicus läuft die Verbindung zu den Inkretorganen. Die Zuckerstichhyperglykämie soll nach MEYTHALER mit der Adrenalinhyperglykämie identisch sein. Zentren für die Kohlehydratregulation wurden unter anderem im Tuber cinereum (ASCHNER, VAN BOGAERT), im Hypothalamus (DAVIS) und an anderen Stellen des Zwischenhirns gefunden. Es können hier jedoch nur Hinweise auf die betreffenden Arbeiten erteilt werden.

Wie eindeutig durch *psychische Faktoren* auch beim Säugling der Kohlehydratstoffwechsel beeinflußt werden kann, zeigen Versuche von GUIDO SAN PAOLESSI. Er ließ Säuglinge, die 5—10 Stunden lang keine Nahrung erhalten hatten, an der leeren Flasche saugen. Dabei war nach 15 Minuten ein deutlicher Anstieg des B.Z. im Mittel um 20 mg-% zu erkennen. In gleicher Weise erklärt STOLTE den günstigen Einfluß der normalen Ernährung auf den Kohlehydratstoffwechsel des kindlichen Diabetikers.

Nach MACLEAN kann man bei *Krämpfen* in der ersten und späteren Kindheit in der Hälfte aller Fälle eine Hyperglykämie beobachten, der bei der Hälfte 1 Stunde später eine Hypoglykämie folgt, die sich trotz Nahrungsaufnahme nicht ändert. Adrenalin führte aber auch in diesen Fällen zu einem bedeutenden Anstieg des B.Z. Es handelt sich wohl auch hier um eine zentral-nervöse Regulationsstörung.

Durch *Medikamente*, die die Gehirnzentren beeinflussen, gelingt es auch, den B.Z. zu ändern. So fanden HÖGLER und ZELL, daß Pyramidon in großen Dosen durch Reizung des hypothalamischen Zuckerzentrums auf dem Wege über den Sympathicus zur Hyperglykämie führt. Diese ist selbst größeren Insulinmengen gegenüber gewöhnlich unterempfindlich. Auch Ergotamin und Atropin können die alimentäre Hyperglykämie überdecken, Chloralhydrat soll den B.Z. nicht wesentlich beeinflussen.

An der Regulation des B.Z. soll sich nach Köppe auch die *Katalase* des Blutes beteiligen. Die Katalase, die nach Wieland die roten Blutkörperchen gegenüber entstehendem H_2O_2 schützt, ist weiterhin ein Oxydationsferment. B.Z. und Katalase ändern sich in entgegengesetztem Sinne. Mit Hilfe des gebildeten H_2O_2 wird der Traubenzucker oxydiert, wobei die oder ein Teil der Katalaseenergie verbraucht wird. Die Katalase wird durch Kohlehydratzufuhr, Hunger und Muskeltätigkeit beeinflußt. Diese Befunde von Köppe konnten von Herbst bestätigt werden.

Schließlich soll der Vollständigkeit halber noch erwähnt werden, daß wahrscheinlich auch die Erbanlage die Blutzuckerregulation beeinflußt. So wurde festgestellt, daß bei zweieiigen Zwillingen die Blutzuckerkurven nach Traubenzuckerbelastung unähnlicher verliefen als bei eineiigen. Dies gilt vor allem für den hyperglykämischen Teil der Kurve, während der hypoglykämische Teil mehr umweltbedingt sein soll.

5. Beziehungen zwischen Blutzucker und Liquorzucker. Der Milchsäuregehalt des Liquors.

a) Der Liquorzucker.

Daß in jedem Liquor Zucker nachgewiesen werden kann, ist seit langem bekannt. Matossi beziffert den Zuckergehalt des normalen Liquors beim Kinde auf 40—70 mg-%, Panagotti gibt Werte von 39 bis 56 mg-% bei Blutzuckerwerten von 62—93 mg-% an. Rimele, der an meiner Klinik Untersuchungen über die Glykolyse im Liquor ausführte und in dessen Arbeit die Befunde der verschiedensten Autoren angegeben sind, fand *beim normalen Kinde eine Schwankungsbreite von 45—75 mg-%*. (Lediglich Chevassut fand im Zisternal- und Ventrikelliquor erheblich höhere Werte als im Lumballiquor.) *Nach* Hönig *ist der Quotient* $\frac{B.Z.}{L.Z.}$ *beim Kinde ziemlich konstant und liegt etwa bei 1,5.* Bei erhöhtem B.Z. ist meist auch der Liquorzucker erhöht. Nach Matossi bewirkt perorale Zuckerverabreichung nur eine geringe, parenterale dagegen eine erhebliche Liquorzuckervermehrung. Weicht der Wert des Quotienten erheblich von 1,5 ab, dann muß eine Störung der Blut-Liquorpassage angenommen werden. Daß selbstverständlich Blutbeimengungen zum Liquor den Wert erheblich erhöhen können, braucht wohl nicht betont zu werden. Von Interesse ist die Frage, ob im Liquor ein glykolytisches Ferment enthalten ist. Entgegen früheren Behauptungen (Chevassut), konnten aber sowohl Fasold und Schmidt als auch RIMELE nachweisen, daß normaler Liquor *nicht* glykolysiert. Beim Stehen tritt nur dann eine Abnahme ein, wenn der Liquor bakteriell verunreinigt ist. Über den Zuckerschwund bei Meningitis vgl. den folgenden Abschnitt. Im Gegensatz hierzu wird bei akuter Encephalitis, Chorea minor und Poliomyelitis häufig eine Vermehrung gefunden (vgl. z. B. PANAGOTTI); bei Encephalitis trifft das wohl im allgemeinen zu. Bei der letzten großen Poliomeylitisepidemie in Bonn fanden wir jedoch bei sehr zahlreichen Zuckerbestimmungen kein charakteristisches Verhalten. Eine von uns gemachte Feststellung ist jedoch besonders interessant. Bei prognostisch besonders ungünstigen Fällen steigt der Liquorzucker bis 170 mg-% an, er kann scheinbar sogar höher liegen als der B.Z. Es handelt sich hierbei wohl um eine rein zentrale Regulationsstörung.

Nachdem festgestellt war, daß die Einbringung liquorfremder Stoffe in den Lumbalkanal, z. B. Lufteinblasung, gesetzmäßig zu einem — meines Erachtens zentral-nervös bedingten — starken Anstieg des *B.Z.* führten, untersuchte SCHÖNFELD die Veränderung des Liquorzuckers selbst. Er fand, daß unmittelbar nach der Lumbalpunktion auch ein Anstieg des Liquorzuckers um 30—50 mg-% auftritt, daß aber nach $^1/_2$ Stunde in der Regel die Ausgangswerte erreicht sind. Nach Encephalographie wurden Werte bis zu 226 mg-% gefunden.

b) Der Milchsäuregehalt des Liquors.

An dieser Stelle seien der Vollständigkeit halber auch die bisher bekannten Befunde über den Milchsäuregehalt des Liquors wiedergegeben. DE TONI fand bei intakten Meningen bei normalem Zuckergehalt Milchsäurewerte von 12,3—17,1 mg-%, GELDRICH bei Kindern auch 12 bis 16 mg-%. Bei Meningitis waren bei niedrigem Liquorzucker die Milchsäurewerte sehr hoch und lagen im Mittel bei 63,2 mg-% (Höchstwert 120 mg-%). Es ist fraglos, daß dieser Anstieg durch Glykolyse zu erklären ist. Bei ausgesprochen eitrigen Meningitisformen ist es nach den Untersuchungen von FASOLD und SCHMIDT vorstellbar, daß der Zuckerschwund und die Milchsäurebildung durch die Eiterzellen (und Bakterien) von Meningen und Liquor zustande kommen. Für die zell- und bakterienarme tuberkulöse Meningitis mit ihren besonders niedrigen Zucker- und besonders hohen Milchsäurewerten im Liquor ist nach den Untersuchungen von FASOLD und SCHMIDT eine solche Erklärung wohl nicht mehr möglich. BRÜHL nimmt deshalb hierbei eine Steigerung der Glykolyse im Gehirn an, welche nach ihm überhaupt für die Differenz zwischen Liquor- und Blutzuckerwert verantwortlich ist.

6. Die Bedeutung der Leber im intermediären Kohlehydratstoffwechsel.

Der Nachweis der Regulation des Zuckerstoffwechsels durch die Leber wurde zunächst durch den Einfluß der Leberexstirpation auf den

B.Z. erbracht, welcher nach dieser auf Spuren absinkt (JOHANNES MÜLLER, KAUSCH und insbesondere MINKOWSKI). Weiter oben (Einfluß der Nebennierenhormone auf den Kohlehydratstoffwechsel, vgl. S. 60) wurde diese Regulation des B.Z. durch die Leber sehr ausführlich besprochen. Hier wurde auch schon erwähnt, daß das Leberglykogen, die Quelle des B.Z., anscheinend auch aus Nichtkohlehydraten (Fett- und Eiweißabbauprodukten) in der Leber aufgebaut werden kann (vgl. auch LAUFBERGER).

Die Ansichten über die Wirkung des Insulins auf den Glykogengehalt der Leber sind verschieden. Während nach RAAB Insulin die Glykogenfixation an die Leber fördern soll, nimmt BÜRGER das Gegenteil an. Die Wirkung ist wohl eben verschieden, je nach der Dosierung und dem Ausgangszustand bei Einwirkung des Insulins. Die Leber vermag übrigens auch aus Lävulose und Galactose Glykogen aufzubauen. Die Umwandlung von Lävulose in Dextrose kann nach LEHNARTZ auch in anderen Organen erfolgen, diejenige der Galactose dagegen vorwiegend in der Leber (Galactoseprobe!).

Glykogengehalt der Leber in verschiedenen Lebensaltern. Nach den Untersuchungen von MITALLI findet sich bereits in der Leber eines 1,2 cm langen Fetus etwas Glykogen, in der eines 3 cm langen schon ziemlich reichlich. Der Glykogengehalt der Leberzellen nimmt vom Schwangerschaftsbeginn bis zum Ende allmählich zu. Das Glykogen wird während der Geburt — unabhängig von ihrer Dauer — nur wenig verbraucht. (Dagegen soll es bei durch Kaiserschnitt entbundenen Kindern fast völlig fehlen können.) Nach dem ersten Atemzug sinkt das Leberglykogen stark ab, so daß nach 3—5 Stunden nur noch wenig vorhanden sein soll.

Quantitative Untersuchungen über den Glykogengehalt der Leber wurden von BURGHARD und PAFFRATH ausgeführt. Nach diesen soll bei Feten der Glykogengehalt der Leber 0,69—2,07 g-%, bei ausgetragenen Neugeborenen über 2,0, bei Erwachsenen 2,57—8,32 g-% (im allgemeinen 4—8 g-%) betragen. Bei einem Lebergewicht von 1500 g besitzt letzterer also etwa 75 g Leberglykogen (BÜRGER).

Das Leberglykogen in Abhängigkeit von einigen anderen Faktoren. Der Glykogengehalt ist abhängig von *Ernährung* und Konstitution. Bei Tieren gelingt es, nach den Untersuchungen von JUNKERSDORF durch (K.H.-) Mast das Gewicht der Leber von 2,7% des Gesamtgewichtes bis auf 6,58, ja sogar bis 12,43% zu steigern. Hierbei kann allein der Glykogengehalt bis zu 18% ansteigen. Je jünger das Individuum ist, um so rascher erfolgt die Glykogenstapelung; der B.Z. sinkt bei Glykogenmast ab.

Bei Jugendlichen kennen wir einen abnormen Zustand der Glykogenspeicherung in der Leber, die Glykogenose oder *Glykogenspeicherkrankheit*. Hierbei kann nach UNSHELM der Glykogengehalt der Leber (auf Trockensubstanz berechnet) bis

47,68 g-% ansteigen. Selbst 7 Tage nach dem Tode enthielt eine solche Leber wegen der fehlenden Glykogenolyse noch 45,95 g-% Glykogen.

Im *Hunger* nimmt nach den Untersuchungen von SAKES der Glykogengehalt der Leber bei Mutter und Säugling, besonders in den ersten Tagen sehr rasch ab, die niedrigsten Glykogenwerte zeigten Patienten mit terminalen Krämpfen oder stundenlanger Agonie. Im Gegensatz dazu sind nach den Untersuchungen von BURGHARDT und PAFFRATH sowie GLOTZ bei der alimentären Intoxikation die Glykogenwerte der Leber relativ hoch (1,4—4,0 g-%), während bei *experimenteller* Exsikkose nach SCHIFF, BAYER und CHOREMIS das Leberglykogen vermindert ist. Ein Zusammenhang zwischen Leberverfettung und Glykogengehalt konnte nicht nachgewiesen werden. Bei Meningitis fand BECK außerordentlich hohe Leberglykogenwerte, obgleich Krämpfe allein den Glykogengehalt ja nicht erhöhen (vgl. oben).

Bei entzündlichen Erkrankungen der Leber fanden LONDON, SCHWARZ und POPROFSKAJA eine Erhöhung des Blutglykogens um 44% bei Erwachsenen, während bei Kindern ein entgegengesetztes Verhalten beobachtet werden konnte. Bei letzteren war hierbei der Blutglykogenspiegel parallel zur Schwere der Erkrankung bis 4,5 mg-% (im Mittel um 60%) erniedrigt, während der Milchsäurespiegel stark anstieg. Die Autoren nehmen an, daß durch Milchsäure bei Kindern der Glykogenabbau beeinflußt wird.

7. Der Glykogengehalt anderer Organe.

a) Muskulatur.

Es ist unmöglich auf die zahlreichen Arbeiten der letzten Jahre über diese Fragestellung einzugehen. Es sei nur kurz die Anschauung von RIESSER über dieses Problem angeführt. Nach den Untersuchungen von BÜRGER beträgt beim Menschen der Glykogengehalt der Muskulatur etwa 0,4 g-%. Nach Ansicht von RIESSER ist das Muskelglykogen vielleicht nicht voll identisch mit dem Leberglykogen. Der aus dem Leberglykogen mobilisierte Zucker wird auf dem Blutwege der Muskulatur zugeführt und hier teils verbrannt (veratmet), teils zu Glykogen aufgebaut. Das Muskelglykogen seinerseits, das niemals Zucker zu bilden vermag, zerfällt (wie schon bei Besprechung der Adrenalinwirkung erwähnt, vgl. oben S. 60) zu Milchsäure, in geringem Maße auch bei Muskelruhe, in stark erhöhtem Maße bei Muskelarbeit (Abbauweg s. in der Einleitung, S. 44). Die Milchsäure schließlich wird im venösen Blutstrom wieder der Leber zugeführt und hier zu Leberglykogen zurückverwandelt, soweit sie nicht im Harn ausgeschieden oder an anderen Stellen des Körpers verwendet wird. *Das Muskelglykogen stellt demnach eine Art Relais dar, das dazu dient, überschüssigen B.Z. abzufangen und ihn in Form der Milchsäure der Leber zum Glykogenaufbau verfügbar zu machen, vor allem dann, wenn bei Muskelarbeit die Glykogenvorräte der Leber stark beansprucht werden und ein möglichst schneller Ersatz notwendig wird. Das so wieder zu Leberglykogen umgewandelte Muskelglykogen kann nun erneut als B.Z. dem Muskel zur Verfügung gestellt werden, also in derjenigen Form, die allein für den Muskel verwertbar ist.*

b) Fettgewebe.

Außer in der Muskulatur ist nach neueren Untersuchungen auch im Fettgewebe reichlich Glykogen vorhanden. Nach JUNKERSDORF schwankt der Glykogengehalt jugendlichen Fettgewebes zwischen 2,36 und 8,81 g-%

c) Blut.

Auch mit den Glykogenwerten des Blutes befassen sich mehrere Autoren. Die Werte sind in folgender Tabelle 20 zusammengestellt.

Tabelle 20.

Zustand	Autor	Gefundene Werte in mg-%
normal	HUPPERT	0,1—7,0
normal	SCHÖNDORF und PFLÜGER	2,0—9,0
normal	GABBE	18—30 Gesamtblut 15—20 Plasma
Kinder	BRAILOWSKY	19,4—27,9 (Mittel 23,4)
Erwachsene	BRAILOWSKY	10—14,5 (Mittel 13,1)
normale Kinder	UNSHELM	*5,0—8,6 Gesamtblut* *0,8—3,1 Oxalatplasma* *0,7—2,3 Serum*
Glykogenspeicher-krankheit	UNSHELM	200—266 Gesamtblut

In den Werten von UNSHELM ist die Restreduktion enthalten, die im Gesamtblut 0,8—1,8, im Serum und Plasma 0,5—1,3 mg-% ausmacht. Die Glykogenwerte des Blutes sollen nach UNSHELM abhängig vom Leukocytengehalt des Blutes sein. Mit steigender Leukocytenzahl soll der Glykogengehalt des Blutes bis 19,2 mg-% ansteigen können. Es sollen im allgemeinen je 1000 Leukocyten etwa 0,7 mg-% Glykogen entsprechen, 1—2 Stunden nach der Kohlehydrataufnahme ist eine geringe Glykogenvermehrung des Blutes festzustellen, die mit der Verdauungsleukocytose in Zusammenhang gebracht wird. Im Reagensglas ist nach 72 Stunden bei 5° eine Verminderung um 7—38% festzustellen, bei 38° soll nach 24 Stunden schon erheblich mehr abgebaut sein.

Außer in der Leber fand DIAMANTOPULOS bei Neugeborenen auch in der Niere, Hypophyse, Pankreas und Thymus sowie den Hoden Glykogen.

8. Milchsäure und Glykolyse.

WARBURG und Mitarbeiter haben als erste auf die große Bedeutung der auch *ohne* Gegenwart von O_2 verlaufenden fermentativen Zuckerspaltung für das Leben des Organismus hingewiesen. Tumoren leben in sauerstofffreiem Milieu weiter und können pro Stunde 10—12% ihres Trockengewichtes an Milchsäure bilden. *Dieser Vorgang, bei dem aus 1 Mol. Glucose 2 Mol. Milchsäure gebildet werden, wird als Glykolyse — nach* WARBURG *auch Gärung — bezeichnet.* Bei Hühnerembryonen tritt nach WARBURG nur in Stickstoff Milchsäure auf, während im Sauerstoff im Gegensatz zur Tumorzelle keine Glykolyse nachweisbar wird, weil zwar Milchsäure gebildet, aber so gut wie vollständig oxydiert bzw. resynthetisiert wird (vgl. u.).

Nach WARBURG unterscheidet man nämlich aerobe und anaerobe Glykolyse. Die O_2-Atmung wirkt nach MEYERHOFF nicht nur, indem sie die Produkte des Spaltungsstoffwechsels oxydiert — denn die Atmung bringt im Muskel mehr Milchsäure zum Verschwinden als sie oxydieren kann, — sondern unter dem Einfluß der Atmung wird außerdem (und zwar in beträchtlichem Maße) die gebildete Milchsäure zu K.H. resynthetisiert: K.H. $\underset{2}{\overset{1}{\rightleftarrows}}$ Milchsäure. Vorgang 1 verläuft freiwillig, auch ohne Anwesenheit von O_2, Vorgang 2 verlangt die Zufuhr von Energie und kommt nur in Gegenwart von O_2 zustande. Die nötige Energie wird von der Atmung geliefert. *Atmung und Gärung sind so durch eine chemische Reaktion verbunden, die* WARBURG *nach ihrem Entdecker „*PASTEUR*sche Reaktion" nennt.*

Abhängigkeit der Glykolyse von verschiedenen Faktoren. Die Glykolyse ist weitgehend abhängig von der H-Ionenkonzentration. Nach RONA und WILENKO zeigt die Glykolyse ihr Maximum bei $p_H = 7{,}52$, während sie unter 6,3 nicht mehr nachsweibar ist. Alle Änderungen der p_H-Zahl müssen demnach von Änderungen der Glykolyse begleitet sein. Auch der Bicarbonatgehalt des Plasmas beeinflußt die Glykolyse, eine Erhöhung bei gleichem p_H führt zu einer Steigerung. Auch eine Phosphaterhöhung führt zu einer Glykolysesteigerung, desgleichen beeinflussen Schwankungen der O_2-Aufnahme der Gewebe die Glykolyse. So ist eine Verminderung derselben, z. B. bei Stauung, von erhöhter Glykolyse begleitet. In gleicher Weise wird durch den Blutzuckergehalt die Glykolyse abgeändert. Nach WARBURG liegt der Höchstwert der Glykolyse bei einer Blutzuckerkonzentration von 0,2—0,3 g-%. Auch Temperaturerhöhung führt zu einer Steigerung der Milchsäurebildung. Muskeltätigkeit kann durch vermehrten Lactacidogenzerfall, Schreien durch Alkalose zu Erhöhung des Milchsäurespiegels führen. FREUDENBERG und WELCKER haben entsprechend den vorstehenden Ausführungen für die Regulierung der Glykolyse folgenden Quotienten aufgestellt:

$$\frac{OH' \quad HCO_3' \quad HPO_4''}{H^+},$$

wobei im Zähler die fördernden, im Nenner die hemmenden Einflüsse enthalten sind.

Glykolyse und Milchsäure in der Wachstumsperiode. Unter entsprechenden Versuchsbedingungen können embryonale Zellen auch unter aeroben Bedingungen Milchsäure in Erscheinung treten lassen. Denn wachsendes Gewebe glykolysiert am stärksten und „*kein Wachstum ohne Glykolyse*“ (WARBURG). PFAUNDLER hat die Milchsäure direkt als Wuchsstoff bezeichnet und ihre Wirkung in eine Reihe mit der der Vitamine und Hormone gestellt. Infolgedessen sind in der frühen Kindheit die Blutmilchsäurewerte bedeutend höher als später, wie folgende Aufstellung zeigt.

Tabelle 21. Normale Milchsäurewerte im Blut (mg-% im Vollblut).

Autor	1. Vierteljahr	Ältere Säuglinge	Erwachsene
GYÖRGY und Mitarbeiter	18—19	13,8	10,2
SCHÖNFELD	10,1—17,1	—	—
VALENTIN, SCHUMACHER, GOLDSCHEIDER, LOSER u. a.	—	—	10,0

Danach liegen die Werte älterer Säuglinge nach GYÖRGY und Mitarbeitern also um 35%, diejenige junger Säuglinge um 83% über den Erwachsenenwerten.

Das WARBURG*sche Gesetz: kein Wachstum ohne gesteigerte Glykolyse hat also auch für den Säugling Gültigkeit. Je jünger der Organismus, desto näher steht er bezüglich seines Stoffwechsels noch dem embryonalen Zustand, wo er besonders starke glykolytische Fähigkeiten aufweist, Fähigkeiten, die er mit zunehmendem Alter immer mehr verliert. In welcher Weise die Milchsäure am Wachstum beteiligt ist, wissen wir allerdings heute noch nicht.*

Einfluß der Ernährung (einschließlich von Milchsäurezufuhr) auf den Milchsäurespiegel des Blutes und den Säurenbasenhaushalt. Entsprechend den oben gemachten Ausführungen liegen auch bei *älteren* Brustkindern die Blutmilchsäurewerte wegen der alkalotischen Stoffwechselrichtung noch relativ hoch. Auch andere Nahrungsgemische, deren alkalotische Wirkung auf den Stoffwechsel bekannt ist, führen zu hohen Milchsäurewerten. So fanden GYÖRGY und Mitarbeiter bei einem Kinde folgende Werte: Im Alter von 6 Monaten bei $^2/_3$ Milch 14,8 mg-%; als das Kind auf Malzsuppe gesetzt wurde, betrug der Wert bei ihm mit 7 und 8 Monaten 18, mit 9 Monaten sogar 20 mg-%. Bei der besonders den Ansatz d. h. das Wachstum fördernden Wirkung der Malzsuppe ist dies außerordentlich interessant.

Exogen zugeführte Milchsäure — selbst wenn die Zufuhr rectal erfolgt (GYÖRGY) — führt zu keinem Anstieg des Milchsäurespiegels, sie wird vielmehr fast momentan zum Verschwinden gebracht (PERGER). Auch in Form von Buttermilch oder Milchsäuremilch zugeführte Milchsäure führt nach BRAHDY nicht zu einer Steigerung der Blutmilchsäure, d. h. die *per os zugeführte Milchsäure gelangt nicht in den großen*

Kreislauf. Die Kurve verläuft hierbei genau wie nach einer gewöhnlichen Kuhmilchmahlzeit. *Es ist demnach anzunehmen, daß die Milchsäure vom Darm zwar resorbiert wird, in der Leber jedoch zurückgehalten wird, auf jeden Fall sich jenseits der Leber nicht im großen Kreislauf bemerkbar macht.* FASOLD stellte fest, daß Säuglinge bei Zufuhr sehr großer Mengen racemischer Milchsäure zur bisherigen Nahrung diese verbrennen. Hierbei wurde eine Azidose mit Alkaliretention beobachtet, die NH_3- sowie die Bicarbonatausfuhr waren erhöht. Der Harn wurde alkalisch. Es ergab sich demnach wie beim Brustkinde die zunächst paradoxe Reaktion, daß durch Zufuhr einer verbrennbaren organischen Säure die Ausfuhr der organischen Säuren zurückgeht. Vgl. über diese Verhältnisse und ihre wahrscheinliche Erklärung den Abschnitt „Säurebasenstoffwechsel" von BROCK, Bd. 2, S. 287.

Auch *jahreszeitliche Schwankungen des Blut-Milchsäuregehaltes* sind festzustellen. Im April/Mai liegen die Werte am höchsten zwischen 15 und 16 mg-%, bleiben im Sommer bei 14—15 mg-% relativ hoch, um von Dezember bis März abzusinken und Anfang März einen Tiefpunkt von 11—12 mg-% zu erreichen. Bei geringer Sonnenscheindauer wurden besonders niedrige Werte gefunden. Im Frühjahr erfolgt bekanntlich ein fast krisenartiges Längenwachstum — hormonale Frühjahrskrise —, eine Feststellung, die nach GYÖRGY zwanglos mit dem Anstieg der Milchsäure in Zusammenhang gebracht werden kann. Auch das Serumphosphat ist nach FALKENHEIM und KRUSE ähnlichen Schwankungen unterworfen — Höhepunkt Mai bis Juni —, und im April/Mai erfolgt auch beim titrierbaren Blutalkali einer ehebliche Zunahme. Beide Faktoren aber fördern die Glykolyse, d. h. die Erhöhung der Blutmilchsäure.

Die Verhältnisse bei Rachitis und Tetanie. FREUDENBERG und WELCKER fanden im Rachitikerblut verminderte Glykolyse. Das Blut normaler Säuglinge glykolysierte im Brutschrank innerhalb von 5 Stunden 32% des vorhandenen Zuckers, das von rachitischen durchschnittlich nur 4%. Bei der Rachitisheilung, so auch bei Tetanie kommt es zu einer sehr lebhaften, oft die normalen Zahlen übertreffenden Glykolyse. Entsprechend sind die Blutmilchsäurewerte; mit etwa 12,5 mg-% liegen sie bei Rachitis unterhalb denjenigen normaler älterer Säuglinge, während latente Tetaniker Werte von 15,5, manifeste einen Anstieg auf durchschnittlich 20,4 mg-% zeigten (GYÖRGY). Nach dem oben mitgeteilten Quotienten von FREUDENBERG und WELCKER ist dies ja ohne weiteres verständlich. Bei Tetanie bewirken die Erhöhung der Serumphosphate und die alkalotische Stoffwechselrichtung den umgekehrten Effekt wie bei der Rachitis mit entgegengesetzten Stoffwechselverhältnissen.

Bei *Anämien* fand sich trotz teilweise sehr niedrigem Serumphosphat eine sehr hohe Glykolysefähigkeit. Der Durchschnittswert lag — obgleich es sich hier um Kinder im 2. Lebenshalbjahr, ja sogar 2.—4. Lebensjahre handelte — bei 21,1 mg-%. GYÖRGY und BREHME erklären diesen hohen Milchsäuregehalt mit der schlechten Sauerstoffversorgung, d. h. Steigerung des anoxybiotischen Abbaues. Vielleicht liegt nach MEYERHOFF auch eine Störung der Resynthese vor.

MEYER ZUR HÖRSTE fand, daß das Blut exsudativer Kinder stärker glykolysiert (44,5—80 mg-%) als das normaler Säuglinge (26—37,5 mg-%) im gleichen Zeitraum.

Die im Blut gefundene Milchsäure entstammt nach den vorherigen Ausführungen den verschiedenen Organen, in denen sie gebildet wird, insbesondere der Muskulatur. Da auch der ruhende Muskel nach den Untersuchungen von JANNSSEN und JOST immer kleine Mengen Milchsäure bildet, ist stets eine gewisse Menge vorhanden. Die Höhe des Spiegels hängt weitgehend von der Schnelligkeit der Resynthese der Milchsäure in der Leber und Muskulatur ab. Der intakte Herzmuskel soll jedoch nach RÜHL niemals Milchsäure abgeben, sondern zugeführte sogar verbrauchen. Sonst besteht nach HOCHREIN und MEYER ein Spannungsgefälle von den Muskeln zur Leber hin. Daneben kommt als Quelle der Blutmilchsäure das Blut selbst in Frage. Die Erythrocyten — auch wenn sie sauerstoffgesättigt sind — bilden aus ihrem Zucker stets kleine Mengen von Milchsäure. In vitro wird nach WARBURG milchsäurefreies Blut im Laufe von 2 Stunden auf den mittleren Normalmilchsäuregehalt gebracht. SCHÖNFELD konnte einen gesetzmäßigen Parallelismus von Blutmilchsäure und Hämoglykolyse in vitro beim Kind nicht finden.

Es wird also der Milchsäuregehalt von den verschiedensten Faktoren z. B. Alter, Art der Nahrung, Stoffwechselrichtung und der Resynthesefähigkeit der Leber beeinflußt.

9. Phosphatasen und Diastase.

a) Phosphatasen.

Im vorhergehenden war von der Glykolyse die Rede, bei der einfache Zucker zerlegt werden. Darüber gibt es aber im intermediären Stoffwechsel noch weitere Fermente. Zunächst wirken, da der Zucker zum Abbau in phosphorylierte Form gebracht wird, *Phosphatasen* dabei mit. So wurde von TOMITA und ROBISON eine Hexosemonophosphatase gefunden, deren Wirkung weitgehend von dem p_H abhängig ist. JÄGER konnte sie in allen Körperflüssigkeiten und Organen in wechselnder Stärke, am deutlichsten im Blutserum des Säuglings nachweisen. Das Wirkungsoptimum liegt bei $p_H = 8{,}0$. Urin, Liquor und Duodenalsaft spalten sehr wenig. FORRAI wies auch eine Saccharo-Phosphatase nach.

b) Diastasen.

Verdauungsdiastasen. Von besonderem Interesse sind jedoch die diastatischen Fermente, die den intermediären Kohlehydratstoffwechsel beeinflussen. Diese haben die Fähigkeit, Polysaccharide durch Hydrolyse in einfache Zucker zu zerlegen. Die in dem Darm vorhandene — aus Mundspeichel, Pankreas und Dünndarm stammende — Diastase verläßt mit dem Kot den Körper, sie passiert nicht die Darmwand (HENNESNY und BACH sowie TERASHINA). *Ein kleiner Teil des diastatischen Fermentes wird jedoch an den Produktionsstätten in die Lymphbahnen* *abgegeben, passiert den Kreislauf und wird schließlich im Urin ausgeschieden. Alle Änderungen der Darmdiastasen führen deshalb auch zu Änderungen der Blut- und Urindiastase.*

Organdiastasen. Außer den erwähnten Diastasen bilden nach OPPENHEIMER, BIAL u. a. Leber, Herz, Körpermuskulatur, Nieren, Nebennieren, Gehirn, Lunge, Schilddrüse, Haut und Hoden Diastase, nach LÖSCHKE ist beim Jugendlichen auch im Knorpel und Knochen reichlich Diastase nachzuweisen.

Die intermediäre Zuckerbildung aus Glykogen ist hauptsächlich von 3 Faktoren abhängig: Sympathicus, Diastase und Adrenalin. Im Ruhezustande ist nach LESSER die Diastase an Zellkolloide absorbiert, d. h. zeitlich unwirksam. ELIAS glaubt, daß die H-Ionen Änderung — Verschiebung nach der sauren Seite — zur Diastaseaktivierung führt. Nach DOXIADES soll die Diastase nicht nur eine polysaccharidespaltende, sondern auch eine synthetisierende Wirkung haben.

Die (Blut-) Diastasen im Kindesalter. Beim Kinde hat sich in letzter Zeit besonders LÖSCHKE mit dem Studium der Diastase befaßt. Er unterscheidet eine exogene und eine endogene Diastase. Mit der Diastase stets vergesellschaftet ist die Maltase (RÖHMANN und SCHÜLER). Die optimale Diastasewirkung soll nach LÖSCHKE bei einem p_H von 7,0 liegen.

Die Blutdiastase ist weitgehend abhängig vom Lebensalter. Bei Frühgeburten liegen die Diastasewerte besonders niedrig — unter 20 Einheiten (E.). Mit zunehmendem Alter steigen die Blutdiastasewerte an. Am Ende des ersten Jahres liegen sie um 80 E., dann erfolgt rasch ein weiterer Anstieg. In der Pubertät ist ein gewisses Absinken und Regelmäßigerwerden zu beobachten, beim Erwachsenen ist eine gewisse Konstanz zu beobachten. Die Werte schwanken hier nach LÖSCHKE zwischen 60 und 120 E. In der gesamten Kindheit bewegen sich die Diastasewerte zwischen 30 und 363 E., am höchsten liegen sie in der Zeit zwischen dem 4. und 7. Lebensjahr. In folgender Tabelle 22 sind die von einzelnen Autoren in den verschiedenen Altern gefundenen Diastasewerte gegenübergestellt.

Tabelle 22. Blutdiastase (Einheiten).

Autor	Frühgeburt	Neugeborenes	3.—4. Monat	6.—12. Monat	1 Jahr	Gesamte Kindheit	Erwachsene
LÖSCHKE . . .	>20	—	—	—	80	30—363	60—120
PERNICE . . .	20—45	40—80	60—120	80—160	—	—	120—220
FISCHER . . .	—	—	—	—	—	—	100—300

Die Höhe des Blutdiastasespiegels wird durch die verschiedensten Faktoren beeinflußt. So soll nach LÖSCHKE orale Kohlehydratzufuhr, wahrscheinlich infolge Glykogensynthese, zu einer Senkung der Blutdiastase führen, während FISCHER das gegenteilige Verhalten beschreibt.

Auch bei subcutaner Insulinzufuhr kommt es nach LÖSCHKE zur Abnahme der Blutdiastase. PERNICE beobachtete beim Säugling Abhängigkeit von Gewicht und Alter. Nahrungskarenz soll Anstieg, Adrenalinzufuhr Abfall bewirken, während Thyreoideazufuhr die Blutdiastase unbeeinflußt läßt. Zwischen B.Z. und Blutdiastase sollen nach LÖSCHKE und JORNS keine Beziehungen bestehen.

Erkrankungen können die Höhe weitgehend beeinflussen. So sah LÖSCHKE bei Parotitis Zunahme, während bei infektiösen Darmerkrankungen niemals eine Vermehrung festzustellen war. PERNICE *beobachtete bei Ernährungsstörungen, Dystrophien und fieberhaften Erkrankungen eine Senkung des Diastasespiegels und nimmt an, daß die Diastase als Ausdruck der fermentativen Kräfte dem Allgemeinszutand des Säuglings parallel geht.* Bei der Glykogenspeicherkrankheit ist die Diastase abnorm erniedrigt oder fehlt völlig; dagegen soll sie bei Diabetes und Rachitis erhöht sein. MARCHIONINI und HÖVELBORN fanden, daß bei Ultraviolettbestrahlung in bestimmter Dosierung die Blutdiastase ansteigt.

Liquordiastase. Schon 1896 ist erstmalig von CAVAZZANI ein diastatisches Ferment im Liquor nachgewiesen worden. Nach ECKHARDT, der besonders die Diastase im Liquor von Kindern untersuchte, liegen beim normalen Liquor des Kindes die Diastasewerte zwischen 20 und 200, bei nichtentzündlichen Erkrankungen schwanken die Werte zwischen 20—50, bei entzündlichen liegen sie über 50 je 100 ccm Liquor. Auch im Liquor war ein Zusammenhang zwischen Zuckergehalt und Diastasewert nicht festzustellen.

Urindiastase. Obgleich nach LÖSCHKE die *Urindiastasewerte kein Spiegelbild der Blutdiastase* darstellen, sei kurz auf die beim Kind erhobenen Befunde eingegangen. Im Urin wurde erstmalig im Jahre 1863 von COHNHEIM ein diastatisches Ferment gefunden. Nach ECKHARDT schwanken im Kinderharn die Diastasewerte zwischen 0,4 und 9,6 E. je 100 ccm. Auch hier liegen die Werte beim Säugling niedrig — zwischen 0,4 und 2,0. Im späteren Alter liegen sie unabhängig von Alter und Gewicht ziemlich konstant zwischen 2,0 und 3,0, das Maximum war 9,6. Die Ausscheidung soll zu den verschiedenen Zeiten ziemlich gleich sein. (Die von FISCHER gefundenen Urindiastasewerte von 100—200 E. dürften wohl wesentlich zu hoch sein.) Bei Ernährungsstörungen soll nachECKHARDT die Urindiastase oft vermindert, bei Fieber dagegen erhöht sein. Bei Rachitikern fand HIZUMO KANZATURO gelegentlich vermehrte Urindiastase, weist aber besonders auf die hohe Ausscheidung bei dieser Störung im Kot hin.

10. Der Einfluß der Vitamine auf den Kohlehydratstoffwechsel.

(Vgl. auch den Abschnitt „Vitamine" im Kapitel Ernährung.)

Die bei *Vitamin-B_1*-Mangel auftretenden Störungen werden auf eine Änderung des Kohlehydratstoffwechsels im Zentralnervensystem und

Herzmuskel zurückgeführt. Die Störung macht sich besonders deutlich in dem reichlichen Auftreten von Brenztraubensäure bemerkbar. SILBERSCHMIDT fand in den Geweben außer der Zunahme der Brenztraubensäure eine Anreicherung mit Milchsäure und Methylglyoxal. *Zur normalen Verbrennung des Zuckers im Herzmuskel, Gehirn und in der Niere scheint Vitamin B_1 erforderlich zu sein.* Bei reichlicher Kohlehydrataufnahme ist der B_1-Bedarf erhöht, d. h. es wird beim Kohlehydratstoffwechsel B_1 verbraucht. SILBERSCHMIDT fand, daß bei avitaminotischen Tieren die Ketonkörper aus den Geweben verschwinden, wenn man B_1 zuführt. Er erklärt die Wirkung des B_1 mit einer Regulierung des gestörten Kohlehydratstoffwechsels im Nervengewebe. Auf der anderen Seite steigert B_1-Zusatz den respiratorischen Quotienten, d. h. bewirkt auch eine Steigerung des Kohlehydratumsatzes. Ob die anderen B-Vitamine den Kohlehydratstoffwechsel beeinflussen, ist nicht bekannt.

Nach STEPP, SCHRÖDER und ALTENBURGER soll intravenös zugeführtes *Vitamin C* durch Verstärkung der Insulinwirkung den B.Z. senken. STRICESCO und GINGOLD prüften die Wirkung oraler und intravenöser C-Zufuhr auf den Kohlehydratstoffwechsel. Gaben sie intravenös 240, oral 500 mg bei gesunden Menschen, so sank der B.Z. langsam aber deutlich ab., Bei gleichzeitiger Glucosezufuhr verlief die Belastungskurve niedriger als die Kontrollkurve. Bei Diabetikern waren die Ausschläge geringer und wechselnd. Die Autoren nehmen folgende Wirkungsmechanismen an:

1. Ascorbinsäure (300 mg intravenös!) schwächt die blutzuckersteigernde Wirkung von 1 mg Adrenalin subcutan ab,
2. Ascorbinsäure vertieft und verlängert die hypoglykämisierende Eigenschaft des Insulins,
3. durch Ascorbinsäure wird die Fixierung der Glucose besonders als Glykogen in der Leber begünstigt.

Das *Vitamin A* scheint an den Oxydationsprozessen beteiligt zu sein, wirkt aber nur in der Gegenwart von Hämineisen. Bei avitaminotischen Tieren werden durch Vitaminzufuhr in Leberschnitten die Oxydationsprozesse gesteigert. Eindeutige Untersuchungen bei Kindern liegen nicht vor, lediglich BOMSKOV sah nach A-Fütterung einen mäßigen Anstieg des B.Z.

Auch *Vitamin D* scheint den Kohlehydratstoffwechsel zu beeinflussen. So beobachtete BOMSKOV deutliche Blutzuckeranstiege. BENVENUTO sah in Tierversuchen bei Ultraviolettbestrahlung eine Blutzuckersenkung, die sich über 3 Stunden und länger erstreckte. Auch bei der Rachitis und Spasmophilie nimmt ADAM eine Störung des Kohlehydratstoffwechsels im Sinne einer Assimilationsstörung an.

11. Das Ketoseproblem[1].

Physiologisch-chemische Grundlagen. Die meisten Autoren — weiteres bei FREISE — nehmen heute an, daß *jede Ketonurie in einem absoluten*

[1] Es ist nach den neueren Erkenntnissen über den Säurebasenstoffwechsel (insbesondere nach den Untersuchungen von HOWLAND und MARIOTT) natürlich nicht mehr angängig, Bezeichnungen wie Azidose und Ketose als gleichsinnig zu gebrauchen. Denn es ist inzwischen bekannt geworden, daß nicht jede Acidose mit erhöhter Ketonkörperausscheidung einhergeht, daß es ferner vermehrte Keton-

oder relativen Mangel der K.H. in der Nahrung, in einer Störung der Kohlehydratresorption oder in einem gestörten intermediären Kohlehydratstoffwechsel ihren Grund hat.

Dabei übt der absolute Glykogengehalt der Leber keinen direkten Einfluß auf die Ketogenese aus. Für das Ausmaß der Ketonkörperbildung dürften vielmehr die dem Gesamtorganismus in allen Organen zum Zwecke der Verbrennung zur Verfügung stehenden Kohlehydratreserven von Bedeutung sein.

Als *Hauptbildungsstätte der Acetessig- und β-Oxybuttersäure* müssen wir *die Leber* ansehen. *Daneben* nehmen wahrscheinlich auch die *Muskulatur und* die *Nieren* an der Ketonkörperbildung teil. Als *Muttersubstanz* gelten *die Fettsäuren mit gerader Kohlenstoffzahl sowie eine Reihe von Aminosäuren.* In der Hauptachse handelt es sich aber um eine Störung des Fettsäureabbaues, die vom Kohlehydratstoffwechsel beherrscht wird: Fett wird mobilisiert, um Glykogenmangel auszugleichen, hierbei wird das Fett bis zu den Ketonsäuren abgebaut, diese aber wegen des Kohlehydratmangels unzureichend weiter oxydiert.

Neuere Untersuchungen von HEINSEN wollen zeigen, daß das Eiweiß in viel höherem Maße an der Ketonkörperbildung beteiligt ist als bisher angenommen wurde (vgl. die Darstellung im Abschnitt Eiweißstoffwechsel, S. 7). Während SCHAFFERS noch fast 60% des Eiweiß als antiketoplastisch ansprach, sprechen die Untersuchungen von HEINSEN dafür, daß außer den schon bekannten ketogenen Aminosäuren Tyrosin, Leucin und Phenylanalin auch die α-Aminosäuren Norvalin und Lysin sowie Alanin und die Aminovaleriansäure, unter gewissen Bedingungen — nämlich bei Überangebot — auch das d-Isoleucin als ketoplastische Aminosäuren zu gelten hätten. Lediglich Histidin, Tryptophan und Prolin seien ohne Einfluß auf die Ketogenese der Leber.

Nach den gemachten Ausführungen wird bei Kohlehydratmangel jedenfalls nicht nur die reichliche Fett-, sondern auch die Eiweißzufuhr zur Ketosis Anlaß geben können. *An dieser Stelle sei der bekannte Quotient für den ketogenen Faktor angeführt (dem die Annahme zugrundeliegt, daß annähernd 60% der Aminosäuren aketoplastisch sind):*

$$\frac{\text{Fett} + 40\%\ \text{des Eiweiß}}{\text{Kohlehydrate} + 60\%\ \text{des Eiweiß}}$$

Beträgt dieser 2 und mehr, dann treten Ketonkörper im Harn auf. Eine etwas andere Formel gibt PALMER an.

Schon EMBDEN hat auf die *Acetonbildung aus Brenztraubensäure* hingewiesen. Diese spielt *nicht nur bei der Milchsäuregärung, sondern auch beim oxydativen Abbau der K.H. eine bedeutsame Rolle.* Ja, Untersuchungen von DEUTICKE u. a. lassen erkennen, daß Brenztraubensäure teils auf oxydativem, teils auf vorerst unbekanntem Wege verschwinden kann, ohne daß Milchsäure auftritt. Dieses Verschwinden wird durch Glycerin-

körperausscheidung ohne nachweisbare Azidose gibt. Der Organismus ist ja überhaupt in der Lage, große Mengen von Säuren zu neutralisieren, ohne daß es zu Azidose kommt (vgl. hierzu auch den Abschnitt von BROCK über den Säurebasenstoffwechsel, Bd. 2, S. 287).

phosphorsäurezusatz begünstigt. DEUTICKE *und* ZENS *nehmen deshalb an, daß die Brenztraubensäure eher als die Milchsäure eine zentrale Stellung beim Kohlehydratabbau in der Leber einnimmt.* Die normale Oxydation von Brenztraubensäure ist nun an die Anwesenheit von C_4-Dicarbonsäuren, die als Wasserstoffträger fungieren, gebunden (A. v. SZENT-GYORGY). Es sind dies vor allem die Oxalessigsäure, Apfelsäure, Fumarsäure und Bernsteinsäure. *Ist dieses C_4-Dicarbonsystem gestört, so bleibt die normale Oxydation der Brenztraubensäure aus; es kommt zum atypischen Abbau und zur Aceton- und Acetessigsäurebildung.*

Daß die Ketonurie durch Zufuhr von Traubenzucker günstig beeinflußt wird, ist ja allgemein bekannt. Nach BISCHOFF und HIESTERMANN besitzen aber auch Lactose und reine Galactose (beim Säugling) stark antiketogene Wirkung, da nach den Untersuchungen von WEINLAND auch die Galactose weitgehend an der Glykogenbildung beteiligt ist. Sie soll in der Leber eine sterische Umwandlung in Dextrose und weiterhin in Glykogen erfahren. Außer den übrigen K.H., die mehr oder weniger antiketogene Wirkung ausüben, kommt nach den Untersuchungen von SILVIO MARKEES auch dem Glycerin eine erhebliche antiketogene Wirkung zu. Ist das Glycerin jedoch an Fettsäuren gebunden, so besitzt es keine antiketogene Wirkung mehr.

Beeinflussung der Ketonkörperbildung durch cerebral-vegetative Regulation. Nach SALOMONSEN und BJELKE kann man bei verschiedenen Gehirnleiden Acetonurie beobachten. Diese Autoren nehmen ein den Fettstoffwechsel regulierendes Hormon in Hypothalamus an, eine Annahme, die mit den Beobachtungen WERTHEIMERs übereinstimmt, daß Reizung bestimmter Hirnzentren zu Acetonurie führt. ANSELMINO und HOFFMANN verlegen dieses Zentrum in den Hypophysenvorderlappen. Wegen dieser Fragen sei jedoch auf das Kapitel „Fettstoffwechsel“ verwiesen. Hier sei nur erwähnt, daß SALOMONSEN und BJELKE auch beim acetonämischen Erbrechen der Kinder eine Reizung cerebral-vegetativer Zentren annehmen.

Blutketongehalt. Dieser beträgt beim normalen Säugling nach GRAY 1,4—2,0 mg-%. Bei Säuglingen mit Erbrechen schwankt er bei solchen unter 3 Monaten zwischen 1,6—4,0, bei älteren zwischen 2,0 und 19 mg-%. Er steigt also mit zunehmendem Alter an, bzw. der Organismus älterer Kinder bildet in höherem Maße Acetonkörper als der des Neugeborenen. Beim Erwachsenenorganismus ist die Ketosebereitschaft wieder geringer geworden und der Blutketongehalt erreicht hier im allgemeinen nicht die Werte wie im Kindesalter.

Hungerketose in der Kindheit. Diese haben besonders BEUMER und Mitarbeiter (1924 und 1934) untersucht. In der neuesten Arbeit geben BEUMER und PETERS an, daß beim männlichen Säugling im allgemeinen nach $21^1/_2$ Stunden, beim weiblichen bereits nach $19^1/_3$ Stunden Hungerketonurie auftritt. Der Flüssigkeitsbedarf wurde in diesen Fällen durch

Tee gedeckt. Anders ist es, wenn völlige Nahrungskarenz stattfindet, also die Flüssigkeitszufuhr auch eingestellt (oder wenigstens stark eingeschränkt) wird. Schon beim älteren Kinde führt nach den Untersuchungen von HEYMANN und MAYER ketogene Kost besonders rasch zur Ketose, wenn die Flüssigkeitszufuhr eingeschränkt wird. Für die kindliche Toxikose nehmen SCHIFF und CHOREMIS so wie andere Forscher an, daß die Exsikkose geradezu die Vorbedingung für die Entstehung der Azidose sein soll. Nach letztgenannten soll sich der Säugling bei der Kombination von Hunger mit Flüssigkeitsmangel genau wie ein Diabetiker verhalten, d. h. es ist die Kohlehydratverwertung, insbesondere auch die Glykogensynthese gestört, weil die Insulinabgabe vom Pankreas eingeschränkt ist.

Beeinflussung der Ketosis durch Alkali- und Säurezufuhr. *Alkalizufuhr steigert die Ketosis, Säurezufuhr (etwa durch Gaben von HCl oder* NH_4Cl*) führt zu Abnahme oder Verschwinden derselben:* hierin stimmen zahlreiche Autoren überein (PORGES und LIPSCHÜTZ, ELIAS, DAVIS, HALDANE und KENNEWAY, von pädiatrischer Seite: BEUMER und Mitarbeiter, FASOLD, SCHIFF und CHOREMIS, HEYMANN und MAYER, ROHLEDER u. a.). So treten bei Alkalizufuhr im Hunger die Acetonkörper beim Säugling nach ROHLEDER $3^1/_2$—$7^1/_2$ Stunden früher auf als bei einfachem Hunger, was gut mit den Feststellungen von BEUMER und PETERS übereinstimmt, daß unter diesen Umständen bereits nach $14^1/_2$ bis 16 Stunden Aceton ausgeschieden wird. Und andererseits soll nach BIEDERMANN bei hungernden Kindern bei Darreichung von 3mal täglich 50—60 ccm 0,1 n HCl der Blutzuckerabfall ausbleiben bzw. nicht die Höhe wie bei ausschließlichem Hunger erreichen.

Zur Erklärung werden von den genannten Autoren verschiedene Möglichkeiten herangezogen. Nach ELIAS wirkt Alkali dem Glykogenabbau entgegen, während Säure dieses mobilisiert, so daß es zur Hyperglykämie kommt. SCHIFF und CHOREMIS glauben, daß bei Alkalose die physiologische Wirkung des Pankreashormons aufgehoben ist, wodurch eine mangelhafte Kohlehydratverwertung und damit eine Ketosis verursacht wird. DAVIS, HALDANE und KENNEWAY sowie PORGES und LIPSCHÜTZ nehmen an, daß Alkaliüberschuß die gebildete Acetessigsäure dem weiteren oxydativen Abbau entzieht.

Über die *Veränderungen der Blutzuckerregulation bei ketogener Diät* wurde weiter oben berichtet (vgl. S. 56).

Acetonurie und Kreatinurie. Nach den Arbeiten von BRENTANO soll erstere niemals ohne letztere vorkommen. Dies spricht dafür, daß nicht nur die Leber, sondern auch die Muskulatur an der Ketonkörperbildung beteiligt ist. Der eigentliche Zusammenhang zwischen beiden Erscheinungen ist noch nicht völlig durchsichtig.

Inkretdrüsen in ihrem Einfluß auf die Ketosis. Außer für das Pankreas wird ein solcher Einfluß noch für Nebenniere und Schilddrüse angegeben. Nach Nebennierenentfernung sollen die Gesamtketonkörper im Blut steigen (THADDEA und KÜHN); andererseits gelang es ROHLEDER, durch Nebennierenrindenhormon die Hungerketonurie des Säuglings etwas zu hemmen. Bei Hypofunktion der Thyreoidea soll es erst sehr viel später als beim Gesunden zur Hungeracetonurie kommen, während umgekehrt bei Schilddrüsenzufuhr Ketonurie früher auftritt als in der Norm.

12. Der Kohlehydratbedarf des Kindes in den einzelnen Lebensaltern.

Kohlehydratstoffwechsel und respiratorischer Quotient. Eine eigentliche Bilanz beim Kohlehydratstoffwechsel aufzustellen, dürfte fast unmöglich sein, da es uns hierbei — im Gegensatz zum Eiweißstoffwechsel — an den charakteristischen Endprodukten fehlt. Die Endprodukte beim normalen Kohlehydratstoffwechsel sind die gleichen wie beim Fett, d. h. CO_2 und H_2O. Lediglich der respiratorische Quotient CO_2/O_2 kann uns in etwa einen Aufschluß über die Kohlehydratverbrennung geben. Dieser beträgt nach DUBOIS bei K.H. bekanntlich 1,0, beim Fett 0,707, beim Eiweiß 0,801.

Aus der Größe dieser Quotienten ist bis zu einem gewissen Grade zu errechnen, welche Körper jeweilig verbrannt werden. Nun stößt aber die Bestimmung dieses Quotienten beim Säugling und Kleinkind oft auf fast unüberwindliche Schwierigkeiten, und so ist die Zahl der Arbeiten hierüber relativ klein, die Werte vielleicht nicht absolut zuverlässig.

Nach HASSELBALCH ist der respiratorische Quotient in den ersten Lebensstunden etwa 0,9, da das gesunde ausgetragene Kind einen Vorrat von Glykogen in seinen Organen besitzt, der im Laufe weniger Stunden verbraucht wird. Dann sinkt er nach den Untersuchungen von BENEDICT und TALBOT auf 0,80 am Ende des 1., 0,73 am 3. Tage um am 5.—6. Tage wiederum 0,80 zu betragen. Hieraus ist also zu entnehmen, daß auch der Säuglingsorganismus als Energiequelle in erster Linie die K.H. benutzt, um nach deren Erschöpfung das Fett anzugreifen. Die sog. physiologische Gewichtsabnahme dürfte demnach neben dem Wasserverlust infolge des Aufbrauches der Kohlehydratreserven auch auf einem Verlust an Körperfett beruhen.

Die Untersuchungen von SCHLOSSMANN und MURSCHHÄUSER zeigen, daß auch in späterer Zeit und besonders beim gesunden Brustkind der respiratorische Quotient um 0,9 liegt, d. h. daß relativ viel K.H. umgesetzt wird. Im Hunger kann er bis auf 0,728 absinken.

Praktischer Kohlehydratbedarf im Kindesalter. Für den Grundstoffwechsel errechnen die beiden Autoren einen Bedarf an Glykogen, der bei einem mageren Kinde bei 6,32, bei einem fetten bei 3,0 g Glykogen je Kilogramm in 24 Stunden liegt. Diese Werte gelten jedoch nur für den Grundstoffwechsel und geben uns nicht den wirklichen Bedarf an K.H. an. Daß dieser beim Säugling relativ hoch liegt, zeigt uns die Zusammensetzung der Frauenmilch, die etwa 7% Milchzucker enthält.

Aus den Milchanalysen bei verschiedenen Tieren geht eindeutig hervor, daß der Kohlehydratbedarf um so höher liegt, je langsamer die Verdoppelung des Geburtsgewichtes erfolgt. Genau umgekehrt verhält es sich mit dem Eiweißgehalt. Dieser liegt z. B. beim Hund, bei dem die Verdoppelung des Geburtsgewichtes nur 9 Tage dauert, bei 9,72, während der Milchzuckerwert etwa bei 2,0 liegt. In der menschlichen Milch — die Verdoppelung des Geburtsgewichtes dauert beim Säugling bekanntlich 4 bis 6 Monate — haben wir ein fast umgekehrtes Verhalten. *Im allgemeinen wird der Kohlehydratbedarf des Säuglings im 1. Lebensjahr mit 10—12 g K.H. je Kilogramm und Tag angegeben.* Dieser Bedarf sinkt dann gegen Ende des 1. Jahres entsprechend der Abnahme des Energiequotienten etwas ab. (Im Verhältnis zu den Gesamtcalorien steigt er allerdings an, da die um die Wende des 1. Lebensjahres gegebene Nahrung im allgemeinen fett- und wohl etwas eiweißärmer, dagegen kohlehydratreicher wird.)

In folgender Tabelle (nach CAMERER) ist der Bedarf an K.H. für die einzelnen Körpergewichte angegeben.

Tabelle 23. (Nach CAMERER.)

<table>
<tr><th>Gewicht in kg</th><th>10</th><th>12</th><th>14</th><th>16</th><th>18</th><th>20</th><th>22</th><th>24</th><th>26</th><th>28</th><th>30</th><th>35</th><th>40</th><th>50</th><th>60</th></tr>
<tr><td>Knaben . . .</td><td rowspan="2">97</td><td rowspan="2">105</td><td rowspan="2">135</td><td rowspan="2">170</td><td>220</td><td>225</td><td>230</td><td>235</td><td>240</td><td>245</td><td>247</td><td>260</td><td>280</td><td>315</td><td>350</td></tr>
<tr><td>Mädchen . .</td><td>185</td><td>195</td><td>205</td><td>220</td><td>230</td><td>240</td><td>250</td><td>265</td><td>275</td><td>285</td><td></td></tr>
</table>

Hieraus geht hervor, daß der Kohlehydratbedarf selbstverständlich im späteren Alter entsprechend dem größeren Körpergewicht absolut ansteigt, relativ aber geringer wird. Auffallend ist, daß bei Knaben im Kleinkindesalter der Kohlehydratbedarf höher liegt als bei gleichaltrigen Mädchen, während sich gegen die Pubertät hin die Werte wieder angleichen. Es erscheint mir aber recht zweifelhaft, ob die in vorstehender Tabelle verzeichneten Zahlen (welche die K.H. der aufgenommenen Nahrung angeben) auch den wirklichen *Bedarf* bedeuten.

Kohlehydratbedarf der Frühgeburten. Daß der Kohlehydratbedarf wirklich so groß ist, wie bisher angenommen wurde, möchte ich zumindest für die Frühgeburten ablehnen. Wir sind in den letzten Jahren bei der Aufzucht debiler Kinder derart vorgegangen, daß wir nur soviel Nahrung verabreichten, daß eine Gewichtszunahme stattfand. Dabei kamen wir im Durchschnitt zu einem Energiequotienten, der zwischen 50 und 70 Calorien je Kilogramm liegt (vgl. dazu auch die Ausführungen im Abschnitt „Kraftwechsel“, Bd. 2, S. 208). Wenn wir hieraus die zugeführte Kohlehydratmenge errechnen, so kommen wir auf eine *Kohlehydrataufnahme von 5—8 g je Kilogramm.* Die Gewichtszunahmen waren hierbei ausgezeichnet, das Gedeihen tadellos. Die Sterblichkeit äußerst gering, jedenfalls sehr viel geringer als in den früheren Jahren bei einer erheblich größeren Nahrungszufuhr.

In späteren Lebensjahren kann zweifelsohne ein Teil des Calorienbedarfs statt durch K.H. durch Eiweiß und Fett gedeckt werden. Das junge Kind jedoch benötigt eine bestimmte Menge an K.H. in der Nahrung, deren Verhältnis zu den anderen Nährstoffen uns wohl am besten die Zusammensetzung der Frauenmilch anzeigen dürfte. Sind doch die K.H. für die Quellung und Wasserbindung im Gewebe von einer ungeheuren und nicht zu ersetzenden Bedeutung. Durch überreichliche, zum Teil einseitige Kohlehydratzufuhr kann andererseits eine abnorme Wasserretention erzielt werden, wie der Mehlnährschaden beweist. Täglich kann man beim Säugling die Beobachtung machen, daß in vielen Fällen erst dann eine Gewichtszunahme erzielt wird, wenn die Nahrung mit K.H. angereichert wird.

Der Ansatzwert der einzelnen K.H. (vgl. dazu auch die Ausführungen im Kapitel „Ernährung",). Der hohe Bedarf des Säuglings an K.H. ist nicht nur rein calorisch, sondern auch funktionell bedingt. Mit dem Älterwerden des Säuglings steigt der funktionelle Bedarf an und liegt dann weit über dem des Neugeborenen.

In der natürlichen Nahrung erhält der Säugling lediglich *ein* K.H., nämlich den *Milchzucker*. Da hierbei alle gesunden Säuglinge ausgezeichnet gedeihen, muß der Anschlagwert des Milchzuckers in der Frauenmilch gut sein. Es ist auffallend, daß dieser Zucker, der in der Frauenmilch so ausgezeichnet vertragen wird, sich in künstlicher Nahrung ganz anders auswirkt (vgl. darüber jedoch die Ausführungen im Kapitel „Ernährung"). So wird Milchzucker heute nur noch in Ausnahmefällen — nämlich bei Obstipation — als Zusatz zu künstlicher Nahrung gegeben.

Man müßte annehmen, daß reine *Glucose*, da sie ja einer Weiteraufspaltung im Darm nicht bedarf — es erscheint heute noch unklar, weshalb in der Brustdrüse aus Glucose die im Stoffwechsel als schwer angreifbar bekannte Galactose gebildet wird —, das ideale K.H. für den Säugling darstelle. So wurde von Stöltzner u. a. (Weiteres bei Greiser) Glucose als Zusatz zur Säuglingsnahrung benutzt, denn der Stöltzner*sche Kinderzucker* ist fast reine Glucose. Von verschiedenen Beobachtern, z. B. Leopold, wurde jedoch festgestellt, daß bei Glucose öfters Dyspepsien auftreten als bei Dextrinmaltose. Dies wird verständlich durch die Untersuchungen von Paffrath und Mitarbeitern. Nach diesen ist der osmotische Druck einer Glucoselösung 3mal so hoch als der einer Dextrinmaltoselösung, was Resorption sowohl des Zuckers als auch des Lösungswassers verzögert. Aber auch bei guter Darmverträglichkeit war der Ansatzwert der Glucose (bei Frühgeburten) fast 50% geringer als der von Soxhlet-Zucker. Eine solche Mangelhaftigkeit künstlicher Glucose in der Säuglingsnahrung wird vielleicht verständlicher, wenn man mit FISCHER u. a. im Körper eine besondere Reaktionsform der Glucose im Körper von kurzer Lebensdauer annimmt, die von der stabilen Modifikation verschieden ist. Das gesunde Kind verträgt auch die Glucose gut. Für darmempfindliche Säuglinge scheint sie zwischen Rohrzucker und Nährzucker (Dextrin-Maltose) zu stehen.

Man hat übrigens feststellen müssen, daß ausgezeichnet wasserlösliche, gleich gut diffundierende Zucker verschieden verwertet werden. Es ergeben sich nicht nur bei den Di-, sondern auch bei den isomeren Monosacchariden verschiedene Resorptionsgeschwindigkeiten. Nach CORI scheinen gewisse Zucker vom Darm bei der Resorption bevorzugt zu werden. CORI spricht deshalb von nahrungseigenen und nahrungsfremden Zuckern.

Die Einführung der *Malzsuppe* durch LIEBIG im Jahre 1865 läßt erkennen, daß man bereits damals erkannt hatte, daß dieses Kohlehydratgemisch einen besseren Ansatzwert besitzt, als der gewöhnliche Rübenzucker. Näheres darüber vgl. in den Kapiteln „Verdauung" (Bd. 1, S. 207) und „Ernährung" (dieser Bd., 13. Kapitel).

Die so häufige Anwendung des *Rübenzuckers* (Rohrzuckers) bei der Herstellung von Säuglingsnahrungsgemischen und das hierbei zu beobachtende gute Gedeihen lassen erkennen, daß der gesunde Säugling in der Lage ist, diesen Zucker gut zu verwerten. Man gibt zu den üblichen Milch-Schleimgemischen im allgemeinen einen Zusatz von 5%. Daß aber auch größere Mengen vertragen werden, läßt die Zusammensetzung von DUBO erkennen, wo der Kuhvollmilch 17% Rübenzucker zugesetzt werden. Der Ansatzwert dieser Nahrung ist zufriedenstellend.

Vom darmempfindlichen oder gar darmgeschädigten Säugling wird Rübenzucker jedoch vielfach nicht vertragen. Die alten Milch-Schleimmischungen enthalten neben dem Rübenzucker deshalb immer noch hochmolekulares Mehl. Gerade sie scheinen die Wasserbindung besonders zu erleichtern, wie der Mehlnährschaden beweist. Über ihre physikalische Bedeutung für die Feinheit der bei der Magenverdauung entstehenden Caseingerinnsel (durch die sie via Verträglichkeit der Nahrung indirekt auch das Gedeihen der Säuglinge begünstigen) vgl. im Kapitel „Ernährung".

Aber auch hochmolekulare K.H., die künstlich aufgespalten sind, haben in immer größerem Umfange Eingang in die Säuglingsnahrung gefunden. Sie werden durch enzymatischen Abbau der Stärke gewonnen und enthalten im allgemeinen 50% Maltose und 50% Dextrin. *Die verschiedenen Nährzucker stellen solche Dextrinmaltosegemische dar.* Nach neueren Untersuchungen — Literatur bei MALYOTH und GREISER — erfolgt übrigens durch pflanzliche Amylasen ein anderer Abbau als durch tierische. So entsteht bei Anwendung von Malzamylase β-Maltose, bei Anwendung tierischer Pankreasamylase α-Maltose, auch die leukocytären Amylasen liefern α-Maltose.

Der erste und bekannteste — 1902 von SOXHLETH eingeführte — Nährzucker ist ein derartiges durch Gerstenmalzamylase aus pflanzlicher Stärke hergestellter Nährzucker, der dem darmempfindlichen oder ernährungsgestörten Säugling Fermentarbeit abnehmen soll. Die Tatsache, daß dieser Nährzucker heute noch vielfach angewendet wird, spricht für seine Brauchbarkeit. Darmverträglichkeit und Ansatzwert sind bei diesen Dextrin-Maltosegemischen gleich ausgezeichnet (vgl. auch im Kapitel „Ernährung“).

Von MALYOTH ist mit einer Aspergillusamylase ein Nährzucker hergestellt worden, der hauptsächlich α-Maltase enthält und den er wegen dieser auch im Körper vorkommenden Aufspaltung als körpernahen Zucker bezeichnet. Er ist im Handel unter der Bezeichnung Alete-Nährzucker zu haben. Von MALYOTH wird neben der guten Verträglichkeit auf die besondere ansatzfördernde Wirkung dieses Zuckers hingewiesen. Austauschversuche gegenüber anderen Nährzuckern — Soxhleth (MALYOTH), Toepfers (Lactana-) Nährzucker (GREISER, MAYER) — ergaben eine mehr oder weniger deutliche Überlegenheit des Alete-Nährzuckers. Gerade diese Versuche sind deshalb so bedeutungsvoll, weil sie uns zeigen, daß es nicht allein auf die rein mengenmäßige Zufuhr der K.H. ankommt.

Von den höhermolekularen K.H. lassen die meisten eine deutlich ansatzfördernde Wirkung erkennen. Es sei nur auf die Wirkung von *Zwieback*zulagen auf die Gewichtskurve des Säuglings hingewiesen. In gleicher Weise sehen wir, daß besonders vom Ende des ersten Halbjahres ab Mehle und sonstige Getreideaufkochungen gut vertragen und verwertet werden. In den letzten Kriegsjahren konnte von ARON festgestellt werden, daß selbst dunkles Roggenmehl vom Säuglingsdarm anstandslos vertragen und im Körper gut verwertet wird.

Vom Ende des 1. Lebensjahres ab steigt die Kohlehydrataufnahme bei gleichzeitiger Abnahme der Fettzufuhr an. Das Kind nimmt jetzt bereits K.H. in so vielfältiger Form zu sich, daß man von dem Ansatzwert einzelner K.H. nicht mehr gut reden kann, zumal entsprechende Versuche kaum vorhanden sind. Selbst die K.H. aus Gemüse bzw. Gemüsemehlen werden gut verwertet. Man hat auch im 2. und 3. Jahre gelegentlich auf die ansatzfördernde Wirkung des Malzextraktes hingewiesen und aus diesen Gründen für schlecht gedeihende Kinder in diesem Alter die Zufuhr von Malzzucker empfohlen. Über die mengenmäßige Aufnahme von K.H. s. o. S. 80.

Sollen kohlehydratreiche Kostformen bevorzugt werden? Nach CZERNY-KELLER muß man gerade im späteren Kindesalter je nach der wirtschaftlichen Lage der Eltern zwei Kostformen unterscheiden. Die ärmeren Bevölkerungsschichten nehmen große Kohlehydratmengen, verhältnismäßig wenig Eiweiß und Fett auf, während in den sozial besser gestellten Schichten die Eiweiß- und Fettzufuhr reichlicher und die Kohlehydrataufnahme geringer ist. Die Erfahrung hat gezeigt, daß die Kinder bei der ersteren Kostform besonders gut gedeihen und daß bei der eiweiß- und fettreichen Nahrung Aussehen und Appetit der Kinder oft viel schlechter sind und gelegentlich auch die Massenentwicklung zurückbleibt, woraus sich wichtige Folgerungen für die staatlich gelenkte Ernährungswirtschaft ergeben.

Das, was soeben für das ältere Kind gesagt wurde, gilt in gleichem Maße für den Erwachsenen. Hier erkennen wir besonders die hohe Bedeutung der K.H. als Energiespender. Die zugeführten Kohlehydratmengen schwanken vom Kinde nach dem Erwachsenen hin zwischen 200—500 g je Tag. Die Toleranzbreite ist also besonders groß und die STOLTEschen Ernährungsversuche beim kindlichen Diabetes lassen erkennen, wie gut selbst der stoffwechselgestörte kindliche Organismus in der Lage ist, bei entsprechender Insulinzufuhr K.H. zu verwerten.

Literatur.

Monographien.

BROCK: Biologische Daten für den Kinderarzt, Bd. 1, 1932 u. Bd. 2, 1934. Berlin: Julius Springer.
CZERNY-KELLER: Handbuch, 2. Aufl., Bd. 1 u. 2. Leipzig u. Wien: Franz Deuticke 1925 u. 1928.
LEHNARTZ: Chemische Physiologie. Berlin: Julius Springer 1937.
LICHTWITZ: Klinische Chemie. Berlin: Julius Springer 1930.
SCHIFF: Das Exsikkoseproblem. Berlin: Julius Springer 1929.

Einzeldarstellungen.

ADAM: Klin. Wschr. **1923 II**; Jb. Kinderheilk. **113**, 61 (1926).
DE AMILIBRA u. BOTELLA SLUSSIA: Klin. Wschr. **1935 I**, 900.
ANSELMINO, HEROLD u. HOFFMANN: Klin. Wschr. **1933 II**, 1245.
ANSELMINO u. HOFFMANN: Z. klin. Med. **129**, 733 (1936).
ARON: Biochem. Z. **92**, 211 (1918); Jb. Kinderheilk. **92**, 82 (1920).
BEHRENS: Mschr. Kinderheilk. **63**, 368 (1935).
BENTIVOGLIO: Clin. pediatr. 8, 705 (1926).
BENVENUTO, EDILIO: Pediatr. Riv. **43**, 675 (1935).
BERTAZZOLI: Riv. Clin. pediatr. **34**, 289 (1936).
BEUMER u. PETERS: Z. Kinderheilk. **56**, 61 (1934).
BEUMER u. SOECKNICK: Z. Kinderheilk. **37**, 236 (1924).
BIEDERMANN: Z. Kinderheilk. **55**, 613 (1933).
BILLIGHEIMER: Verh. dtsch. Ges. inn. Med. **34** (1922).
BISCHOFF u. HIESTERMANN: Mschr. Kinderheilk. **46**, 426 (1930).
BLOCH u. WEISS: Z. klin. Med. **1929**, 11.
BOMSKOV: Z. exper. Med. **89**, 780 (1933).
BOTT: Z. Kinderheilk. **57**, 160 (1935).
BRAHDY: Amer. J. Dis. Childr. **33** (1927).
BRAILOWSKY u. GENKIN: Sovet. pediatr. **11**, 121, 127, 151 (1936).
BRENTANO: Z. klin. Med. **124**, 237 (1933).
BRENTANO u. MARKEES: Z. exper. Med. **99**, 498 (1936).
BRÜHL: Z. Kinderheilk. **59**, 446 (1938).
BÜRGER: Klin. Wschr. **1930 I**, 104; **1937 I**, 361.

BÜRGER u. BRANDT: Z. exper. Med. **96**, 375 (1935).
BURGHARD u. PAFFRATH: Z. Kinderheilk. **45**, 68 (1928).
CAMERER: Zitiert nach Handbuch CZERNY-KELLER, Bd. 1, S. 885. 1925.
CHROMET: Arch. Kinderheilk. **86**, 105 (1935).
CORI: Proc. Soc. exper. Biol. a. Med. **24**, 125 (1926).
CORI and CORI: Proc. Soc. exper. Biol. a. Med. **25** (1928).
DAVIS, HALDANE and KENNEWAY: J. of Physiol. **54**, 32 (1920).
DEUTICKE u. Mitarbeiter: Hoppe-Seylers Z. **251**, 233 (1938); **254**, 29 (1938); **258**, 159 (1939).
EASTMANN and MACLEAN: Bull. Hopkins Hosp. **48**, 261 (1931).
ECKHARDT: Jb. Kinderheilk. **141/142**, 195, 319 (1934).
EDELMANN u. SINGER: Wien. Arch. inn. Med. **28**, 397 (1936).
ELIAS: Biochem. Z. **48**, 120 (1913).
EMBDEN, DEUTICKE u. KRAFT: Klin. Wschr. **1933 I**, 213.
FABISCH u. ETZOLD: Z. Kinderheilk. **55**, 702 (1933).
FALKENHEIM u. KRUSE: Z. Kinderheilk. **41** (1926).
FANCONI: Jb. Kinderheilk. **133**, 257 (1931); **138**, 1 (1933).
FASOLD: Z. Kinderheilk. **50**, 367 (1930); **51**, 247 (1931).
FASOLD u. SCHMIDT: Klin. Wschr. **1929 II**, 1532.
FERRI: Pediatr. Riv. **43**, 298 (1935).
FIKRI and SAYER: Arch. Dis. Childh. **8**, 409 (1933).
FISCHER: Klin. Wschr. **1936 I**, 791.
FREISE: Handbuch CZERNY-KELLER, 2. Aufl., Bd. 2, S. 671.
FREUDENBERG u. WELCKER: Z. Kinderheilk. **41**, 466 (1926).
GELDRICH: Jb. Kinderheilk. **124**, 129 (1929).
GEYER: Jb. Kinderheilk. **149**, 121 (1937).
GILCHRIST: Arch. Dis. Childh. **4**, 129 (1929); **7**, 169 (1932).
GLOTZ: Z. Kinderheilk. **54**, 394 (1933).
GRAY: Lancet **1937 II**, 1017.
GREENWALD and PEUNELL: Amer. J. Dis. Childr. **39**, 493 (1930).
GREISER: Diss. Freiburg 1937.
GYÖRGY, BREHME u. BRAHDY: Jb. Kinderheilk. **118**, 178 (1927).
GYÖRGY u. KELLER: Klin. Wschr. **1931 II**, 1405; Biochem. Z. **206** (1929).
GYÖRGY u. VESZELSKY: Arch. Kinderheilk. **98**, 70 (1933).
HAASS: Z. Kinderheilk. **51**, 400 (1931).
HEINSEN: Erg. inn. Med. **54**, 672 (1938).
HENNESNY u. BACH: Zitiert nach LÖSCHKE.
HERBST: Klin. Wschr. **1937 II**, 1662.
HEYMANN u. HOWE: Z. Kinderheilk. **53**, 629 (1932).
HEYMANN u. MAYER: Z. Kinderheilk. **55**, 502 (1933).
HOCHREIN u. MAYER: Dtsch. Arch. klin. Med. **161**, 59 (1928).
HÖGLER: Wien. Arch. inn. Med. **27**, 141 (1935).
HÖGLER u. ZELL: Z. exper. Med. **84/86** (1932/33).
HÖNIG: Z. Kinderheilk. **51**, 473 (1931).
JÄGER: Z. Kinderheilk. **44**, 358 (1927).
JUNKERSDORF: Klin. Wschr. **1933 I**, 899.
KLINGENBERG: Arch. Kinderheilk. **114**, 100 (1937).
VAN KLINKENBERG: Hoppe-Seylers Z. **209**, 173 (1932); Erg. Enzymforsch. **3** (1934).
KNAUER: Jb. Kinderheilk. **120**, 292 (1928); Med. Klin. **1933 I**, 562.
KÖHLER: Arch. Gynäk. **149**, 421 (1932).
KÖPPE: Klin. Wschr. **1935 I**, 667.
KULIN, V.: Arch. Kinderheilk. **110**, 690 (1937).
LAUFBERGER: Klin. Wschr. **1924**.
LEOPOLD: Z. Kinderheilk. **1**, 217 (1910).

Löschke: Jb. Kinderheilk. **146**, 133 (1936).
Lucia: Pediatr. Riv. **39**, 681 (1931).
Lucke: Z. klin. Med. **122/123** (1932); Z. exper. Med. **91**, 483—492 (1933); Erg. inn. Med. **46**, 94 (1934).
MacLean: Arch. Dis. Childh. **11**, 247 (1936); Mschr. Kinderheilk. **70**, 220 (1937).
Marchionini u. Hövelborn: Klin. Wschr. **1935 II**, 1387.
Malyoth: Klin. Wschr. **1933 II**, 1930; Z. Kinderheilk. **56**, 590 (1934); Mschr. Kinderheilk. **62**, 24 (1934); **66**, 414 (1936).
Martinolli: An. Fac. Med. e. Chir. (perugia) **29**, 45 (1926).
Matossi: Jb. Kinderheilk. **135**, 174 (1932).
Mayer: Z. Kinderheilk. **57**, 59 (1937).
Meyer zu Hörste: Z. Kinderheilk. **47**, 728 (1929).
Meyerhoff: Zitiert nach Lehnartz.
Meythaler: Klin. Wschr. **1934 I**, 753.
Meythaler u. Mann: Klin. Wschr. **1937 I**, 983.
Meythaler u. Seefisch: Naunyn-Schmiedebergs Arch. **178**, 461 (1935).
Mommsen u. Mayer: Z. Kinderheilk. **51**, 786 (1931).
Nikolajew: Sovet pediatr. **1935**, 1, 123.
Oppenheimer: Lehrbuch der Enzyme. Leipzig: Georg Thieme 1927.
Paffrath (u. Mitarbeiter): Z. Kinderheilk. **48**, 67, 76, 86 (1930); **49**, 617, 622, 641 (1930).
Palmer: Arch. of pediatr. **11** (1923).
Panagotti: Boll. Soc. ital. Pediatr. **2**, 219 (1933); Riv. Clin. pediatr. **32**, 903 (1934).
Panoff: Mschr. Kinderheilk. **60**, 194 (1934); **70**, 199 (1937).
Partos u. Katz-Klein: Z. exper. Med. **25**, 98 (1921).
Perger: Klin. Wschr. **1927 II**.
Pernice: Z. Kinderheilk. **58**, 86 (1937).
Pfaundler: Klin. Wschr. **1928 I**, 1060.
Porges u. Lipschütz: Arch. f. exper. Path. **97** (1923).
Punschel: Z. klin. Med. **96**, 253 (1923).
Raab: Z. exper. Med. **42**, 723 (1924); Erg. inn. Med. **51**, 125 (1936).
Riesser: Klin. Wschr. **1937 II**, 1449.
Rimele: Diss. Bonn 1938.
Röhmann: Biochem. Z. **93**, 237 (1919).
Rohleder: Mschr. Kinderheilk. **72**, 197 (1938).
Rona u. Wilenko: Biochem. Z. **61**, 1 (1914).
Rühl: Klin. Wschr. **1934 II**, 1529.
Rumpf: Jb. Kinderheilk. **105**, 321 (1924).
Salomonsen u. Bjelke: Z. Kinderheilk. **53**, 66 (1932).
San Paolesi: Riv. Clin. pediatr. **31**, 1076 (1933).
Sanctis: Amer. J. Dis. Childr. **46**, 239 (1933).
Schafferstein: Ž. Izuz. rann. det. Vozr. (russ.) **5**, 179 (1927).
Schiaparelli: Arch. ital. Pediatr. **3**, 592 (1935).
Schiff: Jb. Kinderheilk. **128**, 209 (1930).
Schiff, Bayer u. Choremis: Jb. Kinderheilk. **109/110**, 287 (1925).
Schiff u. Choremis: Jb. Kinderheilk. **114**, 42 (1926).
Schlomka u. Frentzen: Klin. Wschr. **1938 I**, 1.
Schloss: Dtsch. Arch. klin. Med. **168** (1930).
Schmidt: Sovet pediatr. **9**, 6 (1935).
Schönfeld: Jb. Kinderheilk. **128**, 351 (1930); **136**, 173 (1932); **138**, 174 (1933); **140**, 215 (1933); **143**, 153 (1934); Mschr. Kinderheilk. **61**, 241 (1935); **68**, 340 (1937).
Sick u. Weichsel: Mschr. Kinderheilk. **58**, 383 (1933).
Siering u. Kaulla: Z. Kinderheilk. **48**, 76 (1929).

SILBERSCHMIDT, R.: Schweiz. med. Wschr. **1936 I**, 977.
SILVIO MARKEES: Klin. Wschr. **1937 I**, 985.
SIMONINI, A.: Scritti med. didicati a Ricardo Simonini **1932**, 867; Clin. pediatr. **16**, 325 (1934).
STAUB: Z. klin. Med. **91**, 48 (1921).
STEINER, BÉLA: Jb. Kinderheilk. **110**, 309 (1925).
STEPP, SCHRÖDER u. ALTENBURGER: Klin. Wschr. **1935 I**, 933.
STEPPUHN: Wien. Arch. inn. Med. **26**, 87 (1934).
STÖLTZNER: Mschr. Kinderheilk. **34**, 478 (1926); Münch. med. Wschr. **1927 I**, 767; Med. Klin. **1930 I**, 507.
STOLTE: Jb. Kinderheilk. **74**, 376 (1911); Erg. inn. Med. **56** (1939).
STURE:, A. SIVE Jb. Kinderheilk. **142**, 344 (1934).
SZENDI: Mschr. Kinderheilk. **66**, 128 (1936).
A. v. SZENT-GYORGY: Hoppe-Seyler Z. **244**, 105 (1936).
TALBOT and BATES: Amer. J. Dis. Childr. **50**, 827 (1935).
THADDEA u. KÜHN: Klin. Wschr. **1937 II**, 1499.
DE TONI: Festschrift für COMBA. Florenz 1929.
UNSHELM: Jb. Kinderheilk. **137**, 257 (1932); Z. exper. Med. **96**, 129 (1935).
WARBURG: Klin. Wschr. **1926 I**, 829.
WELCKER u. JÄGER: Z. Kinderheilk. **43**, 594 (1927).
WERTHEIMER: Münch. med. Wschr. **80**, 722 (1933).
WINTER: Arch. Gynäk. **154**, 354 (1933).

C. Der Fettstoffwechsel.

Von HANS KNAUER-Bonn.

I. Physiologisch-Chemisches[1].

1. Die Baustoffe.

Vor einigen Jahren wurde auf dem internationalen Kongreß für reine und angewandte Chemie für die Gesamtheit der Fette und fettähnlichen Stoffe, d. h. die Neutralfette, höhere Fettsäuren und Seifen sowie die Gruppe der sog. Lipoide, d. h. die Phosphatide, Sterine und Sterinester die Bezeichnung „Lipide" eingeführt.

Der Chemiker versteht hierunter eine Gruppe in ihrer chemischen Struktur nur sehr entfernt miteinander verwandter Stoffe, die wegen einer Reihe gemeinsamer Eigenschaften, insbesondere der Löslichkeit in organischen Lösungsmitteln, z. B. Benzin, Benzol, Äther, Aceton und Tetrachlorkohlenstoff — den „Fettlösungsmitteln" — eine Zusammenfassung berechtigt erscheinen lassen. Man kann die große Gruppe dieser chemisch teilweise nur ganz entfernt untereinander verwandten Stoffe nach LEHNARTZ folgendermaßen einteilen:

1. Fette,	3. Phosphatide,	5. Sterine,
2. Wachse,	4. Cerebroside,	6. Carotinoide.

THUDICHUM unterschied außerdem noch „Sulfatide", d. h. schwefelhaltige Fettsäureverbindungen.

[1] Die Darstellung folgt in diesem Abschnitt LEHNARTZ: Einführung in die chemische Physiologie. Berlin 1937.

a) Die chemische Struktur der einzelnen „Lipide".

α) Die Fette.

Allgemeiner chemischer Aufbau. Auch die Fette sind wie die Kohlehydrate ausschließlich aus C, H und O aufgebaut, sie werden als N- und P-freie Lipide der aliphatischen Reihe bezeichnet. Im Gegensatz zu den Kohlehydraten stellen sie aber nicht einfache, sondern zusammengesetzte Verbindungen dar, die sich durch chemische Eingriffe in kleinere Moleküle aufspalten lassen und dann andere Eigenschaften aufweisen als das ungespaltene Fettmolekül. Unter der Einwirkung von Alkalien auf Fette entstehen Seifen, d. h. Alkalisalze höherer Fettsäuren und der dreiwertige Alkohol Glycerin. *Es handelt sich also bei den Neutralfetten um Glycerinester höherer Fettsäuren.*

Je nachdem, ob eine oder mehrere Alkoholgruppen des Glycerins mit Fettsäuren verestert sind, unterscheidet man — wie nachstehendes Schema zeigt — Mono-, Di- und Triglyceride:

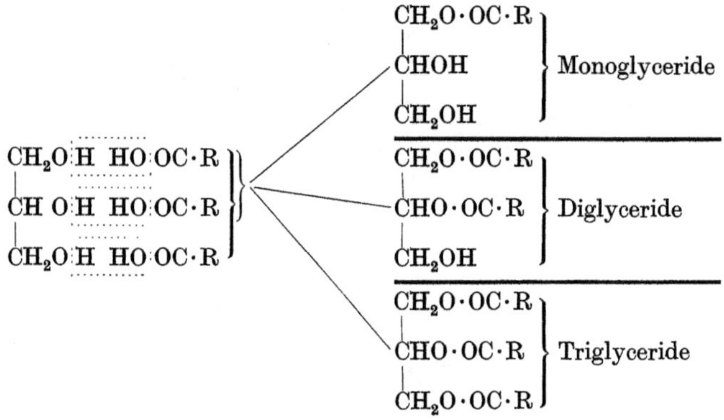

Gesättigte Fettsäuren. Die Fette enthalten sowohl gesättigte als auch in verschieden hohem Maße ungesättigte Fettsäuren. In den natürlich vorkommenden Fetten sind fast ausschließlich Fettsäuren mit einer geraden Zahl von C-Atomen. In der folgenden Tabelle 24 sind ein Teil der wichtigsten gesättigten Fettsäuren ($C_nH_{2n+1}\cdot COOH$) mit gerader C-Atomzahl aufgeführt.

Tabelle 24. Gesättigte Fettsäuren mit gerader C-Atomzahl.

C_4	C_3H_7COOH	$CH_3(CH_2)_2COOH$	Buttersäure
C_6	$C_5H_{11}COOH$	$CH_3(CH_2)_4COOH$	Capronsäure
C_8	$C_7H_{15}COOH$	$CH_3(CH_2)_6COOH$	Caprylsäure
C_{10}	$C_9H_{19}COOH$	$CH_3(CH_2)_8COOH$	Caprinsäure
C_{12}	$C_{11}H_{23}COOH$	$CH_3(CH_2)_{10}COOH$	Laurinsäure
C_{14}	$C_{13}H_{27}COOH$	$CH_3(CH_2)_{12}COOH$	Myristinsäure
C_{16}	$C_{15}H_{31}COOH$	$CH_3(CH_2)_{14}COOH$	Palmitinsäure
C_{18}	$C_{17}H_{35}COOH$	$CH_3(CH_2)_{16}COOH$	Stearinsäure
C_{20}	$C_{19}H_{39}COOH$	$CH_3(CH_2)_{18}COOH$	Arachinsäure
C_{22}	$C_{21}H_{43}COOH$	$CH_3(CH_2)_{20}COOH$	Behensäure

Ungesättigte Fettsäuren. Daneben enthalten die Fette auch ungesättigte Fettsäuren, die ein- oder mehrfach ungesättigt sein können. *Die wichtigste, einfach ungesättigte Fettsäure* ($C_nH_{2n-1}\cdot COOH$) *ist die Ölsäure:*

$$C_{17}H_{33}\cdot COOH\,.$$

Die Doppelbindung liegt hier zwischen den C-Atomen 9 und 10. Mit ihr isomer ist die Elaidinsäure, die das Transisomere der einfach ungesättigten C_{18}-Säure ist, während die Ölsäure das Cisisomere darstellt:

Elaidinsäure	Ölsäure
$CH_3 \cdot (CH_2)_7 \cdot CH$	$CH \cdot (CH_2)_7 \cdot CH_3$
‖	‖
$CH(CH_2)_7COOH$	$CH \cdot CH(_2)_7 \cdot COOH$

Die nächst höhere, einfach ungesättigte Fettsäure mit gerader C-Atomzahl ist die Erucasäure: $C_{21}H_{41} \cdot COOH$.

Als Beispiel für eine doppelt ungesättigte Fettsäure ($C_nH_{2n-3} \cdot COOH$) sei die Linolsäure:

$$C_{17}H_{31} \cdot COOH$$

angeführt.

Eine dreifach ungesättigte Fettsäure ($C_nH_{2n-5} \cdot COOH$) ist die Linolensäure: $C_{17}H_{29} \cdot COOH$.

Die ungesättigten Fettsäuren sind flüssig. Sättigt man jedoch *die Doppelbindungen* durch Einführung von Wasserstoff *ab, so gehen sie in die festen, gesättigten Säuren über. Auf dem Vorhandensein der Doppelbindungen beruht auch die Fähigkeit der ungesättigten Fettsäuren, Halogene anzulagern.*

Die Zahl der verschiedenen Fette muß sehr groß sein, da die große Zahl der Fettsäuren, die zur Bildung der Fette herangezogen werden, sowie die Möglichkeit der Bildung einfacher und gemischter Triglyceride durch das Vorkommen von Di- und Monoglyceriden erwiesen ist. Die Zahl wird dadurch noch größer, daß viele Fette nicht nur ein einziges Glycerid, sondern meist ein Gemisch mehrerer Glyceride sind.

Physikalische und chemische Konstanten der Fette. Wegen der Schwierigkeit der Isolierung der verschiedenen Bausteine begnügt man sich zur Charakterisierung in der Praxis mit der Bestimmung des Schmelzpunktes eines Fettes. Fette mit niedrigem *Schmelzpunkt,* die bereits bei gewöhnlicher Temperatur flüssig sind, werden als Öle, solche mit höherem Schmelzpunkt, die bei gewöhnlichen Temperaturen mehr oder weniger fest sind, als eigentliche Fette bezeichnet. Die Lage des Schmelzpunktes ist abhängig von dem Gehalt an ungesättigten Fettsäuren sowie von der Länge der Kohlenstoffkette der gesättigten Fettsäuren. *Je mehr ungesättigte Fettsäuren, je kürzer die Kette der gesättigten Fettsäuren, um so niedriger der Schmelzpunkt.* In folgender Tabelle **25** sind die Schmelzpunkte einiger wichtiger Depotfette angeführt:

Tabelle 25. Schmelzpunkt verschiedener tierischer Fette (nach LEHNARTZ).

Hammeltalg	44—51°	Hühnerfett	33—40°
Rindertalg	42—49°	Gänsefett	26—34°
Schweinefett	36—46°	Menschenfett	17—18°

Im übrigen konnte RÖHMANN in Tierfütterungsversuchen zeigen, daß die Art der Ernährung die Zusammensetzung und damit den Schmelzpunkt der Depotfette weitgehend beeinflußt.

Weitere Erkenntnisse über die Zusammensetzung eines Fettes vermittelt uns die *Verseifungszahl,* die die Menge der verbrauchten KOH angibt sowie die *Jodzahl,* d. h. *die Menge von Jod in Gramm, die zur Absättigung der Doppelbindungen von 100 g Fett aufgenommen wird.* Durch letztere erhalten wir Aufschluß über die Zahl der Doppelbindungen eines Fettes. Auch die Lichtbrechung der Fette hängt von der Zahl der Doppelbindungen ab.

Ranzigwerden. Fette werden bei längerem Aufbewahren ranzig: durch Einwirkung von Licht und Luft werden sie zu einem geringen Teil in Glycerin und

Fettsäuren aufgespalten, in gleicher Weise können sie durch Fermente (z. B. von Bakterien) gespalten und die Fettsäuren in Ketone umgewandelt werden. Auf ihnen sowie den niederen Aldehyden beruht der eigentümliche Geruch ranziger Fette sowie mancher Käsesorten.

Fette sind in Wasser unlöslich, können aber teils direkt, teils durch Vermittlung anderer Stoffe mit Wasser Emulsionen bilden. Hierfür besonders geeignet sind Gallensäuren sowie Eiweißkörper, bei alkalischer Reaktion auch Alkaliionen. Bei der Verdauung im Körper ist diese Emulsionsbildung von großer Bedeutung. Eine durch Eiweiß stabilisierte Emulsion ist die Milch, wobei jedes Fetttröpfchen von einer Eiweißhülle (Haptogenmembran) umgeben ist.

β) *Die Wachse.*

Auch sie sind, wie Fette, Ester höherer Fettsäuren, aber mit einwertigen hochmolekularen Alkoholen. Ihr Gehalt an ungesättigten Fettsäuren ist im allgemeinen viel geringer als der der Neutralfette. Der Alkohol sowie die Fettsäure, aus denen ein Wachs besteht, haben oft die gleiche Anzahl von C-Atomen. Die Bildung derartiger Körper kann durch Dismutation eines höheren Aldehyds nach Art der CANNIZZAROschen[1] Umlagerung erklärt werden:

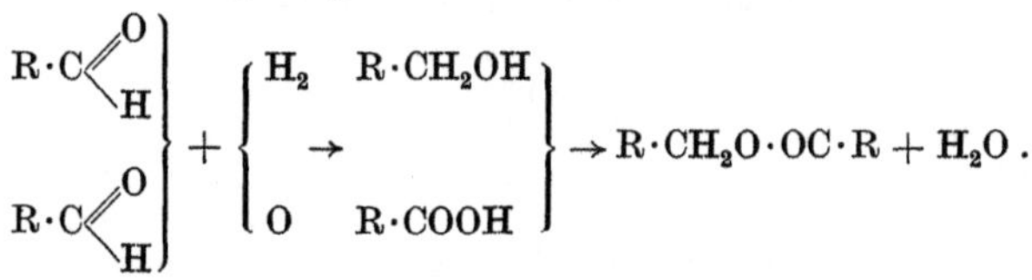

Von den verschiedenen Wachsen sind am besten untersucht das Bienenwachs und das Walrat (Potwal). Das erstere ist ein Gemenge einer in Alkohol leicht löslichen und einer schwer löslichen Fraktion. Die erstere, das Sericin, besteht im wesentlichen aus freier Cerotinsäure ($C_{25}H_{51}COOH$), die zweite, das Myricin, ist zum größten Teil ein Ester aus Palmitinsäure und Myricilalkohol ($C_{30}H_{61}OH$); daneben finden sich auch freie höhere Alkohole und höhere Kohlenwasserstoffe. Im Walrat findet sich in großer Menge ein Cetyl-Palmitat ($C_{15}H_{31}CO \cdot OC_{16}H_{33}$).

γ) *Die Phosphatide.*

Im Gegensatz zu den bisher besprochenen Lipiden enthalten die Phosphatide stets P- und meist N-Komponenten. Ihr Bau ist wesentlich komplizierter. Bei der Spaltung liefern sie neben Glycerin und Fettsäuren noch eine stickstoffhaltige Base und Phosphorsäure; letztere ist an Glycerin gebunden. Phosphatide sind in Aceton unlöslich. Je nach dem Verhältnis von N zu P unterscheidet man:

1. Monoaminophosphatide (N:P = 1:1).
2. Diaminophosphatide (N:P = 2:1).
3. N-freie Phosphatidsäuren.

1. Monoaminophosphatide. Die Hauptvertreter sind das Lecithin und Cephalin. Bei der Aufspaltung des **Lecithins** erhält man neben freien Fettsäuren und Glycerinphosphorsäure die Base Cholin (Trimethyl-Oxyäthyl-Ammoniumhydroxyd):

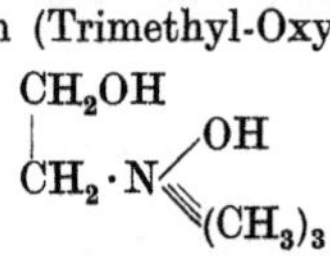

[1] CANNIZZARO nimmt an, daß von 2 Molekülen des gleichen oder verschiedener Aldehyde eines den Wasserstoff, das andere den Sauerstoff eines Wassermoleküls aufnimmt, und daß dabei äquivalente Mengen von Säure und Alkohol entstehen (Dismutation).

Bei der Aufspaltung des **Cephalins** wird die Base Colamin (Aminoäthylalkohol) frei:

$$\begin{array}{l} CH_2OH \\ | \\ CH_2NH_2 \end{array}$$

Die Glycerinphosphorsäure, der kennzeichnendste Bestandteil der Phosphatide, kommt in zwei verschiedenen Formen vor, je nachdem, ob die Veresterung an der primären (α-Glycerinphosphorsäure) oder der sekundären Alkoholgruppe (β-Glycerinphosphorsäure) erfolgt.

An Fettsäuren hat man aus Lecithin und Cephalin bisher Palmitinsäure, Stearinsäure, Ölsäure, Linol- und Linolensäure sowie die vierfach ungesättigte Arachidonsäure ($C_{20}H_{32}O_2$) erhalten. Anscheinend enthält jedes Phosphatidmolekül je eine ungesättigte und gesättigte Fettsäure. Wegen der ungesättigten Fettsäuren sind Phosphatide nicht nur chemisch, sondern auch biologisch außerordentlich reaktionsfähig.

Je *nach dem Verhalten gegenüber den üblichen Fettlösungsmitteln,* vor allen Dingen Äther, lassen sich *zwei Phosphatidfraktionen unterscheiden.* Die erstere läßt sich ohne weiteres extrahieren, die zweite wird erst nach vorangegangener Alkoholbehandlung extrahierbar.

2. Diaminophosphatide. Hauptvertreter: die verschiedenen Sphingomyeline. Hierbei fehlt das Glycerin als Baustein. Auch sie enthalten je ein Molekül Phosphorsäure und Cholin, aber nur ein Molekül Fettsäure. An Stelle des Glycerins befindet sich ein ungesättigter zweiwertiger Alkohol, das Sphingosin:

$$CH_3 \cdot (CH_2)_{12}—CH{=}CH—\underset{}{\overset{NH_2}{\overset{|}{C}}}H—CHOH—CH_2OH$$

3. Phosphatidsäuren. Sie entstehen aus Phosphatiden durch Abspaltung der N-haltigen Basen. Ihr Vorkommen siehe nächster Abschnitt.

δ) Cerebroside.

Sie stehen in bezug auf Löslichkeit und sonstige Eigenschaften den Phosphatiden sehr nahe, enthalten jedoch weder Phosphorsäure noch Cholin. Bei ihrer Aufspaltung erhält man neben Sphingosin (s. bei den Diaminophosphatiden) ein Molekül einer höheren Fettsäure und als dritten Baustein ein Kohlehydrat, die Galactose. Es kann als sicher angenommen werden, daß es nur vier verschiedene Cerebroside gibt, die sich durch das in ihnen enthaltene Fettsäuremolekül unterscheiden.

Die Fettsäuren enthalten stets 24 C-Atome und es finden sich zweimal normale, je eine gesättigte und ungesättigte und zweimal Oxyfettsäuren, die sich von dem normalen ableiten:

$C_{24}H_{48}O_2$: $CH_3—(CH_2)_{22}—COOH$ = Lignocerinsäure,
$C_{24}H_{46}O_2$: $CH_3—(CH_2)_7—CH{=}CH—(CH_2)_{13}—COOH$ = Nervonsäure,
$C_{24}H_{48}O_3$: $CH_3—(CH_2)_{21}—CHOH—COOH$ = Cerebronsäure,
$C_{24}H_{46}O_3$: $CH_3—(CH_2)_7—CH{=}CH—(CH_2)_{12}—CHOH—COOH$ = Oxynervonsäure.

Aus den vier genannten Fettsäuren entstehen folgende Cerebroside:

Lignocerinsäure → Cerasin,
Nervonsäure → Nervon,
Cerebronsäure → Cerebron (Phrenosin),
Oxynervonsäure → Oxynervon

wobei die Galactose glucosidisch mit dem Sphingosin verbunden ist (Strukturformel bei LEHNARTZ).

ε) *Die Sterine und Gallensäuren.*

Es handelt sich bei ihnen chemisch um hochmolekulare, sekundäre, einwertige Alkohole. Das Strukturbild läßt sich am einfachsten auf das Ringsystem des Phenanthrens zurückführen, und zwar auf ein Phenanthren, das völlig hydriert ist, und an das sich ein Pentan als vierter Ring angelagert hat:

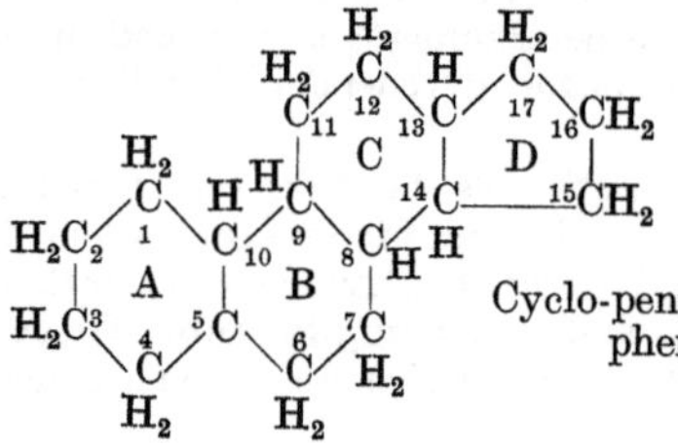

Cyclo-pentano-perhydrophenanthren

Von ihm lassen sich alle Sterine, die Gallensäuren, die D-Vitamine und die Keimdrüsenhormone ableiten.

Das wichtigste tierische — im menschlichen Organismus bisher nur als einziges nachgewiesenes — *Sterin ist das* **Cholesterin.** Seine Bruttoformel lautet $C_{27}H_{46}O$, die genaue Konstitutionsformel verdanken wir WINDAUS. Es ist ein einwertiger, sekundärer Alkohol, dessen Hauptgerüst aus 4, den Terpenen ähnlichen Ringen besteht. Mit Fettsäuren bildet es Ester und kreist in dieser Form zum größten Teil im Blut.

Zwischen dem Cholesterin und den *Gallensäuren* bestehen chemisch enge verwandtschaftliche Beziehungen. Diese Säuren stellen, da sie sich aus zwei Bestandteilen zusammensetzen, gepaarte Säuren dar. Der eine Baustein, die spezifische Gallensäure, weist einen hochmolekularen Bau auf; der andere Baustein ist eine niedermolekulare Substanz, und zwar entweder die einfachste Aminosäure, das Glykokoll oder ein Derivat der Aminosäure Cystein, das Taurin. Danach werden die gepaarten Gallensäuren als Glykochol- oder Taurocholsäure bezeichnet. (Weiteres bei LEHNARTZ.)

Wegen der *Vitamine D* und der *Sexualhormone* siehe die entsprechenden Kapitel.

ζ) *Die Carotinoide.*

Auch sie werden wegen ihrer Löslichkeitseigenschaften in Fetten und Fettlösungsmitteln den Lipiden zugerechnet und *auch als Lipochrome bezeichnet.* Es sind bisher etwa 20 verschiedene, natürlich vorkommende Carotinoide bekannt geworden. Sie stellen die bekannten gelben und roten Farbstoffe der Pflanzen, indirekt auch die tierischer Fette dar. Es handelt sich bei ihnen um Abkömmlinge des Isoprens:

$$\begin{array}{l} CH_2{=}\underset{\displaystyle |\atop \displaystyle CH_3}{C}{-}CH{=}CH_2 \end{array}$$

d. h. hochmolekulare, ungesättigte Kohlenwasserstoffe mit Doppelbindungen. Die Farbnatur geht bei Absättigung der Doppelbindungen verloren. Die bekanntesten Vertreter sind die verschiedenen Carotine (α, β und γ), das Xanthophyll (Lutein) sowie das Kryptoxanthin. (Weiteres bei LEHNARTZ.)

b) Vorkommen und Bedeutung der Lipide.

Die Lipide — Fette + Lipoide — sind lebenswichtige Bestandteile aller lebenden Zellen und sowohl im Tier wie im Pflanzenreich gleichweit verbreitet. Sie finden sich in allen Körperzellen und haben eine doppelte funktionelle Bedeutung.

Die Neutralfette sind in ausgedehnten Depots vor allem im Unterhautfettgewebe und in der Bauchhöhle vorhanden, wohin bei Überangebot von Nahrungsstoffen eine Einlagerung in Form von Neutralfett stattfindet. Dieses dient außer dem Wärmeschutz als eine Energiereserve, die allerdings nicht so leicht angreifbar ist wie die Polysaccharide.

In den tierischen Depotfetten finden sich *überwiegend* Fettsäuren mit 16 und 18 C-Atomen, und zwar die gesättigten Säuren *Palmitin- und Stearinsäure sowie die ungesättigte Ölsäure. Während die ersteren fest und biologisch weniger aktiv sind, sind die flüssigen und ungesättigten, besonders die mehrfach ungesättigten, von erheblicher Bedeutung für den Aufbau der eigentlichen Fette, der Organfette.*

Diese bestehen neben den Neutralfetten in der Hauptsache aus Lipoiden. Sie haben für die Funktion und den Stoffwechsel der Zellen und Organe die allergrößte Bedeutung. Von den relativ unspezifisch zusammengesetzten Neutralfetten unterscheiden sie sich dadurch, daß sie je nach Tierart, ja vielleicht auch je nach Organ eine verschiedene Struktur aufweisen und von der Art der Zusammensetzung der Nahrung weitgehend unabhängig sind.

Der Schmelzpunkt der Fette aus verschiedenen Teilen des Körpers ist sehr verschieden. *Den höchsten Schmelzpunkt zeigen die Fette im Inneren des Körpers, den niedrigsten die des Unterhautfettgewebes.* Beim Fetus und Neugeborenen wird der relativ hohe Schmelzpunkt mit der hohen Temperatur in utero erklärt. *Durch die verschieden hohen Schmelzpunkte* scheint *für alle Teile des Körpers — trotz der unterschiedlichen Temperatur — eine relativ gleichmäßige Konsistenz garantiert.*

Wachse sind für den menschlichen Organismus von geringerer Bedeutung. Sie stellen Produkte der Oberflächenbedeckung dar und sind besonders im Pflanzenreich weit verbreitet, wo sie Blätter und Früchte mit einer mehr oder minder dünnen Schicht überziehen. Auch bei Vögeln, besonders Wasservögeln, werden sie in bestimmten Drüsen, z. B. der Bürzeldrüse, gebildet. Auch das Wollfett der Schafe ist ein wachsartiger Stoff.

Phosphatide sind Bestandteile aller Zellen und ermöglichen durch ihre Quellbarkeit im Wasser eine besonders innige Vermischung mit den Salz-Eiweißlösungen. Ihre Wirksamkeit spielt sich z. T. an der Zelloberfläche ab, die auf diese Weise für wasser- und lipoidlösliche Stoffe durchgängig wird (Narkose!). Die *Cephaline und Sphingomyeline* finden sich *vorwiegend in der Gehirnsubstanz,* die *Lecithine in den übrigen Geweben,* besonders reichlich im Herzmuskel.

Cerebroside finden sich ebenfalls *besonders im Gehirn und im Nervengewebe, und zwar fast ausschließlich in der weißen Substanz;* in geringerer Menge werden sie auch in anderen Organen gefunden.

Sterine kommen *in allen tierischen und pflanzlichen Zellen* in Kombination mit Fetten und Phosphatiden vor. Die im tierischen Organismus anzutreffenden Sterine werden als Zoosterine, die der Pflanzen als Phytosterine, die der Pilzwelt als Mycosterine bezeichnet. Zu den Mycosterinen gehört das Ergosterin; Phytosterine sind das Sitosterin und Stigmasterin, Zoosterine das Cholesterin und das Koprosterin. Phyto- und Zoosterine sind chemisch außerordentlich nahe verwandt. Sie entstehen nur in der belebten Natur. Für die Pflanze ist die Synthese schon seit langem angenommen; für den tierischen Organismus wurde das bis in die neueste Zeit jedenfalls von manchen Forschern, unter anderem HOFMEISTER, bestritten. Neuere Untersuchungen (GAMBLE und BLACKFAN, WACKER und BECK, BEUMER und LEHMANN sowie THANNHAUSER) haben auf Grund der negativen Cholesterinbilanz beim Menschen auch hier die Fähigkeit einer aktiven Cholesterinsynthese ergeben. (Weiteres beim Cholesterinstoffwechsel).

Carotinoide sind *rein pflanzlicher Herkunft. Der Tierkörper ist auf ihre Zufuhr mit der Nahrung angewiesen.* Sie bedingen die gelbe Farbe des *Körperfettes*, sind regelmäßig im *Serum* vorhanden, ferner im *Corpus luteum*, den *Nebennieren*, *Hoden*, *Hypophyse* und *Retina* nachgewiesen. Auch in der *Milch*, *Butter* und im *Eidotter* sind sie vorhanden. In der Pflanze finden sie sich meist in Begleitung des Chlorophylls; sie haben vielleicht für Assimilation und Wachstum eine Bedeutung. Ob die Carotinoidfarbstoffe als solche eine Rolle im Stoffwechsel des Menschen spielen, ist nicht bekannt. Sie sind jedoch von größter Bedeutung als Vorstufen des Vitamins A (s. Kapitel „Vitamine").

2. Der Stoffwechsel der Fette.

Über die Spaltung und Resorption der Lipide im Magen-Darmkanal siehe Bd. 1, S. 195.

a) Der Aufbau der Lipide.

Die Fette im engeren Sinne.

α) Fettbildung aus Fett.

Die Frage, ob eine Resorption der Fette hauptsächlich in Form von Fettsäuren oder von fein emulgiertem Fett erfolgt, sei hier nicht besprochen. Jedenfalls ist schon seit den Untersuchungen ROSENFELDS erwiesen, daß Nahrungsfett in Körperfett übergehen kann. Dieses resorbierte Fett kann zum Teil direkt in die Fettdepots — besser *Fettorgane* — wandern und dort abgelagert werden. Dies zeigen die Fütterungsversuche von E. JAKOBSTHAL, bei denen gefärbtes Fett zunächst nicht in der Leber, dagegen in den übrigen Depots nachzuweisen war. Man gewinnt also den Eindruck, als ob das Fett zunächst nur in die Organe wandert, die der Fettspeicherung dienen und erst dann an die Leber gelangt.

Schon in der Darmwand kann bei Resorption von Fettsäuren eine Synthese zu Monophosphatiden erfolgen. Die Phosphatide stellen möglicherweise die Transportform der Fette im Körper dar. Wie und wo die Diaminophosphatide — Sphingomyeline — sowie die Cerebroside gebildet werden, ist bisher nicht bekannt.

β) Fettbildung aus Kohlehydraten.

Der Übergang von Kohlehydrat in Fett findet in der ganzen belebten Natur statt. So ist bekannt, daß unreife Pflanzensamen Kohlehydrate, reife aber Fette als Reservestoffe enthalten. Da die Reifung vieler Pflanzen erst nach Entfernung von der Pflanze vor sich geht, muß in dem Samen direkt die Umwandlung von Kohlehydrat in Fett stattfinden.

Fettbildung aus Kohlehydrat und respiratorischer Quotient. Auch für den tierischen Organismus ist die Umwandlung von Kohlehydraten in Fette durch zahlreiche Fütterungsversuche (z. B. die Fütterungsversuche KNAUERs bei Gänsen) erwiesen. Dieser Übergang drückt sich in einer charakteristischen Veränderung des respiratorischen Quotienten aus. Fette haben im Vergleich zu Kohlehydraten ein hohes Sauerstoffdefizit. Ein Kohlehydrat enthält genügend Sauerstoff, um den Wasserstoff des Moleküls zu verbrennen; es benötigt also nur noch Sauerstoff für die Verbrennung des Kohlenstoffs (Respirationsquotient = 1,0). Wird dagegen aus Kohlehydraten Fett gebildet, dann wird Sauerstoff frei, d. h. der respiratorische Quotient steigt über 1 an. So hat man bei der Kohlehydratmast der Schweine Werte bis 1,58 gefunden. Nach EGER wäre sogar ein Wert von 8 möglich, wenn man sich vorstellt, daß aus 4 Hexosemolekülen durch Oxydation 1 Molekül Palmitinsäure entstehen kann nach der Gleichung:

$$4\,C_6H_{12}O_6 + O_2 = C_{16}H_{32}O_2 + 8\,CO_2 + 8\,H_2O\,.$$

Das aus Kohlehydrat gebildete Fett soll nach ROSENFELD oleinärmer sein als das bei gewöhnlicher Kost.

Physiologische Chemie der Fettbildung aus Kohlehydraten. Der chemische Weg, auf dem die Umwandlung von Kohlehydrat in Fett stattfindet, ist noch nicht endgültig geklärt. Der Zucker zerfällt bei seinem Abbau im Körper in Dioxyacetonphosphorsäure und Glycerinaldehyd. Aus den beiden Triosephosphorsäuren kann durch eine Dismutation nach Art der CANNIZAROschen Reaktion 1 Mol Phosphoglycerinsäure und 1 Mol Glycerinphosphorsäure entstehen (EMBDEN, DEUTICKE und KRAFT), und letztere durch Phosphatasewirkung in Glycerin und Phosphorsäure gespalten werden. Da alles Glycerin im Körper praktisch als Neutralfett gebunden ist, muß das für die Veresterung der Fettsäuren erforderliche Glycerin synthetisiert werden.

Die Vorstellung von der Bildung der langen Fettsäurekette aus Kohlehydrat basiert dagegen bisher nur auf theoretischen Erwägungen. Eine Meinung geht dahin, daß aus Hexose über Milchsäure zunächst Acetaldehyd nach folgender Gleichung entsteht:

$$C_6H_{12}O_6 + O_2 = 2\,C_3H_6O_3 + O_2 = 2\,CH_3\cdot CHO + 2\,CO_2 + 2\,H_2O\,.$$

Die Aldehyde haben Neigung sich zu kondensieren, so daß aus 2 Molekülen Acetaldehyd entstehen könnte das Aldol:

$$CH_3\cdot CHO + CH_3\cdot CHO = CH_3\cdot CH(OH)\cdot CH_2\cdot CHO\,.$$

Dieses könnte durch Oxydation in β-Oxybuttersäure und durch gleichzeitige Reduktion am β-C-Atom in normale Buttersäure übergehen. Durch Kondensation einer größeren Menge von Aldehyden könnten längere Fettsäureketten entstehen.

Die zweite Theorie hat SMEDLEY aufgestellt. Nach den Untersuchungen der EMBDENschen Schule, die besonders durch die neuesten Arbeiten von DEUTICKE eine weitere Stütze erfahren haben, entsteht beim Zuckerabbau Brenztraubensäure und aus dieser Acetaldehyd:

$$CH_3 \cdot CO \cdot COOH = CH_3 \cdot CHO + CO_2 .$$

Brenztraubensäure und Acetaldehyd vereinigen sich

$$CH_3 \cdot CH(OH) \cdot CH_2 \cdot CO \cdot COOH .$$

Durch CO_2-Abspaltung entsteht über den zugehörigen Aldehyd durch weitere Oxydation die β-Oxybuttersäure:

$$CH_3 \cdot CH(OH) \cdot CH_2 \cdot COOH .$$

und aus dieser durch Reduktion Buttersäure. Durch Kondensation von Brenztraubensäure mit verschiedenen Aldehyden, z. B. Croton- oder Butylaldehyd, würden längere Ketten entstehen.

Bedeutung des Fettgewebes für die Umwandlung. Als Ort der Umwandlung von Kohlehydrat in Fett wurde bisher meistens die Leber angenommen. Nun haben aber neuere Untersuchungen gezeigt, daß die Leber bei der Fettbildung aus Kohlehydrat keine beherrschende Rolle spielt. Man faßt heute vielmehr das Fettgewebe selbst als ein außerordentlich aktives selbständiges Organ auf, das die Fähigkeit besitzt, aus Kohlehydraten Fette zu bilden. Interessant ist der Befund, daß man im Fettgewebe auch große Mengen von Glykogen nachweisen kann (z. B. RIESSER). *Man wird das Fettgewebe also nicht mehr als verfettetes Bindegewebe ansehen dürfen, sondern in ihm ein Organ zum Auf- und Umbau von Fetten erblicken müssen.* EGER unterscheidet weißes und braunes Fettgewebe, wobei gerade das letztere besonders aktiv zu sein scheint. Schwindet aus diesem braunen Fettgewebe das Fett, dann erinnert es in seinem Aufbau an ein drüsiges Organ, z. B. die Zonula glomerulosa der Nebennierenrinde. (Weiteres hierüber bei EGER.)

γ) *Fettbildung aus Eiweiß.*

Eine direkte Fettbildung aus Eiweiß nahmen VOIT und PETTENKOFER sowie VIRCHOW an. Weitere Beobachtungen haben jedoch die Unrichtigkeit dieser Anschauung ergeben. Da aber aus Eiweiß Zucker und aus Zucker Fett entstehen kann, ist es möglich, daß auch Eiweißkörper auf dem Umwege über Zucker als Fettbildner in Frage kommen können.

Die Lipoide.

δ) *Phosphatidbildung.*

Die Frage, ob Phosphatide im Darm als solche oder erst nach Aufspaltung resorbiert werden, wird verschieden beantwortet. Es mag das zum Teil von der Art der zugeführten Phosphatide abhängen. So konnte REWALD zeigen, daß ein aus Sojabohnen gewonnenes Phosphatid zu 90% als solches resorbiert wird. Durch fortlaufende Fütterung mit ihm kam es zu einer erheblichen Speicherung in den verschiedensten Organen. Daß darüber hinaus der Körper die Fähigkeit besitzt, aus Glycerin, Fettsäuren, Phosphorsäure und Cholin bzw. Colamin Phosphatide aufzubauen, ist erwiesen. Schon im vorigen Abschnitt wurde auf die Bedeutung der Phosphatidsynthese in der Darmwand hingewiesen. Die bei der Aufspaltung der Kohlehydrate nach dem Schema von EMBDEN und DEUTICKE entstehende Glycerinphosphorsäure könnte direkt zu dem Aufbau der Phosphatide benutzt werden.

ε) *Cerebrosidbildung.*

Es dürfte als sicher anzunehmen sein, daß der menschliche Körper genau wie bei den Phosphatiden aus den entsprechenden Bausteinen die Cerebroside aufbauen kann.

ζ) *Die Cholesterinbildung.*

Bis in die neueste Zeit wurde von manchen Forschern die Ansicht vertreten, daß der Körper zur Cholesterinsynthese nicht befähigt sei, sondern daß er auf die Zufuhr dieses Stoffes in der Nahrung angewiesen sei. Nun haben aber die zahlreichen Fütterungsversuche mit zum großen Teil negativen Cholesterinbilanzen (z. B. BEUMER) erwiesen, daß auch der menschliche Organismus schon im jugendlichen Alter der Cholesterinsynthese fähig sein muß.

Das in der Nahrung enthaltene Cholesterin wird im Darm — wohl unter der Mitwirkung von Gallensäuren — resorbiert. HEINLEIN hält die Anwesenheit von Galle nicht für unbedingt erforderlich. Dieser Autor kommt auch im Gegensatz zu BEUMER u. a. zu positiven Cholesterinbilanzen und nimmt an, daß der menschliche Organismus Cholesterin speichere. Im übrigen soll nach HEINLEIN, besonders bei der gemischten Kost des Erwachsenen, soviel Cholesterin zugeführt werden, daß eine Cholesterinsynthese im Körper überflüssig sei. UNSHELM fand bei Säuglingen und Kindern nach peroraler Belastung mit 1—2 g Triolein einen Anstieg des Blutcholesterins um 20—30%. Da das Triolein cholesterinfrei ist, müssen andere Fettsäuren an der Cholesterinbildung im Körper beteiligt sein. Da man insbesondere nach Ölsäurezufuhr einen erheblichen Cholesterinanstieg gesehen hat, wird von manchen in der Ölsäure die Muttersubstanz des Cholesterins gesucht. Bewiesen ist diese Annahme noch nicht. (Weiteres hierüber bei LEHNARTZ und SCHALLY.)

η) *Die Carotinoidbildung.*

Wie schon erwähnt, sind die Carotinoide rein pflanzlicher Abkunft und finden sich fast stets in Begleitung des Chlorophylls, so daß ihr Vorkommen im Tierkörper allein durch die Zufuhr mit der Nahrung bedingt ist. Am Hühnerei läßt sich der Beweis erbringen, daß der tierische

Organismus nicht der Carotinoidsynthese fähig ist, da Hühner, die carotinoidfrei gefüttert werden, Eier mit fast farblosem Dotter legen. Auch die Beobachtung von Xerophthalmie beim menschlichen Säugling — die Carotine sind bekanntlich die Vorstufen des Vitamins A — erweist die Unfähigkeit der Carotinoidsynthese im menschlichen Körper.

b) Der Fettabbau.

α) Neutralfett und Fettsäuren.

Bei der *Aufspaltung der Neutralfette* im Körper werden *Glycerin* und *Fettsäuren* frei. Das Glycerin kann, wie im Abschnitt „Kohlehydratstoffwechsel" aufgezeigt wurde, zur Glykogenbildung verwandt werden. Näheres über Abbau bzw. Umbau ist nicht bekannt.

Physiologische Chemie des Fettsäurenabbaues. Im normalen Stoffwechsel werden die Fettsäuren vollständig zu den Endprodukten der Verbrennung: CO_2 und H_2O oxydiert. Über den Abbau der Fettsäuren haben die Untersuchungen von Knoop sowie Friedmann und Darkin Aufschluß gebracht. Von der Beobachtung ausgehend, daß Phenylpropionsäure, die im Darm durch Bakterieneinwirkung entsteht, als Hippursäure ausgeschieden werden kann, verfütterte Knoop mit dem Phenylrest substituierte, gesättigte Fettsäuren von der Benzoesäure bis zur Phenylvaleriansäure und fand im Harn der Versuchstiere entweder Hippursäure, das Glykokollderivat der Benzoesäure, oder die Phenacetursäure, das entsprechende Derivat der Phenylessigsäure. Die Paarung mit Glykokoll erfolgt scheinbar nur zur Entgiftung der Phenylessig- bzw. Benzoesäure. Knoop konnte nun feststellen, daß aus Phenyl-substituierten Fettsäuren mit gerader C-Atomzahl regelmäßig Phenylessigsäure, aus solchen mit ungerader C-Atomzahl immer Benzoesäure entsteht.

Nach den Untersuchungen von Knoop erfolgt der Abbau dieser Fettsäuren nach dem *Prinzip der β-Oxydation,* indem jeweils durch Oxydation am β-Kohlenstoffatom die um 2 C-Atome ärmere Fettsäure entsteht. Die β-Oxydation wird bei längeren Ketten soweit fortgesetzt, bis entweder Benzoesäure oder Phenylessigsäure übrig bleiben. Die endständig abgespaltenen beiden C-Atome werden wahrscheinlich als Essigsäure frei.

Versuche von Embden an der überlebenden Leber ergaben, daß auch normale, nicht Phenyl-substituierte Fettsäuren nach dem Prinzip der β-Oxydation abgebaut werden. Solche mit gerader C-Atomzahl geben Anlaß zur Bildung großer Mengen von Aceton:

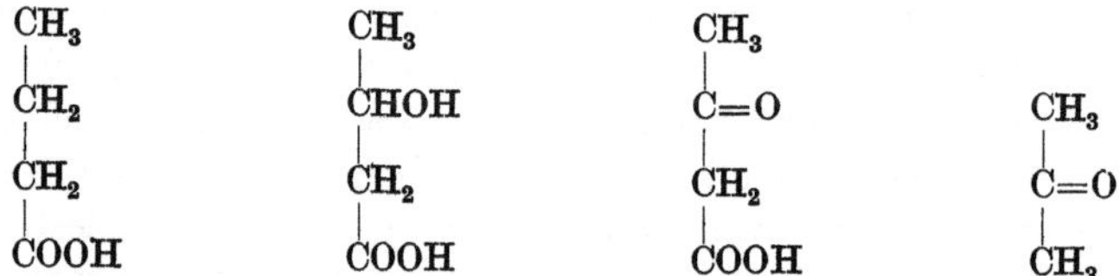

Buttersäure — β-Oxy-Buttersäure — Acetessigsäure — Aceton

solche mit ungerader C-Atomzahl dagegen nicht. Aus den letzteren müßte bei der Oxydation schließlich Propionsäure entstehen, über deren Bildung und Schicksal aber noch nichts Sicheres bekannt ist. Vielleicht geht sie in Milchsäure über (Hahn).

Wir sehen also, daß bei der Aufspaltung der Fettsäuren mit gerader C-Atomzahl β-Oxybuttersäure und Acetessigsäure entstehen, die auch bei dem Abbau der Kohlehydrate als Folge intermediärer synthetischer Vorgänge auftreten können. Der weitere Abbau ist dort bereits besprochen.

Während früher angenommen wurde, daß Ketonkörper im Organismus in merklichem Umfange nur bei krankhaften Zuständen, z. B. Diabetes, vorkommen, setzen sich neuere Autoren z. B. BRENTANO und MARKEES, dafür ein, daß auch der ruhende Muskel normalerweise Ketonkörper verbrennt, die in der Leber gebildet und von dort dem Muskel zugeführt werden, daß es also eine physiologische Ketose gibt. So konnten neuerlich KRAINICK und MÜLLER zeigen, daß nach reichlicher Fettzufuhr neben geringen Mengen anderer Nahrungsmittel oder bei alleiniger Fettzufuhr die Blutketonwerte nach 4—6 Stunden von etwa 2 mg-% auf 4—6 mg-% angestiegen waren. Das Auftreten größerer Mengen von Acetonkörpern läßt sich aber nach EMBDEN dadurch verhüten, daß dem zugeführten Fett hinreichend K. H. oder Intermediärprodukte des K. H. Stoffwechsels zugesetzt werden. In gleicher Weise wirken Fettsäuren mit ungerader C-Atomzahl, bei deren Abbau bekanntlich Propionsäure entsteht, antiketogen. Über die Art der Wirkung ist nichts Näheres bekannt. Auf die neuerdings von VERKADE und FLASCHENTRÄGER festgestellte ω-Oxydation kann hier nicht eingegangen werden. Weiteres über das Ketoseproblem s. S. 75.

β) *Die Phosphatide.*

Diese dürften unter Dephosphorylierung in ähnlicher Weise abgebaut werden wie die Neutralfette.

γ) *Cholesterin.*

Etwas komplizierter liegen die Verhältnisse beim *Cholesterin.* Ein erheblicher Teil ist mit Fettsäuren verestert; dieser könnte durch die Cholesterinesterase in Fettsäuren und freies Cholesterin umgesetzt werden.

Es ist bis heute noch nicht sicher erwiesen, ob und wo das Cholesterin abgebaut wird. Auffallend ist die konstitutionelle Verwandtschaft mit den Gallensäuren. Schon LIFSCHÜTZ nahm einen Abbau des Cholesterins in der Leber zu Gallensäuren auf dem Wege über das Oxycholesterin an. Das Oxycholesterin wird aber heute von den meisten Autoren für ein Kunstprodukt erklärt. Auch von WINDAUS, WIELAND und WEIL wird die Möglichkeit eines Cholesterinabbaues zu Gallensäuren in Erwägung gezogen. In gewissem Grade spricht jedoch die umfangreiche Cholesterinausfuhr mit der Galle gegen eine Zerstörung in größerem Umfange. So lehnen HUECK und BEUMER eine erhebliche Cholesterinzerstörung ab. Insbesondere konnten BEUMER und FASOLD beim Säugling trotz Verfütterung großer Mengen von Cholesterin *keinen* Cholesterin*abbau* feststellen. THANNHAUSER glaubt, daß die Cholesterinmengen der Nahrung gar nicht genügen könnten, um den Bedarf für die Gallensäurenproduktion zu decken. Im übrigen ist durch die Untersuchungen von SPERRY sowie BEUMER und HEPPNER festgestellt, daß die Leber gar nicht das Hauptausscheidungsorgan für Cholesterin sein kann, sondern daß der Dickdarm den größten Teil der Cholesterinausfuhr besorgt.

II. Die biologischen Verhältnisse beim Menschen, insbesondere beim Kinde.

Schon im vorigen Kapitel wurde darauf hingewiesen, daß wir im menschlichen Körper zwischen Depotfett und Organfett unterscheiden müssen. Die Depotfette, deren Aufbau viel weniger spezifisch ist als der der Organfette, dienen neben der Wärmeisolation hauptsächlich als Reservestoffe. Die große Bedeutung des Fettpolsters als Wärmeschutz erkennt der Kinderarzt besonders bei der Aufzucht der Frühgeborenen, denen dieses Fettpolster bis zu einem gewissen Grade fehlt.

Im Gegensatz zu den Depotfetten sind die Organ- und Zellfette viel komplizierter gebaut, in hohem Maße art- und organspezifisch und von einer außerordentlichen Bedeutung für den Aufbau und die Funktion der betreffenden Zellen und Organe. Zunächst sei jedoch auf den Lipidgehalt des Körpers und einzelner Organe in den verschiedenen Lebensaltern eingegangen.

1. Lipidgehalt einzelner Organe.

a) Gesamtfettgehalt.

Die Verhältnisse beim Erwachsenen. Der Fettgehalt eines Menschen ist weitgehend abhängig von seinem Ernährungszustand und seiner Konstitution. Während *beim normalen Menschen das Fett* etwa *18% des Körpergewichtes* ausmacht, liegen bei Magersucht die Prozentzahlen erheblich niedriger und können andererseits bei extremer Fettsucht bis zu 50% und mehr des gesamten Körpergewichtes erreichen.

Die Verhältnisse in der Wachstumsperiode. In der Fetalperiode ist der Fettgehalt des Organismus zunächst sehr niedrig, nimmt aber im Laufe der Fetalzeit regelmäßig zu, wie nachstehende Tabelle 26 von FEHLING zeigt.

Tabelle 26. Fettgehalt des Körpers während der fetalen Entwicklung (nach FEHLING).

Länge in cm	Gewicht in g	Fettgehalt in % des Gesamtgewichtes	Länge in cm	Gewicht in g	Fettgehalt in % des Gesamtgewichtes
12	36,5	0,57	30	575	1,06
18,5	104,7	0,51	36	836	2,21
23	264	0,52	44	1760	8,7
26	361,8	0,72	53,5	3294	9,1

Noch etwas höhere Werte fanden CAMERER und SÖLDNER bei der *Analyse ausgetragener Neugeborener* mit einem Gewicht zwischen 2500 und 3000 g. Der *Gesamtfettgehalt* schwankte zwischen 270 und 378 g, betrug also *10,2—16,1%*, auf Trockensubstanz bezogen 35,1—48,1%.

Diese Tabellen sind also eine Bestätigung der allgemeinen Anschauung, daß *die Hauptfettmenge beim Fetus in den letzten Monaten angesetzt* wird und daß der ausgetragene Säugling bereits über Fettmengen verfügt, die prozentual nahe an die eines Erwachsenen herankommen.

Während übrigens beim Erwachsenen das Fett in stärkerem Maße in die Abdominalorgane, z. B. das Mesenterium, eingelagert ist, befindet sich beim Säugling die Hauptmenge im Unterhautfettgewebe.

b) Das Depotfett.

Die Verhältnisse beim Erwachsenen. Die *Jodzahl* des Depotfettes liegt beim Menschen *zwischen 40 und 65*, während sie bei den Organfetten sich zwischen 115 und 135 bewegt. Das Organfett ist demnach sehr viel reicher an ungesättigten Bindungen als das Depotfett. Doch auch dieses ist noch so reich an Ölsäure, daß ihm eine flüssige bis halbflüssige Beschaffenheit und ein ziemlich niedriger Schmelzpunkt zukommt. Der *Schmelzpunkt* schwankt nach SCHIRMER zwischen 16—26° und liegt *bei mittlerem Ernährungszustand zwischen 18 und 20°*. Die Fette dicht unter der Haut haben einen tieferen, die mehr im Inneren liegenden einen höheren Schmelzpunkt.

Die Verhältnisse in der Wachstumsperiode. *Beim Neugeborenen* ist das Fett im Unterhautzellgewebe sehr fest: *Jodzahl* nach LASCH *32—38;* auch das BICHATsche Fettpolster, das nach LICHTWITZ besonders arm an Ölsäure sein soll, zeigt nach LASCH beim Neugeborenen die gleiche Jodzahl. Der Härtegrad des Fettes nimmt nach SIEGERT im Laufe des 1. Jahres konstant ab. Mit dem Flüssigerwerden des Fettes *steigt* die *Jodzahl* von 38 auf *45 am Ende des 1. Jahres* an, und zwar ändert sich die Jodzahl der einzelnen Fette im 1. Jahre entsprechend der Schnelligkeit des Wachstums. Am höchsten liegt dann die Jodzahl des Wangenfettes, niedriger die des Bauchfettes, am tiefsten die des BICHATschen Fettpfropfes. *Beim Fettabbau des Körpers werden die Fettpolster entsprechend der Höhe der Jodzahl angegriffen,* so daß das BICHATsche zu allerletzt abnimmt. Entsprechend den mitgeteilten Befunden zeigen die Untersuchungen von EGG, daß *das Unterhautfettgewebe von Feten und Neugeborenen besonders reich an gesättigten Fettsäuren ist,* während *im Laufe des 1. Jahres die Ölsäure auf Kosten der gesättigten Fettsäuren ansteigt.*

Im übrigen ist auch beim Säugling und Kleinkind die Größe und Zusammensetzung des Fettpolsters weitgehend abhängig von Ernährung und Konstitution. Das Fett pastöser Kinder zeigt zwar nach MOSSE und BRAHM die gleiche Jodzahl sowie den gleichen Schmelzpunkt wie das normaler Kinder, es finden sich jedoch Veränderungen am Stützgewebe; außerdem ist der N-Gehalt dieses Fettes höher. In Fütterungsversuchen an Tieren konnte der Beweis erbracht werden, daß bei eiweißreicher Nahrung das Fett solcher Tiere einen höheren Eiweiß-, Wasser- und Aschengehalt bei niedrigerem P-Gehalt aufwies, als das bei Fett- und Kohlehydratmast. Die Farbe der einzelnen Fette ist bekanntlich abhängig von dem Gehalt an Lipochromen.

c) Der Lipidgehalt des Blutes.

Beim Erwachsenen. Fast unübersehbar ist die Zahl der Arbeiten, die sich mit dem Lipidgehalt des Blutes bzw. des Serums oder Plasmas befassen. Von diesen Arbeiten beschränkt sich die Mehrzahl auf die Bestimmung des Cholesterins. Die gefundenen Werte sind nur teilweise zu vergleichen, da sie zum Teil mit unzulänglicher Methodik ausgeführt wurden. Es sei deshalb nur auf ganz wenige Befunde eingegangen, die in der Tabelle 27 zusammengestellt sind.

Tabelle 27. Lipidgehalt des Blutes nach verschiedenen Autoren.

Autor	Art des Materials	In mg-%					
		Phosphatide	Gesamt-Cholesterin	Cholesterinester	freies Cholesterin	Neutralfett und Fettsäuren	Gesamt-Lipide
KNAUER . .	*Gesamtblut* (Oxalat)	208	136			294	638
HORIUCHI . .	*Gesamtblut* (Oxalat)	290—300	220			360	980
KNAUER . .	(Defibriniert)	227	158			312	697
NEUMANN .	(gravide Frauen)	237	144	58	86	219	590
NEUMANN .	(gravide Frauen)	224	120	97	23	436	780
KNAUER . .	(gravide Frauen)	208—338	187—278			444—757	
KNAUER . .	*Erythrocyten*	227	117			308	652
ROSENTHAL .	*Erythrocyten*	123—243	100—146				740—840
KNAUER . .	*Serum*	178	180			339	666
STEPP, BÜRGER u. a. .	*Serum*		140—180				
BLOOR . . .	*Serum*						700

Danach ergeben sich folgende Besonderheiten:

Die Erythrocyten haben durchschnittlich einen höheren Phosphatidgehalt als Serum bzw. Plasma.

Der Cholesteringehalt der Erythrocyten ist deutlich niedriger als der des Plasmas, und zwar ist das Cholesterin fast ausschließlich in freier Form enthalten.

Die Gesamtmenge von Neutralfett und Fettsäuren ist in den Erythrocyten niedriger als im Plasma.

Im Serum bzw. Plasma entspricht die Gesamtmenge von Phosphatid + Cholesterin etwa derjenigen von Neutralfett + Fettsäuren, wie folgende Übersicht zeigt:

Phosphatide	160—200 mg-%
Cholesterin	140—180 mg-%
Neutralfett und Fettsäuren	300—400 mg-%

Im Serum und Plasma befinden sich ferner $^1/_2$ bis $^1/_3$ des Cholesterins in veresterter Form, während in den Blutkörperchen das Cholesterin fast ausschließlich als freies Cholesterin enthalten ist. Es wird heute allgemein angenommen, daß die Leber dasjenige Organ ist, das bei Fettzufuhr das Verhältnis $\frac{\text{Cholesterin}}{\text{Cholesterinester}}$ konstant zu halten sucht. Infolgedessen wird sich bei Lebererkrankungen eine Störung der Veresterung und damit eine Abnahme des Estercholesterins einstellen, ein Problem, mit dem sich besonders BÜRGER und seine Mitarbeiter befaßt haben.

Übrigens ergeben sich auch bei der Untersuchung von Serum, Oxalat- bzw. Citratplasma gewisse Unterschiede. Die Veränderungen sind nach KNAUER nicht durch den Verbrauch von Lipoiden bei dem Gerinnungsvorgang zu erklären, als vielmehr dadurch, daß die gerinnungshemmenden Substanzen den Erythrocyten Wasser entziehen. Weiteres über Lipoidbefunde beim Erwachsenen bei SCHALLY, KNAUER u. a.

In der Wachstumsperiode. Im fetalen Blut ist entsprechend dem niedrigen Gesamtfettgehalt des Organismus auch der Lipidgehalt niedrig. Während früher gelegentlich angenommen wurde, daß im fetalen Organismus das Fett aus Kohlehydraten selbst gebildet wird (NÜRNBERGER), haben neuere Untersuchungen (RUPP) gezeigt, daß die Placenta für mütterliches Fett durchlässig ist und daß demnach der Fetus nicht gezwungen ist, Fette selbst zu bilden. *Im Nabelschnurvenenblut* sowie im Blut von Neugeborenen wurden von GENTILI, NEUMANN und HERMANN *Gesamtlipidwerte von 436 mg-%* gefunden.

Nach ACUÑA ändern sich die *Cholesterinwerte im Blut* in der ersten Lebenszeit wie folgt:

Säugling von 14 Tagen	Mittelwert 103 mg-%
1—11 Monate	Mittelwert 130 mg-%
1—7 Jahre	Mittelwert 137 mg-%
8—14 Jahre	Mittelwert 149 mg-%

In der folgenden Übersicht sind *Serumlipoidwerte* von KNAUER und GYÖRGY einander gegenübergestellt:

Tabelle 28.

1. KNAUER: Nabelschnurserum:

Phosphatide	74—131 mg-%
Gesamtcholesterin	33— 81 mg-%, davon 5—16 mg-% verestert
Neutralfett und Fettsäuren . .	149—238 mg-%

2. GYÖRGY (Serum):

	Lipoid-P	Phosphatide[1]	Cholesterin mg-%
Neugeborener	4,1	105	80
3 Monate alter Säugling	6,0	153	140
1 Jahr alter Säugling	6,5	166	150—160
Kinder von 2—12 Jahren	8,0	204	180

[1] Aus dem Lipoid-P wird der Phosphatidwert errechnet, indem man mit 25—26 multipliziert.

Aus der Analyse der verschiedenen Autoren geht trotz gewisser Unterschiede der außerordentlich niedrige Lipid-, insbesondere Cholesteringehalt des Nabelschnurblutes hervor. Er fällt besonders gegenüber den hohen Werten im mütterlichen Blutserum auf, bei der nach der Geburt die Lipoidwerte ziemlich rasch abzusinken pflegen. Hierbei ist im Neugeborenenserum der Gehalt an *freiem* Cholesterin relativ hoch, was auf eine gewisse Funktionsuntüchtigkeit — in diesem Falle schlechte Veresterung — der Leber schließen läßt.

Nach MÜHLBOECK beginnt der Cholesterinanstieg im Blute schon wenige Stunden nach der Geburt, und zwar nimmt wiederum in der Hauptsache das freie Cholesterin zu. Vielleicht ist dieser Anstieg mit dem Erythrocytenzerfall in Zusammenhang zu bringen.

Bei Brustkindern liegen in den ersten Monaten die Lipoidwerte höher als bei künstlich genährten Kindern. GALDO fand außerdem bei weiblichen Säuglingen etwas höhere Werte als bei männlichen.

Aber auch *bei größeren Kindern* ist eine deutliche Abhängigkeit von dem Cholesteringehalt der Nahrung festzustellen. Bei Kindern im Alter von 1 Jahr bis 12 Jahren liegt der Mittelwert für Gesamtcholesterin bei 180 mg-%, der für freies bei 50 mg-%. Etwas niedrigere Werte mit einer größeren Schwankungsbreite bei größeren Kindern fanden MOLITSCH und POLIAKOFF.

Es ist unmöglich, auf Einzelarbeiten über *Blutlipoide*, besonders das Cholesterin einzugehen. *Soviel kann* jedoch *als feststehend angesehen werden, daß in den ersten Lebenstagen alle Werte relativ niedrig sind, um dann rasch anzusteigen und in der Pubertät die Werte des Erwachsenen zu erreichen.* In dieser Zeit ist die Gesamtmenge von Phosphatiden und Cholesterin etwa genau so hoch wie die Neutralfette und Fettsäuren. Von dem *Lipoidquotienten* $\frac{\text{Cholesterin}}{\text{Phosphatide}}$ (GYÖRGY) hängen sämtliche Zellfunktionen, insbesondere Permeabilität, Atmung sowie Erregbarkeit der Zellen ab. *Dieser Quotient liegt im Serum in der ersten Lebenszeit sehr niedrig.* Und dies ist sicher mit ein wichtiger Grund für die auffallend langsame Blutsenkungszeit in den ersten Lebenswochen (vgl. Bd. 1, S. 118).

Einfluß der Ernährung auf die Blutlipide. Der Einfluß von Nahrungs-, insbesondere Fettzufuhr ist besonders in bezug auf das Cholesterin vielfach studiert worden. Im Nüchternzustand ist das Blutserum im allgemeinen klar, nach Zufuhr fettreicher Nahrung tritt meist eine mehr oder minder starke Trübung auf, die durch Hämokonienbildung bedingt ist. Die Dauer dieser Trübung, die mit einem Lipidanstieg einhergeht, beträgt etwa 3—8 Stunden und ist nach etwa 10 Stunden meist verschwunden. Unter pathologischen Umständen kann aber trotz Anstieg der Fette die Trübung ausbleiben; man spricht dann von maskierter

Lipämie. Diese Maskierung wird mit den Gallensäuren und dem Choleinsäureprinzip in Verbindung gebracht (BEUMER).

Nach *Zufuhr von 50 g Olivenöl* ist *beim Kind* nach spätestens 4 Stunden ein Anstieg der Serumlipide um etwa 100% zu beobachten. Es ist bemerkenswert, daß auch Cholesterin und Phosphatide einen entsprechenden Anstieg erfahren. Noch stärker ist der Anstieg der Lipide, wenn dem Öl Cholesterin zugesetzt wird. Das Cholesterin scheint also die Resorption der Fette zu erleichtern. In den Fällen, wo bei Zufuhr cholesterinfreier Fette das Cholesterin erheblich ansteigt, muß entweder Depotcholesterin mobilisiert werden oder Cholesterin neu gebildet werden. Nach LAWAETZ und VOGT-MØLLER ist der Grad der alimentären Lipämie abhängig von der Höhe des Nüchternwertes. Die Autoren fanden folgende Steigerungen:

bei Werten unter 0,43 g-%	Anstieg um 85%
bei Werten von 0,44—0,64 g-% . . .	Anstieg um 40%
bei Werten über 0,65 g-%	Anstieg um 25%

Es ist also nicht nur die Resorption maßgebend für die Höhe des Anstieges, sondern daneben individuelle Faktoren. So fand KNAUER in seinen Belastungsversuchen, daß auch je nach der Konstitution (pastöser oder magerer Typ) die Schnelligkeit und Höhe des Blutfettanstieges sowie des Abfalles ganz verschieden war.

Schon *im Säuglingsalter* steigen nach BOYD bei oraler Fettzufuhr die Lipide deutlich an; UNSHELM fand bei peroraler *Zufuhr von 1—2 g Triolein* einen Anstieg des Blutcholesterins um 20—30%; der Höhepunkt war nach 3—6 Stunden erreicht. Es ist interessant, daß selbst bei Fehlen von Galle im Darm, z. B. bei kongenitalem Gallengangsverschluß, die Resorptionsverhältnisse gar nicht so schlecht zu sein brauchen, wie der Lipidanstieg des Blutes erkennen läßt.

Unter pathologischen Verhältnissen, z. B. bei Diabetes, Lipoidnephrose, im Hunger und nach Aderlaß, kommt es zu einer Dauerlipämie, die schon im nüchternen Zustande vorhanden ist. Es sind hierbei Anstiege des Cholesterins bis auf das Fünffache der Norm beobachtet worden. Gleichzeitig erfahren auch die übrigen Lipidfraktionen eine entsprechende Zunahme. (Weiteres hierüber bei KNAUER: Lipoidstoffwechselforschung.)

d) Der Lipidgehalt des Liquors.

Die Werte für Lipoide und Fette liegen im Liquor außerordentlich niedrig. Da man zur Bestimmung bei dem geringen Gehalt große Liquormengen benötigt und diese beim hirngesunden Menschen im allgemeinen nicht zu bekommen sind, ist es schwer, überhaupt von Normalwerten zu sprechen. KNAUER hat an dem Encephalographieliquor in etwa hirngesunder Erwachsener folgende Werte gefunden:

Phosphatide	1,0 mg-%
Cholesterin	0,1 mg-%
Fettsäuren	4 mg-%

Auffällig ist, daß demnach der lipocytische Quotient $\frac{\text{Cholesterin}}{\text{Phosphatide}}$, der im Blut 1,0 ist, hier nur 0,1 beträgt. Direkte Beziehungen zwischen Blut- und Liquorlipoiden konnte KNAUER nicht feststellen. Während bei Hypersekretion die Werte besonders tief liegen, steigen sie bei eitrigen Erkrankungen erheblich an. Bei den verschiedensten Liquoren fand KNAUER in mg-% folgende Schwankungsbreite:

Tabelle 29.

	Phosphatide	Cholesterin	Fettsäuren
Minimalwert	0,243	0,050	0,820
Maximalwert	12,626	8,0	14,620

Bei eitrigem Liquor dürfte die Lipidzunahme größtenteils durch die darin enthaltenen Leukocyten, vielleicht auch Bakterien erklärt werden. Aber auch durch gesteigerte Permeabilität der Meningen bzw. durch Abbau von Hirnsubstanz könnten die hohen Lipidwerte des Liquors erklärt werden.

e) Der Lipidgehalt einzelner Organe und deren Bedeutung im Lipidstoffwechsel.

α) *Gehirn.*

Nach FRÄNKEL besteht die Trockensubstanz des Gehirns zu $^2/_3$ aus Lipiden und zu $^1/_3$ aus eiweißartigen Körpern. Der Wassergehalt nimmt vom Fetus zum Erwachsenen hin konstant ab. Über die verschiedenen Lipidfraktionen gibt uns eine Arbeit von SCHIFF und STRANSKY Auskunft. Diese fanden, daß — auf Trockengewicht berechnet — der *Gesamtlipidgehalt* folgende Werte zeigt:

beim Fetus 32,42%
beim 13jährigen Knaben . 50%
beim Erwachsenen 59,5%

Die einzelnen Fraktionen verteilen sich in Prozent der Gesamtlipide des Gehirns wie folgt:

Tabelle 30.

Fraktion	Säugling	13jähriges Kind	Erwachsener
Aceton	61,8	18,7	18,4
Petroläther	23,6	53,9	46,8
Benzol	5,2	14,5	22,7
Alkohol	10,0	12,8	10,5

Dabei sind in der Acetonfraktion hauptsächlich das Cholesterin, in der Petroläther- und Alkoholfraktion ungesättigte und gesättigte Phosphatide enthalten.

Es zeigt sich also, daß sich die Lipidfraktionen im Laufe der Entwicklung erheblich ändern. Im Gegensatz zu SCHIFF und STRANSKY fanden jedoch GRALKA und POGORSCHELSKY, daß der Hauptgehalt des normalen Gehirns aus alkohollöslichen Körpern, d. h. gesättigten Phosphatiden und wahrscheinlich Cerebrosiden besteht. Schon bei leichten Ernährungsstörungen kommt es zu einer nachweisbaren Abnahme, bei schweren Störungen zu erheblicher Verminderung aller Lipide.

In nachstehender Tabelle 31 sind die *Cholesterinwerte des Gehirns im Laufe der Entwicklung* nach BEUMER und HENTSCHEL gegenübergestellt:

Tabelle 31.

Autor	Alter	Körpergewicht in g	Hirngewicht in g	Steringehalt absolut g	Steringehalt g-%
HENTSCHEL	Frühgeburt	?	131	0,50	0,38
BEUMER	Neugeborener	3050	332	1,507	0,45
	24 Stunden	3400	400	2,868	0,70
HENTSCHEL	Säugling	?	493	4,82	0,97
BEUMER	$2^1/_2$ Monate	3800	540	4,272	0,79
	5 Monate	5700	650	5,883	0,90
	9 Monate	6000	800	7,682	0,96
	18 Monate	9000	860	12,140	1,41
HENTSCHEL	Kleinkind	?	1094	14,9	1,36
	Erwachsener	?	1106	18,0	1,62
FRÄNKEL	Erwachsener	?	?	28,6	

Es zeigt sich also, daß der prozentige Cholesteringehalt des Gehirns im Laufe des Wachstums zunimmt, und zwar am stärksten im 1. und 2. Jahre. Dementsprechend findet auch eine Vermehrung aller anderen Gehirnlipide statt. Die tägliche Cholesterinzunahme des wachsenden Säuglingshirns errechnet BEUMER auf 20—30 mg. Auch unter krankhaften Bedingungen sucht der Körper diese Zunahme zu erreichen.

Dagegen ist der Phosphatidgehalt des Gehirns prozentual und absolut beim Säugling höher als beim Erwachsenen. Nach RUBNER entfallen nämlich in den einzelnen Lebensaltern auf Phosphatide in Prozent des Gesamtgewichtes von Gehirn und Nerven bei:

Tabelle 32.

	%	Hirngewicht g
einem 13 Monate alten Kinde	29,24	965
„ 16 „ „ „	24,93	—
„ 24 „ „ „	13,38	972
„ Erwachsenen	2,4	1450

Und aus den daneben gesetzten Hirngewichten (vgl. Bd. 2, S. 108/109) geht ohne weiteres hervor, daß sogar der absolute Phosphatidgehalt beim Säugling bedeutend höher ist als beim Erwachsenen. Im übrigen ist nach Gorodisskay der Cholesteringehalt der einzelnen Gehirnpartien verschieden, am reichsten ist die motorische Region, am ärmsten die stumme Region.

Während der Cholesteringehalt ziemlich rasch ansteigt, nimmt der Ergosteringehalt relativ wenig zu. Bei einer Frühgeburt fand Hentschel eine absolute Menge von 0,6 mg, bei einem Erwachsenen 1,80 mg.

β) *Die Nebennieren.*

Sie sind *das relativ cholesterinreichste Organ des Körpers* und bestehen zu etwa 50% aus Cholesterin (Chauffard u. a.). Die Gesamtmenge des Cholesterins in den beiden Nebennieren eines Erwachsenen wird auf etwa 0,5 g errechnet. Das freie Cholesterin der Nebennieren ändert sich nach Fex nur wenig, während das Estercholesterin erheblichen Schwankungen unterworfen ist. Unter pathologischen Verhältnissen, z. B. bei der Lipoidnephrose, kann es zu enormer Speicherung von Estercholesterin kommen, während normalerweise Omnivoren im Gegensatz zu Herbivoren nur wenig Cholesterin in den Nebennieren speichern. Eine Bildungsstätte von Cholesterin ist nach Landau u. a. in den Nebennieren nicht zu erblicken, da nach beiderseitiger Nebennierenexstirpation ein Cholesterinanstieg im Blute zu beobachten ist, ein Befund, der durch eigene Untersuchungen bestätigt werden konnte. Weiteres s. bei E. Thomas, Bd. 2, S. 64—66.

γ) *Die Leber.*

Daß die Leber eines der wichtigsten Organe im Lipidstoffwechsel ist, dürfte als sicher anzunehmen sein. Der eigentliche Fettgehalt ist einem dauernden Wechsel unterworfen und abhängig von Ernährungszustand und Konstitution. Bei schweren Krankheiten, z. B. Toxikose, Mehlnährschaden u. a., kommt es im Säuglingsalter zur Verfettung mit biologisch minderwertigen Fetten, wie Gralka zeigen konnte.

Wesentlich konstanter als der Gehalt an Neutralfett ist unter normalen Verhältnissen der Cholesteringehalt:

Tabelle 33. Cholesteringehalt der Leber.

Autor	Prozentiger Cholesteringehalt	Absoluter Cholesteringehalt g
Landau und MacNees	0,2—0,4	4—8
Fex	0,241—0,430	
Bürger	0,18—0,46	
Hentschel		0,14 (Frühgeburt) 0,23 (Neugeborener) 1,08 (Kind) 3,48 (Erwachsener)

Nach LOMBROSO hat die Leber das Bestreben, Lipide aus der Blutbahn aufzunehmen; die Vena portae führt ihr ja auch ein relativ lipidreiches Blut zu. In der Leber werden nun die Fettsäuren in hohem Maße verestert. Es sei hier nur an die zahlreichen Untersuchungen von BÜRGER und seinen Mitarbeitern bei Gesunden und Leberkranken erinnert. Jede ernstere Leberstörung äußert sich in einer Abnahme der Veresterung sowie in einer Störung des Lipidgehaltes des Blutes. Interessant sind die Beobachtungen von SCHALLY, daß man durch Injektion von Leberextrakt auf den erhöhten Cholesterinspiegel regulierend einwirken kann. SCHALLY hält eine endokrine Funktion der Leber, die regulierend auf Fett- und Lipoidstoffwechsel einwirkt, für möglich. PORGES und SALOMON glaubten sogar, daß die Leber die einzige Stätte des oxydativen Fettabbaues sei, eine Ansicht, die keineswegs allgemein Anerkennung gefunden hat.

δ) *Lipidgehalt weiterer Organe.*

Es handelt sich bei den entsprechenden Untersuchungen fast ausschließlich um Cholesterinbestimmungen. So gibt HUECK an, daß die *Muskulatur* zwar nur etwa 0,2% Cholesterin enthalte, daß aber trotzdem die Gesamtmuskulatur eines Erwachsenen mit etwa 30 kg Muskelgewicht etwa 60 g Cholesterin beherberge, d. h., daß *in der Muskulatur die Hauptmenge des Körpercholesterins enthalten* sei.

Der Gesamtsteringehalt der Haut nimmt nach HENTSCHEL von 0,194 g bei der Frühgeburt bis zu 4,451 g beim Erwachsenen zu, wobei er *prozentual bei der Frühgeburt* mit 1,203 *fast 4mal höher* liegt *als beim Erwachsenen* mit 0,367%. MEYER errechnete folgende Gesamtcholesterinwerte für die Haut:

Neugeborener von 3300 g	0,58 g
6jähriges Kind	1,5 g
Erwachsener (70 kg)	4,5 g

Auf 100 g trockene Haut fand er *folgende Prozentzahlen für den Gesamtcholesteringehalt:*

Fetus	1,2	Kind	0,49
Neugeborener	0,65	Erwachsener	0,37

In der *Lunge* beträgt der Cholesterindurchschnittswert nach HUECK 0,35%. Dieses Organ spielt fraglos im Fettstoffwechsel eine erhebliche Rolle, weil es weitgehend an der Lipodiärese beteiligt ist (ROGER u. BINET).

Im *Knochenmark* wird der Cholesteringehalt mit zunehmendem Alter geringer. Nach GLICKIN beträgt er

bei einem $13^1/_2$ Monate alten Kinde	29,24%
bei einem Kinde von 17 Monaten	24,93%
bei einem 2jährigen	30,38%
im Greisenalter	Spuren,

dafür steigt mit zunehmendem Alter der Gehalt an Neutralfett an.

Der prozentuale Cholesteringehalt der *Milz* entspricht etwa dem der Leber, gewöhnlich ist er sogar etwas niedriger. Auch dieses Organ hat eine große Bedeutung im Lipoidstoffwechsel; unter pathologischen Bedingungen (Lipoidosen) kommt es zur Einlagerung verschiedenartigster Phosphatide (z. B. Kerasin) sowie von Cholesterin.

In den *Nieren* ist im allgemeinen nur freies Cholesterin nachzuweisen, der Wert beträgt etwa 0,3%. In pathologischen Nieren kann er nach

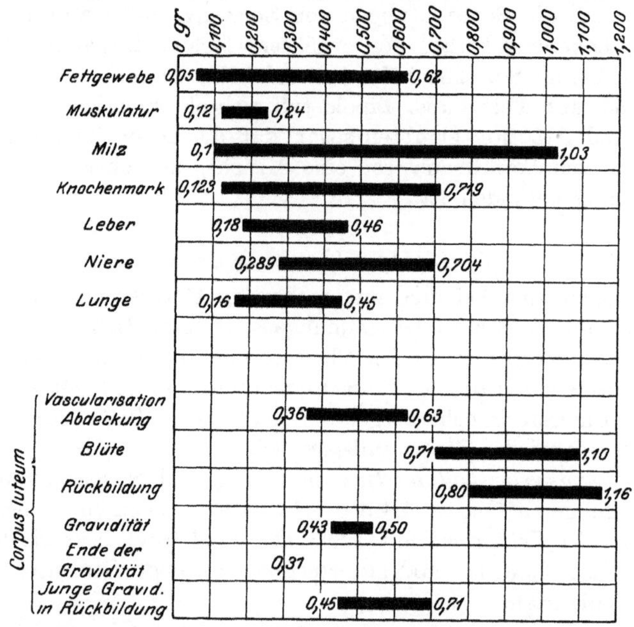

Abb. 5. Cholesteringehalt gesunder Organe auf 100 g feuchte Substanz (nach Bürger).

Klemperer bis etwa 1% ansteigen, wobei in erster Linie das Estercholesterin zunimmt.

In vorstehender Abb. 5 von Bürger ist der prozentige Cholesteringehalt verschiedener Organe graphisch gegenübergestellt.

2. Der Einfluß verschiedener Faktoren auf den intermediären Lipidstoffwechsel.

Die rein chemische Seite des Fettabbaues wurde an früherer Stelle besprochen. Die Veränderungen, die sich am Fett in den Organen abspielen, bestehen einerseits in einer Fettzerstörung (Lipodiärese), andererseits in einer fermentativen Aufspaltung durch Lipasen (Lipolyse).

a) Die Lipasen.

Die Fähigkeit, Fette abzubauen, besitzen in mehr oder minder hohem Maße alle Organe des Körpers. Nachdem von Rona und Michaelis eine Methode angegeben war, bei der man mit Hilfe des Stalagmometers die Einwirkung von Serum auf die Oberflächenaktivität einer Tributyrinlösung feststellen konnte, ist diese so einfach auszuführende Methode selbstverständlich oft angewandt worden. FREISE weist jedoch darauf hin, daß man hierbei eigentlich nicht von Lipase, sondern von Tributyrase reden müßte. Gibt es doch auch Mono- und Dibutyrasen! Jedenfalls konnte man mit dieser Methode feststellen, daß auch das Serum des Säuglings in hohem Maße die Fähigkeit besitzt, Glycerinester von Fettsäuren zu spalten.

Nach LEDERER sollen zwar Frühgeburten und Säuglinge des 1. Vierteljahres einen geringeren „Lipasetiter" im Serum aufweisen als ältere Säuglinge, während VON GOTTBERG nachwies, daß nur bei elenden und schwachen Individuen eine Abnahme zu beobachten ist. Bei ernsteren Erkrankungen nimmt aber die Serumlipase deutlich ab.

Auch in allen übrigen Organen des Körpers konnten organspezifische Lipasen gefunden werden, die sich durch ihr verschiedenes Verhalten gegen Chinin und Atoxyl („chininresistent" bzw. „atoxylresistent") voneinander unterscheiden. *Besonders wirksame Lipasen wurden in Leber und Lungen gefunden.*

b) Die Vitamine[1].

α) Vitamin A.

Es kommen hier in erster Linie die fettlöslichen Vitamine in Frage. Bereits ASADA fand, daß bei Avitaminosen nach einer kurzen Periode von Hypolipämie sich ein rapides Anwachsen des Blutfettes einstellt, das erst kurz vor dem Tode allmählich wieder absinkt. Entsprechend steigt mit zunehmendem Grade der Unterernährung die Stärke der Leberverfettung an, während der übrige Körper an Fett verarmt. FRANK und STOLTE fanden bei „Mehlkindern" auf Trockensubstanz berechnet Fettwerte von 10,23—13,06%. Hierbei wird die Leber praktisch glykogenfrei. In dieser avitaminotischen Leber — bekanntlich werden die fettlöslichen Vitamine in besonders hohem Maße in der Leber gespeichert — kann wegen Glykogenmangel eine Fettverbrennung nicht stattfinden. Nach GEELMUYDEN versucht die Leber dann aus den Depots Fett heranzuholen, um dieses zur Bildung von Kohlehydraten heranzuziehen. Hierzu ist aber nach ABDERHALDEN und GYÖRGY der avitaminotische Organismus nicht mehr in der Lage, da die Gewebe einen herabgesetzten O_2-Verbrauch aufweisen. Das Vitamin A, das andererseits Antagonist des Thyroxins ist, wirkt fraglos oxydationssteigernd, wie an Leberschnitten avitaminotischer Tiere gezeigt werden konnte. In den Fettorganen und Depots kann Vitamin A in erheblichen Mengen gespeichert werden,

---

[1] Vgl. zur Ergänzung den Abschnitt „Vitamine" im Kapitel „Ernährung" von BROCK in diesem Bande.

während es bei Ernährungsstörungen trotz Verfettung der Leber absinkt. So konnten GRALKA und REIMOLD zeigen, daß Ratten bei Fütterung des Fettes von Keratomalacielebern allmählich zugrunde gingen, während sie bei Zugabe von Leberfett von Normallebern gut gediehen. Nach DEBRÉ und BUSSON ist der A-Gehalt der Leber von Neugeborenen gering, nimmt dann deutlich zu, ist dabei abhängig von dem A-Gehalt der Nahrung und sinkt bei den verschiedensten Erkrankungen rasch ab. Vgl. den Vitamin-Abschnitt im Kapitel „Ernährung“.

β) Vitamin B.

Aus dem B-Komplex sei nur das B_1 herausgegriffen. Bei Mangel dieses Stoffes kommt es zu einer erheblichen Zunahme des Blutfettgehaltes; es werden Wechselbeziehungen zwischen dem Vitamin B_1 und der Nebennierenrinde, die bei Fehlen dieses Vitamins eine erhebliche Vergrößerung erfährt, angenommen. Die übrigen B-Vitamine scheinen nicht direkt in den Fettstoffwechsel einzugreifen.

γ) Vitamin C.

Ob dieses Vitamin den Lipidstoffwechsel direkt beeinflußt, ist noch nicht geklärt; indirekt übt es aber sicher eine Wirkung aus. So bestehen enge Beziehungen zwischen Vitamin A und C. Bei Gabe großer Mengen von C kann das Entstehen einer A-Avitaminose unterdrückt werden. Ascorbinsäure steigert weiterhin die Wirkung von Thyroxin und Adrenalin, übt also auch auf diesem Umwege einen Einfluß auf den Lipidstoffwechsel aus.

δ) Vitamin D.

Auch bei diesem Vitamin haben wir es mit einem Komplex von Vitaminen zu tun. Es hat besonders enge Beziehungen zum Lipoidstoffwechsel, da ja bekanntlich die Vorstufe, das Ergosterin, direkt zu den Lipoiden gerechnet wird. Während zunächst angenommen wurde, daß das Ergosterin, ein pflanzliches Sterin, allein das Provitamin sei, haben neuere Untersuchungen erwiesen, daß der menschliche Organismus in der Lage ist, aus 7-Dehydrocholesterin unter Bestrahlungseinfluß aktives Vitamin D_3 zu bilden. Durch Zufuhr bestrahlten Ergosterins wird nach NAKAE das Blutcholesterin gesenkt, während inaktives Ergosterin keinerlei Wirkung ausübt. Es scheint also, daß das Vitamin D den Lipoidspiegel direkt beeinflußt. In der Leber wird es in hohem Maße gespeichert — oder synthetisiert? — und greift auf dem Wege über innersekretorische Drüsen, z. B. Nebenschilddrüse, Schilddrüse und Thymus, in den Stoffwechsel ein. Als rein fettlösliches Vitamin kommt es in der Natur stets in der Gemeinschaft mit Fetten vor und wird mit diesen vom Körper aufgenommen.

ε) *Vitamin E.*

Es gehört ebenfalls zu den fettlöslichen Vitaminen. Ob es irgendwelche Beziehungen zum Fettstoffwechsel hat, ist nicht erwiesen; ja, es ist nicht einmal mit Sicherheit bekannt, ob es für den Menschen überhaupt notwendig ist.

ζ) *Vitamin H.*

Dieses hat enge Beziehungen zum Lipidstoffwechsel. Bei Fehlen kommt es zur Seborrhöe, d. h. einer vermehrten Sekretion der Talgdrüsen der Haut. In Leber und Niere, nicht aber in der Haut, wird es in großem Umfange gespeichert.

c) Einfluß der Hormone sowie des Nervensystems[1].

Abgesehen von den fast allen Organen eigenen Lipasen hat man in bestimmten Drüsen noch besondere Hormone festgestellt, die den intermediären Fettstoffwechsel direkt beeinflussen.

α) *Die Hypophyse und das Zwischenhirnsystem.*

Abnorme Fettansammlungen hat man sowohl bei Keimdrüsen- wie bei Hypophysenstörungen beobachtet (Raab). Von manchen Autoren wurde angenommen, daß die Zwischenhirnbasis direkt den Fettstoffwechsel beeinflusse; hier sollen nach Raab kompensatorische Hormonbildungen vorkommen.

Von Raab wurde in der Hypophyse *eine Substanz* gefunden, *die das Blutfett senkt, das Leberfett vermehrt und die Ketonkörperbildung vermindert.* Sie ist in allen Teilen der Hypophyse vorhanden und wird von Raab und Kerschbaum als „*Lipoitrin*" bezeichnet. Außer in der Hypophyse wurde es in den Wänden des 3. Ventrikels nachgewiesen und greift nach Raab wahrscheinlich im Zwischenhirn an. Übrigens konnte auch nach Injektion von Pituitrin (das doch mit Lipoitrin nicht identisch ist) von den verschiedensten Autoren eine mehrstündige Senkung des Blutfettgehaltes beobachtet werden.

Daß im Hypophysenvorderlappen ein besonderes, den Fettansatz förderndes Hormon vorhanden sein muß, hat erstmalig Fröhlich 1901 bei der Dystrophia adiposogenitalis angenommen. Von Anselmino und Hoffmann wird ein Fettstoffwechselhormon des Vorderlappens beschrieben, das dem Prolan chemisch und physikalisch sehr ähnlich, biologisch mit ihm jedoch nicht identisch ist. Es wirkt *acetonkörpervermehrend* (insbesondere wird in gesteigertem Maße Oxybuttersäure gebildet) *und erhöht den Blutfettgehalt.* Wie das Insulin, wird es je nach Bedarf ausgeschüttet. Das acetonämische Erbrechen der Kinder soll

[1] Vgl. dazu auch die Ausführungen von E. Thomas im Kapitel „Inkretorgane", Bd. 2, S. 22—90 sowie den Nachtrag dazu in diesem Bande.

auf einer Überproduktion dieses Hormons, das von anderen als „*Orophysin*“ bezeichnet wird, beruhen.

β) Die Nebenniere.

Das Adrenalin wirkt im Stoffwechsel durch Steigerung des Grundumsatzes. Diese kommt nicht zentralnervös, sondern durch direkte Wirkung auf die Gewebe zustande. Nach RIESSER und WERTHEIMER beschleunigt es hier die Umwandlung von Fetten in Kohlehydrate, hemmt weiterhin die Verwertung der Acetonkörper im Muskel und steigert ihre Bildung in der Leber, so daß es zur Ketonämie kommt.

SCHMITZ und KÜHNAU haben aus der Nebennierenrinde drei verschiedene Substanzen isolieren können, von denen die eine den Blutphosphatidgehalt senkt, eine zweite ihn steigert, während eine dritte zur Abnahme des Blutcholesterins führt. Es konnte weiterhin festgestellt werden, daß durch Zufuhr von Nebennierenrindenextrakt die Resorption der Neutralfette sowie die Bildung von Lactoflavinphosphorsäure gefördert wird.

γ) Pankreas.

Schon im Darm kommt es bei Wegfall des Pankreassaftes zu einer Störung der Fettresorption. Da das Insulin den Kohlehydratstoffwechsel reguliert, wird indirekt durch Insulin gleichzeitig die Fettmobilisierung in der Peripherie gehemmt. Hierbei nimmt der Fettgehalt der Leber bei ansteigendem Glykogengehalt ab. Auf diese Weise kommt es zu einer Begünstigung der Fettverwertung und Abnahme der Acetonkörper. Bei Erkrankungen des Pankreas steigen dagegen die Blutlipide an.

δ) Thyroidea.

Die im Kindesalter zu beobachtenden Zustände bei Myxödem machten schon frühzeitig einen Einfluß des Schilddrüseninkretes auf den Fettstoffwechsel wahrscheinlich. In Tierversuchen fanden z. B. BING und HECKSCHER bei Entfernung der Schilddrüse unter anderem eine Zunahme der Lipide, bei vermehrter Schilddrüsenzufuhr eine Erniedrigung des Blutfettspiegels. Sinngemäße Veränderungen finden sich bei den entsprechenden menschlichen Krankheitszuständen. So fanden LESNÉ u. a. *bei Hypothyreose starke Erhöhung des Blutcholesterins, bei Hyperthyreose dagegen Abnahme.*

ε) Keimdrüsen.

Zunächst finden sich zwischen beiden Geschlechtern keine greifbaren Unterschiede im Lipidgehalt des Blutes. Schon CHAUFFARD hatte dem Corpus luteum cholesterinsynthetisierende und regulierende Eigenschaften zugeschrieben. Auch die Schwangerschaftslipämie spricht in ähnlichem Sinne. Nach Entfernung der Keimdrüsen beobachteten BAUMANN und

HOLLY ein Absinken des Phosphatid- und Cholesterinspiegels. Gleichzeitig kommt es zu einem gesteigerten Fettansatz, d. h. verminderter Fettverbrennung und vermehrter Fettbildung. Ob die Sexualhormone vielleicht auf dem Umwege über die Hypophyse wirken, ist noch nicht eindeutig geklärt.

ζ) Besondere Beeinflussung durch das Nervensystem (die vegetativen Stoffwechselzentren).

Schon 1898 zeigte DOZIEL, daß die Fettlager auch nervös versorgt sind; diese Versorgung wurde erst neuerdings eingehend von STÖHR und REISER sowie BOECKE studiert. GÖRING und WERTHEIMER erbrachten weiterhin experimentelle Beweise für die Abhängigkeit der Fettmobilisierung vom Zentralnervensystem; nach HAUSBERGER reguliert dieses direkt — nicht das Fettangebot — den Füllungsgrad der Fettlager. *Im entnervten Fettgewebe fand* HAUSBERGER *trotz Hypolipämie starke Fettvermehrung.*

INGLESSI prüfte den Einfluß von Stoffen, die das vegetative Nervensystem beeinflussen, auf den Cholesterin- und Phosphatidgehalt des Blutes. Er fand dabei, daß sympathicotrope Mittel im allgemeinen zu einer Cholesterinsteigerung, vagotrope dagegen zu einer Phosphatidsteigerung führen. Es scheint also *das Verhältnis* $\frac{\text{Cholesterin}}{\text{Phosphatid}}$ *auch durch das vegetative Nervensystem reguliert* zu werden. Diese vegetativen Stoffwechselzentren liegen nach BERLIN im Nucleus periventricularis, Tuber cinereum und den vegetativen Kernen der Medulla oblongata. Die von ihnen ausgehenden Bahnen verlassen in der Gegend des 6. Brustwirbeldornes das Rückenmark und laufen von hier ab im Splanchnicus zur Peripherie. Das Haupterfolgsorgan dürfte die Leber sein, in der die Richtung des Fetttransportes (Peripherie-Leber) sowie diejenige des Zuckertransportes (Leber-Peripherie) zentralnervös geschaltet wird (RAAB, JUNKERSDORF, ARNOLDI und COLLAZO u. a.). In diesen nervösen Regulationsmechanismus greifen nun die Hormone ein. So glaubt RAAB, daß die Wirkung des Lipoitrins auf dem Wege über Tuber cinereum, Halsmark, Splanchnicus zur Leber erfolgt. (Weiteres bei Hypophyse.) Von Interesse ist ferner die Beobachtung von RAAB, daß bei isolierter Encephalitis des Tuber cinereum — ohne irgendwelche Beteiligung der Hypophyse — eine hochgradige cerebrale Adipositas entstehen kann.

d) Einfluß des Fettstoffwechsels auf den übrigen Gesamtstoffwechsel.

Schon in den vorigen Kapiteln wurde an den verschiedensten Stellen aufgezeigt, wie weitgehend der Fettstoffwechsel durch den übrigen Stoffwechsel beeinflußt wird und wie er seinerseits den Gesamtstoffwechsel beeinflußt. Bei reiner Fettverbrennung liegt bekanntlich der respiratorische Quotient erheblich unter 1. Es wurde ferner gezeigt, daß durch Kohlehydratzufuhr der Fettverbrauch weitgehend eingeschränkt werden kann. Auch wurde darauf hingewiesen, daß sich gerade Fette und Lipoide weitgehend wechselseitig beeinflussen.

Für den Cholesterinstoffwechsel konnte GRIESHABER zeigen, daß beim Menschen durch Traubenzuckerzufuhr eine Störung des Cholesterinhaushaltes eintritt. Eingehend haben sich mit der wechselseitigen Beziehung zwischen Kohlehydrat- und Fettstoffwechsel KNAUER u. a. befaßt, ohne eine einwandfreie Klärung herbeiführen zu können. Im Abschnitt „Kohlehydratstoffwechsel" wurde hierüber das Erforderliche gesagt. Hier sei nur noch auf die Besonderheiten des Säure-Basen-Stoffwechsels eingegangen, nachdem das Ketoseproblem schon im Abschnitt „Kohlehydrate" besprochen wurde.

Schon CZERNY hatte Anfang dieses Jahrhunderts festgestellt, daß bei Fettzufuhr die NH_3-Ausscheidung des Urins ansteigt. Dies wurde als Zeichen eines vermehrten Basenbedarfes gedeutet und konnte entweder auf vermehrter Basenausfuhr mit dem Stuhl oder auf vermehrter intermediärer Säurebildung beruhen. LANDSBERGER, der die erhöhte NH_3-Ausscheidung bestätigte, fand, daß bei Zulage von 40 g Sahne zur üblichen Nahrung des Säuglings der NH_3-Koeffizient von 2,4 auf 3,2 anstieg.

BROCK und HOFFMANN fanden, daß bei normalen Stühlen trotz Fettzulage zur Nahrung keinerlei Basenverlust mit dem Stuhl auftrat; ja, der organische Säurenwert des Urins nahm sogar ab. BROCK erklärt die hohen NH_3-Werte bei Fettbelastung ernährungsgestörter Kinder mit gesteigerter Basenausfuhr durch die dyspeptischen Stühle; möglicherweise ist sie auch mit dem Auftreten von Ketonkörpern im Urin zu erklären. Für das gesunde Brustkind lehnen diese Autoren eine Fettazidose als unbewiesen ab. (Weiteres hierüber s. Ketoseproblem.)

3. Der Fettbedarf in den einzelnen Lebensaltern.

Im Gegensatz zum Eiweiß ist das Fett — abgesehen von den fettlöslichen Lipoiden und Vitaminen — keineswegs unumgänglich in der Nahrung notwendig. Wir wissen vom Erwachsenen, daß sich insbesondere Kohlehydrate und Fette isodynam vertreten können. Die Isodynamielehre hat aber weniger praktisches, als vielmehr theoretisches Interesse. Zunächst muß einmal festgestellt werden, daß das Fett mit seinem hohen Brennwert auch rein calorisch betrachtet sehr wertvoll für den Körper sein muß. Gilt es doch gerade beim Kinde mit seinem hohen Energiebedarf oft, in möglichst kleinem Volumen eine möglichst große Menge von Calorien zuzuführen. Hierzu ist das Fett ganz besonders geeignet. Doch zunächst sei auf den Fettbedarf im Säuglingsalter eingegangen.

a) Fettbedarf beim Säugling.

Die Fettresorption. In der Frauenmilch werden beim ausgetragenen Kinde je Kilogramm Körpergewicht etwa 5—6 g Fett zugeführt. Es ist zunächst erstaunlich, daß diese großen Fettmengen so anstandslos vertragen werden. Nimmt doch ein Säugling von 5 kg Gewicht etwa 30 g Fett mit der Frauenmilch zu sich, während beim größeren Kinde und Erwachsenen die Fettzufuhr pro Tag 30—60 g oft nicht überschreitet. Von Brustkindern werden nach POTTER etwa 98% des in der Nahrung zugeführten Fettes resorbiert, bei Flaschenkindern liegt die Resorption des Nahrungsfettes bei 95%. Man findet aber auch niedrigere Werte in der Literatur angegeben: 95 bzw. 90% (vgl. im Kapitel „Verdauung", Bd. 1, S. 199).

Im folgenden sei aus den zahlreichen Arbeiten über die Fettresorption des Säuglings nur eine Tabelle von FREUND wiedergegeben:

Tabelle 34. Fettbilanz beim Säugling (nach FREUND).

		Tägliche Fettzufuhr in g	Kotfett in g	Fettverlust in %
Versuch 1	Periode 1 (fettarm)	3,13	0,447	14,27
	Periode 2 (fettreich)	16,5	2,4	16,64
Versuch 2	Periode 1 (fettarm)	3,17	0,578	18,25
	Periode 2 (fettreich)	15,9	2,259	14,21

Hier ist also sowohl bei fettarmer wie bei fettreicher Nahrung der prozentuale Fettverlust etwa gleich. Besonders günstige Resorptionsverhältnisse scheinen für das *Olivenöl* beim Säugling zu gelten. Dies ist sehr reich an Triolein, wie auch das Frauenmilchfett (Gehalt davon 90%, in letzterem 70%). Die Fettausnützung beträgt nach FRONTALI bei seiner (der Buttermehlnahrung nachgebildeten) „Ölmilch" durchschnittlich 91,75%, bei der Buttermehlnahrung nur 85,49%.

Für die Fettresorption maßgebend ist neben der Stärke der Peristaltik die Anwesenheit von Gallensäuren. So können bei Durchfällen erhebliche Mengen von Fett mit dem Stuhl in Verlust gehen. Aber auch bei Fehlen von Galle im Darm kann die Resorption noch ganz leidlich sein. So fanden KOPLICK und CROHN bei angeborenem Gallengangsverschluß noch eine Resorption von 48,4%, PARKER bei einem älteren Kinde eine Resorption von 55% der Zufuhr; FREISE dagegen sah in einem ähnlichen Falle nur eine Resorption von 14,46%.

Die Fettzufuhr bei den verschiedenen Formen der Säuglingsernährung. Betrachten wir nun einmal die Fettmengen, die der ausgetragene Säugling in einigen der gebräuchlichsten Nahrungsgemische zugeführt bekommt.

Wenn wir je Kilogramm und Tag 100 Calorien geben wollen, so erhält er je Kilogramm bei Zufuhr:

von Frauenmilch	etwa 5—6 g
von $^1/_2$-Milchverdünnungen mit entsprechendem Kohlehydratzusatz	etwa 2 g
von Buttermilch.	etwa 1,2—1,5 g
von Malzsuppe	etwa 1,5 g
von Eiweißmilch.	etwa 3—4 g
von Säurevollmilch mit etwa 7% Kohlehydratzusatz	etwa 3,5 g
von Buttermehlnahrung nach CZERNY-KLEINSCHMIDT ($^2/_5$ Milch, 7 g Butter).	etwa 6—7 g
von LAHMANNS vegetabiler Milch (Mandelmilch)	etwa 4—5 g

Bei den Fettmilchen liegen die zugeführten Fettmengen selbstverständlich wesentlich höher und können 8—9 g je Kilogramm erreichen. Von Bedeutung ist nun die Entscheidung der Frage:

Wieviel benötigt der Säugling als Minimum an Fett, um zu gedeihen? VON GROER konnte zeigen, daß schon Säuglinge im 1. Halbjahr lange Zeit *fettfrei* ernährt werden können und gedeihen, wenn nur das Fett isodynam durch Zucker ersetzt wird. Ja, er geht so weit zu behaupten, daß das theoretische Fettminimum des Säuglings so klein ist, daß es praktisch vernachlässigt werden kann. Man muß annehmen, daß bei diesen Versuchen die Fettbildung beim Säugling — *der tägliche Fettansatz* ist ja klein und *beträgt* bei einer Tageszunahme von 25 g *nur etwa 3 g* — aus Kohlehydraten erfolgte. Die tägliche Erfahrung lehrt jedoch, daß der Säugling in vielen Fällen trotz ausreichender Calorienzufuhr erst dann gedeiht, wenn er Fett zugelegt erhält.

Andererseits ist der individuelle Fettbedarf bei den einzelnen Kindern sicher sehr verschieden. Es ist keineswegs immer die zugeführte und vertragene Fettmenge identisch mit dem wirklichen Bedarf. So konnte ich in jahrelangen Beobachtungen an Frühgeburten feststellen, daß sie am besten gedeihen, wenn sie bei einem Energiequotienten von 50—70 g je Kilogramm etwa 3 g Fett je Kilogramm erhalten. Eine Frühgeburt von etwa 2000 g gedeiht also bei 5—6 g Fett je Tag ausgezeichnet. Daß Frühgeburten gelegentlich aber auch größere Fettmengen vertragen, zeigt die Tatsache, daß gerade für solche untergewichtigen Kinder die Einbrennnahrung empfohlen wurde.

Darüber hinaus ergibt die Beobachtung des guten Gedeihens ausgetragener Säuglinge bei wochenlanger Ernährung mit Buttermilch, daß selbst bei 1,2—1,5 g Fett je Kilogramm der Fettbedarf gedeckt werden kann. Und gerade hier konnte ich feststellen, wie je nach Konstitution der Fettbedarf wechseln kann. So gedeihen in der Klinik Säuglinge mit der selbst hergestellten, etwa 0,8—1,0% Fett enthaltenden Buttermilch im allgemeinen ausgezeichnet, setzen gut Fett an und zeigen keine Zeichen von Avitaminose. Bei einem schweren Ekzematiker jedoch, der in einem Kleinstadtkrankenhaus nur 4 Wochen Trockenbuttermilch erhielt, kam es zu schwerster Keratomalacie mit Verlust beider Augen. Allerdings war hier ein grippaler Infekt hinzugetreten, und wir wissen, daß gerade im Infekt der Vitaminverbrauch gesteigert ist. Andererseits besteht gerade beim Ekzematiker eine gewisse Leberfunktionsstörung und wahrscheinlich ein gesteigerter Lipoidverlust durch die Haut!

Es ist also praktisch unmöglich, Werte für einen absoluten Fettbedarf des Säuglings aufzustellen. Wir sehen, daß er große Mengen verträgt, aber auch bei kleinen Mengen gedeiht. Das Fett ist fraglos als hochwertiger Brennstoff und Vitaminträger von erheblicher Bedeutung für das Gedeihen. *Säuglinge, die genügend Fett erhalten, sind im allgemeinen Infekten gegenüber resistenter, nicht jedoch fettgemästete Kinder!*

Im Laufe des 1. Jahres nimmt bei langsamem Abstillen die Fettzufuhr in der Nahrung erheblich ab.

b) Der Fettbedarf jenseits des Säuglingsalters.

Bei Übergang auf eine gemischte Kost nimmt automatisch die Fettmenge ab. Ja, man kann jetzt vielleicht sagen, daß es gar nicht mehr zweckmäßig ist, übermäßig viel Fett zu geben, weil hierdurch eine Anorexie erzeugt werden kann. CAMERER errechnet die tägliche Fettaufnahme für einzelne Lebensalter wie folgt:

Tabelle 35. Fettzufuhr im Kindesalter (nach CAMERER).

a) Mädchen.

Alter in Jahren	2—4	5—7	8—10	11—14	15—18	21—24
Körpergewicht in kg	12,7	16,6	22,3	31,9	41,0	44,5
tägliche Fettaufnahme in g	39	30	30	44	35	71

b) Knaben.

Alter in Jahren	5—6	7—10	11—14	15—16	17—18
Körpergewicht in kg	18	24	34	52,8	59,4
tägliche Fettaufnahme in g	46	32	34	73	83

Die relativ hohen Fettmengen im Kleinkindesalter dürften vielleicht auf eine etwas überreichliche Milchzufuhr zu beziehen sein. Die Tabellen lassen uns die große Schwankungsbreite der Fettaufnahme erkennen. Interessant ist, daß nach diesen Zahlen der Fettverbrauch in den ersten Jahren nach der Pubertät bei den Knaben so viel höher ist als bei den Mädchen. Es wurde schon erwähnt, daß zu reichliches Fettangebot zu Appetitlosigkeit führen kann. Die *optimalen* Fettmengen für das Kindesalter dürften 30—40 g je Tag betragen.

c) Der Bedarf des Erwachsenen.

Es ist genügend besprochen, in wie hohem Maße gerade der Erwachsene Fett äquicalorisch durch Kohlehydrate ersetzen kann. Die Reichsstatistik hat ergeben, daß der Fettverbrauch der letzten Zeit in Vergleich zu den Vorkriegsjahren eine geradezu unerwünschte Steigerung erfahren hat. Eine Fettmenge von 50—70 g für den Erwachsenen dürfte vollkommen ausreichend sein. Daß natürlich bei schwerer Arbeitsleistung der Fettverbrauch ansteigen kann und muß, haben die Beobachtungen der Kriegsjahre ergeben.

4. Der Ansatzwert der einzelnen Lipide.

Es ist schon im vorigen Kapitel angedeutet worden, daß sowohl bei Kuhmilch wie bei Frauenmilch die Fettausnutzung im Darm gut ist und zwischen 90 und 98% beträgt. Thoenes hat gezeigt, daß die Fettresorption weitgehend von dem Milieu abhängig ist, in dem das Fett gereicht wird. Die Fettausnutzung bei fettreicher Nahrung ist ebenso gut, ja vielleicht noch besser, als bei Halbmilch.

Das vom Darm resorbierte Fett wird größtenteils vom Organismus verbrannt und nur zu einem kleinen Teil angesetzt. So würden von einem 6 kg schweren Säugling, der ausschließlich mit Frauenmilch ernährt wird und hierbei etwa 30 g Fett aufnimmt, nur etwa 3 g angesetzt. Andererseits sehen wir, daß der gleiche Säugling bei reiner Buttermilchernährung höchstens 6—8 g Fett aufnimmt und dabei ebenfalls 3 g Fett ansetzt. Theoretisch gesehen müßte also der Säuglingsorganismus, selbst wenn er überhaupt kein Fett bildete, mit 3—4 g Fett je Tag für den Ansatz auskommen. Nun besitzt er aber bereits die Fähigkeit, aus Kohlehydraten Fett zu bilden. So ist es also schon bei ihm unmöglich, eine Fettbilanz aufzustellen.

Frauenmilch- und Tiermilchfett. Man sollte annehmen, daß das Fett der Frauenmilch am besten ausgenutzt wird; das scheint aber nicht der Fall zu sein. So fand Paul, daß Kuhmilchfett bei Fehlen von Galle sogar besser resorbiert wurde, als das der Frauenmilch. Holt jun. beobachtete, daß oleinsäurehaltige Fette und auch reines Triolein bessere Retentionswerte als Kuhmilchfett, ja sogar als Brustmilchfett ergaben. Bei Äthylestern der Fettsäuren sah er allerdings raschere Ketonkörperbildung eintreten.

In der Praxis wird man für das Säuglings- und Kindesalter — wenigstens für das gesunde Kind — nur biologisch hochwertige Fette verwerten. Kommt es doch gerade bei den Fetten auf den Gehalt an Begleitstoffen — Lipoiden und Vitaminen — an. In früheren Kapiteln wurde gezeigt, daß die Fettverwertung durch Lipoide erheblich begünstigt wird. Zwischen Frauenmilch- und Kuhmilchfett haben sich chemisch deutlich faßbare Unterschiede nicht finden lassen. Auch die Austauschversuche von Frauenmilchfett gegen Kuhmilchfett haben keine Unterschiede im Resorptions- und Ansatzwert ergeben. (Vielfach hat es sich übrigens eingebürgert, das Kuhmilchfett der Säuglingsnahrung vor der Zufuhr zu erhitzen, um durch die Entfernung der niederen Fettsäuren eine noch bessere Verträglichkeit zu erzielen.)

Bei der Ziegenmilch wird dagegen immer wieder die Ansicht geäußert, daß vielleicht gerade das Fett mit seinem reichen Gehalt an Capron- Capryl- und Caprinsäure die Ursache für die bei dieser Ernährung gelegentlich auftretende Ziegenmilchanämie sein könne.

Andere — tierische und pflanzliche — Fette. Bekannt ist die gute Ausnutzung des *Lebertrans* sowie des *Eigelbfettes*. Bei ersterem konnte GRALKA trotz ziemlich reichlicher Zufuhr gute Resorptions- und Ansatzwerte feststellen; beim Eigelb, das besonders reich an Lipoiden ist, erbrachte STÖLTZNER durch seine Eiersuppe den Beweis für die gute Verwertbarkeit.

Von italienischer Seite (FRONTALI) wurde kürzlich das — nach diesem Autor übrigens *nicht* vitamin-A-freie — *Olivenöl* als ausgezeichneter Fettspender für den Säugling empfohlen. Nach den erwähnten Beobachtungen von HOLT dürfte gerade hier wegen des hohen Oleinsäuregehaltes der Retentionswert besonders gut sein. Die Anwendung von Pflanzenfetten — außer Olivenöl auch *Kokosfett* — dürfte gerade bei solchen Kindern in Frage kommen, die tierische Fette nicht vertragen, z. B. solchen mit Allergie, Ekzem u. dgl. Vgl. auch die Ausführungen über die „Ölmilch" nach FRONTALI im Kapitel „Ernährung".

Daß *Margarine* — trotz der guten Verträglichkeit und des hohen Brennwertes — für den Säugling und das Kleinkind *nicht* als vollwertiges Fett in Frage kommen dürfte, ist wohl anzunehmen. Sind doch gerade in ihr diejenigen Stoffe — Lipoide und Vitamine —, auf die es uns bei der Fettdarreichung besonders ankommt, nur in geringer Menge vorhanden; ja, in früheren Margarinen fehlten sie vollkommen. So konnte ich in der Inflationszeit einen Säugling beobachten, der an der Mutterbrust tadellos gedieh, jedoch eine Xerophthalmie bekam. Die Erklärung brachte uns die Ernährungsanamnese der Mutter. Diese aß wenig Gemüse und benutzte als Fettspender lediglich Margarine und Schmalz.

Auch die tierischen Depotfette, z. B. *Schmalz*, kommen, da sie Lipoide und Vitamine kaum enthalten, *nicht* in Frage. Beim älteren Kinde können sie bei gemischter Kost neben Butterfett als Energiespender dienen. Anders ist es dagegen mit den Organfetten. So ist insbesondere das *Fett in der Leber* besonders wertvoll und die Ernährungsversuche von CZERNY u. a., die Säuglinge im 1. Lebensjahre ohne Milch lediglich mit Leberbeigabe zu gutem Gedeihen bringen konnten, sprechen dafür, daß in ihm alle erforderlichen Stoffe enthalten sein müssen.

Zusammenfassend müssen wir jedoch bekennen, daß wir weder bei den Fetten, noch bei den Lipoiden von einer wirklichen Stoffwechselbilanz sprechen können. Bei den Fetten können wir bei normalem Abbau wie bei den Kohlehydraten die Endprodukte nicht klar abgrenzen, das gleiche gilt für die Phosphatide. Auch für das Cholesterin wissen wir nicht einmal, ob es abgebaut wird. Wir können nicht mit Sicherheit feststellen, wieviel der Körper neben dem zugeführten Nahrungscholesterin aufbaut. So sind wir bei der Beurteilung des Fettbedarfs fast ausschließlich auf die klinische Empirie angewiesen.

Literatur.

I. Monographien.

BÜRGER: Erg. inn. Med. **34**, 583 (1928).
CZERNY-KELLER: 2. Aufl. Berlin u. Wien: Franz Deuticke 1925 u. 1928.
KNAUER: Lipoidstoffwechselforschung im Kindesalter. Berlin: S. Karger 1928.
KÜHNAU: Die Fette im Stoffwechsel. Handbuch der Biochemie, 2. Aufl., Erg.-Bd. Jena 1936.
LANGSTEIN: Dystrophien. Leipzig: Georg Thieme 1926.
LEHNARTZ: Chemische Physiologie. Berlin: Julius Springer 1937.
LICHTWITZ: Klinische Chemie. Leipzig 1930.
PFAUNDLER-SCHLOSSMANN: Handbuch der Kinderheilkunde, Bd. 1. Leipzig: F. C. W. Vogel 1931.
RAAB: Erg. inn. Med. **51**, 125 (1936).
SCHALLY: Erg. inn. Med. **50**, 480 (1936).
SCHMITZ, E.: Chemie der Fette. Handbuch der normalen und pathologischen Physiologie, Bd. 3. 1927.

II. Einzeldarstellungen.

ACUÑA: Arch. ital. Pediatr. **3**, 135 (1935).
ANSELMINO u. HOFFMANN: Klin. Wschr. **1931 II**, 2380, 2383.
ASADA: Biochem. Z. **141**, 166; **142**, 44; **143**, 387; **144**, 203.
BERLIN: Z. exper. Med. **87**, 151 (1933).
BEUMER: Z. Kinderheilk. **33**, 184 (1922).
— Z. exper. Med. **35**, 328 (1923).
— Jb. Kinderheilk. **146**, 1 (1936).
BEUMER u. FASOLD: Biochem. Z. **259**, 471 (1933).
BEUMER u. HEPPNER: Klin. Wschr. **1928 II**, 1470.
BEUMER u. LEHMANN: Z. exper. Med. **37**, 274 (1923).
BOYD: Amer. J. Dis. Childr. **52**, 1319 (1936).
BRENTANO u. MARKEES: Z. exper. Med. **99**, 498 (1936).
BROCK u. HOFFMANN: Z. Kinderheilk. **48**, 585 (1929).
CAMERER Zitiert nach CZERNY-KELLER: Handbuch, 2. Aufl.
DEBRÉ et BUSSON: C. r. Soc. Biol. Paris **114**, 1164 (1933).
EGER: Klin. Wschr. **1938 II**, 1033.
EGG: Schweiz. med. Wschr. **1928 I**, 266.
EMBDEN: Klin. Wschr. **1922 I**, 401.
FAERBER: Jb. Kinderheilk. **98**, 307 (1922).
FLASCHENTRÄGER u. Mitarb.: Hoppe-Seylers Z. **225**, 157 (1934); **238**, 221 (1936); **240**, 19 (1936).
— Helvet. chim. Acta **18**, 962 (1932).
FRANK u. STOLTE: Jb. Kinderheilk. **78**, 167 (1913).
FREISE: Siehe CZERNY-KELLER.
FREUND: Zitiert nach LANGSTEIN.
FRONTALI: Mschr. Kinderheilk. **75**, 189 (1938).
GALDO: Arch. españ. Pediatr. **11**, 199 (1930); **17**, 49—97 (1933).
GAMBLE and BLACKFAN: J. of biol. Chem. **42**, 401 (1920).
GEELMUYDEN: Erg. Physiol. **24**, 1 (1925).
GENTILI: Arch. ital. Pediatr. **3**, 135 (1935).

GORODISSKAY: Biochem. Z. **164**, 446 (1925).
GOTTBERG, v.: Mschr. Kinderheilk. **29**, 51 (1925).
GRALKA u. POGORSCHELSKY: Jb. Kinderheilk. **116**, 1 (1927).
GRALKA u. REIMOLD: Jb. Kinderheilk. **115**, 127 (1927).
GRIESHABER: Z. klin. Med. **126**, 405 (1934).
GROER, v.: Biochem. Z. **97**, 311 (1919).
GYÖRGY: Jb. Kinderheilk. **112**, 283 (1926).
HAUSBERGER: Klin. Wschr. **1935 I**, 77.
HEINLEIN: Z. exper. Med. **91**, 638 (1933).
HENTSCHEL: Z. Kinderheilk. **52**, 623 (1932).
HOLT jun.: Acta paediatr. (Stockh.) **16**, 166 (1935).
INGLESSI: Arch. ital. Pediatr. **2**, 577 (1934).
— Clin. Pediatr. **16**, 935 (1935).
JAKOBSTHAL: Zitiert nach LICHTWITZ.
JUNKERSDORF: Pflügers Arch. **186**, 238—254 (1921); **187**, 269 (1921).
KNAUER: Hoppe-Seylers Z. **176**, (1928).
— Mschr. Kinderheilk. **51**, 378 (1932).
KOPLICK and CROHN: Amer. J. Dis. Childr. 5, 36 (1913).
KRAINICK u. MÜLLER: Klin. Wschr. **1938 I**, 1040.
LANDSBERGER: Z. Kinderheilk. **39**, 586—597 (1925).
LASCH: Jb. Kinderheilk. **107**, 233 (1924).
LAWAETZ u. VOGT-MØLLER: Hosp.tid. (dän.) **1936**, 1009, 1029.
LEDERER: Mschr. Kinderheilk. **27**, 608 (1924).
LEITES: Klin. Wschr. **1934 I**, 1056.
MEYER: Z. Kinderheilk. **50**, 596 (1931).
MOSSE u. BRAHM: Jb. Kinderheilk. **122**, 151 (1929).
NAKAE: Nagoya J. med. Sci. **7**, 88 (1933).
NÜRNBERGER: Zitiert nach RUPP.
OFFENKRANTZ and KARSHAN: Amer. J. Dis. Childr. **52**, 784 (1936).
PARKER: Amer. J. Dis. Childr. **5**, 386 (1913).
PORGES u. SALOMON: Arch. f. exper. Path. **97** (1923).
POTTER: Arch. of Pediatr. **45**, 483 (1928).
RAAB: Wien. Arch. inn. Med. **17**, 439 (1929).
— Klin. Wschr. **1926 II**, 1516; **1934 I**, 281.
— Z. exper. Med. **89**, 588 (1933).
RAAB u. KERSCHBAUM: Z. exper. Med. **90**, 729 (1933).
REISER, K. A.: Z. Zellforsch. **15**, 761 (1932).
REWALD: Biochem. Z. **198**, 103 (1928).
RIESSER: Klin. Wschr. **1937 II**, 1449.
ROEHMANN: Biochem. Z. **13** (1908).
RONA u. MICHAELIS: Biochem. Z. **31**, 345 (1911).
RUPP: Z. Geburtsh. **101**, 632 (1933).
SCHIFF u. STRANSKY: Jb. Kinderheilk. **96**, 245 (1921).
SCHIRMER: Arch. f. exper. Path. **89**, 263 (1921).
SCHMITZ u. KÜHNAU: Siehe Monographien.
SIEGERT: Beitr. chem. Physiol. u. Path. **1**, 183 (1902).
SMEDLEY: J. of biol. Chem. **7**, 364 (1913).
SPERRY: J. of biol. Chem. **60**, **68**, **71**, **82** (1923/29).
STÖHR jun.: Z. Zellforsch. **21**, 243 (1934).
THANNHAUSER: Dtsch. Arch. klin. Med. **141**, 290 (1923).
THOENES: Jb. Kinderheilk. **120**, 1 (1928).
UNSHELM: Acta paediatr. (Stockh.) **11**, 533 (1933).
VERKADE u. Mitarb.: Hoppe-Seylers Z. **215**, 225 (1933); **227**, 213 (1934); **237**, 186 (1935).
WACKER u. BECK: Z. Kinderheilk. **29**, 331 (1921).

D. Der Mineralstoffwechsel.

Von **Karl Klinke**-Breslau.

I. Einleitung.

Tabelle 36.
Übersichtstabelle A. Mineralgehalt der frischen Gewebe (mg-%). Wassergehalt in g-%.

Gewebe	Wasser	Na	K	Cl	Ca	Mg	P	S	J
Haut	31,9 bis 73,9	118 bis 408	83 bis 134	110 bis 300	7 bis 25	20 bis 38	40 bis 83	0,84	—
Muskel	42,2 bis 76	65 bis 156	254 bis 398	70	3,6 bis 9	22 bis 28	203 bis 150	208	—
Skelet	22 bis 34	200 bis 300	um 200	—	um 8000	30 bis 190	um 3500	—	0,03
Nervengewebe	75 bis 82	201	361	152	18	38 bis 40	548	—	—
Gehirn	70 bis 83,3	220	340 bis 360	108 bis 222	8 bis 222	17 bis 24	239 bis 421	410	0,2
Herz	79,2 bis 80,2	140	264	215	8 bis 25	18	139	254	0,05
Lunge	um 80	244	147	230 bis 244	10 bis 17	8	118	200	0,32
Niere	75,6 bis 83,7	390	510	40(?)	6 bis 19	5 bis 21	43	—	1,05
Nebenniere	84	44	103	51	15,6	10	56	—	0,056 bis 0,112
Leber	um 80	—	96 bis 207	97 bis 207	7 bis 22	17,5	82	—	0,43
Milz	75,8 bis 86	33 bis 225	166 bis 360	273 bis 300	9 bis 15	12 bis 14	153 bis 222	164	0,56 bis 2,05
Pankreas	72,2 bis 86	87	226	180 bis 220	7 bis 16	17	82		1,1
Uterus	78,5	82	126	272	22	14	59	167	—

Übersichtstabelle B. Mineralstoffgehalt der flüssigen Körpergewebe (mg-%).

	Na	K	Ca	Mg	Cl	P	S
Serum							
ohne Veraschung	280	16—22	9,4	1,8	320	1,8	2—3
bestimmbar . . .	bis		bis	bis	bis	bis	
	350		13,2	3,9	400	4,7	
im Mittel . . .	320	20	10,5	2,5	355	2,9	2,5
nach Veraschung .	—	—	—	—	—	9—45	bis 200
Ultrafiltrat	320	20	4—6	0,8—1,8	355	2,9	2,5
Liquor i. M. . . .	320	18	4—6	3,0	440	1,8	1,1
Kammerwasser . .	320	20	6	1,5	440	2,9	1,0
Glaskörper	320	20	6	0,9	440	2,9	1,0
Lymphe	242	15,6	10	2,7	295	7,2	—
	bis	bis		bis	bis	bis	
	323	12,6		3,5	354	10,8	
Speichel	03	11,0	12,1	1,3	75	12	—
Milch	11—15	45—51	28—35	4,1—4,8	35—44	5,4	—

Der *Mineralbestand* des kindlichen Organismus muß im großen ganzen dem des Erwachsenen sehr ähnlich sein. Gemäß den Wachstumsbestrebungen des Körpers sind aber doch einige bedeutsame Unterschiede festzustellen. Über die genauen Ausmaße dieser Unterschiede im Zusammenhang mit dem Alter sind wir jedoch nicht sonderlich gut unterrichtet. Nur der Zufall kann ja genügendes Analysenmaterial von jugendlichen Menschen verschaffen. Immerhin sind in den leichter untersuchbaren flüssigen Körpergeweben, wie in dem Blut, der Lymphe, der Rückenmarksflüssigkeit, eine ganze Reihe von Differenzen festgestellt worden.

Auch im *Mineralstoffwechsel* sind Abweichungen von dem Geschehen beim Erwachsenen deutlich. Allerdings sind die Resultate, wie aus den nachfolgenden Darlegungen und Tabellen ersichtlich wird, schwankend und nicht leicht deutbar. Das ist erklärlich. Das Wachstumsbestreben des Körpers ist ja von Kind zu Kind recht verschieden. Entsprechend muß sich der Mineralansatz verändern. Die angegebenen Zahlen sind daher nur als grobe Mittelwerte zu beurteilen.

Zwischen wachsendem und erwachsenem Organismus müssen im Mineralstoffwechsel grundsätzliche Unterschiede bestehen. Denn beim Erwachsenen, der sich im Stoffwechselgleichgewicht befindet, muß — über längere Zeiträume betrachtet — die Einnahme und Ausgabe der Mineralien einander gleich sein. Eine Thesaurierung im Wortsinne findet ja nur vorübergehend statt und ein Abbrauch von Mineralsubstanz ist — wenn man etwa von dem Verlust radioaktiver Substanz wie beim Kalium absieht — unvorstellbar.

Beim Säugling und Kinde findet dagegen noch ein anderer Mineralstoffwechsel statt, nämlich der Anwuchsstoffwechsel. Daher muß im jugendlichen Alter stets eine positive Bilanz der Mineralien vorhanden sein, soweit diese zum Körpersubstanzaufbau verwendet werden.

II. Mineralansatz vor der Geburt.

Fetenanalysen, wie sie in den nachfolgenden Tabellen zusammengestellt sind, zeigen deutlich, daß der Ansatz der Mineralien von Mineral zu Mineral verschieden verläuft.

Tabelle 37. Asche in menschlichen Feten (nach HEUBNER).

Länge cm	Gewicht der Feten g	Berechnetes Alter Tage	Trockensubstanz %	Asche %	Ca der Asche %	Asche auf Trockensubstanz %	Ca absolut g
5,0	3,9	69	6,5	0,61	14,1	9,6	0,003
5,9	6,8	75	7,2	0,78	14,6	10,9	0,008
7,4	8,6	80	6,1	0,48	19,4	7,9	0,008
8,0	12,9	85	7,9	0,81	19,4	10,3	0,02
8,5	12,6	86	8,3	0,80	18,8	9,7	0,02
8,7	13,7	87	8,4	0,84	—	10,0	—
9,8	18,9	95	8,9	0,97	22,9	11,0	0,04
10,6	26,8	100	11,1	1,28	21,2	11,5	0,07
11,6	34,5	104	7,9	0,72	20,8	9,1	0,05
11,5	42,4	104	8,7	0,92	22,5	10,7	0,09
13,0	41,6	109	8,9	1,15	24,3	13,0	0,12
13,6	72,5	115	8,2	0,96	20,1	11,8	0,14
16,0	62,4	116	10,9	1,28	18,4	12,1	0,15
15,0	72,6	118	9,5	1,56	14,7	12,2	0,17
19,0	122,2	132	10,9	1,46	—	13,4	—
24,0	244,5	151	11,6	1,63	26,3	14,1	1,05
23,0	249,1	151	12,6	1,79	27,6	14,2	1,23
24,5	373,0	160	10,4	1,39	27,2	13,4	1,44
32,0	584,0	184	13,7	2,00	28,6	14,6	3,34

Wie aus der Tabelle ersichtlich wird, tritt um das Ende des 3. Fetalmonats eine starke Anreicherung des Körpers mit Aschensubstanzen auf. Sie ist hauptsächlich auf die Einlagerung von Knochenerden zu beziehen.

Den Anstieg des Aschengehaltes mit weiter zunehmendem Alter der Früchte weist die Tabelle 38 nach, in der auch schon Analysen der einzelnen Mineralien enthalten sind.

Der gesamte Aschengehalt der Feten nimmt nach dieser Tabelle regelmäßig zu. Chlor wie Natrium vermindern sich dabei relativ, während sich Calcium, Magnesium und Phosphor infolge der Entwicklung des Knochensystems erheblich anreichern. Im ganzen ist aus dieser Tabelle der fortschreitende Ersatz der flüssigen Gewebe durch feste Gewebe deutlich abzulesen.

Tabelle 38. Fetenzusammensetzung in mg-% der frischen Substanz (nach ARON-GRALKA).

Alter in Monaten	Gewicht in g	Cl	P	S	Ca	Mg	K	Na	Asche in %
3—4	1258	—	2,18	—	3,25	0,16	—	—	1,69
5	445	2,41	2,81	—	4,27	0,16	—	—	1,95
5	448	3,68	3,68	—	5,66	0,19	—	—	2,49
4—4$^1/_2$	522	2,41	4,06	0,16	6,24	0,28	2,02	2,43	2,68
4$^1/_2$—5	570	2,65	3,79	0,14	—	—	—	2,73	2,57
6	672	—	3,66	—	6,07	0,20	—	—	2,51
5—5$^1/_2$	800	1,96	3,44	0,16	5,31	0,22	1,57	2,14	2,30
7	1024	2,90	3,43	—	5,73	0,19	1,58	—	2,49
6	1165	2,04	4,03	0,19	6,53	—	1,58	2,08	2,64
6$^1/_2$	1285	2,18	3,94	0,15	6,23	0,23	1,79	2,08	2,58
7	1169	—	4,76	—	7,43	0,24	—	—	3,00
8$^1/_2$	1875	—	5,02	—	8,07	0,24	—	—	3,12
6	060	2,83	3,71		7,72	0,19	1,57	2,49	2,72
7	1420	2,25	3,71	—	6,65	0,23	1,57	2,18	2,49
Neugeborenes	2720 bis 3335	1,45 bis 1,93	4,36 bis 5,59	0,16 bis 0,21	7,24 bis 10,28	0,22 bis 0,33	0,73 bis 1,83	1,34 bis 2,49	—

Noch sichtbarer wird dies aus den Zahlen der folgenden Tabelle, weil diese auch schon ganz frühe Stadien der fetalen Entwicklung umfassen:

Tabelle 39. Veränderung des Mineralgehaltes im Körper von Menschenfeten mit zunehmender Reifung (nach JOB und SWANSON).

Länge cm	Alter in Mond-monaten	Gewicht g	H_2O %	Fett %	Asche %	Millimole[1] pro kg Körpergewicht Na	K	Ca	Mg	P	Cl	N
3,0	2,6	1,7	95,4	—	—	—	—	—	—	—	—	405
8,0	3,0	18,2	94,3	—	—	50,0	8,7	24,1	—	30,4	—	—
9,5	3,2	23,9	94,0	—	—	34,5	8,2	43,5	—	39,6	21,1	617
13,5	3,7	59,4	92,5	0,5	1,36	76,4	27,8	47,7	4,6	54,4	56,4	559
17,5	4,3	114,5	88,7	0,7	1,15	101,1	42,7	79,3	6,2	69,3	77,0	844
23,5	5,1	259,0	87,3	0,8	1,54	103,7	43,1	121,8	7,5	110,9	67,1	954
25,4	5,4	335,0	87,7	0,7	2,08	94,4	35,5	117,6	7,7	105,2	73,9	907
27,3	5,7	490,0	87,6	0,7	2,64	103,3	36,8	166,6	8,5	134,0	69,1	893
30,5	6,2	590,0	85,5	1,2	2,68	95,3	39,6	164,3	7,3	132,3	69,9	1064
31,5	6,4	570,0	85,5	1,3	2,37	94,4	30,4	140,8	8,1	123,1	71,9	1064
36,1	7,2	1010,0	85,5	2,2	2,17	83,0	38,5	123,6	5,6	109,5	62,0	1031
38,5	7,6	960,0	83,1	2,2	2,71	102,5	37,2	176,1	8,6	135,9	61,6	1221
38,6	7,7	1205,0	82,5	3,5	2,40	87,6	46,8	141,1	8,3	122,1	67,4	1097
41,3	8,2	1555,0	79,6	4,8	2,43	82,0	43,0	150,0	9,2	130,2	64,0	1221
41,7	8,2	1545,0	82,2	3,4	2,57	88,5	43,4	146,1	9,7	129,3	64,3	1171
42,5	8,4	1615,0	81,0	3,9	2,47	89,2	44,5	148,6	8,0	130,4	63,2	1243
51,8	10,0	2915,0	75,5	6,7	3,15	76,2	43,2	208,7	11,1	164,9	51,5	1407

[1] Zahl der mg dem Atomgewicht äquivalent.

III. Retention der gesamten Mineralien bei Brust- und Flaschenkind.

Während das neugeborene Kind einen Gesamtaschengehalt von etwa 2,5%, bezogen auf die frische Substanz, hat, ist am Ende des Wachstumsalters ein Aschengehalt von etwa 3,8—5,0% festzustellen. Daneben ist zu beachten, daß der Wassergehalt des neugeborenen Körpers 66—68% (ja bis 83%) beträgt, der des Erwachsenen nur 58—65%. Gemäß dem stärkeren Wassergehalt und dem dadurch bedingten Vorwiegen der flüssigen Organe, muß die prozentische mineralische Zusammensetzung des neugeborenen Organismus eine andere sein als die des Erwachsenen. Es findet also beim Wachstum eine „*Transmineralisation*“ statt, die in ihren Einzelheiten später (bei Calcium und Kalium) zur Darstellung gelangt.

Transmineralisation und Hypermineralisation. Früher wurde angenommen, daß das Baubestreben des Körpers eine Überschwemmung mit Mineralien während der Wachstumszeit nicht zulasse. Demgegenüber ergaben von jeher Stoffwechseluntersuchungen, daß bei reichem Mineralangebot, wie es z. B. in Kuhmilchmischungen vorliegt, bei Säuglingen und Kleinkindern eine ganz erhebliche Anreicherung mit Mineralien im Verhältnis zu mineralarmen Nahrungsgemischen stattfindet.

Hier ist zunächst zu bemerken, daß bei jedem wachsenden Organismus kurz nach der Neugeborenenzeit eine vorübergehende Abnahme des Aschengehaltes festzustellen ist. Worauf diese beruht, ist zur Zeit nicht bekannt.

Zum Problem der Transmineralisation soll der Darstellung von Brock gefolgt werden, der diese Frage eingehend behandelt hat. Aus seinen nachfolgenden Zahlen wird ersichtlich, daß die *Mineralretention des Säuglings durchaus nicht parallel dem Bestande des Körpers an den einzelnen Mineralien* geht. Kalium wird im Verhältnis zu seinem Bestand in bedeutend höherem Maße, Calcium und Phosphor in vermindertem Maße zurückgehalten. Ferner sieht man, daß die *Mineralretention der Flaschenkinder bei weitem größer* ist *als die der Brustkinder*.

Tabelle 40 (nach Brock).

a) Mineralgehalt des Neugeborenen.

Autor	Gewicht des Neugeborenen	100 g Leibessubstanz Neugeborener enthalten g:				
		Ca	P	K	Na	Cl
Hugounenq	3300	0,93	0,51	0,20	0,14	0,15
Camerer und Söldner	3048	0,76	0,45	0,16	0,18	0,17
	3348	0,75	0,44	0,17	0,18	0,19
Durchschnitt:		**0,81**	**0,47**	**0,18**	**0,17**	**0,17**

b) Mineralretention gesunder Brustkinder (g).

	Ca	P	K	Na	Cl
Pro 24 Stunden	0,072	0,067	0,104	0,065	0,050
Pro 100 g Ansatz (tägliche Retention × 4)	**0,29**	**0,27**	**0,42**	**0,26**	**0,20**

= **1,45** „Gesamtalkalien"[1].

c) Mineralretention gesunder Flaschenkinder nach Cronheim und Erich Müller sowie Tangl (g).

	Ca	P	K	Na	Cl
Pro 24 Stunden	0,100	0,125	0,232	0,052	0,066
Pro 100 g Ansatz (tägliche Retention × 4)	**0,40**	**0,50**	**0,93**	**0,21**	**0,26**

= **2,30** „Gesamtalkalien"[1].

Diese Tatsache wurde früher damit erklärt, daß auf Perioden von starker Retention Ausschwemmungszeiten folgten (die allerdings in Stoffwechseluntersuchungen nie in Erscheinung traten). Untersuchungen von Rominger und Meyer wiesen nun neuerdings exakt nach, daß

Tabelle 41. Gesamtaschenbilanz bei mineralarmer und mineralreicher Kost (nach Rominger und Meyer).

	Alter bei Beginn des Versuches	Mittleres Gewicht	Dauer des Versuches	Durchschnittliche Einfuhr pro die	Durchschnittliche Retention	
					pro die	in % der Einfuhr
	Monate	g	Tage	g		
Brustkinder:						
Karstens (Frauenmilchperiode)	1/2	3300	15	1,13	0,37	33
Schultze	1 1/2	4000	13	1,07	0,46	43
Gurse (1. Frauenmilch periode)	1 1/2	3400	6	1,24	0,41	33
Gurse (2. Frauenmilchperiode)	2 1/4	4300	28	1,4	0,56	40
Strohmeyer	4	5100	56	1,5	0,72	48
Flaschenkinder:						
Gurse (1. Kuhmilchperiode)	1 3/4	3600	12	2,46	0,83	34
Reichardt	2	4000	23	3,8	0,93	24
Baum (1. Periode)	2 1/2	4000	10	4,9	2,02	41
Gurse (2. Kuhmilchperiode)	3	4720	34	3,44	1,04	30
Hansen	3	4600	30	3,4	0,96	28
Baum (2. Periode)	3 3/4	4500	34	4,1	1,2	29
Lamm	7 1/2	5500	28	4,6	1,56	35
Schienemann	13 1/2	8180	10	5,8	3,8	65
Zwiemilchkinder:						
Gurse (Zwiemilchperiode)	1 1/4	3200	6	2,33	1,12	48
Karstens (Zwiemilchperiode)	2	4100	23	3,9	1,3	33
Stolp	2 1/2	3120	9	3,4	1,2	35

[1] Berechnet zum Vergleich mit den in dieser Weise als Alkalichloride bestimmten Werten von Rominger und Meyer (vgl. unten S. 136).

Tabelle 42. Retention der Mineralien im langfristigen Stoffwechselversuch. (Nach SWANSON).

	Alter Monate	Na	K	Ca	Mg	Cl	P	S	N
	Täglicher Ansatz in Millimolen:								
Vor Lebertrangabe									
Säugling bei Frauenmilch	1—3	2,53	2,50	0,10	0,20	2,02	0,81	0,56	40,4
Säugling bei Kuhmilch .	1—3	4,87	4,56	2,87	0,82	4,84	2,97	0,50	66,6
Nach Lebertrangabe									
Säugling bei Frauenmilch	3—6	2,24	2,42	1,79	0,37	2,00	1,48	0,34	36,7
Säugling bei Kuhmilch .	3—6	5,62	5,19	7,28	0,63	6,08	4,47	0,04	65,9
Ansatz pro kg Gewichtszunahme in Millimolen:									
Vor Lebertrangabe									
Säugling bei Frauenmilch	1—3	116	114	4,7	8,97	92,3	37,2	25,4	1851
Säugling bei Kuhmilch .	1—3	196	183	117,0	32,9	194,5	119,0	20,2	2675
Nach Lebertrangabe									
Säugling bei Frauenmilch	3—6	93	101	74,4	15,5	84,0	61,6	14,3	1529
Säugling bei Kuhmilch .	3—6	215	197	279,0	23,9	233,0	171,0	1,3	2523

auch im langdauernden Stoffwechselversuch beim „übermineralisierten" Flaschenkinde niemals Ausschwemmungsperioden vorkommen. Dies geht aus den vorstehenden Tabellen 41 und 42 hervor.

Am auffälligsten ist die Retention der Alkalien, für die nicht festzustellen ist, in welcher Form eine Speicherung stattfinden kann. Es kommt nach ROMINGERs Ausführungen zumeist eine trockene Retention ohne gleichzeitige Wasserspeicherung in Frage. Dagegen zeigen Frühgeborene, wie PAFFRATH fand, stets eine Mineralretention gemeinsam mit Wasser, wie die folgende Tabelle 43 zeigt.

Tabelle 43. Verhältnis von Alkaliretention zu Gewichtszunahme bei Frühgeborenen (nach PAFFRATH).

	Versuchsdauer Tage	a Alkaliretention	b Gewichtszunahme	Quotient $\frac{a \cdot 100}{b}$
F.	57 Tage	13,5	1632	0,83
R.	61 „	11,4	1265	0,90
H.	63 „	7,9	1124	0,70
E.	23 „	3,4	686	0,50

Diese frühgeborenen Kinder verhalten sich also wie ödembereite Erwachsene.

BROCK nimmt auf Grund von Tierversuchen an, daß dieses Mineralspeicherungsvermögen nur dem der Säugeperiode entsprechenden frühen Lebensabschnitt zu eigen sei, und daß eine gewisse Regulationsschwäche vorläge. Jedoch ist zu überlegen, daß solche Mengen von Mineralien, wie sie in ROMINGERS Stoffwechselversuchen nachgewiesen sind, doch wohl nur in vorbereitete Depots aufgenommen werden können. Für Calcium und Phosphor liegen diese Depots vermutlich in den Knochen. Die Speicherung von Alkalien und Chlor ist viel schwerer zu erklären. Die Möglichkeit der Bildung von undissoziierten Alkaliproteiden ist wohl sicher vorhanden, aber nicht nachzuweisen.

Fest steht jedenfalls, daß der Spielraum, in dem eine Retention von Mineralien erfolgen kann, sehr groß ist, wie auch noch folgende Tabelle 44 nach v. WENDT illustriert.

Tabelle 44 (nach v. WENDT). Retention der Mineralien in g im 1. Lebensjahr pro Tag.

	Totalretention	Retention pro kg Körpergewicht
Na . . .	negat. bis 0,185	negat. bis 0,060
K. . . .	0,105—0,446	0,023—0,084
Ca . . .	0,049—0,657	0,015—0,086
Mg . . .	0,010—0,158	0,001—0,024
P	0,041—0,436	0,006—0,066
Cl. . . .	0,062—0,393	0,012—0,069

Einfluß verschiedener Faktoren auf die Mineralretention. *Der Wassergehalt der Ernährung* hat einen sehr großen Einfluß auf den Ansatz. Bei wasserarmer Nahrung werden meist Gewichtsstillstände und sogar Abnahmen beobachtet. Entsprechend verhalten sich die Mineralbilanzen. Eine absolute Parallelität kann aber nicht nachgewiesen werden, wie dies ja nicht anders zu erwarten ist. Die verschiedenen Mineralien können außerdem ganz unterschiedliche Retentionsverhältnisse aufweisen.

Daneben ist auch die *Zusammensetzung der Kost* für die Zusammensetzung des Ansatzes von Bedeutung. Bei einer an Ionen und Eiweiß reichen Kost führen verschiedene Salzzulagen zu einer ganz andersartigen Beeinflussung des Bilanzstoffwechsels und des Elektrolytgleichgewichtes im Plasma als bei einer eiweiß- und salzarmen Kost. Wichtig sind in dieser Beziehung insbesondere folgende Resultate: Bei einer an Eiweiß und Calcium wie Phosphat reichen Kost ruft eine Zulage von Kochsalz eine vermehrte Retention von Calcium und Phosphat, eine Zulage von Kaliumchlorid dagegen eine vermehrte Ausscheidung der beiden Knochenmineralien hervor. Bei einer an Eiweiß, Calcium und Phosphat armen Kost verläuft dagegen die Beeinflussung des Bilanzstoffwechsels durch Kalium und Natrium gerade umgekehrt (OEHME).

Nun entspricht die calcium-, phosphat- und eiweißarme Kost etwa der Frauenmilch, die eiweiß-, calcium- und phosphatreiche der Kuhmilch. Insofern gewinnen diese Ergebnisse auch für die Fragen des Anwuchsstoffwechsels einige Bedeutung. Von WASSERMEYER wird in diesem Zusammenhang darauf hingewiesen, daß in der mit der Dauer der Lactation zunehmenden Kaliumkonzentration in der menschlichen Milch vielleicht der Grund für die ständig zunehmende Calcium- und Phosphorretention des Brustkindes gegeben sei.

IV. Veränderungen des Mineralgehaltes der einzelnen Organe mit dem Wachstum.

Über die Veränderungen des Aschengehaltes der einzelnen Organe sind wir aus naheliegenden Gründen nur wenig unterrichtet. Nur von der leichter untersuchbaren Haut liegen Analysenresultate vor (Brown). Dieser Aschengehalt beträgt bei der Geburt etwa 1180 mg-% und nimmt bis zum Alter von 10 Jahren auf 600 mg-% ab. Nach der Pubertät steigt er langsam wieder auf 800 mg-%.

V. Gruppe der Alkalien und des Chlors.

Die aus stoffwechselchemischen Gründen zusammengefaßte Gruppe des Chlors und der beiden körperwichtigen Alkalien weist bei Kindern im Bestand und Stoffwechsel nur geringe Unterschiede gegenüber dem Erwachsenen auf.

1. Chlor.

Der *Chlorgehalt der festen Körpergewebe* ist an und für sich außerordentlich starken Schwankungen unterworfen, wie aus der Übersichtstabelle A hervorging. Selbstverständlich muß, da ja mit zunehmendem Alter der Wassergehalt des Körpers geringer wird — also eine Abnahme der flüssigen und stärker chloridhaltigen Gewebe auftritt —, eine gewisse Abnahme des prozentischen Chlorgehaltes eintreten. Dies zeigt die folgende Tabelle 45.

Tabelle 45. Chlorgehalt des Körpers in Prozent (nach Aron-Gralka).

Alter	Gewicht	Cl-Gehalt in %	Alter	Gewicht	Cl-Gehalt in %
Feten	111	0,25	Frühgeburt	1420	0,23
	248	0,27	Neugeborenes	2470	0,18
	445	0,24		2616	0,18
	522	0,24		2680	0,19
	576	0,27		2683	0,15
	800	0,20		2720	0,15
	841	0,22		2755	0,18
Frühgeburt	960	0,28		3048	0,19
Feten	1024	0,29		3300	0,15
	1165	0,21		3335	0,19
	1285	0,22		3348	0,18
	1339	0,22	Erwachsener	—	0,12

Ähnlich findet Darrow, daß bei Katzen mit zunehmendem Alter in Leber, Gehirn und Muskel die Chlorkonzentration stets abnahm. Umgekehrt tritt im Kammerwasser und Glaskörper mit zunehmendem Alter eine gewisse Zunahme des Chlors auf (Salit). Vgl. die folgende Tabelle 46.

Chlor im Serum. Im Serum ist der Wert des Chlorgehaltes bei Neugeborenen und Säuglingen wiederholt bestimmt worden. Diese Bestimmungen könnten für die Frage des Kochsalzbedarfes des Erwachsenen wichtig werden; denn man muß annehmen, daß bei jedem Erwachsenen infolge des Kochsalzreichtums der Kost eine gewisse Kochsalzüberfüllung herrscht. Die Resultate sind aber nicht eindeutig. So findet HELLMUTH am Ende der Geburt bei Mutter wie Neugeborenem den gleichen Kochsalzgehalt im Serum. SCHOBER gibt wie bei Erwachsenen 0,35—0,38 g-% Cl an, während SCHEER etwas niedrigere Werte von 0,31—0,35 g-% Cl angibt. Von TÖRÖK liegen umfassende neuere Untersuchungen vor. Er sieht bei Säuglingen eine erhebliche Schwankungsbreite von 297—424 mg-% Cl im Serum.

Tabelle 46 (nach SALIT).

	Chlorgehalt im		
	Kammerwasser mg-%	Glaskörper mg-%	Serum mg-%
Kälber .	401,8	403,8	351
Rinder .	408,2	418,7	351,7

Die Zustandsform des Chlors im Blute von Kindern ist die gleiche wie bei Erwachsenen, nämlich die Ionenform wässeriger Lösungen.

Die Unterschiede der Magensaftproduktion zwischen Säugling und Erwachsenen sind schon in Bd. 1 eingehend dargestellt. Im Zusammenhang mit den Beziehungen des Chlors zu dieser Frage ist noch folgendes nachzutragen:

Nach einem Teeprobefrühstück liegt beim Säugling der Chlorindex (Verhältnis von Säurechlor zu Gesamtchlor) stets unter 50, ebenso wie beim untersauren Magenkatarrh des Erwachsenen.

Nach den Mahlzeiten sieht man *bei Säuglingen* einen starken *Chlorabfall im Blut,* wie er in diesem Ausmaße später nicht mehr zu beobachten ist (SCHEER). Wahrscheinlich ist das dadurch erklärt, daß bei der Magensaftproduktion des Säuglings die Chlorbestände des Körpers verhältnismäßig stärker beansprucht werden als beim Erwachsenen.

2. Natrium.

In gleicher Weise wie das Chlor wird das Natrium ebenfalls zum größten Teil in Form von Kochsalz zugeführt. Die Nahrungsmittel enthalten Natrium sonst nur in geringer Menge, am wenigsten die Pflanzen.

Natrium stellt in der Hauptsache das Kation der flüssigen Gewebe dar. Infolgedessen wird es mit zunehmendem Wachstum im Gesamtkörper abnehmen, wie aus nachstehender Tabelle 47 zu ersehen ist.

Tabelle 47 (nach ARON-GRALKA).
Gehalt des Muskels an Na und K in Prozent.

	Frühgeburt	Neugeborenes	4 Wochen alt	8 Wochen alt	Neugeborenes
K	0,21	0,21	0,20	0,28	0,32
Na	0,16	0,16	0,13	0,16	0,08

Aller Wahrscheinlichkeit nach ist der Zustand des Natriums im Blut der einer echten ionalen Lösung. In den Geweben ist das Natrium in seiner Gesamtheit ultrafiltrabel.

Über den *Bedarf an Natrium* wird von WENDT angegeben, daß er bei Erwachsenen ungefähr 4—5 g pro Tag beträgt. Sicherlich ist dieser Wert zu hoch. Für Kinder sind entsprechende Zahlen nicht bekannt. Nach dem Gehalt der Frauenmilch an Natrium muß man ihn auf ungefähr 1 g pro Tag bei einem 5 Monate alten Kind schätzen. Natriumzufuhr ist selbstverständlich zum Wachstum unentbehrlich; bei Ratten findet unterhalb einer Konzentration von 0,03% der Nahrung kein ausreichendes Wachstum der jungen Tiere mehr statt (OSBORNE und MENDEL).

Der *Natriumspiegel im Blut* liegt bei rund 350 mg-%; bei Kindern bestehen kaum Unterschiede gegenüber Erwachsenen. ORNSTEIN findet im Serum

im Alter von	5—12 Jahren	353 mg-% Na
	25—35 Jahren	349 mg-% Na
	60—70 Jahren	349 mg-% Na.

Ausscheidung. Das Natrium wird zum größten Teil mit Cl^+ oder anderen Säuren zusammen im Urin ausgeschieden. In den Faeces ist es gewöhnlich nur in unbedeutender Konzentration vorhanden. Bei Durchfällen tritt allerdings durch den Wasserverlust in den Darm eine erhöhte Ausscheidung von Alkali in Erscheinung, wie Tabelle 48 zeigt.

Tabelle 48 (nach FREISE).
Mineralverluste in Prozent der Einnahme bei Durchfällen.

	Normaler Stuhl		Mäßiger Durchfall		Starker Durchfall	
Versuchszahl Patientenzahl	11 7		14 8		10 6	
	Kot	Urin	Kot	Urin	Kot	Urin
Fett	12,4	—	23,1	—	40,5	—
N.	7,7	—	14,9	—	25,2	—
Asche	40,0	—	46,6	—	84,3	—
Ca	67,2	Spur	70,2	Spur	79,0	Spur
Mg	56,7	Spur	66,0	Spur	100,0	Spur
P.	36,9	36,7	41,4	36	48,3	41,7
Cl	3,7	79,0	17,7	70,2	52,9	17,0
K	15,4	54,9	37,9	37,9	83,7	26,6
Na	12,3	67,5	37,0	28,2	103,0	5,7

Die *Wirkung einer Natriumzulage* äußert sich im Blut in einer vorübergehenden Erhöhung des Natriumspiegels. Überschüssig zugeführtes Natrium wird zunächst in den Geweben deponiert, ehe es zur Ausscheidung gelangt; gleichzeitig wird eine geringe Vermehrung der Kaliausscheidung im Urin beobachtet.

Verminderte Natriumzufuhr senkt den Natriumspiegel im Blut um einige mg-%. Ein Ersatz durch Kalium findet nicht statt. Im Urin geht die Natriumausfuhr zurück, wird aber im Gegensatz zu dem Verhalten des Chlors niemals gleich Null.

3. Kalium.

Das Kalium als das typische Alkali der festen Gewebe muß sich mit zunehmendem Alter vermehren. Vgl. Tabelle 39 (S. 127) und nachstehende Tabelle 49.

Tabelle 49. Verhältnis von K zu Na im Körper (nach ARON-GRALKA).

	K:Na
Frühgeburt (6 Monate)	1:1,34
,, (6 Monate)	1:1,16
,, (Ende des 6. Monats)	1:1,43
,, (7 Monate)	1:1,52
Reifes Neugeborenes	1:0,9

Aus dieser Tabelle ersieht man auch deutlich, wie schon vor der Geburt sich die Kaliumkonzentration im Verhältnis zur Natriumkonzentration erhöht.

Im Blutserum ist das Kalium mit 16—21 mg-% nur in geringer Menge enthalten; hier ist es in seiner Gesamtmenge ultrafiltrabel. In den Baugeweben des Körpers liegen vermutlich engere Verbindungen mit den Kolloiden vor, doch ist dieser Befund nicht gesichert. Die *Blutkörperchen* enthalten etwa 430 mg-% K = 109,7 Millimol/l.

Der tägliche Bedarf des Erwachsenen an Kalium wird auf 2—3 g geschätzt. Für ein 5 Monate altes Kind liegt er, berechnet aus der Frauenmilch, relativ höher. Und tatsächlich findet ja nach BROCK auch beim Brustkinde eine Supermineralisation mit Kalium statt (vgl. oben Tabelle 40, S. 128/129).

Die Aufnahme von Kalium erfolgt zumeist in vorgebildeten Kaliumverbindungen der Nahrung, insbesondere in den Vegetabilien.

Mit der Nahrung zugeführtes Kalium wird nicht sofort ausgeschieden, sondern zunächst in die Gewebe abgelagert. Wo allerdings das Kalium gespeichert wird, ist unbekannt. Aus den Depots wird das Kalium dann langsam in das Blut und damit zur Ausscheidung weitergegeben, ohne daß eine Erhöhung des Kaliumspiegels im Blute erfolgt.

Auf den Natriumstoffwechsel übt eine vermehrte Kaliumzufuhr eine sehr deutliche Wirkung aus. Zugleich mit der erhöhten Kaliumausfuhr im Urin findet auch eine vermehrte Kochsalz- und Wasserabgabe statt. Wahrscheinlich ist diese vermehrte Ausfuhr von Natrium bei Zufuhr von Kalium dadurch zu erklären, daß Kalisalze entquellend und entwässernd wirken. Bei dieser Entwässerung der Gewebe muß auch eine Ausschwemmung der in den Geweben deponierten Salze stattfinden.

Ein Überschuß von Kalium in der Nahrung wird von Tieren gut vertragen; ein absoluter Mangel an Kalium ruft bei jungen Ratten schwerste Folgen hervor. Diese Tiere gehen innerhalb 8 Wochen zugrunde.

4. Der Bilanzstoffwechsel der Alkalien und des Chlors.

Über diesen bei gesunden Brust- und Flaschenkindern unterrichten die nachstehenden Tabellen 50—52. Zur Ergänzung vgl. die weiter oben gebrachten Tabellen 40, 42, 43 nach Brock, Swanson, Paffrath auf den S. 128—130. Bei Besprechung derselben wurde schon auf die erhöhte Retention aller drei Mineralien beim Flaschenkinde hingewiesen, wobei ganz besonders hoch diejenige des Kaliums erscheint, weil dieses ja schon

Tabelle 50. Cl- und Alkalistoffwechsel innerhalb 24 Stunden bei Brustkindern von $2^1/_3$—$3^3/_4$ Monaten (Gewichte von 4,00—5,56 kg) (nach Zahlen von Tobler, Lindberg, Malmberg, Muhl, Birk).

	Zufuhr in g	Urin in g	Kot in g	Retention in g	Retention in %
Cl. . . .	0,240—0,271	0,152—0,225	0,001—0,024	0,05—0,09	12—35
Na . . .	0,083—0,165	0,006—0,053	0,006—0,029	0,038—0,153	45—93
K. . . .	0,202—0,485	0,093—0,314	0,049—0,093	0,060—0,143	15—50
	Bei einem Neugeborenen vom 1.—5. Tag (3,83 kg Gewicht).				
Cl. . . .	0,034	0,028	0,001	0,005	15
Na . . .	0,085	0,038	0,008	0,038	45
K. . . .	0,132	0,035	0,014	0,083	63

beim Brustkinde im Verhältnis zu seinem Gehalt im Neugeborenenkörper gewissermaßen in viel „zu" großer Menge retiniert wird. Für die Alkalien ist übrigens der Retentionsunterschied zwischen natürlicher und künstlicher Ernährung bei den langfristigen Stoffwechseluntersuchungen von Rominger und Meyer noch größer als bei den bis dahin vorliegenden kurzfristigen Stoffwechseluntersuchungen. Es beträgt nämlich nach diesen Autoren auf 100 g Ansatz berechnet die *Retention der „Gesamtalkalien"* (K + Na, als Chloride bestimmt) *1,21 g* beim Brustkinde, *2,92 g* beim Flaschenkinde.

Tabelle 51. Mineralstoffwechsel bei gesunden Brustkindern in 24 Std. (nach Czerny-Keller).

	Zufuhr g	Harn	Kot	Retention
Gesamt-asche	1,14 —1,99	0,48 —0,80	0,4 —0,55	0,25 —0,75
K . . .	0,28 —0,48	0,09 —0,31	0,033—0,091	0,058—0,013
Na . .	0,09 —0,16	0,008—0,08	0,008—0,03	0,030—0,015
Ca . . .	0,17 —0,24	0,007—0,029	0,107—0,14	0,036—0,107
Mg . .	0,018—0,042	0,006—0,012	0,012—0,018	0,006—0,012
Cl . . .	(0,03)—0,24 —0,27	(0,03)—0,15 —0,22	(0)—0,01 —0,02	(0)—0,03 —0,06
P . . .	0,09 —0,15	0,017—0,052	0,013—0,03	0,048—0,109

Mineralausscheidung durch die Haut. Um dem Einwand zu begegnen, daß die erhöhte Alkaliretention beim Flaschenkinde nur eine scheinbare sei, da eine nicht berücksichtigte höhere Alkaliausscheidung durch die Haut eine solche nur vortäuschen würde, haben ROMMINGER und MEYER (1929) die *Alkaliausscheidung durch die Haut* beim Flaschenkinde in langfristigen Stoffwechseluntersuchungen ermittelt. Danach betrug diese für die „Gesamtalkalien" im Mittel 11,2% der Gesamtausfuhr, und auch unter Berücksichtigung der Hautausscheidung betrug die Retention der Gesamtalkalien in diesen Versuchen pro 100 g Ansatz noch 2,0 g.

Tabelle 52. Mineralstoffwechsel bei einem gesunden Flaschenkinde in 24 Stunden (ausgerechnet nach CRONHEIM und ERICH MÜLLER).

	Zufuhr g	Harn	Kot	Retention
K	0,920	0,685	0,095	0,140
Na . . .	0,281	0,200	0,027	0,054
Ca . . .	0,648	0,011	0,524	0,112
Mg . . .	0,061	0,009	0,043	0,009
Cl . . .	0,651	0,560	0,025	0,066
P	0,549	0,287	0,186	0,076

Später hat SWANSON für sämtliche bei den Stoffwechseluntersuchungen gewöhnlich berücksichtigten Mineralien ihre Ausscheidung durch die Haut bei künstlicher Ernährung untersucht. Für das Alter von 2—28 Wochen werden bei künstlicher Ernährung von ihm folgende Ausscheidungswerte angegeben, die ziemlich gleichmäßig mit dem Alter ansteigen: Kalium 0,24—1,59 Millimol/Tag, Natrium 0,17—0,63 Millimol/Tag, Cl 0,22—0,90 Millimol/Tag, Ca 0,07—0,18 Millimol/Tag, P um 0,01 Millimol/Tag.

Für das Alter von 3 Monaten beträgt die tägliche Abgabe von Mineralien durch die Haut beim Natrium etwa 13%, beim Kalium etwa 38%, beim Chlor etwa 18% der Retention. Für das Alter von 6 Monaten sind die entsprechenden Zahlen: Na etwa 9%, K etwa 30% und Cl etwa 13% der Retention. Diese Werte müßten also von den Retentionswerten der Stoffwechselversuche abgezogen werden.

5. Salz- und Wasserhaushalt.

Der Salzstoffwechsel in Beziehung zum Wasserhaushalt wurde insbesondere für das Kochsalz von BROCK in Bd. 2, S. 280—284 unter besonderer Berücksichtigung der Verhältnisse beim Säugling ausführlicher besprochen.

6. Inkretorische Einflüsse.

Diese finden sich an entsprechender Stelle von THOMAS angeführt. Besonders sei erwähnt der Antagonismus des hypophysär-diencephalen Zentrums und der Nebennierenrinde für die Regulation der Natriumausscheidung in Form von NaCl. Die Nebennierenrinde hebt die Nierenschwelle für die Ausscheidung von NaCl, so daß es bei Nebennierenrinden*ausfall* zu gesteigerter Kochsalzausscheidung und Kochsalzverarmung kommt. Umgekehrt senkt die Hypophyse die Nierenschwelle für die NaCl-Ausscheidung, so daß bei Hypophysenausfall (Diabetes insipidus) NaCl-Stauung eintritt. Vgl. auch bei Fanconi.

Abb. 6 und 7 (nach Hoffström). Ca- und P-Retention in der Schwangerschaft. Retention des Fetus.

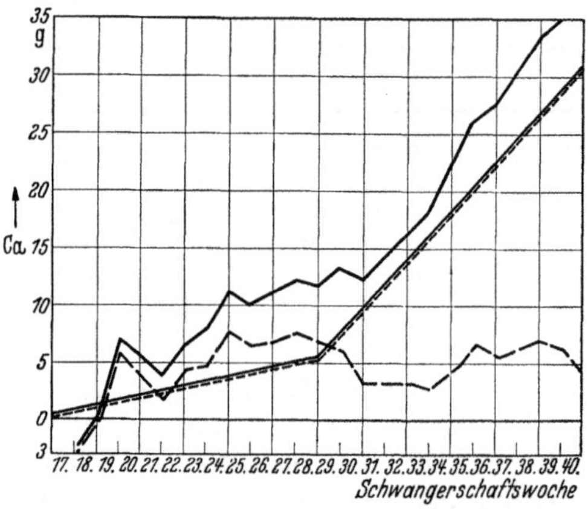

Abb. 6. ——— die Ca-Retention; ········ die Ca-Deviation zum Ei; – – – – der Ca-Ansatz der Mutter.

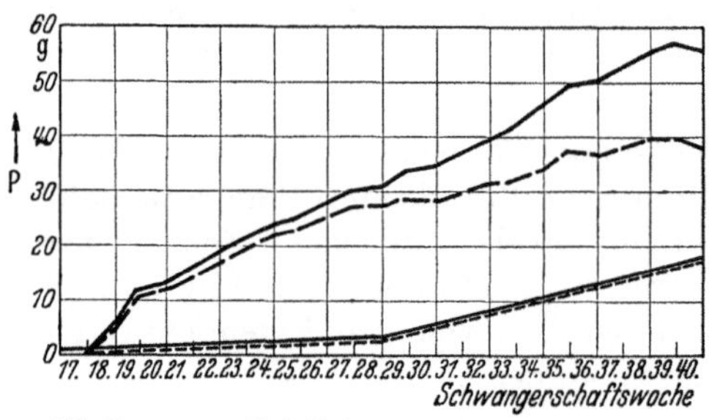

Abb. 7. ——— die P-Retention; ········ die P-Deviation zum Ei; – – – – der P-Ansatz der Mutter.

VI. Erdalkalien und Phosphor.

Die drei Mineralien Calcium, Phosphor und Magnesium bilden gleichfalls eine untrennbare Einheit, die sich aus der innigen Durchflechtung der Aufnahme-, Ansatz- und Ausscheidungsverhältnisse herleitet; sie beeinflussen sich ferner im intermediären Stoffwechsel. Dazu kommt noch, daß die Phosphate und das Calcium gemeinsam die Knochenerde bilden.

1. Calcium.

Kalk- und Phosphoransatz. Über den Ansatz des Fetus an Calcium und Phosphor unterrichtet eine Zusammenstellung von Hoffström. Er stellte die Stoffwechselergebnisse von Schwangeren und die aus Fetenanalysen gewonnenen Daten zu einer Übersicht zusammen. Diese ist in vorstehenden Abbildungen dargestellt.

Sie zeigen, daß in den ersten 28 Schwangerschaftswochen eine deutliche Zunahme der Calcium- und Phosphorretention eintritt. Gleichzeitig ist eine erhebliche Anreicherung des Fetus mit den beiden Mineralien festzustellen. Während aber bis zu dieser Zeit Mutter und Fetus an der Kalk- und Phosphorretention ziemlich gleichmäßigen Anteil haben, beginnt jetzt eine starke Anhäufung im Fetus. Sie stellt nichts weiter dar, als die um diese Zeit beginnende Verknöcherung des fetalen Skelets.

Kalkansatz in der Säuglingsperiode. In den ersten Lebenswochen findet, wie aus der Tabelle 53 nach GYÖRGY hervorgeht, eine ziemlich starke Retention von Calcium und Phosphor statt. Sie sinkt allmählich ab. Mit 4 Monaten etwa tritt ein erneuter Anstieg in Erscheinung.

Diese *anfängliche* Abnahme der Calciumretention kann man als eine *physiologische Osteoporose* bezeichnen. In dieser Zeit nimmt der Körper bedeutend mehr an Gewicht zu als die Kalkkonzentration ansteigt. Sehr deutlich wird das aus der Abb. 8, ebenfalls nach GYÖRGY.

In dieser Abbildung ist rechnungsmäßig die Abnahme der Kalkkonzentration, die ungefähr bis zur 12. Woche anhält, für Kinder mit hohem, mittlerem und niederem Kalkbestand dargestellt. Durch die geringe Zufuhr in der Frauenmilch erklärt sich, daß bei den Kindern mit höchstem prozentigen Anfangsbestand dessen Abnahme verhältnismäßig am größten ist und Kalk nur langsam wieder aufgeholt wird. Im Durchschnitt beträgt die Abnahme gegen 23%, eine Zahl, die fast genau einer Berechnung von BROCK entspricht.

Wichtig ist diese anteilmäßige Demineralisation für die Frage der Frühgeburten-„Rachitis". Schon leichte Durchfälle können bei solchen Frühgeburten eine vermehrte Calciumausscheidung hervorrufen, damit zu einer negativen Calciumbilanz führen und eine Knochenerweichung

Tabelle 53. Umsatz der Erdalkalien bei Brustkindern (g pro Tag) (nach GYÖRGY).

Autor	Alter in Monaten	Gewicht	Asche		Ca		Mg		P	
			Einfuhr	Retention	Einfuhr	Retention	Einfuhr	Retention	Einfuhr	Retention
ROMINGER und MEYER I	$\frac{1}{2}$—1	3300	1,13	0,37	0,21	0,08	—	—	—	—
ROMINGER und und MEYER II	$1\frac{1}{2}$	4100	1,07	0,46	0,16	0,085	—	—	—	—
PEISER	2	3720	1,22	0,34	0,20	0,035	—	—	0,105	0,025
MUHL I	$2\frac{1}{3}$	5490	1,55	0,34	0,22	0,06	0,04	0,009	0,11	0,05
MUHL II	$2\frac{1}{2}$	5560	1,57	0,37	0,22	0,06	0,04	0,009	0,115	0,05
TOBLER und NOLL	$2\frac{1}{2}$	4000	1,14	0,25	0,17	0,035	—	—	0,09	0,05
LINDBERG I	$2\frac{1}{2}$	4285	1,48	0,42	0,185	0,04	0,03	0,011	0,13	0,085
LINDBERG II	$2\frac{1}{2}$	4370	1,47	0,45	0,185	0,04	0,029	0,008	0,13	0,06
MICHEL und PERRET	3	4725	1,75	0,53	0,27	0,105	—	—	0,12	0,05
MALMBERG I	$3\frac{1}{2}$	5445	1,99	0,63	0,24	0,10	0,044	0,012	0,16	0,09
MALMBERG II	$3\frac{1}{2}$	5440	1,95	0,75	0,23	0,105	0,04	0,008	0,145	0,10
SCHABAD	4	7700	—	—	0,26	0,13	—	—	—	—
ROMINGER und MEYER III	4	4850	1,65	0,77	—	—	—	—	—	—
ROMINGER und MEYER IV	5	5080	1,41	0,65	0,22	0,13	—	—	—	—
ROMINGER und MEYER V	6	5550	1,51	0,75	0,23	0,14	—	—	—	—

hervorrufen. Es ist dies aber eben keine Rachitis, sondern eine echte Osteoporose.

Auch bei jungen Tieren ist diese initiale Abnahme des Calciumgehaltes feststellbar, welche nach Analysen von Burus den Knochen betrifft. Vgl. auch die darüber gemachten Ausführungen in Bd. 1, S. 68—70. Interessant ist hierzu, daß nach Toverud Hunde, die infolge mangelhafter elterlicher Ernährung mit einer Osteoporose auf die Welt kamen, unter Lebertrangaben keine Rachitis bekamen, aber die Osteoporose behielten. Hier wird recht deutlich — was für die Frage der echten Frühgeburtenrachitis außerordentlich bedeutsam ist —, daß sich mehrfache Verknöcherungsstörungen überlagern.

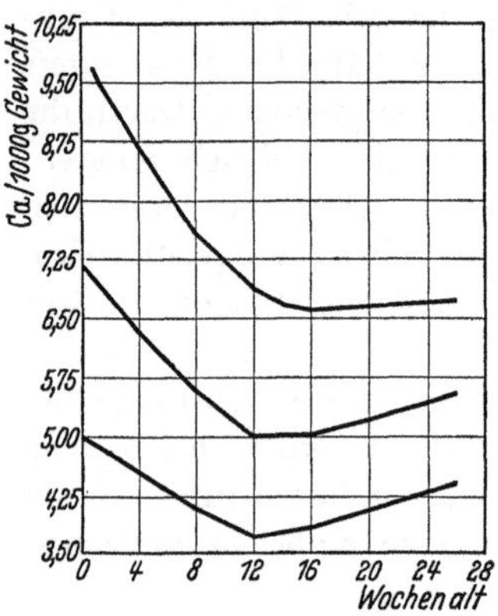

Abb. 8. Der Kalkbestand des Körpers bei normalen verschieden alten Brustkindern, bei Annahme hoher, mittlerer und niederer Anfangswerte (Hamilton) (nach P. György).

Bei künstlich genährten Kindern, die mit der calcium- und phosphorreichen Kuhmilch ernährt werden, bleibt die Kalkverarmung und damit diese physiologische Osteoporose aus oder erreicht nur geringere Grade, wie aus der Tabelle 54 hervorgeht.

Kalkbedarf. Der Kalkbedarf der Säuglinge ist, wie schon aus diesen Zahlen hervorgeht, sehr schwankend und ändert sich außerdem noch von Kind zu Kind. Durchschnittszahlen können daher überhaupt nicht genannt werden. Gerade das Calcium ist so wenig am Regelungsstoffwechsel der Mineralien beteiligt, daß seine Ausscheidung dem jeweiligen Ansatzbestreben des Körpers angepaßt werden kann. Bei Durchsicht der vielen, gerade über den Kalkstoffwechsel angestellten Untersuchungen erscheint eine Menge von 0,12—0,14 g Ca pro Tag als die Menge, die beim Erwachsenen unter allen Umständen, also auch bei fehlender Zufuhr als Schlacke ausgeschieden wird. Diese Menge, welche etwa einer Einfuhr von 2,5 mg pro Körperkilogramm entspricht, kann also als der *Mindest*bedarf des Erwachsenen betrachtet werden.

Andererseits ist die Frage des praktischen Calciumbedarfs noch deshalb so schwer zu beantworten, weil Calcium leicht zurückgehalten werden kann. Wir sind daher nur auf ungefähre Schätzungen angewiesen. Im allgemeinen kann man sagen, daß die früher genannten Zahlen für den Calciumbedarf des Menschen durchschnittlich zu hoch liegen.

Es sollen hier einige Überlegungen angestellt werden, aus denen man ungefähr auf die Größenordnung des Calciumbedarfs schließen kann. Nach dem Calciumgehalt der Frauenmilch (etwa 300 mg/Liter) müßte man annehmen, daß für einen Säugling innerhalb der ersten 5 Monate mit einem Endgewicht von 6 kg diese Menge nicht nur physiologisch,

Tabelle 54. Umsatz der Knochenerden bei Säuglingen mit künstlicher Ernährung (nach György).

Autor	Alter in Monaten	Gewicht	Asche Einfuhr	Asche Retention	Ca Einfuhr	Ca Retention	Mg Einfuhr	Mg Retention	P Einfuhr	P Retention
Rominger und Meyer I	2	4000	3,8	0,93	0,54	0,135	—	—	—	—
Bruck I	3	3400	4,63	1,05	0,43	0,21	0,10	0,065	0,32	0,07
Rominger und Meyer II	3	4600	3,4	0,96	0,46	0,19	—	—	—	—
Tangl I	$3^1/_4$	4300	—	—	0,51	0,07	0,08	0,016	1,21	0,225
Rominger und Meyer III	$3^1/_4$	4500	4,1	1,2	0,57	0,21	—	—	—	—
Cronheim und Müller I	4	4800	4,06	—	0,62	0,12	—	—	—	—
Cronheim und Müller II	$4^1/_2$	4950	4,18	—	0,63	0,11	—	—	—	—
Tangl II	$5^1/_2$	5250	—	—	0,49	0,06	0,08	0,018	1,23	0,475
Klotz	6	4200	6,88	0,73	0,54	0,14	0,09	0,012	0,46	0,145
Blauberg	6	7600	6,84	1,02	0,48	0,65	0,09	0,012	0,91	0,25
Rominger und Meyer IV	$7^1/_2$	5500	4,6	1,56	0,59	0,33	—	—	—	—
Bruck II	$8^1/_2$	5600	5,35	0,47	0,525	0,21	0,063	0,037	0,64	0,13
L. F. Meyer	10	6700	7,30	0,83	0,99	0,09	—	—	0,92	0,23

sondern auch ausreichend sei, was wohl aber nicht ganz der Fall ist. Denn in dieser Zeit findet das relativ stärkste Wachstum statt. Berechnet man aus diesen Zahlen den Bedarf, so kommt man für den Säugling auf die Menge von annähernd 50 mg Ca pro Körperkilogramm und Tag.

Mit zunehmendem Alter wird aber trotz ansteigenden Körpergewichtes die Wachstumstendenz ständig kleiner, so daß mit einer relativen Abnahme des Calciumbedarfs pro Körperkilogramm zu rechnen ist, während der absolute Bedarf entsprechend der Körpermasse auch sicher wieder einen gewissen Anstieg erfährt. Hierzu kommt noch, daß die Nahrungszusammensetzung — z. B. ihre sauren oder basischen Eigenschaften — von bestimmendem Einfluß auf die Retention ist.

Der Calciumbedarf eines 3—5jährigen Kindes wird in neueren Untersuchungen mit 475 ccm Kuhmilch pro Tag, also etwa 450 mg Calcium, als gedeckt angesehen (Daniels). Das sind etwa 26 mg pro Körperkilogramm.

Beim Erwachsenen wird der Tagesbedarf ebenfalls auf etwa 450 mg Kalk und 880 (520—1200) mg Phosphor geschätzt, was also etwa 6,5 mg Ca und 12,5 mg P/Körperkilogramm entspricht. Der Magnesiumbedarf soll bei etwa 10 mg/Körperkilogramm liegen. In der Tat werden in Deutschland diese Mengen im Durchschnitt überschritten. Erhebliche

Überschüsse findet man bei den Völkern, die sich milchreich ernähren, wie z. B. in den nordischen Ländern.

Calciumresorption. Die Aufnahme des Kalks und des Phosphors vollzieht sich bei Säuglingen und Kindern nach den gleichen Gesetzmäßigkeiten wie bei Erwachsenen. Der im Gefüge der Nahrung aufgenommene Kalk wird zunächst durch die Verdauungssäfte aufgesplittert. Ein kleiner Teil wird als Ion aufgenommen. Der restliche größere Teil trifft aber im Darm mit fällenden Gegenionen, wie Carbonat, Phosphat und Fettsäureanionen zusammen. Mit ihnen bildet der Kalk schwerlösliche Verbindungen.

Diese schwerlöslichen Salze werden durch Gallensäuren nach dem „Choleïnsäureprinzip" in Lösung gebracht.

Da aber die Löslichkeit von fettsaurem Kalk in Galle bedeutend größer ist als die von Calciumcarbonat und Calciumphosphat, so ist leicht verständlich, daß bei einem bestimmten Verhältnis Calcium:Fett :Phosphat:Carbonat, die beste Calciumresorption vorhanden sein muß. Denn bei niederem Fettangebot werden die Kalksalze in der Hauptsache als Calciumphosphate und Calciumcarbonate vorliegen — also schlechter resorbiert werden. Bei übermäßigem Fettangebot werden die lösenden Fähigkeiten der Gallensäuren hauptsächlich von den Neutralfetten in Anspruch genommen — also wird auch hier Calcium vermindert resorbiert werden. Nach HOLT ist die beste Calciumresorption bei Milchernährung mit einem Verhältnis von 0,032—0,042 g Calcium auf jedes Gramm gleichzeitig zugeführtes Fett gegeben, bei gemischter Ernährung bei 0,02—0,035 g Calcium.

Die Wichtigkeit der Gallensäuren ist auch aus folgenden Beobachtungen zu erschließen. Bei länger bestehender Gallenfistel, bei der die gesamte Galle nach außen abfließt, tritt bei Hunden und auch bei Menschen eine Osteoporose auf. Das Calcium des Blutes vermindert sich bei jungen Tieren nach Unterbindung des Gallenausführungsganges. Bei älteren Tieren ist dies nicht der Fall. Die Differenz — bei wachsenden Tieren Calciumverminderung im Serum, bei Erwachsenen Osteoporose und keine Verminderung des Serumcalciums — ist wohl auf die unterschiedliche Bindungsintensität des Calciums im Knochen zurückzuführen. Wird diese Bindungsintensität so erheblich gesteigert, wie es durch Vitamin-D-Präparate möglich ist, dann läßt sich auch bei erwachsenen Tieren die Osteoporose verhindern.

Bilanzstoffwechsel des Calciums. Der Bilanzstoffwechsel ist deswegen schwer zu übersehen, weil unklar ist, ob das im Kot erscheinende Calcium durch den Körperstoffwechsel gegangen ist, oder ob es unresorbiert den Darm passiert hat. Unter normalen Ernährungsverhältnissen wird der Kalk zum größten Teil durch den Darm ausgeschieden. Das durchschnittliche Verhältnis des Calciums im Urin zum Calcium in den Faeces ist im Mittel etwa 1:10 bis 1:12. Doch unterliegt es großen Schwankungen.

Auch bei Säuglingen und Kindern ist dieses Verhältnis ungefähr das gleiche. Stärkere Verschiebungen werden bei stark saurer oder stark basischer Ernährung beobachtet; die saure Ernährung vergrößert den Anteil des Urinkalks. Im Säuglingsalter sind keine stärkeren Säuerungen zu verzeichnen, so daß das durchschnittliche Verhältnis der Ausscheidungen gewahrt bleibt. Beachtenswert ist zu dieser Frage ferner, daß durch vermehrte Zufuhr von Kalksalzen die Bilanz von Phosphor und Fett gestört wird, wie dies ja aus den oben besprochenen Resorptionsverhältnissen zu erklären ist. Jedoch findet nicht nur eine Verhinderung der Resorption von Phosphat statt, sondern es kann sogar aus dem intermediären Stoffwechsel Phosphat in den Darm abgegeben werden. Umgekehrt tritt bei erhöhter Zufuhr von Phosphaten eine Verschlechterung der Calciumresorption und auch der Magnesiumresorption in Erscheinung.

Vielleicht ist wichtig, auf den reichlichen Gehalt der Kuhmilch an Citronensäure hinzuweisen. Diese Citronensäure kann durch Bildung von komplexen Kalksalzen die Resorption des Kalkes und damit wohl auch die Bilanz des Kalkes bei künstlich genährten Kindern verbessern (vgl. die Ausführungen über Säuremilchen im Kapitel „Ernährung"). Über die *Calciumbilanzen* im Stoffwechsel *gesunder Brust- und Flaschenkinder* vgl. die schon mitgeteilten Tabellen nach Brock, Rominger und Meyer, Swanson, Czerny-Keller und Cronheim und E. Müller auf S. 128—130 u. 136—137.

Serumkalkwerte und Lebensalter. Der Calciumgehalt des Blutserums beträgt beim Erwachsenen im Durchschnitt 11 mg-%. Mit zunehmendem Alter sinkt er allmählich ab, und zwar bei Männern bis auf 10 mg-%, bei Frauen bis durchschnittlich auf 9,7 mg-%. Im Kindesalter liegen die Werte stets etwas höher. So ist z. B. auffällig, daß Hellmuth bei gebärenden Müttern einen Calciumgehalt des Blutes von 9,2—10,3 mg-% fand, bei den zugehörigen Kindern von 12,0—13,2 mg-%. Ähnliche Zahlen bei Bakwin. Nach systematischen Untersuchungen von Leicher beträgt der Calciumgehalt des menschlichen Blutserums vom 1. Vierteljahr bis zum 20. Lebensjahr 11,1—12, bis zum 35. Jahr 11,1—11,8, vom 35. bis 45. Jahre 11,0—11,6, in der 2. Hälfte des 5. Jahrzehnts 10,8 bis 11,5 und oberhalb des 55. Jahres 10,6—11,2 mg-% Calcium. An Tieren wurde die gleiche Erscheinung des „Altersschwundes" des Serumkalkes beobachtet.

Die Jahreszeit scheint bei Kindern etwas stärkeren Einfluß auf den Kalkgehalt des Serums als bei den Erwachsenen zu haben. Im jugendlichen Alter tritt *im Frühjahr eine Senkung* ein (Bakwin).

Die Zufuhr von Kalksalzen wirkt auf den Blutkalkspiegel bei Erwachsenen und Kindern im gleichen Sinne, nämlich einer vorübergehenden Erhöhung. Daß bei Kindern häufig verhältnismäßig höhere Ausschläge beobachtet werden, erklärt sich leicht dadurch, daß die relativen Mengen der Zufuhr im Verhältnis zum Körperbestand erheblich größer sind.

Der Zustand des Calciums in den Körperflüssigkeiten. Wenn auch in der Zusammensetzung der verschiedenen Calciumfraktionen des Blutes bei Kindern und Erwachsenen kaum Unterschiede aufzuzeigen sind, so ist doch ein kurzes Eingehen auf diese Frage wegen der Beziehung zu bestimmten kindlichen Erkrankungen notwendig.

Im Serum sind etwa 10—11 mg-% Calcium gleich etwa 2,5—2,8 Millimol/Liter vorhanden. Diese Menge ist durch Oxalationen ausfällbar — muß also in Lösung vorhanden sein. Gleichzeitig sind etwa 3 mg-% Phosphat als P ausgedrückt oder 1 Millimol/Liter und etwa 26 Millimol/Liter Carbonat nachzuweisen. (Bei Kindern sind es sogar bis 5 mg-% P oder 1,7 Millimol/Liter.)

Nimmt man an, daß das gesamte Phosphat und Carbonat ionisiert ist, so könnte nach dem Massenwirkungsgesetz unter Berücksichtigung aller beeinflussenden Faktoren nur eine Menge von etwa 0,5 Millimol/Liter oder 2 mg-% Ca echt ionisiert gelöst sein.

Ungefähr 5—6 mg-% sind bei Erwachsenen wie bei Kindern *nicht* ultrafiltrabel, sind also wohl in irgendeiner Form an Kolloide des Serums enger gebunden. (Daß es keine allzufeste Bindung sein kann, ist daraus zu ersehen, daß gegen große Mengen Dialyse-Außenflüssigkeit alles Calcium des Serums dialysabel wird! Es bestehen also deutliche Unterschiede in der Ultrafiltrierbarkeit — bei der die kolloiden Bindungen weitgehend erhalten bleiben — und der Dialysierbarkeit, bei der sie gelöst werden können. Für die physikalisch-chemische Betrachtung ist daher selbstverständlich nur die *ultrafiltrable* Menge maßgeblich.)

Da von den ultrafiltrablen restlichen 5—6 mg-% nur etwa 2 mg-% gemäß dem Lösungsgleichgewicht echt ionisiert sein können (vgl. oben), muß der Rest in einer anderen Weise gelöst sein.

Der Erklärungsversuch: dieser Rest befinde sich in übersättigter Lösung, ist als gescheitert anzusehen. (Eingehende Auseinandersetzungen bei KLINKE.) Vielmehr scheint heute festzustehen, wie der Verfasser mit vielen Belegen dargetan hat, daß dieser Überschuß von 3—4 mg-% über den echt ional gelösten Anteil (von 2 mg-%) des Serumcalciums sich in einer komplexen, negativ geladenen, adsorbierbaren, ultrafiltrablen Verbindung befindet. (Das Vorhandensein dieser Verbindung ist in jüngster Zeit von amerikanischer und italienischer Seite wiederholt bestätigt worden.) Diese Fraktion des Serumcalciums stellt vermutlich

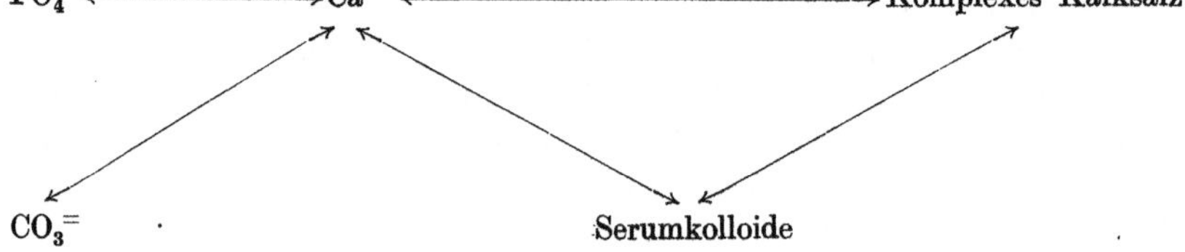

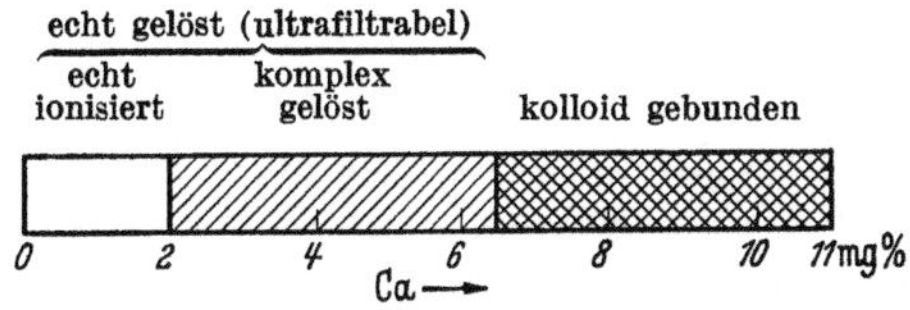

Abb. 9. Die verschiedenen Zustandsformen des Serum-Calciums.

eine Reserve dar, aus der das Serum seinen Bedarf an Calciumionen ergänzen kann. In der Abb. 9 sind diese verschiedenen Zustandsformen des Serumcalciums anschaulich gemacht.

Der Vorgang der Verknöcherung und Verkalkung. Der Verknöcherungsvorgang ist in seinem inneren Wesen noch ungenügend erkannt. Vermutlich spielen chemische und kolloidchemische Vorgänge eine gleichbedeutsame Rolle. Es scheint sich nach den Untersuchungen von CLEMENT bei den niedergeschlagenen Knochenerden um einen echten Apatit der nachstehenden Formel zu handeln.

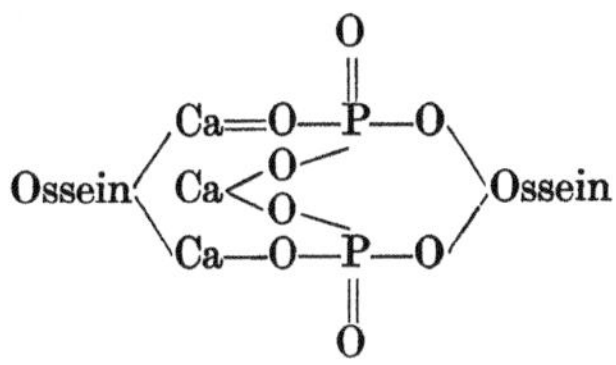

Diese Form ist jedoch sicherlich nur als Endstadium zu betrachten. Beim Aufbau werden andere Zusammensetzungen der Knochenerden als Zwischenstufen durchlaufen. Die größte Rolle bei der schließlichen Anreicherung der Knochenerden mit Phosphat spielt die Wirkung der Knorpelphosphatase. Diese Knorpelphosphatase setzt nämlich aus dem organischen Phosphat des Blutes die Konzentration an anorganischem Phosphat in Freiheit, die zur Bildung der Knochenerden im Verhältnis von 6 Ca:2,5 P:1 CO_3 erforderlich ist. Die Annahme einer Niederschlagsbildung aus einer übersättigten Lösung, wie sie das Serum darstellt, ist bereits durch rechnerische Überlegungen leicht zu widerlegen. Wären nämlich die Knochenerden als eine einfache Ausfällung der Salze des Serums anzusehen, so müßten sich die drei Komponenten im Verhältnis 4 Ca:0,45 P:3,43 CO_3 befinden.

Dieses Verhältnis der Mineralien in den Knochenerden, das oben angegeben worden ist, wird aber in der Tat nur angenähert erreicht. So kann z. B. das Verhältnis von Calcium : Phosphat zu Calcium : Carbonat bei den verschiedenen Tierarten zwischen 1,9 und 2,4 schwanken, ja bei Fischen bis auf das Doppelte hinaufgehen.

Gewöhnlich ist beim Menschen der Gehalt der Knochenerden an Calcium etwas höher. Wenn man allerdings die Konzentration berechnet, die nach dem Abzug der anderen Kationen des Knochengewebes und den zugehörigen Carbonatteilen zurückbleibt, so kommt man doch stets auf ein *molares* Verhältnis von Ca:P, wie 0,67.

Der Carbonatanteil im Knochen nimmt mit steigendem Alter zu. Nach Abzug des auf das Carbonat entfallenden Calciumanteils findet auch KRAMER eine bemerkenswerte Konstanz des *Gewichts*verhältnisses Ca:P, das im normalen Knochen stets 1,99 ± 0,01 beträgt.

Nur bei der primären Verkalkung, wie sie bei der Heilung der Rachitis besonders gut zu beobachten ist, fand KRAMER in der Metaphyse und Diaphyse ein Verhältnis von 2,23 ± 0,03. Das Verhältnis 1,99 entspricht ungefähr dem des $Ca_3(PO_4)_2$ (= 1,94). Das primäre Präcipitat muß also eine calciumreichere Verwendung sein — entweder ein Gemisch mit Calciumhydroxyd oder ein komplexes Salz im Sinne KLINKEs.

Man kann annehmen, daß zunächst eine Adsorption der komplexen Calciumsalze des Serums an den Knochen erfolgt, und daß dann eine Umsetzung dieser adsorbierten Substanzen unter Mitwirkung der Knorpelphosphatase zu der endgültigen Zusammensetzung an Knochenerden führt.

Die viel erörterte Frage, warum nicht jedes Gewebe verkalkt — da ja an sich die Bedingungen hierfür überall gegeben sind —, ist durch das besondere Adsorptionsvermögen des Knorpels bzw. Knochens zu erklären. Von ULLRICH liegen eingehende Untersuchungen zu dieser Frage vor. Er konnte zeigen, daß aus dem Serum das komplexe Salz nur an Knorpelmasse, die Ionen aber an jedes Gewebe abgegeben werden.

Tabelle 55.
Aschengehalt des Parietalknochens verschieden alter Feten (nach YOSHIDA).

Fetalmonat	Ca g	Ca %	P g	P %
4	0,057	23,7	0,014	10,1
5	0,104	25,1	0,033	9,3
6	0,216	26,3	0,059	9,3
7	0,376	27,2	0,119	9,0
8	0,690	28,9	0,188	8,2
9	1,179	34,4	0,323	8,6
10	1,726	35,9	0,329	8,1

Über die *mineralische Zusammensetzung der Knochen in ihrer Veränderung mit zunehmendem Alter* liegt eine Reihe von Analysen vor. Die hauptsächlichsten Ergebnisse sind in den Tabellen 55 und 56 dargestellt.

Tabelle 56. Zusammensetzung der Knochen (nach ARON).
a) 7 Monate alter Fetus.

	Wasser	Asche	In 100 g Asche		
			CaO	MgO	P_2O_5
Kopfknochen	66,86	16,45	50,16	1,26	40,94
Obere Extremität . .	72,01	10,57	47,57	1,46	40,59
Untere Extremität .	73,49	9,86	46,71	1,46	39,20
Rippen	76,10	8,44	46,15	1,64	39,68
Ganzes Skelet . . .	72,21	11,28	48,09	1,44	40,21

b) Zusammensetzung des Knochens (Femur).
I 7 Monate alter Fetus. II 4jähriges Mädchen.

	Corticalis		Spongiosa		Knorpel		Ganzer Femur	
	I	II	I	II	I	II	I	II
Wasser . .	36,60	25,54	57,85	36,98	82,57	72,78	69,11	45,29
Asche . . .	39,03	47,15	22,82	18,68	2,43	2,95	13,28	21,59
In 100 g Asche:								
CaO . . .	51,77	52,73	51,33	51,58	—	9,36	45,81	50,97
MgO . . .	1,26	1,19	2,10	1,22	—	1,41	1,40	1,20
P_2O_5 . . .	40,93	42,10	42,05	40,75	—	22,86	36,73	39,74

c)

	Ganzes Skelet		Femur	
	7 Monate alt gesund	8 Monate alt rachitisch	4 Jahre alt gesund	4 Jahre alt rachitisch
Wasser	72,21	78,66	45,29	73,16
Asche	11,18	6,66	21,59	6,20
In 100 g Asche				
CaO	48,09	44,72	50,97	44,13
MgO	1,44	1,38	1,20	0,52
P_2O_5	40,21	39,71	39,34	31,85

Regulation des Calciumstoffwechsels. Der Calciumhaushalt wird von den verschiedensten Stellen aus reguliert, und zwar durch die Produkte der inneren Sekretion, das D-Vitamin, und schließlich auch durch die anderen Mineralien der gleichen Gruppe. Insbesondere wirken sich alle diese Faktoren bei der Ablagerung der Knochenerden aus.

a) Hormone[1].

Das wichtigste Regulationsorgan für den Kalkstoffwechsel ist die *Nebenschilddrüse*. Ausfall der Epithelkörperchen ruft eine verminderte Ausscheidung von Kalk hervor, wobei der Kalk hauptsächlich in den Muskeln zurückgehalten wird. Bei Überfunktion der Drüse oder Überdosierung von Hormon erfolgt eine vermehrte Ausscheidung von Kalk. Hauptsächlich wird dieser Kalk aus den Knochen abgegeben. Jüngere Tiere schwemmen dabei mehr Kalk aus als alte.

Diese Verhältnisse beleuchtet am besten die nachstehende Abb. 10 (nach György).

Das *Serum*-Calcium erfährt durch den Ausfall des Hormons eine deutliche Senkung. Zufuhr von Parathormon steigert den Serumkalk

[1] Vgl. auch die diesbezüglichen Abschnitte von Thomas im Kapitel „Drüsen mit innerer Sekretion“: Bd. 2, S. 22—90 sowie den Nachtrag dazu in *diesem* Bande.

bis zu exorbitanten Werten. Die Steigerung kann bei Erschöpfung der Kalkdepots ausbleiben. Bei künstlich erhöhtem Calciumspiegel senkt dagegen das Parathormon das Serumcalcium, wirkt also im Sinne einer Regulierung.

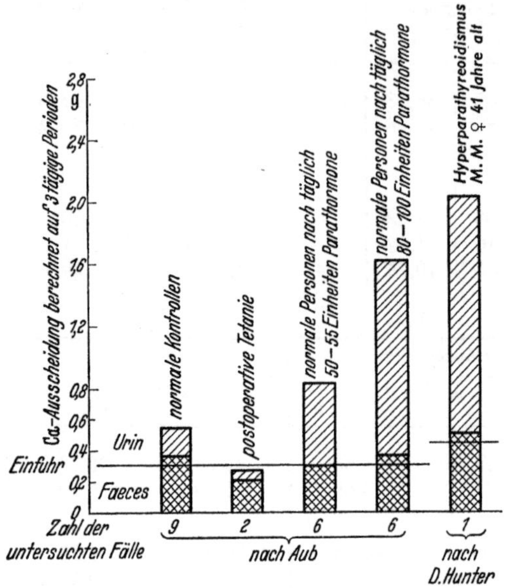

Abb. 10. Die Ca-Ausscheidung bei Störungen der Epithelkörperchenfunktion (nach D. HUNTER: Proc. roy. Soc. Med. **23** (1929).]

Die einzelnen Fraktionen des Serumcalciums erleiden durch den Ausfall des Hormons oder seine Zufuhr ebenfalls Veränderungen. Bei nebenschilddrüsenberaubten Tieren wird der ultrafiltrable Anteil zumeist absolut gesenkt, bei Parathormoninjektion erhöht. Die gleichen Verhältnisse finden sich bei infantiler Tetanie (vgl. Tabelle 57).

(Weiteres in der ausführlichen Darstellung von THOMAS, Bd. 2, S. 52—58.)

Durch Zufuhr von *Thymushormon* wird der Calciumspiegel des Blutes gesenkt. Die Calciumbilanz erniedrigt sich dabei. Bedeutsam für die Einsicht in den Zusammenhang der Thymusfunktion sind auch folgende Beobachtungen. Bei D-Hypervitaminose atrophiert die Thymus. Andererseits findet man nach Exstirpationen der Thymus ein rachitisches Strukturbild im Knochen. Nach Implantation einer Thymus sieht man einen dichteren Knochen als gewöhnlich.

Tabelle 57[1].
Kindliche Tetanie: Ultrafiltrierbarer Serumkalk (nach PINKUS).

	Serum		Ultrafiltrat	
	Ca mg-%	P mg-%	Ca mg-%	P mg-%
I. Aktive Tetanie	6,4	5,2	2,2	7,4
Völlige Heilung	8,5	3,1	5,1	7,5
II. Aktive Tetanie	5,8	6,0	2,0	7,1
Völlige Heilung	8,2	2,8	5,0	7,2
III. Aktive Tetanie	6,1	6,2	2,2	6,8
Völlige Heilung	8,7	3,0	5,3	7,0

Eine dem Parathormon entgegengesetzte Wirkung scheinen nach NITSCHKE auch hormonartige *Substanzen der lymphatischen Gewebe der Milz* (und der schon besprochenen Thymus) zu haben. Zwar erscheint

[1] Anmerkung: Die erhöhten P-Werte im Ultrafiltrat sind durch die Technik der Autoren bedingt; die niedrigen Ca-Werte nach „völliger Heilung" entsprechen noch nicht den Normalwerten; unter völliger Heilung ist hier die Heilung von manifest-tetanischen Symptomen verstanden.

noch nicht ganz sicher, ob es sich nicht um Kunstprodukte handelt, die erst bei der Verarbeitung erstanden sind. Es wird jedenfalls durch Injektion von Extrakten aus diesen Geweben der Calciumspiegel des Serums gesenkt, ebenso auch der Phosphatspiegel. Die erste Wirkung wird durch das wässerige Extrakt, die zweite durch das alkoholische Extrakt hervorgerufen. Es entwickelt sich ein schweres Vergiftungsbild mit Krämpfen, das aber kaum mit einer Tetanie identisch ist.

Injektionen des *Ovarialhormons* verursachen eine Senkung des Serumkalkspiegels um etwa 25—30%. Gleichzeitig erfolgt eine Mehrausscheidung von Calcium und Phosphat. Bei Kastrationen wird der Serumspiegel nicht beeinflußt, dagegen wird die Kalkbilanz deutlich positiv, wie dies in vielen Untersuchungen bei der Osteomalacie, die man unter Kastration zur Heilung kommen sah, beobachtet wurde.

Die übrigen Hormone haben keinen bedeutsamen Einfluß auf den Kalkstoffwechsel.

b) Vitamine.

Vitamin A und B haben keinerlei Einwirkung auf den Kalkhaushalt. Das gleiche scheint bei dem Vitamin C der Fall zu sein.

Die eigentliche (antirachitogene) Wirkung des *Vitamin D* wird nur im D-*hypo*vitaminotischen Organismus beobachtet. Sie ist im Abschnitt „Vitamine“ kurz besprochen. Vgl. den betr. Abschnitt im Kapitel „Ernährung“. Beim Gesunden hat das D-Vitamin in kleinen Mengen kaum Einfluß auf den Calcium- und Phosphorstoffwechsel. Bei größeren Dosen wird eine vorübergehende Erhöhung der Calciumsauscheidung durch den Kot, eine verminderte Ausscheidung im Urin beobachtet.

Bei Überdosierung wird vermehrt Kalk ausgeschieden. Diese vermehrte Kalkausscheidung stammt aus den Knochen, wie György durch seine Beobachtungen einer Osteoporose nach Vigantolvergiftung nachweisen konnte. Das aus den Knochen freigemachte Calcium reichert sich in allen möglichen Organen an.

Im Blut wird nach therapeutischen Gaben vom bestrahlten Ergosterin keine nennenswerte Veränderung des Calciumspiegels beobachtet. Bei Hypervitaminose D wird erst ein Anstieg, später ein Abfall des Serumcalcium festgestellt.

Die Beziehungen zwischen D-Vitamin und dem Hormon der Nebenschilddrüse. Durch Riesendosen von bestrahltem Ergosterin gelingt es, vermutlich vermöge ihrer kalkmobilisierenden Wirkung, die parathyreoprive Tetanie zu verhindern. Wahrscheinlich ist diese vorübergehende Heilung durch den sog. toxischen, das Serumcalcium erhöhenden Calcinosefaktor bedingt (vgl. im Abschnitt „Vitamine“. In dem Präparat A.T. 10 wird dieser Faktor mit Erfolg als Heilmittel für die idiopatische und parathyreoprive Tetanie verwandt. Gegenüber der infantilen Tetanie soll dieses dagegen wirkungslos sein.

2. Phosphat.

Die Aufnahme des Phosphors erfolgt zumeist in Form organischer Phosphorverbindungen, die im Darm zu anorganischem Phosphat umgesetzt werden. Der tatsächliche Bedarf an Phosphor ist nicht genau feststellbar. Zum Teil sind Daten bereits unter Calcium gegeben. Der tägliche Mindestbedarf beim Erwachsenen wird auf etwa 4 g geschätzt. Über die Notwendigkeit der Zufuhr von organischen Phosphatverbindungen liegen keine exakten Versuche vor. Einige Tierarten können ihren Bedarf rein aus organischem Phosphat decken. Die Ausscheidung des Phosphates erfolgt im Urin und im Kot. In ersterem erscheint es hauptsächlich an Aklali, in letzterem an Calcium, fast ausschließlich in der Verbindung $Ca_3(PO_4)_2$ gebunden. Bevorzugung des einen oder anderen Weges hängt von der Reaktionslage des Stoffwechsels ab sowie von der Menge des zugeführten Calciums und Fettes. Bei saurer Stoffwechsellage ist die Urinausscheidung gesteigert. *Im Urin ist stets eine geringe Konzentration an organischem Phosphat nachzuweisen* (10—20 mg je Tag).

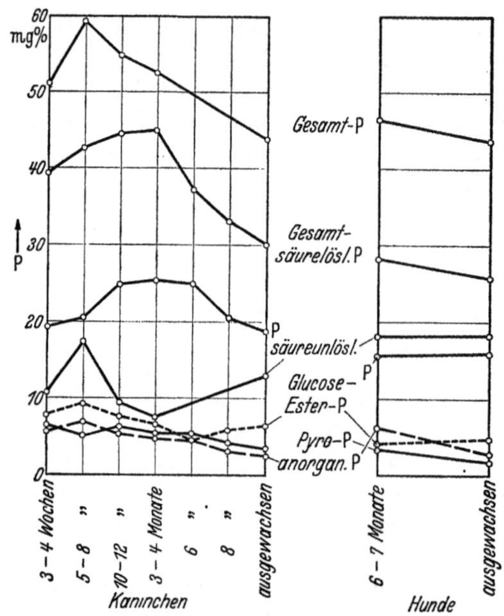

Abb. 11. Die P-Fraktionen des Gesamtblutes in der Wachstumsperiode. (Nach NISSEN.)

Der Bilanzstoffwechsel des Phosphats ist im ganzen außerordentlich schwer zu übersehen, weil Phosphat ja für die mannigfachsten Zwecke (Neutralitätsregulation, Knochenbildung usw.) Verwendung findet.

a) Intermediärer Stoffwechsel des Phosphates.

Das Blutphosphat. Im Blute ist Phosphat in den verschiedensten Bindungsformen vorhanden, und zwar hauptsächlich in den roten Blutkörperchen. Eine genaue Aufstellung hierüber wird in dem Kapitel „Biochemie der Körpersäfte“ gegeben. Hier interessiert in erster Linie das Verhalten in der Wachstumsperiode. Wie aus vorstehender Abb. 11 hervorgeht, zeigen *beim wachsenden Tier* fast alle P-Fraktionen des Gesamtblutes während des Wachstums im Endeffekt ein Absinken. Insbesondere auch das anorganische Phosphat. Das anorganische Phosphat, nach den meisten neueren Untersuchern im Plasma in etwas größerer Menge vorhanden als in den Blutkörperchen, zeigt auch beim Menschen in der Wachstumsperiode ein ähnliches Verhalten wie beim Tier. Der *anorganische P-Wert* im Serum beträgt nämlich *beim Säugling* mindestens *5 mg-%*, sinkt dann nur unwesentlich, um bei Beendigung der Wachstumsperiode ziemlich plötzlich auf den Erwachsenenwert von etwa 3 mg-% abzufallen. Ist er zur Zeit des stärksten Wachstums ganz bedeutend erhöht, so ist er bei Rachitis mit ihrer Wachstumshemmung auch in der frühen Kindheit stark herabgesetzt (oft bis weit *unter* den Erwachsenenwert), andererseits ist er bei Frakturheilung, also zu Zeiten erneuter Knochenbildung, auch beim Erwachsenen wieder erhöht. Das Verhalten der verschiedenen P-Fraktionen im Gesamtblut während des Wachstums *beim Menschen* zeigt nachstehende Tabelle 58 nach NISSEN.

Tabelle 58. Phosphorfraktionen des Gesamtblutes beim Menschen während des Wachstums (alle Werte in mg-%) (nach NISSEN).

Alter	Gesamt-P	Säure-unlöslicher P	Säure-löslicher P	Säurelöslicher P			
				anorganischer P	Pyrophosphat-P[1]	Hexosephosphat-P	Rest-P[2]
1— 2 Monate	35,1	12,4	22,7	5,6	4,7	2,8	9,8
3— 4 ,,	37,2	12,7	24,5	4,8	5,3	4,0	10,4
4— 8 ,,	43,7	18,4	25,3	4,5	4,7	4,6	11,4
10—11 ,,	40,9	14,6	26,3	4,4	3,9	5,0	12,8
1— 2 Jahre	40,0	14,0	26,0	4,7	4,3	4,6	12,5
3— 5 ,,	51,5	23,3	28,2	4,0	4,8	5,9	13,5
7— 9 ,,	52,4	27,6	24,8	4,3	3,9	5,5	10,9
10—14 ,,	37,0	11,0	26,1	4,3	4,4	5,5	12,0
20—40 ,,	37,5	12,7	24,8	3,4	4,2	5,7	11,4

[1] Chemisch besteht diese Fraktion aus Adenylpyrophosphorsäure.
[2] Chemisch besteht diese Fraktion fast ausschließlich aus Glycerinphosphorsäure.

Die Harn-Phosphatausscheidung. In der Ausscheidungsweise der Phosphate durch die Nieren zeigt sich zwischen Erwachsenem und Kind kein Unterschied. Nach den neueren Untersuchungen wird angenommen, daß in der Niere durch die Nierenphosphatase aus den Phosphatestern des Blutes (insbesondere Diphosphylglycerinsäure) anorganisches Phosphat frei gemacht wird und als solches zur Ausscheidung gelangt. FREUDENBERG nimmt neuerdings auf Grund experimenteller Untersuchungen an, daß bei Säurenvermehrung im Plasma für die in die Erythrocyten einwandernden Cl′ nicht nur HCO_3', sondern auch HPO_4'' aus denselben ins Plasma wandern. Der Säureanstieg in den Blutkörperchen setzt ihre Phosphatase in Tätigkeit und sorgt dafür, daß dafür aus ihren P-Estern immer wieder neues anorganisches Phosphat gebildet wird. Auf diese Weise würden also jene die Quelle des Harnphosphates darstellen.

Im Urin treffen normalerweise Phosphationen mit Calciumionen und Magnesiumionen zusammen. Die Konzentrationen liegen so hoch, daß es zur Bildung von Niederschlägen kommen könnte. Dies geschieht nicht, weil im Urin kolloide, ätherlösliche Körper nachzuweisen sind, mit deren Hilfe Calcium- und Magnesiumphosphate in Lösung erhalten werden.

Fehlen diese kolloiden Körper, so kommt es zur Anomalie der *Phosphaturie*, die ja im Kindesalter nicht selten ist. Bei dieser Erkrankung besteht kaum eine vermehrte Ausscheidung der drei Komponenten im Urin; die Reaktion ist nicht alkalischer als die eines normalen Harns.

Einfluß von Hormonen auf den Phosphatstoffwechsel. Von diesen ist als wichtigstes das *Insulin* zu nennen. Die Beeinflussung erfolgt dadurch, daß es die Lactacidogen- und Phosphagensynthese bestimmend beeinflußt. Unter *Schilddrüsen*extrakten tritt eine vermehrte Ausscheidung von Phosphor im Urin auf. Die *Parathyreoidea* hat ebenfalls Einfluß auf den Stoffwechsel des Phosphates. Bei Unterfunktion, wie bei der parathyreopriven Tetanie, tritt eine sehr deutliche Erhöhung des Serumphosphates in Erscheinung. Zufuhr des Hormons beseitigt diesen Zustand.

Rachitis und Vitamin-D-Wirkung. Für unsere Frage der Unterschiede des kindlichen Mineralstoffwechsels von dem des Erwachsenen ist vor allem die Beeinflussung des Phosphorhaushaltes durch das Vitamin D zu nennen. Wie erwähnt, tritt bei der kindlichen Rachitis eine erhebliche Senkung des anorganischen Phosphates (nach FREUDENBERG u. a. übrigens auch eine solche des Ester-P in den Erythrocyten) auf. Durch Zufuhr von Vitamin D erfolgt als erste Heilerscheinung eine Erhöhung des Serumphosphates. Auch bei der D-Hypervitaminose steigen die Plasmaphosphate stark an.

b) Der Bilanzstoffwechsel des Phosphates.

Hinsichtlich dieses vergleiche die für den Bilanzstoffwechsel des Calciums auf S. 143 angegebenen, weiter vorstehenden Tabellen.

3. Magnesium.

Der Stoffwechsel des Magnesiums verläuft gewöhnlich als Begleiter des Kalkes. Jedoch ist das Magnesium in seinen Funktionen im Organismus deutlich vom Calcium unterschieden. Als Baustein der festen Körpergewebe ist es durch das Calcium nicht ersetzbar.

Über den Bedarf des Körpers an Magnesium liegen, wie schon oben berichtet, nur sehr unbestimmte Zahlen vor. Die Ausscheidung des Magnesiums erfolgt wie beim Calcium zum größeren Teil im Kot, zum kleineren im Urin; doch ist der Unterschied gemäß der größeren Löslichkeit der Magnesiumsalze nicht so groß wie beim Calcium.

Im Blut befindet sich das Magnesium ebenfalls nur zum Teil in echter ionisierter Lösung. Etwa 40% sind ultrafiltrabel; der Rest ist an Eiweiß gebunden. Als Konzentration des Magnesiums im Blut werden von BOMSKOV für Erwachsene Werte von 1,7—2,5 mg-% angegeben, für Kinder *1,3—2,5 mg-%*. Bei Mangel an Vitamin D zeigen Kinder eine auffällige Erniedrigung bis auf 0,8—1,1 mg-%. Im Gesamtblut werden im Durchschnitt 4,55 mg-% gefunden, entsprechend für die Blutkörperchen höhere Zahlen von 6,6 mg-% (GREENBERG).

Von Bedeutung für den Calciumhaushalt und damit die Verknöcherung sind die Wechselwirkungen des Magnesiumstoffwechsels auf den Calcium- und Phosphathaushalt. Eine vermehrte Magnesiumsalzzufuhr, gleichgültig, ob sie oral oder parenteral erfolgt, führt zu einer Mehrausscheidung von Calcium durch den Urin, bei jungen Tieren auch zu Phosphatverlusten. Als Erklärung hierführ kann die mehrfach beobachtete Erscheinung angesehen werden, daß das Magnesium auf die Bindungsfähigkeit der Serum- und Gewebskolloide für Calcium und Phosphat einwirkt; nach intravenösen Magnesiumsalzgaben ist eine vermehrte Ultrafiltrierbarkeit des Serumcalciums festzustellen.

Über den *Bilanzstoffwechsel des Magnesiums im Säuglingsalter* vgl. die weiter vorstehenden Tabellen nach SWANSON (S. 130), CZERNY-KELLER (S. 136) und CRONHEIM und ERICH MÜLLER (S. 137).

VII. Jod[1].

Gehalt und Verteilung im Körper. Jod wird dem Körper in kleinsten Mengen mit fast jedem Nahrungsmittel zugeführt. In welcher Form es dort aufgenommen wird, entzieht sich unserer Kenntnis. Jedenfalls weist der menschliche Körper einen deutlichen Jodgehalt schon bei der Geburt auf. Die Verteilungen im Körper ist folgende, daß ungefähr $^1/_2$ des gesamten Körperjods sich in den Muskeln befindet, $^1/_7$ in der Schilddrüse, $^1/_{10}$ in der Haut und $^1/_{15}$ in den Knochen. In der Schilddrüse von Feten und Neugeborenen werden nur sehr geringe Spuren von Jod nachgewiesen, und zwar betragen diese nach ABELIN 0 bis etwa 15 γ J im Gramm Schilddrüsensubstanz. Über das erste Erscheinen des Jods in der Schilddrüse während der fetalen Entwicklung und sein weiteres Verhalten während derselben stellte LELKES Untersuchungen an (vgl. Bd. 2, S. 40). Genau wie bei den sonstigen menschlichen Schilddrüsen sind auch bei den Neugeborenen-Schilddrüsen regionale Unterschiede im Jodgehalt nachzuweisen. So werden z. B. für Danzig Zahlen von 14,5 bis 18 γ im Gramm Schilddrüse angegeben. Zahlen, die vielleicht in dem reichen Jodgehalt der mütterlichen Ernährung (Fischnahrung) ihre Erklärung finden.

---

[1] Vgl. dazu auch den Abschnitt „Schilddrüse" von THOMAS in Bd. 2, S. 37—46.

Jodwerte in Blut und Liquor. Im Blut sind *bei Erwachsenen* im Sommer etwa 12,8 γ-%, im Winter etwa 8,3 γ-% Jod vorhanden. *Bei Kindern* im 1. Halbjahre werden Zahlen angegeben, die etwas tiefer liegen, und zwar 8,8 γ-% bei Knaben, 6,3 γ-% bei Mädchen. Im 2. Halbjahr lauten die gleichen Zahlen 9 γ-% und 7,1 γ-%. Dagegen sind schon im 2. Jahre die Werte ungefähr die gleichen, wie beim Erwachsenen (MACCIOTTA). Diese Befunde sind wichtig, weil verschiedentlich Beziehungen des Jodgehaltes des Blutes bei Kindern (und damit der Schilddrüsenfunktion) zur Entstehung der Rachitis behauptet worden sind (NITSCHKE). TOEPFER sowie FASOLD sahen bei der Rachitis jedoch keinerlei Erniedrigung von Jod im Blut. MACCIOTTA stellte sogar eine deutliche Erhöhung fest, die sich nach Bestrahlung erniedrigte.

Zufuhr von Jodsalzen ruft eine Steigerung des Jodgehaltes hervor, die nach 24 Stunden wieder abgeklungen ist. Die Steigerung betrifft hauptsächlich die nicht alkohollösliche Fraktion des Blutjods. Im Blut werden nämlich zwei Formen des Jodes unterschieden: die alkohollösliche und nicht alkohollösliche Fraktion. Im Liquor werden bei Kindern 4 bis 6 γ-$^0/_0$ Jod nachgewiesen (CONCAS). Das Verhältnis vom Jod im Blut zu Jod im Liquor beträgt durchschnittlich 1,5—5,5.

Stoffwechsel. Über den Stoffwechsel des Jodes sind wir durch die Untersuchungen von v. FELLENBERG unterrichtet worden. Beim Erwachsenen liegt die zur Erhaltung des Stoffwechselgleichgewichtes benötigte Mindestmenge an Jod bei etwa 14 γ pro Tag. Über den Bedarf des kindlichen Organismus an Jod sind wir nicht näher unterrichtet.

Die Resorption des Jods erfolgt zum größten Teil in ähnlicher Weise wie die des Chlors, im Dünndarm. In Fett gelöstes Jod soll am besten resorbiert werden, etwas schlechter Jodalkalien, am wenigsten gut das pflanzliche Jod.

Die Ausscheidung des resorbierten Jods erfolgt zum größten Teil durch den Urin. Auch durch die Haut kann bei starkem Schwitzen Jod abgegeben werden. Das im Magen und in der Galle erscheinende Jod ist wohl als Begleiter des Chlors bei der Magensaftproduktion anzusehen.

Die Ausscheidung des Jodes erfolgt ziemlich langsam, zum Teil wird es erst in Depots abgelagert. Und zwar unterscheidet man zwei verschiedene Depots: Schilddrüse, Thymus, Milz und wohl überhaupt alle innersekretorischen Organe speichern Jod in Form eines langsam jodabgebenden Körpers; in Haut und in Lunge wird dagegen eine leicht abspaltbare Jodreserve gespeichert.

Bei Zufuhr von jodhaltigen Schilddrüsenstoffen verläuft Speicherung und Ausscheidung etwas anders. Intravenös zugeführtes Thyroxin wird zu 50—60% durch die Galle in den Darm ausgeschieden. Dabei besitzt das in den Faeces erscheinende Jod jedoch keine spezifische Schilddrüsenwirkung mehr. Eine Speicherung von Jod in der Schilddrüse läßt sich danach im Gegensatz zu den Beobachtungen nach Jod-Alkalizufuhr nicht finden. Bei oraler Zufuhr von Schilddrüsenpulver wird nur sehr wenig Jod resorbiert (s. o.), und auch dieses wieder zum größten Teil in der Galle ausgeschieden.

Jodzufuhr an stillende Frauen ergibt eine gewisse Anreicherung des Jodgehaltes in der Milch. Doch ist diese Anreicherung zu gering und ungleichmäßig, als daß sie therapeutisch nutzbar gemacht werden könnte.

VIII. Die im Körperhaushalt weniger verbreiteten Mineralien.

Neben den bisher behandelten Mineralien sind im Körper noch eine Reihe von Mineralien nachgewiesen, die nur in Spuren vorhanden sind. Trotzdem können sie, wie weiterhin dargelegt werden wird, für den Körper von großer Bedeutsamkeit sein. Im folgenden soll kurz auf den normalen Stoffwechsel dieser Stoffe eingegangen und ihre Besonderheiten im Kindesalter besprochen werden. Da ihre Beziehungen zur Physiologie des Körperhaushaltes noch wenig geklärt sind, erfolgt die Besprechung geordnet nach den chemischen Gruppen.

1. Gruppe I.

Als Begleiter der beiden Alkalimetalle erscheinen im menschlichen Stoffwechsel auch die drei anderen Metalle dieser Gruppe der physiologisch bedeutsamen Alkalien (Lithium, Rubidium und Cäsium).

Kupfer. Von biologischer Bedeutsamkeit ist in dieser Gruppe der Stoffwechsel des *Kupfers*. Der Kupfergehalt des menschlichen Körpers ist nicht gering. Kupfer wird mit jedem Nahrungsmittel in geringen Mengen aufgenommen. Ein Teil des Kupfers wird sicherlich resorbiert, da im Urin stets eine, wenn auch geringe Konzentration von Kupfer nachzuweisen ist (bis 0,7 mg je Tag).

Im Blut befindet sich ständig eine Kupferkonzentration von 0,06 bis 0,12 mg-%, die gleichmäßig auf Blutkörperchen und Plasma verteilt ist. Beim Neugeborenen werden gleiche Werte (0,06—0,14 mg-%) angegeben. Injektionen von Kupferionen erhöhen den Spiegel vorübergehend. Im Körper des Erwachsenen ist, wie nachstehende Tabelle 59 zeigt, normalerweise Kupfer in größeren Konzentrationen fast ausschließlich in Leber, Milz und Nieren nachgewiesen. Bei starker Zufuhr wird es zunächst in der Leber gespeichert.

Tabelle 59. Cu-Gehalt der Organe des menschlichen Körpers in mg-% der frischen Substanz.

Leber	0,1 —1,29	Gehirn	0,36—0,68
Milz	0,32 —0,56	Knochen	0,37—0,40
Pankreas	0,19	Urin	0 —0,7
Nieren	0,12 —0,20	Frauenmilch	0,04—0,06
Schilddrüse	0,145—0,147		

Für die biologische Bedeutsamkeit des Metalls spricht, daß schon Neugeborene in der Leber ein deutliches Kupferdepot aufweisen, wie nachstehende Tabelle 60 zeigt.

Tabelle 60. Cu-Gehalt menschlicher Lebern.

	Frische Substanz mg/kg		Frische Substanz mg/kg
Erwachsene	a) 1,6— 8,5	Schwangerschaft . .	11,1—12,75
	b) 1,3— 8,8	Kinder	6,9—57,6
	c) 2,9—12,9	Feten	9,9—61,9

Es ist also eine deutliche Speicherung des Kupfers in der Leber des Neugeborenen vorhanden, und zwar wird diese sowohl dadurch erreicht, daß während der ganzen Schwangerschaft die Kupferkonzentration im Blute bis fast auf das Doppelte erhöht ist (0,19 mg-%), und auch in der Leber von schwangeren Frauen reichert sich ja, wie Tabelle 60 zeigt, das Kupfer an.

Dazu ist ferner wichtig, daß nach VELICH *im Colostrum* zunächst eine Kupferkonzentration von 0,25—0,62 mg-% nachzuweisen ist, die eine allmähliche Senkung erfährt. Am 6. Tage nach der Geburt ist die Konzentration bereits auf 0,22 mg-% angelangt.

Über die Bedeutung des Kupfers für den Stoffhaushalt unterrichten insbesondere seine Wirkungen auf die verschiedenen Anämieformen. Bei Anämien wirkt das Kupfer blutregenerierend, und zwar anscheinend nur bei gleichzeitiger Gabe von Eisen. Wahrscheinlich spiegelt sich hieran seine Bedeutung als Katalysator; andere Metalle können es nicht ersetzen. Bei solchen Kupferzulagen vollziehen sich Umsetzungen im Eisenhaushalt. Das Lebereisen nimmt rasch ab.

Tabelle 61. Cu und Fe im Blut bei Anämien (nach SACHS).

Erythrocyten in Mill.	Fe in mg-%	Cu in mg-%
6,08	53,16	0,113
3,5	39,36	0,200
4,38	44	0,158
5 (4,5)	50 (45)	0,132

Bei Anämien kann man im Blute ein umgekehrtes Verhältnis zwischen der Konzentration an Kupfer und Eisen feststellen, wie aus der nebenstehenden Tabelle 61 hervorgeht.

Zink. Auch das *Zink* ist in fast allen tierischen Organen nachzuweisen. Bei normaler Kost scheidet ein Erwachsener im Urin 0,25 bis 2 mg, in den Faeces 6,4—19,9 mg aus. Auch beim Zink muß eine Speicherung beim Neugeborenen stattgefunden haben (ARON-GRALKA). Dieses Depot nimmt während der Brusternährung ab, um bei Zufütterung von Beikost plötzlich wieder anzusteigen. Im ganzen ist aber der kindliche Körper ärmer an Zink als der erwachsene. Eine Analyse von GIAJA (nach KLINKE) zeigt, daß der Körper eines 3 Monate alten Kindes

0,88 mg-% Zink enthält, der Körper eines 70 Jahre alten Greises jedoch bedeutend mehr, nämlich 4,8 mg-%. Über den Gehalt an Zink der einzelnen Organe unterrichtet Tabelle 62:

Tabelle 62. Zn-Gehalt menschlicher Organe in mg-% der frischen Substanz.

Leber	1,77—8,68	Lungen	3,5
(beim Neugeborenen	4,05)	Gehirn	0,52—4,5
Eingeweide	1,7	Muskeln	3—5
Milz	4,4	Urin	1,6 mg/Tag
Nieren	6	Faeces	3,19 mg/Tag
Herz	3,3	Frauenmilch	0,13

Im Blut sind nach BASSANIE 0,74—1,4 mg-% Zink nachzuweisen, im Plasma nur 0,3—0,69 mg-%, so daß also der Hauptteil auf die Erythrocyten entfällt.

2. Gruppe II.

In Gruppe II ist allein das *Strontium* von biologischem, insbesondere pharmakologischem Interesse. Es tritt als Begleiter der Erdalkalien auf und kann das Calcium in mancher Beziehung ersetzen. Die übrigen Stoffe der 2. Gruppe haben im wesentlichen nur pharmakologische Bedeutung.

3. Gruppe III.

Aluminium ist in fast allen Organen des Körpers zu finden. Die Zahlen lauten: Menschliches Gehirn 0,203 mg-%, Herz 0,225 mg-%, Leber 0,024 mg-%, Galle 0,060 mg-%. Der Gesamtkörper eines neugeborenen Kindes enthält 0,6 mg-%. Beim Erwachsenen beträgt der Gehalt im Durchschnitt zwischen 0,07—0,08 mg-%. Also auch bei diesem Metall scheint eine gewisse Speicherung im neugeborenen Körper vorzuliegen.

Im Blut sind etwa 0,2 mg-% nachzuweisen.

4. Gruppe IV.

Die Elemente der IV. Gruppe haben bis auf das *Silicium* kaum eine biologische Bedeutung. Genaue Kenntnisse über dieses Element besitzen wir nicht, weil die Bestimmungsmethodik so subtil ist, daß sehr verschiedenartige Ergebnisse einander gegenüber stehen. Kieselsäure muß einen Stoffwechsel im menschlichen Körper aufweisen, da in einzelnen Geweben des Körpers stets ein Siliciumgehalt nachzuweisen ist. *Im Blut* wird eine Menge von 6,3 mg-% SiO_2 (auf die *Trockensubstanz* bezogen) als Durchschnitt angegeben.

5. Gruppe V.

In der *V. Gruppe* hat nur das *Arsen* Interesse. Arsen wird auch beim Gesunden in mehr oder minder großer Menge in fast allen Organen nachgewiesen. Nach einer neueren Tabelle sind für den Menschen folgende Zahlen angegeben:

Tabelle 63. Arsengehalt in γ-% (nach KLINKE).

Leber	11,1	Herz	9,9	Nägel	17,2
Hirn	10,6	Lunge	9,5	Haare	9,7
Milz	8,8	Schilddrüse	13,1	Blut	83,0
Gehirn	11,1	Knochen	8,8		

Als hauptsächlichstes Speicherorgan scheint die Milz zu fungieren. Im Urin wird auch normalerweise eine geringe Menge von Arsen, etwa 8 γ, ausgeschieden, die sich erhöht, wenn arsenreiche Nahrungsmittel, wie etwa Seefische, genossen werden. *Im Blut* wird eine Konzentration von 0,083 mg-% als physiologisch angegeben. Die Konzentration soll sich während der Schwangerschaft erhöhen (mit einem Maximum von 0,144 mg-% im 5. oder 6. Monat). Dies würde bedeuten, daß auch für den Neugeborenen das Arsen eine gewisse Bedeutsamkeit hat. Untersuchungen über den Arsengehalt von Neugeborenen und Kindern liegen aber nicht vor.

6. Gruppe VI.

In Gruppe VI ist kein Element von biologischer Bedeutung.

7. Gruppe VII.

Fluor ist im Körper in einzelnen Organen in geringer Menge vorhanden. Ein Stoffwechsel muß trotzdem stattfinden, da bei einer fluorarmen Ernährung ein Absinken des Fluorgehaltes in den Zähnen nachgewiesen ist (Zähne haben bis 0,18 mg-% Fluor in der Zahnasche; Haut, Nägel, Haare bis 0,4 mg-%). *Im Blut* wird eine Konzentration von etwa 0,2 mg-% Fluor angegeben. (Nach unbestätigten Untersuchungen von STUBER soll bei Hämophilie eine Erhöhung bis 4 mg-% stattfinden.)

Brom kann im Regelungsstoffwechsel als ziemlich gleichwertiger Ersatz des Chlors auftreten; Resorptions- und Ausscheidungsverhältnisse sind etwa die gleichen. Auch seine Speicherung vollzieht sich nach ähnlichen Gesetzmäßigkeiten, wie die des Chlors, wenngleich sich die Quotienten Cl/Br durchaus nicht in allen Organen proportional verschieben. Über den Bromgehalt der Gewebe unterrichtet die nachfolgende Tabelle 64.

In der Hypophyse soll sich nach ZONDEK der Bromgehalt zunehmend verringern, so daß bei einem Alter unter 45 Jahren ein Gehalt von

Tabelle 64. Bromgehalt in mg-%.

Blut	um 1	Nieren	0,25
Liquor	0,10—0,15	Hypophyse	15—30
Leber	0,18—0,37	Medulla	0,38—0,41
Lungen	0,14—0,28	Urin	0,30—0,75

15—30 mg-% die Norm ist, während bei einem Alter über 75 Jahren nur Spuren gefunden werden können.

Der *Bromgehalt des Blutes* beträgt 0,51—0,66 mg-%, davon 55 bis 78% organisches Brom. Er steigert sich bei Frauen am Ende der Menstruation; nachher sinkt er unter seinen normalen Wert. Die Beziehungen, die zwischen dem Bromgehalt des Blutes und dem manisch-depressiven Irresein zeitweise angenommen wurden, haben Nachprüfungen nicht standhalten können. Über den Bromgehalt des Blutes von Kinder liegen keine Untersuchungen vor.

Vom *Mangan*stoffwechsel weiß man nur, daß im menschlichen Urin etwa 0,2 mg/Liter nachzuweisen sind, und daß das Blut 0,03 bis 0,15 mg-% enthält. Dagegen ist seine Bedeutsamkeit für das Wachstum und die Fortpflanzung sichergestellt. Das Wachstum junger Ratten wird durch Manganzugabe in eindeutiger Weise gefördert. Ein Übermaß von Mangan in der Ernährung schädigt die Tiere nicht.

Literatur.

I. Zusammenfassende Abhandlungen.

ABELIN: Jodstoffwechsel. Handbuch der normalen und pathologischen Physiologie, Bd. 16, Teil 1, S. 94. 1930.

ARON: Biochemie des Wachstums des Menschen und der höheren Tiere. Handbuch der Biochemie, 2. Aufl., Bd. 7, S. 152. 1927.

ARON u. GRALKA: Die anorganischen Bestandteile des Tierkörpers. Handbuch der Biochemie, 2. Aufl., Bd. 1, S. 1. 1924.

— — Stützgewebe und Integumente der Wirbeltiere. Handbuch der Biochemie, 2. Aufl., Bd. 4, S. 222. 1925.

ARON u. KLINKE: Die Bioelemente (außer Jod). Handbuch der Biochemie, 2. Aufl., Ergänzungswerk, Bd. 1A, S. 1. 1934.

— — Stützgewebe und Integumente. Handbuch der Biochemie, 2. Aufl., Ergänzungswerk, Bd. 2, S. 143. 1934.

— — Biochemie des Wachstums. Handbuch der Biochemie, 2. Aufl., Ergänzungswerk, Bd. 3, S. 75. 1936.

FREISE: Mineralstoffwechsel. Handbuch CZERNY-KELLER, 2. Aufl., Bd. 2, S. 726. 1928.

FREUDENBERG u. GYÖRGY: Der Verkalkungsvorgang bei der Entwicklung der Knochen. Erg. inn. Med. **24**, 17 (1923).

GYÖRGY: Avitaminosen und verwandte Krankheiten. (Monographie von STEPP und GYÖRGY.) Berlin 1927.

HEUBNER, W.: Mineralstoffwechsel. Handbuch der normalen und pathologischen Physiologie, Bd. 16, Teil 2, S. 1416. 1931.

KLINKE: Der Mineralstoffwechsel. Leipzig u. Wien 1931.

— Tabulae Biologicae periodicae, Vol. IV, p. 209. 1934.

KLINKE: Mineralstoffwechsel. Handbuch der Biochemie, 2. Aufl., Ergänzungswerk, Bd. 3, S. 487. 1936.
WENDT, v.: Mineralstoffwechsel. Handbuch der Biochemie, 2. Aufl., Bd. 8, S. 183. 1925.

II. Einzeldarstellungen.

BAKWIN, H.: Amer. J. Dis. Childr. **34**, 994 (1927).
— Amer. J. Hyg. **15**, 766 (1932.)
BARKAN: Klin. Wschr. **1923 I**, 1050.
BLASZO, S.: J. Kinderheilk. **151**, 254 (1930).
BOMSKOV, CH.: Z. exper. Med. **85**, 142 (1932).
— J. of biol. Chem. **99**, 17 (1932).
— Hoppe-Seylers Z. **210**, 67 (1932).
BROCK, J.: Z. Kinderheilk. **44**, 163 (1927).
BROWN, H.: J. of biol. Chem. **68**, 729 (1926); **75**, 789 (1927).
BÜRGER, M.: Klin. Wschr. **1924 II**, 1349.
BURNS, C. M.: Biochemic. J. **30**, 1207 (1936).
CLEMENT, R.: Hoppe-Seylers Z. **178**, 62 (1928); **185**, 237 (1929).
CONCAS, G.: Riv. Clin. pediatr. **34**, 882 (1936).
DANIELS, H.: Amer. J. Dis. Childr. **47**, 499 (1934).
— J. Nutrit. **10**, 373 (1935).
DARROW, D. C.: J. of biol. Chem. **123**, 294 (1938).
FANCONI: Mschr. Kinderheilk. **78**, 1 (1939).
FASOLD, H.: Z. Kinderheilk. **56**, 408 (1934).
FELLENBERG, v.: Erg. Physiol. **25**, 312 (1925).
FREUDENBERG: Klin. Wschr. **1935 II**, 1530.
GARRAHAHN, J. P.: Ber. Physiol. **86**, 445 (1935).
GREENBERG, D. U.: J. of biol. Chem. **139**, (1933).
HELLMUTH, K.: Klin. Wschr. **1925 I**, 454; **1929 II**, 1362.
HESS, A. F.: J. of biol. Chem. **100**, 27, 57 (1933).
HEYMANN, W.: Z. Kinderheilk. **49**, 748, 761 (1930).
HOFFSTRÖM, P.: Skand. Arch. Physiol. (Berl. u. Lpz.) **23**, 326 (1910).
HOLT, E.: Amer. J. Dis. Childr. **19**, 97, 201 (1926).
JOB and SWANSON: Amer. J. Dis. Childr. **47**, 302 (1934).
KERPEL-FRONIUS, E.: Ber. Kinderheilk. **42**, 80 (1932).
KRAMER, B.: J. of biol. Chem. **79**, 147 (1928).
LEICHER: Dtsch. Arch. klin. Med. **141**, 85 (1922).
LELKES, Z.: Endokrinol. **13**, 35 (1933).
LESNE: C. r. Soc. Biol. Paris **105**, 427 (1930).
MACCIOTTA, G.: Riv. Clin. pediatr. **34**, 933 (1936).
NISSEN, H.: Z. Kinderheilk. **57**, 289 (1935).
NITSCHKE, A.: Klin. Wschr. **1928 II**, 1327.
— Z. Kinderheilk. **56**, 690 (1934).
OEHME, C.: Naunyn-Schmiedebergs Arch. **104**, 115 (1924).
— Dtsch. Arch. klin. Med. **154**, 107 (1927); **160**, 233 (1928).
ORNSTEIN, J.: C. r. Soc. Biol. Paris **115**, 1355 (1934).
OSBORNE und MENDEL: J. of biol. Chem. **34**, 130 (1918).
PAFFRATH, H.: Z. Kinderheilk. **54**, 343 (1933).
ROMINGER, E. u. MEYER: Arch. Kinderheilk. **80**, 195 (1927).
— — Z. Kinderheilk. **47**, 721 (1929).
SACHS, A.: Arch. int. Med. **58**, 523 (1936).
— Proc. Soc. exper. Biol. a. Med. **35**, 6 (1936).
SALIT, P. W.: Amer. J. Ophthalm. **17**, 818 (1934).
SCHEER, K.: J. Kinderheilk. **91**, 304 (1920); **94**, 295 (1921).

SCHOBER, W.: Mschr. Kinderheilk. **26**, 297 (1923).
SHOJI, T.: Ber. Physiol. **100**, 59 (1937).
SNELLING, CH. E.: J. of Pediatr. 2, 546 (1933).
SOBEL, J. P.: Amer. J. Dis. Childr. **45**, 486 (1933).
SWANSON, W. W.: Amer. J. Dis. Childr. **43**, 10 (1932); **45**, 1036 (1933).
SWARTZ, K.: J. Nutrit. **3**, 229 (1930).
TOEPFER, D.: Z. Kinderheilk. **56**, 693 (1934).
TÖRÖK, G.: Mschr. Kinderheilk. **60**, 20 (1934).
— Arch. Kinderheilk. **102**, 217 (1934).
ULLRICH, O.: Z. Kinderheilk. **47**, 105, 581 (1929).
VELUTZ, A.: Ber. Physiol. **94**, 297 (1936).
WARBURG, O.: Katalytische Wirkungen der lebenden Substanz. Berlin 1928.
WASSERMEYER, H.: Klin. Wschr. **1928 I**, 529.

Anhang.

Der Eisenstoffwechsel[1].

Von JOACHIM BROCK-Bad Dürrheim.

Der kindliche, insbesondere frühkindliche Eisenstoffwechsel kann erst abgehandelt werden, nachdem die Verhältnisse beim Erwachsenen besprochen sind, deren Kenntnis nicht vorausgesetzt werden kann, da die Anschauungen über den Eisenstoffwechsel gerade in den letzten Jahren starke Wandlungen erfahren haben.

1. Allgemeines und die Verhältnisse beim Erwachsenen.

Der Eisenbestand des Körpers. Bezüglich des Eisenbestandes des Körpers muß man unterscheiden das Hämoglobineisen, das Gewebseisen der blutfreien Organe sowie das Reserve- oder Depoteisen in Milz und Leber. Da einem normalen Erwachsenen von 70 kg Körpergewicht $5^1/_2$ l Blut mit einem Hämoglobingehalt von 16g-% zukommen und Hämoglobin 0,335 g-% Fe enthält, enthält der Erwachsenenkörper rund 4 mg-% oder annähernd 3 g Hämoglobineisen. Die Angaben über das Gewebseisen, von dem ein kleiner Teil das O_2 übertragende „Atmungseisen“ (WARBURG) ausmacht, lauten recht verschieden. Nimmt man als Mittelwert 3 mg-%, so entsprächen diese einem Körperbestand von etwa 2 g. In der Leber des Erwachsenen können bei normaler Kost etwa 12—18 mg-% (= 0,225 g), in der Milz der etwa 5fache Wert, also 75 mg-% (= 0,112 g) Reserve- oder Depoteisen angenommen werden, zusammen also etwa 0,337 g.

Bei Kleintieren, z. B. Ratten, bei denen das Relativgewicht der inneren Organe bedeutend höher ist, ist das gegenseitige Verhältnis dieser Eisen-

[1] Wegen der engen Beziehungen des Eisenstoffwechsels zu dem vom Herausgeber bearbeiteten Kapitel „Blut“ (Bd. 1, S. 84—124) hat dieser auch den Abschnitt über den Eisenstoffwechsel verfaßt.

werte vielmehr zugunsten des Depoteisens verschoben, bis zu einem gewissen Grade gilt dies auch für Säugling und Kleinkind.

Intermediärer Eisenstoffwechsel. Da man von einem Stoffwechsel des Gewebseisens im Sinne der Abnutzung nichts weiß, muß dieser hier außer Betracht bleiben. Dagegen müssen nach den verschiedenen Autoren durch die Blutmauserung täglich 40—100 mg Fe intermediär anfallen. Die Lebensdauer der Erythrocyten wird ja verschieden angegeben. Der von ADLER angegebene Wert für die tägliche Urobilinausscheidung mit dem Stuhl — vgl. Bd. 1, S. 107 — entspricht übrigens der oberen Grenze dieser Umsatzwerte, wenn man in Rechnung stellt, daß Hämoglobin ein etwa 100mal größeres Molekulargewicht hat, als Hämatin und die daraus entstehenden Gallenfarbstoffe Bilirubin und Urobilinogen.

Man nimmt jetzt an, daß die Abspaltung des Eisens aus dem Hämatin in der Milz erfolgt. Von hier wird dieses in die Leber abtransportiert und von dieser dem Wiederaufbau von Hämoglobin wieder zur Verfügung gestellt. Es handelt sich hierbei um einen intermediären Kreislauf des Eisens, der normalerweise anscheinend ohne nennenswerten Verlust vor sich geht, wie folgender eindrucksvolle Versuch von LINTZEL und RADEFF zeigt:

Tabelle 65. Ratten mit normaler Eisenreserve: Eisenfrei ernährt, in Unterdruckkammer (mg Fe pro Körperkilogramm).

	a Hgb.-Fe	b Rest-Fe in Milz und Leber	a + b (Summe)	Gesamt-Fe des Körpers
Vor dem Versuch	19,9	16,6	36,5	53,2
Nach 3 Wochen Unterdruck	29,6	6,1	35,7	58,4
Nach 3 Wochen wieder Normaldruck	22,1	14,4	36,5	56,2

Dieser innere Kreislauf des Eisens wird ermöglicht durch die Leistung des in Milz und Leber vorhandenen reticuloendothelialen Systems (RES.). Durch Blockierung desselben mittels Thorotrast konnte THOENES bei Tieren den Wert an säurelöslichem Eisen im Plasma auf $1/_2$ bis $1/_3$ senken und damit wahrscheinlich machen, daß der Grad der Blutmauserung den Serumeisenspiegel mitbestimmt. Damit stimmt gut überein, daß auch die Gallenfarbstoffproduktion durch Thorotrast eine entsprechende Verminderung erfährt (HELD), und daß andererseits bei Krankheiten mit gesteigertem Blutuntergang (perniziöse Anämie, hämolytischer Ikterus) nicht nur das Bilirubin, sondern auch das säurelösliche „Transporteisen" im Serum vermehrt ist (LOCKE, MAIN und ROSBACH, DOMINICI). Der Normalwert an säurelöslichem Eisen beträgt etwa 0,1 mg-% (entspricht also nur einem geringen Bruchteil des „leichtabspaltbaren Bluteisens" nach BARKAN, welches $1/_{20}$ des Hämoglobineisens ausmacht und von manchen für ein Kunstprodukt gehalten wird).

Daß der Serumeisenwert auch durch enterale Eisenaufnahme erhöht werden kann, wenn das Eisen in genügender Menge und in leicht ionisierbarer Form zugeführt wird, hat auch THOENES gezeigt. Interessanterweise wurde diese Erhöhung des Serumeisenspiegels auch bei lang dauernder Eisenverabreichung aber nur vorübergehend beobachtet (vgl. weiter unten).

Exogener Eisenstoffwechsel. Dem intermediären Kreislauf des Eisens steht der exogene Eisenstoffwechsel gegenüber. Grundsätzlich muß man unterscheiden zwischen den Verhältnissen bei normaler Ernährung, bei zusätzlicher Fe-Zufuhr entsprechend den üblichen therapeutischen Dosen und schließlich bei massiver enteraler sowie bei parenteraler Fe-Applikation (in letzteren beiden Fällen liegen Verhältnisse vor, deren Auswertung für physiologische Verhältnisse begreiflicherweise nur mit großer Vorsicht geschehen darf). Aus der Eisenausscheidung mit dem Stuhle im absoluten Hunger, haben verschiedene ältere Autoren einen „Tagesbedarf" an Eisen gefolgert, der mit der Nahrung zugeführt werden müsse, damit kein Eisenverlust entsteht. Aber selbst der niedrigste dieser Werte (7—8 mg Fe nach FR. MÜLLER) scheint viel zu hoch zu sein, nachdem sich gezeigt hat, daß im Hunger die Eisenausscheidung — übrigens bei beträchtlich erhöhten Serumeisenwerten (THOENES und ASCHAFFENBURG, l. c. Tabellen 43 und 44) — gesteigert ist. Dagegen hat LINTZEL gezeigt, daß sich der Erwachsene schon bei einer Kost mit einem Gehalt von 0,9 mg(!) Fe ins Gleichgewicht setzt, so daß sich Nahrungs- und Stuhlwert entsprechen (der Harn ist nämlich für die Eisenbilanz zu vernachlässigen, da er nach neueren Untersuchungen — außer, wenn Eisen parenteral zugeführt wird — praktisch eisenfrei ist, indem der Fe-Gehalt weniger als 0,02 mg pro Liter beträgt). Ein Stuhlwert von etwa 1 mg Fe kann nach LINTZEL gut resorbiertem und wieder ausgeschiedenem Eisen entsprechen, da KOBERT bei einem Patienten mit Anus praeternaturalis durch den vollfunktionsfähigen Dickdarm bei normaler Kost gerade eine Tagesausscheidung von 1 mg Fe sah. (Daß der Dickdarm als Eisenausscheidungsorgan angesehen werden muß, geht aus der histochemischen Nachweisbarkeit von Eisen in der Dickdarmschleimhaut nach parenteraler Eisenzufuhr hervor.)

Danach ist nicht zu bezweifeln, daß der Organismus befähigt ist, selbst geringste Mengen von Eisen aus der Nahrung an sich zu reißen, wenn er solches benötigt. Andererseits wehrt sich der Darm anscheinend gegen die Resorption nicht benötigter Eisenmengen. Die Eisenausfuhr stellt sich nämlich, auch wenn der Eisenwert der Normalkost, etwa 15 mg Fe täglich, stark vermindert oder stark vergrößert wird, nach Versuchen von LINTZEL in 2—3 Tagen genau auf die Einfuhr ein. In letzterem Falle wird also der Überschuß so prompt eliminiert, daß die andere Möglichkeit, einer Resorption und Wiederausscheidung sehr unwahrscheinlich ist, zumal diese nach parenteraler Zufuhr nur unvollkommen erfolgt und sich über Wochen hinzieht. Aber auch der Mehrresorption in den Einstellungstagen scheint eine obere Grenze gezogen, denn wenn LINTZEL der Nahrung 50, 100 und 200 mg Fe als Ferrosulfat zulegte, betrug die Retention doch immer fast gleichviel, nämlich 15,6, 16,6, 16,3 mg. In gleichem Sinne sprechen übrigens auch operative Versuche, bei denen in Darmschlingen entweder gar keine oder nur eine ganz geringe Eisenresorption gefunden wurde. Daß bei hoher Eisenzufuhr sehr bald eine Sperre gegen eine weitere gesteigerte Eisenresorption einsetzt, wird ja auch durch das Verhalten des Serumeisenspiegels bestätigt, der auch bei lang dauernder Verabreichung hoher Eisendosen nach THOENES nur vorübergehend ansteigt. Über ein abweichendes Verhalten in der Wachstumsperiode siehe weiter unten.

Bei der Regelung der Eisenresorption handelt es sich nach HÖBER um eine Funktion der lebenden Zelle. Und zwar wird das Eisen anscheinend im Duodenum intraepithelial resorbiert, zunächst in Form kleiner Körnchen in der Darmschleimhaut abgelagert (daher in diesem Darmabschnitt histochemische Eisenreaktion) und dann nach Bedarf in den Kreislauf aufgenommen. Zur Resorption kommt nur ionisiertes Eisen, und zwar Ferroionen ($Fe^{\cdot\cdot}$), Ferriionen ($Fe^{\cdot\cdot\cdot}$) wirken eiweißfällend. In Gegenwart oxydabler organischer Substanzen, wie sie im Chymus reichlich vorhanden sind, gehen letztere aber leicht in die Ferroform über. Daß das Duodenum als Hauptresorptionsort für Eisen gelten muß, ergibt sich auch daraus, daß der durch die HCl des Magens bewirkte Säuregrad des Chymus hier noch, wenn auch abgeschwächt, weiter besteht (vgl. Bd. 1, S. 193), denn dadurch wird das Ausfallen von Eisenphosphaten einerseits, die Bildung komplexer Eisenverbindungen andererseits, weitgehend verhindert.

2. Der Eisenstoffwechsel des wachsenden Organismus.

a) Die Verhältnisse beim Kaninchen.

Tabelle 66. Gesamt-, Hämoglobin- und Lebereisen saugender Kaninchen (nach LINTZEL und RADEFF).

Alter Tage	Gewicht g	Gesamt-Fe mg	Hgb.-Fe mg	Leber-Fe mg	Gesamt-Fe mg-%	Hgb.-Fe mg-%
0	57	5,20	1,21	1,25	8,66	2,1
			2,73 (Hgb.-Fe + Leber-Fe)			
11	123	4,45	2,49	1,33	3,62	2,0
15	154	4,21	2,65	0,29	2,73	1,7
			2,94 (Hgb.-Fe + Leber-Fe)			

Vorstehende Tabelle nach LINTZEL und RADEFF bestätigt mit moderner Methodik fürs Kaninchen die alte BUNGEsche Lehre vom kongenitalen Eisendepot und seiner Bedeutung in der Säugezeit, während welcher die Eisenzufuhr eine ungenügende ist. Im einzelnen ist aus ihr folgendes abzulesen.

1. Es findet während der Säugezeit sogar der absoluten Menge nach ein leichter Eisenverlust statt, mit anderen Worten: die Eisenbilanz muß bei den saugenden Kaninchen leicht negativ gewesen sein. Ganz enorm ist bei den schnell wachsenden Tieren die prozentuelle Eisenverarmung, nämlich auf weniger als $^1/_3$ des Ausgangswertes.

2. Trotzdem hält die Hämoglobinbildung mit dem Wachstum gut Schritt: Das Hämoglobineisen steigt auf mehr als das Doppelte an und vermindert sich prozentual kaum: 2,1 → 2,0 → 1,7 mg-%.

3. In dem Maße, als das Hämoglobineisen zunimmt, vermindert sich das Lebereisen, so daß die Summe: Hämoglobin- + Lebereisen annähernd konstant bleibt. Während dieses Vorganges sinkt das Lebereisen auf $^1/_5$ des Ausgangswertes, prozentual also auf etwa $^1/_{12}$!

Eine Bestätigung und wichtige Egänzung gibt folgende Tabelle:

Tabelle 67. Fe-Gehalt (mg-%) der blutfreien Kaninchenleber (Trockensubstanzwerte) (nach ADLER).

Tiere kurz vor dem Wurf (schnittentbunden und getötet)		229—252
Ausgetragene Neugeborene	1. Tag	483
	4. Tag	600
	6. Tag	366
	14. Tag	46
	28. Tag	28
Ausgewachsene Tiere		27

Der Vergleich mit den Werten beim ausgewachsenen Tier gestattet hier noch eine bessere Würdigung der Größe des kongenitalen Eisendepots in der Leber. Darüber hinaus zeigt die Tabelle etwas wichtiges Neues: Das Depoteisen in der Leber nimmt unmittelbar nach der Geburt und in den ersten Lebenstagen noch zu, und zwar auf das $2^1/_2$fache des Wertes kurz vor der Geburt! Die Ursache hierfür liegt klar auf der Hand und ist in dem Blutuntergang zu suchen, der durch die Akklimatisation des — diaplacentar äußerst mangelhaft mit Sauerstoff versorgten — Fetus an die postfetalen Verhältnisse ausgelöst wird. Für das menschliche Neugeborene wurde dieser Blutuntergang ausführlich in Bd. 1, S. 86—90 behandelt. Seine Rückwirkungen auf den inneren Eisenstoffwechsel entsprechen natürlich ganz den in LINTZELs weiter oben besprochenem Versuch reproduzierten Verhältnissen (vgl. Tabelle 65, S. 162). Die Tiere nach 3 Wochen Unterdruck entsprechen dem Fetus ante partum, die Tiere nach 3 Wochen Reakklimatisation an Normaldruck dem Säugling nach der Neugeborenenperiode. Auch hier entsprechend dem Blutabbau ein Wandern des Eisens aus dem Blut in die Leber.

b) Die Verhältnisse beim menschlichen Neugeborenen und Säugling.

Inwieweit treffen die für den Eisenstoffwechsel des Kaninchens aufgezeigten Gesetzmäßigkeiten auch für den Menschen zu? Zunächst: Findet auch beim Menschen während der fetalen Entwicklung eine allmähliche Anreicherung der Leber mit Reserveeisen statt, so daß diese schon vor der Geburt ein großes primäres Eisendepot besitzt? Die Eisenanalysen des Gesamtkörpers (man darf bei den Schwierigkeiten der Methodik hierbei nur die Werte des gleichen Autors miteinander vergleichen) sprechen dagegen, daß dies in erheblichem Maße der Fall ist. So enthielten nach HUGOUNENQ 5 Feten im 4.—6. Monat 7,2, ausgetragene Neugeborene 8,4 mg-% Eisen. Dies entspricht einer Zunahme des Eisengehaltes in den letzten Schwangerschaftsmonaten um 20%. Auch neuere Untersuchungen TOVERUDs über den Fe-Gehalt der blutfreien Lebern von 53 Frühgeburten einerseits, 47 ausgetragenen Neugeborenen andererseits, ergaben einen Unterschied von derselben Größenordnung. Dagegen fand GLADSTONE, der den Resteisengehalt der Lebern von 13 Totgeborenen untersuchte, überhaupt keinen Unterschied nach dem Alter der Kinder (deren Körperlänge zwischen 25 und 54 cm lag). Die Werte schwankten ohne Beziehung zu diesem zwischen 16 und 37 und betrugen durchschnittlich 24 mg-% Fe.

Vergleicht man dann — indem man den gewaltigen postnatalen Blutabbau und seine Auswirkungen zunächst einmal beiseite läßt — die Verhältnisse unmittelbar vor der Geburt mit denen am Ende der Stillperiode, so zeigt am Ende derselben die Leber tatsächlich einen geringeren prozentualen Eisengehalt. So fand ADLER (auch auf Trockensubstanz berechnet) in den blutfreien Lebern vor der Geburt abgestorbener Kinder 58, bei Säuglingen von 7—12 Monaten 31 mg-% Fe. Es wäre jedoch eine Täuschung, daraus zu entnehmen, daß die Leber am Ende der Stillzeit gegenüber ihrem primären Eisengehalt zugunsten der Blutbildung an Eisen verarmt sei, wie es für das Kaninchen nach der Tabelle 66 von LINTZEL und RADEFF (S. 164) in so hohem Maße zutrifft. Rechnet man nämlich auf die entsprechenden Lebergewichte um (132 und 350 g, vgl. Bd. 1, S. 170), so ergibt sich aus ADLERs Zahlen mit 7 Monaten sogar ein höherer absoluter Eisengehalt der Leber als der primäre beim Neugeborenen, nämlich 16 gegenüber 11 mg. *Die Abnahme des unmittelbar vor der Geburt vorhandenen Depoteisens in der Leber im 1. Halbjahre bedeutet also keine Hergabe von Fe für die Blutbildung, denn unter Berücksichtigung der Gewichtszunahme der Leber nimmt ihr absoluter Eisengehalt in dieser Zeit sogar etwas zu!*

Des Zusammenhangs halber seien noch (zit. nach THOENES) ältere Zahlen von LAPICQUE angeführt, die sich auf alle Lebensperioden erstrecken und aus denen hervorgeht, daß die Neugeborenenleber auch nicht mehr Eisen enthält als die des Erwachsenen.

Tabelle 68. Fe-Gehalt der blutfreien Menschenleber (mg-%).

	Neugeboren	1—2 Jahre	2—10 Jahre	10—14 Jahre	Erwachsener
männlich . .	25	5	16	14	23
weiblich . .	27	7	15	22	29

Im Gegensatz zu den Verhältnissen beim Kaninchen ist vielmehr allein der postnatale Blutabbau für den weiteren Eisenbedarf und die weitere Eisenversorgung des Säuglings entscheidend, wie folgende Übersicht zeigt (vgl. B. 1, S. 85, 86, 106, 140):

Neugeborener . .	15,5% Blutmenge mit 21%	Hgb. = 107 g Hgb	= 357 mg Fe
Säugling von 14 Tagen . . .	13% Blutmenge mit 15,2%	Hgb. = 65 g Hgb	= 218 mg Fe
Säugling von 5 Monaten . .	8,3% Blutmenge mit 12,5%	Hgb. = 68 g Hgb	= 227 mg Fe

Danach gilt für die Eisenversorgung des Säuglings folgendes:

1. Durch den postnatalen Blutabbau verschwinden fast 40% des im Moment der Geburt vorhandenen Hämoglobins und damit des Hämoglobineisens in den ersten 14 Lebenstagen aus dem Kreislauf.

2. In Ermangelung eines den Verhältnissen beim Kaninchen entsprechenden primären Eisendepots in der Leber verschafft sich der Neugeborene mit diesem aus dem Blutabbau anfallenden Eisen selber eine gewaltige sekundäre Eisenreserve in Milz und Leber[1]*. So fand* Adler *bei kurz nach der Geburt verstorbenen Neugeborenen, bei denen die Akklimatisation also erst begonnen hatte, schon 130 mg-% Fe (auf Trockensubstanz berechnet) in der blutfreien Leber, und* Schwartz, Baer *und* Weisser *stellten fest, daß die histochemische Eisenreaktion (positiv ausfallend erst bei einem Fe-Gehalt von < 50 mg-% in der Trockensubstanz) in den Lebern Totgeborener negativ war, um desto stärker positiv auszufallen, je länger Neugeborene überlebt hatten. Und so konnte* Gladstone *denn auch folgende zahlenmäßigen Feststellungen machen (l. c., S. 89, Tabelle 5, die Werte sind auf Resteisenwerte umgerechnet):*

Tabelle 69.

Alter des Kindes Wochen	Rest-Fe in der Leber mg-%	Alter des Kindes Wochen	Rest-Fe in der Leber mg-%
3	74	5	140
4	82	6	206

[1] Die einzelnen Säugetierarten verhalten sich hinsichtlich der Sicherstellung der Eisenversorgung des Neugeborenen eben verschieden, worauf Lintzel hinweist. Drei Wege werden beschritten, ein großes primäres Eisendepot in der Leber, ein hoher Hämoglobingehalt im Augenblick der Geburt und eine eisenreiche Muttermilch (und baldige Aufnahme eisenreicher anderer Nahrung). Auch Kombinationen dieser Versorgungsmöglichkeiten kommen vor.

3. Für die Bildung von Hämoglobin wird dieses Depoteisen allerdings kaum in den ersten Lebensmonaten benötigt, da ersteres nach der Neugeborenenperiode nur ganz unwesentlich zunimmt, indem relative Blutmenge und prozentiger Hämoglobingehalt zunächst noch ständig weiter abnehmen. So ist es auch ganz falsch, wenn man immer wieder liest, daß sich die Hämoglobinmenge während der Zeit der ersten Gewichtsverdopplung des Kindes auch verdoppelt: das Gesamtblut des Kindes enthält vielmehr mit 5 Monaten etwa 39 g Hämoglobin und also 130 mg Fe weniger als im Augenblick der Geburt!

4. Allerdings enthalten alle Gewebe des Körpers Fe in Gestalt des sog. Resteisens. Daß über dieses keine genauen Angaben vorliegen, erschwert die Aufstellung einer Gesamtbedarfsberechnung sehr. Man ist gezwungen, den Resteisengehalt aus den vorliegenden Zahlen über den Gesamteisengehalt zu berechnen. Leider zeigen diese für den Neugeborenen sehr große Unterschiede (vgl. bei Aron*). Neuerdings liegen auch Eisenwerte für zahlreiche Organe von 1—4jährigen Kindern vor* (Salvadei). *Danach ist es immerhin wahrscheinlich, daß der Gehalt des Neugeborenen an Resteisen mit 2 mg-% nicht zu niedrig eingeschätzt ist. Bei Annahme eines gleichbleibenden Gehaltes würde die Gewichtszunahme von 3300 auf 6600 g, also ein Mehr von 66 mg Gewebseisen bedeuten.*

5. 130 — 66 = 74 mg. Letzterer Betrag von dem der Leber aus dem Blutabbau zugeflossenen Eisen stünde also vom rechnerischen Standpunkte aus zum Ausgleich von Eisenverlusten durch etwaige negative Eisenbilanzen zur Verfügung. Soweit solche nicht sehr erheblich sind, ist ein exogener Eisenbedarf in den ersten 5 Lebensmonaten überhaupt nicht gegeben. (Und selbst bei einem doppelt so hohen, also 4 mg%igen, Resteisengehalt des Säuglingskörpers würden diese 130 mg Fe bis zum Ende des 5. Monats erst gerade aufgebraucht sein, und wäre eine positive Eisenbilanz jedenfalls bis dahin nicht nötig.)

Wie verhalten sich zu dieser Berechnung nun die vorliegenden *Untersuchungen über den Bilanzstoffwechsel des Eisens in den ersten Monaten?*

Eisengehalt der Milchen. Wie groß ist zunächst das Angebot? In dieser Hinsicht gehen die verschiedenen Untersucher nicht nur in der Höhe der gefundenen Werte, sondern sogar in der Frage auseinander, ob Frauenmilch oder Kuhmilch mehr Eisen enthält, wie nachstehende Tabelle 70 zeigt.

So enthält — wenn man in dieser Frage nur die Autoren berücksichtigt, welche mit gleicher Methodik verschiedene Milcharten untersucht haben — nach Abderhalden (briefliche Mitteilung) Kuhmilch mehr Eisen, nach den Edelsteinschen Untersuchungen und nach Wallgren sind die Frauenmilchwerte höher. Wenn allerdings die Frage der Aufbewahrung nach letzteren Autoren solch eine große Rolle spielt,

Tabelle 70. Eisengehalt der Milchen (mg-% Fe im Liter).

Autor	*Mensch*	*Kuh*	*Ziege*
ABDERHALDEN	1,50	1,80 (1,5—2,1)	2,10
SOXHLET (1912)	1,12	—	—
LICHTENSTEIN (1921)	1,47	—	—
DANIELS und WRIGHT (1937)	—	1,24—2,22	—
LEICHSENRING und FLOR (1932)	—	1,80	—
LESNÉ, CLEMENT und ZIZINE (1930)	0,92	0,9—1,0	0,85—1,11
BAHRDT und EDELSTEIN bzw. EDELSTEIN und CZONKA (1911/12)	1,26	0,3—0,7	—
WALLGREN (1932)	0,437	0,239	0,356

daß schon die Benutzung von verzinnten Gefäßen den Eisengehalt der Milch verdoppeln kann, so würde für die Ernährungspraxis häufig ja doch ein höherer Eisenwert für Kuhmilch herauskommen. Die Analysenzahlen ABDERHALDENs beziehen sich übrigens auch auf Arbeiten unter speziellen, Verunreinigungen ausschließenden, Bedingungen. In höherem Maße ist die Unterschiedlichkeit der Werte ja überhaupt sicher auf Verschiedenheiten der chemischen Methodik zu beziehen. Da diese nun Einfuhr und Ausfuhr in gleichem Sinne verändern, so sind die Bilanzen der verschiedenen Autoren wahrscheinlich doch untereinander vergleichbar und geben ein bis zu einem gewissen Grade zutreffendes Bild des Eisenstoffwechsels. Für diesen sei noch auf die verschiedene Zustandsform des Eisens in Frauen- und Kuhmilch verwiesen. In Frauenmilch liegt das Eisen nach LAXA zu 81% in Form dialysierbarer Salze vor, während nach DUCLAUX (zit. nach THOENES) vom Eisen der Kuhmilch nur 40% durch Chamberlandkerzen filtrieren. Wie weit diese Verhältnisse durch die Magenverdauung verändert werden, steht dahin. Da nur ionisiertes Eisen im Duodenum resorbiert wird, erscheinen sie immerhin bemerkenswert.

Eisenbilanz des Flaschenkindes. Bei Kuhmilchernährung ohne Beifütterung ergaben Untersuchungen von STEARNS und McKINLEY in den ersten 6 Lebenswochen bei einer durchschnittlichen Tageszufuhr von 0,72 (0,64—1,21) mg Fe tägliche Verluste von 1,22 (0,57—1,87) mg Fe, indem die Ausscheidung mit dem Stuhl die Einfuhr erheblich übertraf. Ob derartig ungünstige Bilanzen die Regel sind, steht allerdings dahin. Ferner müßte unbedingt der Eisenstoffwechsel bei bloßer Milchernährung bis zum Ende des 1. Halbjahres untersucht werden. Immerhin könnte man sich vorstellen, daß bei Kuhmilchernährung ohne Beifütterung die Eisenverluste ziemlich groß sind und die errechneten 74 mg Fe Überschuß in der Leber im 1. Halbjahr aufzehren, so daß es bei fortgesetzter bloßer Milchernährung dann zu alimentärer Anämie kommt, wie es die klinische Erfahrung ja auch tatsächlich lehrt.

Aber auch sogar, wenn die Eisenzufuhr durch Beifütterung von Orangensaft (STEARNS und STINGER), Aprikosen oder Spinat (SCHLUTZ, MORSE und OLDHAM) auf 1,14—3,42 mg gesteigert wird, bleibt nach den Untersuchungen dieser Autoren die Eisenbilanz beim Flaschenkinde im 1. Halbjahr öfters noch schwach negativ (Durchschnittswert bei den erstgenannten Autoren z. B. —0,05 mg täglich). Interessanterweise scheint es erst bei einem *erheblichen* zusätzlichen Angebot von anorganischen Eisensalzen beim Flaschenkinde zu regelmäßiger Eisenretention zu kommen. Nach STEARNS und STINGER sowie OLDHAM, SCHULTZ und MORSE bewegte sich diese in folgender Größenordnung: Angebot 3,0 bis 3,2, Retention + 0,22—0,45, Angebot 4,75, Retention + 0,45, Angebot 5,22, Retention + 0,51, Angebot 6,70, Retention + 1,65 mg Fe.

Eisenstoffwechsel beim Brustkinde. Günstiger gestaltet sich die Eisenbilanz des Brustkindes, was sicher nicht nur daran liegt, daß das Angebot durch die größere Frauenmilchmenge absolut größer ist.

In den ersten Lebenstagen ist die Bilanz selbstverständlich stark negativ, da die Einfuhr nicht nennenswert ist und *mit dem Meconium etwa 1,2—2,1 mg Fe ausgeschieden* werden. Nach den Untersuchungen von LANGSTEIN und EDELSTEIN wird und bleibt dann die Bilanz schon von Beginn der 2. Woche an positiv (mit 0,121 in der 2. Woche, 0,188 in der 9. Woche und 0,254 in der 13. Woche mg Fe Retention täglich). Nach JOSEPHS bleibt die Bilanz in den beiden ersten Monaten schwach negativ (—0,066 bzw. —0,075 mg Fe täglich), um von da ab ständig positiv zu werden (Retentionen von 0,14, 0,16, 0,20 mg Fe täglich im 3., 4. und 5. Monat). Nach WALLGREN schließlich schwankt die Eisenbilanz des Brustkindes in den ersten 4 Monaten zwischen leichten Verlusten und leichten Retentionen, welche sich praktisch etwa aufheben, und wird vom 5. Monat ab dann regelmäßig positiv mit täglichen Retentionen von etwa 0,16 mg Fe. Welche von diesen Zahlen die zutreffenden sind, kann man nicht sagen.

Besondere Verhältnisse liegen bei den *Frühgeburten* vor, über deren Eisenstoffwechsel bei Frauenmilchnahrung LICHTENSTEIN ausführliche Untersuchungen mitgeteilt hat. Diese erstreckten sich bis zum 5. Lebensmonat, stets aber waren die Bilanzen negativ, und zwar ohne daß sich eine Tendenz zur Verringerung der Eisenverluste zeigte, welche täglich durchschnittlich 0,26 mg Fe bei diesen kleinen Kindern mit Geburtsgewichten zwischen 1550 und 1930 g ausmachten. Entsprechend trat auch bei allen die bekannte Frühgeburtenanämie auf. Vgl. über diese Bd. 1, S. 110—111. Dort wurde schon darauf hingewiesen, daß selbst hohe Eisendosen dieser gegenüber sowohl prophylaktisch als therapeutisch ziemlich wirkungslos sind.

Langfristige Untersuchungen über den Eisenstoffwechsel unreifer Neugeborener führte BECK aus. Auch er fand stark negative Bilanzen.

Dabei wurde das Maximum der Ausscheidung etwa am 35. Lebenstage erreicht, um dann wieder geringer zu werden. Dieser Autor teilt auch Untersuchungen über Retention und Wiederausscheidung zugelegter Eisengaben bei ganz jungen Brustkindern mit.

Der Eisenstoffwechsel im 2. Halbjahr. Da vom 5. Monat ab die Prozentualwerte von Blutmenge und Hämoglobingehalt des Blutes nicht mehr abnehmen, besteht ein Eisenbedarf entsprechend einer täglichen Gewichtszunahme von etwa 15 g im III., 12 g im IV. Quartal. Diese bedeutet im III. Quartal einen Tagesbedarf an 0,50 mg Hämoglobin- und 0,30 mg Resteisen, zusammen also 0,80 mg Fe. Im IV. Quartal werden 0,40 mg Hämoglobin- und 0,24 mg Resteisen, zusammen also 0,64 mg Fe täglich benötigt. Da die Eisenretention auch bei der heute üblichen Ernährung des älteren Säuglings nach den weiter oben aufgeführten Untersuchungen aber viel geringer zu sein scheint, ohne daß eine Anämie auftritt, so muß man also annehmen, daß die errechnete Reserve von 74 mg Depoteisen in der Leber noch teilweise zum Ausgleich zur Verfügung steht, was bei vorher gestillten Kindern ja auch bestimmt der Fall sein dürfte.

c) Der Eisenstoffwechsel des Kindes nach der Säuglingszeit.

Hierüber erschienen in letzter Zeit mehrere Untersuchungen. Entsprechend dem langsamer gewordenen Wachstum ist nun auch der Eisenbedarf geringer und beträgt entsprechend einer täglichen Gewichtszunahme von etwa 5 g nur noch etwa 0,26 mg (Hämoglobin- und Rest-) Eisen täglich. Dazu käme dann noch ein nach LINTZELs weiter oben (S. 163) mitgeteilten Untersuchungen allerdings wohl sehr niedrig einzuschätzender sog. Erhaltungsbedarf. Infolgedessen wird bei einigermaßen normaler Kost in der späteren Kindheit wohl kaum je ein Eisenmangel *als solcher* auftreten. Bei Kindern von 4—6 Jahren wurden folgende Fe-Bilanzen festgestellt:

Angebot 10 mg,	Retention 1,26 mg	(ASCHAM)
Angebot 10—14 mg,	Retention 3,24 mg	(DANIELS und WRIGHT)
Angebot 30 mg,	Retention 4,25 mg	(DANIELS und WRIGHT)

Ältere Kinder, von 9—11 Jahren, untersuchte HUTCHISON. Entgegen den Untersuchungsergebnissen von LINTZEL beim Erwachsenen setzten sich diese bei fortlaufender hoher medikamentöser Eisenzufuhr bemerkenswerterweise mit dieser nicht binnen weniger Tage durch Resorptionssperre in Gleichgewicht, sondern retinierten bei Fe-Zufuhren von 0,80—1,60 g täglich Wochen hindurch große Mengen (über $^1/_2$ g Fe täglich), die nur eine langsam absinkende Tendenz zeigten. Bei plötzlichem Übergang auf die anfängliche Einfuhr von 37,8 mg Fe täglich war dann zwar auch die Ausfuhr 3 Wochen lang überschießend, immerhin blieben von der gewaltigen Retention der voraufgegangenen 9 Wochen dem Körper etwa $^3/_5$ erhalten. *Die erhöhte Thesaurierungsneigung des wachsenden Organismus besteht demnach auch dem Eisen gegenüber.*

Literatur.

Zusammenfassende Abhandlungen.

LINTZEL: Neuere Ergebnisse der Erforschung des Eisenstoffwechsels. Erg. Physiol. **31**, 844 (1931).

THOENES u. ASCHAFFENBURG: Der Eisenstoffwechsel des wachsenden Organismus. Berlin 1934.

Einzelarbeiten.

ADLER: Z. Geburtsh. **101**, 128 (1931).
ALDHAM, SCHLUTZ and MORSE: Amer. J. Dis. Childr. **54**, 252 (1937).
ASCHAM: J. Nutrit. **10**, 337 (1935).
ARON: Biochemie des Wachstums. Jena 1913.
BAHRDT u. EDELSTEIN: Z. Kinderheilk. **1**, (1911).
BECK: Münch. med. Wschr. **1932 I**, 378.
DANIELS and WRIGHT: J. Nutrit. **8**, 125 (1934).
EDELSTEIN u. CSONKA: Biochem. Z. **38**, (1912).
GLADSTONE: Amer. J. Dis. Childr. **44**, 81 (1932).
HÖBER: Pflügers Arch. **94**, 337 (1903).
HUTCHISON: Arch. Dis. Childr. **12**, 305 (1937).
JOSEPHS: Bull. Hopkins Hosp. **55**, 259 (1934).
KOBERT u. KOCH: Dtsch. med. Wschr. **1894 II**. Nr. 47.
LANGSTEIN u. EDELSTEIN: Verh. dtsch. Ges. Kinderheilk. Wien **1913**.
LAPIQUE: C. r. Soc. Biol. Paris **41**, 510 (1890).
LAXA: Lact. **2**, 428 (1922).
LEICHSENRING and FLOR: J. Nutrit. **5**, 141 (1932).
LICHTENSTEIN: Acta paediatr. (Stockh.) **1**, 194 (1922).
SALVADEI: Pédiatr. prat. **8**, 8 (1931).
SCHLUTZ, MORSE and ALDHAM: J. of Pediatr. **3**, 225 (1933).
SCHWARTZ, BAER u. WEISSER: Z. Kinderheilk. **37**, 167 (1924).
STEARNS and MCKINLEY: J. Nutrit. **13**, 143 (1937).
STEARNS and STINGER: J. Nutrit. **13**, 127 (1937).
TOVERUD: Acta paediatr. (Stockh.) Suppl. **17**, 136 (1935).
WALLGREN: Acta paediatr. (Stockh.) **12**, 153 (1932).
— Rév. franç. Pédriat. **9**, 196 (1933).

Zwölftes Kapitel.

Biochemie der Körpersäfte[1].

A. Blut.

Von **Joachim Brock**-Bad Dürrheim und **Karl Klinke**-Breslau.

1. Die Eiweißkörper des Plasmas (g-%). (Tabelle 71.)

	Neugeborener	Säuglingsalter	Kindesalter	Erwachsener
Gesamteiweiß	6,7—7,4	6,0	6,16—7,73	
Albumin	4,51		3,07—4,8	
Globulin	2,94		1,56—3,50	
Fibrinogen	0,08—0,14	0,23—0,30		
Onkotischer Druck (cm H_2O)	19—22	28	31	

Der niedrige Fibrinogengehalt im Blut des Neugeborenen steigt im Verlaufe etwa der ersten 6 Wochen auf den bleibenden Wert an.

2. Die Rest-N-Substanzen des Serums (mg-%). (Tabelle 72.)

	Neugeborener	Säuglingsalter	Kindesalter	Erwachsener
Rest-N	bis 50 und darüber		19—40	
Harnstoff-N	um 20		10—25	
Aminosäuren-N			6—7	
Harnsäure	3		2,5—3,5	
Kreatin		6,5	3,5 (2,0—6,0)	
Kreatinin		1,5	1,2 (0,8—2,0)	
Guanidin		0,12—0,20	0,20—0,30	
Glutathion		29—32	24	

3. Die übrigen organischen Substanzen des Blutes. (Tabelle 73.)

a) Blutzucker (Nüchternwerte im Gesamtblut mg-%).

Neugeborener	70—95	
Säugling	76	Durchschnittswerte
Kleinkinder	85	Durchschnittswerte
Schulalter	91	Durchschnittswerte
Erwachsener	90	Durchschnittswerte

b) Milchsäure im Gesamtblut (mg-%).

Erstes Trimenon	18—19
Älterer Säugling	13,8
Erwachsener	10,2

[1] Um sie nicht zu unübersichtlich zu machen, sind in die nachfolgenden Tabellen nicht alle in diesem Werk zur Erwähnung gekommenen Daten aufgenommen. Hier nicht erwähnte Bestandteile schlage man daher *im Generalregister* unter „Blut bzw. Serum“, „Liquor“ und „Harn“ oder unter den betr. Bestandteilen nach!

c) Die Lipide.

α) Im Gesamtblut (mg-%).

Alter	Neutralfett u. Fettsäuren	Phosphatide	Gesamt-Cholesterin
Neugeborener	—	—	103
Säuglingsalter	—	—	130
Kleinkindesalter	—	—	137
Schulalter	—	—	149
Erwachsener	294	208	136 (Davon etwa $^2/_3$ als Cholesterinester)

β) Im Serum (mg-%).

Alter	Neutralfett u. Fettsäuren	Phosphatide	Gesamt-Cholesterin	Koeffizient $\frac{\text{Cholesterin}}{\text{Phosphatid}}$
Neugeborener	150—240	105	80	0,76
3 Monate	—	153	140	etwa 1,0
1 Jahr	250—500	166	150—160	
2—12 Jahre	250—500	204	180	
Erwachsener	250—500 (Davon etwa $^3/_4$—$^4/_5$ als Fettsäuren)	etwa 200	180 (Davon $^1/_2$—$^1/_3$ als Cholesterinester)	

d) Ketonkörper im Gesamtblut (mg-%).

Säugling	1,4—2,0
Erwachsener	0,5—2,0

4. Die P-Fraktionen des Blutes.

Eine besondere Besprechung erfordern die P-Fraktionen des Blutes:

1. Säureunlösliche Fraktion.
   Alkohol-Äther — löslich: Lipoid-P (ganz überwiegend).
   Alkohol — unlöslich: Nuclein-P (nur geringste Mengen).
2. Säurelösliche Fraktion.
   a) Anorganischer P.
   b) Organischer P:
   Pyrophosphat = Adenylpyrophosphorsäure,
   Hexose-phosphat { Glucosemonophosphorsäure (ROBISON-Ester), Hexosediphosphorsäure (EMBDEN),
   Glycerinphosphorsäure.

Nach den verschiedenen Angaben der Autoren (Literatur bei NISSEN) und den eigenen Untersuchungen desselben läßt sich nun die Verteilung der verschiedenen Fraktionen auf Plasma und Blutkörperchen ausrechnen und ist für das menschliche Blut in nachstehender Tabelle unter Annahme eines 50%igen Hämatokritwertes dargestellt.

Tabelle 74. Annähernde Verteilung der P-Fraktionen im Menschenblut (alle Werte in mg-%).

	Körperchen	*Plasma*	*Vollblut*
Gesamt-P	61,9	12,0	37,0
Säurelöslicher P	44,8	4,0	24,4
Anorganischer P	2,6	3,7	3,1
Organischer P	42,2	0,3	21,3
Pyrophosphat	8,34		4,2
Hexosephosphat	11,32	0,3 (Pyro-, Hexose-, Glycerophosphat zusammen)	5,7
Glycerophosphat	22,64		11,4
Säureunlöslicher P	17,0	8,0	12,5
Lipoid-P	16,0	8,0	12,0
Nuclein-P	1,0	—	0,5

5. Die anorganischen Substanzen des Blutes. (Tabelle 75.)

		Säuglingsalter	Erwachsener
Na	mg-% im *Serum*	320 (Säuglingsalter und Erwachsener)	
K	mg-% im *Serum*	17—20	20
Ca	mg-% im *Serum*	um 11	um 10
Mg	mg-% im *Serum*	1,3—2,5	1,7—2,5
Cl	mg-% im *Serum*	355 (Säuglingsalter und Erwachsener)	
anorganischer P	mg-% im *Serum*	5	3 Der anorganische P sinkt während der Kindheit nur unwesentlich ab, um erst nach der Pubertät ziemlich plötzlich auf den Erwachsenenwert abzufallen.
Sulfat-S	mg-% im *Serum*	2—3 (Säuglingsalter und Erwachsener)	
Fe	mg-% im *Serum*	zunächst 0,13 dann allmähliches Absinken auf 0,08	0,08—0,10 Beim älteren Kinde anscheinend etwas höher (0,12)
Zn	im *Gesamtblut*		0,5—2,5 mg-%
Br	im *Gesamtblut*		0,6 mg-%
Al	im *Gesamtblut*		0,2 mg-%
As	im *Gesamtblut*		0,083 mg-%
Cu	im *Gesamtblut*	0,09 (Säuglingsalter und Erwachsener)	
J	im *Gesamtblut*	6,3—9	bis 12 γ-%

6. Die Konstanten des Säurebasengleichgewichtes. (Tabelle 76).

	Säugling		Erwachsener
	Brustkind	Flaschenkind	
CO_2-Spannung	30—35 (Brustkind und Flaschenkind)		40 mm Hg
$BHCO_3$ (Alkalireserve)	51—52	44—50	55—60 Vol-% CO_2 im nativen Plasma
		49—55 (52)	55—60 (60) Vol-% CO_2 im abgetrennten Plasma bei 40 mm Hg CO_2-Spannung
p_H	7,43	7,40	7,37

Literatur.

Die einschlägigen Kapitel *dieses* Werkes sowie das Handbuch CZERNY-KELLER: Des Kindes Ernährung, 2. Aufl. Berlin 1930. Ferner:
BENNHOLD, KYLIN, RUSZNYAK: Eiweißkörper. Dresden 1938.
DOODI, A.: Riv. Clin. pediatr. **33**, 59 (1935).
MOLTENI, P.: Riv. Clin. pediatr. **32**, 1025 (1934).
NAESLUND, J.: Zbl. Kinderheilk. **29**, 502 (1934).
TORDAY, F. v.: Mschr. Kinderheilk. **55**, 425 (1933).

B. Liquor.

Von KARL KLINKE-Breslau.

Der Liquor und seine Bestandteile sind vermutlich ein Produkt des Gehirnstoffwechsels; die bei diesem Stoffwechsel sich einstellenden Gleichgewichte zwischen dem Zellenverband des Gehirns und der umspülenden Flüssigkeit sind noch keineswegs restlos geklärt. Es erscheint als sicher nachgewiesen, daß zwischen Hirn und dem Liquor ein ziemlich ungehinderter Stoffaustausch erfolgt; der Ort ist vermutlich an der Stelle des Ventrikelependyms zu suchen.

Komplizierend für die Erkenntnis der Vorgänge ist, daß der gesamte Liquorraum von einer für Kationen undurchlässigen Membran umgeben ist und sich mit der ihn außen umspülenden Blutflüssigkeit in ein Gleichgewicht setzen muß (*Blut-Liquor-Schranke*).

Es spielen also ein dynamisches Gleichgewicht, nämlich eine Sekretion und Resorption im Ventrikelraum, und ein ungefähr statisches Gleichgewicht zwischen Blut und Liquor ineinander, so daß die Gesetze des an und für sich bestehenden DONNAN-Gleichgewichtes zwischen Serum und Liquor Veränderungen unterworfen sind. Daher lassen sich die exakten Konzentrationsgesetzmäßigkeiten von DONNAN nicht nachweisen. Am eindrucksvollsten wird das am Beispiel des Magnesiums, bei dem im Liquor eine höhere Konzentration nachzuweisen ist als im Serum. Man kann sogar aus den mehr oder minder starken Abweichungen vom DONNAN-Gleichgewicht einen Rückschluß auf den Hirnstoffwechsel ziehen. So geschieht das z. B. von BRÜHL, der bei Krämpfen eine Ammoniakvermehrung im Liquor fand; in gleicher Weise erklären GELLHORN (auch FASOLD) den gegenüber dem Serum verringerten Zuckergehalt des Liquors als durch glykolytische Funktionen des Gehirns bedingt; auch für die von SEUBERLING nachgewiesene Verminderung des Lipoid-P im Ventrikelliquor (0,009) gegenüber dem Lumballiquor (0,025 mg-%), ist wohl die Annahme einer lipolytischen Funktion des Gehirnparenchyms gegeben.

Bei manchen Erkrankungen des Zentralnervensystems, besonders bei meningealen Affektionen, aber auch bei bestimmten Allgemeinerkrankungen ist die Blutliquorschranke erniedrigt. Infolgedessen können dann im Blute kreisende Stoffe, die von hier aus nicht unmittelbar auf das Gehirn einwirken können *(Blut-Hirnschranke)* „auf dem Wege über den Liquor“ das Zentralnervensystem in Mitleidenschaft ziehen. Unter diesen Umständen erscheint es wichtig, daß die *Blutliquorschranke im frühen Kindesalter eine erhöhte Durchlässigkeit* zeigt. Bei Untersuchung mit der WALTERschen Brommethode liegt nämlich der Quotient Blutbrom: Liquorbrom beim Erwachsenen um 3,0, während er bei Frühgeburten und Säuglingen bis 1,94 absinkt und viele Werte um 2,5 liegen (KRUSE).

Über die sonstigen Unterschiede des Liquors von Säuglingen gegenüber dem des Erwachsenen unterrichtet die folgende Tabelle 77.

Tabelle 77. Zusammensetzung des Liquors (mg-%).

	Säugling	Erwachsener
Zucker	50 (Frühgeburten bis 40)	60
Milchsäure	17—27	—
Phosphatide	—	1,0
Cholesterin	—	0,1
Rest-N	15	15
Na	300	300
K	13,1	13
Ca	6,9	5,4
Mg	3	3
Cl	440	440
anorganischer P	2	2
CO_2 Vol.-%	52,3—53,5(—57,6)	50,7—52
p_H	7,50—7,55	7,12—7,38

Der Calciumwert liegt im kindlichen Liquor (mit ziemlich großen Schwankungen) wohl durchschnittlich höher als die Werte des Erwachsenen. Schon gegen Ende des 1. Lebensjahres nähern sich aber die Zahlen denen des Erwachsenen. Dabei muß es sich aller Wahrscheinlichkeit um eine Vermehrung der nichtdissoziierten löslichen Kalksalze handeln, da für eine vermehrte Ionisation keine Anhaltspunkte vorliegen.

Die CO_2-Spannung des Liquors liegt im Säuglingsalter etwas niedriger als beim Erwachsenen. Sie erklärt wohl auch die etwas geringere H^+-Konzentration. Worauf diese Erscheinung beruht, ist nicht bekannt.

Sehr auffällig ist ferner der *deutlich erniedrigte Zuckergehalt* des Liquors, der *in besonderem Maße bei Frühgeburten* festzustellen ist. Vielleicht ist er durch eine erhöhte glykolytische Funktion des Zentralnervensystems bedingt. Möglicherweise hängt er aber auch mit dem höheren Eiweißgehalt des Liquors von Neugeborenen zusammen, der aus der Tabelle 78 nach YSAGHI ersichtlich wird.

Tabelle 78. Eiweißwerte des Liquors (nach YSAGHI) (g-%).

Alter	Gesamt-Eiweiß	Albumin	Globulin
Frühgeburten			
0—1/2 Monat	0,061	0,040	0,018
1/2— 1 „	0,045	0,030	0,012
1— 3 Monate	0,033	0,023	0,008
3— 6 „	0,028	0,021	0,006
6—12 „	0,021	0,016	0,005
Ausgetragene Kinder			
0—1/2 Monat	0,045	0,030	0,011
1/2— 1 „	0,032	0,026	0,008
1— 2 Monate	0,028	0,022	0,006
2— 3 „	0,025	0,019	0,006
3— 6 „	0,021	0,016	0,005
6—12 „	0,019	0,014	0,005
1—3 Jahre	0,019	0,015	0,004
3—6 „	0,018	0,015	0,003

Nach C. LANGE ist mit 0,018% der Normaleiweißgehalt des Erwachsenenliquors erreicht.

Literatur.

BROCK, J.: Biochem. Z. **140**, 591 (1923).
BRÜHL, H.: Z. Kinderheilk. **59**, 446 (1938).
CHRISTOFOLI, A.: Clin. pediatr. **18**, 213 (1936).
FASOLD, H.: Klin. Wschr. **1929 II**, 1533.
GELLHORN, F.: Permeabilitätsproblem. Berlin 1930.
KAFKA: Cerebrospinalflüssigkeit. Leipzig 1930.
KRUSE, F.: Arch. Kinderheilk. **86**, 254 (1926).
LANGE, C.: Lumbalpunktion und Liquordiagnostik. Handbuch KRAUS-BRUGSCH, Bd. 2, Teil 3, S. 435—686. 1923.
MADER, P.: Kind. Praxis **5**, 66 (1934).
RASI, F.: Boll. Soc. ital. pediatr. **3**, 90 (1934).
SEUBERLING, O.: Z. Neurol. **158**, 104 (1937).
TRENDTEL: Arch. Kinderheilk. **89**, 97 (1929).

C. Harn.

Von JOACHIM BROCK-Bad Dürrheim.

Die nachfolgende Übersicht über die Zusammensetzung des Säuglingsharns bei Frauenmilch- und Kuhmilchernährung bringt keine Durchschnittswerte, sondern *Beispiele*, die den Vorzug haben, daß die einzelnen Komponenten sowie Quotienten tatsächlich in dieser Weise zusammen vorkommen können und aufeinander abgestimmt sind[1].

Tabelle 79. Harn (24 Stunden-Werte).

	Bei *Frauenmilch*ernährung		Bei *Kuhmilch*ernährung	
p_H	7,00		6,20	
A	3,0		68,0	ccm 0,1 n
HCO_3'	40,0		2,0	ccm 0,1 n
$\frac{A + NH_3 - HCO_3 \times 100}{N}$	0,8		10,6	
Organische Säuren	32,0		53,0	ccm 0,1 n
	N g	C g	N g	C g
Gesamt-C	—	0,74	—	1,40
Gesamt-N	0,62	—	2,00	—
$\frac{C}{N}$	1,25		0,70	
Harnstoff	0,370 (60%)	0,160	1,60 (85%)	0,690
NH_3	0,062 (10%)	—	0,120 (6%)	—
Aminosäuren	0,037 (6%)	0,065	0,100 (5%)	0,170
Harnsäure	0,023	0,024	0,028	0,030
Kreatinin	0,027	0,030	0,027	0,030
Kreatin	0,006	0,007	0,018	0,020
Oxyproteinsäuren	0,049 (8%)	0,099	0,080 (4%)	0,160
	0,616	0,395	1,973	1,100
	g		g	
K	0,250		0,685	
Na	0,033		0,200	
Ca	0,014		0,011	
Mg	0,015		0,009	
Cl	0,175		0,566	
P	0,042		0,287	
S: anorganisches Sulfat-S	0,025 (60%)		0,116 (64%)	
S: Ester-Sulfat-S	—		0,029 (16%)	
S: Nichtsulfat-S („Neutralschwefel“)	0,016 (40%)		0,036 (20%)	

[1] Verfasser hat sich also die Mühe einer genauen Äquivalenzberechnung für die organischen und anorganischen Bestandteile mit Dissoziationskonstanten gemacht. Über die $BHCO_3$-Werte im in gewöhnlicher Weise aufbewahrten Harn und ihre Bedeutung für das Säurebasenverhältnis vgl. Bd. 2, S. 308 (sowie die dort zitierte Arbeit von BROCK und HOFFMANN).

Dreizehntes Kapitel.

Ernährung.

Von JOACHIM BROCK-Bad Dürrheim (Schwarzwald).

In den verschiedenen Abschnitten der beiden Stoffwechselkapitel sind schon zahlreiche Fragen, welche die Ernährung betreffen, behandelt worden. Im folgenden wird in der Hauptsache auf die Säuglingsernährung näher eingegangen und in erster Linie auf die dem Säugling zukommende Nahrung: die Milch. Dabei sollen vorzugsweise Daten beigebracht werden, da die Lehre von der richtigen Ernährung des Säuglings ein Kernstück der Kinder*heilkunde* darstellt und deshalb nicht in den Rahmen dieses Buches fällt.

A. Die Ernährung mit Milch und Milchgemischen.

I. Frauenmilch, Kuhmilch (und Ziegenmilch).

(Gemeinsame Besprechung ihrer wichtigsten Eigenschaften.)

1. Allgemeines und Übersicht.

Das BUNGEsche Gesetz. BUNGE hat darauf hingewiesen, daß die Säugetiermilchen um so reicher an Aufbaustoffen (Eiweiß und Mineralien) sind, je kürzer die Zeit der Gewichtsverdoppelung des Neugeborenen ist. Dieses „BUNGEsche Gesetz" zeigt die vorstehende Tabelle 80.

Tabelle 80.

	Tage bis zur Verdoppelung des Geburtsgewichtes	Aufbaustoffe in der Milch	
		Eiweiß %	Mineralien %
Mensch	120	1,30	0,30
Pferd	60	2,14	0,35
Rind	47	3,50	0,75
Ziege	22	3,76	0,85
Schaf	15	5,15	0,93
Schwein	14	6,20	1,07
Hund	9	9,72	0,91

Tabelle 81.
Übersicht über die grobchemische Zusammensetzung von

	Frauenmilch %	Kuhmilch %	Ziegenmilch %
Eiweißsubstanz	1,40	3,50	3,76
Caseinogen	0,65	2,50	2,60
Lactalbumin	0,53	0,48	1,16 ?
Originärer Rest-N	0,024	0,021	?
Fett	4,00	3,50	4,00
Milchzucker	7,00	4,50	4,50
Citronensäure	0,12	0,25	0,15
Mineralien	0,30	0,75	0,85
K	0,053	0,160	0,145
Na	0,014	0,045	0,079
Cl	0,030	0,097	0,100
Ca	0,028	0,126	0,128
Mg	0,0036	0,012	0,012
P	0,015	0,098	0,100
Fe	0,00015	0,00018	0,00021
Calorien in 100 g	70,0	66,0	70,0

2. Physikalische und physikalisch-chemische Eigenschaften der Milchen.

Gefrierpunktserniedrigung. Diese ist bedingt durch die molekular und ional in der Milch gelösten Stoffe und beträgt Δ 0,496 für Frauenmilch, 0,570 für Kuhmilch.

Spezifisches Gewicht. Dieses wird (gegenüber Wasser) erhöht durch die Substanzen der fettfreien Trockensubstanz, erniedrigt durch das Fett und beträgt durchschnittlich bei 15° für Frauenmilch 1,031, für Kuhmilch 1,032. In abgerahmter Kuhmilch steigt es auf etwa 1,035. Durch Wasserzusatz wird das spezifische Gewicht der Kuhmilch in folgender Weise verändert:

Tabelle 82.

	Vollmilch	Abgerahmte Milch
rein	1029—1033	1032—1036
Zusatz von $^1/_{10}$ Wasser .	1026—1029	1029—1032
„ „ $^2/_{10}$ „ .	1023—1026	1026—1029
„ „ $^3/_{10}$ „ .	1020—1023	1023—1026

Danach ist es möglich, bei einer doppelten Fälschung (Abrahmen, dann etwa $^1/_{10}$ Wasserzusatz) der Milch das normale spezifische Gewicht zu erhalten.

Aktuelle Acidität und Titrationsacidität. Die aktuelle Reaktion beträgt für *Frauenmilch* p_h 6,97—7,10 für *Kuhmilch* 6,40—6,70. Durch Stehenlassen verdunstet freie CO_2, was die Reaktion etwas weniger sauer machen würde, beginnt aber auch die bakterielle Zersetzung des Milchzuckers und damit die Produktion von Milchsäure usw., deren Wirkung auf die aktuelle Reaktion der Milch die sog. Puffersysteme derselben (Carbonat, Phosphat, Citrat und insbesondere Caseinat) nun entgegenwirken. Diese Puffersysteme sind ausführlich in Bd. 1, S. 181 bis 193, im Kapitel Verdauung abgehandelt. Die normale Titrationsacidität (die also den normalerweise freien Anteil dieser Puffersysteme bestimmt) beträgt in frischer Frauenmilch 2,0—5,5, in frischer Kuhmilch 15—20 ccm n/10 NaOH in 100 ccm (= *Säuregrade nach* THÖRNER), während die *Säuregrade nach* SOXHLET-HENKEL, die sich auf den Verbrauch von ccm n/4 NaOH beziehen, entsprechend niedriger liegen und bei Frauenmilch 1—2, bei Kuhmilch 6—8 betragen.

Bestimmung des Säuregrades a) nach THÖRNER: 10 ccm Milch + 20 ccm Wasser + einige Tropfen 5% Phenolphthalein titriert mit n/10 Na(OH); b) nach SOXHLET-HENKEL: 50 ccm Milch + 2 ccm 2% Phenolphthalein titriert mit n/4 Na(OH).

Da Säurebildung in der Milch die Ausfällbarkeit des Caseinogens erhöht — Kuhmilch gerinnt beim Kochen, wenn sie mehr als 11 bis 12 Säuregrade nach SOXHLET-HENKEL aufweist —, kann als indirekte Schnellprobe auf evtl. Säurung der Milch die *Alkoholprobe* dienen:

In einem Reagensglas wird zu einigen Kubikzentimeter Milch die gleiche Menge 68%igen Alkohols gegeben und geschüttelt. Einen leichten Grad von Gerinnung sieht man am besten, wenn man das Reagensglas stark neigt und wieder aufrichtet: an der Glaswand haften dann kleine Käsepartikelchen.

Der physikalisch-chemische Zustand von Eiweiß und Fett in der Milch. Man kann Milch als ein polydisperses System auffassen. Es befinden sich in ihr als grobdisperse Phase das *Fett* in Form von Kügelchen von 2—5 μ Durchmesser (Mikronen), als kolloiddisperse Phase das *Casein* in Form von Sub- und Amikronen, das *Albumin* als Amikronen, daneben noch die molekular und ional gelösten Bestandteile. Da das Fett also nicht gelöst, sondern im Milchplasma nur fein zerteilt ist, kann man die Milch auch als eine Emulsion bezeichnen. In fettreicherer Milch sind auch die *Fettkügelchen* größer. Ihre Menge pro ccm schwankt zwischen 1 und 6 Millionen. An ihrer Oberfläche sind Bestandteile des Milchplasmas — kolloidal niedergeschlagenes Eiweiß — angereichert. Beim Aufrahmen steigen die Fettkügelchen mit verschiedener Geschwindigkeit hoch, holen einander ein und haften dann durch diese klebrigen Adsorptionshüllen zusammen (Konglomeration). Durch Erhitzung auf über 61° verliert der Hüllenstoff, wohl infolge Denaturierung des Eiweiß, seine typischen Eigenschaften, so daß dann keine Konglomeration mehr zustande kommt. Das Milchfett hat einen Schmelzpunkt von 31—36°, so daß die Fettkügelchen beim Ausmelken flüssig sind. Aber noch bei 16°, also weit unter dem Erstarrungspunkt (19—24°), ist noch alles Fett flüssig, es befindet sich im Zustand der „Unterkühlung". Bei 10° befindet sich alles Fett in festem Aggregatzustand. Bei einer derartigen Abkühlung verlieren die Fettkügelchen auch ihre schöne Kugelform, und es treten Krystalle im Inneren auf.

Auf Grund neuer, ultramikroskopischer Studien (unter MALYOTH) kommt WAHLMANN zu dem Ergebnis, daß bezüglich der kleinsten sichtbaren Teile zwischen Frauen- und Kuhmilch nur quantitative Unterschiede bestehen. Es finden sich solche von 200 bis 300 und solche von etwa 700 μμ Durchmesser. Erstere zeigen eine außerordentlich starke molekulare Bewegung, die größeren Teilchen bewegen sich weniger rasch. Frauenmilch zeigt, weil sie weniger Teilchen enthält als Kuhmilch, bei dieser Untersuchung im Dunkelfeld ein im ganzen dunkleres Bild. In ihr überwiegen die kleinsten Teilchen die größeren erheblich an Zahl. In der Kuhmilch ist es dagegen gerade umgekehrt, hier überwiegen die 700 μμ Durchmesser erreichenden Submikronen — viel reichlicher vorhanden als in der Frauenmilch — die kleineren erheblich an Zahl. Daß es sich bei diesen Teilchen um *Casein* handelt, geht aus den Bildern hervor, die bei Zusatz von Säure oder Magensaft entstehen. Die Submikronen, die kleineren und größeren, verkleben untereinander, ballen sich zu großen Klumpen zusammen und reißen dabei die Fettkügelchen mit. Daß diese Käsegerinnsel in der Frauenmilch viel feiner sind als in der Kuhmilch (vgl. Bd. 1, S. 203/4), zeigt sich natürlich auch bei solchen Untersuchungen.

3. Weitere Angaben zur Chemie der Milchen.

Eiweißsubstanz. *Globulin* soll nach neuen Untersuchungen primär in der Milch nicht vorhanden sein. Das wasserlösliche amphotere *Lactalbumin* steht dem Serumalbumin sehr nahe. Auf die größere biologische Wertigkeit, die der relativ höhere Lactalbumingehalt der Frauenmilch verleiht, wurde im Abschnitt Eiweißstoffwechsel auf S. 33 hingewiesen. Das von der Milchdrüse produzierte *Caseinogen* ist ein wasserunlösliches, saures Phosphorproteid, dessen isoelektrischer Punkt bei p_h 4,6 liegt. In der Milch soll es in kolloidaler Lösung in Form von Calciumcaseinat-Calciumphosphat vorliegen. Weitere Eigenschaften des Caseins, insbesondere die Vorgänge bei der Labung, finden sich im Kapitel Verdauung abgehandelt (Bd. 1, S. 186, 192, 201—204). Während bei der Säurefällung das Casein in seinem isoelektrischen Punkte als solches gerinnt, fällt es bei der Labung als Kalkverbindung aus, wobei nach den vorliegenden Analysenzahlen über die Aschezusammensetzung der Molke entsprechend der angegebenen originären Zustandsform auch Calciumphosphat mitgebunden werden muß. Der P-Gehalt des Caseinogens selber ist mit 0,7% nämlich sehr gering.

Tabelle 83. Zusammensetzung des originären Rest-N.

	Frauenmilch mg-%	Kuhmilch mg-%
Harnstoff-N . . .	12,0	12,0
NH_3-N	—	1,1
Amino-N	6,0	3,7
Harnsäure-N . . .	3,4	1,1
Kreatin-N	1,9	2,4
Kreatinin-N . . .	1,3	1,7
Gesamt-Rest-N . .	24,6	21,0

Die in Bd. 1, S. 200, angegebenen *Rest-N*-Werte entsprechen dem Vorhandensein von Albumosen und Peptonen, die aber in ganz frischer Milch fehlen und wahrscheinlich aus den Proteinen durch bakteriellen Abbau entstehen. Für den eigentlichen Rest-N gelten etwa obenstehende Werte (Ellinghaus, E. Müller und Steudel, Denis, Talbot und Minot u. a.).

Fett und Lipoide. Über die Chemie der Fette und der Fettsäuren in Frauenmilch und Kuhmilch vergleiche in Bd. 1, S. 195/196 (Kapitel Verdauung). Außerdem enthalten die Milchen nach Degkwitz noch folgende Lipoide:

Tabelle 84.

	Frauenmilch	Kuhmilch
Lecithin + Cephalin . . .	0,005	0,005—0,01 g-%
Cholesterin	0,005—0,014	0,005—0,013 g-%
Ergosterin	—	0,010—0,014 mg-%

Zur Bestimmung des Milchfettgehaltes dient meist das *Azidobutyrometer nach* Gerber. Diese Methode beruht auf der Tatsache, daß sich beinahe sämtliche Milchbestandteile außer Fett in Schwefelsäure vom spezifischen Gewicht 1,820—1,825 unter Zusatz von etwas Amylalkohol lösen. Das Fett scheidet sich dabei selbst in geringer Menge unter Zuhilfenahme von Wärme und Zentrifugalkraft zu einer klar und scharf abgegrenzten Säule ab. Verwendete Mengen: 10 ccm der konzentrierten Schwefelsäure, 11 ccm Milch, 1 ccm Amylalkohol. Mit demselben Apparat kann man statt der Schwefelsäure auch die Neusallösung verwenden (hergestellt aus Citronen- und Salicylsäure + einem blauen Farbstoff). Mengen: 12 ccm Neusallösung, 9,7 ccm Milch (darf nicht gekocht sein!).

Milchzucker. Die Lactose stellt, ebenso wie das Casein, einen biologischen Sonderfall dar. Es kommt weder im Pflanzen- noch im Tierorganismus vor, ist nur in der Milch zu finden und offensichtlich das von der Natur dem Säugling bestimmte und daher wohl passendste Kohlehydrat (Degkwitz). Über die verdauungsphysiologischen Eigenschaften des Disaccharids Lactose (Galactose + Dextrose) vgl. Bd. 1, S. 207—211 und S. 232—241 (Kapitel Verdauung).

Vitamine. Diese sind am Schlusse dieses Kapitels im Zusammenhang abgehandelt.

Mineralien. Von diesen ist besonders die Zustandsform des Phosphors in der Milch viel bearbeitet worden. Hierüber belehrt folgende Tabelle, welche Durchschnittswerte nach Zahlen von Lenstrup sowie Bomskov bringt.

Tabelle 85. Die P-Fraktionen der Milch (%).

	Ges.-P.	Säureunlöslicher P	Säurelöslicher P
Frauenmilch . . .	0,015	0,0028	0,0117 anorg. 0,0054 organ. 0,0063
Kuhmilch	0,092	0,016	0,075 anorg. 0,060 organ. 0,015

Der säurelösliche P entspricht dem P-Gehalt des Caseins und enthält daneben noch geringste Mengen Lipoid-P. Hinsichtlich der Natur der letzten Spalte der Tabelle, der organischen säurelöslichen Phosphorverbindungen der Milch, gehen die Befunde noch auseinander, Näheres bei Bomskov. Relativ enthält die Frauenmilch davon mehr.

4. Biologische Eigenschaften der Milchen.

Enzyme (Fermente). Die Fermente der Milch sind teils originär, teils die Produkte von Milchbakterien, doch ist die Frage der Herkunft in diesem Sinne noch nicht für alle vorkommenden entschieden. Die wichtigsten sind:

1. Hydrolasen. Amylase und Peptidase in Frauen- und Kuhmilch sowie besonders eine (durch Magensaft und Galle aktivierte) Prolipase in der Frauenmilch. Deren hohe verdauungsphysiologische Bedeutung für den natürlich ernährten Säugling hat besonders E. FREUDENBERG studiert und aufgezeigt (vgl. Bd. 1, S. 196/198).

2. Desmolasen. Während die Hydrolasen frei in der Milch vorhanden sind, sind die Desmolasen nach DEGKWITZ durchweg Zellfermente, also in den Leukocyten oder Bakterien der Milch enthalten.

a) Peroxydase. Vermag aus Peroxyden, etwa zugesetztem H_2O_2, Sauerstoff abzuspalten und auf andere Körper zu übertragen (dadurch z. B. Blaufärbung von Paraphenylendiamin). Mit über 70° erhitzter Milch fällt die Probe negativ aus, weshalb sie zur Unterscheidung von frischer und erhitzter Milch verwendet werden kann (STORCH-Reaktion).

b) Reduktase. Der Hauptmenge nach wohl ein bakterielles Enzym. Die Schnelligkeit, mit welcher der Milch zugesetzte Methylenblaulösung entfärbt wird, geht deshalb der Milchkeimzahl parallel, und in sterilisierter Milch fällt diese Reaktion negativ aus.

c) Aldehyd-Reduktase. Nur in Kuhmilch vorhanden, welche auf zugesetztes Methylenblau + Formaldehyd entfärbend wirkt (SCHARDINGER-Reaktion). Durch Erhitzen auf 80° wird diese aufgehoben.

d) Katalase. In der Frauenmilch in noch größerer Menge vorhanden als in der Kuhmilch. Vermehrt bei Leukocytenreichtum (also in Kolostralmilch sowie bei Eutererkrankungen), ebenso bei starker bakterieller Verunreinigung. Dieses Ferment spaltet aus zugesetztem H_2O_2 molekularen Sauerstoff als Gas ab.

Immunkörper. Diese haben nur in der Frauenmilch, aus der sie von ihm als solche resorbiert werden, eine gewisse Bedeutung für den Säugling, vgl. darüber DE RUDDERs Kapitel „Immunbiologie" in diesem Bande.

Bakteriologie der Milch. Diese ist, da sie nur hinsichtlich der Kuhmilch von Interesse ist, weiter unten abgehandelt (S. 193).

II. Weitere Angaben über Absonderung und Zusammensetzung der Frauenmilch.

1. Die Lactation und ihre verschiedenen Stadien.

Wachstum der Brustdrüse und Ingangkommen der Milchsekretion. Während die virginelle Brust hinsichtlich des eigentlichen Drüsenparenchyms kaum vom infantilen Zustand unterschieden ist, setzt bald nach der ersten Konzeption eine gewaltige Vermehrung des Drüsengewebes ein, die ja auch von den bekannten äußerlich sichtbaren Zeichen begleitet ist. Nach Beendigung der Lactation findet dann wieder eine gewisse Rückbildung statt. Welche Koeffizienten am Einsetzen der Milchsekretion nach der Geburt des Kindes beteiligt sind, ist noch strittig. Diese Frage ist in Bd. 2 ausführlich von E. THOMAS erörtert (vgl. dort, S. 86—88).

Der **Saugakt** ist ausführlich dargestellt in Bd. 1, S. 172. In seinem Zusammenhang mit dem Schluckakt behandelt ihn auf Grund seiner eigenen neuesten Forschungen PEIPER am Schluß dieses Bandes in einem Nachtrag.

Die allmähliche Steigerung der Milchmenge und das Inganghalten der Milchabsonderung. Für beides gibt es nur ein wirksames Mittel: Die regelmäßige und möglichst vollständige Entleerung der Brust. Besonders wichtig ist diese, wenn es gilt, die Milchsekretion nach dem „Einschießen" der Milch (gewöhnlich am 3. oder 4. Tage) nun richtig in Gang zu bringen. Für die Beurteilung der Milchmengen kann als Richtschnur die FINKELSTEINsche Regel gelten, daß bis zum Ende der ersten Lebenswoche auf jeden Lebenstag abzügliches des Geburtstages ein Mehr von 70 g Milch kommt (so daß mit 7 Tagen etwa eine Tagesmenge von $7 - 1 = 6 \times 70 = 420$ g Milch getrunken wird, welche Menge in der zweiten Lebenswoche nur langsam zunimmt). Besonders wichtig ist eine intensive Entleerung der Brust auch weiterhin in den nicht seltenen Fällen relativer Hypogalaktie. Eine Entleerungspause von 24 Stunden kann schon genügen, solche Brüste zum Versiegen zu bringen. Andererseits zeigen die leistungsfähigen Brüste von Ammen, wie der Inanspruchnahme der Brust tatsächlich auch eine Steigerung ihrer Leistung entspricht.

Colostrum (Vormilch), Übergangsmilch, reife Milch. Vor und in den ersten Tagen nach der Geburt des Kindes sondert die Brust der Mutter spärliche Mengen einer gelblichen trübserösen, viscösen Flüssigkeit ab, welche beim Kochen gerinnt, das *Colostrum* oder die Vormilch. Ihre Reaktion ist lakmusalkalisch. Entsprechend dem höheren Gehalt an Trockensubstanz beträgt das spezifische Gewicht 1050 bis 1060, die Gefrierpunktserniedrigung Δ 0,56 bis 0,60. Charakteristisch ist der höhere Gehalt an Eiweiß und Mineralien, während der Fettgehalt derselbe, der Milchzuckergehalt geringer ist, als in reifer Milch. Was die Zusammensetzung der Eiweißsubstanz betrifft, so tritt das Casein ganz hinter albuminartigen Stoffen zurück. Infolgedessen ist Colostrum nicht labfähig, wird überhaupt von Proteasen in vitro nur schwer und geringfügig angegriffen (FREUDENBERG). Die gelbe Färbung ist auf eine besonders hohe Beimischung von Carotinoiden zum Fett zurückzuführen. Die Konzentration von Immunkörpern und Fermenten ist höher als in der reifen Milch. Mikroskopisch zeigt sich die Vormilch durchsetzt von sog. *Colostrumkörperchen*, mit Fett beladenen, phagocytär aktiven Zellen, wohl überwiegend Leukocyten. Nach CZERNY haben diese die Aufgabe, bei der Milchbildung nicht gebrauchtes Fett in die Lymphbahnen abzutransportieren. Diese Theorie steht in gutem Einklang mit der Tatsache, daß Colostrum nicht nur als „Vormilch" auftritt, sondern auch bei Milchstauung sowie beim Versiegen der Brust am Ende der Lactation.

Am 1. Lebenstage produzieren die Brustdrüsen auch bei mehrmaligem Anlegen kaum mehr als 10—20 ccm dieses Sekretes. In den folgenden Tagen nimmt die Absonderung — indem die Brüste unter subjektivem Spannungsgefühl anschwellen — an Menge immer mehr zu, und in gleichem Maße nähert sich die Beschaffenheit des Sekretes immer mehr derjenigen der bleibenden Milch. In den Fällen, wo sich die Milchabsonderung im Sinne eines Einschießens der Milch ziemlich plötzlich steigert, wechselt auch das Sekret seinen Charakter entsprechend rasch. Letzteres Verhalten wird besonders bei Mehrgebärenden beobachtet. Nach WIDDOWS, LOWENFELD, BOND und TEYLOR sollen die Ausgangswerte von Eiweiß und Mineralien bei diesen übrigens von vornherein niedriger liegen.

Tabelle 86. Übersicht über die Zusammensetzung des Frauencolostrums (g-%).

Lebensalter	Eiweiß	Fett	Lactose	Asche	Calorien	Autor
Frühcolostrum						
1. Lebenstag	9,38	2,84	4,24	—	84	BIRK
2. Lebenstag	4,62	3,00	5,56	—	69	BIRK
28—51 Std. p. p.	5,80	4,08	4,09	0,48	78	DEGKWITZ
Spätcolostrum						
3. Lebenstag	2,94	3,13	5,33	—	54	BIRK
50—60 Std. p. p.	3,17	3,92	5,48	0,41	72	DEGKWITZ
Übergangsmilch (5—6 Tage p. p.)	2,04	2,89	5,75	0,34	59	DEGKWITZ

Des Zusammenhangs halber sei erwähnt, daß einige Untersucher gefunden haben, daß mit fortschreitender Lactation insbesondere der Eiweißgehalt der Milch allmählich weiter absinkt, wie nebenstehende Tabelle 87 zeigt. Wieweit dies nach dem spärlichen analytischen Material die Regel bildet, steht dahin (DEGKWITZ).

Tabelle 87. Zusammensetzung der Frauenmilch in den verschiedenen Lactationsperioden (nach HOLT, COURTNEY und FALES).

	Eiweiß g-%	Asche g-%
Kolostralperiode (1.—12. Tag)	2,25	0,31
Übergangsperiode (12.—30. Tag)	1,56	0,24
Reifeperiode (2.—9. Monat)	1,15	0,21
Spätperiode (10.—20. Monat)	1,07	0,20

2. Über Schwankungen von Menge und Zusammensetzung der Frauenmilch.

Technisches. Bei den neueren Untersuchungen wurde meist eine (maximale) künstliche Entleerung[1] der Brüste, sei es durch Abpumpen

[1] Neben den älteren *Milchpumpen*, bei denen das Vakuum durch einen Gummiball (IBRAHIM) oder durch eine Ventilpumpe (v. JASCHKE) hergestellt wird, seien hier genannt eine 1936 von SCHEER (1) angegebene elektrische Milchpumpe und

oder Abdrücken („Melken“) vorgenommen. Damit entfallen für die Analyse alle Schwierigkeiten, da Menge und Zusammensetzung an ein und derselben Milch bestimmt werden. Um so größer sind die Schwierigkeiten, wenn man die Säuglinge in der natürlichen Weise an der Brust trinken läßt. BIRK hat sich bei seinen Studien über den Neugeborenenstoffwechsel so geholfen, daß jeweils beide Brüste gleichzeitig entleert wurden: an der einen wurde vom Kinde getrunken, die andere wurde gleichzeitig leergepumpt, und die an der künstlich entleerten Milch gewonnenen Analysenzahlen wurden auch für die getrunkene Milch in Ansatz gebracht.

Wenn es nur auf die *Untersuchung des Fettgehaltes* ankommt, hat KOEPPE ein *Verfahren zur Untersuchung an der Brust getrunkener Milch* ausgearbeitet: Läßt man Frauenmilch 24 Stunden in 8 cm hohen, 5 ccm fassenden Meßzylindern stehen, so entspricht die auf 100 ccm Milch umgerechnete, direkt abgelesene Rahmmenge, durch 2,6 dividiert, den Fettprozenten. Es werden nun immer drei Proben zur Analyse der Brust künstlich entnommen, je eine vor und nach dem Anlegen, eine weitere in der Mitte des Trinkaktes. Drei Wägungen des Kindes ergeben, wieviel Milch dieses zwischen erster und zweiter sowie zwischen zweiter und dritter Milchprobe getrunken hat. Für die Zusammensetzung von Menge I wird das Mittel aus den Fettprozenten von Probe 1 und 2, für den Fettgehalt von II das Mittel aus den Prozentwerten von Probe 2 und 3 zugrunde gelegt, woraus sich dann der prozentige Fettgehalt der getrunkenen Gesamtmenge ergibt.

Tagesschwankungen der Milchmenge. Daß der Säugling morgens an der während der Nachtpause unentleert gebliebenen Brust bedeutend mehr trinkt als zu den späteren Mahlzeiten, ist eine alltägliche Erfahrung. Daß die Größe der Morgenmahlzeit durch die voraufgegangene Entleerungspause bedingt ist, scheint daraus hervorzugehen, daß bei nur dreimaliger, alle 8 Stunden erfolgender künstlicher Entleerung der Brust jedesmal untereinander gleiche Milchmengen gewonnen werden [HELBICH (2)]. NIMS, MACY, BROWN und HUNSCHER erhielten allerdings bei fortlaufend alle 4 Stunden erfolgender Entleerung der Brust, also trotz immer gleicher Pausen, keine gleichmäßigen Milchmengen, vielmehr wurde um 10 Uhr, also zu dem Zeitpunkt, welcher regulär der zweiten Mahlzeit zu entsprechen pflegt, immer am wenigsten Milch gewonnen (vgl. auch weiter unten).

ein 1937 von demselben Autor (2) publiziertes preiswertes Modell, bei dem die Sogstärke an der am Tisch zu befestigenden und mittels Hebel zu bedienenden Pumpe selber je nach der Lage des Falles eingestellt werden kann (beide SCHEERschen Modelle zu beziehen durch das Medizinische Spezialhaus Fritz Steffens & Co., Frankfurt a. M.). Die Entleerung mit Wasserstrahlpumpe (THOENES) scheint demgegenüber weniger empfehlenswert, weil der auf diese Weise zu erzielende Unterdruck örtlich zu verschieden ist.

Schwankungen des Fettgehaltes. Ein gegensinniges Verhalten von Milchmenge und Fettgehalt gilt mit Sicherheit für die *Sekretionskurve der einzelnen Mahlzeit.* Die Brust geht zu Beginn der Mahlzeit leicht, so daß der Säugling für gewöhnlich in den ersten 5 Minuten die Hälfte bis Zweidrittel der Gesamtmenge trinkt, in den folgenden 5 Minuten den Hauptteil des Restes, während nach 10 Minuten kaum noch etwas getrunken wird (FREUDENBERG). Umgekehrt verhalten sich die Fettprozente, welche während der Mahlzeit etwa von 2 auf 7% ansteigen. Hierzu die Tabelle 88.

Tabelle 88. Rahmmengen (in jeweils 5 ccm Milch nach der Methode von KOEPPE bestimmt) in 5 während einer Trinkmahlzeit entnommenen Milchproben (nach HOFMANN).

ccm	ccm	ccm	ccm	ccm	ccm
0,2	0,4	0,2	0,4	0,2	0,3
0,4	0,6	0,3	0,5	0,3	0,4
0,6	0,7	0,4	0,6	0,45	0,6
0,7	0,9	0,7	0,9	0,7	0,8
1,3	1,0	0,8	1,0	0,85	0,85

Auch zwischen der *Größe der gesamten zu einer Mahlzeit entleerten Milchmenge und* ihrem *Fettgehalt* wird im allgemeinen ein gegensinniges Verhalten gefunden (ENGEL; WIDDOWS und LOWENFELD; NIMS, MACY BROWN und HUNSCHER). Insbesondere ist folgendes zu beobachten: Morgens nach der Nachtpause, also etwa um 6 Uhr, steht eine besonders reichliche Milchmenge zur Verfügung, jedoch hat diese einen niedrigprozentigen Fettgehalt. Bis zur folgenden Mahlzeit, um 9 oder 10 Uhr, wird sehr viel weniger Milch gebildet. Deren prozentiger Fettgehalt aber zeigt einen ganz bedeutenden Anstieg und stellt nach DEEMs Untersuchungen fast immer den Höchstwert des Tages dar, auch wenn die Milchmenge dieser zweiten Mahlzeit später noch unterschritten wird. Kurvenmäßig ergeben diese Beziehungen zwischen Mengen und Fettgehalt der Milch nebenstehendes Bild (Abb. 12).

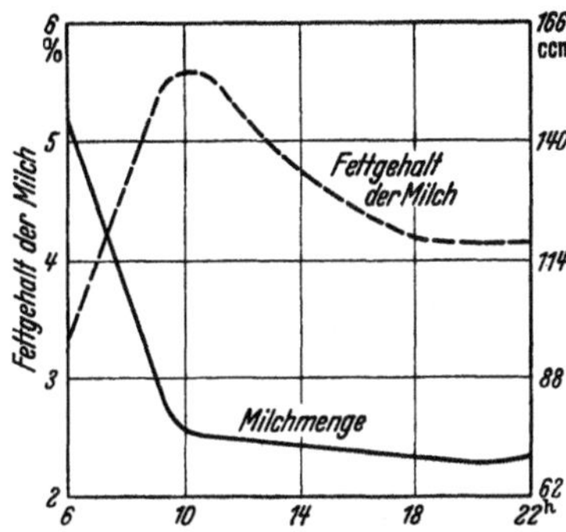

Abb. 12. Menge und Fettgehalt der Brustmahlzeiten während eines Tages (nach DEEM).

Wie ersichtlich, liegt die Schwankungsbreite des prozentigen Fettgehaltes zwischen 3,4 und 5,6%. Besonders bemerkenswert erscheint, daß NIMS, MACY, BROWN und HUNSCHER bei Fortfall der nächtlichen Entleerungspause, nämlich bei alle 4 Stunden fortlaufend erfolgender Milchentleerung, ganz ähnliche Kurven für den prozentigen Fettgehalt der Milch erhielten. Immer war um 10 Uhr die Milchmenge am geringsten, der prozentige Fettgehalt mit 6% am höchsten, während die Fettgehalte zu den anderen Entleerungszeiten viel niedriger und voneinander wenig verschieden waren. Die Schwankung des prozentigen Fettwertes lag durchschnittlich zwischen 3,8 und 6%, entsprach also fast derjenigen bei der Versuchsanordnung von Deem.

Was schließlich den prozentigen *Fettgehalt des Tagesquantums* betrifft, so wird hier eine gegensinnige Beziehung zwischen Menge und Fettgehalt am wenigsten gefunden. Infolgedessen kann ja bei vielen Ammen die Milchmenge bei entsprechender Ernährung in die Höhe getrieben werden, ohne daß deren Fettgehalt nennenswert absinkt. Die unabhängig von der Milchmenge beobachtete individuelle Schwankungsbreite ist im allgemeinen gering, für gewöhnlich werden 4—4,5% Fett gefunden. Es gibt aber auch Frauenmilch mit 5% Fett und andererseits solche, deren Fettgehalt nur 3% erreicht oder sogar unterschreitet. Und deswegen muß bei ungenügender Gewichtszunahme von Brustkindern, welche sonst ausreichende Milchmengen trinken, immer an die Möglichkeit gedacht werden, daß es sich um eine Milch mit ungenügendem Fettgehalt handeln könnte.

Einfluß alimentärer Fettzufuhr. Daß Unterernährung den Fettgehalt der Frauenmilch herabsetzen kann, ist schon lange bekannt. Ruzicic machte in dieser Hinsicht ein ziemlich drastisches Experiment: Bei reiner Brotkost (!) wiesen 5 unter strengen Kautelen abmelkende Primiparae in ihrer Milch konstant niedrige Fettwerte von 2% auf. An 4 weiteren Tagen wurden dieser Kost zu verschiedenen Essensmahlzeiten, also auf einmal, jeweils 250 g Butter zugelegt. Immer stieg 3 Stunden danach der Fettgehalt der Frauenmilch erheblich an, erreichte ein Maximum nach 12 Stunden, um im Laufe weiterer 12 Stunden abzufallen. Den Verhältnissen des Lebens näher kommen die Versuche Deems: Bei 5 Frauen betrug bei verschiedenen Kostformen mit einer Fettzufuhr von täglich 85—95 g der Fettgehalt ihrer Milch durchschnittlich 3,59%. Nun wurde die Fettzufuhr auf 230—275 g täglich erhöht, worauf der Fettgehalt der Milch auf durchschnittlich 4,30%, also genau um 20% gesteigert wurde. Wenn man bedenkt, daß auch in diesen Versuchen die Fettzufuhr unphysiologisch hoch war, so erscheint demgegenüber die erzielte Steigerung des Milchfettgehaltes eigentlich gering und mehr von theoretischem Interesse.

Schwankungen des Eiweißgehaltes. Den oben besprochenen, unter den verschiedenen zeitlichen Umständen vorkommenden Schwankungen des Fettgehaltes entsprechen keine solche Schwankungen des Eiweißgehaltes der Milch! Einen ganz geringen Einfluß der Eiweißzufuhr in der Kost, welcher wirklich nur von theoretischem Interesse ist, stellte Deem in neueren Untersuchungen fest. Danach wurde der bei einer Eiweißzufuhr von 80—90 g festgestellte Eiweißgehalt der Brustmilch durch Steigerung des Nahrungseiweiß auf 140—150 g um 5% gesteigert, durch Herabgehen der Eiweißzufuhr auf 60 g um 7% verringert. Dementsprechend hat man auch während des Weltkrieges in Deutschland trotz der Unterernährung der Bevölkerung den Gehalt der Frauenmilch an

N-Substanz, von wenigen Ausnahmen abgesehen, nicht erniedrigt gefunden. Und eine infolge Eiweißarmut minderwertige Frauenmilch ist anscheinend etwas so seltenes, daß praktisch kaum damit gerechnet zu werden pflegt.

Schwankungen des **Milchzuckergehaltes,** die den vorstehend besprochenen Schwankungen der anderen Milchbestandteile entsprechen würden, fehlen — darüber sind sich alle Untersucher einig — ganz.

Einfluß der Menstruation auf die Frauenmilch. Bei der Mehrzahl der Frauen, welche stillen, tritt noch während der Lactation die Menstruation wieder auf, anscheinend um so früher, je weniger ergiebig die Brust ist. Das Wiederauftreten der Regel soll die Möglichkeit einer erneuten Konzeption erhöhen. Kommt es zu einer solchen, so wird im allgemeinen empfohlen, mit dem Abstillen des Kindes zu beginnen, weil gleichzeitige Lactation und Gravidität eine zu starke Belastung des mütterlichen Organismus darstellen. Der Wiedereintritt der Menstruation stellt dagegen, hierüber herrscht Übereinstimmung, keinerlei Grund dar, etwa mit dem Stillen aufzuhören.

Trotzdem kann es bei einem kleinen Prozentsatz der Brustkinder in den Menstruationstagen zu Erscheinungen wie Trinkunlust, Unruhe, Hautblässe und dyspeptischen Symptomen kommen. Eine kasuistische Publikation berichtete kürzlich bei einem Ekzematiker von regelmäßiger Verschlimmerung des Hautausschlages und Urticaria in der Form QUINCKEschen Ödems (W. CAMERER). Experimentelle Untersuchungen (MOMMSEN, ELTZ, bei diesem Literatur!) haben es wahrscheinlich gemacht, daß, besonders am Vortage und ersten Tage der Menstruation, „Menstruationsstoffe" in Blut und Säften der Mutter vorhanden sind, in die Milch übergehen und vom Darm des Säuglings aufgenommen werden. Zu ihrem Nachweis ist die Hemmung biologischer Vorgänge (Wachstum von Lupinenkeimlingen, Hefegärung des Traubenzuckers) benützt worden. Auf diese Weise konnte übrigens wahrscheinlich gemacht werden, daß auch bei den Frauen, welche nicht menstruieren, während der Lactation doch schon ein okkulter Zyklus vorhanden ist. Bei manchen Kindern werden während der Menstruationstage typische Gewichtsstillstände beobachtet. Manche führen sie auf eine, tatsächlich vorkommende, Verringerung der Milchmenge zurück (nach v. JASCHKE könnte diese übrigens mit einer geringeren Nahrungsaufnahme aus geschmacklichen Gründen zusammenhängen), aber auch eine ungünstige Beeinflussung des Säuglingsorganismus selber durch die resorbierten Menstruationsstoffe ist in Betracht zu ziehen. Auch mit deren chemischer Natur hat sich die Forschung beschäftigt, wofür auf die Publikation von ELTZ verwiesen sei.

Übergang von gewissen Nahrungsstoffen, von Medikamenten und Giften in die Frauenmilch. Im allgemeinen gilt als Erfahrungsgrundsatz, daß eine Mutter alle Nahrungsmittel und alle üblichen Medikamente zu sich nehmen kann, ohne daß dem Kinde hieraus ein Nachteil erwächst. Schon hinsichtlich der Nahrungszufuhr lehrt eine feinere Beobachtung, daß es auch Ausnahmen von dieser Regel gibt. Und wenn manche Mütter immer wieder die Erfahrung machen, daß der *Genuß blähender Speisen*, etwa gewisser Kohlsorten, bei dem gestillten Säugling Koliken hervorruft, so hat dies seine Parallele in dem Auftreten darmkatarrhartiger Erscheinungen nach Genuß von (gutabgekochter!) Kuhmilch, wenn gerade der Übergang von Trockenfutter auf Weidegang stattgefunden hat.

Narkotika wie Chloroform, Äther usw. können bei Narkosen der Mutter in so großer Menge in ihre Milch übergehen, daß der Säugling nach dem Trinken in langen Schlaf verfällt. Besonders schädlich scheint *Opium* bzw. *Morphium* zu sein. Daß eine Morphiumsüchtige nicht stillen darf, ist selbstverständlich. Aber auch nach hohen Einzelgaben muß man mit einer entsprechenden Beeinflussung des Kindes rechnen. *Alkohol* geht, auch in größeren Mengen genossen, nicht in Mengen in die Milch über, welche zu einer Intoxikation beim Kinde ausreichen (FIORENTINI), digestive und andere nervöse Folgeerscheinungen sind jedoch beschrieben worden. Bei den Säuglingen von Tabakarbeiterinnen hat man das Auftreten von Koliken und andere nervöse Erscheinungen auch auf eine *Nicotinschädigung* bezogen, obgleich dieses, ebenso wie Coffein, nur in Spuren in die Milch übergeht (homöopathische Wirkungen?). Der Übergang der *Halogene* in die Milch nimmt zu mit steigendem Atomgewicht, so daß Brom schon in Spuren, Jod am reichlichsten in die Milch übergeht. Hinsichtlich größerer Jodgaben ist bei Stillenden daher ebenso eine gewisse Vorsicht am Platze, wie dies für reichliche *Arsen*gaben gilt. Von den Schwermetallen geht *Hg* besonders leicht in die Milch über, ohne daß dies aber für therapeutische Wirkungen ausreicht. Weitere Einzelheiten vgl. bei DREYFUSS-SÉE.

3. Konservierung von Frauenmilch, Frauenmilchsammelstellen.

Schon in den Kinderkliniken, die ja immer über einen gewissen Vorrat an Ammenmilch verfügen müssen, erhebt sich die Frage einer Haltbarmachung derselben durch Abkochen. Nicht zu umgehen ist eine Sterilisierung der Frauenmilch natürlich für Frauenmilchsammelstellen, welche in ihrem Bezirk gesammelte Frauenmilch auch nach außerhalb, an Anstalten und praktizierende Kinderärzte abgeben. M. KAYSER gebührt das Verdienst, eine solche 1919 in Magdeburg und später an der Landesfrauenklinik in Erfurt ins Leben gerufen zu haben. Im Jahre 1937 wurden von dieser über 6000 l abgegeben. Nähere Einzelheiten über die Organisation dieser Sammelstelle (Einsammeln, Kontrolle, Verarbeitung und Abgabe der Milch) müssen in den Arbeiten von KAYSER (1—4) nachgelesen werden. Hier nur einige kurze Angaben: Zum Aufdecken selbst ganz geringer Kuhmilchzusätze hat sich eine serologische Methode von KOSCHUSCHAROFF (vgl. die Publikation von JORDANOFF) wegen ihrer Einfachheit und Präzision sehr bewährt. Vorläufig muß dieses „Kuhmilchlactotest" noch durch das tierärztliche bakteriologische Institut in Sofia bezogen werden [KAYSER (3)]. Die Erhitzungsdauer der Frauenmilch auf 100° beträgt zur Zeit nur noch 5 Minuten. Besonders wichtig erscheint, daß außer der abgekochten Frauenmilch auch ein (bei 35° im Vakuum erzeugtes) Frauenmilch-Trockenpulver abgegeben wird [KAYSER (4)], denn damit wird der für manche Fälle von Ernährungsstörung immer wieder auftretende Wunsch, mit „*konzentrierter Frauenmilch*" ernähren zu können, erfüllt.

Natürlich kann sterilisierte Frauenmilch nicht gleich roher Frauenmilch sein, aber es ist doch Tatsache, daß in manchen Kinderkliniken die überschüssige Ammenmilch überhaupt abgekocht aufbewahrt wird, und daß angesehene Kliniksleiter einen ernährungstherapeutischen Unterschied zwischen abgekochter und roher Frauenmilch nicht gesehen haben. Und so kann und muß man Frauenmilchsammelstellen, wie die in Erfurt, schon jetzt als eine segensreiche Einrichtung betrachten, obgleich von mancher Seite, insbesondere von CATEL (1—3), gegen die Anwendung sterilisierter Frauenmilch Einwendungen erhoben wurden, die sich auf ihre Anwendung besonders bei Frühgeburten beziehen und welche, soweit sie sich auf den Aufzuchtserfolg beziehen, unbedingt eine weitere Nachprüfung verlangen.

III. Behandlung und weitere Verarbeitung der Kuhmilch.

1. Bakteriologisches.

Wenn die größere Gefährdung des Säuglings mit dem „Industrieprodukt" (DEGKWITZ) Kuhmilch anstatt mit der arteigenen Muttermilch behandelt wird, pflegt mit Recht auch der bakteriologische Gesichtspunkt hervorgehoben zu werden. Immerhin ist zu bedenken, daß auch die Muttermilch dem Säugling nicht steril zufließt, denn in den Ausführungsgängen der Brustdrüsen und auf den Brustwarzen befinden sich natürlich sämtliche Keime der Körperoberfläche auch. Soweit es sich dabei aber nicht — ausnahmsweise — um Krankheitserreger handelt, kommt diesen in die Muttermilch übergehenden Keimen keinerlei praktische Bedeutung zu.

Anders bei der Kuhmilchernährung. Hier ist die Gefährdung durch pathogene Menschenkeime viel größer und steigt in dem Maße, als Menschen mit der Milch auf ihrem Wege von der Kuh bis zum Säugling in Berührung kommen. Dazu kommt die Möglichkeit, daß durch Krankheiten der Kuh Krankheitserreger in die Milch übergehen, die auch für den Säugling pathogen werden können (Rindertuberkulose, Morbus BANG, Maul- und Klauenseuche usw.). Auch die normale, nicht pathogene Milchflora wird wegen der Art ihrer Herkunft und Gewinnung in der

Kuhmilch natürlich viel reichlicher sein, so daß man mit mehreren Tausend Keimen im Kubikzentimeter im allgemeinen wird rechnen müssen. Und Milch, die infolge unsauberer Gewinnung viel „Milchschmutz" enthält, kann durch diesen von vornherein mehrere Hunderttausend und mehr Keime enthalten! Neben dieser „primären Einsaat" ist die weitere Vermehrung der Keime von großer Bedeutung. Diese hängt ab a) von der Zeit, b) von der Temperatur der Milch, wie z. B. aus folgendem Versuch FREUDENREICHs hervorgeht:

Tabelle 89. Zahl der Keime in 1 ccm Kuhmilch.

	Bei 15°	Bei 25°	Bei 35°
Zu Beginn des Versuches . .	9300	9300	9300
Nach 3 Stunden	10000	18000	30000
Nach 6 Stunden	25000	172000	12000000
Nach 9 Stunden	46000	1000000	35000000
Nach 24 Stunden	5700000	50000000	577500000

Danach muß die Kuhmilch also 1. möglichst sauber gewonnen, 2. danach rasch tiefgekühlt werden, und soll 3. möglichst rasch dem Verbrauch zugeführt werden. Wenn sie einstweilen pasteurisiert und abgekocht wird, so muß auch danach rasche Tiefkühlung erfolgen, denn infolge der Sporenbildner, welche die Milch unter ihren Keimen enthält, wird sie durch die erwähnten Verfahren nicht sterilisiert. Und in der Abkühlungszone zwischen 55 und 25° wuchern die Sporen wieder, daher muß diese möglichst rasch durchschritten werden.

Von den nichtpathogenen Milchkeimen ist am wichtigsten die *Gruppe der Milchsäurebildner*, welche also den Milchzucker zu Milchsäure (neben geringen Mengen Essigsäure, Valeriansäure, Bernsteinsäure usw.) vergärt. Ihr Hauptvertreter ist der Streptococcus lactis (Synonyma: Bacillus acidi lactici, Bacterium acidi lactici GÜNTHER u. a.): 1—2 μ lange, 0,5 bis 0,6 μ dicke, plumpe Stäbchen. Oft zu zweien oder in kleinen Ketten angeordnet, auch zu kleinen Haufen konglomeriert, ohne Eigenbewegung, grampositiv. Wachstumsoptimum bei 28°. Der indirekte Nachweis der erfolgten Wucherung dieser Milchsäurebildner (leicht zu erbringen durch die weiter oben erwähnten Proben auf Säuerung der Milch) erlaubt praktisch Schlüsse auf die Keimzahl der Milch überhaupt und damit auch auf die bei ihrer Gewinnung und Weiterbehandlung angewandte hygienische Sorgfalt.

Werden die Milchsäurebildner durch halbstündiges Kochen der Milch sämtlich abgetötet, so kann die reine Wirkung derjenigen Bacillen beobachtet werden, welche, wie sie in den Faeces der Säuglinge vorkommen (vgl. Bd. 1, S. 222—225), so auch im Kuhkot vorhanden sind, nämlich der sporenbildenden Anaerobier. Diese verursachen dann eine lebhafte *Buttersäuregärung*.

Mit den erwähnten ist nur ein kleiner Teil der gewöhnlichen Milchkeime genannt. Für den Säugling ist besonders noch die Gegenwart von *Colibakterien*, die natürlich auch im Kuhkot und schon dadurch in der Milch vorkommen, von Bedeutung, falls er nicht einwandfrei sterilisierte Milch erhält. Sonst haben die meisten anderen Keime der Milch, so die eiweißspaltenden, mehr eine Bedeutung für die weitere industrielle Bearbeitung der Milch, insbesondere die Käseherstellung. Auch Milchfehler, wie „schleimige", „blaue", „bittere" Milch usw. werden durch selten vorkommende Milchbakterien hervorgerufen.

2. Behandlung der Milch bis zur Abgabe an den Verbraucher.

Was die drei auf der vorangehenden Seite aufgestellten Forderungen betrifft, so dient der ersten neben größter *Sauberkeit* der Kuh, der Hände des Melkers und aller Geräte, auch das sofortige Seihen oder Durchsieben der gemolkenen Milch.

Zur *Kühlung* wird die Milch am zweckmäßigsten durch einen Kühlapparat geschickt. Wird dabei fließendes Brunnenwasser (etwa 8—9°) zur Kühlung verwendet, kann man für die Milch eine um 2° höhere Temperatur annehmen, für eine „Tiefkühlung" der Milch (unter 8°) müssen Kältemischungen benutzt werden. Ein notwendiger Weitertransport erfolgt dann am besten in eckigen, in geeigneter Weise kühl gehaltenen Kannen, über längere Strecken sind für den Bahntransport Kühlwagen zweckmäßig.

Reichsmilchgesetz. Die weitere Behandlung der Milch ist eine verschiedene, je nachdem es sich um Vollmilch, Markenmilch oder Vorzugsmilch im Sinne des *Reichsmilchgesetzes vom 31. 6. 1930* und seiner Ausführungsbestimmungen handelt.

Vollmilch. Hierbei handelt es sich heutzutage meist um von Molkereien abgegebene Sammelmilch. In vielen Städten ist, gestützt auf das Reichsmilchgesetz, für diese der Pasteurisierungszwang eingeführt. Diese Milch ist also spätestens 22 Stunden nach dem Melken nach ausreichender Reinigung einem der nachstehenden *Pasteurisierungsverfahren* zu unterwerfen. *1. Tief- bzw. Dauererhitzung:* Mindestens $^1/_2$ Stunde lang auf 63—65°. *2. Hocherhitzung (Moment- und Kurzzeiterhitzung):* Während hierbei früher eine Erhitzung auf 80—85° üblich war, ist neuerdings durch die Reichsregierung eine *Erwärmung auf* 71—74° *auf die Dauer von 40 Sekunden* als ausreichendes Pasteurisierungsverfahren anerkannt worden. Diese „Kurzzeiterhitzung" hat gegenüber dem älteren Verfahren den großen Vorzug, daß dabei der Rohmilchcharakter weitgehend gewahrt bleibt. Über die natürlich auch nach dem Pasteurisieren notwendige rasche Tiefkühlung der Milch vgl. oben.

Auch diese gewöhnliche Vollmilch des Handels wird zweckmäßigerweise in Flaschen abgefüllt zum Verkauf gebracht. Nach dem Reichsmilchgesetz ist dies jedoch nur erlaubt, wenn es sich um pasteurisierte

Milch handelt, und wenn die Abfüllung (wozu es automatische Apparate gibt, die jede Berührung der Milch mit den Händen ausschließen) in der Bearbeitungsstätte erfolgt. Dem Milch*händler* ist das Abfüllen von Milch in Flaschen verboten.

Markenmilch. Als solche darf nur Milch aus Betrieben bezeichnet werden, welche die Genehmigung einer Überwachungsstelle besitzen, und deren Milch von dieser fortlaufend kontrolliert wird. Der milchspendende Tierbestand muß durch einen beauftragten Tierarzt alle 3 Monate klinisch bzw. bakteriologisch untersucht werden und muß dem staatlich anerkannten Tuberkulosetilgungsverfahren angeschlossen sein. Auch der Gesundheitszustand des Melkpersonals und der übrigen mit der Milch beschäftigten Personen muß laufend ärztlich überwacht werden. Fettgehalt und Keimzahl müssen gewissen, sich nach den örtlichen Verhältnissen richtenden Mindestforderungen entsprechen. Markenmilch wird, wenn nicht aus besonderen Gründen die Pasteurisierung angeordnet wird, roh abgegeben, und zwar nur in fest verschlossenen Gefäßen, an Anstalten in plombierten Kannen.

Vorzugsmilch ist die qualitativ beste Handelsmilch. Über die für die Markenmilch geltenden Bestimmungen hinaus werden an sie von der Landesbehörde bestimmte Anforderungen gestellt. In Preußen ist z. B. vorgeschrieben, daß der Fettgehalt 3% übersteigen muß und daß die Keimzahl in der in rohem Zustande in Flaschen gelieferten Milch 150000 pro ccm nicht überschreiten darf, wobei unter diesen Keimen nicht mehr als 30 Colibacillen sein dürfen.

3. Behandlung der Kuhmilch für den Säugling im Haushalt.

Zur Beurteilung dient am besten der Geschmack der Milch, gegebenenfalls die Alkoholprobe (vgl. S. 181/182) sowie das Filtrieren durch einen mit Watte beschickten Trichter, um den Verschmutzungsgrad beurteilen zu können. Zur genaueren Bestimmung des letzteren läßt man den Schmutz sich in der Milch absetzen (z. B. mittels des Apparates von GERBER).

Keine rohe Milch für den Säugling! Was nun die weitere Behandlung der Milch betrifft, so steht die moderne Kinderheilkunde überwiegend auf dem Standpunkt, daß die vom Lieferanten bezogene Milch vor dem Genuß kurz aufgekocht werden soll, ganz gleich, ob es sich um gewöhnliche, meist schon pasteurisierte Handelsmilch oder um rohe Marken- bzw. Vorzugsmilch handelt. Der Schutz, den Herkunft und Vorbehandlung der Milch gegen Infektionen des Säuglings bieten, ist eben doch nicht hundertprozentig (dies ist nur bei Schlußsterilisation in der Flasche gewährleistet, die deshalb für Anstalten unbedingt zu fordern ist), und man bedenke, was etwa eine Übertragung von Tuberkulose, Ruhr oder Paratyphus für einen Säugling bedeuten kann. Andererseits ist Kuhmilch in gekochtem Zustande auch besser verdaulich, weil dann im Magen weniger grobe Labgerinnsel entstehen, und daß eine feinere Beschaffenheit von diesen, durch Schleim- oder Mehlzusatz zur Milch noch befördert, die Verdaulichkeit einer Milch für den Säugling erhöht, ist eine gesicherte Tatsache. Und was die Schädigung des Vitamin C betrifft, so erfolgt eine solche durch kurzes Aufkochen bekanntlich nur in geringem Maße und weniger, als durch Pasteurisieren. Der Vorteil der roh angelieferten Marken- und Vorzugsmilch für den Säugling, auch wenn sie im Haushalt kurz aufgekocht wird, ist demnach einerseits durch ihren höheren Vitamin C-Gehalt gegeben, andererseits beruht er auf ihrem im Verhältnis zur gewöhnlichen Handelsmilch höheren Fettgehalt. Dieser ist für den Säugling um so wichtiger, weil die Kuhmilch im allgemeinen noch verdünnt oder jedenfalls in geringerer Menge verabreicht wird, wodurch der Fettgehalt der Nahrung sowieso schon niedriger ist, als bei Ernährung mit Frauenmilch. Was den Vitamin-C-Gehalt betrifft, so läßt sich natürlich auch der Standpunkt vertreten, daß dieser in der dem Säugling verabreichten Milch überhaupt weniger wichtig ist, nachdem es allgemein in Brauch gekommen ist, durch Beigabe von Obst- oder Gemüsepreßsäften ein für den Säugling befürchtetes Vitamin-C-Defizit in seiner Nahrung zu ergänzen.

Nach dem Aufkochen wird der mit seinem Deckel verschlossene Kochtopf zur raschen Tiefkühlung der Milch bzw. Milchmischung (deren Notwendigkeit auf S. 194 begründet wurde) in fließendes kaltes Wasser gestellt und dann kühl aufbewahrt.

Des Zusammenhanges halber sei darauf hingewiesen, daß im allgemeinen zu wenig daran gedacht wird, daß auch durch Milchprodukte Krankheitserreger übertragen werden können, also etwa durch Butter, Quark und Schlagrahm. Diese sollte man, auch Kleinkindern, nur verabreichen, wenn man gewiß ist, daß sie aus pasteurisiertem Ausgangsmaterial gewonnen sind, was z. B. bei Molkereibutter, dagegen meist nicht bei Landbutter der Fall ist (Gefahr der Infektion mit Rindertuberkulose).

4. Milchprodukte.

Rahm — Magermilch. Das Emporsteigen der Fettkügelchen in der ruhigstehenden Milch, Aufrahmen genannt, geht sehr langsam vor sich, aber natürlich um so rascher, je niedriger die Aufrahmgefäße sind. Da das freiwillige Aufrahmen aufhört, sowie die Milch sauer oder gar dick wird, muß es bei Temperaturen von höchstens 10—15^0 erfolgen. In 24 Stunden scheiden sich aus guter Vollmilch etwa 10—14 Vol.-% Rahm aus (die Hälfte davon schon in den ersten Stunden). Je nach dem Fettgehalt des Rahms unterscheidet man Kaffeerahm (10% Fett), Doppelrahm (20% Fett), Schlagrahm (34% Fett). Die höheren Fettgehalte können aber nicht mehr durch freiwilliges Aufrahmen, sondern nur durch Zentrifugieren erhalten werden. Hierbei geht die Rahmabscheidung sehr viel vollständiger vor sich, befördert noch durch die Möglichkeit, infolge der Raschheit des Verfahrens eine für die Fettausscheidung optimale höhere Temperatur von etwa 34° einzuhalten. Der Fettgehalt des Restproduktes, der Magermilch, verhält sich natürlich umgekehrt. Beim Sattenverfahren rechnet man mit 0,80% Fett, beim Zentrifugieren geht er bis auf 0,2% und weniger herunter. Zu bedenken ist bei jeder diätetischen Rahmverwendung, 1. daß er sich nur hinsichtlich des Fettgehaltes von der Ausgangsmilch unterscheidet, also gewissermaßen nur eine außerordentlich fette Vollmilch darstellt, 2. daß es sich beim Rahm, vom Standpunkt der Fettzufuhr betrachtet, um eine wirtschaftlich unverhältnismäßig teure Form derselben handelt, zu der man an Stelle der Butterverwendung nur greifen wird, wenn besondere Gründe dafür vorliegen.

Käse — Molken. Das ausgefällte Caseinogen der Milch bezeichnet man als Käse. Entsprechend den auf S. 183 besprochenen Unterschieden in der Zusammensetzung von Labcasein und Säurecasein beträgt der Aschegehalt des ersteren etwa 9%, des letzteren 4%. Da, wie oben auch schon erwähnt, aus mechanischen Gründen das in der Milch vorhandene Fett in die Caseingerinnsel eingeschlossen wird, enthält das Restprodukt, die Molke, nur noch etwa 0,2% Fett. Diese ist also fest fettfrei, mit einem Lactalbumingehalt von etwa 0,5% auch eiweißarm, entspricht aber sonst der Zusammensetzung der Milch, mit einigen geringen Abweichungen: Immer ist der Phosphatgehalt entsprechend der Ausfällung des Caseinkomplexes auf etwa die Hälfte herabgesetzt, in Labmolke (süßer Molke) ist entsprechend den Ausführungen auf S. 183 auch der Ca-Gehalt in etwa gleichem Maße erniedrigt, in Säuremolke ist andererseits der Milchzucker von 4,5 auf etwa 3% herabgesetzt, falls die Säuerung in üblicher Weise durch Vergärung desselben hervorgerufen ist.

Butter — Buttermilch. „Butter ist das erstarrte, aus der Milch abgeschiedene Fett, welchem rund 15% süße oder saure Magermilch in gleichmäßiger und feinster Verteilung beigemengt sind“ (Utz). Diese vom Milchfett eingeschlossenen kleinen Mengen Milch sind als ein wesentlicher Bestandteil zu betrachten, durch deren Vorhandensein das Butterfett erst zur Butter wird.

Zur *Herstellung von Butter* benutzt man zweckmäßigerweise ein möglichst fettreiches Ausgangsmaterial, also Rahm. Zum Buttern muß dieser eine „*Reifung*“ durchmachen, welche in einer länger dauernden Kühlhaltung unter 10° besteht, wobei die Fettkügelchen erstarren (vgl. S. 182). Benutzt man aus geschmacklichen Gründen zum Buttern sauren Rahm, wie es in Deutschland vorzugsweise der Fall ist, so findet *vorher* eine *Säuerung* des Rahms durch Beimpfen mit Milchsäurebakterien statt. In diesem Falle wird das Butterfett also im Grunde aus Käse gewonnen, da die Fettkügelchen ja in die durch die Säuerung entstehenden Caseingerinnsel eingeschlossen werden.

Bei der Butterbereitung, wie sie auch stattfinden mag, handelt es sich dann um eine mechanische Bearbeitung der Milch, bei der ein „*Schlagen*“ und „*Kneten*“ aufeinanderfolgen. So sehr die Theorien über den eigentlichen Vorgang der Butterbildung und über den kolloidchemischen Charakter des Endproduktes noch auseinandergehen (Literatur bei MOHR und EICHSTEDT), so kann man doch soviel sagen, daß dabei eine Zusammenballung der erstarrten Fettkügelchen unter weitgehender Zerstörung ihrer Eiweißhüllen stattfindet. Daß der Kunstgriff der Säuerung des Rahms diesen Übergang von Rahm in Butter ermöglicht, ist ohne weiteres zu verstehen, doch kann ja auch aus Süßrahm Butter gewonnen werden. Die Zerstörung der Emulsion Fett in Milchplasma hat also die Gerinnung der Adsorptionshüllen der Fettkügelchen nicht zur Voraussetzung.

Das Restprodukt beim Verbuttern aus saurem Rahm ist die sog. *Buttermilch*. Man kann diese definieren als eine von ihrem Fett mehr oder weniger vollständig befreite, saure Vollmilch, in welcher das Casein geronnen, aber durch das Schlagen ganz fein verteilt ist, und in welcher der Milchzucker durch Vergärung von 4,5 auf 3% herabgesetzt ist.

Tabelle 90. Übersicht über die Zusammensetzung der Kuhmilchprodukte.

	Eiweiß %	Fett %	Zucker %	Salze %	Calorien
Vollmilch	3,50	3,50	4,5	0,75	66
Rahm	3,50	10—20—34	4,5	0,75	124—217—347
Magermilch	3,50	0,2—0,8	4,5	0,75	35—40
Käse (Quark, Matte)					
a) aus Vollmilch	25,0	33,0	0,5	1,2—2,0 [1]	410
b) aus Magermilch	25,0	1,2	0,5	1,2—2,0 [1]	115
Molke (süß)	0,5	0,2	4,5	0,45	21
Molke (sauer)	0,5	0,2	3,0	0,54	15
Butter	0,5	82	0,5	1,20 (2,40) [2]	760
Buttermilch	3,0	0,50	3,0	0,5	30

Dieses Abfallprodukt beim Buttern hat, hygienisch einwandfrei hergestellt, bekanntlich eine sehr große Bedeutung für den ernährungsgestörten Säugling erlangt. Neben ihrem sauren Charakter, dessen Bedeutung für die Verdauung in Bd. 1 auf S. 183—193 ausführlich gewürdigt ist, verdankt sie dies der feinen, sich auch im Magen nicht mehr ändernden Beschaffenheit ihrer Caseingerinnsel (vgl. auch bei WAHLMANN).

[1] Die höheren Werte beziehen sich auf Labkäse (vgl. S. 183 u. 198).

[2] Der eingeklammerte Wert bezieht sich auf gesalzene Butter, doch enthält nach den vorliegenden Analysen auch die sog. ungesalzene Butter schon etwa 0,70% NaCl!

IV. Zerealien und Zucker als Bestandteile der Milchgemische.

Bau und Zusammensetzung des Getreidekorns. Das Getreidekorn besteht, immer von außen nach innen betrachtet, aus Schale und Mehlkern (Endosperm). Die *Schale* besteht aus der *Fruchthaut* (zur Mutterpflanze gehörig) und der *Samenhaut* (zum Samenkorn gehörig). Beide bestehen aus wenigen Schichten zusammengedrückter, verholzter Zellen. Chemisch betrachtet, enthalten diese Cellulose, Hemicellulose, Pentosane, Proteide, Farbstoffe und Mineralien. Die äußerste Schicht des *Mehlkernes (Endosperms)* ist die sog. *Kleberschicht*, eine einfache Schicht dickwandiger Zellen, welche reich an — biologisch hochwertigem — Eiweiß sind. (Dagegen enthalten sie *keinen* Kleber, denn mit diesem Namen bezeichnet man gerade das — biologisch minderwertige — Eiweiß des Mehlkernes!) Das Korn ist von einem, von der Samenhaut ausstrahlenden Cellulosegerüst durchsetzt — daher die Härte des Mehlkernes (besonders groß z. B. beim Reiskorn) —, und in dessen Maschen liegen nun die *Endospermzellen*, dünnwandige, mit Stärkekörnern vollgepfropfte Zellen, in welchen das Protoplasma (Klebereiweiß) ein schwammiges Netzwerk bildet. Diese Zellen sind im Sinne eines Reservestoffbehälters dazu bestimmt, Nahrung für den *Keimling (Embryo)* zu liefern. Dieser liegt als kleines Zäpfchen an der Basis des Kornes und ist reich an biologisch hochwertigen Eiweißsubstanzen und -bausteinen, Lipoiden und Vitaminen.

Tabelle 91. Zusammensetzung der verschiedenen Teile des Weizenkornes nach Mendel und Osborne.

	Endosperm (Mehlkern)	Kleie	Embryo (Keimling)
Anteil an dem Gesamteiweißgehalt des Kornes (%)	74	22	4
	Zusammensetzung in %		
Eiweißsubstanz	11,1	17,6	40,2
Stärke	77,5	—	—
Pentosane	1,8	32,7	?
Fett und Lipoide	1,2	8,2	13,5
Asche	0,4	8,6	4,8

Schalen, Kleberschicht und Keimling sind zäh-elastisch, der Mehlkern hart und spröde. Letzterer zerfällt deshalb beim Mahlen eher und kann dadurch von den vorgenannten Bestandteilen — der „*Kleie*“ — durch Sieben und Beuteln abgetrennt werden. Beim Roggenkorn macht die Kleie 23% des Kornes aus, beim Weizenkorn 18,5%.

Der Anteil der verschiedenen Teile des Getreidekornes am Mehl richtet sich nach dem Ausmahlungsgrade. Dies wird weiter unten auf S. 221f. behandelt („Die Brotfrage“).

Schleime. Beim jungen Säugling wird die Kuhmilch bei uns gewöhnlich mit Haferschleim verdünnt. *Schleime* werden hergestellt aus zerquetschten (gewalzten) Getreidekörnern, beim Hafer **„Haferflocken“** genannt, welche mikroskopisch noch die Fruchtschale, teilweise auch noch Reste der Samenschale erkennen lassen (BRATKE). Nur bei Bereitung von Reisschleim ist das Ausgangsprodukt, der Handelsreis, vollkommen geschält, besteht also nur aus dem hier besonders harten Mehlkern.

Zur Haferschleimbereitung werden im allgemeinen 30—40 g Haferflocken mit 1 l Wasser gekocht, und nach Wiederauffüllen auf die Ausgangsmenge wird das ganze durch ein feines Sieb durchpassiert. Für eine Kochdauer von 45 Minuten stellte BRATKE durch einen Vergleich zwischen der Zusammensetzung der Haferflocken und derjenigen des 4%igen Schleimes folgendes fest.:

Tabelle 92.

	Stickstoffsubstanz	Kohlehydrate	Fett	Asche
Haferflocken	13	65	6	2
4%iger Haferschleim	0,42	1,6	0,05	0,03
Reis (geschält)	7	76	0,5	0,78
4%iger Reisschleim	0,13	0,86	—	—

Demnach gehen Fett und Mineralsalze, hauptsächlich in der Kleie enthalten, nur in geringer Menge in den Schleim über, und ebenso verhält es sich mit dem Kleie-Eiweiß. Es wird zwar bei dem Kochprozeß verhältnismäßig mehr Eiweiß als Kohlehydrat aus dem Korn gewonnen, nämlich nur $^3/_5$ seiner Stärke, aber $^4/_5$ seiner Eiweißsubstanz. Letztere kann aber, wie BRATKE hervorhebt, nicht von Schale und Kleberschicht herrühren, da sich diese nach dem Kochen mikroskopisch als intakt erweisen. Überdies liegen die Verhältnisse für den Reisschleim ganz gleichartig, indem hier trotz Vorwässerns sogar nur 28% der Reisstärke in den Schleim übergehen, dagegen 46% der Eiweißsubstanz, obgleich in diesem Falle das Ausgangsprodukt, wie oben erwähnt, den reinen Mehlkern darstellt. Danach handelt es sich beim Eiweiß des Haferschleimes auch nur um das Klebereiweiß des Mehlkernes, und da dieses biologisch minderwertig, ist es, zumal in so geringer Konzentration, nicht geeignet, die stoffliche biologische Unterwertigkeit des Schleimes, von seiner calorischen Bedeutungslosigkeit einmal abgesehen, zu verbessern. Der Zusatz von Schleim oder Mehlabkochung zur Säuglingsnahrung erfüllt aber auch keine eigentlichen Nährfunktionen, vielmehr gewisse physikalische Anforderungen (BESSAU). Der *bessere Aufzuchtserfolg bei Zusatz eines „zweiten Kohlehydrats“* beruht auf einer erheblichen Verringerung der Dyspepsiegefahr für das Flaschenkind, in erster Linie wohl dadurch, daß die leichtquellenden Mehle die Rolle der stabilisierenden Molkeneiweißkörper übernehmen, an denen die Frauenmilch verhältnismäßig so reich ist, so daß bei ihrem Zusatz im Magen weniger grobe Käsegerinnsel entstehen.

Die längere Kochdauer der Schleime hat zur Folge, daß die Stärke des Getreidekornes durch sie teilweise hydrolysiert wird. *Man kann Schleime* daher *sowohl vom Ausgangsmaterial her definieren — als Abkochungen ganzer, wenn auch zerkleinerter Getreidekörner — als vom Endprodukt her: als Abkochungen, in denen durch lange Kochdauer die Stärke des Mehles zum Teil dextrinisiert ist.* Die bessere Verträglichkeit des Schleimes für den jungen Säugling wird letzterem Umstand zuzuschreiben sein, und wenn dem so ist, so brauchte man, wie BRATKE meint, nicht vom ganzen Getreidekorn auszugehen (was eine Materialverschwendung bedeute), sondern könnte von vornherein Mehl als Ausgangsmaterial wählen, und aus diesem durch genügend langes Kochen den Schleim herstellen. Dies hat RACHMILEWITZ wirklich getan, denn seine 10—20%ige Mehlabkochung, bei der sich nach 30—40 Minuten Kochdauer infolge Hydrolyse der Stärke eine Verflüssigung einstellt, stellt in obigem Sinne einen Schleim dar. Übrigens ist auch in den sog. Kindermehlen die Stärke weitgehend dextrinisiert.

Zur Ernährung des darmgestörten Säuglings hat BESSAU (1) einen *konzentrierten Reisschleim* angegeben. Herstellung nach CATEL, ROSENBAUM und RÜHLE folgendermaßen: Handelsreis 4—5mal waschen, 12 Stunden vorwässern, dann 2—3 Stunden in 10% Konzentration unter Wassernachfüllen bis zum Zerfallen kochen. Passiermaschine, dreimal durch Haarsieb, auf Ausgangsmenge auffüllen. Kohlehydratgehalt fast volle 10%, Eiweißgehalt 0,68%.

In warmem Zustande verfüttert, passiert dieser Schleim ein mittelweites Saugerloch. Verwendung ohne Salz, da sonst Ödeme auftreten. Gegebenenfalls auch als Verdünnungsflüssigkeit für die Butter- bzw. Eiweißmilch in Büchsen zu verwenden. Von Toepfers Trockenmilchwerken wird ein „**Trocken-Reisschleim** nach Prof. BESSAU" in den Handel gebracht, wodurch die Herstellung des fertigen Schleimes sehr erleichtert ist (Büchsen zu 250 g, Preis RM. 0,68).

Mehlabkochungen. Für junge Säuglinge kann man außer Haferschleim sehr zweckmäßig auch Stärkemehl aus Mais (**Mondamin** oder **Maizena**) verwenden. Zusammensetzung: 1,2% Eiweißsubstanz, 0 Fett, 85% Kohlehydrat, 0,80% Asche. Dieses hat die Eigenschaft, sehr stark zu „dicken", so daß als Verdünnungsflüssigkeit für Kuhmilch nur eine 2%ige Abkochung verwendet wird. Diese Eigenschaft ist übrigens sehr wertvoll, wenn es etwa gilt, bei jungen Säuglingen mit habituellen Speien, sei es Brei vorzufüttern, sei es die ganze Nahrung als Brei zu reichen, da hierfür eine 5%ige Abkochung genügt.

Bei älteren Säuglingen ist eine 3%ige *Mehlabkochung aus feinem* **Weizenmehl** (10,7% Eiweiß, 1,1% Fett, 75% Koh., 0,46% Asche) sehr im Gebrauch. Zur Herstellung eines Breies ist eine mindestens 7%ige Konzentration notwendig.

In den sog. *Kindermehlen* des Handels ist die Stärke durch Rösten weitgehend dextrinisiert, außerdem sind sie fast alle mit etwas Milch versetzt. Dies ist aber keineswegs als Vorteil anzusehen, da dieser kleine Zusatz absolut nicht ausreicht, um diese Mehle (z. B. das NESTLÉ-Kindermehl) als alleinige Nahrung, und sei es auch nur zur Beifütterung, verwenden zu können, und andererseits ganz unnötig ist, wenn man sie zur Milchverdünnung benutzt. Eine Ausnahme hiervon macht das **Kufeke-Kindermehl.** Zusammensetzung: 13,1% Eiweißsubstanz, 0,6% Fett, 11,9% unlösliches, 67,7% lösliches Koh., 1,8% Asche.

Ein abgebautes Mehl ist auch das von MOLL (1, 2) angegebene *Keksmehl,* aus Weizenmehl und etwas Malzmehl unter Zusatz die Mehlverdauung begünstigender Salze (Chloride, Carbonate und Phosphate der Alkalien und Erdalkalien) hergestellt. Von Toepfers Trockenmilchwerken wird es als „**Keksmehl** nach Prof. MOLL“ in Dosen von 200 g in den Handel gebracht (Preis RM. 0,82). Zusammensetzung: 10% Eiweißsubstanz, 60% unlösliches, 20% lösliches Koh., 7% „Wasser und Salze“. Es enthält also viel mehr unlösliches Kohlehydrat als die sog. Kindermehle. Trotzdem ist eine 10%ige Abkochung noch flüssig und aus der Flasche trinkbar. MOLL empfiehlt einen (trotz seiner Trinkbarkeit wegen des hohen Mehlgehaltes so bezeichneten) Keksbrei, der eine Halbmilch mit 8% Keksmehl und 5% Zucker darstellt.

Daneben findet das Keksmehl Verwendung zu dem milchlosen „*Kekspudding* von MOLL“, dessen Herstellung allerdings etwas kompliziert ist: 80 g Keksmehl + 200 ccm Wasser verrühren, 2 Stunden stehen lassen. Dann 40 g Zucker + 1 Eidotter flaumig rühren und zusetzen. Dann das Eiklar zu Schnee schlagen und mit 1 g Kochsalz + $^1/_2$ g „Speisesoda“ ($NaHCO_3$!) zusetzen. Dann das Ganze in einer mit Butter gefetteten und mit Keksmehl bestäubten, gutverschlossenen Puddingform $^1/_2$ Stunde im Wasserbad kochen. Die fertige Puddingmasse beträgt 350 g und enthält 4% Eiweiß, 1,8% Fett, 30% Kohlehydrat, 1% Salz. Von dieser Masse werden 100 g durch ein Sieb getrieben und mit der gleichen Menge Tee verrührt. Auch diese Nahrung ist trinkbar und enthält dann 77 Calorien in 100 g.

Zwieback und Grieß. Cellulosezufuhr. Die im Getreidekorn enthaltene Cellulose (in den Haferflocken 1,2—2,4%) geht beim Durchpassieren nicht in den Schleim über. Auch ein Stärkemehl, wie Mondamin, ist cellulosefrei. In dem feinsten Weizenmehl, wie es zu den Mehlabkochungen für den Säugling verwendet wird, sind etwa 0,15% Cellulose. Für feinen **Weizenzwieback** (Gewicht etwa 8 g, Zusammensetzung etwa 10% Eiweiß, 2,5 % Fett, 72% Koh., 1% Asche = 387 Calorien), welcher der Milchmischung gewöhnlich in einer Menge von 10% zugesetzt wird, um diese zu einem Brei zu machen, wird ein Gehalt von 0,58% Cellulose angegeben. **Weizengrieß** (Zusammensetzung: 9,4% Eiweiß, 0,2% Fett, 76%

Koh., 1% Asche = 352 Calorien), der im Grießbrei dem Säugling gewöhnlich in 7% Konzentration verabfolgt wird, enthält 0,7% Cellulose.

Des Zusammenhanges halber sei erwähnt, daß Bananen 0,80%, geschälte Kartoffeln 0,98%, Spinat 0,50%, Blumenkohl 0,91%, Karotten 0,73%, Möhren 1,67% Cellulose enthalten. (Die verabreichte Nahrung wird in letzterem Falle weniger cellulosereich sein, weil beim Putzen der Möhren die etwas verholzte äußere Schicht abgeschabt wird.)

Die Zucker in der Säuglingsernährung. Die Verdauung der Zucker und ihre Bedeutung für die Vorgänge im Dickdarm wurden im Kapitel „Verdauung" (in Bd. 1) ausführlich behandelt. Die Wirkung der verschiedenen Zucker im Zusammenhang betrachtet, ergibt folgendes Bild [vgl. dazu auch die Arbeit von HELBICH (1)].

Tabelle 93.

	Milchzucker (Lactose)	KELLERS Malzsuppenextrakt (MSE.)	Kochzucker (Saccharose)	Dextropur (Maizenazucker) und STOELTZNERS Kinderzucker	Nährzucker (Dextrin-Maltose-Gemische)
Wirkung auf den Ansatz . .	+	+++	++	++	+++
Beeinflussung der Gärung im Darm	+++	+++	++	+	0

Danach kommt im Rahmen der üblichen Milchmischungen die **Lactose** (Galactose + Dextrose) für den Säugling am wenigsten in Betracht. Wieweit dies damit zusammenhängt, daß der Milchzucker des Handels als α-Lactose dem Zucker der Frauenmilch nicht isomer ist, muß die Zukunft lehren. In einer wässerigen Lösung künstlich hergestellter β-Lactose stellt sich nach BESSAU relativ rasch ein ganz bestimmtes Gleichgewicht zwischen α- und β-Lactose her. Nach MALYOTH ist die Rücklagerung in α-Lactose schon in $1^1/_2$ Stunden vollzogen. Er vermutet aber, daß sie bei Schleim- oder Mehlzusatz verlangsamt erfolgen oder gar verhindert werden könnte. Versuche mit Zusatz von β-Lactose zu den Milchmischungen kurz vor dem Trinken gaben ihm ein zufriedenstellendes klinisches Ergebnis.

Vorläufig kommt der Milchzucker des Handels (500 g RM. 1,57) also hauptsächlich als Diäteticum bei tatsächlicher Obstipation von Brustkindern in Betracht. Man verabreicht jeweils 1 Teelöffel davon in etwas Tee vor oder nach der Brustmahlzeit (die Gärung befördernde Wirkung beruht auf der schlechten Resorbierbarkeit dieses Zuckers [vgl. Bd. 1, S. 210, 232, 235, 236]).

Für das gesunde Flaschenkind wird, schon des Preises wegen, der gewöhnliche **Kochzucker** (chemisch *Rohrzucker oder Saccharose* = Fructose + Dextrose) immer der Hauptzucker bleiben, welcher auch hinsichtlich seiner biologischen Eigenschaften gerade in der Mitte der anderen Zucker steht.

Eine größere Sicherung gegen das Auftreten von Durchfällen geben nach Ansicht vieler Kliniker (trotz der Einwendungen von PAFFRATH, vgl. diesen Band S. 81) die neuerdings in Gebrauch gekommenen, hauptsächlich aus **Dextrose** bestehenden Zucker Dextropur (Deutsche Maizenawerke in Hamburg, 500 g RM. 1,44) und STOELTZNERs Kinderzucker (Toepfers Trockenmilchwerke, 500 g RM. 1,50).

Einen gewaltigen Fortschritt in der künstlichen Ernährung des Säuglings haben seinerzeit die sog. **Dextrin-Maltose-Gemische**[1] gebracht, weil erst sie es erlaubten, darmempfindlichen oder selbst an Durchfällen leidenden Säuglingen die nötigen Kohlehydratmengen zuzuführen, und dabei noch den Vorzug haben, den Ansatz sehr viel besser zu fördern, als der für den Darm viel weniger harmlose Kochzucker. Diese Dextrin-Maltose-Gemische werden gewonnen mittels Abbau der Stärke durch Malzamylase, die man solange auf Stärkekleister einwirken läßt, bis ungefähr gleichviel Dextrin und Maltose enstanden sind. Diese Präparate süßen wenig (daher eventl. Süßstoffzusatz zur Säuglingsnahrung), 1 Eßlöffel davon wiegt nur 10 g, was für die Dosierung im Haushalt wichtig ist. Die wichtigsten Handelspräparate sind: *Soxhlets Nährzucker* (41% Dextrin, 52% Maltose, $1^{1}/_{4}$% NaCl), *Toepfers Nährzucker* (43% Dextrin, 50% Maltose, $1^{1}/_{2}$% NaCl) und *Löflunds Nährzucker* (60% Dextrin, 40% Maltose, kein NaCl). Einen Fortschritt über diese Präparate hinaus bedeutet der *Alete-Nährzucker* nach MALYOTH. Dieser verwendet zum Stärkeabbau statt der üblichen Gerstenmalzamylase, welche die Stärke in ihren β-Bindungen und also zu β-Maltose und den dazugehörigen Dextrinkörpern aufspaltet, eine Aspargillus-Amylase, welche die Stärke ebenso, wie es im menschlichen Organismus für die Pankreasamylase gilt, in ihren α-Bindungen aufspaltet, so daß α-Maltose und die entsprechenden Dextrinkörper entstehen. Die Annahme MALYOTHs, daß in diesem Sinne mehr „körpernahe“ Stärkeabkömmlinge dem Organismus weiteren Abbau, Resorption und Glykogenbildung erleichtern müßten, scheint durch die praktischen Erfahrungen mit diesem neuen Dextrin-Maltose-Gemisch bestätigt zu werden. Denn es scheint im Vergleich zu den oben aufgeführten Präparaten eine noch größere Verträglichkeit für den Darm mit einer noch besseren Ansatzwirkung (Austauschversuche!) zu verbinden, vgl. z. B. GREISER sowie MAYER. Daß das Präparat keinen Kochsalzzusatz besitzt, ist für manche Fälle als weiterer Vorteil anzusehen.

Löflunds **Malzsuppenextrakt** nach KELLER: Eine schwere, sirupöse Flüssigkeit (1 Eßlöffel wiegt über 20 g), welche in 500-g-Dosen in den

(Fortsetzung siehe Seite 221.)

[1] Die Preise der nachstehend aufgeführten Präparate sind alle etwa gleich (250 bzw. 500-g-Dosen RM. 1,16 bzw. 2,04).

V. Die milchhaltigen Nahrungen des künstlich genährten Säuglings.

1. Gemische mit bloßer Kohlehydratanreicherung.

Nahrung	Eiweiß %	Fett %	Koh %	Salze %	Calorien (rd.)	Zubereitung
Halbmilch mit 5% Zucker .	1,9	1,53	8	0,36	55	1 Teil Milch und 1 Teil 4%iger Haferschleim gemischt, 5% Zucker aufs Ganze zugesetzt.
Zweidrittelmilch mit 5% Zucker	2,4	2,10	8,7	0,50	65	2 Teile Milch und 1 Teil 3%ige Weizenmehlabkochung gemischt, 5% Zucker aufs Ganze zugesetzt.
Vollmilch mit 7% Kohlehydrat	3,7	3,00	11,0	0,76	88	Vollmilch mit 2% Weizenmehl und 5% Zucker (aufs Ganze zugesetzt).

Die vorstehenden drei Nahrungen stellen die Normalnahrung dar für den Säugling im ersten Trimenon, für die Zeit danach und für den älteren Säugling. Bekanntlich besteht der Grundsatz, daß ein Säugling nicht mehr als $^1/_2$ l Kuhmilch und nicht mehr als 1 l Gesamtnahrungsvolumen erhalten soll. Aus diesem Grunde kommt man schon wegen des Calorienbedarfs nach dem 1. Trimenon nicht mehr mit Halbmilch aus. Der Übergang auf $^2/_3$ Milch → Vollmilch erfolgt also *nicht*, damit der Säugling mehr Milch erhält, sondern es wird nur das halbe Liter Vollmilch weniger verdünnt verabreicht, um innerhalb des Nahrungsvolumens „Platz“ zu schaffen für weitere, milchfreie Beikost, aus calorischen *und* stofflichen Gründen (z. B. Bedarf an Vitamin C und Eisen). Im Haushalt wird sich dieser Übergang nicht schematisch vollziehen ($^1/_2$ → $^2/_3$ → Vollmilch), sondern allmählich.

Dubo-Nahrung (nach SCHICK)	3,5	3,0	21,5	0,75	130	17% Kochzucker werden in Vollmilch aufgelöst und gekocht.

Heutzutage wohl nur noch verwandt zur Beifütterung in *kleinen* Mengen zur Frauenmilch bei Frühgeburten und Dystrophikern.

KELLERs *Malzsuppe:* $1/3$ Milch mit 10% MSE und 5% Mehl	2,0	1,0	12,0	0,35	67	50 g Weizenmehl werden in $1/3$ l Kuhmilch eingequirlt und die Mischung durch ein Sieb geschlagen. 100 g MSE[1] werden in $2/3$ l gut lauwarmem Wasser gelöst. Vereinigung beider Mischungen und kurzes Aufkochen.
$1/2$ Milch mit 8% MSE und 4% Mehl	2,5	1,55	11,0	0,45	70	Entsprechend.

Von KELLER seinerzeit angegeben als Heilnahrung für den sog. Milchnährschaden. Sehr geeignete Nahrung bei Obstipation älterer Säuglinge und auch Kinder, z. B. bei Megacolon congenitum.

[1] Vgl. S. 205.

Keksbrei nach MOLL (2) . .	2,5	1,5	13,5	0,36 + ?	80	20 g Keksmehl (nach MOLL) in 125 ccm Wasser mittels Schneerute verrühren und 2 Stunden weichen lassen. Unter Rühren 3 Minuten kochen. Dazu 12,5 g Zucker und 125 ccm Milch und das Ganze nochmals gut aufkochen.

Durch die Flasche trinkbarer stark kohlehydratangereicherter und deshalb calorienhaltiger Brei für den jüngeren Säugling, z. B. für Speier und Brecher.

Vollmilch-Grießbrei	4,0	3,0	12,5	0,82	95	Die Vollmilch wird mit 7% feinem Grieß bzw. 10% Zwieback sowie 3% Zucker gekocht.
Vollmilch-Zwiebackbrei . . .	4,50	3,20	15,0	0,85	110	

Normale Breie des Säuglings im Anstaltsbetrieb. Im Haushalt wird man es, wenn der Säugling erst an Brei gewöhnt werden muß, dagegen oft so machen, daß man, mit etwa 50 ccm anfangend, einem immer größeren Teil der fertigen Flaschennahrung beim Anwärmen Grieß oder Zwieback zusetzt.

2. Mit Kohlehydraten und Fett angereicherte Gemische.

Nahrung	Eiweiß %	Fett %	Koh %	Salze %	Calorien (rd.)	Zubereitung
Buttermehlnahrung nach CZERNY-KLEINSCHMIDT:						Herstellung der Einbrenne: Bräunen der Butter auf gelindem Feuer 3—5 Minuten, dann gleiche Menge Weizenmehl dazugeben und in derselben Weise unter Umrühren bis zur Dünnflüssigkeit weiterkochen. Dann Ablöschen mit warmem Wasser, in dem zuvor der Zucker gelöst, und zusammen aufkochen. Die so hergestellte Einbrenne wird zu der abgekochten und erkalteten Kuhmilch dazugegeben.
a) $^1/_3$ Milch	1,30	4,7	8,0	0,33	82	a) $^1/_3$ Milch + $^2/_3$ Einbrenne aus: 7% Butter, 7% Mehl, 5% Zucker.
b) $^2/_5$ Milch	1,70	3,6	7,0	0,35	72	b) $^2/_5$ Milch + $^3/_5$ Einbrenne aus: 5% Butter, 5% Mehl, 5% Zucker.
Buttermehlvollmilch [nach MORO (2), modifiziert von FREUDENBERG][1]	4,0	7,0	13,0	0,83	135	Eine Einbrenne aus 5 g Butter und 5 g Mehl wird gelöscht mit 100 ccm Vollmilch (mit 5% Rohrzucker).
Buttermehlbrei: MORO-*Brei* (2)[1]	4,2	7,0	14,75	0,84	141	7 g Mehl, 5 g Butter, 5 g Zucker werden gekocht in 100 ccm Vollmilch.

Grobchemisch hat diese Nahrung Ähnlichkeit mit Frauenmilch. Tatsächlich wird bei gelungener Ernährung mit Buttermehlnahrung (in der durch das Einbrennen Fett und Mehl in besonders bekömmlicher Form vorliegen) gerühmt, daß die Säuglinge in Kolorit usw. Brustkindern gleichen. Als Nahrung von hohem Brennwert auch für Frühgeburten und jüngere Dystrophiker empfohlen, aber insbesondere für diese nur im Anstaltsbetriebe geeignet, da dabei auftretende Dyspepsien einen schweren Charakter zu haben pflegen.

Vorgenannte beide Nahrungen nach MORO sind im Sinne einer „konzentrierten Ernährung" indiziert bei einem Mißverhältnis zwischen Calorienbedarf (also hohem Energiequotienten) und Aufnahmefähigkeit von Nahrungsvolumen, also bei Dys- und Atrophie. Kontraindikationen: stärkere Sommerhitze und überhaupt Dyspepsieneigung.

Der MORO-Brei ist, mit Fruchtsaft oder Kompott in kühlem Zustande dargereicht, auch sehr geeignet für ältere Kinder (und Erwachsene!) bei Appetitlosigkeit, zu Mästungszwecken usw.

Zur Herstellung von Buttermehlnahrung und Buttermehlvollmilch kann auch die Konserve *Bumena* der Deutschen Milchwerke A.G. Zwingenberg in Hessen benutzt werden (200 g Dose 1,40 RM). Zusammensetzung: 32% Fett, 40% Mehl, 30% Zucker.

[1] Vgl. auch die Publikation von HELLER.

Ölmilch nach FRONTALI (1, 2): Halbmilch mit Olivenöl-Einbrenne	2,0 bis 2,2	4,0 bis 6,0	7,5 bis 10,2	0,4	76 bis 106	Das Olivenöl wird einige Minuten erwärmt, sodann die gleiche Menge Weizenmehl zugesetzt und unter Umrühren auf kleiner Flamme solange erhitzt, bis unter Bräunung alles Öl vom Mehl aufgenommen ist. Hinzu kommt eine leicht erwärmte Rohrzuckerlösung. Beide Mischungen werden auf kleiner Flamme weiter erwärmt, bis vollkommene Mischung eingetreten ist. Hinzu kommt die gleiche Menge Milch. FRONTALI steigert den Gehalt der Einbrenne langsam von 5% Olivenöl, 6% Mehl, 6% Zucker auf 9% Olivenöl, 9% Mehl, 9% Zucker.

Der Nahrung wird bei gleichem Ernährungserfolg eine bessere Verträglichkeit nachgerühmt, als ihn die Buttermehlnahrung besitzt. Zu 90% aus Triolein bestehend, hat Olivenöl auch eine besonders gute Ausnutzung. Sehr schöne Kurven bei Ernährung mit Ölmilch sah Verfasser kürzlich in der Klinik von H. VOGT in Münster.

3. Mit Kohlehydrat und Eiweiß angereicherte Gemische.

Mit 2% Casein-Calcium angereicherte Halbmilch . .	3,5	1,53	6—8	0,55	54—62	Das Eiweißpulver (Plasmon, Larosan, Lactana-Milcheiweiß) wird zu 4% in den fertigen Schleim verquirlt und dann mit der gleichen Menge Milch unter Zusatz von 3 bis 5% Nährzucker (auf die Gesamtmenge berechnet) aufgekocht.

In der ärztlichen Praxis sehr gebräuchliche und für leichtere Dyspepsien auch geeignete Heilnahrung.

Plasmon: Hersteller: H. H. Menke, Plasmonwerk, Neubrandenburg (Mecklb.). 100 g 0,80 RM.

Larosan: Hersteller: F. Hoffmann-La Roche & Co., Berlin-Charlottenburg. 100 g 2,26 RM.

Lactana-Milcheiweiß: Hersteller: Toepfers Trockenmilchwerke. Preis: 100 g 1,21 RM.

4. Milchgemische, in denen das Casein in feiner Form ausgefällt ist.

a) Durch Zusatz von Calcium lacticum.

Nahrung	Eiweiß %	Fett %	Koh %	Salze %	Calorien (rd.)	Zubereitung
Calcia-Halbmilch nach Moll (3).	2,0	1,53	9,0	0,74	60	Es wird eine 5%ige Weizenmehlabkochung unter Zusatz von 10% Nährzucker und 4% Calcium lacticum bereitet. Dann wird die gleiche Menge Milch dazu gegeben und unter ständigem Rühren einige Minuten weitergekocht. Einfacher ist die Zubereitung mittels der, außer dem Calcium lacticum auch gleich das Mehl enthaltenden Calcia-Tabletten Nr. I (Hersteller: A. Wienhold, Leipzig S 3, Preis für 1 Originalpackung mit 64 Tabletten, zur Bereitung von 8 l Halbmilch ausreichend, 1,50 RM.).

Die Nahrung beruht auf der Tatsache, daß Calcium lacticum in Gegenwart eines Schutzkolloids (Mehl) das Casein ganz fein ausfällt. Außerdem wirkt die Kalkanreicherung antidyspeptisch. Zu bedenken ist, daß mit der Zugabe des milchsauren Kalkes ein Puffersystem zugefügt wird, welches der digestiven Aciditätsverschiebung im Magen Widerstand leisten wird. Geeignet als Heilnahrung für leichtere Dyspepsien sowie als Dauernahrung für darmempfindliche Säuglinge.

b) Säuremilchen.

Allgemeines über Säuremilchen.

Die Säuremilchen bedeuten als Heilnahrung sowie als Dauernahrung unter besonderen Umständen den bisher größten Fortschritt in der künstlichen Säuglingsernährung. Ihre Überlegenheit gegenüber den sonstigen Gemischen beruht wohl auf folgendem: 1. Das Casein liegt in ausgefällter und ganz feinverteilter Form vor, die auch im Magen keine Veränderung mehr erfährt. 2. Bei Kuhmilchernährung muß im Magen-Darmkanal des Säuglings eine viel größere Sekretionsleistung vollbracht werden als bei Frauenmilchernährung. Durch die sauere Beschaffenheit der Nahrung erfährt diese Mehrleistung eine weitgehende Einschränkung (vgl. Bd. 1, S. 183—193). 3. Die bei Sauermilchernährung schon primär sauere Beschaffenheit des Mageninhaltes wirkt dem Aufkommen einer Coli-Besiedelung des Magens abträglich (vgl. Bd. 1, S. 228). 4. Nach den Untersuchungen von Klotz muß angenommen werden, daß Gärungssäuren, wie es Milchsäure und Citronensäure sind, intermediär sozusagen vitaminartige Effekte [Bessau (2)] auslösen. 5. Nach neueren Untersuchungen scheint insbesondere der Citronensäure noch eine günstige Wirkung auf die Verhältnisse im Darm zuzukommen in dem Sinne, daß Coli- und Fäulnisbakterien hinter Milchsäurebakterien zurücktreten (GOETERS). Auch rühmt dieser Autor die salbig-pastige, frauenmilchartige Beschaffenheit der Stühle bei Ernährung mit Citronensäurevollmilch. Schon WEISSENBERG hat dies als Vorzug gegenüber den oft trockenen, harten Stühlen bei Milchsäurevollmilch hervorgehoben. Nach BESSAU beruht diese Citronensäurewirkung auf ihrer calciumentionisierenden und damit alle Kalkfällungen hemmenden Wirkung. 6. Schließlich ist es für die Verhältnisse des täglichen Lebens als Vorteil anzusehen, daß in den Sauermilchen Angehen und Fortentwicklung von Colibakterien weitestgehend gehemmt sind (GOETERS). 7. Die aufgezählten Punkte erlauben es, bei Säuremilchernährung auch dem jungen Säugling schon vollmilchartige Gemische bzw. Vollmilch zu verabreichen, was den Ernährungserfolg nach Ansicht vieler Kliniker (so H. VOGT, BEUMER) bei einem Vergleich mit den früheren Milchverdünnungen außerordentlich verbessert hat. Dabei handelt es sich also um eine mehr konzentrierte Ernährung, bei der auch größere Vollmilch*mengen* (bis zu 700 g täglich) verabreicht werden.

a) ***Nur mit Kohlehydrat angereicherte Säuremilchen.***

1. Unter Verwendung gewöhnlicher Milch.

Milchsäurevollmilch (nach MARIOTT)	3,5	3,0	11,0	0,77	88	1/2 l Milch wird mit 2% Mondamin und 5% Zucker gekocht, nach dem Abkühlen werden unter ständigem Umrühren ganz langsam 30 ccm einer 10%igen Milchsäurelösung zugegeben.

Leicht herzustellen ist Milchsäurevollmilch aus „*Pelargon ohne Kohlehydratzusatz*“: Milchsäurevollmilchpulver ohne Kohlehydratzusatz (Deutsche A. G. für Nestlé-Erzeugnisse, Berlin-Tempelhof). 225 bzw. 500 g-Dosen zu 2 bzw. 3,75 RM. 14 g Pelargonpulver ergeben 100 ccm Milchsäurevollmilch (Auflösung in gezuckerter Mehlabkochung).

Neuerdings ist auch ein „*Pelargon*“ im Handel. 225 bzw. 500 g-Dosen zu 1,60 bzw. 3,00 RM. 20 g in 100 ccm Wasser aufgelöst ergeben eine 2/3 *Milchsäuremilch* mit 2% Mondamin und 5% Zucker (Nähr- und Rübenzucker). Genaue Zusammmensetzung:

	2,4	2,5	10,0	0,5	74

Nahrung	Eiweiß %	Fett %	Koh %	Salze %	Calorien (rd.)	Zubereitung
$^2/_3$ *Milchsäure-Malzmilch* (nach E. MÜLLER und ROMINGER)	2,6	2,0	11	0,50	74	Der nach dem Aufkochen wieder erkalteten $^2/_3$ Milch mit 2% Mondamin und 4% Zucker werden unter leichtem Schlagen oder Rühren 4% Milchsäuremalzextrakt zugefügt (Handelsbezeichnung *Säuglingsmalz* nach ROMINGER, hergestellt von Töpfers Trockenmilchwerken. 400 g-Dose 1,95 RM, ausreichend für 10 l der Nahrung).

Die Nahrung ist entstanden aus Bedenken gegen Vollmilchanwendung bei jungen Säuglingen in der Praxis: Wenn die Mütter mit Vollmilch überfüttern, wird die höhere Stickstoffrentention und Supermineralisation beim Flaschenkinde natürlich noch erheblich vermehrt werden.

Citronensäurevollmilch [nach WEISSENBERG (1)]	3,5	3,0	11,0	0,77	88	Heutzutage am praktischsten herzustellen, indem einem $^1/_2$ l Vollmilch mit 2% Mondamin und 5% Zucker — statt 2,5 g pulv. Citronensäure — 5 in etwas Wasser durch Zerdrücken gelöste „Citretten“ unter kräftigem Umrühren langsam zugesetzt werden (200 Citretten — Hersteller Chem. Fabrik Joh. A. Benckiser, G.m.b.H., Ludwigshafen a. Rh. — kosten 2 RM.).

Citrotibinmilch: Nach WEISSENBERG (2) wird von der Pantibin G. m. b. H., Berlin-Niederschönhausen ein Citrotibinnährzucker hergestellt (350 g 2,08 RM.). Hierbei entspricht die zur Säuerung notwendige Menge Citronensäure einem 6% Nährzuckerzusatz. Die Zusammensetzung der Milch entspricht also etwa der vorstehenden. Der Nachteil ist, daß man die Kohlehydrate nicht individuell dosieren kann.

Aletemilch	3,0	3,3	10,0	0,70	84	$17^1/_2$ g Pulver geben, in einer entsprechenden Menge abgekochten Wassers aufgelöst, 100 g trinkfertige Milch.

Es handelt sich um eine Konserve (Hersteller Alete Pharmazeutische Produkte G. m. b. H., München 2, 225-

und 500 g-Dosen zu 1,60 bzw. 3,00 RM.), nämlich ein Trockenmilchpulver aus einer — mit natürlichem Citronensaft gesäuerten und schon mit Mehl und Aletezucker angereicherten — Citronensäurevollmilch.

Wenn man nicht Citronensäure*vollmilch* verwenden will, kann natürlich in sinngemäßer Weise aus Frischmilch + Citretten $^2/_3$- oder sogar $^1/_2$-Citronensäuremilch hergestellt werden.

2. *Buttermilch.*

Was Buttermilch ist, wurde weiter oben (S. 199) ausführlich besprochen. Für die Säuglingsernährung wird im allgemeinen nur eine Konserve in Frage kommen, und zwar entweder eingedickte Buttermilch oder ein Buttermilchpulver.

Holländische Anfangsnahrung (H.A). Hersteller Töpfers Trockenmilchwerke. 200 g-Dose (= 600 g Buttermilch) 0,82 RM.

a) Zusatzlos (nicht zu verwenden)	3,0	0,35	2,5	0,55	26	1 Teil Büchsenmilch wird mit 2 Teilen Verdünnungsflüssigkeit versetzt. Entsprechend der Zusammensetzung der Nahrung wird diese eine 3%ige Mondaminabkochung mit 4,5—7,5—10,5 Nährzucker darstellen.
b) Mit 2% Mondamin und 3(—5—7)% Nährzucker .	3,0	0,35	7(—9—11)	0,56	45(—53—62)	

Nahrung der Wahl auch bei schweren Dyspepsien junger Säuglinge, wenn keine Frauenmilch zur Verfügung steht. Wegen des besonders niedrigen Fett- und Milchzuckergehaltes in diesen Fällen den Buttermilchpulvern vorzuziehen. In der Reparationsphase wird die Kohlehydratanreicherung gesteigert. Bei Verwendung zur Zwiemilchernährung des jungen Säuglings kann diese von vornherein höher genommen werden.

c) Konzentrierte Buttermilch (mit 2% Mondamin und 8% Nährzucker)	4,5	0,53	13,5	0,83	79	1 Teil Büchsenmilch + 1 Teil Verdünnungsflüssigkeit (4% Mondaminabkochung mit 16% Nährzucker).

Anwendung in besonderen Fällen, z. B. bei älteren Dystrophikern oder chronischer Verdauungsinsuffizienz.

Nahrung	Eiweiß %	Fett %	Koh %	Salze %	Calorien (rd.)	Zubereitung

Buttermilchpulver:

Edelweiß-Buttermilch. Hersteller Edelweißmilchwerke, Kempten i. Allg. 500 g-Dose (5,8 l Buttermilch ergebend) 2,80 RM.

Eledon: Buttermilch in Pulverform der Deutschen A.G. für Nestlé-Erzeugnisse, Berlin-Tempelhof. 250 g-Dose (2,5 l Buttermilch ergebend) 2,25 RM. (Das Präparat ist also viel teurer, als das vorstehende.)

Nahrung	Eiweiß %	Fett %	Koh %	Salze %	Calorien (rd.)	Zubereitung
Zusatzlose Buttermilch aus Edelweißbuttermilch . .	2,7	1,5	3,2	0,60	38	Auflösung des Pulvers nach Vorschrift in der Verdünnungsflüssigkeit.
Eledon	2,9	1,5	4,0	0,65	42	Desgleichen. Die Verdünnungsflüssigkeit stellt eine $1^1/_2$%ige Mehlabkochung mit 5 bis 7% Nährzucker dar.
Dieselbe mit $1^1/_2$% Mehl und 5—7% Nährzucker . . .	2,8	1,5	10—12	0,60	71—75	

Wegen des höheren Fettgehaltes geeigneter, als die Holländische Anfangsnahrung zur Zwiemilch- oder alleinigen Dauerernährung junger Säuglinge. Natürlich können auch hier nach Wunsch durch geringere Verdünnung höhere Konzentrationen (konzentrierte Buttermilch) hergestellt werden.

3. *Die Eiweißmilch nach* Finkelstein *und* Meyer.

Nahrung	Eiweiß %	Fett %	Koh %	Salze %	Calorien (rd.)	Zubereitung
a) Eiweißmilch mit 2% Mondamin und 4(—6—8—10)% Nährzucker . . .	3,0	2,5	—79— 11—13	0,5	64(—72—80—88)	1 l Vollmilch wird gelabt und nach Abtropfen der Molke der Labkäse unter allmählicher Zugabe von $^1/_2$ l Wasser 4—5mal durch ein Haarsieb gestrichen, bis ein ganz feiner Verteilungsgrad erzielt ist. Zugabe von $^1/_2$ l Buttermilch, Kohlehydratzusätze, kurzes Aufkochen unter ständigem starkem Schlagen.

Die Eiweißmilch nach Finkelstein und Meyer ist in vielen Kinderkliniken noch heute die Nahrung der Wahl für den dyspeptischen Säugling, insbesondere den etwas älteren. Als Halbbuttermilch hat sie einen besonders niedrigen Milchzuckergehalt. Andererseits ist sie ihrer Herstellung nach stark mit ganz fein verteiltem Casein-Calcium angereichert. Infolgedessen tritt im allgemeinen rasch Kalkseifenstuhlbildung auf, worauf der Kohlehydratzusatz gesteigert werden *soll*. Darauf, daß dies ohne Dyspepsiegefahr geschehen *kann*, beruhen die Erfolge der Eiweißmilch in der Reparationsphase.

Auch bei Darmstörungen von Kindern jenseits des Säuglingsalters sehr brauchbares Diäteticum.

In der Praxis wird im allgemeinen verwandt die auf $^1/_3$ eingedickte *Büchseneiweißmilch* der Töpferschen Trockenmilchwerke (400 g-Dose 1,65 RM.). Für den Verbrauch Verdünnung mit der doppelten Menge Verdünnungsflüssigkeit (3% Mondaminabkochung mit 6—15% Nährzucker).

b) Konzentrierte Eiweißmilch, mit 2% Mehl und 10(—12—15)% Nährzucker.	4,5	3,75	13(—15 —18)	0,75	106 (—114—126)	Die Büchseneiweißmilch nach FINKELSTEIN und MEYER wird 1:1 (statt 1:2) verdünnt mit entsprechenden Kohlehydratzusätzen (4% Mehlabkochung mit 20—30% Nährzucker).

Bei Indikation zu konzentrierter Ernährung und Dyspepsiegefahr sehr geeignete Heilnahrung.

β) *Mit Kohlehydraten und Fett angereicherte Säuremilchen.*

Sä-Sa-Nahrung nach ROMINGER (Säure-Sahne-½ Milch)	2,0	3,2	9,5	0,45	77	Abgekühlter Halbmilch mit Schleim und 5% Zucker fügt man unter Schlagen 10 Vol.-% *Sä-Sa-* hinzu. Dieses Präparat wird hergestellt von den Deutschen Milchwerken Zwingenberg in Hessen (250 g-Dose 1,35 RM.) und ist eine gezuckerte Säuresahne mit 0,8% Eiweiß, 16% Fett, 16% Kohlehydrat und 3% Milchsäure.

Dieses erst kürzlich herausgekommene Präparat hat ROMINGER bestimmt für Zwiemilchernährung und alleinige Ernährung jüngerer, darmempfindlicher Säuglinge.

Buttermilch mit Einbrenne (nach KLEINSCHMIDT) mit 4—5% Zucker und						1 Teil Holländischer Anfangsnahrung wird verdünnt mit 2 Teilen einer Einbrenne aus 3% Mehl + 3% Butter bzw. 4,5% Mehl + 4,5% Butter (und 6 bzw. 7,5% Nährzuckerzusatz).
2% Einbrenne	3,2	2,0	8—9	0,6	65—69	
3% Einbrenne	3,3	2,8	9—10	0,6	76—80	

Heilnahrung in der Reparationsphase von Dyspepsien (nach anfänglicher Ernährung mit gewöhnlicher Buttermilch), ferner auch als ausgezeichnete Dauernahrung für den jungen Säugling geeignet, wenn keine Frauenmilch zur Verfügung steht. *Natürlich kann auch von Edelweißbuttermilch oder Eledon ausgegangen werden,* wobei dann jeweils der Fettgehalt um 1,1 und der Kohlehydratgehalt um 1% höher ist. *Der Caloriengehalt beträgt dann* also bei 2% Einbrenne 79—83, *bei 3% Einbrenne 90—94.* Eine solche Mischung nähert sich schon einer konzentrierten Nahrung und ist deshalb auch besonders für Dystrophiker geeignet.

Die Zusammensetzung der Einbrenne-Buttermilch ähnelt sehr derjenigen der Milchsäurevollmilch, und doch bestehen nicht unerhebliche Unterschiede: 1. Der Milchzuckergehalt ist um mindestens 1% geringer. 2. Das Fett ist zum überwiegenden Teil nicht in den feinen Caseingerinnseln eingeschlossen, sondern liegt in der fein emulgierten Form der Einbrenne vor. 3. Es ist in seiner Menge dosierbar. 4. Das zugesetzte Mehl ist durch das Einbrennen in verdauungsphysiologisch günstigem Sinne verändert.

Nahrung	Eiweiß %	Fett %	Koh %	Salze %	Calorien (rd.)	Zubereitung
Eiweißmilch mit Einbrenne (nach OCHSENIUS) . . .	3,25	4,5	8,0—11,0	0,55	76—88	Es wird eine Eiweißmilch mit $2^1/_2$% Einbrenne und 5—8% Nährzucker hergestellt, indem man die Verdünnungsflüssigkeit der Büchsenmilch entsprechend zubereitet ($3^3/_4$% Einbrenne mit $7^1/_2$—12% Nährzucker).

In der Reparationsphase von Dyspepsien soll die Anreicherung mit Fett, statt nur mit Zucker, bessere Resultate ergeben: statt Kalkseifenstühlen mehr pastenartige Entleerungen, frischeres Hautkolorit, bessere Resistenz gegen Infekte (OCHSENIUS, POGORSCHESKY). OCHSENIUS nahm übrigens einfach die Einbrenne der Buttermehlnahrung von CZERNY-KLEINSCHMIDT zur Verdünnung der Büchseneiweißmilch, wobei dann die Nahrung 6% Fett und 8% Koh enthält.

γ) *Die auf biologische Ähnlichkeit mit der Frauenmilch (im Sinne der Erzeugung einer Bifidus-Flora) abgestellte Nahrung* BESSAUS.

BESSAU (2) hat inzwischen den schon lange verlassenen Versuch, ein der Frauenmilch ähnliches Gemisch zu schaffen, auf völlig neuer Grundlage wieder aufgenommen. Da der Säugling bei Frauenmilch optimal gedeiht, und andererseits nur diese im Dickdarm eine Bifidus-Flora erzeugt, hat er in langjährigen systematischen Versuchen ein Gemisch geschaffen, das gleichfalls diese Eigenschaft besitzt. „Tatsächlich war aufdringlich, daß, je näher wir der Lösung des Bifidus-Problems kamen, um so besser die Ernährungserfolge wurden. Post hoc dürfen wir sagen, daß zwischen Bifidus-Flora und dem Gedeihen der Kinder Beziehungen bestehen müssen, daß hier eine Art Symbiose vorliegt, die einen Sinn hat." Das Rezept für die 1938 publizierte Mischung lautet:

I. 350 ccm rohe Vollmilch + 20 g Mondamin, 3 Min. kochen, Abkühlen auf 40° C, + 50 ccm einer 5%igen Citronensäurelösung + 0,5 Pepsin DAB 6, 3 Stunden bei 40° C.

II. 10 ccm $\frac{n}{1}$ Na(OH) + 50 ccm Wasser, darin 0,2 g Cystin auflösen.

III. 5 g Sesamöl mit 15 g Eigelb verrühren.

IV. 100 g Milchzucker in 500 ccm Wasser lösen, $^1/_2$ Stunde kochen.

I + II, dann + III + IV + Wasser ad. 1000,0. Sterilisieren, Abkühlen + 100 mg Ascorbinsäure.

Zusammensetzung:

1,3	2,1	13	0,55	75	Kosten des Rohmaterials: Für 1 l 0,65 RM.

Nach dem im Kapitel „Verdauung" über den Zusammenhang zwischen Ernährung und Darmflora Ausgeführten (vgl. Bd. 1, S. 215/216, 234/235, 241), wird es nicht wundernehmen, daß Bessaus Gemisch eine mit 10% Milchzucker angereicherte $^1/_3$ Milch darstellt. Als weitere wichtige bifiduserzeugende Faktoren wären unter anderem zu nennen die peptische Vorverdauung der Kuhmilch (Caseinpeptone!), die Anreicherung mit dem oleinsäurereichen Sesamöl (oleinsaures Calcium vermag in kolloidaler Lösung zu verharren, während Calciumpalmitat und -stearat grob ausfallen und wahrscheinlich deshalb bifidushemmend wirken) sowie der Zusatz von Cystin, welches das Wachstum des Bifidus ebenso fördert, wie dasjenige des auch zur Gruppe der Corynebakterien gehörigen Diphtheriebacillus. Zur Prüfung der Eignung der Nahrung hat Bessau diese, als schärfsten Prüfstein, zur Ernährung von Frühgeburten *mit*herangezogen und zufriedenstellende Ergebnisse erzielt. Darüber, ob die Nahrung auch als Heilnahrung bei Dyspepsien in Frage kommt, ist noch nichts bekannt geworden. Nur erwähnt Bessau, daß sie die Frauenmilch in den schweren Phasen der chronischen Verdauungsinsuffizienz, wo bisher nur diese Rettung bringen konnte, zu ersetzen imstande sei.

B. Milchfreie Ernährung.

I. Die milchfreien Säuglingsnahrungen.

1. Nahrungen zum Trinken.

Nahrung	Eiweiß %	Fett %	Koh %	Salze %	Calorien (rd.)	Zubereitung
Karottensuppe [nach Moro (1)]	0,55	0,10	4,0	0,70 + 0,3 bzw. 0,6 NaCl	19	500 g Karotten schälen, zerkleinern, mit 1 l Wasser 1—2 Stunden kochen, dann die Masse durch ein feines Haarsieb in 1 l Fleischbrühe drücken, + 3 g NaCl, nochmals aufkochen, kühl aufbewahren (täglich frisch zubereiten). Knauer läßt nach dem Durchpassieren mit *Wasser* auf 1 l auffüllen, 6 g Kochsalz beigeben und nochmals aufkochen.

Diese inzwischen wieder etwas in Vergessenheit geratene Heilnahrung wurde von Moro angegeben zur Behandlung in den ersten Tagen der alimentären Intoxikation der Säuglinge und wird für diese Intoxikation neuerdings von Knauer wieder warm empfohlen.

Nahrung	Eiweiß %	Fett %	Koh %	Salze %	Calorien (rd.)	Zubereitung
Kekspudding [nach Moll (1, 2)] zu gleichen Teilen mit Tee verrührt	2,0	0,9	15	0,5	77	Wurde oben S. 203 angegeben.
Lactopriv (milchfreie Soja-Nahrung)						Auflösung des Lactoprivpulvers (Hersteller Töpfers Trockenmilchwerke, 200-g-Dose 0,92 RM.) in kaltem Wasser, Zusatz des Rohrzuckers, Aufkochen unter ständigem Rühren.
10% mit 7% Zucker . .	3,5	2,0	10	0,75	74	
15% mit 5% Zucker . .	5,2	3,2	10	1,1	90	

Lactopriv enthält 70% entbittertes Sojamehl, 7,2% Reismehl, 17% Olivenöl, 1,26% NaCl, 1,94% $CaHPO_4 + 2\,H_2O$, 2,6% $CaCO_3$. Es wird empfohlen bei Indikation zu milchfreier Ernährung, insbesondere also Allergie gegenüber Milcheiweiß. Dafür hat die Nahrung allerdings einen ziemlich hohen Kochsalzgehalt und (wenn es sich um Dermatosen handelt) Fettgehalt. Oft wird es sich empfehlen, zunächst mit der 10%igen Zubereitung zu beginnen.

Milchfreie *Materna-Nahrung* (vgl. BROCK und RÖNTSCH sowie FREUDENBERG und SCHORNSTEIN)	4,35	1,0	12,0	0,77	67	Hergestellt aus 10% „*Materna*" (Nährmittel aus schlummernden Roggenkeimen des Chem. Werks Dr. Klopfer, Dresden A 20, 250 g 1,65 RM.), 5% Kufeke Kindermehl, 5% Alete-Nährzucker und 0,7% Calcium-lacticum.

Es handelt sich um eine fett- und kochsalzarme (nur 0,085% Cl) Nahrung mit gutem Brennwert. Die Eiweißsubstanz wird dargestellt durch die pflanzlichen, aber biologisch hochwertigen Eiweißstoffe des Keimlingsmehls, welches gleichzeitig reich an Vitaminen ist. Nahrung der Wahl bei schweren milchempfindlichen Säuglingsekzemen.

Eidottersuppe	2,6	4,8	11	0,38	100	100 g einer 7%igen Weizenmehlabkochung wird nach Abkühlen (auf 40°) 1 Eidotter zugefügt sowie 5 g Zucker.

Calorienreiche milchfreie Nahrung mit einem biologisch sehr hochwertigem (tierischen) Eiweiß.

2. Nahrungen zum Essen.

Leberbrei	17,5	3,2	2,8	1,00	117	Frische Kalbsleber wird in feine Würfel geschnitten und langsam mit soviel Wasser weich gekocht, daß am Schluß nur ganz wenig Flüssigkeit übrig ist. Dann das Ganze durch feine Fleischhackmaschine gemahlen und zu ganz feinem Brei verrührt. *Kein* Salz zugeben. 200 g rohe Leber ergeben 175 g Brei.

Calorienreiche milchfreie Nahrung mit einem biologisch sehr hochwertigen tierischen Eiweiß. Außerdem ein hoher Gehalt an Vitamin A und sämtlichen B-Vitaminen (einschließlich der hämatologisch wirksamen Faktoren).

Nahrung	Eiweiß %	Fett %	Koh %	Asche %	Davon Fe mg-%	Calorien	Zubereitung
Säuglingsgemüse							
Möhren	1,0	—	7	0,73	5	33	Am besten wird weich gedünstet und dann durchpassiert. *Beim Zubereiten mit einer 3% Einbrenne erhöht sich* der Gehalt an Koh um $2^1/_4$, an Fett um $2^1/_2$%, *der Calorienwert* also *jeweils um 32!*
Spinat	1,5	—	1,5	1,38	42!	12	
Blumenkohl	2,0	—	4,0	0,53	3	25	
Kartoffeln	2,0	—	20	0,80	1,5	90	
Früchte							
Banane	1,3	—	23	0,60	12!	100	Für jüngere Säuglinge zerdrückt und in einer Pfanne unter ganz leichtem Erwärmen mit einer Gabel geschlagen. Hierdurch gewinnt, indem die Fruchtdiastase aktiviert wird, die Banane schaumige Beschaffenheit.
Apfel	0,5	—	12	0,17	0,6!	51	Nach Schälen und Entkernen schaben und gleich verabreichen.

Des Zusammenhanges halber folgen hier die

Säfte aus:						
Citronen	0,7	—	8,4	0,95	17	37
Apfelsinen	0,8	—	12,5	0,98	14	55
Mandarinen	0,8	—	8,5	1,0	56!	38
Tomaten	0,5	—	3,5	0,93	16	16
Preßsaft aus Möhren	1,5	—	9,0	0,73	5	43

(*Fortsetzung von S. 205.*)

Handel kommt (Preis RM. 1,62, Hersteller: Löflund & Co., Grunbach-Stuttgart). Zusammensetzung: 4,3% Proteinsubstanz, 12,4% Dextrin, 47% Maltose, 2,50% Asche, sowie zur Säureabstumpfung 1,1% Kaliumcarbonic. Die bekannte ansatzfördernde Wirkung [klinische Versuche bei HELBICH (1)] beruht nach ARON möglicherweise auf den bei der Gerstenkeimung entstehenden Malzextraktstoffen, Begleitstoffen, deren fördernde Wirkung auf die Ansatzvorgänge jenseits des Darmes auch von MALYOTH neuerdings erörtert wird. Die voluminösen Malzsuppenstühle entstehen dagegen wohl nicht nur durch Reizwirkung dieser Extraktstoffe auf den Darm (ARON), sondern sind auf die resorptionsverschlechternde Karamelisierung der Maltose im MSE. zurückzuführen, welche verhältnismäßig viel Gärsubstrat in den Dickdarm gelangen läßt (vgl. Bd. 1, S. 210/211, 232, 235). Früher wurde der MSE in Form der KELLERschen *Malzsuppe* (s. unten) viel zur Heilung des mit Kalkseifenstühlen einhergehenden Milchnährschadens der Säuglinge verwendet. Nachdem dieser immer seltener geworden ist, sollte man mehr daran denken, daß man im MSE. ein vorzügliches, für Säuglinge *und* Kinder geeignetes Diäteticum bei Obstipation besitzt.

II. Die Brotfrage.

Da im 2. Lebensjahre das Brot schon eine zunehmende Rolle in der kindlichen Ernährung spielt, soll kurz auf die Brotfrage eingegangen werden. Es handelt sich dabei in der Hauptsache darum, wieweit das Weizen- bzw. Roggenkorn zur Herstellung des Brotmehles ausgemahlen werden soll. Über den Bau und die Zusammensetzung des Getreidekornes und seiner Hauptbestandteile, sowie über die Vorgänge beim Mahlen wurden in diesem Kapitel schon ausführliche Angaben gemacht, auf welche hier verwiesen werden kann (vgl. S. 200). Bekanntlich lag es im Zuge der bisherigen Zivilisation, in zunehmendem Maße nur wenig ausgemahlenes feines Mehl zur Herstellung des Brotes zu benutzen, während eine neue Richtung in der Ernährungswissenschaft Propaganda für Brot aus hochausgemahlenem Mehl, ja für Vollkornbrot macht. Es handelt sich dabei hauptsächlich um drei Fragen. 1. Den Vitamin-B-Bedarf, 2. die Wirkung auf den Verdauungsapparat (einschließlich des Gebisses!), 3. die Eiweißausnutzung (in welche Frage ernährungs*wirtschaftliche* Gesichtspunkte hineinspielen, weil etwaige beim Mahlen zurückbleibende Kleie als Viehfutter verwendet wird).

Ad 1. Diese Frage findet ihre Beantwortung durch die Zahlen von SCHEUNERT und SCHIEBLICH am Ende der Tabelle 97 im Vitamin-Abschnitt (S. 234). Danach muß für Weizenbrot ein *mindestens* zu 0—82%, für Roggenbrot *mindestens* zu 0—75% ausgemahlenes Mehl verwandt werden. In diesem Falle enthält nach SCHEUNERT und SCHIEBLICH Weizenbrot noch 135, Roggenbrot 118 γ Vitamin B_1 auf 100 g; werden dagegen die angegebenen Ausmahlungsgrade unterschritten, so sinkt der Vitamingehalt in beiden Fällen rapide. Bei den zur Zeit geltenden Anschauungen über den Vitamin-B_1-Bedarf kann aber im Rahmen der üblichen Kost auf eine erhebliche Vitamin-B_1-Zufuhr mit dem Brot nicht verzichtet werden.

Ad 2. Früher hat man die „darmreizende" Wirkung von Brot aus kleiehaltigem Mehl gefürchtet, während heutzutage eine derartige Wirkung des Brotes, wie von Schlackenkost überhaupt, für die meisten Menschen gerade als nützlich betrachtet wird. Etwas anderes ist es mit der sog. „Bekömmlichkeit" von hochausgemahlenem oder Vollkornbrot, welche keineswegs allein von dessen Gehalt an Schlackensubstanz abhängt. Durch vergleichende Untersuchungen (LEMMEL) über die Bekömmlichkeit verschiedener, an und für sich gleichartig zusammengesetzter Brotsorten des Handels, haben sich nämlich in dieser Hinsicht so erhebliche Unterschiede feststellen lassen, daß die backtechnische Schulung und Fortbildung der Bäckermeister als eine vordringliche Aufgabe erscheint, um die durch landschaftliche Tradition bedingten Widerstände gegenüber den besprochenen Brotsorten zu beseitigen[1].

Sehr wichtig ist auch die Rolle des Brotes bei der Entwicklung und Gesunderhaltung des Gebisses. SCHRÖDER bezeichnet die Selbstreinigung der Zähne durch Kauen von festen Nahrungsmitteln als einen wichtigen, der Cariesneigung entgegenwirkenden Faktor. Neben der erhöhten Speichelsekretion bewirke diese eine bessere Durchblutung des Zahnfleisches und der Kiefer, führe außerdem, den Kindern frühzeitig anerzogen, zu einer günstigen formfunktionellen Ausgestaltung des Gebisses. Da die Caries durch Nachgärung des an den Zähnen haftenden Speise-Speichelbreies entsteht, so ist weiter der Hinweis SCHRÖDERS wichtig, daß diese Nachgärung herabgesetzt ist, wenn Sauerteig statt Hefe zur Brotbereitung benutzt wird. *Demnach scheint zur Cariesprophylaxe ein (möglichst wenig wasserhaltiges) Sauerteig-Vollkornbrot am geeignetsten zu sein.*

Tabelle 94.

	Roh-Protein %	„Ausgenutztes" Protein %
Weizenbrot		
fein	6,81	5,52
gröber	8,44	6,33
Vollkornbrot (Grahambrot) .	8,10	5,83
Roggenbrot		
feiner	6,43	4,69
Vollkornbrot . .	7,56	4,70

Ad 3. Für die klassische Ernährungsphysiologie (RUBNER) stand in der Brotfrage die unterschiedliche „Ausnutzbarkeit" der verschiedenen Kornbestandteile und insbesondere ihrer Eiweißsubstanz im Vordergrunde. Tatsächlich wird die N-Bilanz bei der Brotverdauung um so ungünstiger, je höher das Brotmehl ausgemahlen ist, wie z. B. die Zahlen nach KÖNIG zeigen (Tabelle 95).

[1] Besonders günstig erwies sich die Herstellung von Sauerteigbrot mittels des Trockensauers „Fertigsauer" der Ireks A.G., Kulmbach.

Die absoluten „Resorptions“-Zahlen sind also etwa gleich, im Verhältnis zur höheren Eiweißeinfuhr sind sie also bei Vollkornbrot nicht unerheblich schlechter, so daß hierbei Stickstoffsubstanz verloren geht. Nun hat aber schon RUBNER erkannt, daß es sich hierbei nicht nur um verlorengehendes Broteiweiß handelt, sondern auch um Sekretstickstoff. Er weist nämlich darauf hin, daß all den verschiedenen durch Patente geschützten Verfahren, um die „Ausnützung“ des Kleie-Eiweiß zu verbessern, der Erfolg versagt bleiben müsse, da die Wirkung der Kleie auf die Darmsekretion nicht mechanisch zustande käme, sondern auf in ihr enthaltenen sekretlockenden Allektinen beruhe, die durch feine Zerkleinerung der Kleie wahrscheinlich sogar in erhöhtem Maße zur Auswirkung gelangten. RUBNER hat diese Verhältnisse auch in einen volkswirtschaftlichen Rahmen gestellt, wie folgende Tabelle zeigt:

Tabelle 95. Ausnutzung von 100 Teilen Roggen-Trockensubstanz (nach RUBNER).

Ausmahlung %	Verdaut aus Brot (Calorien)	Erhalten aus Tiermast (Calorien)	Summe (Calorien)
65	247,6	92,2	339,8
82	296,6	30,8	327,4
95	343,7	7,2	350,9
95 (geschrotet)	331,6	7,2	338,8

Die Summe der Calorien bliebe sich danach etwa gleich, aber durch Verfütterung der Kleie ans Vieh würden, wie ersichtlich, bei niedriger Ausmahlung 25% der Calorien in Form von Fleisch und Fett gewonnen werden, und ersteres mit einer höheren biologischen Wertigkeit als Zerealieneiweiß. Dazu ist aber folgendes zu sagen: Diese Versuche wurden in der Weise durchgeführt, daß den Tieren (Hammeln) die Kleie als Zulage zum Erhaltungsfutter gegeben wurde. Unter diesen Umständen mußte ihr Ansatzwert ein höherer sein, während die Tierphysiologie im allgemeinen damit rechnet, daß nur 20% der resorbierten Calorien dem Ansatz, die übrigen 80% aber dem Verwendungsstoffwechsel dienen, also verloren gehen. Außerdem ist zu berücksichtigen, daß bei Genuß von Vollkornbrot dem menschlichen Genuß ja auch biologisch höherwertiges Eiweiß zugeführt wird.

Dies zeigen besonders schön die Versuche an wachsenden Ratten von MENDEL und OSBORNE: Bei einer Ernährung mit zu 62% ausgemahlenem Weizenmehl als Grundlage war das Wachstum trotz Zulage eiweißfreier Hefe ganz schlecht, indem es maximal 4 g pro Woche, meistens aber weniger betrug. Dagegen wurden bei Verfütterung des ganzen Weizenkorns bei gleichem Eiweißgehalt der Nahrung dreimal so hohe Gewichtszunahmen erzielt.

So läuft die Frage — die unter Punkt 1 und 2 herausgestellten Gesichtspunkte einmal beiseite gelassen! — für den Menschen eigentlich darauf hinaus, was für eine Stickstoffsubstanz es ist, welche bei Genuß von Brot aus hochausgemahlenem Mehl verloren geht. Da hat nun

HEUPKE (1—4) sowohl durch Verdauungsversuche in vitro als durch Stuhluntersuchungen wahrscheinlich gemacht, daß mindestens 75% des in den Kleiezellen eingeschlossenen Eiweiß (durch Eindringen der Fermente durch die Zellmembranen und Herausfundieren der Spaltprodukte) verdaut und also sicher auch resorbiert werden. Auch die Stickstoffsubstanz der Darmbakterien des Stuhls, welche etwa die Hälfte des Kotstickstoffes auszumachen pflegt, wird daher in der Hauptsache ebenso dem Sekretstickstoff entstammen, wie es für den übrigen Teil des Kotstickstoffes gilt. Da es sich aber bei dem sog. Sekreteiweiß zum Teil gar nicht um Eiweißverbindungen handelt, sondern z. B. um Gallenfarbstoff Mucin usw., so dürfte dessen biologische Wertigkeit nicht sehr hoch sein.

C. Die Vitamine als notwendige Bestandteile der Nahrung[1].

Die fettlöslichen Vitamine.

I. Das Vitamin A (Epithelschutzvitamin).

Chemie. Bei diesem Vitamin spielen Provitamine eine besondere Rolle. Und zwar sind diese Carotinoide, wie man diese fettlöslichen lipochromen gelben Farbstoffe im Gegensatz zu den wasserlöslichen Flavinen bezeichnet. Provitamin des Vitamin A ist in erster Linie das β-Carotin. Durch Aufnahme von 2 Molekülen Wasser entstehen aus diesem 2 Moleküle Vitamin A:

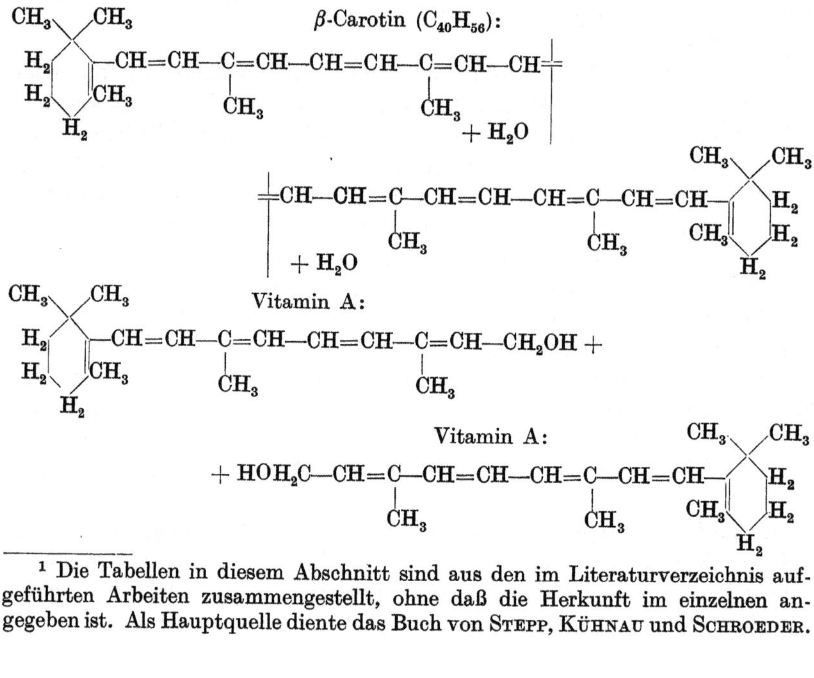

[1] Die Tabellen in diesem Abschnitt sind aus den im Literaturverzeichnis aufgeführten Arbeiten zusammengestellt, ohne daß die Herkunft im einzelnen angegeben ist. Als Hauptquelle diente das Buch von STEPP, KÜHNAU und SCHROEDER.

Das β-Carotin enthält 2 Iononringe, α und γ-Carotin nur einen, so daß aus diesen nur 1 Molekül Vitamin A entstehen kann. Die Reindarstellung desselben aus Heilbuttleberöl gelang KARRER, die synthetische Herstellung R. KUHN.

Biologische Wertbestimmung. Einheiten. Junge Ratten erhalten A-Mangeldiät. Nachdem Wachstumsstillstand eingetreten, wartet man noch eine Woche und verabreicht dann verschiedene Dosen des zu prüfenden Präparates einige Wochen lang. Als Ratteneinheit wurde diejenige Menge bezeichnet, welche bei täglicher Gabe innerhalb 5 Wochen eine Wochenzunahme von durchschnittlich 3 g bewirkt und die meist auftretende Xerophthalmie zum Verschwinden bringt. [Sie entspricht etwa 1,8 (1,2—2,4) γ Carotin.] Neben diesem *Wachstumstest* kann man auf die bei Vitamin-A-Mangel lange vor dem Wachstumsstillstand auftretende Kolpokeratose abstellen, die zu ihrer Heilung allerdings 5- bis 10mal soviel Vitamin bedarf. Die Auswertung der Vitamin-A-Wirkung im Tierversuch erfolgt neuerdings durch Vergleich mit der Wirksamkeit von reinem β-Carotin (Standardpräparat): 0,6 γ β-Carotin = 1 internationale Einheit (1934).

Chemischer und physikalischer Nachweis. Im Unverseifbaren der Trane oder Organextrakte können die unveränderten Wirkstoffe spektroskopisch bzw. spektrophotometrisch und colorimetrisch bestimmt werden, ferner nach Zusatz einer gesättigten Lösung von Antimontrichlorid colorimetrisch nach ihrem „Blauwert".

Natürliches Vorkommen. In der Pflanzenwelt kommt, außer in gewissen Algen und Diatomeen, mit denen wohl die Fische ihr Vitamin aufnehmen, nur das Provitamin vor, im tierischen Körper umgekehrt im wesentlichen nur das Vitamin A. Die Pflanzenfresser bilden aus dem aufgenommenen Carotin das Vitamin und reichern es in der Leber an. Die Fähigkeit der Umwandlung ist verschieden. Bei der Ratte ist sie quantitativ. Für den Menschen habe ich keine genauen diesbezüglichen Angaben gefunden. Reinen Fleischfressern, wie der Katze, soll die Umbildungsfähigkeit fehlen.

Im Pflanzenreich besteht im allgemeinen ein Parallelismus von Carotingehalt und Färbung überhaupt. Im einzelnen gilt folgendes (die Angaben bedeuten internationale Einheiten in 100 g): Beerenobst: Guter Gehalt in Brombeeren, Heidelbeeren, Himbeeren, Hollunderbeeren, roten Johannisbeeren (geringer Gehalt in Erdbeeren und Weintrauben). Kernobst: Geringer Gehalt in Äpfeln und Birnen. Steinobst: Hoher Gehalt in Pfirsichen und besonders in Aprikosen (2800 in frischen, 8000 i.E. in getrockneten). Guter Gehalt in Kürbis. Orangen enthalten 4800 bis 6400, Citronen nur 192 (der Saft sogar nur 42), Bananen 200 i.E. Gemüse: Nur Spuren in den Kohlsorten (einschließlich Rotkohl) und Stengelgemüsen. Dagegen in Spinat 4000—8000, in Tomaten 22000 bis 50000 (im Saft nur 512—950!), in der Mohrrübe 3200—8000 i.E.

Tierische Nahrungsmittel: (Muskel-) Fleisch enthält, ebenso wie das Fleisch frischer Fische nur sehr wenig A-Vitamin, dagegen haben einen guten Gehalt die drüsigen Organe, einen ganz besonders hohen die *Leber:* 12000—35000 in Rinds- und Schweineleber, 15000—150000 i.E. in Kalbsleber. *Geräucherte Fische* (Bückling, Sprotten, Flunder, Räucheraal) haben einen guten Gehalt an Vitamin, weil dasselbe durch den Räucherprozeß anscheinend aus der Leber in das Fleisch diffundiert. Dem Fett der Schlachttiere ist A-Vitamin beigemengt, eine Ausnahme macht aber gerade das Schweinefett! Da auch fast alle pflanzlichen Öle A-Vitamin-frei sind, bildet eine der wichtigsten Quellen für dasselbe das Milchfett, besonders in Form der *Butter.* Der A-Gehalt schwankt sehr nach der Provitaminaufnahme durch die Kühe. So werden für Butter bei Trockenfutter 1500—4000, bei Weidegang 2800—8500 i.E. angegeben (ein Teil dieser biologisch bestimmten Vitaminmenge liegt als Provitamin vor, s. unten). Über Kuhmilch und Frauenmilch s. weiter unten!

Hühnereidotter enthält 8800, 1 Dotter (etwa 15,5 g) also 1750 i.E. Die höchsten Gehalte finden sich natürlich in dem extrahierten Leberfett (Leberöl). Guter *Dorschlebertran* enthält 120000, *Detavit,* eine A und D enthaltende Emulsion, 240000, Heilbuttleberöl noch sehr viel mehr, so das Präparat *Skottin*-flüssig 5 Millionen i.E.! (Das auch Skottin enthaltende Präparat *Tetravitol* enthält 70000 i.E.) Den höchsten Gehalt an A-Vitamin weist das Präparat *Vogan* (I.G. Farbenindustrie), eine standardisierte ölige A-Vitaminlösung auf, nämlich 12 Millionen i.E., also 120000 pro ccm.

Obgleich das Vitamin durch Oxydation unwirksam und durch Temperaturen *über* 100° rasch zerstört wird, findet doch durch die meisten küchentechnischen Maßnahmen, wie Braten von Leber, Auslassen von Butter usw., nur eine sehr geringe Verminderung des Vitamingehaltes statt (vgl. bei FIXSEN).

Biologische Wirkungen. Vitamin A kann als Epithelschutzvitamin bezeichnet werden. Bei A-Mangel treten auf an der Augenhornhaut Xerosis und später Keratomalacie, in der Scheide Kolpokeratose, in den Respirationswegen erhöhte Empfindlichkeit gegenüber Infekten, im Verdauungskanal Anacidität, Achylie, Durchfälle, in den Harnwegen Neigung zu Konkrementbildung usw. Eine eigenartige Folge des A-Mangels, die Nachtblindheit, hängt damit zusammen, daß die Netzhaut von allen Organen des Körpers am meisten Vitamin A enthält. Wahrscheinlich wird dieses in den Pigmentzellen der Retina gespeichert und zur Bildung des Sehpurpurs gebraucht. Ferner wird bei A-Mangeltieren Wachstumsstillstand beobachtet.

Vitamin-A-Gehalt der Leber beim Menschen. Die Leber des *Fetus* soll reich an A-Vitamin sein. In der zweiten Schwangerschaftshälfte sinkt der Gehalt erheblich, so daß er beim *Neugeborenen* ganz niedrig ist (starker Verbrauch bei der fetalen Entwicklung?). Nach der Geburt erfolgt anscheinend eine allmähliche Wiederauffüllung der Speicher, die Werte in der Leber sind aber noch längere Zeit niedriger als bei dem Erwachsenen (was auch den Verhältnissen beim Tier entspricht). Wenn nämlich bei plötzlich gestorbenen gesunden *Erwachsenen* 39000 i.E. A-Vitamin in 100 g Leber gefunden wurden, so darf man nach vorliegenden Untersuchungen im ersten Lebensmonat etwa $^1/_5$ des Erwachsenenwertes annehmen, welcher erst im Laufe der Kleinkinderzeit erreicht wird.

Blutspiegel. Während in der Leber neben dem Vitamin A nur ganz geringe Mengen des Provitamins vorhanden sind, ist es im Blute gerade umgekehrt. Hier kann man nach STEPP je nach der Jahreszeit (Höhepunkt am Ende des Sommers, also im Herbst) einen Carotinspiegel von 0,01—0,03 neben einem Vitamin-A-Wert von 0,003—0,0045 mg-% annehmen.

Bedarf. Die Bedarfsfrage ist bekanntlich noch die umstrittenste Frage auf dem Vitamingebiete. Zwischen Optimum und Minimum ist die Spielbreite wohl sicher sehr groß. Für den *Erwachsenen* geben STEPP, KÜHNAU und SCHROEDER einen mittleren Tagesbedarf von 0,1 bis 0,3 mg Vitamin A an. Dies entspricht also einem Prokilowert von etwa 0,003 mg bzw. 5 i.E. [Noch ungeklärt scheint die Frage, um wieviel höher die Zufuhr an Provitamin sein muß als des Vitamins selber, STEPP und Mitarbeiter gaben den 20(!)fachen Wert an.]

Frauenmilch enthält in 100 ccm durchschnittlich 330 i.E. Vitamin A und 40 mg-% (66 i.E.) Carotin (NEUWEILER). Sommermilch ist vitaminreicher als Wintermilch, was übrigens auch für die Kuhmilch gilt. Ferner werden auch für Kolostralmilch höhere Werte (300—1000 i.E. in 100 ccm) angegeben, was nach NEUWEILER in der Hauptsache auf einen höheren Carotingehalt der Vormilch zu beziehen ist. Eine Tageszufuhr von 150 ccm/kg Frauenmilch entspricht also einer solchen von etwa 500 i.E. Vitamin A + 100 i.E. Carotin pro Körperkilogramm. Weniger Vitamin A als Frauenmilch enthält die *Kuhmilch*, nämlich etwa 60—150 i.E. in 100 ccm, zuzüglich 20 mg-% (33 i.E.) Carotin. Rechnet man mit einer Tageszufuhr von 100 ccm/kg, entspräche dies einer Zufuhr von 100 i.E. Vitamin A + 33 i.E. Provitamin pro Körperkilogramm.

Würde man den *Bedarf des Säuglings* nach den Frauenmilchwerten berechnen, so kommt man, auf die Gewichtseinheit bezogen, also auf das 100 fache des Erwachsenenwertes! Ein Blick auf die künstliche Ernährung des Säuglings zeigt aber, daß es möglich ist, denselben ohne ersichtlichen Schaden auch sehr viel vitaminärmer zu ernähren. Man denke z. B. an die Ernährung mit Buttermilch, welche oft bei bestem Gedeihen lange Zeit hindurch fortgesetzt werden kann. Immerhin dürfte der Bedarf in dieser Zeit stärksten Wachstums erheblich höher sein als beim Erwachsenen.

II. Das Vitamin D (antirachitisches Vitamin).

Chemie. Auf die besonders interessante und eindrucksvolle Forschungsgeschichte, die sich besonders an die Namen von HULDSCHINSKY, ALFRED F. HESS, WINDHAUS und BOURDILLON knüpft, kann hier nicht eingegangen werden. Man unterscheidet neuerdings mehrere D-Vitamine. Am wirksamsten sind:

1. Vitamin D_2. Es wird gewonnen durch Ultraviolettbestrahlung seines Provitamins Ergosterin und ist diesem isomer. Ergosterin selber ist eine weitverbreitete Begleitsubstanz des Cholesterins.

Formel des Vitamins D_2:

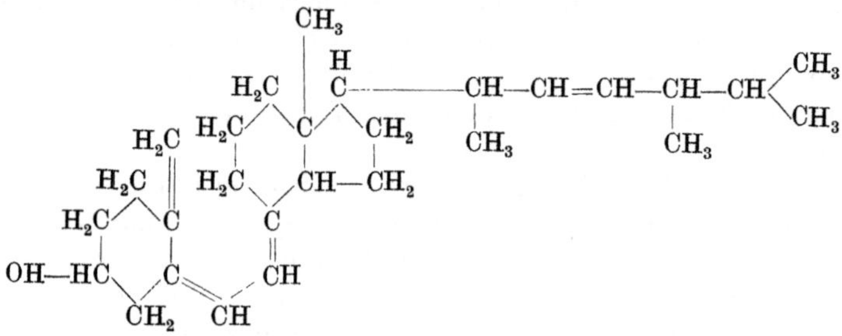

2. Vitamin D_3, gewonnen durch Ultraviolettbestrahlung seines Provitamins 7-Dehydrocholesterin. Während Ergosterin, soweit bekannt, vom Tierkörper nicht gebildet werden kann und mit der Nahrung aufgenommen werden muß, wird Dehydrocholesterin wohl vom Tierkörper aufgebaut.

Formel des Vitamin D_3:

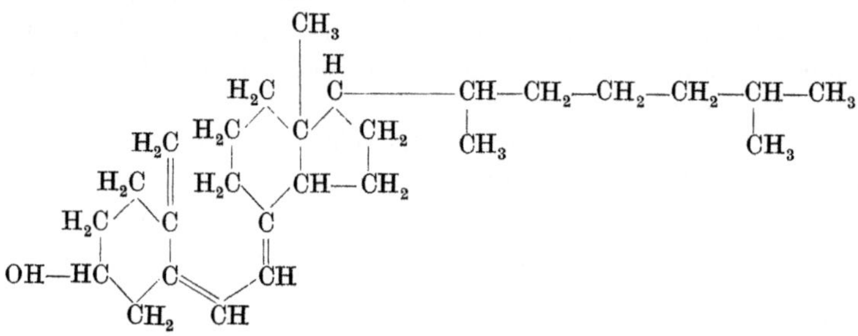

Die Aktivierung der Provitamine kann erfolgen einmal durch Bestrahlung der reinen Substanzen bzw. der diese enthaltenden Nahrungsmittel, andererseits durch Bestrahlung des tierischen bzw. menschlichen Organismus selber, dessen Hautfett auch D-Provitamin enthält. Bei Zufuhr der fertigen D-Vitamine muß im Körper eine Speicherung erfolgen, wie die Erfahrungen mit der D-Stoß-Therapie bzw. -Prophylaxe zeigen (vgl. weiter unten).

Biologische Einheiten. Pharmakologisches und Toxikologisches. Dosierung. Ursprünglich rechnete man nach *Schutz- oder Ratteneinheiten.*

Eine derartige Einheit ist diejenige kleinste Tagesdosis pro Tier, die bei täglicher Verabreichung während 14 Tagen 80% der mit der entsprechenden McCollum-Kost gefütterten Ratten vor der röntgenologisch festgestellten Rachitis schützt. 100 Ratteneinheiten bilden wieder *1 klinische Einheit.* Das Verhältnis dieser biologischen Einheiten zu der *„internationalen Einheit“* ist aber kein konstantes. 1 i.E. entspricht der Wirkung von 1 mg einer 0,01%igen Lösung von unter genau festgelegten Bedingungen bestrahltem Ergosterin in Olivenöl. Dieses Milligramm entspricht also 0,1 γ Ergosterinbestrahlungsgemisch oder aber 0,025 γ krystallisiertem Vitamin D_2. 1 mg krystallisiertes Vitamin D_2 entspricht demnach 40000 i.E.

Aus dem Gesagten geht schon hervor, daß bei der Bestrahlung des Provitamins Ergosterin nicht nur Vitamin D_2 gebildet wird. Vielmehr entstehen nach Windaus nacheinander 5 in reinem Zustande darstellbare Isomere: *Ergosterin → Lumisterin → Tachysterin → Vitamin D_2 → Suprasterin und Toxisterin.* Von diesen wirkt aber nur das Vitamin D_2 antirachitisch! Von den anderen Bestrahlungsprodukten wirken das Tachysterin und Toxisterin, ohne eine antirachitogene Wirkung zu entfalten, im Sinne des *Calcinosefaktors,* welche Eigenschaft dem Vitamin D_2 bei großer Überdosierung übrigens auch zukommt: Es kommt hierbei durch Kalkmobilisierung aus den Knochen zur Hypercalcämie und Kalkablagerung in den inneren Organen, übrigens reversiblen Veränderungen. Klinisch werden Appetitlosigkeit, Gewichtsabnahme, Verdauungsstörungen und nephritische Symptome beobachtet.

Das jetzige Vigantol. Derartige früher in Einzelfällen beobachteten „Vigantolschäden“ haben leider dazu geführt, daß dieses jetzt wesentlich anders zusammengesetzte Präparat von den Ärzten oft in verhängnisvoller Weise unterdosiert wird. Es ist dazu folgendes zu sagen: Das alte Vigantol stellte einmal das „rohe Bestrahlungsgemisch“ dar, enthielt also auch die nur im Sinne des Calcinosefaktors wirksame Substanzen und war sauerstoffempfindlich, andererseits war es zunächst viel konzentrierter. 1929 wurde die Konzentration auf $^1/_5$ der bisherigen herabgesetzt, und außerdem stellt Vigantol seit 1932 eine Lösung von reinem krystallisierten Vitamin D_2 ohne Begleitstoffe dar, und zwar enthält es in 1 ccm (30 Tropfen) 0,3 mg desselben. Und wie wenig durch D-Vitamin Schäden zu befürchten sind, zeigt die tierexperimentelle Literatur, nach der im Tierversuch die toxische Dosis das 1000fache der kurativen beträgt und nach welcher das 40- bis mehrhundertfache der therapeutischen Dosis wochenlang ohne Störung gegeben werden kann.

Dosierung des Vigantols. Zur Behandlung einer Rachitis gebe man, je nach der Schwere des Falles, 10—20 Tropfen Vigantol täglich (vgl. bei Toepfer). Nach Verbrauch einer 10-ccm-Flasche mag eine Pause von 1 Woche eingelegt werden, meist wird man noch einmal 10 ccm benötigen. Zusammen sind das dann 6 mg D_2. Bei der von Harnapp inaugurierten „*Stoßtherapie*“ braucht man mehr: Hierbei werden 10 bis 15 mg Vitamin D_2 oder D_3 in entsprechend konzentrierter Lösung auf einmal unter Aufsicht des Arztes mit Milch (dies ist sehr wichtig, vgl. den folgenden Absatz) zugeführt. Das gleiche gilt für die *Prophylaxe*. Bei fortlaufender Medikation werden hier 3—8 Tropfen [1] Vigantol täglich für ausreichend gehalten, während HARNAPP zur Stoßprophylaxe 7—10 mg D-Vitamin für erforderlich hält.

D-Vitaminwirkung und Resorptionsfrage. Interessanterweise kommt man bei Verwendung des *Detavit*, einer Vitamin A und Vitamin D_2 enthaltenden Emulsion, wie klinische Beobachtungen lehren, mit geringeren D-Vitaminmengen aus: Denn während die niedere Tagesdosierung von Vigantol (10 Tropfen) 4000 i.E. entspricht, gibt man mit einem Teelöffel Detavit, und als Dosierung wird $^1/_2$—1 Teelöffel angegeben, nur 1000 i.E. Es ist zu vermuten, daß die feine Verteilung des D-Vitamins in der Emulsion die Resorption verbessert und *dadurch* die Wirkung desselben gegenüber dem Vigantol gesteigert ist. Diese Erklärung wird durch zwei weitere Erfahrungen nahegelegt. Nach ALFRED HESS ist in der allerfeinsten Emulsion, nämlich in bestrahlter Milch, das D-Vitamin für den Säugling sogar 15mal wirksamer, als dem im Rattenversuch ermittelten Gehalt entspricht. Und andererseits wurde aus der Königsberger Kinderklinik kürzlich von KÜSTER über mißlungene Vigantolstöße berichtet. Es konnte wahrscheinlich gemacht werden, daß in diesen Fällen die Resorption eine ungenügende gewesen war. Wurde das Mittel dagegen in Milch gut verteilt, so kam kein Versager vor.

Der Bedarf an D-Vitamin. Das Vitamin D nimmt eine Ausnahmestellung unter den Vitaminen ein, insofern als sein Fehlen in der Nahrung keine obligaten Mangelerscheinungen hervorruft. Erstens scheint nur der wachsende Organismus, der also Knochensubstanz aufbaut, Vitamin D zu benötigen, und auch dieses beim Versuchstier nur jedenfalls unter besonderen Bedingungen. So entsteht bei wachsenden, D-frei ernährten Dunkelratten Rachitis nur, wenn sie eine rachitogene Nahrung erhalten. Als solche wirkt eine Kost, in der das Verhältnis Ca/P in extremer Richtung zugunsten des Zählers verschoben ist, wodurch Resorption und Retention des anderen Anteils entsprechend erschwert werden [2]. Unter solchen Umständen wirkt Vitamin D in der Nahrung als Sicherheitsfaktor (SCHEUNERT), der selbst dann eine normale Verknöcherung des wachsenden Skeletes ermöglicht.

Beim Menschen liegen die Verhältnisse anders, da bei ihm in den Perioden intensiven Wachstums (in der Säuglings- und ersten Klein-

[1] Nämlich nach BREHME (1—) 3 Tropfen für Brustkinder, (3—) 5 Tropfen für Flaschenkinder, 8 Tropfen für Frühgeburten und Zwillinge.

[2] So z. B. in der von BROCK und WELCKER angegebenen rachitogenen Nahrung mit besonders hohem Calciumüberschuß: 20 Weizeneiweiß (Glidine Dr. KLOPFER), 40 Dextrin, 36 geschroteter Mais, 3 $CaCO_3$, 1 NaCl.

kinderzeit, unter Umständen auch in der Pubertät) auch bei einer in bezug auf ihre Mineralzusammensetzung normalen Nahrung Rachitis zu entstehen pflegt, wenn der Organismus nicht genügend Vitamin D zur Verfügung hat, sei es, daß dieses durch Belichtung in ihm selber gebildet, sei es mit der Nahrung zugeführt wird. Als Bedarf werden für den gesunden Säugling 2—10 γ krystallisiertes Vitamin D (= $^1/_5$—1 Tropfen Vigantol) angegeben, was für von ultravioletter Strahlung[1] geschützte Kinder — und nur für solche könnte in exakter Weise ein „Bedarf" errechnet werden — aber zu niedrig erscheint. Wichtig ist auch der Ernährungsfaktor. Es ist eine bekannte Tatsache, daß Flaschenkinder mehr zu Rachitis neigen als Brustkinder, obwohl Kuhmilch mehr Vitamin D enthält als Frauenmilch (s. u.), die künstliche Ernährung als solche bedingt also einen erhöhten Bedarf an antirachitischem Vitamin. Ferner ist für das ärztliche Handeln immer daran zu denken, daß bei Infekten sonst ausreichende Vitaminmengen ungenügend werden, dies gilt insbesondere auch für die therapeutische Anwendung bei Rachitis (vgl. bei TOEPFER).

Wirkungsweise. Was den *Wirkungsmechanismus des Vitamin D* betrifft, so gehen die Ansichten hierüber noch auseinander. Nach DEGKWITZ mobilisiert es Phosphate aus den Geweben, bringt nicht verwendbare Phosphatschlacken vorwiegend auf dem Nierenwege zur Ausscheidung (auf welchem Wege sie nicht zwangsläufig entsprechende Ca-Mengen mitreißen, wie bei der Ausscheidung durch den Darm), erleichtert die Ca-P-Bindung im Zwischenstoffwechsel und die Einlagerung dieser Verbindung im Skelet. In letzterer Hinsicht begegnet er sich demnach mit ROMINGER. Nach diesem stellt das D-Vitamin (als Ferment oder Coferment) den Aktivator dar, der den zur Verknöcherung notwendigen Phosphor-Kalkkomplex bilden hilft. Näheres in ROMINGERs soeben erschienener Monographie.

Vorkommen. Noch einmal die Prophylaxe-Frage. Das Vorkommen aktiven Vitamins in der Pflanzenwelt ist gering. Warum es bei gleicher Besonnung das eine Mal aus dem weitverbreiteten Provitamin gebildet wird, in anderen Fällen aber nicht, ist noch unklar. Das in getrocknetem Gras, also Heu, fast immer reichlich vorhandene Vitamin D, ist nach SCHEUNERT wohl sicher auf Sonnenwirkung zurückzuführen. Über die Herkunft des D-Vitamins von Dorsch, Heilbutt usw. besteht noch keine endgültige Klarheit (allmähliche Anreicherung der im Phyto- und Zooplankton vorhandenen Vitamin-D-Spuren in der Leber oder Synthese?). Ebenso, wie es für das Vorkommen von Vitamin A gilt, ist das Fleisch frischer Seefische auch frei von Vitamin D, während geräucherte Fische (Flundern, Bückling, Sprotten, Aal) regelmäßig antirachitische Wirkung zeigen (SCHEUNERT). Die Erklärung dürfte dieselbe sein, wie beim Vitamin A (vgl. oben S. 226).

---

[1] Und solche ist, als Bestandteil der Himmelsstrahlung, z. B. in München selbst im zerstreuten Licht während der ungünstigen Jahreszeit an bestimmten Punkten noch etwas vorhanden, wie MAI (1, 2) kürzlich gezeigt hat.

Über das Vorkommen von Vitamin D in Nahrungsmitteln sei folgende Übersicht gegeben:

Tabelle 96. Vitamin-D-Gehalt in Nahrungsmitteln in γ pro 100 g Substanz. ($1\,\gamma = 40$ i.E.)

Pilze (Pfifferling, Steinpilz, Champignon)	0,14
Bückling	0,14
Frauenmilch	
Kolostralmilch	0—0,25
reife Milch	0—0,05
Kuhmilch	0,04—0,4
Butter	0,25—2,5
1 Hühner-Eigelb	3,5
Dorschlebertran	250—375
Tetravitol (Skottin enthaltend)	175
Skottin flüssig (Heilbuttleberöl)	7500

Die Schwankungen im D-Gehalt der Milchen sind, wie man sieht, groß. Sowohl für Frauenmilch als Kuhmilch gilt, daß Sommermilch der Wintermilch außerordentlich überlegen ist (wohl Wirkung der stärkeren Lichtexposition der Milchspender). Selbst für die Prophylaxe sind die vorhandenen Mengen aber zu gering, besonders da Kuhmilch in zu großer Menge verabreicht rachitogen wirkt. Der Vitamin-D-Gehalt der Frauenmilch läßt sich allerdings erheblich steigern, wenn die Mütter Vigantol verabreicht erhalten oder mit Höhensonne bestrahlt werden. Immerhin liegen die in einem Tagesquantum solcher Frauenmilch durch den Rattenversuch nachweisbaren Vitamin D-Mengen, die nach NEUWEILER 4 γ erreichen mögen, noch weit unter der jedenfalls für *gefährdete* Kinder notwendigen Menge, da solche, wie erwähnt, als niedrigste prophylaktische Tagesdosis 3 Tropfen Vigantol = 30 γ Vitamin D benötigen. Auch hier ist allerdings an eine größere Wirksamkeit des Vitamins im Milieu der Frauenmilch, wahrscheinlich durch bessere Resorption, zu denken (vgl. oben S. 230)! Für die Kuhmilch besteht noch die Möglichkeit, sie durch nachträgliche Bestrahlung antirachitisch wirksam zu machen. Besonders SCHEER (3) tritt sehr für die Rachitis-Prophylaxe mit bestrahlter Frischmilch ein, welche in der Tagesmenge von $^1/_2$ l — wenn man die 15mal stärkere biologische Wirkung des D-Vitamins in der Milch in Rechnung stellt (vgl. S. 230) — 2550 i.E. Vitamin D enthält. Bemerkenswerterweise wird auch der C-Vitamingehalt der Milch bei diesem Verfahren (Apparat nach Dr. SCHOLL) praktisch nicht herabgesetzt[1]. Schließlich kommt auch immer noch die Lebertran-Prophylaxe in Frage, für die besonders MEYER ZU HÖRSTE eintritt. Sie ist auch bei Brustkindern durchführbar und verleiht den Kindern nach seinem Eindruck größere Widerstandsfähigkeit (zusätzliche A-Vitaminzufuhr!). Dosierung: 1 Teelöffel standardisierter Lebertran. Vgl. zu diesen Fragen auch die VIII. Ärztekonferenz der Deutschen Vereinigung für Säuglings- und Kleinkinderschutz (Wiesbaden 1938).

[1] In Deutschland wurde durch den Reichsgesundheitsführer die Frischmilchbestrahlung jüngst für einige Großstädte versuchsweise angeordnet.

III. Vitamin E (Antisterilitätsvitamin).

Der Mangel an diesem, in seiner chemischen Konstitution zur Zeit noch nicht aufgeklärten fettlöslichen Vitamin (von EVANS als α-Tokophorol bezeichnet), macht bei Ratten folgende Erscheinungen: Bei Weibchen stirbt — bei ungestörtem sexuellem Verhalten, und nachdem Befruchtung und Implantation normal vor sich gegangen sind — der Fetus, anscheinend durch eine Schädigung der Placenta, nach einiger Zeit ab und wird resorbiert. Beim Männchen kommt es zunächst zu Azoospermie, dann degenerieren die Epithelien der Samenkanälchen, die Hoden atrophieren, Geschlechtstrieb und Kopulationsfähigkeit erlöschen. Sonstige Tierarten, für die das Vitamin E als unentbehrlich nachgewiesen ist, sind noch Maus und Huhn. Auch die Entwicklung zur Königin ist bei der Honigbiene nur bei E-haltiger Nahrung möglich.

Therapeutisch wurde eine bestehende Neigung zu Aborten durch Vitamin E-*Konzentrate* günstig beeinflußt, unter anderem bei Rindern, Schweinen, Schafen — und beim Menschen, doch besagt dies noch nichts über einen natürlichen Bedarf, der insbesondere für den Menschen noch nicht bewiesen ist. Das gegenüber chemischen und physikalischen Einflüssen sehr widerstandsfähige Vitamin ist in der Natur weit verbreitet. Zur Auswertung benutzt man entweder den kurativen Test nach EVANS und ermittelt die einmalige Mindestdosis, welche, am Tage der Kopulation verabreicht, bei E-frei ernährten Tieren einen normalen Schwangerschaftsverlauf sichert, *oder* man ermittelt im prophylaktischen Versuch die Menge des Nahrungsmittels, welche, bei sonst E-frei ernährten Ratten täglich verabreicht, das Auftreten von Erscheinungen einer Vitamin-E-Avitaminose verhindert.

Natürliches Vorkommen. Es enthalten Einheiten pro 100 g Substanz: Weizenkeimlingsöl 1330, getrocknete Weizenkeimlinge 400, grüne Gemüse und Salate 25—40, Eidotter 17, Fleisch (Muskulatur) 20, Leber 10. Ganz Vitamin-E-arm sind beispielsweise Milch und Butter.

Die wasserlöslichen Vitamine.

IV. Das Vitamin B_1 (Aneurin).

Chemie. Die Aufklärung der chemischen Konstitution, welche durch die Synthese (WILLIAMS-CLINE, ANDERSAG-WESTPHAL) bestätigt wurde, erfolgte endgültig 1936 etwa gleichzeitig durch WILLIAMS sowie GREWE. Danach hat das Dichlorhydrat dieses stickstoff- und schwefelhaltigen Vitamins folgende Formel:

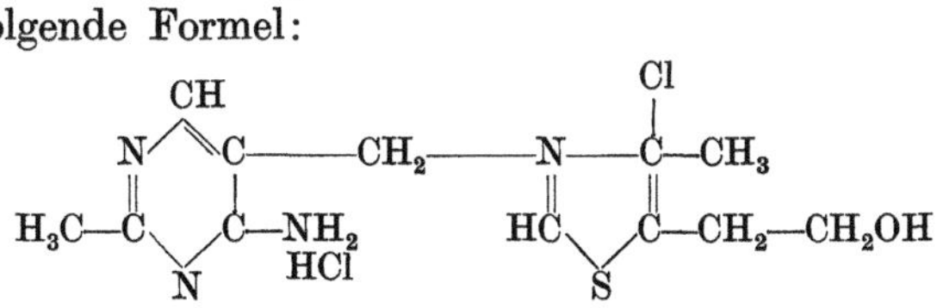

Dasselbe ist löslich in Wasser und Alkohol, beständig gegen verdünnte Säuren, unbeständig gegen Alkalien, nicht oxydationsempfindlich und wird durch Erhitzung bis 100° nicht wesentlich geschädigt.

Biologische Wertbestimmung. Einheiten. Die am meisten angewandte Methode ist der kurative Taubentest: Die nach 3—5wöchiger B_1-freier Diät an Beriberi erkrankten Tauben erhalten eine einmalige Einspritzung der zu prüfenden Substanz. Das Gewicht dieser Dosis, dividiert durch die Anzahl der Tage bis zum Wiederauftreten von Beriberi-Krämpfen, ergibt die „Taubentagesdosis“. Diese entspricht 1 i.E. oder $2\,\gamma$ B_1-Hydrochlorid. Außerdem gibt es colorimetrische Bestimmungsmethoden.

Natürliches Vorkommen. Vitamin B_1 wird anscheinend nur von der Pflanze gebildet, schon Bakterien besitzen diese Fähigkeit. Und wo Tiere anscheinenden B_1-Mangel ohne Schädigung ertragen, hat man in ihren Darmbakterien ihre B_1-Quelle zu suchen. Im tierischen Organismus findet eine gewisse Speicherung statt. Den größten prozentigen Gehalt besitzt die Leber, danach kommen Herz, Nieren, Gehirn und Muskulatur. Überschüssig zugeführtes Vitamin wird mit dem Harn wieder ausgeschieden, bei der Normalkost des Erwachsenen etwa $40\,\gamma$ pro die, umgekehrt werden bei hohem B_1-Bedarf (vgl. weiter unten) selbst hohe einmalige Gaben retiniert.

Tabelle 97. Vitamin-B_1-Gehalt von Nahrungsmitteln (in γ pro 100 g Frischgewicht).

Tierische Nahrungsmittel	
Milch	
Frauenmilch	20
Kuhmilch	40
Eidotter	100
(1 Eidotter	15,5)
Rind- und Hammelfleisch	100
Schweinefleisch	650
Rindsleber	300
Hammelniere	375
Schweineniere	670
verschiedene Fischsorten	60—80
Pflanzliche Nahrungsmittel	
Äpfel	40
Birnen	60
Orangen und Mandarinen	40
Bananen	45
getrocknete Backpflaumen	90
Haselnüsse	300
Walnüsse	200
Tomaten	60
verschiedene Kohlsorten und Spinat	60—110
Mohrrüben	60
Kartoffeln	40
Handelsreis	40
Linsen	90
Bohnen	120
Grüne Erbsen	120

	Weizen	Roggen
Keimlinge	1200	600
ganzes Korn	300	200
Vollkornbrot	208	138
Brot aus Mehl vom Ausmahlungsgrade		
0—94%	138	118
0—82%	135	
0—75%	48	101
0—60%	33	60
Hefe (Brauereitrockenhefe)	1200—4500	

Biologische Wirkungen. Dem klinischen Bilde nach ruft *B_1-Mangel* beim Menschen folgende Ausfallerscheinung hervor: Zunächst Appetitlosigkeit, Obstipation, Mattigkeit, Kopfschmerzen, später gesellen sich dazu Magen-Darmstörungen, Schmerzen und Parästhesien in den Gliedern, Muskelschwäche und schließlich Lähmungen, Blutdrucksenkung (Herzerweiterung) und Untertemperaturen, Erniedrigung des Serumeiweißgehaltes und Ödeme. Eine Grundlage dieser Erscheinungen ist eine tiefgreifende Beeinträchtigung des Kohlehydratstoffwechsels, so daß sich dessen intermediäre Zwischenprodukte, Brenztraubensäure, Methylglyoxal, Milchsäure, Adenylsäure usw., in den Organen anhäufen. Demzufolge geht auch der B_1-Bedarf dem Kohlehydratumsatz parallel, und treten bei starkem Kohlehydratkonsum eher B_1-Mangelerscheinungen auf. Dagegen wirkt Fettzufuhr Vitamin B_1-sparend. Außerdem besteht, wie aus den aufgezählten Symptomen ersichtlich, eine Störung des Wasserhaushaltes.

Besonderheiten im Kindesalter. Außer dem kurativen Taubentest gibt es noch einen Rattenwachstumstest, darauf beruhend, daß B_1-Mangel bei jungen Tieren Wachstumsstillstand hervorruft. Zum normalen Wachstum brauchen diese rasch wachsenden Kleintiere 3—5mal mehr Vitamin, als zur Aufrechterhaltung ihres Gewichtes und normalem Befinden notwendig ist. So wäre es an sich verständlich, daß eine zu B_1-arme Nahrung das Wachstum auch von Kindern retardierte, und daß entsprechende Zulagen einen Ausgleich herbeiführen würden. Literatur hierüber bringen STEPP, KÜHNAU und SCHROEDER, 3. Aufl., S. 66. Doch sind zu dieser Frage sicher noch weitere kritische Untersuchungen erforderlich. Eine Schwierigkeit besteht ja darin, daß Appetit einerseits wohl Ausdruck und Gradmesser des Wachstumstriebes ist, andererseits eine Appetitstörung aus anderen Gründen durch verringerte Nahrungszufuhr auch das Wachstum hemmen kann.

Der Bedarf. Dieser wird für den Erwachsenen mit 600 γ täglich angegeben. Während Schwangerschaft und Lactation ist er 3—5mal so hoch als sonst. Das Optimum liegt nach STEPP und Mitarbeitern bei 1—2 mg. Bei Genuß von Brot aus weißem Mehl und noch mehr bei manchen Krankenhaus-Schonkosten werden die als Bedarf angegebenen Zahlen erheblich unterschritten. Die Frage von Bedarf und Optimum ist aber keinesfalls einer endgültigen Klärung zugeführt, insbesondere noch nicht für die *Wachstumsperiode*. Für den Säugling nimmt NEUWEILER einen Tagesbedarf an, welcher etwa 16 γ/Körperkilogramm entspricht, das wäre doppelt soviel als der oben angegebene Bedarf des Erwachsenen. Frauenmilch enthält etwa 20 γ, Kuhmilch 40 γ in 100 ccm. Rechnet man von ersterer eine Zufuhr von 150, von letzterer von 100 ccm pro Körperkilogramm, so wäre damit der Bedarf also reichlich gedeckt, wobei nach BESSAU beim Brustkinde die Bifidus-Darmflora noch eine zusätzliche B_1-Quelle darstellen mag. Allerdings hängt auch der B_1-Gehalt der Milch von der Ernährung der Mutter ab, wie Erfahrungen bei Beriberi gezeigt haben. Auch bei Kuhmilchernährung führen nach dem Vorgange von REYHER neuere Autoren verschiedene Krankheitserscheinungen beim Säugling auf eine B_1-Hypovitaminose zurück. Da diese Annahmen ex juvantibus gemacht werden, ist natürlich eine gewisse Vorsicht am Platze. Denn die angewandten „Heildosen“ betrugen ein Vielfaches des Bedarfes. Dieses ist zwar auch bei experimenteller Avitaminose notwendig, andererseits ist bekannt, daß dem Vitamin B_1 in hoher Dosierung verblüffende therapeutische Erfolge auch bei Affektionen, z. B. des peripheren Neurons, zukommen, welche ursächlich nicht auf einen B_1-Mangel zurückgehen.

V. Der Vitamin-B_2-Komplex.

Nach Auffassung von Stepp und Mitarbeitern besteht der B_2-Komplex aus 6—7 chemisch und biologisch unterscheidbaren Einzelfaktoren, die aber zu optimaler Wirkung gemeinsam zugeführt werden müssen, zwischen denen also eine biologische und vielleicht auch chemische Korrelation besteht.

1. Das Lactoflavin (auch als „Wachstumsfaktor“ bezeichnet).

Chemie. Bestimmungsmethoden. Einheiten. Das Lactoflavin gehört zur Gruppe der als Lyochrome oder Flavine bezeichneten, wasserlöslichen, stickstoffhaltigen, gelben Farbstoffe. Konstitutionsaufklärung und Synthese erfolgten 1934 und führten zu folgender Formel:

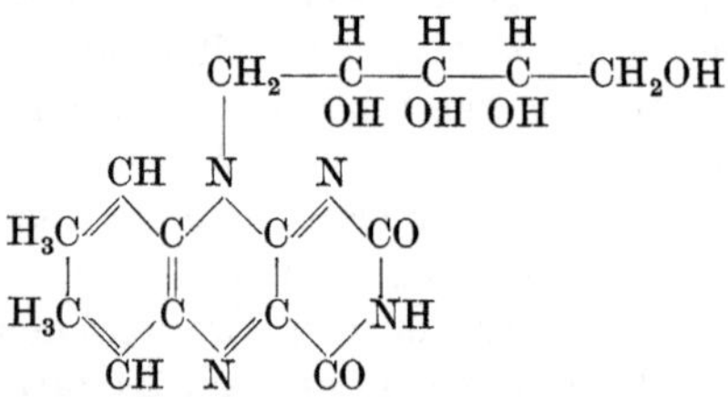

Das eigentliche Vitamin ist die Lactoflavin-Phosphorsäure, welche meist an ein spezifisches Eiweiß gebunden vorkommt und in dieser Form das *„gelbe Atmungsferment“* darstellt (s. auch weiter unten).

Als Ratteneinheit gilt die Dosis, welche bei jungen Ratten, welche nach 4wöchiger B_2-freier Ernährung ihr Wachstum eingestellt haben, bei täglicher Darreichung in 20 Tagen eine Gewichtszunahme von 20 g hervorruft. 1 Ratteneinheit entspricht 4 γ krystallisiertem Lactoflavin. Die colorimetrische Bestimmung ergibt häufig etwas höhere Werte als die biologische Wertbestimmung, indem sie in diesen Fällen wohl noch andere Flavine miterfaßt.

Natürliches Vorkommen. Vitamin B_2 kommt in jeder Pflanzen- und Tierzelle vor, meist in der besprochenen Form als gelbes Atmungsferment, und kann auch schon von Bakterien gebildet werden. Reines Lactoflavin wurde bisher nur in der Molke der Milch gefunden. Das Vorkommen von Vitamin B_2 korrespondiert durchaus nicht immer mit dem des Vitamins B_1. Stepp, Kühnau und Schroeder machen darüber folgende Angaben:

Tabelle 98. Vitamin-B_2-(Lactoflavin)-Gehalt von Nahrungsmitteln.
(in γ pro 100 g Frischgewicht).
Colorimetrische Bestimmung, biologisch bestimmte Werte eingeklammert.

Milch	100	(40)
Eigelb	550	(200)
Eiklar	450	(150)
Rindfleisch (Muskulatur)	—	(150)
Rindsherz	—	(500)
Rindsleber	2000	—
Verschiedene Fische	Spuren	
Bananen	—	(8)
Tomaten	20—40	(50)
Weißkohl	60	(50)
Spinat	80	(80)
Karotten	—	(20)
Grüne Erbsen	—	(90)
Weizenkorn	—	(20)
Mais	—	(100)
Kartoffeln	30	(10)
Trockenhefe	—	(etwa 2000)

Biologische Wirkungen und Bedarf. Als *gelbes Atmungsferment* dient Lactoflavin-Phosphorsäure der eisenfreien blausäureresistenten Atmung (Oxydation). Als ein „Methylenblau der Zelle“ besitzt es die Fähigkeit, in Verbindung mit dem sog. wasserstoffübertragenden Ferment eine große Reihe von Stoffwechselprodukten, insbesondere Zwischenprodukte des Zuckerstoffwechsels, zu oxydieren. Daneben spielt das nicht an Eiweiß gebundene Lactoflavin eine wichtige Rolle in der Netzhaut des Auges bei Auslösung des Sehnervenreizes, auch beim Dämmerungssehen.

Ob das Stillstehen des Wachstums bei B_2-frei ernährten Tieren (Ratte, Huhn) auf einem relativen Mangel an gelbem Atmungsferment beruht, ist nicht sicher erwiesen. Auch weiß man nicht, ob der Mensch Lactoflavin auch zum Wachstum oder nur als Baustein des gelben Fermentes benötigt. Nach Berechnungen von SCHROEDER und WITTMANN ist der Lactoflavingehalt der menschlichen Nahrung, auch spezieller Krankendiäten, im allgemeinen ausreichend, womit gemeint ist, daß sie täglich mindestens 1 mg Lactoflavin enthält (das Optimum soll sogar 2—4 mg betragen). Angesichts der Gehaltszahlen unserer Tabelle 98 erscheint dies nicht ganz verständlich. Andererseits ist die Lactoflavinausscheidung — und Vitaminausscheidung wird im allgemeinen im Sinne eines Überschusses bewertet — sehr hoch, da normaler Menschenharn 1,5 mg pro Liter enthalten und die Ausfuhr mit dem Kot doppelt so groß sein soll, wie die renale Ausscheidung. Wie man sieht, bestehen also noch ziemlich viele Widersprüche.

Die Verhältnisse im Wachstumsalter. Nach NEUWEILER liegt der B_2-(Lactoflavin-)Gehalt von Frauen- und Kuhmilch zwischen den biologisch und colorimetrisch bestimmten Werten von Tabelle 98 und beträgt 20 Ratteneinheiten = 80 γ in 100 ccm, was den von ihm angenommenen Tagesbedarf von etwa 14 γ/Körperkilogramm im Säuglingsalter ja reichlich deckt. Dieser wäre übrigens danach nicht höher als der des Erwachsenen, wenn man dessen Mindestbedarf von 1 mg auf ein Gewicht von 70 kg bezieht!

2. Die übrigen Komponenten des B_2-Komplexes.

Es handelt sich hierbei um das mit interessanteste Gebiet der Vitaminwirkungen. Es soll nun hier nicht von den einzelnen aufgestellten „Faktoren" ausgegangen werden, deren Verschiedenheit zum Teil übrigens noch umstritten ist, zumal ihr Geltungsbereich experimentell meist auf eine bestimmte Tierspezies beschränkt ist, sondern von Symptomen und Krankheitsbildern des Menschen, für welche — allerdings in Analogie zu diesen an Tieren gewonnenen Erfahrungen — in überraschender Weise die Möglichkeit oder Wahrscheinlichkeit eines B_2-Mangels als Ursache durch die Therapie festgestellt werden konnte:

Mangelerscheinungen. Den Symptomen nach handelt es sich unter anderem um folgendes: Glossitis (mit Ausgang in Schleimhautatrophie) und Stomatitis, Anacidität des Magensaftes, chron. Colitis ulcerosa, Durchfälle vom Typus der Sprue bzw. Coeliacie, megalocytäre chron. Anämien, symmetrische Erytheme vom Typus der Pellagra-Dermatitis (mit Abheilung unter Pigmentation, Atrophie oder follikulärer Hyperkeratose), neurologisch um allgemeine Übererregbarkeit, Schlaflosigkeit, Depressionen, Muskelschwäche, Reflexsteigerungen bzw. Verluste — wenn letzteres die Patallarreflexe betrifft und mit dem Symptom der Pupillotonie kombiniert ist, so liegt das Adie-Syndrom der Pseudotabes vor —, ferner an den Händen Veränderungen im Sinne der Akrodynie. Alle diese Symptome kommen in verschiedensten Kombinationen bzw. mehr isoliert vor bei der *Pellagra*, *tropischen Sprue*, *Coeliacie* der Kinder, chronischer *Colitis ulcerosa*, bestimmten hyperchromen Anämien usw. Sehr wichtig ist, daß die erwähnten Krankheitserscheinungen nicht nur durch primären Mangel an B_2-Komplex hervorgerufen werden, sondern daß sie auch sekundär auftreten können, wenn durch Magen-Darmstörungen der verschiedensten Ätiologie die Resorption der B_2-Vitamine verhindert wird. Auch wird eine beginnende B_2-Avitaminose sich auf diese Weise im Sinne eines Circulus vitiosus verstärken müssen.

Was das Auftreten von *Anämien* durch Mangel an B_2-Komplex betrifft, so gibt es übrigens in diesem mindestens drei verschiedene hämatologisch wirksame Diätfaktoren: 1. den Castle*schen extrinsic factor* (das Hämogen Reimanns), welcher, mit der Nahrung zugeführt, beim Menschen in Magen und Duodenum durch den Magensaftfaktor (intrinsic factor Castles) in das Antiperniciosaprinzip (das Anahämin) verwandelt wird; 2. den tropenanämieverhütenden Faktor, der primär wirkt, während Anahämin bei diesen Anämieformen überhaupt unwirksam ist, und 3. den gelben Farbstoff Uropterin, ein Purinderivat, dessen Fehlen nur bei gleichzeitigem Eisenmangel anämieerzeugend wirkt, wie es bei der Ziegenmilchanämie der Fall sein soll.

Vorkommen. Das Vorkommen der einzelnen B_2-Faktoren in Nahrungsmitteln ist ein etwas verschiedenes, soweit darüber etwas bekannt ist, vgl. in STEPP-KÜHNAU-SCHROEDER. Praktisch wichtig ist, daß sie aber *alle* in *Weizenkeimlingen, Leber und* besonders *Hefe* reichlich vorkommen. Muß man mit Resorptionsstörungen rechnen, so hat man in den injizierbaren Leberextrakten, z. B. dem *Campolon,* ein hochwirksames Mittel.

Neuerdings hat ELVEHJEM einen Bestandteil des B_2-Komplexes, der infolge seiner biologischen Wirkung als PP-Faktor (Pellagraschutzstoff des Menschen) bezeichnet wurde, als eine chemische Verbindung identifiziert, nämlich als das einen Bestandteil der Co-Dehydrasen bildende *Nicotinsäureamid.* Im menschlichen Blut ist es in einer Menge von 1,5 γ pro ccm vorhanden (v. EULER und SCHLENK). Entsprechend gute therapeutische Erfahrungen beim Menschen liegen schon vor und scheinen sich auch auf Darmerscheinungen, wie z. B. Fettdiarrhöen zu erstrecken. Präparate von E. Merck sowie der I. G. Farbenindustrie (Bayer).

VI. Das Vitamin C (antiskorbutisches Vitamin).

Chemie. Vitamin C ist eine l-Ascorbinsäure von folgender chemischen Konstitution:

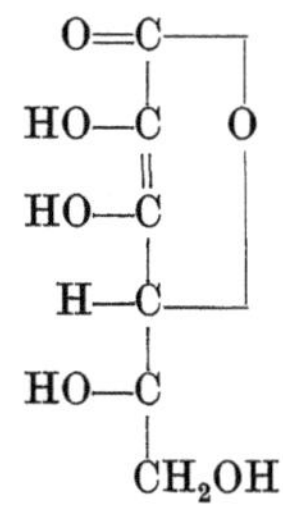

Ascorbinsäure ist leicht im Wasser löslich. Sie ist unbeständig gegen Sauerstoff, namentlich bei höherer Temperatur und in neutraler oder alkalischer Lösung. Auf ihrer Wirksamkeit als Reduktionsmittel beruht ihr quantitativer Nachweis, z. B. im Harn (s. u.).

Biologische Wertbestimmung. Einheiten. Unter 1 Meerschweincheneinheit versteht man die Menge l-Ascorbinsäure, welche Vitamin-C-frei ernährte Meerschweinchen bei täglicher Zulage zur Nahrung vor Skorbut schützt. 1 Meerschweincheneinheit = 10 internationale Einheiten. Es gilt weiter folgende Beziehung: 1 i.E. = 0,05 mg l-Ascorbinsäure = 0,1 ccm Citronensaft.

Quantitativer Nachweis. Belastungsversuch. Für diesen wird zur Zeit meist die von TILLMANS und Mitarbeitern ausgearbeitete Titrationsmethode benutzt, wobei ein blauer Farbstoff, 2,6 Dichlorphenolindophenol durch Reduktion in seine Leukoform verwandelt wird. In der von JEZLER und NIEDERBERGER ausgearbeiteten Form geht diese Titration folgendermaßen vor sich:

Je 2—3 Urinportionen von 10 ccm (Parallelbestimmungen) werden in größeren Erlenmeyer-Kölbchen mit 1 ccm Eisessig angesäuert und mit 100 ccm Wasser Aq. dest. verdünnt. Dann wird aus einer 50 ccm-Bürette eine Lösung des erwähnten Farbstoffes (leicht zu bereiten aus Tabletten von Hofmann-La Roche oder E. Merck, von denen eine 1 mg Ascorbinsäure entspricht), zugetropft, bis die entstandene Rötung 30 Sekunden bestehen bleibt.

Allerdings beruht das dem normalen menschlichen Harn zukommende Reduktionsvermögen nur zum geringsten Teil auf Ascorbinsäure. Ja, während man bisher bei Normalkost eine Tagesausscheidung von 16 bis 35 mg Ascorbinsäure annahm (GABBE), nehmen STEPP und SCHROEDER sowie andere Autoren neuerdings an, daß bei gewöhnlicher Kost überhaupt keine Ascorbinsäure im Harn ausgeschieden wird[1]. Um die Vitamin-C-Versorgung des Organismus beurteilen zu können, führt man daher eine *Belastung mit Ascorbinsäure* durch. Ein gebräuchliches Verfahren ist das, daß man täglich 300 mg von dieser oral verabreicht. Normalerweise kommt es dann zu einer von Tag zu Tag ansteigenden Ausscheidung im Harn, die am 4. Tag nach Beginn der Belastung 80—90% der Tagesdosis entspricht. Man nimmt an, daß sich der Organismus jetzt mit C-Vitamin gesättigt hat. In dem Maße, als sich die Wiederausscheidung verzögert oder geringer bleibt, wird von den meisten Autoren auf ein *Vitamin-C-Defizit* des Organismus geschlossen (vgl. weiter unten). In der STEPPschen Klinik wird der Sättigungsgrad des Körpers mit C-Vitamin neuerdings auch mittels *Bestimmung* desselben *im Blut* festgestellt. Nach NEUWEILER (1939) gilt in dieser Beziehung bei Bestimmung nach der Originalmethode nach VAN EEKELEN folgendes:

über 1,0 mg-%	Sättigung,
0,8—1,0 mg-%	genügend,
0,6—0,75 mg-%	knapp genügend
0,4—0,55 mg-%	Hypovitaminose
unter 0,4 mg-%	Skorbut.

Biologische Wirkungen. Die Ascorbinsäure kann als Reduktionsmittel andere Substanzen reduzieren, wobei sie selbst oxydiert wird. Die oxydierte Ascorbinsäure kann dann durch die Zellen wieder reduziert werden. Auf diese Weise stellt sie als reversibel oxydabler Körper einen wichtigen Zwischenacceptor im Ablauf der Oxydations- und Dehydrierungsprozesse dar, der für das tierische Zelleben unentbehrlich ist. Besonders angereichert ist sie in Linse, Glaskörper und Kammerwasser der Augen sowie in den endokrinen Organen, insbesondere in der Nebenniere. So vermag Ascorbinsäure auch sowohl Adrenalin als das Nebennierenrindenhormon in ihrer Wirkung zu verstärken, ebenso übrigens andere reduzierende Körperstoffe, wie das Cystein und Glutathion. Ebenso ist es als, wohl unspezifischer, Aktivator zahlreicher Fermente erkannt worden (Kathepsin, Arginin, Katalase, Thrombin).

Mangelerscheinungen. Klinisch ruft Vitamin-C-Mangel das bekannte Bild des *Skorbutes* hervor, dessen Erscheinungen wenigstens zum Teil

[1] Dagegen ist es doch wohl auf Ascorbinsäure zu beziehen, wenn der Reduktionswert des Harnes auf Zulage eines C-Vitamin-haltigen Nahrungsmittels *ansteigt*. Auf diese Weise studierten H. BISCHOFF und GRASEDYK-RENNER kürzlich den *C-Vitamingehalt verschiedenster Säuglingsgemüse* (gekochtes Frisch- sowie Konservengemüse). Die bemerkenswerten Ergebnisse müssen im Original nachgelesen werden.

dadurch erklärt werden können, daß Ascorbinsäure ein Stoff ist, ohne den die Stützgewebe keinen zwischenzelligen Klebestoff, also keine zusammenhaltenden Fasern bilden können. Darauf beruht auch die Bedeutung des Vitamins C für den Zahnaufbau *(Schneidezahntest)*.

In dem Maße, als Tiere wenig empfindlich gegen Vitamin-C-Mangel sind (z. B. Hund und Kaninchen), oder dessen gar nicht bedürfen (Ratte), müssen diese Tiere übrigens zur Synthese von l-Ascorbinsäure befähigt sein, denn in ihren Organen ist sie trotzdem nachzuweisen. Wahrscheinlich wird sie aus Kohlehydraten gebildet und stellt in diesem Falle also ein Hormon dar!

Heute steht allerdings nicht der äußerst selten gewordene Skorbut, sondern *der präskorbutische oder hypovitaminotische Symptomenkomplex* im Vordergrunde des Interesses. Doch sind für viele der hierzu gerechneten Erscheinungen wie Mattigkeit, Herzklopfen, Appetitlosigkeit, rheumatische Schmerzen in den Unterschenkeln, Anfälligkeit für katarrhalische Infekte usw. doch auch andere Erklärungsmöglichkeiten gegeben. Die Frühjahrsmüdigkeit z. B. tritt bei vegetativ stigmatisierten Menschen gerade zu der Zeit auf, wo durch einen reichlichen Orangenverzehr der C-Vitamin-Gehalt der Kost höher sein dürfte als das ganze Jahr hindurch und wird in diesen Fällen eher als eine Reaktion auf klimatische Erscheinungen im Sinne Moros zu bewerten sein. Und die Häufung der Katarrherscheinungen am Ausgange des Winters beruht doch vielleicht auf uns noch unbekannten epidemiologischen Bedingungen des Grippevirus (das ja übrigens auch rheumatische Beschwerden verursacht). Damit soll das Vorkommen hypovitaminotischer Symptome natürlich nicht bestritten werden. Nur ist diesbezüglich rechte Kritik angebracht. Am ehesten scheinen Zahnfleischblutungen zu verwerten, wenn sie auf eine höhere — aber nicht übergroße — Ascorbinsäurezufuhr verschwinden, denn letzterer kommen schon eigentlich pharmakologische Wirkungen zu!

Natürliches Vorkommen. Einen besonders hohen Ascorbinsäuregehalt haben Apfelsinen und Citronen, Tomaten, Hagebutten, die Paprikaschote und — frische Tannen- und Kiefernnadeln. Weiteres ist ersichtlich aus Tab. 99, S. 242.

Vitaminverlust durch die Zubereitung der Speisen. In dieser Beziehung ist folgendes wichtig: Als wasserlöslich geht Vitamin C zum erheblichen Teil ins Kochwasser, dieses muß also mitverwandt werden. In sauerer Umgebung ist es ferner trotz Kochen recht gut haltbar. Von besonderer Bedeutung ist ferner das Verhältnis von Volumen zur Oberfläche. So ist in Blattgemüsen der Verlust viel größer als z. B. in Rosenkohl oder Kartoffeln (letztere die Hauptquelle von C-Vitamin in unserer Kost!). Ganz gering ist der Verlust, wenn diese mit der Schale gekocht werden. Im allgemeinen kann man sagen, daß gekochte Speisen, ebenso gute Konserven $^1/_3$ bis $^1/_4$, häufig aber bis zu $^2/_3$ bis $^4/_5$ des Vitamin-C-Gehaltes der rohen Nahrungsmittel enthalten. *Sehr schädlich wirkt es sich aus,*

Tabelle 99. Vitamin-C-Gehalt einiger Nahrungsmittel (mg Ascorbinsäure in 100 g Frischsubstanz).

	roh	gekocht
Milch		
Frauenmilch	4—7	
Kuhmilch	1—2	
Gemüse		
Kartoffeln	10	5—10
Spinat	8	2!
Blumenkohl	50	8
Rosenkohl	50	50!
Rotkohl	50	8
Mohrrüben	5—8!	3—4!
Meerrettig	100	25
Grüne Bohnen	10	1—4
Grüne Erbsen	10	8
Tomaten	15	10
Gurken	8	
Kohlrabi	100!	60!
Salate und Kräuter		
Feldsalat	20	
Kopfsalat	8	
Endivien	10	

Wasserkresse	16—50
Radieschen	25
Schnittlauch	50
Petersilie	100
Obst- und Südfrüchte	
Äpfel	2—15
Birnen	1—13
Kirschen, gelb	5
„ schwarz	15
Erdbeeren	50
Himbeeren	25
Brombeeren	22
Weintrauben	5
Pfirsich	8
Aprikosen	12
Hagebutten	500
Orangen	50—100
Mandarinen	25
Citronen	50—100
Bananen	8

wenn die zubereiteten Speisen längere Zeit warm gehalten werden, wie es in Anstalts- und Restaurationsbetrieben sehr häufig der Fall ist! Vom Trocknen ist es ja bekannt, daß es das Vitamin C am meisten schädigt, eine Ausnahme macht unter bestimmten Bedingungen der Citronensaft. Näheres bei SCHEUNERT und RESCHKE sowie KROKER. Des letzteren Untersuchungen über die Beeinflussung des C-Vitamingehaltes der Milch durch äußere Faktoren werden weiter unten mitgeteilt.

Der Vitamin-C-Bedarf. Von den meisten Autoren wird der Tagesbedarf des Erwachsenen heute mit etwa 50 mg angegeben, das sind also fast $^3/_4$ mg pro Körperkilogramm. Damit ist der Betrag gemeint; der für „volle Gesundheit und Leistungsfähigkeit" erforderlich ist. Natürlich ist dieser Bedarf keine konstante Größe. So bedingen Schwangerschaft und Lactation einen auf das $1^1/_2$—2fache des sonstigen Wertes erhöhten Verbrauch. Ferner ist aus dem Ausfall der Belastungsversuche zu schließen, daß bei fieberhaften Infekten ein erheblich erhöhter Vitaminverbrauch stattfindet (SCHROEDER).

Wichtig ist auch das *Schicksal der Ascorbinsäure im Magen-Darmkanal.* Während saurer Magenschleim das Vitamin C adsorbiert und ihm als Schutzkolloid dient, vermag alkalischer Magenschleim nicht, die Ascorbinsäure vor Oxydation zu schützen. Ferner besitzen manche Colistämme die Eigenschaft, Vitamin C zu zerstören (STEPP). Infolgedessen können bei Achylia gastrica sowie endogener Colibesiedelung des Dünndarmes trotz sonst zureichender Kost Resorptionsverluste und hypovitaminotische Zustände auftreten.

Neuerdings ist die Bedarfsberechnung auf Grund der Feststellung eines „Sättigungsdefizits“ durch den Belastungsversuch von RIETSCHEL (1938) stark angegriffen worden. Daß große Schichten der Bevölkerung viel weniger als 50 mg Vitamin C täglich zu sich nehmen, ist klar. RIETSCHEL weist besonders darauf hin, daß auch Nachprüfungen der Verpflegung von Soldaten (die infolge ihrer körperlichen Anstrengungen sogar einen *erhöhten* Vitamin-C-Bedarf haben!) nur Tageswerte von 15—30 mg Ascorbinsäure ergeben haben, obgleich bei ihnen doch volle Leistungsfähigkeit bestand. Im Anschluß an Ergebnisse WACHOLDERs nimmt RIETSCHEL an, daß die Ascorbinsäure als Katalysator bei ihrer Funktion nur zum Teil verbraucht wird, und zwar um so weniger, je sparsamer der Organismus infolge geringer Vitamin-C-Zufuhr mit seinen Ascorbinsäurevorräten umgehen muß. Es komme dann als Sparmaßnahme zu einer Verbesserung der Rückreduktion. STEPP und SCHROEDER sind in Erwiderung auf RIETSCHEL 1939 noch einmal ausführlich auf die Frage „C-Vitaminbedarf und C-Hypovitaminose“ eingegangen. Es dreht sich bei dieser Diskussion letzten Endes um die Frage, ob bei einer geringeren C-Vitaminzufuhr tatsächlich „volle Leistungsfähigkeit und Gesundheit“ unter den wechselvollen Beanspruchungen des modernen Kulturmenschen gewährleistet sind. Eine Frage, die gewiß noch nicht spruchreif ist. STEPP und SCHROEDER weisen auf Analogien hin, welche die Frage des Eiweißbedarfes bietet. Auch für diesen, als eine variable Größe, müssen den Verbrauch erhöhende Umstände mit einkalkuliert werden, zu welchen z. B. selbst leichte Infekte gehören, mit denen ja immer gerechnet werden muß und die ja ebenso den Verbrauch an C-Vitamin vergrößern. Als weiteres Argument für die Notwendigkeit einer reichlichen Vitamin-C-Versorgung des Menschen weisen STEPP und SCHROEDER unter anderem auch auf die verhältnismäßig enorm großen Vitamin-C-Mengen hin, welche das Brustkind erhält.

Die besonderen Verhältnisse im Wachstumsalter. Der Vitamin-C-Gehalt der Frauenmilch ist anscheinend in erheblichem Grade von dem Vitamingehalt der Nahrung der stillenden Mutter abhängig, wie z. B. folgende Zahlen von SUNG und CHU zeigen: Bei Vitamin-C-armer Kost 1,1—3,8 mg-%, bei Krankenhauskost 3,6—5,3 mg-%, bei zusätzlicher Ascorbinsäurezulage zur Kost 8,7 mg-%. Die von verschiedenen Autoren gefundenen Werte in Ammenmilch (obere Schwankungsgrenze 3,5 mg-%) lassen ferner daran denken, daß bei einer Vermehrung des Milch Tagesquantums der Ascorbinsäuregehalt sinkt, wenn nicht für eine besonders Vitamin-C-reiche Ernährung der Stillenden gesorgt wird. Als Durchschnittswert kann man in der *Frauenmilch* mit 4—7 mg-% Ascorbinsäure rechnen (NEUWEILER). Erhitzen derselben auf 100° während 10 bis 15 Minuten wie es in manchen Frauenmilchsammelstellen geschieht, vermindert den Ascorbinsäuregehalt nur um höchstenfalls 13—17% (KROKER).

Berechnet man die Vitamin-C-Versorgung des Brustkindes aus den im allgemeinen von ihm getrunkenen Milchmengen (150 ccm/Körperkilogramm), *so ergibt sich eine tägliche Zufuhr von etwa 7,5 mg Ascorbinsäure pro Körperkilogramm, ein Wert, der gerade 10mal so hoch ist als der oben für den Erwachsenen errechnete Wert bei der reichlichen Tageszufuhr von 50 mg Ascorbinsäure.* Für einen Säugling von 3 Monaten ergibt sich eine absolute Tageszufuhr von 40 mg Ascorbinsäure.

Wieviel C-Vitamin erhält der Säugling bei Ernährung durch Kuhmilch? Deren C-Vitamingehalt beträgt nur etwa $^1/_4$ von dem der Frauenmilch, durchschnittlich etwa $1^1/_2$ mg-%. Ein praktisch ins Gewicht fallender Unterschied je nach der Fütterung der Kühe, die ja auch zur Eigensynthese befähigt sind, wird von der Mehrzahl der Autoren abgelehnt. Da die zum Konsum gelangende Kuhmilch aber ein industrielles Produkt darstellt, ist es wichtig, zu wissen, welchen Einfluß die verschiedenen Behandlungsweisen auf den primären Ascorbinsäuregehalt der rohen Kuhmilch besitzen. Hierüber liegt eine gründliche Studie von KROKER aus dem SCHEUNERTschen Institut vor.

Beeinflussung des primären Vitamin-C-Gehaltes der Kuhmilch durch ihre Behandlung. Kurzes *Aufkochen, Kurzzeiterhitzung und Dauerpasteurisierung* verursachen keine Verluste, die höher sind als 10%, wenn eine *Oxydation* vermieden wird. Diese scheint im praktischen Molkereibetriebe hauptsächlich *durch in Lösung gehende Metalle* der Kessel und Apparaturen hervorgerufen zu werden. Extrem schädlich ist Kupfer (auch bei verzinnten Kupferapparaturen muß damit gerechnet werden, daß die Milch an kleinen schadhaften Stellen direkt mit dem Kupfer in Berührung kommt), nicht sehr bedeutend ist ein schädlicher Einfluß bei Zink, Nickel und Chrom, ganz fehlt er nur bei Aluminium und vielleicht noch bei V_2-A-Stahl.

Bloßes Stehenlassen der Milch vermindert den Vitamin-C-Gehalt derselben im Kühlschrank (bei 0—3°) selbst während 24 Stunden gar nicht, bei Zimmertemperatur in 8 Stunden um 9—11, in 24 Stunden um 23 bis 34%. In beiden Fällen wurde die Milch völlig vor *Licht* geschützt. Dessen oxydationsbeschleunigende Wirkung ist sehr groß. In diesbezüglichen Versuchen zerstörte selbst diffuses Tageslicht schon in 6 Stunden alle reduzierte Ascorbinsäure, bei Sonnenlicht geht dies schon in einigen Minuten vor sich. Für praktische Schlußfolgerungen muß man die Milch, nachdem sie dem Licht ausgesetzt war, allerdings mit H_2S reduzieren, um zu sehen, wieviel Ascorbinsäure irreversibel oxydiert und also biologisch unbrauchbar wurde. Nach 20—30 Minuten Sonneneinwirkung sind dies immerhin schon 50—70%! So kommt es, daß in Flaschenmilch, sei es dauerpasteurisierter, sei es roher Markenmilch, von KROKER Gehalte von nur 0,40—0,53 mg-% Ascorbinsäure gefunden wurden! Eine relativ helle Färbung der Glasflaschen, welche die Kontrolle der Sauberkeit beim Reinigen noch mühelos erlaubt, genügt aber schon, um das Vitamin C der Milch fast völlig vor Schädigung durch das Licht zu bewahren. Die sich ergebenden praktischen Folgerungen erscheinen zwingend! Von den *Konservierungsmitteln* wirkt Vitamin C zerstörend natürlich besonders H_2O_2. Bemerkenswert ist, daß RENNER auch in den, in diesem Kapitel aufgeführten Trockenmilchpräparaten einen recht hohen Vitamin-C-Gehalt, nach TILLMANS bestimmt, nachwies (eine biologische Kontrolle ist zu verlangen!), und daß *gezuckerte* kondensierte Milch lange eine antiskorbutische Fähigkeit bewahrt.

Wie groß ist nun der Bedarf des Säuglings an Vitamin C? Bei Ernährung mit Kuhmilch mit einem Gehalt von $1^1/_2$ mg-% Ascorbinsäure (für die tatsächlich konsumierte Milch ist dieser Wert aber eher zu hoch gerechnet) kommt man bei einer Zufuhr von 100 ccm Vollmilch/Körperkilogramm auf eine Tageszufuhr von höchstens 1,5 mg Ascorbinsäure pro Körperkilogramm und etwa 7,5 mg Ascorbinsäure bei einem Säugling von 3 Monaten. Die Bedarfsberechnung aus diesen Zahlen ist dadurch erschwert, daß der Neugeborene nach Annahme der meisten Autoren Vitamin-C-Vorräte mitbringt. Selbst moderne Pädiater[1], die doch sicher auf präskorbutische Zeichen, wie Appetitlosigkeit, Gewichtsstillstand und Resistenzverminderung gegen Infekte (Dysergie) achten, halten ja bei Flaschenkindern eine generelle Beifütterung von Fruchtsaft nicht vor dem 4.—5. Monat für notwendig, obgleich doch nach dem ersten Trimenon die relative Vitamin-C-Versorgung dadurch immer geringer wird, daß das Kind immer weiter wächst, die Vollmilchmenge aber nicht über $^1/_2$ l gesteigert zu werden pflegt. Trotzdem gibt NEUWEILER für dieses Alter einen Tagesbedarf von 25—35 mg Ascorbinsäure an, VON DRIGALSKI hält 20—30 mg und WACHOLDER immerhin 10—15 mg für notwendig. Auch hier also eine mehr oder weniger große Kluft zwischen den heutzutage aufgestellten Forderungen und der bis vor kurzem und auch heute noch häufig üblichen, sehr viel geringeren und das Gedeihen anscheinend nicht beeinträchtigenden tatsächlichen Zufuhr. Andererseits läßt sich kaum etwas dagegen sagen, wenn es jemand für richtig hält, gerade bei der künstlichen Ernährung wenigstens die Vitamin C-Zufuhr durch Beifütterung dem hohen Angebot anzugleichen, daß bei der von der Natur „gewollten" Brusternährung stattfindet. Wieweit eine solche optimale Zufuhr auch notwendig ist, kann heute allerdings noch nicht entschieden werden. Sicher muß dem Mehrverbrauch an Vitamin C durch Infekte beim Säugling besondere Beachtung geschenkt und daran gedacht werden, daß sich hier ein Circulus vitiosus entwickeln kann.

VII. Vitamin P (Permeabilitätsvitamin).

Der experimentelle Meerschweinchenskorbut soll eine gemischte C- und P-Avitaminose sein: während nämlich Paprika, Citrone usw. eine

[1] so P. GYÖRGY (1933).

volle Heilwirkung entfalten, ist dies bei reiner l-Ascorbinsäure nicht der Fall. Aus ersterem hat SZENT-GYÖRGY, der Entdecker des C-Vitamins, ein Citrin genanntes Flavonderivat dargestellt, welches die herabgesetzte Capillarresistenz normalisiert, und auch beim Menschen schon erfolgreiche klinische Anwendung erfahren hat (Tagesdosis 30 mg intravenös). Wahrscheinlich gibt es verschiedene Flavonderivate, denen die beschriebene Wirkung zukommt.

VIII. Vitamin H.

Bei einer reichlich Eiklar und Olivenöl enthaltenden Mangeldiät entwickelt sich bei Ratten ein Status seborrhoicus, welcher mit den Erscheinungen der Dermatitis seborrhoides beim jungen Säugling große Ähnlichkeit hat. Er kann geheilt werden durch subcutane Injektionen von H-haltigen Zubereitungen (P. GYÖRGY). Die reinsten Präparate von diesem Autor enthielten 1 Ratteneinheit in 5 γ Substanz (1 R.E. = diejenige Menge, die eine Rattenseborrhoe bei täglicher Injektion in 4 Wochen heilt). H-haltig sind besonders Leber und Niere, demnächst Hefe, Casein, Banane. Das Vitamin ist in diesen in unlöslicher gebundener Form enthalten und wird erst durch die Aufspaltung im Magen-Darmkanal frei. Die klinischen Erfolge mit Vitamin-H-Zufuhr bei seborrhoischen Hauterscheinungen des Säuglings und Erwachsenen sind noch umstritten, wie überhaupt noch nicht feststeht, daß es sich um ein für den Menschen notwendiges Vitamin handelt.

Literatur.

I. Zusammenfassende Abhandlungen.

AMMON u. DIRSCHERL: Fermente, Hormone, Vitamine. Leipzig 1938.

BERG, RAGNAR: Die Nahrungs- und Genußmittel, 5. Aufl. Dresden 1929.

DEGKWITZ: Milch. Handbuch von PFAUNDLER-SCHLOSSMANN, 4. Aufl., Bd. 1, S. 270. 1931.

FIXSEN: The vitamin content of human foods as affected by progress of cooking and canning. Reprinted from Nutrition Abstracts and Reviews, Vol. 8, p. 281 to 307. 1938/39.

FIXSEN and ROSCOE: The vitamin content of human and animal foods. Reprinted from Nutrition Abstracts and Reviews, Vol. 7, p. 823—867. 1937/38.

FRANK, A.: Vitamin-Referate in Mschr. Kinderheilk. **64**, 163 (1936); **69**, 138 (1937); **74**, 251 (1938).

FREUDENBERG, E.: Ernährung und Ernährungsstörungen im Säuglingsalter. Lehrbuch der Kinderheilkunde, S. 56. Berlin: Julius Springer 1933.

GRONOVER: Milch. Handbuch der Lebensmittelchemie, Bd. 3, S. 37. Berlin 1935.

HENNEBERG: Bakteriologie der Milch und Mykologie der Milch und der Milcherzeugnisse. Handbuch der Lebensmittelchemie, Bd. 3, S. 429. 1935.

HINTZE: Geographie und Geschichte der Ernährung. Leipzig 1934.

HOLTHÖFER: Deutsche Gesetzgebung über Milch und Milcherzeugnisse. Handbuch der Lebensmittelchemie, Bd. 3, S. 488. 1935.

KÖNIG: Handbuch der Nahrungsmittelchemie, 5. Aufl., Bd. 2.

Mohr u. Eichstädt: Butter. Handbuch der Lebensmittelchemie, Bd. 3, S. 238. 1935.
Neuweiler: Die Vitamine der Milch. Bern 1936.
Rievel: Handbuch der Milchkunde, 3. Aufl., Hannover 1926.
Rominger: Physiologie u. Pathologie des D-Vitamins. Erg. Vitamin- u. Hormonforsch. **2** 104—159 (1939).
Rubner: Ernährung. Handbuch der Lebensmittelchemie, Bd. 1, S. 1145. 1933.
Schall, Hermann: Nahrungsmitteltabelle, 12. Aufl. Leipzig 1939.
Scheunert: Die Vitamine. Handbuch der Lebensmittelchemie, Bd. 1, S. 768. 1933.
Stepp, Kühnau u. Schroeder: Die Vitamine, 3. Aufl. Stuttgart 1938.
Utz: Die Milch, ihre Untersuchung und Verwertung. Wien u. Leipzig 1911.

II. Einzeldarstellungen.

Aron: Jb. Kinderheilk. **92**, 82 (1920).
Beumer: Über die Ernährung des Säuglings, 2. Aufl. Leipzig 1937.
Bessau: (1) Dtsch. med. Wschr. **1925 I/II**.
— (2) Dtsch. med. Wschr. **1938 I**.
Birk: Mschr. Kinderheilk. **9**, 595 (1910).
Bischoff u. Grasedyk-Renner: Mschr. Kinderheilk. **78**, 45 (1939).
Bomskow: Z. Kinderheilk. **53**, 527 (1932).
Bratke: Mschr. Kinderheilk. **14**, 123 (1918).
Brock u. Röntsch: Z. Kinderheilk. **58**, 612 (1937).
Brock u. Welcker: Z. Kinderheilk. **43**, 193 (1926).
Bunge: Hoppe-Seylers Z. **24**, 285 (1898/99); **26**, 487 (1898/99).
Camerer: Kinderärztl. Prax. **1938**, 372.
Catel: (1) Mschr. Kinderheilk. **40**, 354 (1928).
— (2) Dtsch. med. Wschr. **1935 I**, 985.
— (3) Klin. Wschr. **1939 I**, 342.
Catel, Rosenbaum u. Rühle: Jb. Kinderheilk. **109**, 150 (1925).
Czerny u. Kleinschmidt: Jb. Kinderheilk. **87** (1918).
Deem: Arch. Dis. Childh. **6**, 53 (1931).
Degkwitz: Klin. Wschr. **1934 I**, 201.
Denis, Talbot and Minot: J. of biol. Chem. **39**, 47 (1919).
Dreyfus-Sèe: Rev. Méd. **51**, 198 (1934).
Ellinghaus, E. Müller u. Steudel: Hoppe-Seylers Z. **150**, 133 (1925).
Eltz: Jb. Kinderheilk. **136**, 82 (1932).
Engel: Arch. Kinderheilk. **53**, 241 (1910).
Euler, v. u. Schlenk: Klin. Wschr. **1939 II**, 1109.
Fiorentini: Probl. alimentari **2**, 40 (1932).
Freudenberg u. Schornstein: Z. Kinderheilk. **57**, 675 (1936).
Frontali: (1) Riv. Clin. pediatr. **22**, 145 (1924).
— (2) Mschr. Kinderheilk. **75**, 189 (1938).
Goeters: Z. Kinderheilk. **60**, 77, 87, 92 (1938).
Greiser: Arch. Kinderheilk. **112**, 234 (1937).
Helbich: (1) Mschr. Kinderheilk. **9**, 351 (1911).
— (2) Mschr. Kinderheilk. **10**, 649 (1911).
Heller: Mschr. Kinderheilk. **19**, 391 (1921).
Heupke: (1) Arch. Verdgskrkh. **49**, 263 (1931).
— (2) Arch. Verdgskrkh. **62**, 166 (1937).
— (3) Arch. f. Hyg. **111**, 188 (1933).
— (4) Arch. f. Hyg. **114**, 56 (1935).
Hofmann: Jb. Kinderheilk. **106**, 310 (1924).
Holt, Courtney and Fales: Amer. J. Dis. Childr. **10**, 238 (1915).
Kayser, E. M.: (1) Dtsch. med. Wschr. **1935 II**, 1698.

KAYSER, E. M.: (2) Mschr. Kinderheilk. **68**, 317 (1937).
— (3) Dtsch. med. Wschr. **1938 I**, 297.
— (4) Arch. Gynäk. **161**, 382 (1936).
KLEINSCHMIDT: Mschr. Kinderheilk. **19**, 369 (1921).
KLOTZ: Jb. Kinderheilk. **70**, 1 (1909).
KNAUER: Arch. Kinderheilk. **111**, 1 (1937).
KOEPPE: Jb. Kinderheilk. **106**, 177 (1924).
KROKER: Milchwirtsch. Forschgen **19**, 318 (1938).
KÜSTER: Z. Kinderheilk. **60**, 458 (1938).
LEMMEL: Münch. med. Wschr. **1938 I**, 607.
LENSTRUP: J. of. biol. Chem. **70** (1926).
MAI: (1) Z. Kinderheilk. **60**, 154 (1938).
— (2) Münch. med. Wschr. **1939 I**, 404.
MALYOTH: Z. Kinderheilk. **56**, 590 (1934).
MARIOTT, and DAVIDSON: J. amer. med. Assoc. **81** (1923).
MAYER: Z. Kinderheilk. **59**, 57 (1937).
MOLL (u. STRANSKY): (1) Jb. Kinderheilk. **100**, 3 (1923).
— (2) Münch. med. Wschr. **1929 I**, 878.
— (3) Med. Welt **1929 II**.
MOMMSEN: Münch. med. Wschr. **1934 II**, 1458.
MORO: (1) Münch. med. Wschr. **1908 I**, 1637.
— (2) Mschr. Kinderheilk. **18**, 97 (1922).
MÜLLER, ERNST u. ROMINGER: Kinderärztl. Prax. **1937**, H. 12.
NEUWEILER: Klin. Wschr. **1939 I**, 769.
NIMS, MACY, BROWN and HUNSCHER: Amer. J. Dis. Childr. **43**, 828 (1932).
OCHSENIUS: Dtsch. med. Wschr. **1919 I**, 42.
PAFFRATH u. Mitarb.: Z. Kinderheilk. **48**, 67, 76, 86; **49**. 617, 622, 641 (1930).
POGORSCHELSKY: Z. Kinderheilk. **40**, 424 (1925).
RIETSCHEL: (1) Dtsch. med. Wschr. **1938 II**, 1382, 1694.
— (2) Klin. Wschr. **1938 II**, 1787.
ROMINGER: Kinderärztl. Prax. **1938**, H. 10.
RUZICIC: Mschr. Kinderheilk. **67**, 415 (1936).
SCHEER: (1) Mschr. Kinderheilk. **33**, 433 (1926).
— (2) Münch. med. Wschr. **1937 II**, 1296.
— (3) Münch. med. Wschr. **1938 II**, 1346; **1939 I**, 603.
SCHICK: Z. Kinderheilk. **22**, 195 (1919).
SCHEUNERT: Forsch.dienst **3**, H. 11 (1937).
SCHEUNERT u. RESCHKE: Vorratspflege und Lebensmittelforsch. **1**, 238, 501 (1938).
SCHEUNERT u. SCHIEBLICH: Biochem. Z. **290**, 398 (1937).
SCHROEDER: (1) Dtsch. med. Wschr. **1938 II**, 1693.
— (2) Münch. med. Wschr. **1939 I**, 133.
SCHROEDER u. WITTMANN: Münch. med. Wschr. **1935 I**, 988.
SCHRÖDER, H.: Z. Volksernährg **1939**, 78.
STEPP u. SCHROEDER: Klin. Wschr. **1939 I**, 414.
THOENES: Münch. med. Wschr. **1929 II**, 1464.
TOEPFER: Kinderärztl. Prax. **1934**, 492.
VOGT, H.: Dtsch. med. Wschr. **1926 I**, 478; **1937 II**, 1543.
WAHLMANN, HEINZ: Diss. München 1934.
WEISSENBERG: Arch. Kinderheilk. **78**, 276 (1926); **90**, 288 (1930).
WIDDOWS and LOWENFELD: Biochemic. J. **27**, 1400 (1933).
WIDDOWS, LOWENFELD, BOND and TAYLOR: Biochemic. J. **21**, 1 (1927).

Vierzehntes Kapitel.

Die Haut.

Von J. BECKER-Bremen.

Die Aufgaben der Haut im Gesamtablauf der Lebensvorgänge darzustellen, also eine wirklich erschöpfende Biologie der Haut zu geben, ist ein Ziel, welches vorläufig noch in weiter Ferne liegt.

Den verwickelten Bau des Organs zu schildern, wie er sich im Verlaufe der Kindheit entwickelt und wandelt, die fortschreitende Reifung der Bauelemente aufzuweisen, erfordert allein neben der sammelnden und ordnenden Tätigkeit von Schritt zu Schritt neue Untersuchungen, um Lücken auszufüllen.

Von dort bis zum Erfassen der Zusammenhänge mit dem funktionellen Geschehen, von der Einschaltung des Hautorgans in die hormonalen Steuerungen, in den intermediären Stoffwechsel, in die nervösen Regulationen usw. und das in den einzelnen Entwicklungsstufen des jungen Organismus, ist noch ein weiter Weg. Für die Darstellung bleibt vorläufig nur die Möglichkeit, als festes Fundament den Bau und die Bauelemente zu beschreiben und nach Möglichkeit die funktionellen Beziehungen anzudeuten.

A. Der Bau des Hautorgans beim Neugeborenen.

I. Die Epidermis.

1. Die embryonale Entwicklung der Epidermis.

Zum Verständnis des anatomischen Aufbaues der Haut des Neugeborenen ist es unerläßlich, kurz die embryonale Entwicklung der Haut zu streifen; es unterliegt ja keinem Zweifel, daß die Haut im Augenblick der Geburt neue Aufgaben übernimmt und in einem Funktionswechsel steht, der als Übergang von der Anpassung an intrauterine zu extrauterinen Umweltbedingungen summarisch bezeichnet werden kann.

Die äußere Bedeckung besteht in den ersten Embryonalmonaten aus einer einfachen Lage von Zellen des äußeren Keimblattes, die eine polygonale Form zeigen und sich durch mitotische Teilung vermehren. Diese Epidermisanlage wird in der Zeit vom 2. embryonalen Monat bis in den 4. hinein zweischichtig, ohne daß ein wesentlicher Unterschied im Aussehen der beiden Zellagen sich ausbildet. Da dieser Übergang vom einschichtigen zum zweischichtigen Epithel an den verschiedenen Körperstellen nicht zu derselben Zeit eintritt, sehen wir hier schon ein Geschehen, dem wir auch in späteren Entwicklungsmonaten immer wieder begegnen, *die regionär verschiedene Differenzierungsgeschwindigkeit* bzw. den regionär verschiedenen Entwicklungs- bzw. Reifezustand der Haut. Solange die Epidermis aus zwei Lagen von Zellen besteht, sind die Elemente der unteren Schicht, der Keimschicht, unregelmäßig polygonal, reich an Protoplasma; die obere Zellschicht, das Periderm oder Epitrichium, besteht aus anfangs noch blasenförmigen und kernhaltigen Zellen, die erst ganz allmählich solchen der späteren Hornschicht durch Verlust der Kerne und Abplattung ähnlich werden. Im weiteren Verlauf der Entwicklung werden die Zellen der Keimschicht höher, nehmen eine etwa prismatische Gestalt an und eine weitere Schicht, das Stratum intermedium, schiebt sich als unmittelbarer Abkömmling der Keimschicht dazwischen. Von diesem Stadium ab werden Mitosen nur noch in der Keimschicht angetroffen. In den späteren Entwicklungsstadien besteht das Stratum intermedium manchmal aus mehreren Lagen von Zellen, je nach der Körpergegend verschieden. In diesen Zwischenlagen wird schon eine weitere Differenzierung in Form von Zellbrücken und Protoplasmafasern stellenweise erkennbar. Dieser Entwicklungsabschnitt, der etwa dem 5. Embryonalmonat entspricht, weist also bereits eine „Stachelschicht" auf. Die Unterschiede in der Dicke der Epidermis werden von diesem Zeitpunkte an ganz besonders deutlich; sehr auffallend sind Verdickungen an den Stellen, wo später Organe epithelialer Abkunft sich ausbilden (Haare, Milchleiste). Die äußere Schicht (Hornschicht) besteht bis in den 7. Embryonalmonat noch aus zwei Lagen von Zellen, wenn man von den obersten in Vernix in caseosa umgewandelten Schichten absieht. Gleichlaufend mit dem Auftreten einer Körnerschicht zwischen Stachel- und Hornschicht bildet sich peripher im 8. Embryonalmonat eine festere Hornschicht aus. In den früheren Embryonalmonaten findet man eine Keratohyalinschicht nur in kleinen Bezirken an den Haaranlagen, an der Milchleiste und am Nagelbett, an der letztgenannten Stelle gelegentlich schon vom Ende des 3. Monats an.

2. Die Oberfläche der Haut.

a) Furchen.

Bildungsfurchen. Die Hautoberfläche ist beim Neugeborenen von zahlreichen Rinnen und Furchen durchzogen, wenn auch die ganze Oberflächemodellierung gröberer und feinerer Art viel weniger ausgeprägt ist als beim erwachsenen Menschen. Wenn wir mit CHARPY (1905) zwischen Bildungs- und Bewegungsfurchen unterscheiden wollen, so finden wir beim Neugeborenen von den ersteren selbstverständlich die Gesäßfurche, die Leisten- und Achselfurchen vor; ferner müssen wir zu den Bildungsfurchen die an der Innenfläche der Oberschenkel vorhandenen Ringfurchen zählen, welche die sog. Adduktorenfalten begrenzen, und ferner eine häufig bestehende, quere Leibesfurche in Höhe des Nabels. Wahrscheinlich besteht die Auffassung zu Recht, welche annimmt, die Adduktorenfurchen seien durch die intrauterinen Bewegungen der Oberschenkel entstanden. Es läßt sich jedoch feststellen, daß die Architektur der Bindegewebszüge in der Gegend dieser sog. Bildungsfurchen doch eine gewisse Selbständigkeit gegenüber den Nachbargebieten aufweist. Sehr ausgesprochen ist dies der Fall bei den meistens auch zu den Bildungsfurchen gerechneten Einziehungen der Oberfläche, die man als *Hautgrübchen* bezeichnet. Hier sieht man sehr deutlich, wie die Haut durch Bindegewebsarkaden, welche bis ins Periost einstrahlen, fest an die Unterlage angeheftet ist. Immerhin dürften die Adduktorenfalten nicht den Anspruch auf Selbständigkeit in dem Ausmaße erheben wie die Hautgrübchen, da sie ja im Gegensatz zu diesen im Laufe der ersten Kindheit schon zu verschwinden pflegen.

Bewegungsfurchen. Von den Bewegungsfurchen in der CHARPYschen Bezeichnung sind beim neugeborenen Kinde die Gelenkfurchen in mehr oder weniger starker Ausbildung vorhanden. Quere und schräge Falten in der Haut des Nackens hält NIKOLSKI (1924) auch für kongenital angelegt, obschon sie beim Neugeborenen äußerlich nicht in die Erscheinung treten, so stark sie manchmal bei älteren Erwachsenen ausgeprägt sind. Eigene Nachprüfungen ergeben bei Neugeborenen keine wesentlichen Merkmale einer besonderen Faserarchitektur in der Gegend der späteren Nackenfalten. Stark ausgebildet sind dagegen beim Neugeborenen die Furchensysteme an der Fußsohle und die sog. Beugungsfalten in der Hohlhand; die ersteren sind sogar unbestreitbar in größerer Reichhaltigkeit vorhanden als bei erwachsenen Menschen. Während man früher allgemein annahm, daß die Handfurchen und Fußsohlenfurchen ihre Entstehung dem Umstande verdankten, daß in den letzten Fetalmonaten die Hände und die Füße in Beugestellung gehalten werden, wiesen die Untersuchungen von FROHSE (1906) in eine andere Richtung, da er überzeugend nachweisen konnte, daß diese Furchen Insertionsstellen der letzten feinen Ausläufer der Aponeurosis palmaris bzw. plantaris sind.

b) Papillarlinien.

Anordnung. Beim Neugeborenen sind die Papillarlinien am Handtellern, Fingern, Fußsohlen und Zehen deutlich erkennbar, wenn auch wesentlich flacher ausgebildet, als es beim Erwachsenen der Fall ist. *Sie haben ihre charakteristische Anordnung* (VERVAEK 1908) *und behalten diese unverändert bis ins Alter.* Diese Tatsache ist mehrfach nachgeprüft und immer wieder bestätigt worden.

Breite. Die Breite der Papillarleisten beträgt an der Volarfläche der Finger nach HECHT (1924):

beim Neugeborenen	0,18—0,22 mm Crista + Sulcus
beim 10jährigen Kinde	0,3 —0,25 mm Crista + Sulcus
bei erwachsenen Männern	0,5 mm Crista + Sulcus
bei erwachsenen Frauen	0,4 —0,5 mm Crista + Sulcus

Die Abhängigkeit der Entwicklung von bestimmten Erbfaktoren und die Vererbung der Papillarlinien. Die Anordnung der Papillarlinien ist bei Zwillingen sehr ähnlich; eineiige Zwillinge zeigen eine weitgehende Symmetrie der Leistensysteme (A. F. HECHT 1924), doch sind feinere Unterschiede auch bei eineiigen Zwillingen beobachtet worden (Literatur s. GANTHER und ROMINGER 1924, HECHT 1924, LEVEN 1924, POLL 1914, WILDER 1908). Die Vererbungsverhältnisse der Papillarlinien sind noch nicht in dem erwünschten Maße erforscht. v. VERSCHUER referiert die Grundzüge dieser Frage nach Untersuchungen von BONNEVIE. Nach diesen beginnt die Faltenbildung an der Fingerkuppe beim Embryo von 2—3 Monaten. Man kann *drei Faltensysteme* unterscheiden: Eines beginnt an der Gliedfurche und breitet sich hier distalwärts aus; ein zweites schreitet vom Nagelwall volarwärts fort; ein drittes beginnt mit einem Zentrum an irgendeiner Stelle des Fingerballens. Die beiden ersten Faltensysteme bilden Bogenmuster; die Mitwirkung des dritten Faltensystems ergibt Schlingen- oder Wirbelmuster; nimmt das dritte Faltensystem von zwei verschiedenen Punkten der Fingerkuppe seinen Ausgang, dann entsteht ein bizentrisches Wirbelmuster. Von ausschlaggebender Bedeutung für die Zahl der Leisten, welche angelegt werden, ist die Dicke der Epidermis. Je dünner die embryonale Epidermis, desto größer ist die Wölbung der Fingerbeere und dadurch die Zahl der Hautleisten. Eine Herabsetzung der Leistenzahl erfolgt 1. durch eine allgemein dickere Epidermis, 2. durch lokale Verdickungen, sog. Epidermispolster. Im ersteren Falle wird die Leistenzahl an allen Fingern vermindert, im zweiten Falle meistens nur an einigen Fingern, welche von der Polsterbildung betroffen sind; nur in den seltenen Fällen der Polsterung sämtlicher Finger kann die Leistenzahl allgemein erniedrigt werden. Nach diesen Untersuchungen erfolgt die *Bestimmung des quantitativen Wertes durch drei unabhängig voneinander sich vererbende Gene:* Ein Gen V für allgemeine Epidermisdicke der embryonalen Fingerbeere, ein Gen R für Epidermispolster an der radialen Seite (Daumen, Zeigefinger und Mittelfinger) und ein Gen U für Epidermispolster an der ulnaren Seite (Ringfinger, kleiner Finger) der embryonalen Hand. Die Form der Papillarmuster ist von BONNEVIE als weiteres charakteristisches und auch erbbedingtes Merkmal bezeichnet worden, jedoch stellt v. VERSCHUER fest, daß die Erbuntersuchungen noch nicht so weit fortgeschritten seien, als daß dieses Merkmal schon weitere Anwendung finden könnte (Abstammungsprüfung). Zwillingsuntersuchungen an den Papillarlinien der Handfläche haben ergeben, daß die Papillarlinien der Handfläche erbbedingt sind, daß jedoch äußere Faktoren modifizierend wirksam werden (Literatur bei v. VERSCHUER).

3. Vernix caseosa.

Bei der Geburt ist das feinere Oberflächenrelief des Kindes durch die Vernix caseosa verdeckt, eine grauweiße bis graugelbliche Masse von fettiger, zäher Beschaffenheit, die in wechselnder Dicke Gesicht, Ohren, Achseln, Leistenfalten und Kreuzbeingegend bedeckt. Sie besteht aus den Umwandlungsprodukten der in den letzten Fetalmonaten abgestoßenen Zellen des Stratum corneum; nach der Definition von UNNA und GOLODETZ (1910) verweist ihr Ursprung und damit ihre chemische Zusammensetzung sie in die *Gruppe der Zellfette.* VON ZUMBUSCH (1910) wies in ihrer Trockensubstanz 47—75% ätherlösliche Fettstoffe nach; sie ist reich an Cholesterin, dagegen fehlen Isocholesterin und Oxycholesterin. Glykogen ist in der Vernix caseosa reichlich vorhanden;

Eleidin ist ebenfalls reichlich nachzuweisen, dagegen fehlt dessen Vorstufe, das Keratohyalin.

Tabelle 100.

Schmelzpunkt in °C	Konsistenz	Farbe	In %			Gesamtsäurezahl	Cholesteringehalt vor der Verseifung in % (freies Cholesterin)		Cholesteringehalt nach Verseifung in % (freies Cholesterin + Cholesterinester)		Cholesterin gebunden in Esterform	Verhältnis zwischen freiem Cholesterin und Cholesterinester	Oxycholesterin	Isocholesterin
			Neutralfett	Unverseifbares	Fettsäuren		im Neutralfett	bezogen auf das Gesamtfett	im Unverseifbaren	bezogen auf das Gesamtfett				
38—39	weich	weiß	92,6	36	60	188	8,44	7,82	45	16,2	8,38	0,93:1	0	0

4. Aktuelle Reaktion der Hautoberfläche.

Untersuchungen über die aktuelle Reaktion der Hautoberfläche beim Neugeborenen wurden in letzter Zeit von Taddei (1935) ausgeführt. Er fand durch Aufbringen der Indicatoren unmittelbar auf die Hautoberfläche, daß sich die Wasserstoffionenkonzentration bei Neugeborenen für gewöhnlich dem Neutralpunkt nähert (Mittelwert 6,7). Dieser Wert, der von der sauren Reaktion der Hautoberfläche des Erwachsenen sich stark unterscheidet, soll nach Taddei durch die besonderen anatomischen Bedingungen der Haut des Neugeborenen, vor allem durch die spärliche Ausbildung der Talgdrüsen, verursacht sein. Weitere Untersuchungen erscheinen in dieser Hinsicht erwünscht.

5. Färbung der Haut.

Erythema neonatorum. Nach Entfernung der Vernix caseosa erscheint die Haut des Neugeborenen in einem blaßcyanotischen Farbton, welcher normalerweise nach den ersten Atemzügen in ein kräftiges Rot übergeht; es bleibt jedoch an den Händen und Füßen noch für längere Zeit eine bläuliche Verfärbung der Haut bestehen. Noch nach Monaten tritt bei Abkühlung eine cyanotische Verfärbung an diesen Stellen zuerst und am stärksten ausgeprägt auf. Die Rötung der gesamten Körperhaut (Erythema neonatorum) ist konstitutionell verschieden stark ausgeprägt und hält je nach dem Reifezustande des Kindes einen bis mehrere Tage lang an; bei Frühgeborenen besteht eine auffallende Durchsichtigkeit der obersten Hautschichten, so daß manchmal zahlreiche kleinere Gefäßäste zu beobachten sind. Eine Abschilferung der Oberhaut beginnt beim normalen Neugeborenen wenige Tagen nach der Geburt; diese Ablösung der obersten Epidermisschichten geschieht für gewöhnlich „zellenweise"; eine lamellöse Ablösung von ganzen Verbänden des Stratum corneum geht über den Rahmen des Physiologischen hinaus. Die physiologische Abschilferung beginnt an den Fingerbeeren sowie längs der

Beugelinien an den Handflächen und Fußsohlen, so daß zu diesem Zeitpunkt die genannten Furchen besonders scharf hervortreten. Dieser Abschilferungsvorgang ist in erster Linie eine Trocknungserscheinung insofern, als die Oberhaut, welche vor der Geburt von einem flüssigen Medium von Körpertemperatur umgeben war, mit der Geburt einem plötzlichen „Milieuwechsel" ausgesetzt wird. Die gasförmige Umgebung, die mechanische Mehrbeanspruchung, das Temperaturgefälle zur Außenwelt hin, alles das sind im weitesten Sinne Reize, deren Beantwortung mit den oben beschriebenen Zustandsänderungen verknüpft ist: Das Erythem, als Ausdruck der Capillarerweiterung wahrscheinlich zum Teil dem Kälteerythem des Erwachsenen entsprechend, wahrscheinlich aber auch teilweise mechanisch bedingt; dann die Abstoßung der letzten Reste von Vernix caseosa und der lockeren Anteile der Hornschicht und in der Folge eine rasch zunehmende Verfestigung des Stratum corneum. Bei Frühgeburten pflegt, wie bereits bemerkt, das Erythema neonatorum länger anzudauern als bei vollausgetragenen Kindern; andererseits fehlt gelegentlich das Erythem bei Kindern, welche bei der Geburt eine besonders trockene und derbe Haut aufweisen. Nach von Jaschke (1927) handelt es sich bei diesen um leichteste Fälle vererbter Ichthyosis — eine Grenze gegen das Pathologische dürfte nicht leicht anzugeben sein. Schon bei Neugeborenen finden sich alle Übergänge von Individuen, die relativ ein „dickes Fell" haben, bis zu den Trägern einer zartesten Haut; die letzteren sind vielfach rothaarig, doch sind über die Verbindung der Erbträger noch weitere Untersuchungen wünschenswert.

6. Dicke der Epidermis.

Die individuellen Unterschiede in der Dicke der Epidermis an entsprechenden Körperstellen bei Kindern verschiedener Abstammung und gleichen Alters sind recht erheblich. Trotz des Mangels an genauen, eigens in dieser Richtung angestellter Untersuchungen, gewinnt man den Eindruck, daß rassenmäßige Eigentümlichkeiten der Haut bereits bei Neugeborenen zu finden sind.

Dicke von Epidermis (und Corium) beim Neugeborenen und Erwachsenen. Von den älteren Autoren gibt meines Wissens nur Unna zahlenmäßige Belege für die Dicke der einzelnen Hautschichten; nach seinen Angaben ist die Gesamtdicke der Oberhaut bei der Geburt 0,15—0,25 mm, die Dicke des Coriums 0,7—0,9 mm; über die zur Messung benutzten Hautstellen macht er leider keine Angaben. Bei Erwachsenen wird die Dicke der Epidermis bei Bardeleben (1897) wie folgt angegeben: An der Wange 0,09—0,12 mm bzw. 0,08—0,1 mm; an Unterschenkel, Oberarm, Unterarm und Nabelgegend 0,07—0,1—0,08 mm; an der Hohlhand 0,5—0,6 mm bzw. 0,55—0,65 mm; an der Beere des Zeigefingers 0,8—0,85 bzw. 0,83—0,9 mm. Die Dicke der Lederhaut bei Erwachsenen betrug an den meisten Körperstellen 1,7—2,0 mm; am Rücken, am Gesäß und an der Fußsohle bis 3,0 mm. Die Anzahl der Zellschichten in der Epidermis des Erwachsenen an den verschiedenen Körperstellen ist, wie sich aus Vergleichspräparaten unmittelbar ergibt, durchweg viel größer als an entsprechenden Stellen bei Neugeborenen. Die Entwicklung der Oberhaut in den verschiedenen Lebensaltern ist bisher nicht eingehend bearbeitet worden, obschon aus Gründen der Förderung unserer Kenntnis der pathogenetischen Grundlagen kindlicher Hauterkrankungen solche Untersuchungen wünschenswert sind.

Die Dicke der Hornschicht der Epidermis. Schon die Angaben über die Dicke der Epidermis in der ersten Lebenszeit lassen eine genaue Übereinstimmung vermissen. Nach KOROLEFF (1902) ist die Hornschicht bei der Geburt sehr dünn, wächst jedoch in den ersten Monaten ziemlich rasch. Diese Angabe ist trotz ihrer Unbestimmtheit insofern allgemein richtig, als eine Hornschicht in der festen zusammenhängenden Form und in dem dichten Aufbau, wie sie uns aus späteren Lebensaltern bekannt ist, bei Neugeborenen tatsächlich relativ dünn erscheint. An Material, das mit sorgfältiger Schonung der Oberfläche entnommen und in Formalin fixiert war, fand ich als Durchschnitt einer großen Anzahl von Messungen das Stratum corneum an der Beugeseite des Ober- und Unterarmes durchschnittlich 0,01—0,1 mm dick. An der Bauchhaut, etwa in der Höhe des Nabels, lagen die Werte zwischen 0,05 und 0,06 mm. Diese Angaben beziehen sich jedoch auf die wirklich fest zusammenhängende Schicht. Der Aufbau der Hornschicht ist aber locker, etwa ähnlich wie Blätterteig, wobei die tieferen Schichten wieder fest aufeinander gepackt erscheinen; in den ersten Lebenstagen enthalten sie in den meisten Fällen noch schwach färbbare Kerne. Man ist also berechtigt, gewissermaßen von einer *physiologischen Parakeratose in den ersten Lebenstagen* zu sprechen. Wegen der Bedeutung, die diesem Verhalten in bezug auf reaktive Besonderheiten beizumessen ist (Ekzembereitschaft), hat HOEPKE auf Veranlassung von MORO Untersuchungen angestellt, welche ergaben, daß das Stratum corneum der Rückenhaut des Neugeborenen 0,01 mm, das der Fußsohlenhaut 0,08—0,14 mm dick war; bei einem Säugling von 9 Monaten betrugen die Werte: Stratum corneum der Rückenhaut 0,01 mm, der Fußsohlen 0,2 mm. Da inzwischen von SCHALL und MIESCHER Zweifel geäußert wurden und sogar das *Stratum corneum des Neugeborenen* besonders dick sein sollte, haben wir mit dem zur Zeit besten Verfahren, dem Gefrierschneideverfahren mit tiefgekühltem Messer nach SCHULTZ-BRAUNS am frischen, unfixierten Material nochmals Nachprüfungen vorgenommen, mit dem Ergebnis, daß ohne Berücksichtigung der anhaftenden Reste von Vernix caseosa das Stratum corneum *am Gesäß und am Bauch 0,05—0,1 mm dick* ist. Wenn man jedoch die lockeren Schichten nicht in Betracht ziehen will unter dem Gesichtspunkte, daß es doch eigentlich Auflagerungen sind, die sich in kurzer Zeit abschilfern werden, dann reduziert sich das eigentliche Stratum corneum auf 0,01 bis 0,05 mm Dicke mit Ausnahme der Fußsohle und Handfläche. Diesen am unfixierten, ganz frischen Leichenmaterial gewonnenen Werten stehen die Angaben von SCHALL und MIESCHER aus allerjüngster Zeit entgegen, welche auf Messungen von Hautstücken beruhen, die dem lebenden Kind an der Brust entnommen wurden, jedoch in fixiertem Zustande zur Untersuchung kamen. Die genannten Autoren fanden in den ersten 10 Lebenstagen Werte, welche zwischen 0,007 und 0,04 mm schwanken. Bei Kindern von 1 Monat bis zu 23 Monaten schwanken die Werte zwischen der Spanne 0,005—0,015 mm. Schon die große Differenz der Werte, die doch an genau ortsgleichem Material gewonnen sind, zeigt, daß durch die Fixierung und den Transport doch wahrscheinlich das Untersuchungsmaterial von SCHALL und MIESCHER Veränderungen erlitten hat. Die Dicke der Hornschicht ist aber nach den verdienstvollen Untersuchungen von KELLER, von MIESCHER und anderen Autoren der wesentliche Faktor für die Strahlenabsorption in der Haut, so daß dieser Frage eine erhebliche praktische Bedeutung zukommt.

7. Ausbildung der einzelnen Epidermisschichten.

Die **Keimschicht der Epidermis** besteht an den meisten Körperstellen des Neugeborenen gewöhnlich nur aus drei bis vier Lagen von Zellen; in der tiefsten Schicht, dem Stratum cylindricum, liegen die benachbarten Zellen nicht immer so schön parallel nebeneinander aufgereiht, wie man es auf Schnitten von Erwachsenen sieht, sondern sie liegen vielfach mehr rundlich oder auch polygonal quer neben- und durcheinander.

Die sog. „Zähnelung" der Basalzellen ist sehr deutlich, so daß bei der manchmal unregelmäßig aufgeflachten Form und der eigenartigen Lagerung der Basalzellen die Grenze gegen die Bindesubstanz des Papillarkörpers nur bei Spezialfärbungen deutlich erkennbar wird.

Die **Stachelschicht** ist, wie bereits oben angedeutet, dünn, die Form der Zellen noch kugelig bzw. polygonal, die Kerne rund oder oval, relativ groß und chromatinarm. Das Protoplasma der Stachelschicht ist unregelmäßig fädig-wabig aufgebaut.

Die **Intercellularbrücken** fand ich an Material, das nicht der Fußsohle oder der Handfläche entnommen war, nur schwach darstellbar. An Handfläche und Fußsohle dagegen sind sie gut ausgebildet.

Die **Tonofibrillen** sind vorhanden und scheinen in die Zellbrücken unmittelbar überzugehen, jedoch sind sie nicht immer so reichlich darstellbar, wie in der Haut des Erwachsenen.

Die **Körnerschicht**, die an kleinen Bezirken bereits im 3. Embryonalmonat auftritt, wird erst im 8. Embryonalmonat allgemein nachweisbar; sie ist jedoch auch beim Neugeborenen noch lückenhaft an den meisten Körperstellen und besteht, wenn man von der Fußsohle und der Handfläche absieht, nur aus einer einzigen Lage von Zellen, die seitlich oft noch von Zellen ohne Keratohyalinkörner begrenzt sind; streng genommen müßte also diese Schicht eine etwa siebartige Form besitzen; dieser lückenhaften Ausbildung der Körnerschicht dürfte die Haut des Neugeborenen ihre verhältnismäßig große Durchsichtigkeit und damit ihre rosige Färbung verdanken. *Nach* UNNA *reflektieren die Keratohyalinkörner stark die Lichtstrahlen und erscheinen daher im auffallenden Lichte weiß*; vor Ausbildung der Körnerzellen ist die Haut des Embryos glasig durchscheinend. Die Keratohyalinschicht schiebt sich also wie eine Mattscheibe zwischen die transparente Hornschicht und die durchschimmernde Stachelschicht und tieferen Schichten. „*Ihr, der Körnerschicht, verdankt die weiße Rasse einzig und allein die weiße Färbung der Haut*" (UNNA). Am Nagelbett und Lippenrot, wo die Keratohyalinschicht fehlt, schimmert ja auch bei Erwachsenen das Blut durch die dicken Hornschichten. Beim Neugeborenen und beim jungen Säugling ist demnach die rosige Frische der Haut der makroskopische Ausdruck der besonders großen Transparenz infolge der gering ausgebildeten Keratohyalinschicht.

Ein **Stratum lucidum** ist nur an der Handfläche und Fußsohle deutlich ausgebildet.

II. Das Corium (die Lederhaut).

1. Embryonale Entwicklung.

Das Mesenchym erscheint in den frühen Embryonalstadien als eine weiche, mit runden Kernen durchsetzte, strukturarme Verbindungsschicht zwischen dem äußeren und dem mittleren Keimblatt. Es bildet ein Syncytium, in welchem durch weitere Differenzierung des Protoplasmas Fasern entstehen (präkollagene Fasern). Vom 3. Embryonalmonat an treten in zunehmendem Maße kollagene Bindegewebsbündel auf, die sich in ihrer Lagerung der Körperform anpassen. Elastische Fasern werden etwa vom Ende des 3. Monats an gefunden. Erst in der zweiten Hälfte des Embryonallebens verdicken und vermehren sich die kollagenen Fasern in den tieferen Schichten, so daß in den letzten Fetalmonaten das Corium zwei Lagen unterscheiden läßt: Die tiefere Tunica propria corii (Stratum reticulare), reich an gewelltem, kollagenen Bindegewebsbündeln, und das oberflächliche, faserarme und zellreiche Stratum subepitheliale, der sog. Papillarkörper.

2. Spaltrichtungen der Haut.

Ein guter makroskopischer Maßstab für die Lagerung der Fasern in der Haut ist der Nachweis der sog. Spaltrichtung. *Als Spaltrichtung bezeichnet man* seit LANGER (1861) *die Beobachtung, daß beim Einstich eines dicken, runden Stichels in die Haut die Wunde nach Entfernung des Instrumentes nicht rund ist, sondern eine längliche Spalte bildet, deren Längsrichtung mit der Richtung der geringeren Dehnbarkeit zusammenfällt.* LANGER nahm an, und diese Annahme hat sich später auch als im wesentlichen zutreffend erwiesen, daß die Spaltrichtungen bei Feten und jungen Kindern an gleichen Körperstellen nicht dieselben sind wie bei Erwachsenen. BURKHARDT (1903) und NUSSBAUM (1923) fanden in Übereinstimmung mit LANGERs Beobachtungen und in Ergänzung derselben, daß beim ganz jungen Embryo von etwa 8 cm Länge um den Rumpf herum quere Spaltrichtungen vorkommen; an den Gliedmaßen fanden sie, daß die Spalten in der Längsrichtung verlaufen. Mit fortschreitender Entwicklung tritt ganz vorübergehend eine Längsspaltbarkeit der Rumpfhaut ein, um dann später wieder in ein Querspaltsystem sich umzuwandeln; dies bleibt dann mit vielfachen örtlichen Modifikationen dauernd erhalten. LANGERs Annahme, daß *die Spaltrichtung der Haut ein Maßstab* sei *für den Verlauf der Bündel kollagener Fasern im Stratum reticulare corii (Tunica propria corii)*, hat sich durch Nachuntersuchungen (s. o.) bestätigen lassen. Die Abhängigkeit der Spaltrichtungen, d. h. demnach also auch der Anordnung der cutanen Fibrillenbündel, von der Muskeleinwirkung geht daraus hervor, daß die beim älteren Feten und Neugeborenen ringförmig den Arm umkreisenden Spaltrichtungen sich im Verlaufe der ersten Lebensjahre strecken; ebenfalls findet an der Hand und am Rücken im Laufe der ersten Jahre der Übergang vom „embryonalen" zum „erwachsenen" Typus der Spaltlinienanordnung statt; gröbere Veränderungen erfolgen dann bis ins Erwachsenenalter nicht mehr.

3. Dicke des Coriums.

Die Gesamtdicke des Coriums, die nach RAUBER-KOPSCH beim Erwachsenen 0,3—2,4 mm, nach UNNA 1,5—2 mm, nach HOEPKE 0,3 bis 4 mm beträgt, fand ich bei den Neugeborenen an den Armen und am Rücken durchweg 1,0—1,1 mm dick, am Bauch ungefähr 0,4—0,7 mm.

Die individuellen Schwankungen in der Entwicklung des Coriums sind recht beträchtlich; die Unterschiede betragen bis zu 100%. Andere Untersucher finden (ohne nähere Zahlenangaben) „an der kindlichen Haut das eigentliche Corium noch sehr dünn" — was sich nach dem Ausfall der messenden Untersuchungen nur bestätigen läßt.

4. Die Ausbildung der einzelnen Coriumschichten.

Die vom Mesenchym stammenden Teile der Haut sind beim Neugeborenen verhältnismäßig weniger differenziert als die unmittelbaren Abkömmlinge des Keimblattes. *Das Corium des Neugeborenen befindet sich in einem Übergangsstadium zwischen dem locker gebauten, kernreichen und faserarmen Mesenchym und der derben, aus Fasern dicht gewebten „Lederhaut" des Erwachsenen.*

Der Papillarkörper. Der an die Epidermis angrenzende Teil der Lederhaut (Pars papillaris cutis) ist beim Neugeborenen nicht entfernt so vollkommen und regionär gleichmäßig ausgebildet, wie das bei Erwachsenen der Fall ist. In der Embryonalzeit bilden sich im 4. Monat an der bis dahin glatten Grenzfläche zwischen Epidermis und Corium an Handfläche und Fußsohle zuerst wallartige Erhebungen der Epidermis, welche gegen das Corium gerichtet vorwachsen und dadurch in demselben rinnenartige Aussparungen erzeugen; vom 6. Monat an dringt die Epidermis auch auf den bis dahin stehengebliebenen Coriumleisten vor; durch diesen Vorgang wird das Oberflächenrelief des Coriums zu Papillen umgeformt, deren jede eine eigene Capillarschlinge besitzt. Da an den übrigen Körperstellen die Papillenbildung erst gegen Ende des Fetallebens stattfindet, und zwar in bezug auf Ausdehnung und Entwicklungsgeschwindigkeit sehr ungleichmäßig, so findet man *bei Neugeborenen* den *Papillarkörper längst nicht an allen Körperstellen fertig ausgebildet.* Handfläche und Fußsohle machen eine Ausnahme. Man studiert diese Verhältnisse am besten an Macerationspräparaten, welche das Ineinanderfalzen der beiden Schichten deutlich erkennen lassen. Der Papillarkörper selbst und das angrenzende periphere Corium ist zur Zeit der Geburt noch reich an Zellen und an den meisten Stellen so arm an Fasern, daß UNNA geradezu von „jungem Granulationsgewebe" spricht; der Eindruck eines solchen wird zunächst erweckt durch die wenigen dünnen, kollagenen Fasern und den Reichtum an amöboiden Wanderzellen und Mastzellen.

Eine meßbare Höhe der Papillen am Stamm anzugeben, ist infolge der geringen Ausbildung unmöglich; an den Armen ergaben meine Messungen *bei reifen Neugeborenen* als Durchschnittswert die *Papillenhöhe 0,02 mm, an der Volarfläche der Finger 0,09—012 mm.* (Bei Erwachsenen werden an Handfläche und Fußsohle Papillenhöhen von 0,05 bis 0,5 mm angegeben.)

Die **elastischen Fasern** sind *beim Neugeborenen* im Bereiche der Papillen schwach ausgebildet; in den tieferen Schichten des Coriums sind sie zwar zahlenmäßig reichlicher vertreten, jedoch *weniger zahlreich als beim Erwachsenen und weisen auch ein wesentlich geringeres Kaliber auf.* Der Befund feinster elastischer Fäserchen an den Papillen des Neugeborenen ist zudem noch nicht einmal gleichmäßig an verschiedenen Hautstellen desselben Kindes.

Geknäueltes elastisches Gewebe, eine Sonderform in der Haut der Wange, der Stirn und der Schläfe, erstmalig 1913 von SCHIEFFERDECKER beschrieben, läßt sich andeutungsweise auch bereits bei Neugeborenen finden; an diesen Stellen konnte ich mehrfach in Serienschnitten beobachten, daß elastische Fasern der Coriumschicht peripherwärts in dünne, bandartige Gebilde auslaufen, so als ob Draht am freien Ende flach gehämmert sei; diese Bandausläufer durchflechten und verschränken sich in mannigfaltiger Form und rechtfertigen sehr wohl die Bezeichnung „geknäuelt".

Die **kollagenen Fasern** sind in den tieferen Coriumschichten weit dicker und massiger als die feinen kollagenen Fäserchen in der Nähe des Papillarkörpers, aber durchweg noch wesentlich dünner, als sie an entsprechenden Stellen bei erwachsenen Personen gefunden werden.

Zahlreiche **Gitterfasern** sind in den tieferen Schichten zwischen diesem sich vielfach durchkreuzenden Gewirr kollagener Fasern nachweisbar; in mannigfacher Verbreitung scheinbar regellos geschichtet, steigen sie auch in die Papillen auf. Auch die Schweißdrüsenknäuel sind von einzelnen, wenn auch dünnen und spärlichen Gitterfasern umsponnen (Methode: BIELSCHOWSKY-MARESCH oder DEL RIO HORTEGA, Modif. 16a).

„Basale Verfilzungszone“. Bei Schnitten der volaren Fingerfläche von Neugeborenen (Silberimprägnation nach BIELSCHOWSKY-MARESCH) fand ich an der Grenze zwischen Epidermis und Papillarkörper häufig einen dichten Saum kurzer paralleler Fasern, welche Silber angenommen hatten; sie sind dicker als die Gitterfasern in den tiefen Cutisschichten. Ob man dieselben als echte Gitterfasern anzusprechen berechtigt ist, möchte ich bezweifeln, besonders im Hinblick auf die Feststellung von S. ALFEJEW (1926), daß „präkollagene, silberfärbbare Fasern beim Embryo dort entstehen, wo verschiedenartige Kolloide aneinandergrenzen“. Vermutlich handelt es sich um Fasern der obersten Coriumschicht, die sich in Schrägschnitten ähnlich darstellen wie die Wurzelfüßchen gewisser Kletterpflanzen. Die von E. HOFFMANN angegebene Kombination der BIELSCHOWSKY- und VAN GIESON-Färbung läßt in den tiefen Coriumschichten gelegentlich den Zusammenhang von Gitterfasern und kollagenen Fasern klar erkennen (E. HOFFMANN 1924, HOMMA 1922, KLÖVEKORN 1926, ZURHELLE 1922).

5. Die Elastizitätsverhältnisse der Haut und der Hautturgor.

Diese sind bei Säuglingen und Kleinkindern dem Kinderarzt wichtige klinische Merkzeichen; zu bemerken ist, daß der prüfbare Hautturgor sich nicht streng mit dem physikalischen Elastizitätsbegriff deckt; das ist erklärlich aus dem verwickelten Aufbau der Haut.

Werte bei gesunden und kranken Kindern. Der klinisch interessierende Hautturgor ist in den letzten Jahren mehrfach mit neuer Methodik studiert worden. PAFFRATH und RIECKE benutzten als Turgormesser einen selbstkonstruierten Apparat, mit welchem die Retraktionsfähigkeit einer Hautfalte von bekannter Größe gegen einen Federdruck gemessen wird. Die Prüfung von gesunden Säuglingen ergab, daß bei ein und demselben Kinde der Hautturgor auch an verschiedenen Tagen eine überraschende Gleichmäßigkeit aufweist. Die Turgorwerte sind unabhängig von der Dicke des Fettpolsters. Die Durchschnittswerte des Turgors liegen im zweiten Lebenshalbjahr etwas höher als im ersten. RIECKEs Messungen bei 50 Säuglingen, welche an akuten oder chronischen Ernährungsstörungen litten, ergaben, wie zu erwarten, niedrigste Turgorwerte bei Intoxikation; herabgesetzt war der Turgor bei Dyspeptikern, Ruhrkranken und Dystrophikern. Wertvoll ist die Erfahrung, daß die Messung Turgorveränderungen aufdeckt, wo die manuelle Prüfung keine fand; Gewichtskurve und Turgor verliefen insofern nicht parallel, als eine Besserung des Turgors dem Gewichtsanstieg häufig voranging. Bei 10 Erkrankungen an Dyspepsie sank der Turgor erst ab, nachdem bereits ein bis mehrere Tage dünne Stuhlentleerungen bestanden, — eine Bestätigung klinischer Erfahrung.

„Widerstand" und „Retraktionskraft". JOCHIMS' ausgedehnte Untersuchungen des Hautturgors sind vielseitig und durch ihre analysierende Kritik besonders aufschlußreich. Mit einem neu konstruierten Hautwiderstandsmesser mißt er die Dicke der Haut und prüft die Kraft, welche notwendig ist, um eine Hautfalte maximal zusammenzudrücken, ferner die Retraktionskraft dieser Hautfalte. Bei gesunden Säuglingen war die zur Erzeugung der Hautfalte erforderliche Kraft rund doppelt so groß wie die Retraktionskraft. Bei Dystrophie sind beide Werte erniedrigt, *bei der Intoxikation ist der Hautwiderstand groß, die Retraktionskraft jedoch vermindert.* JOCHIMS schließt aus der kritischen Analyse seiner *Messungen*, daß *die Retraktion ein Maß* darstellt *für die elastischen Kräfte, wohingegen beim Widerstand gegen das Zusammendrücken die Reibungswiderstände des kolloidalen Systems mitwirken.* Untersuchungen von JOCHIMS und HANSEN bei Exsikkation und Intoxikation ergaben, daß die Hautturgorveränderungen bei der alimentären Intoxikation nicht ausschließlich eine Folge der Exsikkation sind. Mit der von KÜLBS angegebenen Druckdellenmethode stellte JOCHIMS fest, daß der relativ hohe Hautturgor des Säuglings bis zum Schulalter einem niedrigeren, konstanten Wert zustrebt. Stark erniedrigte Turgorwerte fand er bei Mehlnährschäden und Intoxikation. Auffallend ist die Tatsache, daß festfleischige und pastöse Kinder keine wesentliche Turgordifferenz zeigen; auch Dystrophiker weisen keinen niedrigeren Turgor auf. Im Hinblick auf die teils anderen Ergebnisse von PAFFRATH und RIECKE erscheinen weitere Untersuchungen erwünscht.

III. Das subcutane Fettgewebe.

1. Morphologisches.

a) Die Dicke des Fettpolsters.

Das subcutane Fettgewebe bei Neugeborenen ist in den letzten Jahrzehnten mehrfach Gegenstand eingehender Untersuchungen gewesen. Die Studien geben ein Beispiel dafür, wie sehr ein klinisches Bedürfnis nach Klärung funktioneller und anatomischer Grundlagen die Forschung auf einem kleinen Teilgebiet anregen kann, und andererseits, wie neue anatomische Erkenntnisse das Verständnis für das funktionelle Verhalten eines Organsystems zu fördern im Stande sind. Während man sich früher auf Grund der spärlich vorliegenden Untersuchungen mit der Darstellung der Tatsache zufrieden gab: „Das Unterhautzellgewebe ist gut ausgebildet; die Fettzellen jedoch sind kleiner als beim Erwachsenen und enthalten Kerne; mit zunehmendem Alter des Kindes vergrößern sich die Dimensionen der Zellen, während die Kerne allmählich verschwinden; das Gefäßsystem der Fettgewebsschicht ist stark entwickelt" (GUNDOBIN 1921), oder UNNA feststellte, daß *bei der Geburt „der Panniculus von einer Dicke* ist, *daß er, bei Reduktion auf* gleiche Körperoberfläche oder *gleiches Gewicht*, etwa *das fünffache des Fettpolsters eines fettleibigen Erwachsenen besitzt*", so ließen klinische Momente die Frage auftauchen, ob tatsächlich anatomisch faßbare Tatsachen die mehr vermutete, als beobachtete Eigenart des Subcutangewebes bei Neugeborenen morphologisch untermauern können. Denn die Behauptung der guten Entwicklung des Fettgewebes bei Neugeborenen ist in dieser allgemeinen Fassung sicherlich nur insofern berechtigt, als es sich nur um das Dickenverhältnis handelt. Diese Mächtigkeit des Panniculus adiposus entspricht nämlich nicht einer Struktur, die derjenigen des Erwachsenen ohne weiteres gleichzustellen ist.

b) Eigentümlichkeiten der Entwicklung und des Baues.

Fettbildung aus Primitivorganen bei Neugeborenen noch nicht abgeschlossen. So konnte ich schon 1921 nachweisen, daß bei einzelnen Neugeborenen und Säuglingen das Fettgewebe stellenweise einen vollkommen embryonalen Habitus zeigt, und damals bei normalen Neugeborenen vorweisen, daß manchmal in deren lockerem, subcutanem Gewebe von vorwiegend zelligem Charakter „junges Fettgewebe, das sich sehr markant darstellt, in festen, rundlichen, scharf begrenzten Klümpchen eingelagert ist"; auf den Zusammenhang zwischen Ausbildung dieser Fettinseln und die Anordnung der Blutgefäßverzweigungen wurde ausdrücklich hingewiesen. Im folgenden Jahre ließen sich diese Befunde dahin erweitern, daß sich bei einzelnen Neugeborenen ausgesprochen junge embryonale Fettzellen in rundlichen Inseln vorfinden, welche kaum kleinste Tröpfchen von Fett enthalten, während sich bei gleichalterigen anderen Individuen ein wohlausgebildetes und weiter ausdifferenziertes Fettgewebe findet, das aus großen, prall gefüllten Fettdepots besteht, ähnlich, wie wir es beim Erwachsenen zu sehen gewohnt sind. Ich glaube diesen recht konstanten Befund im Sinne von B. SALGEs Annahme einer individuell verschiedenen Entwicklungsgeschwindigkeit deuten zu dürfen. Wenn WEISS 1932 feststellt, daß die Fettorgane der Sohlenhaut in ihrer Entwicklung am wenigsten fortgeschritten sind, und weiterhin, daß die Entwicklung des Fettgewebes bei der Geburt noch lange nicht abgeschlossen ist, so bringt er damit keine neuen Tatsachen.

Primitivorgane des Fettgewebes und Gefäße. Blutbildungsherde. Bei den meisten Neugeborenen findet sich dort, wo an der Grenze der Tunica propria corii Gefäßästchen an die Schweißdrüsenknäuel herantreten, typisches embryonales Fettgewebe. Auch in der Färbung mit den verschiedenen Reagenzien auf die einzelnen Fettkomponenten und im Verhalten gegenüber dem polarisierten Licht haben diese Fetttropfen ein ganz charakteristisches Verhalten. Inzwischen haben die ausgedehnten Untersuchungen WASSERMANNs einwandfrei die *Bildung der Primitivorgane des Fettes aus mesenchymalen Zellen der Wand präcapillärer Gefäße* klargestellt. Überzeugend leitet er auch den engen Zusammenhang zwischen blutbildender und fettspeichernder Funktion dieser reticuloendothelialen Primitivorgane ab, so daß die gelegentlichen Befunde von Blutbildungsherden im Subcutangewebe bei Neugeborenen, ähnlich wie solche auch an zahlreichen anderen Körperstellen (Brustdrüse, Prostata usw.) gefunden werden, eine überzeugend einfache Erklärung finden. Auf Grund ausgedehnter eigener Untersuchungen, die aus klinischen Fragestellungen heraus angestellt wurden, kann ich die Ausführungen WASSERMANNs nur bestätigen. *Das Fettgewebe ist bei Neugeborenen* noch keineswegs überall fertig, d. h. dem Erwachsenentypus entsprechend differenziert; es ist vielmehr *in einem sozusagen hochlabilen Zustande, der Ausschläge nach der Seite der Blutzellenneubildung wie nach der Seite der Fettspeicherung gleicherweise zuläßt.* So findet man bei Neugeborenen noch in erheblichem Ausmaße eine Neubildung von Fettgewebe bzw. von Primitivorganen aus mesenchymalen Gefäßwandzellen in der Nähe der Gefäße selbst, in den Gefäßsprossen der Haarpapillen und der Schweißdrüsenknäuel. Die Ergebnisse der neueren Untersuchungen über die Entwicklung des Fettgewebes beim Menschen und bei Säugetieren, über die Vorgänge der Speicherung und Entspeicherung der Fettorgane bei Säugetieren (WASSERMANN) und bei Krankheitszuständen menschlicher Säuglinge (BECKER) wurden durch die gleichartigen Studien von M. CLARA an Vogelembryonen in vollem Umfange bestätigt. Auch NÜRNBERGERs Studien bestätigten die Auffassung der vorgenannten Untersucher. Das Fettorgan ist, gespeichert oder entspeichert, ein reticuloendotheliales Organ, das in seiner Histogenese und in seinem funktionellen Verhalten etwa eine Parallele zum Knochenmark darstellt; in beiden Geweben konkurrieren die Funktionszustände der Blutbildung und der Fettspeicherung miteinander und können unter gegebenen Umständen sich gegenseitig mehrfach ablösen. Die Neubildung von Fettorganen aus den Mesenchymreserven der Adventia, die prinzipielle Gleichartigkeit von braunem und von weißem Fett sind Ergebnisse histologischer Arbeit, deren klinische Auswertung noch kaum begonnen hat.

Speicherung und Entspeicherung der Fettorgane. Die Leichtigkeit, mit der WASSERMANN die Fettorgane seiner Versuchstiere zur Abgabe ihres Speicherungsmaterials veranlassen konnte, und die Tatsache, daß bei seinen hungernden Versuchsmäusen durch reichliche Nahrungszufuhr innerhalb von einigen Stunden bereits die Wiederspeicherung gelang, ist in ihrer klinischen Bedeutung nicht zu unterschätzen. Angesichts dieser

Tatsachen gewinnen die Begriffe Dystrophie und Atrophie wesentlich an Vorstellungsinhalt; man muß sich dessen bewußt sein, daß selbst bei hochgradiger Abmagerung das Fettorgan nicht etwa notwendig in jedem Falle zugrunde geht, sondern unter Umständen nur maximal entspeichert werden kann, vielleicht bei dem einen oder anderen Zustandsbilde nur wenig in seiner Struktur beeinträchtigt, so daß wohl noch eine gewebliche Reparationsfähigkeit besteht, solange das Primitivorgan als solches intakt bleibt. Die Untersuchungen der Fettorgane an ernährungsgestörten Säuglingen (BECKER 1930) und ebensolche, anscheinend ohne Kenntnis der ersteren von WEISS (1932) vorgenommen, sind die ersten Anfänge mit anatomischen Mitteln dem klinischen Geschehen nachzuspüren.

Weißes und braunes Fett. Das Aussehen des Fettgewebes bei Neugeborenen ist etwa grauweiß, die Konsistenz ziemlich fest und derb an solchen Stellen, wo größere zusammenhängende Lager von Fettgewebe vorhanden sind. In der Umgebung größerer Gefäße dagegen, wo sich kleinere Fettklümpchen finden, die durch ihre traubenförmige bzw. fischrogenähnliche Form sofort auffallen und die bei der histologischen Prüfung sich als junge Primitivorgane erweisen, hat das Aussehen dazu geführt, diesen Fettklümpchen die Sonderbezeichnung „braunes Fett" beizulegen. Hauptsächlich findet es sich in der Gegend der großen Halsschlagader und in der Schlüsselbeingrube. Auf der Schnittfläche treten beim weißen Fett keine Fetttropfen aus; der Schmelzpunkt liegt zwischen +43° und +47° C.

2. Chemisches.

Chemische Zusammensetzung. Das Körperfett ist ein Gemisch von Triglyceriden der Öl-Palmitin-Stearinsäure; Triolein ist bei Zimmertemperatur flüssig, Tripalmitin und Tristearin sind feste Stoffe mit dem Schmelzpunkt +45° bzw. +63° C.

Tabelle 101.

Alter	Zahl der Fälle	Kleinste Jodzahl	Größte Jodzahl	Mittelwert
Neugeborene	12	38,8	49,2	43,36
1 Monat	7	38,1	48,7	42,5
2 Monate	6	38,45	51,4	46,9
3 Monate	2	41,5	53,9	47,5
4 Monate	8	41,5	58,9	53,2
5 Monate	3	42,3	47,8	45,5
6 Monate	4	47,0	51,47	49,9
7—8 Monate	4	46,1	52,9	48,9
9 Monate	2	51,7	57,8	54,75
10—11 Monate	2	55,5	61,1	58,55
12 Monate	2	61,0	63,7	62,35

Die sog. Jodzahl ist hauptsächlich ein Maß für den Gehalt eines Fettes an ungesättigten Fettsäuren, in erster Linie an Ölsäure bzw. Olein. Es sei deshalb eine Tabelle der Jodzahlen des Subcutanfettes aus einer Untersuchungsreihe von SIEGERT (1902) mitgeteilt (Tabelle 101).

Die Zahlen entstammen der Arbeit von SIEGERT (1902) und beziehen sich auf Unterhautfettgewebe.

LANGER (1881) fand, daß beim jungen Kinde 100 Teile unlöslicher Fettsäuren bestehen aus: 68% Oleinsäure, 29% Palmitinsäure, 3% Stearinsäure (abgerundet). Demgegenüber ergab das weiche, dunkelgelbe Subcutanfett der Erwachsenen folgende Daten: 90% Olein-, 8% Palmitin-, 2% Stearinsäure. Die bestätigenden Ergebnisse der Untersuchungen von KNÖPFELMACHER (1897) fanden als Schmelzpunkt des Fettes von Neugeborenen 43° C, als Erstarrungspunkt 38°. Beim 1jährigen Kinde ist das Fett bei Zimmertemperatur flüssig (ähnlich dem Erwachsener). Die Zusammensetzung des Fettes ist abhängig von der Körperregion und dem Ernährungszustand. *Aus diesen Befunden* wie aus Untersuchungen von RAUDWITZ (1888), SIEGERT und JAECKLE (1902) *ergibt sich, daß das Fett des Neugeborenen weniger Ölsäure enthält als das des Erwachsenen und deshalb eine festere Konsistenz und einen höheren Schmelzpunkt aufweist.* Vgl. auch die nebenstehende Abb. 13.

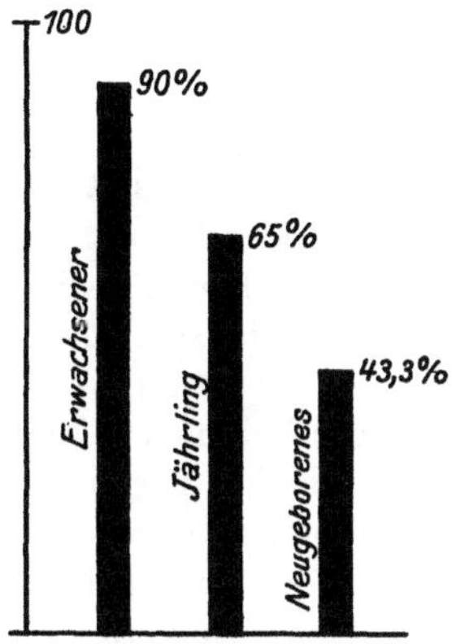

Abb. 13. Ölsäuregehalt des Körperfettes in den verschiedenen Altersstufen.

Zusammensetzung und Umgebungstemperatur. In neuerer Zeit macht C. EGG auf Verhältnisse aufmerksam, die eine überraschende Wahrscheinlichkeitserklärung für die Eigentümlichkeiten der chemischen Zusammensetzung des kindlichen Fettes bringen, und zwar wird auf die Bedeutung hingewiesen, welche der Temperatur für den Ablauf einer chemischen Umsetzung zukommt (R.-G.-T.-Regel). Nachdem bereits von LEATHES und RAPER die Theorie aufgestellt war, daß der Sättigungscharakter der Fettsäuren von der Temperatur des betreffenden Organismus beeinflußt wird, haben experimentelle Untersuchungen von TERROINE, BONNET, KOPP und VÉCHOT 1927 den Beweis geliefert, daß Homoiotherme, Poikilotherme und auch Pflanzen bei höherer Temperatur Fette mit viel kleinerer Jodzahl und also höherem Schmelzpunkt enthalten als bei niedriger Temperatur.

Abhängigkeit der Zusammensetzung vom Nahrungsfett. Die Abhängigkeit des Körperfettes in seiner chemischen Zusammensetzung vom Nahrungsfett darf auf Grund älterer Versuche für erwiesen gelten; bestätigt wurde dieser Zusammenhang durch Untersuchungen von PH. BAMBERGER (1927), der einwandfrei nachweisen konnte, daß dort, wo höhere Mengen flüchtiger, wasserunlöslicher Fettsäuren verfüttert wurden, gleichgültig, ob diese Verfütterung zusammen mit viel Eiweiß oder viel Kohlehydraten erfolgte, gleichgültig auch, unter welchen Umweltbedingungen die Tiere aufwuchsen, sowohl die Depot- wie die Zellfette aller Organsysteme ausnahmslos höhere Werte an flüchtigen, wasserunlöslichen Fettsäuren aufwiesen als in den Geweben solcher Tiere, deren Nahrungsfett kleinere Mengen derselben enthalten hatte.

IV. Das Pigment der Haut.

1. Epidermispigment.

Wann erstes Auftreten? Die in älteren Werken durchweg zu findende Angabe, daß bei der Geburt normalerweise kein Pigment in der Haut vorhanden sei, hat durch neuere Arbeiten eine wesentliche Korrektur erfahren. Zwar bildet sich *auch bei dunkelpigmetierten Menschenrassen die Verfärbung im wesentlichen erst nach der Geburt* aus. Die Negerkinder kommen relativ hellhäutig zur Welt; die Dunkelfärbung beginnt etwa nach 3 Tagen an Brustwurze und Nagelrändern sichtbar zu werden und breitet sich in wenigen Tagen über den ganzen Körper aus. Es ist jedoch auch bei manchen Embryonen (mit verfeinerter histologischer Technik) Epidermispigment nachgewiesen worden, z. B. von BLOCH; häufig konnte jedoch auch kein Pigment aufgefunden werden, und bei der weißen Rasse ist selbst bei Neugeborenen zum Teil noch kein Pigment nachweisbar. GONELLA konnte in der Basalzellenschicht bei Feten und totgeborenen, ausgetragenen Kindern weder mit Silber noch mit der Dopareaktion Pigment oder dessen Vorstufe nachweisen; der Nachweis gelang jedoch bei Frühgeborenen, welche nur 12 Stunden gelebt hatten. ADACHI fand von 7 untersuchten Fällen (Neugeborene) bei dreien kein Pigment, bei vieren Spuren von solchem im Nacken, in der Lendengegend oder an den Schamlippen; bei Kindern, die 2 oder 3 Tage gelebt hatten, war Pigment in kleinen Mengen nachzuweisen. Nach BLOCHs Angaben ist das Epidermispigment erst nach der Geburt konstant zu finden. *Zusammenfassend lassen die bisherigen Untersuchungsergebnisse darauf schließen, daß für gewöhnlich erst nach der Geburt echtes Pigment in den Basalzellen der Epidermis auftritt.*

2. Coriumpigment.

Mongolenzellen und Mongolenfleck. Chromatophore Zellen im Corium sind von ADACHI in ganz geringen Mengen bei Neugeborenen gefunden worden. Nach BAHRAWY (1922) finden sich stets bei Neugeborenen und älteren Feten Pigmentzellen im Corium. Cutane Melanoblasten („Mongolenzellen" nach BLOCH) in den tieferen Coriumschichten, die als atavistische Reste einer cutanen Pigmentierung bei Feten mongolischer

Rasse vom 5. Monat an konstant vorhanden sein sollen, finden sich bei europäischen Neugeborenen in makroskopisch sichtbarer Form nur in Ausnahmefällen, doch ist das Vorhandensein von dopafärbbaren Mongolenzellen nach Bloch auch bei diesen eine normale Erscheinung. Zarfl betont (1926), daß die von ihm beobachteten Fälle ihm Anlaß geben, an seiner Auffassung festzuhalten, daß *der sog. Mongolenfleck im allgemeinen als atavistische Erscheinung zu deuten* ist, deren Auftreten vor allem durch Rassenmischung gefördert wird.

Linea fusca. Von besonderen Pigmentierungen lokaler Art hat die in der Mittellinie der Bauchhaut bei Säuglingen häufig auftretende schmale Pigmentierung zu besonderen Untersuchungen Anlaß gegeben. Nach Epstein tritt sie im Alter von 3—6 Wochen auf, ausnahmsweise auch schon in der 2. oder aber in der 8. Lebenswoche. Auch der Nabel wird von der Pigmentation befallen; dieser Pigmentstreifen blieb gewöhnlich 2—3 Monate bestehen und verschwand dann wieder. Die Auffassung, diese Pigmentierung als Reaktion auf mütterliche Hormone zu beziehen, ist mit guten Gründen von verschiedenen Seiten abgelehnt worden. So konnten schon 1924 Thomas und Delhougne darauf hinweisen, daß der über der Linia alba liegende, ab und zu schon beim Säugling auftretende Pigmentstreifen grade später in größerer Häufigkeit vorkommt.

V. Hautgefäße.

1. Entwicklung des Hautgefäßsystems.

Der besondere Kenner des Gefäßsystems, W. Spalteholz, hebt ausdrücklich hervor, daß bei Neugeborenen die Hautarterien in Zahl und Anordnung genau denen des Erwachsenen entsprechen.

Das subpapilläre Arteriennetz ist vorhanden; an allen Stellen anastomosieren die Hautarterien sehr weitgehend; das cutane Netz ist ebenfalls vorhanden, wenn es auch den veränderten Bedingungen und anderer Belastung entsprechend, an einigen Stellen weniger differenziert als beim Erwachsenen vorgefunden wird. In den Endgliedern der Finger, besonders unter dem Nagelbett, sind von Hoyer bei Kindern arteriovenöse Anastomosen aufgefunden worden. Eine Notiz von Unna weist darauf hin, daß die bei Neugeborenen noch schräg aufsteigenden, unregelmäßig verteilten Gefäße im späteren Leben erst mit der Vermehrung der fibrillären Elemente der Cutis und der weiteren Entwicklung der Schweißdrüsen ihre endgültige horizontale Verteilung erhalten; wir sehen also eine Verschiebung der Gefäße in Abhängigkeit vom Wachstum der Cutis, eine Erscheinung, die uns bei der Entwicklung der Schweißdrüsen in ganz gleicher Weise wieder begegnet.

2. Die Entwicklung der Hautcapillaren (am Lebenden beobachtet) und ihre Reifungsstadien.

Die Untersuchung der *Hautcapillaren* am Lebenden hat den Nachweis erbracht, daß nach der Geburt an denselben stärkere Veränderungen vor sich gehen. „Bei gesunden Neugeborenen ist der Limbus meist völlig gefäßlos als schmaler weißer Streifen sichtbar. Die Endschlingen der Capillaren sind fast ausnahmslos schon wohlausgebildet und zeigen meist eine deutliche Differenzierung des arteriellen und des venösen Schenkels bei ziemlich regelmäßiger Anordnung, doch ragen sie höchstens als Köpfchen oder kurze, mehr oder weniger gewundene, durchweg gut

Abb. 14. Capillarbild im 1. Lebensmonat

Abb. 15. Capillarbild im 3. Lebensmonat

Abb. 16. Capillarbild im 11. Lebensmonat

unter Benutzung einer Tafel von S. Roi.

differenzierte Schleifchen in den Limbus hinein. Die Durchschnittslänge der horizontalen Endschleifchen beträgt 0,03—0,5 mm" (Holland und Meyer, 1919). Frühestens in der 3. Woche, gewöhnlich aber erst am Ende des 3. Monats soll nach den genannten Untersuchungen die Anordnung dieselbe sein wie beim Erwachsenen. Entgegen diesen Beschreibungen fand Roi mit dem Hautmikroskop den Bau der Gefäßschlingen am Nagelwall beim neugeborenen Kinde noch kaum entwickelt; gut sichtbar waren die Capillarschlingen erst gegen Ende des 1. Lebensmonats. In den nächsten Monaten geht dann die Entwicklung der Hautcapillaren rasch vorwärts, wobei die anfangs etwas quer verlaufenden Schlingen nach und nach sich in longitudinale Richtung einstellen und dann damit die bekannte Haarnadelform erhalten; noch bis zum Ende des 1. Lebensjahres macht diese Entwicklung weitere Fortschritte. Die Untersuchungen von Roi, dessen nachstehende Abb. 14—16 weit besser als alle Beschreibungen den Entwicklungsvorgang erläutern, sind späterhin oftmals im grundsätzlichen bestätigt worden. Nach Salvioli (1936) sind die Capillarschlingen bei der Geburt in verschiedener Form typisch angelegt; er unterscheidet im wesentlichen kurze und lange. Schwalm (1934) untersuchte bei Neugeborenen capillarmikroskopisch die Haut über dem Sternum. Er unterscheidet vier verschiedene Typen des Capillarbildes, trennbar durch die Anordnung der Capillarschlingen sowie durch die deutliche Sichtbarkeit des subpapillären Plexus. Seine Mikrophotogramme stimmen in großen Zügen überein mit den Tafeln von Roi. Die Zuordnung der Capillarbildstufen zum Lebensalter zeigt die Tabelle 102 von Schwalm.

Tabelle 102 von H. SCHWALM [Arch. Kinderheilk. **103**, 132 (1934)].

Alter	Zahl der untersuchten Kinder	Capillarbild der Stufe						
		I	I—II	II	II—III	III	III—IV	IV
1 Tag	12	6	3	3	—	—	—	—
2 Tage	21	2	3	11	2	3	—	—
3 „	10	—	3	5	1	1	—	—
4 „	10	1	1	2	1	4	—	—
5 „	10	—	1	4	4	1	—	—
6 „	7	—	1	2	1	3	—	—
7 „	4	—	1	2	—	1	—	—
8 „	4	—	1	2	1	—	—	—
9 „	4	1	—	2	—	1	—	—
10 „	2	—	—	—	1	1	—	—
14 „	2	—	—	—	1	—	1	—
15 „	1	—	—	—	—	—	1	—
18 „	1	—	—	—	1	—	—	—
20 „	3	—	1	2	—	—	—	—
22 „	1	—	—	1	—	—	—	—
4 Wochen . . .	1	—	1	—	—	—	—	—
5—6 Wochen .	3	—	—	—	1	—	1	1
7—8 Wochen .	3	—	—	—	—	1	1	1
10 Wochen . . .	2	—	—	—	—	—	—	2
3 Monate . . .	1	—	—	—	—	—	—	1
8 Monate . . .	1	—	—	—	—	—	—	1

I bis IV = fortschreitende Entwicklungsstufen.

3. Der Capillardruck.

Bestimmungen des Capillardrucks verdanken wir ebenfalls ROI. Während des ganzen Säuglingsalters ist der Capillardruck ziemlich gleichmäßig und beträgt maximal 90, minimal 28 mm H_2O, das sind 6,6 bzw. 2,1 mm Hg. In demselben Zeitabschnitt steigt der arterielle Druck aber wesentlich an, vgl. die nachstehende Tabelle 103. ROI sieht

Tabelle 103.

Capillardruck in mm H_2O (nach ROI).

	Monat												Mittelwert
	1.	2.	3.	4.	5.	6.	7.	8.	9.	10.	11.	12.	
Zahl der Beobachtungen	16	5	8	4	2	5	7	—	7	—	5	5	—
Maximaldruck	87	87	87	88	90	90	91	—	95	—	95	95	90
Minimaldruck	25	24	28	30	30	28	29	—	25	—	30	30	28

Arteriendruck in mm Hg.

	Monat												Mittelwert
	1.	2.	3.	4.	5.	6.	7.	8.	9.	10.	11.	12.	
Maximaldruck	80	92	89	90	90	95	95	—	—	—	95	95	93
Minimaldruck	43	52	45	47	50	50	51	—	—	—	53	53	50

in dieser Druckdifferenz eine Ursache für die Formänderung der Capillarschlingen während der ersten Lebensmonate, jedoch scheinen in Anbetracht des Vorhandenseins der arteriovenösen Anastomosen, welche gewissermaßen einen Kurzschluß beider Systeme ermöglichen würden, weitere Untersuchungen über Capillardruck und arteriellen Druck im ersten Säuglingsalter wünschenswert (vgl. dazu auch die Ausführungen in Bd. 1, S. 144/145).

Die Resistenz der Hauptcapillaren wurde im Hinblick auf die Bewertung des Rumpel-Leedeschen Symptoms mehrfach untersucht; die Ergebnisse der verschiedenen Autoren zeigen, im wesentlichen übereinstimmend, die bemerkenswerte Tatsache, daß *die Capillarresistenz in der Haut mit zunehmendem Alter in einem ständigen Abfall* sich befindet und außerdem an verschiedenen Körperstellen ganz verschiedene Absolutwerte und sogar eine verschiedene Alterskonstanz aufweist. Diese Befunde sind sehr schwer zu erklären, da man im allgemeinen annimmt, daß im ersten Trimenon die Capillarwand eine erhöhte Durchlässigkeit für gelöste und kolloidale Stoffe hat. Eine Erklärung aus dem anatomischen Bau ließe sich vielleicht darin finden, daß gerade in der ersten Säuglingszeit des Endothelrohr mit besonders ausgedehnten adventitiellen Zellsäumen umgeben ist; diese adventitiellen Zellen besitzen zum Teil (Pericyten) einen Tonus, der sowohl hormonal wie nervös gesteuert wird und infolgedessen allen möglichen Einflüssen unterliegt. Ferner braucht eine geringere Durchlässigkeit für Blutkörperchen unter veränderten mechanischen Bedingungen keinesfalls einer verminderten Durchlässigkeit der Gefäßwand unter dem Einfluß einer entzündlichen oder toxischen Reizung zu entsprechen. Zur Aufklärung des Verhaltens der Capillardurchlässigkeit unter den verschiedenen Bedingungen sind weitere Untersuchungen sehr wünschenswert. Zahlenmäßige Angaben bei Brock, Bd. 1, S. 88/89, sowie in seinem Nachtrag am Schluß dieses Bandes.

VI. Hautnerven.

Nervöse Endapparate bei Neugeborenen unfertig. Wenn auch der Verlauf der Nervenstämme in der Haut des Neugeborenen weitgehend den Verhältnissen beim Erwachsenen entspricht, so sind dagegen die zahlreichen nervösen Endapparate bei der Geburt noch nicht fertig ausgebildet. So entwickeln sich *die Meissnerschen Tastkörperchen* im wesentlichen erst nach der Geburt. Bei 50 Tage alten Kindern hat sich die primitive Anlage weiter entwickelt; die Äste der nervösen Verzweigung sind zahlreicher und dicker geworden; im 6. Monat erhält das obere Läppchen des zusammengesetzten Körperchens seine endgültige Gestalt. Eine Neubildung von Terminalkörperchen soll nach der Geburt nicht mehr vorkommen, da nach Krauses Untersuchungen bei Neugeborenen ebenso viele Tastkörperchen an Fingern und Zehen vorhanden sind wie beim Erwachsenen. Die Tastkörperchen sind beim neugeborenen Kinde bereits elliptisch und haben zahlreiche Querstreifen; ihr Durchmesser ist meist 0,022 mm; selten sind kleinere von 0,018 mm, etwas häufiger größere von 0,034 mm Länge und 0,02 mm Breite. Die doppelt konturierten Nervenfasern haben eine durchschnittliche Dicke von 0,0027 mm. Mit der BIELSCHOWSKY-Methode habe ich zahlreiche Anlagen von MEISSNERschen Tastkörperchen in den Papillen der Finger- und Zehenkuppen gefunden; die Mehrzahl entspricht der Beschreibung RANVIERs. Verhältnismäßig zahlreich fand ich bei Neugeborenen an den Tastballen der Finger *freie intraepitheliale Nervenendigungen.* Verästelungen derselben vor Eintritt in die Epidermis und Verzweigungen innerhalb der Epidermis selbst waren recht häufig zu sehen; gelegentlich lagern sich auch zwei verschieden dicke Fasern in der Cutispapille aneinander und treten gemeinsam in die Epidermis ein. Die *VATER-PACINIschen Lamellenkörperchen*, deren Anlage im 5.—6. Embryonalmonat sichtbar wird, sind bei Neugeborenen vollkommen denen der Erwachsenen ähnlich, nur kleiner und scheinen wenig oder keine Flüssigkeit zwischen den Lamellen zu enthalten. HENLE und KÖLLICKER bestimmten ihre Größe bei Neugeborenen: Länge 0,68 mm, Breite 0,38 mm. An formalinfixiertem Material fand ich sie durchschnittlich an der Hand 0,34—0,55 mm groß. Gelegentlich endigt die Nervenfaser deutlich in einer Öse bzw. Schlinge. Der häufige Befund, daß 2 VATER-PACINIsche Körperchen dicht benachbart liegen und gemeinsame Außenschichten haben, läßt auf die Beobachtung DAVYDOWs hinweisen, daß bei der neugeborenen Katze sich diese Körperchen durch Knospenbildung stark vermehren. Ebenfalls entwickeln sich beim Maulwurf die Lamellenkörperchen erst im postembryonalen Leben (GROENEWEG); auch die Entwicklung des nervösen Endapparates des EIMERschen Organs in der Schnauze des Maulwurfs spielt sich erst in den ersten 3 Lebenswochen ab (BOEKE). In der *Haut der Genitalien* konnte ich bei Frühgeborenen und Neugeborenen freie intraepitheliale Nervenendigungen im Präputium und in der Glans spärlich, in der Urethralschleimhaut reichlicher finden. Außer Anlagen von Lamellenkörperchen, die sich der Gruppe der als VATER-PACINIsche und HERBSTsche Körperchen bekannten Nervenendorgane anreihen lassen, wurden in spärlicher Anzahl Endgebilde markloser Nervenfasern gefunden, die sehr vielgestaltig erscheinen, z. B. als Schlingenbildung und Endaufsplitterungen, jedoch in keiner Weise mit den differenzierten Nervenendorganen älterer Kinder und Erwachsener in Vergleich zu stellen sind. Im Gegensatz zu den wenig entwickelten nervösen Endorganen der äußeren Genitalien fällt bei Neugeborenen der *Reichtum nervöser Endgebilde und freier Nervenfasern in den Lippen* auf; besonders reichlich vorhanden sind sie in den tieferen Lagen der als Saugpolster bekannten Gebilde. Die früher häufig geäußerte und leider auch allgemein ins Schrifttum übergegangene Behauptung, daß Neugeborene und besonders Frühgeborene gegen Schmerzreize weitgehend unempfindlich seien, findet in den anatomischen Befunden der nervösen Endorgane keine Stütze. Wenn sie auch noch nicht ihren höchsten Ausbildungsstand erreicht haben, so sind sie doch vorhanden, und es ist nicht ersichtlich, aus welchem Grunde sie ihre Funktion noch nicht erfüllen sollen. Vgl. dazu auch die Ausführungen von PEIPER, Bd. 2, S. 103/104.

VII. Das Haarkleid des Neugeborenen.

Haarwechsel. Der Haarwechsel, der beim Menschen um den Geburtstermin herum stattfindet, hält etwa dieselbe Reihenfolge ein, in welcher beim Embryo die ersten Haaranlagen aufgetreten sind. Er beginnt etwa im 8. Embryonalmonat und dauert bis in die Kindheit an. Nacheinander wechseln die Haare der Augenbrauen, der Stirn, der Lippen, des Scheitels, dann kommen Rumpf, Arme, Beine, Hand- und Fußrücken an die Reihe. Der Beginn und die Geschwindigkeit dieses Haarwechsels sind individuell ganz verschieden. Beim Neugeborenen unterscheiden sich daher die Haare einzelner Körperstellen, und zwar sind dies Augenbrauen, Wimperhaare und Kopfhaare, in bezug auf Dicke und Pigmentreichtum von dem Lanugokleid.

Die Lanugohaare. Diese sind allgemein seidig und meist pigmentarm. Sie bleiben, wenn auch oft erneuert, als allgemeine Körperbehaarung dauernd bestehen und werden nur zum Teil im späteren Leben durch Terminalhaare ersetzt (Pubes-, Achsel-, Barthaare usw.: „tertiäres Haarkleid“). Durch mühevolle Zählungen hat OSHIMA festzustellen versucht, ob beim Erwachsenen noch ebenso viele Lanugohaare vorhanden seien als beim Neugeborenen: An der Ohrmuschel fand er beim Neugeborenen etwa 17000, beim erwachsenen Manne etwa 11000; die Anzahl der Haare an der Rückseite der Ohrmuschel war fast dieselbe, dagegen waren an der Vorderseite des Neugeborenen fast doppelt so viele Haare wie beim Erwachsenen vorhanden. Daß Haaranlagen vollkommen rückgebildet werden können, ist am distalen Ende des Vorderarmes (Volarseite) nachgewiesen (BECKER 1921).

Wimpern und Augenbrauen. Die Wimperhaare, die für gewöhnlich bis zur Pubertät die stärksten Haare überhaupt bleiben, sind bei der Geburt verhältnismäßig stark entwickelt und bei brünetten Kindern auch die pigmentreichsten. Die Augenbrauenhaare haben bei der Geburt meist schon gewechselt, so daß beim Neugeborenen fast stets bogenförmig angeordnete, kräftig ausgebildete Brauenhaare vorhanden sind.

Farbwechsel der Haare. Nicht immer entspricht, wie allgemein bekannt, die Farbe der bei der Geburt vorhandenen Lanugohaare der im späteren Leben bestehenden Haarfarbe. Ebenso, wie manche Kinder dunkelhaarig zur Welt kommen, und durch das Nachwachsen der Haare später blond werden, dunkeln viele hellhaarige Neugeborene später nach durch Nachwachsen prigmentreicheren Ersatzhaares.

Neuhauss teilt mit, daß Australier- und Papuakinder ein goldblondes Lanugohaar mit zur Welt bringen, obschon sie später tiefschwarzes Haar besitzen, und auch die Kinder der Neukaledonier haben nach Sarasin ein prächtiges, golden glänzendes Haarkleid! Das Kopfhaar ist bei der Geburt kurz, dünn, spärlich und schwach pigmentiert. Manchmal findet man aber auch bei Neugeborenen ein kräftig gefärbtes, langes und dickes Kopfhaar, wie es gewöhnlich erst beim älteren Kinde ausgebildet zu sein pflegt; diese Haare verschwinden dann nach einiger Zeit ziemlich gleichzeitig und werden durch feinere ersetzt, woraus ersichtlich wird, daß gerade diese Kinder verspätet den Wechsel des Kopfhaares durchmachen, der normalerweise um den Geburtstermin herum in vollem Gange ist. Dieser Haarwechsel entspricht wahrscheinlich dem Haarwechsel junger Tiere, welche am Ende der ersten Kindheit ihr meist heller gefärbtes und besonders gezeichnetes „Jugendhaarkleid" gegen die Dauerform austauschen.

Histologie des Haarwechsels. Die histologische Untersuchung des Haarwechsels beim Neugeborenen zeigt diesen in den mannigfachsten Stadien, von der eben beginnenden Bildung des Kolbenhaares bis zu den letzten Stadien, wo das neugebildete Haar neben dem Kolbenhaar emporwächst, dieses aus der Follikelröhre verdrängt und sie dann vollkommen selbst ausfüllt. Die Neubildung des Ersatzhaares geht, wie heute von den meisten Seiten anerkannt wird, von dem unteren Teil des Follikels aus, nicht etwa von einer neugebildeten Papille; damit fallen auch die überflüssigen und verwirrenden Bezeichnungen „Schafthaare" oder „Beethaare" für den untergangsreifen Teil weg. Bei der Geburt enthalten die Haare noch kein Mark, doch ist zu bedenken, daß den allermeisten Menschenhaaren zeitlebens die zentrale Marksäule fehlt.

Haarstrich. Hautmuskeln. Der „Haarstrich", d. h. die Richtung der Haare, bleibt, wie durch zahlreiche Untersuchungen bekannt ist, von der fetalen Anlage bis ins Alter hinein unverändert. Von den glatten Muskeln der Haut sind die Mm. arrectores pilorum beim Neugeborenen wohlausgebildet; gelegentlich finden sich daneben, abgesehen von den sog. Fleischhäuten, schräge Züge glatter Muskelfasern, welche oftmals gespalten und verästelt auch oberflächenparallel verlaufen und vielleicht selbständige Gebilde darstellen (Mm. cutis diagonales). Ob diese schrägen Muskelbündel selbständige Gebilde sind, oder wie von anderer Seite behauptet wird, als Abkömmlinge der Arrectoren betrachtet werden müssen, kann ich auf Grund eigener Kenntnis nicht mit Sicherheit entscheiden, da in Serienschnitten sowohl Zusammenhänge mit den Arrectoren als auch freiendigende Fasern mir bisher zu Gesicht gekommen sind.

VIII. Drüsen der Haut.

Talgdrüsen. Die Talgdrüsen bei Neugeborenen, soweit sie zur Haaranlage gehören, sind wohlausgebildet und in ihrem histologischen Bau nicht von denen des Erwachsenen zu unterscheiden. Die grobe Ausbildung wechselt nach der Körperstelle und ist dem umgebenden Gewebe angepaßt; dort, wo ein lockerer Aufbau des Coriums vorhanden ist, finden sich viellappige, große Drüsenkörper; an Hals und Brust jedoch, wo beim Erwachsenen besonders große Talgdrüsen sind finden, konnte ich bei Neugeborenen nur solche in gewöhnlicher Ausdehnung feststellen. Die weißlichgelben Knötchen, die bei Neugeborenen sehr häufig auf der Haut der Nase und der angrenzenden Wangenteile angetroffen werden, erweisen sich im Schnitt als cystenartig erweiterte, strotzend mit Sekret ausgefüllte Ausmündungen von Talgdrüsen. Unzweifelhaft rühren sie von rückgebildeten Haaranlagen her; ähnlich rückgebildete Haare, von welche nur die Talgdrüsen übrig geblieben sind, wurden oftmals nachgewiesen, z. B. an der Volarseite des Handgelenkes. Auch am Lippensaume und am After kommen solche Cysten vor als Restgebilde eines unvollkommen zur Ausbildung gelangten Epithelkeimes. Einzelheiten über Talgdrüsen und Haaranlagen usw. siehe im „Handbuch der Anatomie des Kindes“.

Die **Schweißdrüsen** beim Neugeborenen zeigen in bezug auf Zahl und Entwicklungszustand ebenso wie bei jungen Säuglingen an entsprechenden Körperstellen erhebliche Unterschiede. Bei einzelnen liegen die Drüsenknäuel in Schrägspalten des Coriums, während in anderen Fällen die Drüsen auf gleicher Höhe nahe der unteren Coriumgrenze sich aufknäueln bzw. sich spiralig zusammenschieben und in ihrer Gesamtheit einen Verband von Drüsen bilden, den ich wegen der Eigenart der Anordnung als „Drüsenplatte“ bezeichnet habe. Eigentümlich und wahrscheinlich mit der Gefäßversorgung der Schweißdrüsen zusammenhängend ist die Bildung von Primitivorganen jungen Fettes aus den adventitiellen Zellen der kleinen Gefäße; daher findet man häufig beim Neugeborenen die verschiedensten Entwicklungsstadien der Primitivorgane des Fettes in der Nähe der Schweißdrüsenknäuel bzw. innerhalb der Drüsenplatte und vermißt dann auch nicht Herde von adventitiell gebildeten Blutzellen.

Apokrine Drüsen. Neben den ekkrinen Drüsen finden sich beim Neugeborenen in der Achselgegend auch gelegentlich spärliche apokrine Drüsenanlagen; ebenso sind Drüsen an den großen Schamlippen in ihrem Typus den a-Drüsen ähnlich. Fast ausnahmslos erfolgt ihre Ausmündung in die freie Oberfläche, ebenso münden die apokrinen Circumanaldrüsen bei Neugeborenen alle frei an die Oberfläche aus. In Übereinstimmung mit meinen Befunden bei den e-Drüsen findet Sprinz auch bei dem a-Drüsentyp den Entwicklungsgrad bei gleichaltrigen Individuen sehr verschieden.

IX. Finger- und Zehennägel.

Die vielverbreitete Meinung, daß man von der Länge der Fingernägel und Zehennägel Rückschlüsse auf die Reife bzw. das Alter der Frucht ziehen könne, hat sich als nicht stichhaltig erwiesen. Die Nägel können auch bei Feten in den letzten Schwangerschaftsmonaten schon die Fingerkuppen erreichen, auch wohl sogar überragen. Der distale Nagelsaum ist nur ein dünnes Häutchen und dorsalwärts durch das relativ große, darunter liegende Sohlenhorn aufgebogen. Im feineren Aufbau des Nagels bestehen keine erheblichen qualitativen Unterschiede gegenüber dem Erwachsenen; die außerordentlich dichte und tiefe Verzahnung der Basalschicht des Nagelbettes gegen das Corium ist bei Neugeborenen sehr deutlich zu sehen. Eine in der 4. Lebenswoche sichtbar werdende Querfurche der Nägel, welche distalwärts konvex gekrümmt ist, ist mit großer Wahrscheinlichkeit auf eine Wachstumshemmung bei der Geburt und in den ersten Lebenstagen zu beziehen, ähnlich, wie sich ja auch im späteren Leben bei gewissen Krankheitszuständen solche „Nagellinien“ zeigen. Im Alter von 2 Monaten steht diese *physiologische Nagellinie* etwa in der Mitte des Nagels, mit 3 Monaten erreicht sie den freien Nagelrand; sie gibt daher einen gewissen Anhalt für die Schätzung des Alters.

B. Wachstumsveränderungen der Haut im Kindesalter.

Anpassungsvorgänge an die Außenwelt, Veränderungen der Unterlage durch Massenwachstum und gewebliche Differenzierung tragen gleicherweise zu den Veränderungen bei, welche die Haut des Kindes im Laufe der ersten Lebensjahre erfährt. Da diese Faktoren gemeinsam wirksam sind, ist es unzweckmäßig, den Versuch zu machen, die beobachteten Wachstumsveränderungen etwa auf einen Hauptanlaß allein zurückführen zu wollen. Die hauptsächlichsten Veränderungen der äußeren Form sind allerdings zum großen Teil vorwiegend an Unterlageveränderungen geknüpft, so z. B. das stärkere Hervortreten und der schöne Schwung der Lippen, das häufige Fehlen des Filtrums bei jungen Kindern, der Mangel an Hautfalten und deren Ausbildung mit Abnahme des jugendlichen Fettpolsters. Die Altersveränderungen durch gewebliche Differenzierung sind zum großen Teil mit Anpassungsvorgängen an äußere Reize so eng verknüpft, daß sie gemeinsam besprochen werden sollen, zumal sie in konditionaler Abhängigkeit voneinander auftreten.

Bildung von Falten und Furchen. So werden durch Bewegungen der Skeletmuskulatur Faltenbildungen und Furchen in der Haut hervorgerufen, die sich im Laufe der Entwicklung durch Wiederholung ein und derselben Bewegung verstärken, also mit der Zeit immer stärker hervortreten, wobei gleichzeitig die histologische Struktur der betreffenden Hautstellen sowohl in den oberflächlichen Hautschichten wie in den tieferen Elementen (elastische Fasern, kollagene Fasern) sich gegen ihre Umgebung verändert. Ebenfalls sind die Falten, welche der immer wiederholte Zug der mimischen Gesichtsmuskulatur in der Haut erzeugt, gleichsam der stehengebliebene Ausdruck der Muskelkontraktionen. Hinzu kommen Veränderungen, die mit dem Wechsel der Dicke des Hautfettes zusammenhängen, so daß der kundige Arzt manchen Fingerzeig über die Vorgeschichte des Individuums aus der Betrachtung der Hautoberfläche erhält. Falten und Furchen als Zeichen physischen Unbehagens oder von Schmerz, als sinnfälliger Ausdruck psychisch abnormer Zustände, als Anzeichen eines dauernden Aufenthaltes im Freien, als Merkmale stetig wiederholter Bewegungen gibt es in unübersehbarer Mannigfaltigkeit.

Fortschreitende Entwässerung der Haut. Es darf nicht vergessen werden, daß auch die chemische Zusammensetzung der Haut sich im Laufe der Kindheit wesentlich ändert. Erinnert sei an die fortschreitende Entwässerung der Haut. So wurde die Trockensubstanz der Haut bei Feten mit 25% bestimmt, bei Neugeborenen 32%, bei älteren Kindern und Jugendlichen 38% (Literatur s. BÜRGER und SCHLOMKA, HENTSCHEL, A. MAYER).

Verminderung des Steringehaltes. Ebenso wie der Wassergehalt der Haut vermindert sich im Laufe der Kindheit auch der Gesamtsteringehalt der Oberhaut. (Gesamtsterin in der Haut des Feten 1,2%, in der Haut des Neugeborenen 0,65%, in der Haut von Kindern bis zu 14 Jahren 0,49%, in der Haut jugendlicher Erwachsener 0,37%.) Es ist ohne weiteres verständlich, daß Entwässerung und Fettverlust der Haut auch ihr morphologisches Verhalten beeinflussen müssen.

Konstanz der Papillarlinien. Im Oberflächenrelief der Haut bleiben die anlagemäßig bedingten Papillarlinien in ihrer Anordnung natürlich unverändert, nur ihre absolute Größe wächst. Es ist nachgewiesen, daß Papillarlinien im Bilde nach 20 bzw. 41 Jahren qualitativ völlig unverändert bleiben. Die Spaltlinien der Haut ändern sich mit dem Wachstum zwar entsprechend der ungleichen Ausdehnung in den verschiedenen Richtungen, doch sind die Unterschiede zwischen Kindern von $2^1/_2$ Jahren und Erwachsenen nur noch relativ gering.

Feinere Felderung. Die feinere Felderung der Hautoberfläche, die an macerierter Haut sowie an abgestoßener Epidermis mehrfach studiert worden ist, hat für jede Hautregion charakteristische Merkzeichen; durch Überschneidung von feinen Leisten bzw. Furchen entstehen Muster, die je nach der Körperstelle aus quadratischen, rhombischen oder mehr sternförmigen Figuren aufgebaut sind; modifiziert werden diese Muster durch die Öffnungen für den Haarschaft. Alle diese Elemente der Muster sind schon in der kindlichen Haut vorhanden, jedoch fein und flach, wodurch die glattere Oberfläche der kindlichen Haut verursacht ist. Neue Furchen entstehen kaum noch, aber im Laufe der Zeit vertiefen sie sich mehr und mehr. So charakteristisch der Gesamthabitus der Felderung aber für jede Körperstelle ist, so bleibt doch die Art der Betätigung nicht ohne bestimmenden Einfluß auf die spätere Entwicklung; so kann man an der Hand im Laufe einiger Jahre deutlich feststellen, daß die Funktion durch Zug und Verlagerung die individuelle Anordnung im Einzelfalle wesentlich modifiziert. Die Hautoberfläche verhält sich also in dieser Hinsicht ähnlich wie in passiver Weise ein Textilstoff.

Die Gewebsreifung und ihre funktionelle Beeinflussung. Verschieden nach der funktionellen Beanspruchung vervielfältigen sich mit zunehmendem Alter beim Kinde auch die einzelnen Hautschichten. So ist fortgesetzter Druck an einzelnen Körperstellen eine Veranlassung zu Dickenzunahme und Verfestigung der Haut. Wenn auch die beim Erwachsenen bestehende Verschiedenheit der Haut an Streck- und Beugeseite der Gliedmaßen bei Neugeborenen noch nicht ausgeprägt ist, so scheint es mir doch unzulässig, die einseitige Dickenzunahme ausschließlich auf mechanische Beanspruchung zu beziehen; es ist wohl als sicher anzunehmen, daß im Bauplan des Körpers liegende bzw. phylogenetische Momente dabei wirksam sind (vgl. die Ausbildung des Hautpanzers bei Reptilien). Die Entwicklung der Hornschicht macht in den ersten Wochen nach der Geburt sehr rasche Fortschritte; gleichzeitig verfestigt sie sich auch, entsprechend dem Wechsel von flüssiger Umgebung und Berührung mit der Luft. Mit diesem *Entquellungs- und Verfestigungsvorgang der Hornschicht* gewinnt diese auch an Glätte.

Diesem Vorgang parallel geht eine Vermehrung der sog. lebendigen Schichten der Epidermis, insbesondere die Körnerschicht wird vollständiger. Rasch nehmen auch die kollagenen Fasern nach der Geburt an Dicke und Dichte zu, und die *Neubildung kollagener Fasern* darf als gesichert gelten. Die *Ausbildung der Cutispapillen* dürfte mit Beginn der zweiten Kindheit im wesentlichen abgeschlossen sein.

Elastische Fasern und Striae. Die elastischen Fasern der Haut entwickeln sich in der ersten Kindheit in geringerem Maße; sie sind beim 6jährigen Kinde gegenüber dem reifen Neugeborenen noch relativ wenig verändert — ein Befund, der im Hinblick auf die Entwicklung der elastischen Fasern im Gefäßsystem bemerkenswert erscheint. Die Vorstellung, daß ihre beschränkte Ausdehnungsfähigkeit in der Längsrichtung, bedingt durch ihre labile Struktur, die Ausbildung der sog. Striae begünstige, stimmt sowohl mit den Befunden überein, daß die elastischen Fasern sich noch im 3. Lebensjahrzehnt stärker entwickeln, wie mit der Tatsache, daß bei Kindern schon aus relativ geringfügigen Anlässen, z. B. Vermehrung des Subcutanfettes, Striae auftreten.

Hautfarbe. Für das Inkarnat, die Färbung der Haut, maßgebend ist sowohl die Eigenfarbe wie auch die Dicke der Hornschicht, ferner das mehr oder weniger starke Durchschimmern des Capillarblutes und die Einlagerung von Pigment in der Basalschicht, abgesehen von Einzelfällen, in denen cutanes Pigment mitspielen mag. Die Eigenfarbe der verhornten Epidermiszellen ist hell graugelblich; die Dicke der Hornschicht und Verschiedenheiten des Farbtones verursachen individuelle Differenzen der Hauttönung. Es ist bekannt, daß dicke Lagen verhornter Zellen, je nach Gleichmäßigkeit der Oberfläche und des Aufbaues die betreffende Hautstelle mehr gelblich oder grau erscheinen lassen (Knie, Ellenbogen, Handschwielen) usw. *Das Epidermispigment entwickelt sich in der ersten Kindheit* in Abhängigkeit von erblichen Faktoren, innersekretorischen Einflüssen, solchen des vegetativen Nervensystems und exogenen Momenten (Licht, Temperaturwechsel, Luftbewegung), *soweit bekannt, nach denselben Gesetzen wie beim Erwachsenen.* Eigentümlich deutlich sind im Kindesalter die von THOMAS und DELHOUGNE beschriebenen Pigmentationen der Haut an der Streckseite der Finger- und der Zehenendglieder. Dieses ,,*Spitzenpigment*" fanden sie vorwiegend bei Säuglingen und Kindern, die auch dunkle Haarfarbe und dunkle Iris aufwiesen. Die Spitzenpigmentation nimmt bis zum 3. und 4. Lebensjahr an Intensität zu und wird meist im 6. Lebensjahr geringer; andeutungsweise bleibt sie aber auch manchmal bis ins Erwachsenenalter erhalten. Die beiden genannten Autoren weisen darauf hin, daß im Tierreich distale Körperteile in stärkerem Maße dunkel gefärbt sind (Schwanzspitze und Ohren). In allen Fällen, wo ich bei Säuglingen dieses Spitzenpigment ausgeprägt sah, konnte ich bei zahllosen Probanden wenigstens auch bei einem Elternteil noch Reste desselben auffinden. Die histologische Untersuchung des Spitzenpigmentes durch KITAMURA ergab runde und ovale Pigmentzellen in der Cutis. Die individuellen Unterschiede in der Hautpigmentation und in der Bereitschaft Pigment zu bilden, sind im Kindesalter nicht weniger groß als beim Erwachsenen.

Anordnung der Blutgefäße. Die Altersveränderungen in der Anordnung der Blutgefäße sind Entwicklungsverschiebungen als Reaktionen auf äußere und innere formative Kräfte. Sie sind von SPALTEHOLTZ eingehend studiert. Ergänzt werden diese Arbeiten durch röntgenanatomische Untersuchungen von DIEULAFÉ und DURANT und von BELLOCQ.

Die gröberen Gefäße werden mit zunehmender Entwicklung größer, die Arterienwandungen differenzieren sich weiter wie überall am Körper. Da mit dem Wachstum die Hautoberfläche sich auf das 6—7fache vergrößert, erweitern sich auch die Gefäßnetze entsprechend. Die funktionellen Veränderungen im Laufe der Kindheit sind wahrscheinlich bereits erblich vorbereitet. So sind z. B. bei aufrechter Körperhaltung belastete Teile der Fußsohlenhaut besonders gut mit Blut versorgt;

während Bellocq glaubt annehmen zu müssen, daß sich im Kindesalter die Arterien und Anastomosen der Fußhöhlung zurückbilden, stellt Spalteholtz fest, daß an dieser Stelle keine Rückbildung von Gefäßen stattfindet, daß dagegen im Laufe der Kindheit an den Unterstützungsflächen die Gefäßnetze allmählich wesentlich dichter werden. Zug- und Druckkräfte bei Bewegungen der Gliedmaßen und des Rumpfes, die Betätigung der mimischen Muskulatur usw. sind gleichermaßen imstande die Differenzierung der Hautgefäße zu beeinflussen.

Hemmung der Capillarentwicklung bei Schwachsinn? Die Beobachtung, daß bei Schwachsinnigen vielfach die mit dem Hautmikroskop nachweisbare Entwicklung der Nagelfalzcapillaren gehemmt erschien, veranlaßte Jaensch und Wittneben den Begriff des „archicapillären Schwachsinns" aufzustellen. Das Zurückbleiben der Capillarform auf primitiverer Stufe der Entwicklung wurde besonders bei Unterfunktion der Schilddrüse gefunden. Die beschriebene Hemmungsform, wie Schlingen- und Rankenbildung, wirre Knäuel usw. entspricht in etwa der jüngsten physiologischen Entwicklungsstufe.

Der Zusammenhang von Capillarbild und Schwachsinn ist jedoch mehrfach bestritten worden. So fand Kahle z. B. nur in 17% der Fälle bei Schwachsinnigen ein anormales Capillarbild, nur Schmidtmann bei rd. 75%. Pototzky lehnt den grundsätzlichen engen Zusammenhang sogar bei endokrinen Störungen ab und verweist auf den Einfluß der myxödematösen Gewebsveränderung als wesentlichen Faktor; auch Doxiades kommt zu einer völligen Ablehnung des Zusammenhängens von Capillarhemmung und Schwachsinn.

Hautnerven. Den mit dem Wachstum sich ändernden Körperproportionen entsprechend, wechselt in der Kindheit die Lage der Dermatome, da der Hautnerv den Wachstumsverschiebungen der Haut folgt (Abbildungen siehe in den anatomischen und neurologischen Lehrbüchern). Die nervösen Endapparate der Haut entwickeln sich, wie bereits oben beschrieben, zum allergrößten Teil erst nach der Geburt zur vollen Reife. Intraepitheliale Nervenendigungen sind auch im Kindesalter nachgewiesen worden.

Haarfarbe. Die Haarfarbe wechselt, abgesehen von verspätetem Ausfall des ersten Haarkleides, bis zur Pubertät häufig dadurch, daß blonde Kinder in stärkerem Maße nachdunkeln. Es ist dies vielfach als Anzeichen einer Rassenmischung hellblonder und dunkler Typen angesehen worden, doch dunkeln sowohl hellhaarige wie auch dunkelhaarige Typen bis zur Pubertät nach; der Ersatz dunkleren Haares durch Nachwachsen von hellerem ist sehr selten, wird aber gelegentlich beobachtet. Untersuchungen von Staffe in Mähren an 6000 Schulkindern, welche im 1. Lebensjahre fast alle hellblond gewesen waren, zeigten, daß im Schulalter nur noch rund 60% ihre blonde Haarfarbe behalten hatten; die blonden Knaben dunkelten eher nach als die blonden Mädchen.

Ungleichförmiger Verlauf des Haarersatzes. Die Abhängigkeit der Intensität des Haarwechsels von inneren Einflüssen ist bisher nicht eingehend geklärt worden; nach dem mauserungsartig verlaufenden fetalen Haarwechsel persistiert das bleibende Kopfhaar oft jahrelang; manchmal bleibt es sogar bis zur Pubertät erhalten, ohne auszufallen. In anderen Fällen kommt es auch in der Kindheit zu periodisch gesteigertem Haarausfall, der direkt den Eindruck einer Mauserung macht.

Längenwachstum der Haare. Der tägliche Zuwachs der Haarlänge soll anfangs 0,2 mm, später durchschnittlich 0,3—0,5 mm betragen. Dementsprechend rechnet man als durchschnittliche Haarlänge bei Kindern im 2. Lebensjahre 12 cm, im 3. Jahre 24 cm. Untersuchungen an plötzlich Verstorbenen zeigen, daß beim Kinde der Haarwechsel lebhafter ist als beim Erwachsenen. Ein 3jähriger Knabe hatte 53% wechselnder Haare, Erwachsene nur 23—26%. Kinder von 7 Monaten bis zu 10 Jahren wiesen zwischen 47% und 87% Haarwechsel auf, Erwachsene, die an schnell verlaufenden Krankheiten verstorben waren, 18—65%. Die *Augenwimpern* wachsen in der Kindheit sehr rasch und erreichen frühzeitig ihre volle Größe, so daß sie bei Kindern von 3 bis 5 Jahren schon dieselbe Länge wie beim Erwachsenen erreicht haben; der dichte Wimpersaum verleiht dem Kinderauge zum Teil seine eigenartige Ausdruckskraft und Schönheit.

Sexualbehaarung. Das Terminalhaar im engeren Sinne, die Sexualbehaarung, erscheint beim Mädchen an Mons pubis und Achselhöhlen etwa vom 10. Lebensjahr, bei Knaben zwischen dem 12. und 15. Lebensjahr (Reihenfolge: Mons pubis, Scrotum, Damm, Achsel, Bart). Bekannt ist die starke rassengebundene Unterschiedlichkeit in bezug auf zeitliches Auftreten und Stärke der Sexualbehaarung in Übereinstimmung mit der hormonalen Reifung.

Reifung der a-Drüsen. Bei der Weiterentwicklung der Schweißdrüsen im Kindesalter treten die a-Drüsen stark in den Vordergrund. Beim Mädchen vom 9. Lebensjahr ab, bei Knaben etwas später, bilden die a-Drüsen in der Achselhöhle, noch bevor dort die Sexualbehaarung erscheint, größere Zusammenhänge und Polster. Ausdehnung und Dicke dieses Achseldrüsenorgans ist, wie zu erwarten, bei gleichaltrigen Kindern sehr verschieden. Vom Eintritt der Menstruation an sollen nach LOESCHCKE cyclische Schwankungen des Achseldrüsenorgans vorkommen, doch wird dieses von KLAAR bestritten. Da SCHIEFFERDECKER bei menschlichen Embryonen im 5. Monat bereits die Anlagen apokriner Drüsen findet und eigens darauf hinweist, daß ebenso wie im Laufe der Entwicklung Haare zugrunde gehen und deren Talgdrüsen als sog. freie Talgdrüsen übrig bleiben, auch apokrine Drüsen untergehen können, darf man gelegentliche Befunde spärlicher a-Drüsen bei Neugeborenen sehr wohl als verschwindende Reste betrachten, während die später auftretenden eigentlichen a-Drüsen der Achselhöhle sozusagen als Sexualorgan erst unter hormonalen Einflüssen in der Pubertätszeit sich fertig entwickeln und ihre Funktion aufnehmen (Einzelheiten siehe Handbuch der Anatomie des Kindes).

Wachstum und Form der Nägel. Die Finger- und Zehennägel wachsen in der ganzen Kindheit nicht nur in ihrer Fläche, sondern nehmen in stärkerem Maße auch an Dicke zu; das tägliche Längenwachstum soll ungefähr 0,1 mm betragen. Meist zeigt der kindliche Nagel eine feine, gerade oder distal leicht konvergierende Längsstreifung. Über die transversale Nagelkrümmung bei Kindern hat VIGENER eingehende Messungen vorgenommen und in Tabellen niedergelegt. Das Bemühen, eine konstante Nagelkrümmung eines bestimmten Alters tabellenmäßig festzulegen, scheint mir ein unfruchtbares Beginnen, da durch die arteriovenösen Anastomosen unter der Nagelplatte Schwankungen des Blutdruckes, Änderungen der Strömungsverhältnisse usw. sich hier besonders bemerkbar machen müssen, so daß die lebendige Kraft des Blutstromes in ihrer Abhängigkeit von inneren Verhältnissen und von äußerer Tätigkeit jedem Kinde zu seiner individuellen Nagelform verhilft. Daß gerade die Art der Beschäftigung und die Lebhaftigkeit des Bewegungsdranges die Nagelform beeinflußt, kann man, abgesehen von Krankheitsfällen, auch bei sehr ähnlichen Geschwistern immer wieder beobachten. Erwünscht sind auch in dieser Hinsicht Zwillingsbeobachtungen. Es ist zu erwarten, daß die zahlreichen Familienuntersuchungen und anthropologischen Beobachtungen, die im Gange sind, auch über die individuelle Beschaffenheit der Haut und ihre Stellung im Organismus als funktionierendes Organ uns noch manche der erwünschten Aufschlüsse bringen werden.

Literatur.

Zusammenfassende Bearbeitungen.

BECKER, JOS.: Die Haut des Kindes. Handbuch der Anatomie des Kindes. München: J. F. Bergmann 1929. (Literatur.) Siehe dort die hier nicht einzeln angeführten Literaturangaben.

GUNDOBIN: Die Besonderheiten des Kindesalters. Berlin 1912. (Ältere Literatur.)

Einzelarbeiten.

BAMBERGER, PH.: Z. Kinderheilk. **1927**.

BECKER, JOS.: (1) Z. Anat. **92** (1930).

— (2) Krkh.forsch. **5**, 5 (1927).

BECKER, JOS. u. O. GÄRTNER: Strahlenther. **48** (1933).

BONNEVIE: Zit. nach O. v. VERSCHUER.

BÜRGER u. SCHLOMKA: Z. exper. Med. **55** (1927).

CHARPY, A.: Les plès de la peau. Arch. Méd. Toulouse (1905). Ref. Zbl. norm. Anat. **2**, 335 (1905).

DOXIADES: Mschr. Psychiatr. **69** (1928).

EGG, C.: Schweiz. med. Wschr. **1928 I**, 266.
FROHSE: Arch. f. Anat. **1906**, 101—108.
GANTHER u. ROMINGER: Z. Kinderheilk. **36** (1924).
HECHT, A. F.: Z. exper. Med. **39** (1924).
HENTSCHEL: Z. Kinderheilk. **52** (1932).
JAENSCH u. WITTNEBEN: Z. Behdlg Schwachsinnig. **43** (1923).
JOCHIMS, JOH.: Z. Kinderheilk. **56** (1934); **57** (1935).
JOCHIMS u. HANSEN: Z. Kinderheilk. **57** (1935).
KAHLE: Arch. f. Psychiatr. **81** (1927).
KELLER, PH.: Strahlenther. **30**, 731 (1930).
LEVEN: Dermat. Wschr. **1924 I**, 555.
MAYER, A.: Z. Kinderheilk. **50** (1931).
MIESCHER, G.: (1) Strahlenther. **16**, 333 (1924).
— (2) Klin. Wschr. **1929 I**, 840.
MORO, E.: Eczema infantum. Berlin: Julius Springer 1931.
NIKOLSKI, P. W.: Venerol. (russ.) **1924**, 18.
PAFFRATH u. RIECKE: Z. Kinderheilk. **54** (1933).
POLL, H.: Z. Ethnol. **46** (1914).
POTOTZKY: Mschr. Psychiatr. **69** (1928).
SALVIOLI, G.: Zbl. Kinderheilk. **31**, 565 (1936).
SCHALL, L.: (1) Strahlenther. **1925**, 559; **1926**, 161; **1928**, 796.
— (2) Ber. 2. internat. Lichtkongr. Kopenhagen 1932.
SCHULTZ-BRAUNS, O.: Klin. Wschr. **1931 I**, 3.
SCHWALM, HORST: Arch. Kinderheilk. **103** (1934).
TADDEI, A.: Riv. ital. Ginec. **18**, 496f. (1935).
VERSCHUER, O. v.: Erbpathologie. Dresden: Theodor Steinkopff 1934.
VERSACK, L.: Les empreintes digitales de l'homme etc. Z. Zellforsch. **1908**.
WASSERMANN, F.: (1) Die Fettorgane des Menschen. Z. Zellforsch. **3**, 235 (1926).
— (2) Über Speicherung, Entspeicherung etc. Verh. anat. Ges. **1929**.
— (3) Z. Kreislaufforsch. **23** (1931).
WEISS, F.: Jb. Kinderheilk. **135**, 184, 272 (1932).
WILDER, H.: Anat. Anz. **32** (1908).

Fünfzehntes Kapitel.

Immunbiologie des Kindesalters.

Von B. de Rudder-Frankfurt a. M.

Die Abwehr von Infektionen zählt zweifellos zu den physiologischen Leistungen eines Lebewesens. Das um so mehr, als gewisse *Infektionen zu den Unvermeidlichkeiten eines Gemeinschaftslebens gehören.* In einer „Biologie des Kindesalters“ ist also auch die Erörterung jener Einrichtungen und Vorkehrungen berechtigt, die der Organismus, speziell der kindliche, Infektionen entgegenzustellen hat. Da hier nicht der Raum für einen Abriß der Immunitätslehre ist, mußten allerdings gewisse, allgemeine immunbiologische Kenntnisse, namentlich über spezifische Immunitat vorausgesetzt werden. Es wird vielmehr versucht, die speziell im Kindesalter vorkommenden Problemstellungen und Erscheinungen möglichst übersichtlich zu behandeln.

Alles, was hier im einzelnen zur Diskussion steht, dreht sich in erster Linie um die Frage, welche Umstände, Einrichtungen oder Vorkehrungen über die Alternative eines Erkrankens oder Nichterkrankens auf stattgehabte Infektion hin entscheiden. In zweiter Linie kommen dann Einflüsse auf den Ablauf von Infektionskrankheiten.

A. Definierte Abwehreinrichtungen.

I. „Spezifische“ Immunität.

Die Einrichtung, daß der Körper im Kontakt mit einem speziellen Krankheitserreger zu Abwehrmaßnahmen befähigt ist und angeregt wird, die sich nur gegen diesen speziellen Keim (daher „spezifisch“) richten, ist zweifellos die wichtigste und auch beststudierte, aber keineswegs die einzige Schutzwehr des Organismus im Kampfe gegen Krankheitserreger. Diese spezifische Abwehr wird stets und ausschließlich im Laufe des individuellen Lebens (sei es intra- oder extrauterin) erworben, und zwar entweder „*passiv*“ durch Aufnahme fertiger Schutzstoffe oder „*aktiv*“ im Kontakt mit dem betreffenden Erreger oder mit Bestandteilen desselben, d. h. also im Kontakt mit dem „*spezifischen Antigen*“.

Bevor wir uns Einzelheiten, die das Kindesalter betreffen, zuwenden, seien einige Erkenntnisse aus der allgemeinen Immunitätslehre, die für das Folgende unerläßlich sind, kurz skizziert.

1. Aktive Immunisierung.

Humorale und celluläre Immunität. An der genannten „spezifischen Immunität“ wurden bekanntlich die grundlegenden Feststellungen über stoffliche Immunitätseinrichtungen des Körpers gemacht, welche ganz besonders bedeutungsvoll für den Ausbau unserer diesbezüglichen Vorstellungen wurden. Es zeigte sich nämlich, daß *das Überstehen jener eine Immunität hinterlassender Krankheiten im Blut und in den Körpersäften Stoffe auftreten läßt, welche spezifisch* (im obigen Sinne) *sind*, d. h. mit den zugehörigen Krankheitserregern oder deren Produkten gewisse Reaktionen geben. Die Wirksamkeit dieser Stoffe bei der Krankheitsabwehr zeigte sich in folgender Erfahrung:

Die passive Übertragung solcher „humoraler Immunkörper“ auf einen bisher empfänglichen Organismus kann diesen gegen die betreffende Infektion immun machen, solange diese Stoffe in ihm nachweisbar sind.

Die klassischen Untersuchungen E. v. Behrings über das Diphtherie- und das Tetanusantitoxin haben das erstmalig erwiesen. Eine Unzahl gleichartiger Experimente schloß sich an. Für den Kinderarzt sei besonders an die Erfolge mit der Degkwitzschen Masernprophylaxe erinnert.

Jene Erregerstoffe, welche den Körper zur Bildung solcher Immunitätsstoffe anregen, nannte man, wie bereits gestreift wurde, in der Folge *„Antigene“*.

Das Vorhandensein einer bestimmten Konzentration („Titer“) solcher Stoffe im Körper bedingt also Immunität. Aber dieser *Satz* ist *nicht umkehrbar*. Die Nichtbeachtung dieses Umstandes hat in der Folge eine Fülle von Mißverständnissen veranlaßt.

Das *Fehlen von Antikörpern* im Blut ist nämlich *keineswegs ein Zeichen für Empfänglichkeit*. Es zeigte sich vielmehr, daß *die humorale und infolgedessen passiv auf andere Menschen übertragbare Immunität mit fortschreitendem Zeitabstande von der auslösenden Erkrankung wieder abnehmen kann, ohne daß ein immunes Verhalten des Organismus, der sie gebildet hatte, verlorengeht.*

Die Erfahrung, daß Serum Erwachsener, welche in ihrer Jugend Masern überstanden hatten und also immun geworden waren, nur mehr in sehr viel geringerem Maße einen passiven Schutz auf erstmalig Maserninfizierte übertragen kann, beweist das sehr eindeutig. Zahlreiche entsprechende Erfahrungen aus der experimentellen Immunbiologie erhärten diese Tatsache.

Daraus folgt, daß *dasjenige Verhalten eines Organismus, das wir „Immunität“ nennen, nicht an das Vorhandensein humoraler Antikörper gebunden sein kann.*

Da die letzteren jedenfalls das Produkt einer Tätigkeit gewisser Zellen darstellen müssen, war die Annahme naheliegend, daß der Erwerb einer derartigen Fähigkeit von Zellen zur Bildung bestimmter Schutzstoffe den eigentlichen Wesensinhalt der bisher besprochenen Immunität ausmache.

Jener „humoralen“, d. h. stofflich vorhandenen Immunität ist also eine „celluläre“, auf Leistung oder präziser ausgedrückt auf erworbener Leistungsfähigkeit von Zellen beruhende, also „potentielle“ Immunität anzufügen.

Diese Fähigkeit kann, wie sich in der Folge zeigte, weder serologisch, noch morphologisch, sondern nur aus ihrer Funktion erkannt werden.

So genügen in einem derart cellulär-immunen Körper schon kleinste Mengen des zugehörigen „Antigens“, um erneute, oft überstürzte Produktion von humoralen Immunkörpern auszulösen. Der „Immuntiter“ läßt sich hochtreiben. Die Antigenzufuhr braucht dabei keineswegs experimentell zu erfolgen, sondern es genügen nachweislich auch die im täglichen Leben vorkommenden „natürlichen“ Infektionen, um eine derartige „*anamnestische Reaktion*“ auszulösen.

Blutserum von Ärzten und Personal auf Masernabteilungen zeigt eine höhere Schutzkraft gegen Masern, als sonstiges Erwachsenenserum (Knauer, Kabelitz und Schick). In der Umgebung keuchhustenkranker Kinder zeigen Erwachsene (Mütter, Pflegeschwestern) einen erhöhten Gehalt des Blutserums an Bordet-Gengou-Amboceptoren (Bennholdt-Thomsen).

Ja sogar *un*spezifische Reize (Injektion irgendwelcher Eiweißkörper, wie Normalserum, Milch, Deuteroalbumose u. ä.) können einen „anamnestischen“ Anstieg spezifischer Antikörper hervorrufen, jedoch bestehen hier erhebliche Unterschiede zwischen den einzelnen Antikörpertypen. Man hat dieses „Wiederantworten“ des Organismus für diagnostische Zwecke ausgenutzt. Die therapeutische Wirkung der sog. „Proteinkörpertherapie“ (Reizkörpertherapie) scheint indes auf anderen Funktionsabläufen zu beruhen, was hier nur angedeutet sei (vgl. dazu u. a. Bieling).

Erbeinflüsse bei der aktiven Immunisierung. Aus mancherlei Beobachtungen bei speziellen Infektionskrankheiten, namentlich solchen, die im Kindesalter besonders häufig sind, muß der Schluß gezogen werden, daß die Immunisierungsfähigkeit und die Antitoxinbildungsfähigkeit erblich beeinflußt sein kann. In besonders klarer Weise haben das die ausgedehnten Tierversuche von Prigge ergeben. Aber auch vom Menschen liegen Erfahrungen vor, welche in diesem Sinne gedeutet werden müssen. Diese Annahme muß man insbesondere den Hirszfeldschen Befunden über das Vorkommen von *Schicktest* bzw. *Dicktest* in Familien zugrundelegen (nicht etwa die Vorstellung einer direkten „Vererbung der Immunität“).

Merkwürdigerweise haben allerdings die sorgfältigen Zwillingsbeobachtungen Bühlers bei der aktiven Diphtherie-Immunisierung eine *Erblichkeit der Antitoxinbildungsfähigkeit bisher nicht* dartun können.

Dauer aktiv erworbener Immunität. Was zunächst die Dauer einer solchen Immunität anlangt, so *kann* dieselbe jedenfalls lebenslänglich sein, selbst wenn keinerlei zwischenliegende Neuinfektionen vorhanden waren.

Am eindrucksvollsten zeigten das die klassischen Masernepidemien von Faröer, welche Panum studiert hat: Als 1846 nach 65 Jahren erstmalig wieder Masern dort eingeschleppt wurden, blieben noch jene Leute, welche 1781 die Krankheit überstanden hatten, von erneutem Erkranken verschont.

Es scheint eine gewisse größenmäßige Beziehung zwischen Erkrankungsbereitschaft des Menschen im statistischen Sinne und „Solidität“ einer erworbenen Immunität wenigstens als Regel (welche Ausnahmen zuläßt) *zu bestehen.*

Zweiterkrankungen an Masern und Pocken, den Krankheiten mit obligater Erkrankungsbereitschaft, sind äußerst selten. Bei Scharlach, an dem etwa 35% aller Menschen auf die Erstinfektion erkranken, sind Zweiterkrankungen nicht ganz selten, bei Diphtherie, wo der entsprechende Prozentsatz 10—20% beträgt, sind sie durchaus geläufig, hier kommen sogar Mehrfacherkrankungen zur Beobachtung.

„Zweiterkrankung" und „Rezidiv". Die Existenz solcher Mehrfacherkrankungen beweist aber jedenfalls, daß es Umstände gibt, welche eine (schon zur Überwindung der Ersterkrankung ja doch nötig gewesene) Immunität wieder zum Abklingen bringen. Es hat den Anschein, daß dabei Erbeinflüsse eine Rolle spielen, was vorerst nur angedeutet sei.

Prinzipiell zu unterscheiden von einer *Zweiterkrankung* ist das echte „*Rezidiv*"; es kommt *ohne* Neuansteckung zustande und stellt lediglich ein erneutes Aufflackern des bisherigen Krankheitsprozesses, eine merkwürdige Variante des Immunisierungsablaufes dar, wobei sich das eigentümliche „Pendeln" immunbiologischer Vorgänge in etwa 7—10tägigen Rhythmen gelegentlich sehr deutlich zeigt (DE RUDDER für Masern) (vgl. später die „Reaktionsdekade").

Hier mag angefügt sein, daß es noch eine ganze Anzahl äußerer Einflüsse gibt, welche ein bisher bestandenes Geschütztsein des Körpers zu durchbrechen imstande sind. Da es aber fraglich ist, ob diese Einflüsse über die „spezifische Immunität" zur Auswirkung kommen, wird ihre Erörterung an späterer Stelle erfolgen.

Sitz der Antikörperbildung. Die Frage nach der Bildungsstätte der genannten spezifischen Antikörper, die ja doch irgendeiner Zelleistung entstammen müssen, ist nach heutiger Anschauung nicht generell, d. h. für alle vorkommenden spezifischen Immunitätseinrichtungen zu beantworten. Sicher ist, daß in vielen Fällen das *reticuloendotheliale System* eine entscheidende Rolle spielt (worüber ein ausführliches Referat von JUNGEBLUT bestens unterrichtet). Ebenso sicher aber ist es, daß es Krankheiten mit ausgesprochener nachfolgender Immunität gibt, bei denen das Experiment gegen eine Beteiligung des Reticuloendothel-Systems spricht (z. B. die Vaccineinfektion), so daß GINS vor einer Überschätzung warnt. Man mag sich hier auch daran erinnern, daß es noch andere Formen der Abwehr gibt (vgl. S. 291).

Antikörperbildung beim Neugeborenen. Zahlreiche Beobachtungen erweisen den *jungen Säugling* als zum mindesten in mancher Hinsicht „*schlechten Antikörperbildner*".

Eine Unfähigkeit zur Antitoxinbildung fiel ganz besonders beim Versuch einer künstlichen *Diphtherie*immunisierung (v. GRÖER und KASSOWITZ, NASSO u. a.) oder Immunisierung gegen pyogene *Kokken* (FRANKENSTEIN) auf. *Keuchhusten*amboceptoren finden sich [zum Unterschied von Agglutininen (s. u.)] beim Menschen nach Überstehen der Krankheit oder nach Vaccination kaum je vor dem 1. Lebenshalbjahr, bei Kaninchen nicht vor 6 Lebenswochen (BENNHOLDT-THOMSEN).

Manchmal hat es den Anschein, als ob *spezifische Antikörper vom jungen Säugling* noch gar *nicht verwendet* werden könnten. So ist wiederholt ein deletärer Verlauf von Diphtherieinfektionen und die Wirkungslosigkeit passiver Antikörperzufuhr in Gestalt des Serums bei Neugeborenen hervorgehoben worden.

Die letzteren Vorkommnisse stellen allerdings eine Selektion von Fällen dar: Bacillenträgertum z. B. in der Nasenschleimhaut findet sich oft, ohne daß es zur Erkrankung kommt. Erst wenn diese erfolgt, ist der Verlauf der geschilderte.

Allerdings kann diese *schlechte Antikörperbildung* des Neugeborenen wiederum *nicht generell* behauptet werden. So soll BOCCHINI (zit. nach NASSO) eine gute Agglutininbildung bei Impfung mit Typhus-, Melitensis-, Staphylokokkenvaccine festgestellt haben. Gleiches ergab sich für Keuchhustenagglutinine (HANSEN, BENNHOLDT-THOMSEN und DIENST).

Ein Organsystem ist allerdings wirklich eindeutig in der ersten Lebenszeit „unfertig": das *Zentralnervensystem.* BOGENDÖRFER hat in Tierversuchen gezeigt, daß die Infektabwehr vom Zentralnervensystem in der Tat beeinflußt wird. Ob aber gerade die hier doch wohl entscheidenden „vegetativen" Anteile des Nervensystems beim Neugeborenen „unfertig" sind, entzieht sich meiner Kenntnis. Immerhin mag man sich der quantitativ so erheblich anderen Ansprechbarkeit des vegetativen Systems in der ersten Lebenszeit z. B. auf Alkaloide (Atropin) hier erinnern.

Der starke Anteil des vegetativen Systems am Zustandekommen von Immunisierungsvorgängen aber scheint unbestreitbar (vgl. dazu BÉLAK und Mitarbeiter).

Neugeborener und allergische Reaktionen. An die Mehrzahl bisheriger Beobachtungen schließt sich ein weiterer Kreis von Tatsachen zwanglos an, wenn man sich erinnert, daß man heute vielfach bestrebt ist, die Immunitätsvorgänge in das weitere Gebiet allergischer Phänomene einzugliedern.

Allergische Reaktionen sind beim Neugeborenen und jungen Säugling selten oder fehlen ganz.

Junge Tiere reagieren auf wiederholte, parenterale Antigenzufuhr weder lokal noch allgemein (MOLL, zit. nach HELMREICH). Serumkrankheit ist beim jungen Säugling selten (FINKELSTEIN). Allergische Krankheiten wie Bronchialasthma, Heufieber, fehlen eigentlich vollkommen.

Erinnert man sich, daß das Dickgift als „Toxallergen" angesprochen wird, als ein Mittelding zwischen primärem Toxin und Allergen, so wäre hier die Unfähigkeit der Haut zur Ausbildung eines Scharlachexanthems oder einer positiven Dickprobe beim jungen Säugling zu nennen (PAUNC und CSOMA, COOK und Mitarbeiter). Auch das Nichterkranken von jungen Säuglingen an Scharlach, welche von ihren scharlachkranken Müttern gestillt werden, ist nicht selten zu beobachten (CORDIER, zit. nach NASSO, eigene Beobachtung). Wohl aber kann es in dieser Situation zu Streptokokkensepsis kommen (KLEINSCHMIDT). Eine diaplacentare Immunität kann dieses Nichterkranken an Scharlach also jedenfalls nicht erklären, da die Mutter sich ja soeben gerade als empfänglich erwiesen hat. Die Reaktionsträgheit der Haut junger Säuglinge mag für den negativen Ausfall von Hautproben noch herangezogen werden, das Überhaupt-nicht-erkranken findet darin aber keine Erklärung.

Merkwürdig gegenüber dieser geringen Antigenempfindlichkeit der ersten Lebenszeit ist freilich die Häufigkeit des „toxischen Neugeborenenerythems“, das von MAYERHOFER als Überempfindlichkeitsaktion gegen mütterliche Schwangerschaftskörper aufgefaßt wird.

Die Seltenheit allergischer Reaktionen in der ersten Lebenszeit findet eine teilweise Erklärung naturgemäß in der bei so kurzer Lebensdauer noch nicht möglich gewesenen Sensibilisierung. Aber das kann nicht der alleinige Grund sein, da die Erscheinung auch gegenüber erstmalig künstlich zugeführten Allergenen (artfremdes Serum) besteht.

Damit aber paßt diese Eigenart früher Altersstufen sehr gut in die Vorstellung von noch nicht voll ausgebildeten Fähigkeiten des *reticuloendothelialen Systems.* Denn zwischen diesem und der Ausbildung von Überempfindlichkeit oder allergischer Reaktionsfähigkeit bestehen zweifellos „intimere Beziehungen“, wie JUNGEBLUT zusammenfassend sagt.

Neugeborener und reticuloendotheliales System. Danach würde man eine wenigstens funktionelle Unfertigkeit (oder Andersartigkeit) des reticuloendothelialen Systems in der ersten Lebenszeit vermuten können.

Das Bestehen morphologischer Unterschiede dieses Systems gegenüber der späteren Lebenszeit haben die Untersuchungen I. BECKERS dargetan. Dazu kommt die starke Blockade dieses Systems beim Untergang der großen Blutmengen als Folge des Überganges zum sauerstoffreicheren extrauterinen Leben, die an sich schon ein erheblich anderes Reagieren bedingen muß (v. PFAUNDLER). Aus diesem Grunde sind die funktionellen Prüfungen des Systems in den BECKERschen Versuchen an Hunden nicht eindeutig. Dazu kommt, worauf ebenfalls v. PFAUNDLER hingewiesen hat, daß die Belastung junger und alter Tiere nicht als gleich intensiv angesprochen werden kann. KORSCH kam in etwas modifizierten Versuchen zu dem Ergebnis, „daß die Reticuloendothelien die Funktion der Verarbeitung von Infektionserregern wohl erfüllen, während die der Antikörperbildung überhaupt nicht vorhanden ist“.

Die Abwehrmaßnahmen des Neugeborenenorganismus gegenüber Infektionen sind also offenbar nicht auf einen gemeinsamen Nenner zu bringen. Das geht auch als Gesamtergebnis aus den ungemein zahlreichen Tierversuchen hervor, welche diese Verhältnisse zu klären suchten (vgl. bei SZACHAROFF). Das Verhalten junger Tiere wechselt außerordentlich, je nach der Art des verwendeten Infektionserregers und der Tierspezies, so daß von einem auch nur halbwegs einheitlichen Reagieren keine Rede sein kann.

2. Passive Immunisierung.

Der passive, d. h. ohne Zelltätigkeit erfolgende Erwerb immunisierender Stoffe kann — wenn wir vom bewußten Eingreifen des Arztes bei Injektionen von Immunserum absehen — auf zwei Wegen erfolgen:

1. Durch diaplacentaren Übergang der Stoffe von der Mutter auf das Kind (diaplacentare Immunisierung),

2. durch Aufnahme auf dem Wege des Verdauungstraktes (trophogene Immunisierung).

Diaplacentare Immunität. Der diaplacentare Übergang von Antikörpern von Mutter auf Kind ist sowohl in Tierversuchen als beim Menschen nachgewiesen. Ich habe die wichtigsten entsprechenden Befunde in Tabelle 104 zusammengestellt, hinsichtlich zahlreicherer weiterer Belege verweise ich auf die Zusammenstellung von v. PFAUNDLER sowie von BRAUN, HOFMEIER und v. HOLZHAUSEN.

Tabelle 104. Nachgewiesener diaplacentarer Übergang spezifischer Antikörper von Mutter auf Kind.

Antikörper	Nachgewiesen am	Autor
Diphtherieantitoxin . . .	Mensch	SCHÜTZ: Berl. klin. Wschr. **1905 II** v. GRÖER u. KASSOWITZ: Z. Immun.forsch. **22** f.; Erg. inn. Med. **13** (1914).
Diphtherieantitoxin . . .	Kaninchen Meerschweinchen	BOUVQUIN: Amer. J. Physiol. **59** (1922)
Diphtherieantitoxin . . .	weitere Tiere	vgl. bei BRAUN, HOFMEIER, v. HOLZHAUSEN im Handbuch der pathogenen Mikroorganismen, Bd. 1. 1929
Tetanusantitoxin	Mensch	TEN BROECK: Proc. Soc. exper. Biol. a. Med. **20** (1923); POLANO: s. bei BRAUN usw., a. a. O.
Typhusantikörper	Kaninchen	GUYER and SMITH: J. inf. Dis. **35** (1924)
	Mensch	Befunde widersprechend, vgl. BRAUN usw., a. a. O.
Pertussis-Amboceptoren .	Kaninchen	BENNHOLDT-THOMSEN: Z. Kinderheilk. **57** (1935); bestätigt für Kaninchen von MIYAKE REN [Mitt. med. Akad. Kioto **16** (1936)], für den Menschen von WEICHSEL u. DOUGLAS [J. clin. Invest. **16** (1937)]
Lues-Amboceptoren . . .	Mensch	STEINERT u. FLUSSER: Arch. Kinderheilk. **65** (1916); RIETSCHEL: Handbuch von JADASSOHN Bd. 19. 1926.
Pocken-Immunkörper . .	Kaninchen	SATO: Z. Immun.forsch. **32** (1921)

Bezüglich der besonders gründlich untersuchten Diphtherieantikörper zeigten Mutter und Kind nicht nur fast stets (in 137 von 143 untersuchten Fällen) eine qualitative, sondern in der Mehrzahl der Fälle sogar eine quantitative Übereinstimmung (v. GRÖER und KASSOWITZ). Nachuntersucher haben das bis in die neueste Zeit bestätigt (FRASER u. a.).

Immerhin scheinen die *verschiedenen Antikörper* sich nach dieser Hinsicht sehr *unterschiedlich* zu verhalten. So agglutinierten nach neuesten Untersuchungen von FELSEN und OSOFSKY 41 Mütter einen FLEXNER-Stamm von Dysenteriebacillen, von ihren Neugeborenen agglutinierte indessen kein einziges. Von 68 einen „PARK-HISS“-Dysenteriestamm agglutinierenden Müttern zeigten die Neugeborenen nur 8mal die gleiche Fähigkeit.

Die Tatsache diaplacentaren Immunkörperüberganges hat mancherlei Anwendungsvorschläge für das ärztliche Handeln gezeitigt, auf die hier nur verwiesen werden kann (HERRMANs Empfehlung der Masernprophylaxe in der ersten Lebenszeit durch bewußte Ansteckung unter dem Schutze der mitbekommenen Immunkörper; Tetanusprophylaxe Neugeborener durch aktive oder passive Immunisierung der Mutter nach NATTAN-LARRIER, RAMON und GRASSET).

Mit diesem diaplacentaren Antikörperübergang erklärt sich die oft festgestellte *Immunität des Neugeborenen* gegen Krankheiten, gegen welche sich die Mutter im Laufe ihres Lebens aktiv immunisiert hatte.

Wie jede passive Immunität ist ihre Dauer eine begrenzte, sie beträgt im Falle des Neugeborenen, wo eine vielleicht vollkommenste strukturelle Anpassung der Schutzstoffe an den eigenen Körper anzunehmen ist, bestenfalls Monate. *Sonst währt rein passive Immunität bekanntlich nur 2—3 Wochen.*

Trophogene Immunität. Seitdem durch EHRLICH der Übergang *passiver Immunkörper* auch *in die Milch* säugender Tiere nachgewiesen wurde, beschäftigten sich viele Untersuchungen mit dieser weiteren Erscheinung und vor allem mit ihrer Bedeutung für den Menschen.

Schon der Übergang solcher Antikörper in die Milch scheint bei den verschiedenen Tieren sehr zu schwanken, so daß eine Übertragung der dabei gewonnenen Erfahrungen auf die Verhältnisse beim Menschen vielen Schwierigkeiten begegnet.

Immerhin sind in *Frauenmilch* Diphtherieantitoxin, Staphylokokkenantikörper, Typhusagglutinine, verschiedene Komplemente nachgewiesen. Ihre Konzentration wird als etwa 100mal geringer als im Blutserum angegeben. Trotzdem würden sich für den kleinen Säuglingsorganismus durchaus nennenswerte, ja für Immunisierung hinreichende Antikörpermengen ergeben, wenn man die täglich auf dem Wege der Stillung zugeführten Mengen zugrunde legt (DEGKWITZ). Viel schwieriger aber ist die Frage zu entscheiden, ob derartige in der Milch vorkommende Antikörper bei Zufuhr durch die Säugung für eine „*trophogene Immunität*“ *des Säuglings* eine praktische Rolle spielen, d. h. in nennenswertem Ausmaße zur Resorption kommen.

Schon v. PFAUNDLER kam auf Grund aller bis zum Jahre 1908 vorliegenden Untersuchungsergebnisse zu dem Schlusse: „daß ziemlich zahlreichen Fällen negativen Befundes nur ganz vereinzelte, absolut einwandfreie mit positivem Ergebnis gegenüberstehen (Ehrlich, Römer). *Eine Übertragung aktiver oder passiver Immunität durch Säugung kann demnach zwischen artgleichen Individuen wenigstens bei gewissen Säugerarten in den ersten Lebenstagen vorkommen, doch ist dieses Vorkommnis keineswegs ein gesetzmäßiges, anscheinend auch kein häufiges*" (im Original gesperrt). Wesentlich Neues ist in dieser Frage seitdem nicht dazugekommen. So äußert sich auch Novak, der die Frage in letzter Zeit nochmals eingehend bearbeitet hat, sehr skeptisch.

Eine *Resorption artungleicher Antikörper vom Darm* her wird heute auf Grund von Tierversuchen durchweg abgelehnt. Bezüglich artgleicher Antikörper sind die Versuchsergebnisse nicht eindeutig.

Die von Moro sowie Kaumheimer nachgewiesene höhere Bactericidie des Serums von Brustkindern gegenüber jenem von Flaschenkindern muß keine trophogene Immunität darstellen. Darauf haben bereits v. Gröer und Kassowitz hingewiesen. Es kann sehr wohl sein, daß die entsprechenden Stoffe vom Brustkinde mit seiner vollphysiologischen Körperfunktion leichter gebildet werden. Dysenterieagglutinine stiegen bei Neugeborenen keineswegs gesetzmäßig an, wenn sie von ihren agglutinierenden Müttern gestillt wurden (Felsen und Osofsky). Ein längerer Bestand der diaplacentar erworbenen Immunität bei Kindern, die von ihren antitoxinführenden Müttern gestillt wurden, ließ sich nicht feststellen (Fraser).

So wird man wohl heute sagen müssen, *daß die trophogene Immunität zwar theoretisch interessant sein mag, daß sie aber für die Abwehr von Infektionskrankheiten beim menschlichen Säugling wohl praktisch keine nennenswerte Rolle spielen dürfte.*

Eine oft festgestellte erhöhte *Widerstandskraft* von *Brustkindern* gegenüber Flaschenkindern hat mit dieser Immunität nichts zu tun und darf nicht mit ihr verwechselt werden. Hier handelt es sich offenbar um eine ganz allgemein-biologische Folge besseren Gedeihens, physiologischeren Stoffwechsels und physiologischerer Gewebszusammensetzung natürlich ernährter Kinder, der diesen in ganz allgemeinen, unspezifischen (s. später) Abwehrfunktionen einen Vorsprung vor unnatürlich Ernährten gibt.

II. Weitere definierte Abwehreinrichtungen.

Wie schon erwähnt, dürfen wir uns die Abwehrkräfte des Organismus nicht auf die spezifische Antikörperbildung beschränkt denken, wenn wir auch über Einzelheiten anderer Abwehrmöglichkeiten noch recht ungenügend unterrichtet sind. An einige dieser Einrichtungen sei hier erinnert, da sie zweifellos Beziehungen — wenn auch bisher unbekannter Natur — zum Problem „Lebensalter und Infektabwehr" haben.

1. Phagocytose

durch die Metschnikoff*schen „Mikrophagen"*, die polymorphkernigen Leukocyten, die neben den aus dem Reticuloendothel-System stammenden „Makrophagen" tätig sind. Sie scheinen ganz besonders eine Rolle bei der Abwehr gegen Kokkeninfektionen zu spielen.

Bekanntlich schwankt ihr Anteil im Blut in den einzelnen Lebensaltern; daß sich trotzdem keine Parallelität dieser Schwankung mit klinisch nachweislicher Abwehrtätigkeit ergibt, zeigt, wie verwickelt das Problem liegt.

Oft angeführt ist jenes als „Status bacillaris" bezeichnete Ereignis, wo ein Eitererreger — nicht selten von der physiologischen Nabelwunde, aber auch vom Darm aus (z. B. bei Mastitis der Mutter) eindringend — sich hemmungslos im Körper vermehrt, ohne daß überhaupt zunächst eine Reaktion von seiten des Körpers erfolgt. (v. GRÖER und KASSOWITZ, DALÉAS, v. PFAUNDLER)

Diese Vorkommnisse überraschen mit Rücksicht auf die physiologische Neugeborenenleukocytose — bekanntlich ein offenbar hormonaler, entwicklungsfälschender („synkainogenetischer") Einfluß von der Mutter her. Auf Grund desselben müßte man eine besonders gute Abwehr erwarten, wenn es nur auf die Zahl von Mikrophagen ankäme.

2. Schleimhautimmunität.

Nach Untersuchungen von NEUFELD gibt es auch eine lokale „*Schleimhautimmunität*", welche in der Lage ist, die Schleimhaut passierende Mikroorganismen in ihrer Virulenz abzuschwächen. Analoges scheint übrigens an der Haut vorzukommen. Für jene Stoffe, an die diese Einrichtungen gebunden sind, hat DOLD die Bezeichnung „*Inhibine*" eingeführt. Leider sehen wir in dieser ganzen, praktisch wahrscheinlich so bedeutungsvollen Frage heute noch nicht klar. Aber gerade für diese Einrichtung scheinen altersgemäße, im Gewebe verankerte Unterschiede zu bestehen, indem diese Abwehrfunktion bei jugendlichen Organismen noch weniger ausgebildet ist.

3. Schienenimmunisierung.

Es besteht aber auch kein Zweifel, daß es noch eine große Zahl weiterer, heute vor allem noch nicht vom Standpunkt der allgemeinen Immunitätslehre begreifbarer weiterer Leistungen einzelner Organe in der Infektabwehr gibt. Ich erinnere hier nur an die merkwürdigen Beobachtungen, die von DOERR als „Schienenimmunisierung" bezeichnet wurden.

Hier erfolgt eine histogene (nicht humorale) Immunität eines Organs durch Wanderung eines Antigens entlang der Nerven.

Das Vorkommen dieser Erscheinung ist bisher nur im Tierversuch erwiesen, wo Herpesinfektionen von der Cornea aus zu Immunität des Gehirns gegen sonst vorhandene direkte Infektionsmöglichkeit führt. Jedoch denkt DOERR an die Möglichkeit solchen Geschehens auch beim Menschen, speziell gegenüber Poliomyelitis. Allerdings ist demgegenüber zu sagen, daß gerade bei dieser Krankheit virustötende Antikörper im *Blut* nachweisbar sind.

B. Komplexe Einflüsse auf Infektabwehr bzw. Disposition.

Als Einflüsse dieser Art wollen wir jene zusammenfassen, deren Wirkungsmechanismus nicht im einzelnen bekannt ist, insbesondere von denen es unsicher ist, ob sie über die bisher behandelte „spezifische Immunität“ oder ob sie über gewisse allgemeine Einrichtungen der Krankheitsabwehr zur Auswirkung kommen. Ihre Kenntnis lieferte zum großen Teil die unmittelbare ärztliche Erfahrung und Beobachtung.

I. Einflüsse mit wenigstens teilweise endogenen Komponenten.

1. Genusdisposition.

Genusresistenz. An der Spitze ist hier jene Tatsache zu stellen, die in der Namengebung leicht mit ganz anderen Erscheinungen verwechselt wird, nämlich des Geschütztseins einer zoologischen Gattung, hier speziell des Menschen, gegenüber für eine andere Gattung pathogenen Infektionen.

Zahlreiche andere Bezeichnungen für diese Erscheinung, die nicht selten gebraucht werden, sind mißverständlich und sollten vermieden werden. Schon die Beschränkung auf das Wort „*Resistenz*“ allein ist vieldeutig, es wird oft auch im Sinne von „erfolgreichem Überstehen einer Infektionskrankheit“ verwendet („die resistenteren Individuen überleben“). Völlig abzulehnen sind aber Bezeichnungen wie „*angeborene Resistenz*“ oder „*angeborene Immunität*“ oder endlich „*natürliche Immunität*“. In den beiden ersteren wird „angeboren“ mit „ererbt“ gleichgesetzt (v. PFAUNDLER), was nicht nur unzulässig ist, sondern auch leicht zu Verwechslungen mit ganz anderen immunbiologischen Erscheinungen Anlaß gibt (vgl. S. 289). Als „natürliche Immunität“ bezeichnen aber andere Autoren wieder eine auf „natürlichem“ (Gegensatz künstlichem) *Wege erworbene* Immunität, also wiederum etwas völlig anderes (vgl. S. 295).

Bei dieser Genusresistenz finden — bildlich gesprochen — die Angriffswaffen eines Erregers überhaupt keine Angriffsflächen.

Für diese Auffassung spricht beispielsweise die Möglichkeit eines freien Kreisens von Diphtherietoxin in der Blutbahn der resistenten Ratte, wie es LOCA und Mitarbeiter gezeigt haben.

Immerhin stellt eine Genusresistenz zuweilen *keine absolute*, d. h. nichtdurchbrechbare Eigenschaft einer zoologischen Art dar. Das haben manche tierexperimentelle Tatsachen gezeigt, die hier nicht im einzelnen erörtert werden können (Beispiel: Kaninchensyphilis).

Genusdisposition. Der vorgenannten Eigentümlichkeit steht — sozusagen als Spiegelbild — ein allgemeines Empfänglichsein für andere Infektionen gegenüber. Diese Genusdisposition für das *Erkranken* (nicht für den Infektionsablauf) ist eine so allgemeine, daß es ihr gegenüber keine rassenmäßigen Unterschiede beim Menschen gibt.

Wenigstens ist bis heute keine Ausnahme von dieser Regel bekannt geworden. Gegenteilige Angaben verdanken ihren Ursprung falscher Auslegung von Beobachtungen, die an Rassen verschiedenen Klimas, also verschiedener Umwelt, auch verschiedener Infektionswahrscheinlichkeit oder verschiedener Durchseuchung angestellt sind und sich damit in anderer Weise aufklären.

2. Rassendisposition.

Es wurde soeben dargetan, daß wir eine unterschiedliche *Empfänglichkeit* gegenüber Infektionen innerhalb des Genus homo bis heute nicht kennen. Diese Erscheinung hat sich auch bezüglich der einzelnen Menschenrassen bisher stets bestätigt. Gegenteilige Behauptungen ließen sich bisher durchweg auf die Wirkung unterschiedlicher Umweltfaktoren zurückführen, die natürlich sicher ausgeschlossen sein muß, bevor ein echter (d. h. erbbedingter) Rasseneinfluß als feststehend anerkannt werden kann. Dagegen scheinen hinsichtlich des Infektions*ablaufes*, hinsichtlich der Verlaufsschwere oder Art der Komplikationen rassenmäßige Unterschiede prinzipiell vorzukommen. Diese betreffen indes spezielle Fragen der Pathologie der einzelnen Infektionskrankheiten; gesetzmäßige, d. h. für alle oder wenigstens für eine Mehrzahl von Infektionen *gleichsinnig* geltende Verhältnisse haben sich bisher jedenfalls auch hier nicht gezeigt.

Gehen wir in der genotypischen Aufteilung des Menschengeschlechtes in der eingeschlagenen Richtung weiter über *Unterrassen* und *Stämme*, so sind erbbedingte Unterschiede namentlich im Infektions*ablauf* wohl auch hier zu erwarten. Jedoch sind unsere heutigen Kenntnisse in diesen Fragen noch viel zu gering, um auch nur allgemeinste Regeln aufstellen zu können. Gerade die soeben erhobene und wichtige „*Forderung von der Konstanz der übrigen (Umwelt-) Faktoren*“ stellt der Forschung bis heute fast unüberwindliche Schwierigkeiten entgegen.

3. Familiendisposition.

Greifbarer werden solche Einflüsse erst wieder bei Betrachtung von Empfänglichkeit und Infektionsablauf innerhalb von Familien. So scheint die Empfänglichkeit gegenüber dem Angehen von Infektionen — es kommen begreiflicherweise nur solche mit fakultativer Erkrankungsbereitschaft in Frage — bei Kindern von der gleichen Eigenschaft bei den Eltern beeinflußt zu werden.

WEITZ konnte beispielsweise feststellen, daß Kinder an Scharlach und an Diphtherie um so häufiger erkranken, je nachdem keiner, einer oder beide von den Eltern die Krankheit selbst durchgemacht haben. Naturgemäß würde hier ein echter Erbeinfluß vorliegen.

Des anscheinend *familiär gehäuften Vorkommens von Zweiterkrankungen* an der gleichen Infektion wurde S. 286 schon gedacht.

Merkwürdigerweise hat die Zwillingspathologie in diesen Fragen bisher zu keinem klaren, ja oft geradezu zu widerspruchsvollen Ergebnissen geführt. Das scheint vorwiegend methodische Gründe zu haben, wie ich andernorts ausführlich dargelegt habe.

Geläufiger ist die Beobachtung *familiärer Ähnlichkeit im Ablauf* von Infektionen oder in der Art auftretender Komplikationen.

Diese Erscheinung war wiederholt auf Grund von Erfahrungen bei einzelnen Familien wahrscheinlich gemacht worden; ihren *über*zufälligen Charakter konnte DE RUDDER dann statistisch erweisen.

Dazu muß allerdings betont werden, daß *Familiarität im Verhalten gegenüber einer Infektion nicht ohne weiteres mit Erbeinfluß gleichgesetzt* werden darf. Denn für Mitglieder der gleichen Familie, besonders für Geschwister gilt zumeist auch weitgehende Gleichheit der Umwelt, die doch ebenfalls die Reaktionsfähigkeit beeinflußt, sowie oft Übereinstimmung der Infektionsquelle (etwa hinsichtlich Massivität und Virulenz). Auch die „*Familiendisposition*" wird damit ganz ähnlich wie die „Altersdisposition" (s. u. 5) *zu einem komplexen Begriff*, der idiotypische und paratypische Komponenten enthält, die im Einzelfalle nicht immer zu trennen sind.

4. Geschlechtsdisposition.

Soweit nicht Unterschiede in der Lebensweise beider Geschlechter eine verschiedene Infektionsgefährdung ergeben, zeigen sich zwischen den Geschlechtern auch gegenüber Infektionskrankheiten fast ausschließlich nur jene bekannten statistischen Gesetze erfüllt, die S. 333 in anderem Zusammenhange behandelt werden, so daß hier nicht im einzelnen darauf eingegangen zu werden braucht.

5. Altersdisposition.

Versteht man darunter lediglich einen Ausdruck für die Tatsache, daß verschiedene Altersklassen sich in Empfänglichkeit und Ablauf von Infektionskrankheiten verschieden verhalten, so gibt es eine Fülle hierher gehöriger Erscheinungen. Nur muß man sich davor hüten, dem Begriff eine auch nur vorwiegend endogene (idiotypische) Komponente zu unterstellen.

Durchseuchungseinflüsse. Die Empfänglichkeit einer Alterstufe für eine Infektionskrankheit hängt, wie wir heute wissen, in der Mehrzahl der Fälle einfach ab von dem in dieser Altersstufe (und somit in deren Milieu) erreichten Grade von *Durchseuchung*. Die dabei auftretenden Gesetzmäßigkeiten können hier nicht erörtert werden, da sie für jede Infektionskrankheit ihre Besonderheiten besitzen.

Man erinnere sich hier nur an die Begriffe der stillen Feiung bei Scharlach, Diphtherie, Poliomyelitis, an die wechselnde Durchseuchung mit Darminfektionen in verschiedenen Bevölkerungen, an die Verhältnisse bei Tropenkrankheiten u.v.a.

Verhalten des Neugeborenen. Gewisser Besonderheiten des Neugeborenenalters — exogener und endogener Natur — wurde bei der spezifischen Immunität schon gedacht (vgl. S. 286).

Unterschiede im Infektionsablauf. Was den Infektions*ablauf* (einschließlich -hinfälligkeit) in verschiedenen Altersstufen betrifft, so gibt es mancherlei Besonderheiten, die jedoch keine einheitlichen

Gesetzmäßigkeiten zeigen, sondern meist nur für eine oder eine spezielle Gruppe von Krankheiten gelten.

Viele Infektionen verlaufen etwa mit zunehmend jüngerem Alter *schwerer* (etwa Pocken, Masern, Keuchhusten, Scharlach, zum Teil auch Diphtherie), andere *leichter* (anscheinend die gesamten Darminfektionen der Salmonellagruppe: Typhus-, Paratyphus-Enteritisgruppe, Ruhr).

Immerhin mag man sich daran erinnern, daß gelegentlich Umstände über den Verlauf einer Infektionskrankheit entscheiden, die überhaupt nicht über eine Beeinflussung echter Abwehrmechanismen sich auswirken.

Man denke an den rachitisch deformierten Thorax, der über ungenügende Durchlüftbarkeit der Lunge einen schwereren Pneumonieverlauf bedingt; oder an die „Pferchungsschäden", welche bei Masern, Pertussis, Grippe eine erhöhte Gefahr von Sekundärinfektionen zur Folge haben, denen dann der ohnedies anergisch reagierende Organismus (s. S. 301) leichter erliegt.

Wechselnde Organdisposition. Es gibt auch einige Beispiele für eine im Leben sich wandelnde Organdisposition gegenüber Infektionen, wenn darüber auch nicht mehr als mancherlei ärztliche Einzelbeobachtungen bekannt ist.

Am geläufigsten beweist das die Staphylomykose der Haut, die beim Neugeborenen als Pemphigus neonatorum („Pemphigoid"), beim älteren Kinde als Impetigo contagiosa verläuft. Zahlreiche direkte Übertragungsversuche haben das erwiesen. Es scheint von Interesse, daß unter gewissen Umständen (z. B. in der Masernparallergie, s. S. 301) noch beim Kleinkind eine Rückkehr in die Reaktionsfähigkeit des Neugeborenen erfolgen kann (eigene Beobachtung).

Auch für die unterschiedliche Altersverteilung von Bronchopneumonie und croupöser Pneumonie hat man solche Reaktionsverschiedenheiten unterschiedlicher Altersstufen verantwortlich gemacht, sei es ein durch Sensibilisierung erworbenes (Lauche), sei es ein endogenes Andersreagieren (Wiskott). Seit wir aber wissen, daß beiden Pneumonieformen zumeist verschiedene Erregertypen mit sogar grundverschiedenen Häufigkeiten innerhalb einer Bevölkerung zukommen, bedürfen diese Vorstellungen einer gewissen Revision.

6. Konstitutionstypen und Disposition.

Sozusagen an der Grenze zwischen dispositionellen Einflüssen aus Erbwelt und Umwelt müssen wir die Frage streifen, inwieweit bestimmte Dispositionen der hier erörterten Art sich mit bestimmten menschlichen Konstitutionen oder besser Konstitutions*typen* verbinden oder verbunden zeigen.

Unter Konstitution verstehen wir heute fast allgemein die zu einem gewissen Zeitpunkt gegebene Körperverfassung, Reaktionsfähigkeit, Reaktionslage des Organismus, die sich aus idiotypischen *und* paratypischen Komponenten zusammensetzt.

Zu dieser Auffassung haben sich nicht nur namhafte Kliniker und Pathologen bekannt, welche sich mit dem Konstitutionsbegriff eingehend befaßt haben (Martius, Krehl, Fr. Kraus, v. Pfaundler, Lubarsch, Rössle), sondern insbesondere auch die führenden Erbforscher (Lenz, Siemens, v. Verschuer). Das letztere ist deshalb besonders zu betonen, weil verschiedentlich versucht worden war, den Konstitutionsbegriff auf erbliche Komponenten einzuengen (TANDLER, J. BAUER, NAEGELI)[1]. „Eine befriedigende Definition der Konstitution ist noch nicht gelungen, dazu ist der Inbegriff verwickelter Tatbestände, der hinter dem Wort sich birgt, zu sehr aus dem praktischen Alltagsbedürfnis eines ganzen Komplexes von angewandten Wissenschaften, der Medizin, zusammengefaßt worden. Wie strittig auch die Einzelheiten sind, überall wird unter Konstitution eine praktische Gesamtverhaltensweise des Organismus verstanden, welche ein verwickeltes Zeugnis von Anlage *und* Umweltfaktoren ist und die organischen Reaktionen auf die körperlichen und seelischen Daseinszumutungen bestimmt (‚determiniert')" (HELLPACH).

Für unsere Zwecke bedürfen wir der im einzelnen versuchten Definitionen auch nicht. Jedenfalls war die Konstitutionsforschung bestrebt, die Menschen nach bestimmten Merkmalsgruppen in verschiedene Konstitutionstypen zu zerlegen und die Reaktionslage dieser Typen gegenüber verschiedenen Umwelteinflüssen zu studieren. Die in Bd. 1, S. 61 erwähnten Habitustypen gehören hierher. Ein unterschiedliches Verhalten dieser Habitustypen gegenüber Infektionen hat sich indes bis heute nicht erweisen lassen.

Lymphatismus. Dagegen wird der sog. „lymphatischen Konstitution" vielfach eine erhöhte Disposition für Infektionsanfälligkeit und Verlaufsschwere von Infektionen zugeschrieben (besonders für Diphtherie neuerdings SECKEL, BÖHNING), aber auch eine bessere Abwehr anderer Infektionen (Tuberkulose, KLARE).

Diese mit starker Ausprägung lymphatischer und lymphoider Gewebe einhergehende Körperbeschaffenheit ist bei ihrer Häufigkeit von 40% unter Kindern (SECKEL) jedenfalls nicht mehr als „Anomalie" anzusprechen. Andererseits fällt in allen Zahlenangaben ihr häufiges Zusammentreffen mit Pigmentarmut (heller Haut-, Augen- und Haarfarbe auf). Da Pigmentarmut hinwiederum gerade kennzeichnend für die nordische Rasse ist, läge der Schluß nahe, daß die lymphatische Konstitution eigentlich nur ein bevorzugtes Merkmal dieser Rasse ist. Dann aber würde die erhöhte Infektanfälligkeit und -hinfälligkeit dieses Konstitutionstypes ebenfalls mehr zu einer Rasseneigentümlichkeit werden.

Für die früher angenommenen Beziehungen der lymphatischen Konstitution zu großer Thymus, zum „*Status thymicus*" setzt sich seit den bahnbrechenden Untersuchungen HAMMARs (vgl. Bd. 2, S. 47) glücklicherweise mehr und mehr die Erkenntnis durch, daß die Wissenschaft hier einen Irrweg gegangen ist, der endlich aufgegeben werden muß.

Auf die Gründe der heutigen Unhaltbarkeit der bisherigen Lehre vom „Status thymicus" hier einzugehen, würde indes den Rahmen dieses Abschnittes überschreiten[2]. Jedenfalls wissen wir seit den Untersuchungen HAMMARs, daß der Thymus des Gesunden sehr viel größer ist als man auf Grund der Sektionserfahrungen an Kranken früher annahm, da er selbst bei kürzestem Kranksein enorm an Masse abnimmt.

[1] Zu diesen Fragen vgl. insbesondere v. PFAUNDLER: Klin. Wschr. **1922 I**, 817 und v. VERSCHUER: Klin. Wschr. **1929 I**, 769 (dort auch weitere Literatur).

[2] Vgl. dazu u. a. Med. Welt **1937**, 945.

II. Exogene Einflüsse.

1. Ernährung und Disposition.

Merkwürdig unzulänglich im einzelnen sind unsere Kenntnisse über das Wirken eines eindeutigen Umwelteinflusses auf den Infektionsprozeß: der Ernährung.

Für die ganze Problemstellung wichtig scheint mir ein Hinweis von THOMAS: „Bei Versuchen über den Zusammenhang von Ernährung und Infektion ist scharf zu unterscheiden die Frage der Beeinflussung einer bestehenden Infektion durch eine bestimmte Ernährung und die Frage des Verlaufes einer Infektion bei oder nach einem bestimmten Ernährungsstand" (im Orginal gesperrt). Die Ernährung des *Kranken*, die Frage der Heilnahrung steht hier naturgemäß nicht zur Erörterung. Im übrigen ist es zweckmäßig, zu unterscheiden zwischen der Bedeutung:

a) der Calorienzufuhr,
b) der Korrelation der Grundnahrungsstoffe,
c) der Ergänzungsstoffe (Vitamine).

Bedeutung der Calorienzufuhr. Eine sehr alte und fast banal klingende ärztliche Erfahrung besagt etwa, daß *ein abgemagerter oder hungernder Körper Infektionen schwerer überwindet als ein Körper in gutem Ernährungszustand.*

Hier handelt es sich nicht etwa um eine Steigerung der Infektionsanfälligkeit, als vielmehr der -hinfälligkeit, eine Erfahrung, die sich besonders beim Studium der Beziehungen von Seuchen und Hungersnöten ergab (KISSKALT). Namentlich *chronische Infektionen* (Tuberkulose, Malaria) werden ungünstig beeinflußt. Daß in Zeiten von Hungersnöten die Menschen sehr oft von Seuchen heimgesucht werden, hat andere Gründe und darf damit nicht verwechselt werden — es steigen in diesen Situationen die Infektionsmöglichkeiten ganz besonders für alle Nahrungsmittel- und Ungezieferinfektionen (für die „Seuchen der Unkultur").

In guter Übereinstimmung mit obiger Erfahrung steht die Beobachtung von L. F. MEYER, daß dystrophische Säuglinge sich zwar nicht anfälliger für Grippeinfektionen erweisen als Gesunde, daß sie aber der Infektion leichter erliegen.

Wie die Wirkung solch schlechten Ernährungszustandes im einzelnen zustande kommt, ist nicht aufgeklärt, wenngleich wir uns naturgemäß sehr leicht gewisse allgemeine und wenigstens „plausible" Vorstellungen in dieser Richtung machen können. Sie bedürfen wohl keiner ausführlicheren Darstellung. Wenn wir Einzelheiten nicht kennen, so liegt das vor allem daran, daß wir über die Gesamtheit der einer Infektabwehr dienenden Vorgänge im Körper eben noch sehr unzulänglich unterrichtet sind, wie oben schon erwähnt.

Bedeutung der Korrelation der Grundnahrungsstoffe. Im übrigen hat es den Anschein, daß für die Beziehungen von Ernährung zu Infektabwehr auch gewisse feine Korrelationen der Nahrungsstoffe, besonders das gegenseitige Verhältnis der Eiweiß-, Fett- und Kohlehydratzufuhr eine Rolle spielen können. Ihre Wirksamkeit müssen wir uns wohl im Sinne eines optimalen oder andererseits unphysiologischen Aufbaues der Körpergewebe denken. Daß die *Zusammensetzung des Körpergewebes bei verschiedener Ernährung weitgehende Verschiedenheiten* aufweist, haben die ausgedehnten Tierversuche von DEGKWITZ und Mitarbeitern einwandfrei gezeigt. Auch WEIGERT hatte bereits auf Unterschiede im Wasserreichtum der Organe bei verschiedener Ernährung hingewiesen.

Der im allgemeinen (wenigstens eindrucksgemäß vorhandenen) größeren Widerstandskraft von Brustkindern gegenüber Flaschenkindern wurde schon gedacht (S. 291). Dort war auch erörtert worden, daß wir für das Wirken einer spezifischen, trophogenen Schutzstoffübertragung beim Menschen bisher keine sicheren Anhaltspunkte haben. Auf dieser Ebene liegen auch die Fragen, inwieweit mästende, insbesondere *kohlehydratreiche Kostformen* eine ungünstige Infektabwehr oder eine erhöhte Neigung zu (vor allem auch unspezifischen) Infekten bedingen.

Naturgemäß lebt bei dieser ganzen Erörterung die alte Frage nach der „optimalen" Ernährung des Menschen, hier speziell des Kindes hinsichtlich des Verhältnisses der Grundnahrungsstoffe wieder auf. Darauf kann hier nur hingewiesen werden.

Besonders CZERNY dachte dabei an eine unphysiologische Wässerung der Gewebe durch solche Kostformen. „Sehr zahlreiche Beobachtungen sprechen dafür, daß wir die natürliche Immunität der Kinder am glücklichsten gestalten, wenn wir dafür sorgen, daß der Wassergehalt ihres Körpers von den ersten Monaten an ständig abnimmt . . . durch die Art der Ernährung werden in dieser Hinsicht die größten Fehler gemacht, als deren letzte Ursache wir die Bewertung der Kinder nach ihrem Körpergewicht bezeichnen möchten. Es wird nicht Rücksicht darauf genommen, daß ein großes Körpergewicht meist nur in einer starken Anreicherung des Körpers mit Wasser seine Ursache hat."

Es wäre sehr dankenswert, diese Hypothese, die insbesondere auch für die Scharlachempfänglichkeit gelten soll, an der Streuungskurve des Körpergewichtes Scharlachkranker einmal zu prüfen. Denn es fehlen leider bisher durchweg zahlenmäßige Belege, welche diese Annahme qualitativ erhärten oder quantitativ veranschaulichen. Für Diphtherie-Erkrankte fand BÖHNING jedenfalls keine Abweichung des Körpergewichtes vom sonstigen Durchschnitt. In Fütterungsversuchen an Ferkeln, dem wie erwähnt besten Versuchstier für Analogieschlüsse auf die menschliche Pathologie, fand THOMAS, daß eine einseitige (eiweiß-, fett-, kohlehydratreiche) Ernährung den Verlauf einer nachträglich gesetzen Tuberkuloseinfektion nicht nennenswert beeinflußt. Dabei erfolgte in der Inkubation absichtlich ein Nahrungswechsel. Läßt man die einseitige (z. B. fettreiche bzw. fettarme) Ernährung während des

Ablaufes der Infektion bestehen (WEIGERT), so schneiden die Kohlehydratferkel ungünstiger hinsichtlich des Tuberkuloseverlaufes ab.

Auch Versuche (am Ferkel), das immunbiologische Verhalten bei verschiedener Ernährung an bestimmten Bluttitern (Komplementgehalt, opsonischer Index) zu bestimmen, verliefen negativ (HORNEMANN). Zu einem gleichfalls negativen Ergebnis bezüglich Hämolysin-, Agglutinin-, Bakteriolysinbildung bei extrem fettreich bzw. kohlehydratreich gefütterten Hunden war KLEINSCHMIDT gekommen.

So wird man feststellen müssen, daß die bisher zu dieser Problemstellung vorliegenden Tatsachen recht spärliche sind.

Bedeutung von Ergänzungsnährstoffen (Vitaminen). In der gegenwärtigen zweifellosen Überbewertung der Vitaminfragen wird mancher besonders an derartige Einflüsse denken. Dafür spricht zunächst die Beobachtung, *daß ein avitaminotischer, also kranker oder ein diesem Zustande naher Organismus Infektionen leichter erliegt als ein gesunder Organismus.*

Dieser Erfahrungssatz ist unbestreitbar. Es liegt hier vielleicht nur eine speziellere Ausprägung des vorgenannten „Hungerzustandes" vor. Aber auch in dieser Situation ist es eben ein bereits anderweitig *kranker* oder dem Kranksein doch naher Organismus.

Damit ist jedoch noch nicht im entferntesten bewiesen, daß eine *über*reichliche Zufuhr von Vitaminen dem vorbeugt oder gegenteilig wirkt. Auch hier könnte, wie so oft, das sicherlich breite Optimum „in der Mitte" liegen.

Vielfach wird heute eine Therapie von Infektionskrankheiten durch Vitaminzufuhr gerühmt. Ganz abgesehen davon, daß viele dieser Angaben einer kritischen Nachprüfung nicht standgehalten haben, ist hier ein weiterer Umstand zu bedenken. Vitamine sind für den Körper namentlich in der heute vielfach erhältlichen Reinheit hochaktive Wirkstoffe, welche Stoffwechselvorgänge im Körper erzwingen können, die bei der physiologischen Infektabwehr gar nicht vorkommen (deshalb allerdings durchaus noch erstrebenswert sein können). Das gilt ganz besonders für die ihrer Natur nach unphysiologische (gleichwohl unter Umständen notwendige) „parenterale" Zufuhr. Therapeutische Erfolge dürfen aber damit noch lange nicht in Richtung physiologisch sich findender Einflüsse oder vorangehenden Vitaminmangels gedeutet werden.

Die Existenz eines „antiinfektiösen" Faktors hat sich für den Menschen bis heute nicht erweisen lassen. Prophylaktische Gaben von C-Vitamin schränken die Anfälligkeit für unspezifische Infekte nicht ein (M. PETERS).

Ganz besondere Kritik ist aber notwendig in der *Übertragung von Tierversuchserfahrungen auf den Menschen.*

Und zwar aus folgenden Gründen:

1. Es gibt (außer dem Schwein) kaum ein Tier, das in seinen physiologischen Ernährungsverhältnissen dem Menschen auch nur entfernt nahe kommt. Die meisten Versuchstiere sind teils reine Pflanzenfresser, teils reine Fleischfresser. Auf diesen wichtigen Umstand für Tierversuche zum Thema Ernährung und Infektion hat bereits THOMAS vor langem hingewiesen.

2. Der Bedarf verschiedener Tierklassen an den einzelnen Vitaminen ist ein völlig unterschiedlicher, es gibt Nahrungsfaktoren für den Menschen die unentbehrlich für ihn, entbehrlich für gewisse Tierarten sind und umgekehrt.

3. Die gerade den Kinderarzt praktisch interessierenden Infektionen sind im allgemeinen ausgesprochen auf den Menschen beschränkt. Verschiedenen Infektionen gegenüber können jedoch größte Unterschiede in den Abwehrvorgängen des Körpers bestehen, was ja oft gerade die Aufstellung allgemein gültiger Gesetzmäßigkeiten unmöglich macht.

Diese kritische Stellungnahme zum Vitaminproblem schien mir nötig in einer Zeit uferloser Behauptungen und Anpreisungen in dieser Richtung.

2. Parallergie.

Das Überstehen einer Infektionskrankheit schafft Dispositionen für das Angehen oder die Verschlimmerung einer anderen Infektion, verändert also die Reaktionsweise des Organismus jenseits der Spezifität.

An der Grenze zwischen Erb- und Umwelteinflüssen liegen diese Vorgänge deshalb, weil die auslösende Infektion ja unter beiderlei Einflüssen abgelaufen war. Wir verdanken MORO die klare Fassung des Problems dieser von ihm als „Parallergie" genannten Erscheinung.

„Unter Parallergie verstehen wir eine von der spezifischen Allergie induzierte Reaktionsveränderung des Organismus gegenüber unspezifischen, d. h. vom primären Allergen verschiedenen Reizstoffen belebter oder unbelebter Natur" (MORO-KELLER).

Hier handelt es sich also nicht etwa um eine „Konkurrenz der Antigene" mehrerer, im Körper sich gleichzeitig abspielender Infektionen. Es haben ja insbesondere die Erfahrungen mit künstlicher, aktiver Immunisierung gezeigt, daß der menschliche Körper sehr wohl gleichzeitig gegen mehrere Antigene spezifische Abwehrstoffe zu bilden imstande ist. Bekanntlich hat man für die Praxis verschiedentlich empfohlen, diese Fähigkeit in „kombinierten Impfstoffen" auszunutzen.

In das Gebiet der parallergischen Vorgänge zählen vielmehr manche sehr geläufige Erscheinungen. Gewisse Infektionskrankheiten hat man geradezu als *Schrittmacherkrankheiten* für andere bezeichnet. Masern, Keuchhusten, Grippe sind ungewöhnlich (d. h. überzufällig) häufig von Bronchopneumonien, Otitiden oder einem Aufflackern bisher latenter Tuberkulose gefolgt. Dabei waren die Erreger der zweiten Krankheit seit langem im Körper, bei der Bronchopneumonie sogar als Saprophyten. Es müssen also bisherige Abwehrkräfte durch die primäre Infektion gesenkt, bisherige Hemmungen durch sie beseitigt worden sein. Nicht selten geschieht sogar dieser Vorgang zeitlich normiert oder er ist wenigstens in verschiedenem Abstande von der Grundkrankheit verschieden häufig, statistisch gesprochen verschieden wahrscheinlich. So flackern die Masernkomplikationen bevorzugt nach annähernd einer „Reaktionsdekade" im „zweiten Kranksein" auf. In der gleichen Zeit wandelt sich eine bisher vorhandene Tuberkulinallergie vorübergehend in eine Anergie.

Die Körpergewebe verraten um diese Zeit ihre darniederliegende Abwehrfähigkeit in der Neigung zu reaktionsloser Nekrose (Ekthyma, Noma), in der Unfähigkeit zu kräftiger Eiterung. An all diese zahlreichen klinischen Erfahrungen sei hier nur erinnert.

Einzelheiten über die der Parallergie zugrundeliegenden Körpervorgänge sind bisher nicht bekannt.

3. Bioklimatische Dispositionen.

Unter den Umwelteinwirkungen auf den Menschen, welche Angehen oder Ablauf von Infektionen beeinflussen, sind des weiteren Wirkungen der Atmosphäre zu nennen. Diese „bioklimatischen" Einflüsse teilt man zweckmäßig

a) in solche von atmosphärischen Zuständen (klimatobiologische Einflüsse),

b) in solche von atmosphärischen Vorgängen (meteorobiologische Einflüsse).

a) Klimatobiologische Dispositionen.

Es muß auch hier betont werden, daß geographische Unterschiede im Vorkommen einer Infektionskrankheit keineswegs über dispositionelle Änderungen am Menschen erfolgen müssen. Das einfachste gegenteilige Beispiel ist der Fall geographisch begrenzten Vorkommens eines Krankheitserregers, wie es fast alle typischen „Tropenkrankheiten" besitzen.

Von den hier in Betracht kommenden Einflüssen muß nachgewiesen sein, daß der *Mensch sich trotz vorhandener Infektionsgelegenheit in verschiedenen Klimaten verschieden verhält.* Die Existenz solcher Einflüsse ist bis heute erst durch einige, allerdings gut fundierte Beispiele belegbar. Ich erwähne diese nicht im Sinne von Einzelheiten spezieller Infektionskrankheiten, sondern nur als Beleg für die Existenz solcher Einflüsse überhaupt.

Eine Anzahl von Infektionskrankheiten wird trotz nachweislichen Kontaktes des Menschen mit den Erregern mit abnehmender geographischer Breite seltener und leichter.

Der Nachweis ist erbracht für Scharlach, Diphtherie, epidemische Kinderlähme, wahrscheinlich gilt gleiches für epidemische Genickstarre. Dabei habe ich absichtlich nur von „geographischer Breite" gesprochen, um nicht etwa durch die Bezeichnung „Tropen" zu unterstellen, daß erhöhte Luftwärme oder erhöhte Sonnenstrahlung den Wandel bedingt, worüber wir bis heute nichts wissen. Es läßt sich bisher bei der Allgemeinheit der Erscheinung nur sagen, daß mit größter Wahrscheinlichkeit klimatische Einflüsse und nicht etwa Einflüsse der sonstigen Lebensweise des Menschen hier vorliegen.

Eine sehr interessante, bisher wegen der technischen Schwierigkeit des Nachweises wohl vereinzelte Beobachtung liegt auch hinsichtlich orographischer Lage von Siedlungen vor: *Manche Infektionskrankheiten scheinen in verschiedener Meereshöhe verschieden schwer zu verlaufen.*

Der Nachweis dieses Vorkommnisses ist bisher nur für Scharlach und Diphtherie an zwei eng benachbarten, aber in sehr verschiedener Meereshöhe liegenden Städten Südamerikas erbracht (Doull und Mitarbeiter). Der Verlauf in Meereshöhe war durch Jahre leichter als in größerer Höhenlage (bei rassisch gleich zusammengesetzter Bevölkerung und, wie erwähnt, eng benachbarten Orten).

b) Meteorobiologische Dispositionen.

Auch für ihren Nachweis bedarf es vor allem des Ausschlusses zeitlich wechselnder Infektionswahrscheinlichkeit. Aber auch dann muß erst noch im einzelnen untersucht werden, ob ein zeitlicher Wechsel im Vorkommen der Krankheit über dispositionelle Änderungen des Menschen erfolgt, d. h. ob diese Änderungen durch direktes Angreifen des atmosphärischen Vorganges am *Menschen* zustande kommen.

Frontenwirkungen: *Der Ausbruch vieler Infektionskrankheiten ist beim einzelnen Menschen an Tagen mit Wetterfronten wahrscheinlicher als an meteorisch ungestörten Tagen* (Meteorotropismus von Krankheiten).

Meteorotropismus und Inkubationszeit. Es mag im Hinblick auf die früheren Ausführungen hier zunächst die Frage aufgeworfen werden, ob dieser Erfahrungssatz nicht unseren Vorstellungen von der „Inkubationszeit" widerspricht. Dazu wäre zunächst zu betonen, daß Erfahrungssätze niemals widerlegt werden können, sondern unsere Vorstellungen sich ja auf diese aufbauen und mit ihnen rechnen müssen. Daß hier aber überhaupt nicht der mindeste Widerspruch mit bisherigen Vorstellungen vorliegt, geht daraus hervor, daß Infektionskrankheiten mit normierter Inkubationszeit niemals einen Meteorotropismus aufweisen.

Dieser findet sich gerade bei *Infektionskrankheiten* mit *inkonstanter Inkubationszeit.* Und hier entscheidet eben der vom Wettervorgang nachweisbar beeinflußte Reaktionszustand des menschlichen Körpers über die Dauer der Inkubation innerhalb einer gewissen, durch die Natur der Infektion gegebenen zeitlichen Spannweite.

Jahreszeitenwirkungen. Sehr viel verwickelter hinsichtlich des Zustandekommens liegen die *jahreszeitlichen* Schwankungen, die sich bei vielen Infektionswahrscheinlichkeiten finden. Jahreszeitlicher *Wechsel in Lebensgewohnheiten* (damit in Infektions- und Schadensmöglichkeiten) sowie *Ernährung* des Menschen, also äußere Momente, spielen hier eine große Rolle, von diesen abgesehen, hat sich aber auch vielfach ergeben, daß *die Reaktionsweise des menschlichen Körpers zu verschiedenen Jahreszeiten nachweislich verschieden ist.*

Diese Erscheinung findet sich schon bei Krankheiten nichtinfektiöser Natur, kann hier also ausschließlich durch Änderungen im Körper selbst zustande kommen. Solche Wandlungen müssen freilich keineswegs ausschließlich durch direkte klimatische Einflüsse auf den Menschen erfolgen. Die Erörterung all jener Umstände, die diese Änderungen im einzelnen vollziehen, würde hier zu weit führen. Eine große Rolle in der jahreszeitlich sich ändernden Reaktionsweise des Menschen spielt ganz besonders — das mag angefügt sein — der Wechsel in der Ultraviolettstrahlung der Sonne, der vorwiegend durch den Jahresgang in der Neigung der Erdachse zur Einstrahlungsrichtung der Sonne entsteht. Ein weiterer Faktor für jahreszeitlich sich ändernde Körpervorgänge ist höchstwahrscheinlich in der wechselnden Intensität und Menge des vom Auge wahrgenommenen sichtbaren Lichtes zu sehen, das über die Hypophyse zur Wirkung kommt.

Für einzelne Infektionskrankheiten (Diphtherie, Tuberkulose, Malaria) läßt es sich bis heute in der Tat außerordentlich wahrscheinlich machen, daß jahreszeitlich schwankendes Vorkommen über diese jahreszeitlich wechselnde Reaktionsweise, also Disposition des Menschen geht. Für andere fehlt vorerst dieser Beweis oder der Jahresrhythmus findet sogar eine andere Aufklärung.

Klimaperioden. Oft diskutiert wurde endlich gerade in den letzten 20 Jahren die Frage, ob die Disposition des Menschen durch langperiodische atmosphärische (klimatische oder geophysikalische) Vorgänge, durch sog. „*Klimaperioden*“ beeinflußt wird. In dieser Frage muß man zunächst klar scheiden, ob man an solche Einflüsse glauben will, oder ob man sie als nachgewiesen betrachtet. Den *Glauben* an die Existenz solcher Einflüsse wird kaum jemand bestreiten, der sich nur irgendwie mit bioklimatischen Fragen beschäftigt. Verwertbar für uns wird dieser Glaube aber erst dann, wenn es gelingt, den tatsächlichen Existenzbeweis im einzelnen zu führen, denn wir wollen sowohl als Naturwissenschaftler wie als Ärzte ja mit *bekannten* Einflüssen rechnen, entweder um Voraussagen zu ermöglichen oder um Unbekanntes zu erklären bzw. dem Verständnis näher zu bringen und in unser sonstiges wissenschaftliches Weltbild einzuordnen. Unbekanntes mit Unbekanntem zu erklären, befriedigt wenig.

Was nun den Existenzbeweis eines Einflusses solcher Klimaperioden auf den Menschen betrifft, so fehlt dieser bisher völlig. Aber selbst wenn man die Fragestellung verallgemeinert, etwa ob das zeitlich wechselnde Vorkommen einer Seuche mit Klimaperioden oder anderen geophysikalischen Perioden zusammenfällt, so sind dafür nur ganz spärliche Ansätze vorhanden. Oft, allzuoft behauptet, sind solche Einflüsse in den meisten Fällen schon beim Studium der Originalarbeiten noch nicht einmal evident. Einige *Ansätze* bezüglich der noch verhältnismäßig kurzen, etwa 11jährigen Perioden der Sonnenfleckenmaxima und ihres Einflusses auf Seuchenvorkommen (Cerebrospinalmeningitis) sind vorhanden. Diese Befunde können indes hier nur angedeutet werden; für ärztliche Voraussage oder ärztliches Handeln spielen sie noch keine Rolle.

4. Weitere Umwelteinflüsse.

Nicht ganz selten beobachtet man ein Erkranken an einer Infektionskrankheit nach bislang praktisch bewiesener, oft jahrelang bestandener Immunität.

Diese Erscheinung findet sich besonders eindrucksvoll an Ärzten und Schwestern auf Infektionsabteilungen, welche zuweilen nach jahrelangem täglichen Kontakte mit dem Infektionserreger erkranken. Dabei scheint mir beachtenswert, daß dieses Ereignis sich niemals bei jenen Krankheiten findet, die nach sonstiger Erfahrung eine sehr dauerhafte Immunität zu hinterlassen pflegen.

Jedenfalls muß aus solchen Vorkommnissen das *gelegentliche Auftreten von Immunitätssenkungen gefordert werden.* Zuweilen mag man greifbare äußere Ursachen dafür finden: *Klimawechsel, psychische Traumen* (für deren Wirksamkeit v. KHRENINGER-GUGGENBERGER sogar den tierexperimentellen Beweis erbringen konnte), größere *körperliche Anstrengungen, Operationen, vorangegangene* „schwächende“ *Erkrankungen* („Parallergien“, vgl. S. 301), *Reisen.*

Zuweilen lassen sich solche Immunitätssenkungen auch durch immunbiologische Proben direkt nachweisen (etwa das von HAMBURGER beobachtete Positivwerden eines bisher negativen Schicktestes).

Dieses Erkranken auf neue Infektion nach vorangegangenem Nichterkranken „auf bisherigen Kontakt mit den Erregern“ erinnert an eine Erscheinung, die man zumeist als „temporäre Resistenz“ bezeichnet hat. Es ist bei Kindern besonders gegenüber Masern gelegentlich, wenn auch selten, zu beobachten, daß ein Erkranken auf sichere Infektionsgelegenheit hin zunächst nicht, wohl aber dann bei späterer erneuter Infektionsgelegenheit erfolgt. Möglicherweise handelt es sich hier um eine prinzipiell gleiche Erscheinung, wie bei den soeben besprochenen Immunitätssenkungen, nur daß dieses Vorkommnis hier besonders auffällt, da Masern zu den Krankheiten mit nahezu 100%iger Erkrankungsbereitschaft des Menschen gehören.

Immerhin hat PERCY STOCKS in sehr sorgfältigen Erhebungen wahrscheinlich machen können, daß eine durch Erregerkontakt ohne Erkrankung zustandekommende, allerdings stets nur vorübergehende Feiung auch gegen Masern vorzukommen scheint. Und CLAUSSEN ist geneigt, solches für jene einwandfrei beobachteten Fälle anzunehmen, in denen von eineiigen, zusammenwohnenden Zwillingen nur einer an Masern erkrankt.

Vielleicht gehört hierher endlich auch ein Teil der S. 286 schon erwähnten echten (d. h. nach Neuinfektion erfolgenden) „Zweiterkrankungen“ an der gleichen Krankheit.

5. Vielzahl der Bedingungen.

Ein Allgemeines mag zum Schlusse noch angefügt sein. Wir haben jedenfalls eine Reihe dispositioneller Faktoren kennengelernt und es gibt deren sicher noch eine ganze Anzahl, die in Wirkungsausmaß oder Angriffsweise noch nicht feststehen, wenngleich sie guter Beobachtung am Krankenbett entstammen und als solche unbestreibar sind. Man denke etwa an körperliche Anstrengung, Traumen, seelische Aufregungen. Man muß sich auf jeden Fall vorstellen, daß diese verschiedenartigsten dispositionellen Faktoren sich summieren (ja vielleicht nach bislang nicht genauer bekannten Gesetzen sich multiplizieren oder sogar potenzieren) können. Wir werden daraus den Schluß zu ziehen haben, wie viele Faktoren im einzelnen oft *zusammen* wirken müssen, damit es auf manche Infektion hin zum Erkranken kommt. Die Infektion bleibt in dieser Vielheit von Bedingungen nach wie vor die einzige „*Grund*bedingung", die Conditio sine qua non, die wir also weder überwerten, noch weniger aber vergessen dürfen. Die anderen, sich summierenden Bedingungen werden vom Arzt verschieden bewertet werden, je nach Lage des Falles, je nach subjektiver Einstellung des Arztes, je nachdem sie im Einzelfalle ermittelt werden können oder nicht. Nur eine — neben der Infektion *zweite* — Bedingung drängt sich dem Arzte nicht selten wieder unmittelbar auf. Es ist jene, die das Maß zum (sichtbaren) Erkranken vollmacht, die „*Auslösung*" bringt. Diese „*Schluß*bedingung" sozusagen erscheint dann nur zu leicht und in zu enger Auslegung als die „Ursache" schlechthin, wo in Wirklichkeit eine Vielzahl von Ursachen, von Bedingungen zusammentraf. Je mehr Bedingungen aber als beteiligt erkennbar sind, um so mehr Möglichkeiten der Beeinflussung bieten sich dem Arzt.

Literatur.

BECKER: Z. exper. Med. **62**, (1928); Krkh.forsch. **5**, 343 (1928).
BÉLAK u. Mitarbeiter: Z. exper. Med. **52** (1926); **75** (1931) (dort weitere Literatur).
BENNHOLDT-THOMSEN: Mschr. Kinderheilk. **62**, 64 (1934); Z. Kinderheilk. **57**, 532 (1935); **60**, 445 (1938).
BIELING: Klin. Wschr. **1923 II**, 1245.
BÖHNING, FR.: Diphtherie und Konstitution. Leipzig 1937.
BOGENDÖRFER: Arch. exper. Path. u. Pharm. **124**, **126**, **133** (1927/28).
BRAUN, HOFMEIER u. v. HOLZHAUSEN: In KOLLE, KRAUS, UHLENHUTH: Handbuch der pathogenen Mikroorganismen, Bd. 1. Jena-Berlin 1929.
BÜHLER: Verh. dtsch. Ges. inn. Med. **49**, 368 (1937).
CLAUSSEN: Zbl. inn. Med. **58**, 897 (1937).
COCA, RUSSEL and BAUGHMAN: J. of Immun. **6**, 387 (1921).
COOK, KEITH and ERMASTINGER: Amer. J. Dis. Childr. **34**, 969 (1927).
CZERNY: Klin. Wschr. **1922 I**, 562.
DALÉAS: Internat. Clin. **1**, 99 (1921).
DEGKWITZ, R.: Milch. Handbuch von PFAUNDLER-SCHLOSSMANN, 4. Aufl., Bd. 1. Berlin 1931.

DEGKWITZ u. Mitarbeiter: Z. Kinderheilk. **37**, 27 (1924); Mschr. Kinderheilk. **29**, 592 (1925).
DOERR: Klin. Wschr. **1936 I**, 1062.
FELSEN and OSOFSKY: Amer. J. Dis. Childr. **53**, 975 (1937).
FRANKENSTEIN: Z. Kinderheilk. **25**, 12 (1920).
FRASER and HALPERN: Trans. roy. Soc. Canada, V. Biol. Sci., III., s. **27**, 91 (1933).
GINS: Beitrag zur Pathogenese und Epidemiologie der Infektionskrankheiten. Leipzig 1935.
GRÖER, v. u. KASSOWITZ: Erg. inn. Med. **13** (1914); Z. exper. Med. **71**, 622, 646, 655 (1930).
HAMBURGER: Mschr. Kinderheilk. **31**, 376 (1926).
HANSEN: Z. Kinderheilk. **60**, 181 (1938).
HECHT, A. F.: Z. Kinderheilk. **43**, 149 (1927); Wien. klin. Wschr. **1927 I**, 1097.
HELMREICH: Physiologie des Kindesalters. Berlin 1931.
HORNEMANN: Biochem. Z. **57** (1913).
JUNGEBLUT: Erg. Hyg. **11**, 1 (1930).
KAUMHEIMER: Zbl. Bakter. **49**, 208 (1909).
KHRENINGER-GUGGENBERGER, v.: Arch. Hyg. **110**, 333 (1933).
KISSKALT: Z. Hyg. **78**, 524 (1914).
KLARE-BÖHNING: Die offene Lungentuberkulose bei Kindern und Jugendlichen. Leipzig 1938.
KLEINSCHMIDT: Mschr. Kinderheilk. **12**, 423 (1913) u. Versg südwestdsch. Kinderärzte Stuttgart 1938.
KORSCH: Virchows Arch. **274** (1929).
LENZ: In BAUR-FISCHER-LENZ: Menschliche Erblichkeitslehre. München 1923 u. 1936.
MEYER, L. F.: Klin. Wschr. **1922 I**, 736.
MOLL: Jb. Kinderheilk. **68**, 1 (1908).
MORO: Über das Verhalten hämolytischer Serumstoffe bei gesunden und kranken Kindern. Wiesbaden 1908.
MORO-KELLER: Klin. Wschr. **1935 I**, 1.
NASSO: Klin. Wschr. **1932 I**, 291.
NOVAK: In HALBAN-SEITZ, Biologie und Pathologie des Weibes. 1928.
PAUNZ u. CSOMA: Jb. Kinderheilk. **115**, 95 (1927); Klin. Wschr. **1928 I**, 498.
PETERS, M.: Z. Kinderheilk. **61**, 179 (1939).
PFAUNDLER, v.: Arch. Kinderheilk. **47**, 260 (1908); Z. Kinderheilk. **57**, 185 (1935).
PIRQUET, v.: Allergie. Berlin 1910.
PRIGGE: Z. Hyg. **119**, 186 (1937).
RÖSSLE: Klin. Wschr. **1936 I**, 809.
DE RUDDER: In SCHOTTKY: Rasse und Krankheit. München 1937.
— Die akuten Zivilisationsseuchen, ihre Epidemiologie und Bekämpfung. Leipzig 1934.
— Z. Kinderheilk. **59**, 431 (1938).
— Fortschr. Erbpath. u. Rassenhyg. **1**, 135 (1938).
— Grundriß einer Meteorobiologie des Menschen. Berlin 1938.
SCHIFF: Med. Klin. **1924 II**, 1385.
SECKEL: Jb. Kinderheilk. **145**, 117 (1935).
STETTNER: Z. Kinderheilk. **48**, 623 (1929).
STOCKS, PERCY: Ann. of Eugen. **3**, 361 (1928).
SZACHAROFF: Erg. Path. **22**, Abt. 2, 201 (1928).
THOMAS: Z. Kinderheilk. **24**, 235 (1919).
WEIGERT: Berl. klin. Wschr. **1907 II**.
WEITZ: Erbarzt **1936**, 8.

Sechzehntes Kapitel.

Biologische Massenerscheinungen am Kindesalter.
(Statistik.)

Von B. de Rudder-Frankfurt a. M.

A. Allgemeines zur Einführung.

Geburt und Tod sind die Grundphänomene eines Volkskörpers, über die sich alle übrigen Lebenserscheinungen lagern. Will man diese Grundphänomene eines vom einzelnen Menschen nicht mehr unmittelbar übersehbaren Volkskörpers studieren, will man Vorgänge, Änderungen derselben wahrnehmbar machen, so muß man sie *messen*. Die Messung geschieht durch einfaches Zählen der interessierenden Ereignisse.

Zu einer „*Statistik*" gelangt man dann in zwei, zu einem *statistischen* „*Urteil*" in drei Schritten, die streng voneinander zu trennen sind.

1. Statistische Erhebung. Jede Statistik hat also das „Zählen" im wörtlichen Sinne zur Voraussetzung. Es ist aber nötig, ganz besonders darauf hinzuweisen, daß damit alles weitere abhängt von der Frage, ob und inwieweit die interessierende Erscheinung zählbar ist, ob „*systematische*" Fehler bei der Zählung unterlaufen, ja möglicherweise unvermeidbar sind, sich vielleicht sogar zunächst unbewußt einschleichen.

Bei der Prüfung eines Zählergebnisses muß also *strengste Kritik* in dieser Hinsicht herrschen; man muß stets fragen, in welcher Richtung das Zählergebnis bewußt oder unbewußt gefälscht sein könnte. So kommt es, daß wir gewisse Statistiken ohne weiteres als sehr zuverlässig ansprechen (etwa die Volkszählungen, die standesamtlichen Geburts- oder Sterbeziffern), anderen mit einer gewissen Skepsis gegenübertreten (etwa manchen Ergebnissen aus Leichenschaudiagnosen).

2. Formalstatistische Verarbeitung. Die durch Zählen gewonnenen „Zahlen" sind zunächst stets bezogen auf eine Anzahl von Individuen, an der sie gewonnen sind. Um mehrere solche Zahlen vergleichbar zu machen, wird mit ihnen gerechnet, und zwar ganz nach den gleichen Methoden, mit denen der Mensch ganz allgemein mit Zahlen zu rechnen gelernt hat. Hier können schlimmstenfalls Rechenfehler unterlaufen, die aber jederzeit nachprüfbar sind.

3. Kausale Deutung. *Eine völlig andere und mit allem Bisherigen nicht zu verwechselnde Angelegenheit* ist es nun, was wir uns zu den gewonnenen Zahlen „*denken*", wie wir sie ausdeuten. Das ist ganz und gar nicht mehr eine Angelegenheit der „Statistik" als mathematische Wissenschaft, sondern eine Angelegenheit auf ganz anderer Erkenntnisebene. Viele bedenken das zu wenig, und die Mehrzahl der „Vorwürfe", die man der „Statistik“ so gern macht, betreffen gar nicht diese, sondern die ihr untergelegten Ausdeutungen. Man vergißt, daß eine Statistik überhaupt *nie kausale* Beziehungen feststellt, sondern nur *formale*.

Da hier kein Leitfaden der Statistik zu geben ist, mögen diese wenigen Hinweise genügen. Was dagegen interessiert, sind einige *Massenerscheinungen am Kindesalter*, die nur mittels Statistik erfaßt und studiert werden können. Dazu zählen besonders die zahlreichen, zumeist streng definierten Begriffe der Medizinal- und Bevölkerungsstatistik, soweit sie das *Kindesalter* betreffen oder auf dieses übergreifen. In den Zahlenangaben erfolgt aus Raumgründen fast durchweg eine Beschränkung auf deutsche Verhältnisse, so daß auf alle Vergleiche zwischen einzelnen Völkern hier verzichtet werden muß. Außerdem bleiben auch alle spezielleren Verhältnisse aus der Pathologie unberücksichtigt, da diese nicht mehr „biologischen“ Daten zugezählt werden können. Endlich mußte alle eigentliche Bevölkerungspolitik aus Raumgründen weggelassen werden; bezüglich aller Fragen dieser letzteren Art sei auf die grundlegenden Arbeiten von BURGDÖRFER verwiesen, die ihrerseits aber auch Wert und Bedeutung statistischer Erfassung von Lebenserscheinungen über jeden Zweifel erheben.

B. Geburtenzuwachs innerhalb des Volkskörpers.

Bevölkerungsstatistik befaßt sich in erster Linie mit Größe, Zuwachs und Einbußen eines Volkskörpers. In allereinfachster Form wären also durch Zählung zu ermitteln

1. Bevölkerungszahl = Anzahl aller lebenden Einzelindividuen des betrachteten Volkskörpers,

2. Zuwachs durch die innerhalb einer bestimmten Zeit erfolgenden Lebendgeburten,

3. Einbuße durch die innerhalb einer bestimmten Zeit erfolgenden Todesfälle. (In manchen Zeiten kommen naturgemäß dazu noch Änderungen durch Zu- oder Abwanderung.)

Die Zahl der lebenden Einzelindividuen, die in einer „Volkszählung“ unmittelbar festgestellt wird, bedarf keiner weiteren Definition.

Lebendgeburten und Todesfälle werden in allen Kulturstaaten durch standesamtliche Meldepflicht dieser Ereignisse jeweils für bestimmte Zeitabschnitte ebenfalls gezählt. Während über die Zählung von Todesfällen ohne weiteres Klarheit besteht, muß Geburt bzw. Lebendgeburt definiert werden, damit in allen Gegenden, in allen später miteinander zu vergleichenden Volkskörpern nach dem gleichen Verfahren vorgegangen wird. Nur unter diesen Umständen ist ja überhaupt ein Vergleich möglich.

Es gelten für alles weitere folgende Definitionen:

Geburt ist die Ausstoßung eines *lebensfähigen* Kindes aus dem mütterlichen Organismus.

Lebensfähig gilt (nach internationaler Vereinbarung) eine Frucht, wenn sie eine Mindestlänge von 35 cm besitzt.

Lebendgeburt heißt jedes lebensfähige Kind, das geatmet hat.

Den Bevölkerungsstatistiker interessiert naturgemäß nur die Lebendgeburt. So kommt es, daß die von ihm gebrauchten Maßzahlen sich in der Regel nicht auf „Geburten überhaupt", sondern auf „Lebendgeburten" beziehen, sofern nichts besonderes vermerkt wird. Das ist zu beachten.

Geburtenziffer (unmißverständlich: „*Lebendgeborenenziffer*"). Die Zahl der pro 1000 Lebende einer Bevölkerung in einer bestimmten Zeitspanne (Jahr) erfolgenden Lebendgeburten.

Auf gewisse Fehlermöglichkeiten, die sich aus der genannten — und übrigens jeder — Definition der „Lebendgeburt" für die Erhebung von „Geburtenziffern" ergeben, werden wir in anderem Zusammenhange noch zurückkommen (vgl. bei „Totgeburt" und „Fehlgeburt" S. 331).

In Tabelle 105 sind einige Geburtenziffern für Deutschland wiedergegeben. Es mag darauf hingewiesen sein, daß diese „*rohen Geburtenziffern*" noch keinen definitiven Ausdruck für die in einer Bevölkerung stattfindende wirkliche Vermehrung (oder Verminderung) darstellen. Denn diese Geburtenziffern hängen vor allem ab von der *Anzahl Frauen in gebärfähigem Alter*, damit aber vom inneren Altersaufbau einer Bevölkerung. Aus diesem Grunde muß für bevölkerungsstatistische Zwecke die Berechnung „*bereinigter Geburtenziffern*" erfolgen, wofür BURGDÖRFER ein Verfahren angegeben hat. Die Behandlung dieser Frage führte hier zu weit.

Tabelle 105. Lebendgeborenenziffern des Deutschen Reiches pro 1000 Einwohner.

Jahr	Geburtenziffer	Jahr	Geburtenziffer	Jahr	Geburtenziffer
1901	36	1930	17,6	1934	18,0
1914	27	1931	16,0	1935	18,9
1920	26	1932	15,1	1936	19,0
1927	18,4	1933	14,7	1937	18,8

Die Messung reicht für feinere Zwecke der Bevölkerungsstatistik nicht aus, da Vergleiche nur bei gleichem Altersaufbau oder bei Umrechnung auf eine „Standardbevölkerung" möglich wären. Daher bedient man sich weiterhin der

Fruchtbarkeitsziffer. Die Zahl der pro Jahr erfolgenden Lebendgeburten, bezogen auf

1. entweder je 1000 Frauen zwischen 15 und 45 Jahren („*allgemeine* Fruchtbarkeitsziffer"),
2. oder je 1000 verheiratete Frauen unter 45 Jahren („*eheliche* Fruchtbarkeitsziffer"),
3. oder endlich je 1000 unverheiratete Frauen zwischen 15 und 45 Jahren („*uneheliche* Fruchtbarkeitsziffer").

Eingehendere Tabellen dazu finden sich bei BURGDÖRFER.

Mit dieser Beschränkung auf „Lebendgeburt“ wird natürlich keineswegs zum Ausdruck gebracht, daß Totgeburten und eine sich sinngemäß daraus errechnende „*Totgeburtlichkeit*“ etwa nicht interessieren würden. Auf einige Fragen dieser Art wird S. 331 noch eingegangen.

C. Kindersterblichkeit.

1. Grundbegriffe.

Wer eine Antwort auf die Frage nach dem Ausmaß der Kindersterblichkeit in einer bestimmten Bevölkerung und innerhalb einer gewissen Zeit sucht, erkennt sofort die Unzulänglichkeit der bisher genannten Erhebungen. Diese lieferten lediglich die Zahl der Lebenden, der Geburten, der Todesfälle.

Rohe Sterbeziffern. Würde man die in einer Bevölkerung erfolgende Anzahl der Todesfälle in bezug auf die Gesamtzahl der Lebenden, etwa pro 1000, 10000, 100000 „Einwohner“ angeben, was aus den bisherigen Erhebungen ohne weiteres möglich ist, so käme man zu Ziffern von *sehr relativem Wert*. Sie heißen „*rohe Sterbeziffern*“.

Jeder weiß, daß die Sterblichkeit in verschiedenen Altersabschnitten des Menschenlebens eine sehr verschiedene ist. Es sterben beispielsweise sicherlich relativ mehr alte als jüngere Leute, wenn nicht ganz besondere Umstände eingreifen (etwa Krieg, Seuchen). Die in der genannten Weise ermittelten „rohen Sterbeziffern“ hängen also schon weitgehend davon ab, ob in der betrachteten Bevölkerung relativ mehr Individuen aus der einen oder aus der anderen Altersstufe enthalten sind. Mit anderen Worten, *der Altersaufbau einer Bevölkerung bedarf der Berücksichtigung, wenn man zu Sterbeziffern gelangen will,* die diesen Fehler nicht enthalten. Erst mit solchen könnte man sozusagen „wirkliche“, d. h. jenseits des Altersaufbaues einer Bevölkerungsgruppe verankerte Sterblichkeit ermitteln, und erst dann könnte man diese mit derjenigen einer anderen Bevölkerungsgruppe stichhaltig vergleichen.

Das Vorgehen bei solcher „Bereinigung“ der rohen Sterbeziffern bleibt also noch zu erörtern (vgl. S. 318), nachdem einige dazu notwendige Begriffe besprochen sind.

Jedenfalls aber erkennt man sofort, daß die Sterblichkeit einer bestimmten Altersgruppe, etwa die *Kinder*sterblichkeit *niemals* aus irgendwelchen Sterbeziffern einer Gesamtbevölkerung etwa durch eine Art „Umrechnung auf das Kindesalter“ gewonnen werden kann.

Man muß sie vielmehr unmittelbar innerhalb dieser eigenen Altersgruppe ermitteln. Dazu benötigt man in erster Linie die absolute Größe der interessierenden Altersgruppe. Da aber den Bevölkerungsstatistiker alle Altersgruppen interessieren, läuft das fürs erste darauf hinaus, den Alteraufbau einer Volksgruppe zu kennen.

Altersaufbau. Man ermittelt ihn dadurch, daß man die Volkszählung nicht nur nach Individuen, sondern auch nach deren Alter (und durchweg noch nach anderen, den Statistiker interessierenden Merkmalen, wie Geschlecht, Beruf usw.) durchführt.

So liefert eine Volkszählung die Grundzahlen für den Altersaufbau einer Bevölkerung, d. h. die Zahl der in den einzelnen Altersjahrgängen zur Zeit der Zählung lebenden Individuen. Sie bildet die *Basis für alle folgenden Maßzahlen.*

Man gewinnt also die absoluten Zahlen zu folgendem Schema:

Altersaufbau einer Bevölkerung auf Grund einer Volkszählung.

L_0 Menschen leben im 1. Lebensjahr
L_1 ,, ,, ,, 2. ,,
L_2 ,, ,, ,, 3. ,,
L_3 ,, ,, ,, 4. ,,
. .
. .
. .
. .
L_n ,, ,, ,, n + 1. ,, .

Selbstverständlich lassen sich diese Zahlen L_0, L_1, L_2 usw. ohne weiteres in Prozent, Promille (oder dgl.) der Gesamtbevölkerung ausdrücken.

So erhält man etwa die den Kinderarzt interessierenden Zahlen der Tabelle 106.

Tabelle 106. Gesamtzahl der Kinder bis zu 14 Jahren und Prozentanteil an der Gesamtbevölkerung im Deutschen Reiche (stets für den Gebietsstand von 1933 vor Einverleibung des Saargebietes).

Kalenderjahr	Altersjahre	Knaben		Mädchen		Gesamtbevölkerung	
		absolut	Prozent von allen ♂	absolut	Prozent von allen ♀	absolut	Prozent Kinder
1910	0—6	4166555	14,6	4116823	14,0	57798427	14,3
	6—14	5064492	17,6	5039132	17,2		17,5
1925	0—6	3626924	12,0	3507609	10,9	62710619	11,4
	6—14	3870086	12,8	3794152	11,8		12,2
1933	0—6	2979783	9,4	2881056	8,6	65218461	9,0
	6—14	4653461	14,7	4510624	13,4		14,1

Diese Zahlen interessieren den Arzt, weil er mit ihnen gewisse, an einem Teil von Kindern gewonnene Feststellungen auf eine Gesamtbevölkerung umrechnen kann — was natürlich nur berechtigt ist, wenn die studierte Erscheinung diese Verallgemeinerung zuläßt.

Zu dem Ergebnis einer Volkszählung, von der, wie erwähnt, alle Bevölkerungsstatistiken ausgehen, kommen in der Folge auf Grund der standesamtlichen Meldungen:

1. die (etwa pro Jahr) erfolgten Lebendgeburten,
2. die in den einzelnen Altersjahrgängen Gestorbenen.

Aus den bisher genannten Angaben läßt sich für eine bestimmte Zeitspanne also dann auszählen:

Von	L_0	Lebendgeborenen	starben	im	1. Lebensjahr	T_0
,,	L_1	Einjährigen	,,	,,	2. ,,	T_1
,,	L_2	Zweijährigen	,,	,,	3. ,,	T_2
	.				.	.
	.				.	.
	.				.	.
	.				.	.
,,	L_n	n-Jährigen	,,	,,	n + 1. ,,	T_n.

Es ist nun die

Sterbenswahrscheinlichkeit für jede Altersstufe das Verhältnis dieser beiden Größen T und L, nämlich der im Laufe eines Lebensjahres Sterbenden zu den ursprünglich in das Lebensjahr Eingetretenen, also die (versicherungstechnische) „Chance" für ein Einzelindividuum, in dem betreffenden Lebensjahr zu sterben[1]. Also:

Sterbenswahrscheinlichkeit der Lebendgeborenen T_0/L_0,
Sterbenswahrscheinlichkeit der Einjährigen T_1/L_1,
Sterbenswahrscheinlichkeit der Zweijährigen T_2/L_2.

Sterbetafel. Eine tabellarische Aufstellung dieser für die einzelnen Lebensalter ermittelten Sterbenswahrscheinlichkeiten heißt „Sterbetafel". Solche Sterbetafeln sind im Anschluß an Volkszählungen für alle Kulturvölker seit Jahrzehnten aufgestellt und ermöglichen nun den unmittelbaren Vergleich der Sterblichkeiten.

Diese einzelnen Zahlen (von der Form 0, . . . da der Zähler stets kleiner ist als der Nenner) geben also die mittlere Sterbenswahrscheinlichkeit für jedes Einzelindividuum an. Da die *Sterblichkeit in den beiden Geschlechtern stets verschieden* ist (vgl. dazu S. 333), werden die Berechnungen fast durchwegs für die beiden Geschlechter getrennt durchgeführt und getrennt angegeben.

In den *praktisch gebrauchten Sterbetafeln* findet sich zumeist der „*tausendfache Wert dieser Sterbenswahrscheinlichkeit*" angegeben. Er besagt also: von je 1000 Individuen, welche in der betrachteten Zeit in die Altersklasse eintreten, stirbt im Laufe eines Jahres im Mittel die genannte Anzahl.

Um den Gesamtverlauf aller Sterbenswahrscheinlichkeiten des deutschen Volkes zu veranschaulichen, ist in umstehender Abb. 17 die letzte bis jetzt vorliegende Sterbetafel von 1932/34 für die männliche Bevölkerung bildlich wiedergegeben.

Diese „HALLEY*sche Kurve*" — benannt nach dem berühmten englischen Astronomen HALLEY, der 1693 erstmalig eine solche Sterbetafel

[1] Bekanntlich bedeutet „hundertprozentige Wahrscheinlichkeit", also Sicherheit für ein Ereignis stets: Wahrscheinlichkeit 1,0.

aus Unterlagen für Breslau veröffentlichte — stellt bildlich eine Art *statistisches Grundgesetz der Sterblichkeit* dar, das man etwa folgendermaßen formulieren kann:

Die Sterblichkeit nach Altersklassen sinkt von einem Maximum im Säuglingsalter steil ab, verringert sich im Kleinkindesalter, um etwa zwischen 10.—15. Lebensjahr ihr Minimum zu erreichen und in der Folge erst langsam, dann immer rascher wieder anzusteigen.

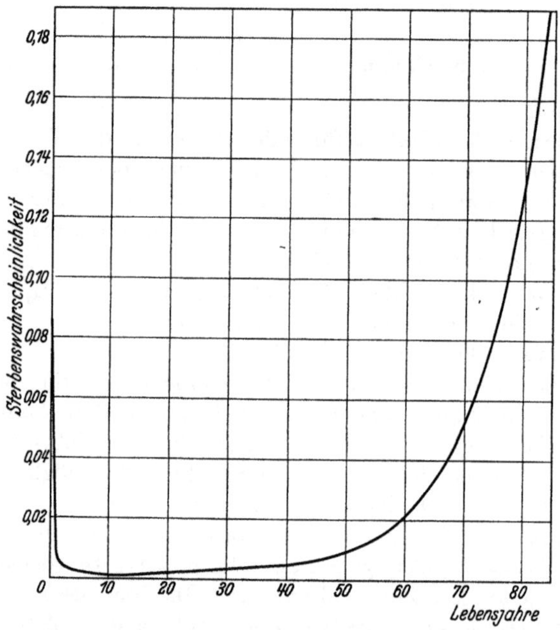

Abb. 17. Sterbenswahrscheinlichkeiten für die deutsche männliche Bevölkerung in den Jahren 1932/34. Die „HALLEY*sche Kurve*".

Die für das Kindesalter nach den einzelnen Volkszählungen in Deutschland im Laufe der letzten etwa 60 Jahre geltenden Sterbenswahrscheinlichkeiten sind in Tabelle 107 zusammengestellt.

Des weiteren soll noch eine andere, ebenfalls sehr gebräuchliche Darstellungsform der in einer Bevölkerung herrschenden Sterblichkeitsverhältnisse mit Beschränkung auf das Kindesalter angefügt werden.

„Die Absterbeordnung". Es handelt sich um die Frage, in welcher zahlenmäßigen Weise eine gegenwärtige Geburtsjahrgeneration abstirbt.

Um diesen Vorgang direkt zu bestimmen, müßte man also sozusagen abwarten, bis alle Personen dieser Generation eben gestorben sind, was rund 100 Jahre dauerte. Aber ganz abgesehen davon, daß die praktische Durchführung der Aufgabe schon an der Schwierigkeit scheiterte, alle Personen der betrachteten Generation lebenslänglich im Auge zu behalten, wäre nach dieser Zeit das Interesse an dieser betrachteten Generation doch wohl höchstens noch ein historisches.

Tabelle 107. Abgekürzte deutsche Sterbetafel für das Kindesalter. (Tausendfacher Wert der Sterbenswahrscheinlichkeiten.)

Alter in Jahren	Von je 1000 Lebendgeborenen bzw. die *vorstehende* Altersstufe *erreichenden* Personen starben im nächsten Altersjahr:						
	1871/80	1881/90	1891/1900	1901/10	1910/11	1924/26	1932/34
				Knaben			
0	252,73	241,69	233,86	202,34	181,45	115,38	85,35
1	64,92	63,73	51,99	39,88	32,30	16,19	9,26
2	33,19	31,96	22,47	14,92	12,06	6,36	4,50
3	23,09	22,07	14,84	9,47	7,58	4,04	3,44
4	17,05	16,14	10,74	6,91	5,78	3,16	2,74
5	13,04	12,06	8,00	5,28	4,40	2,42	2,32
10	4,66	4,11	3,01	2,44	2,18	1,42	1,33
15	3,87	3,45	3,06	2,77	2,70	1,94	1,57
				Zum Vergleich: Männer			
20	7,50	6,54	5,76	5,04	4,66	4,27	2,81
40	13,63	12,94	10,93	9,22	8,23	5,35	4,88
60	38,20	36,93	33,94	32,60	31,20	23,62	21,43
				Mädchen			
0	217,40	206,89	198,62	170,48	153,05	93,92	68,39
1	63,64	61,87	49,93	38,47	30,99	14,93	8,23
2	32,58	31,34	21,73	14,63	11,51	5,74	3,98
3	22,53	21,64	14,45	9,25	7,42	3,62	2,88
4	16,87	16,12	10,67	6,84	5,55	2,86	2,47
5	12,87	12,11	8,06	5,31	4,33	2,19	2,15
10	4,76	4,38	3,20	2,56	2,20	1,20	1,14
15	4,22	2,00	3,49	3,02	2,82	1,81	1,30
				Zum Vergleich: Frauen			
20	6,14	5,29	4,59	4,22	3,87	3,32	2,27
40	12,20	10,86	9,02	7,71	7,08	5,31	4,21
60	32,85	30,54	27,50	24,73	24,11	19,47	17,48

Was hingegen interessiert, ist folgendes: In jeder Bevölkerung herrschen zu einer bestimmten Zeit (etwa im gegenwärtigen Jahr) bestimmte Sterblichkeitsverhältnisse; wie würde sich nun eine Generation verhalten, wenn diese Sterblichkeitsverhältnisse während ihres ganzen Lebens konstant die gegenwärtige Größe hätten. Dieser Vorgang findet seinen Ausdruck in den sog. *Absterbeordnungen.* Man errechnet sie in der Regel ebenfalls „pro 1000“ oder „pro 100000“ Lebendgeborener, und zwar mittels der vorgenannten „Sterbenswahrscheinlichkeiten“.

Die Überlegung, die zu einer solchen Absterbeordnung führt, ist sehr einfach: Angenommen, es treten 1000 Lebendgeborene ins Leben ein. Für sie herrscht, wie oben erwähnt, eine bekannte Sterbenswahrscheinlichkeit, die uns sofort angibt, wieviel von diesen 1000 Lebendgeborenen nach 1 Jahr im Mittel noch am Leben sind. Diese treten also in das nächste, das 2. Lebensjahr über.

Für diese Einjährigen kennen wir wiederum ihre Sterbenswahrscheinlichkeit. Wir können also sofort errechnen, welche Anzahl dieser Einjährigen nach einem weiteren Jahr im Mittel noch am Leben ist. Und so fort für alle Altersstufen.

Die nachstehende Tabelle 108 stellt eine Absterbeordnung für das deutsche Kind zu verschiedenen Zeiten dar (sie wurde — gegenüber den Originaltabellen für 100000 Lebendgeborene — auf 1000 Lebendgeborene abgerundet, was die Tabelle verkleinert, für die Zwecke des Buches aber durchaus genügen dürfte).

Selbstverständlich ersieht man aus ihr ohne weiteres die gleichen Gesetzmäßigkeiten wie aus der Sterbetafel S. 315.

Tabelle 108. Abgekürzte Sterbetafel (Absterbeordnung) für das deutsche Kind.

Alter	Von 1000 Lebendgeborenen des betreffenden Geschlechtes überleben das vorstehende Altersjahr für die Kalenderjahre:						
	1871/80	1881/90	1891/1900	1901/10	1910/11	1924/26	1932/34
	Knaben						
0	1000	1000	1000	1000	1000	1000	1000
1	747	758	766	798	819	885	915
2	699	710	726	766	792	870	906
3	676	687	701	754	783	865	902
4	660	672	699	747	777	861	899
5	649	661	692	742	772	859	896
10	621	635	674	728	760	851	888
15	609	644	665	720	752	845	882
	Mädchen						
0	1000	1000	1000	1000	1000	1000	1000
1	783	793	801	830	847	906	932
2	733	744	761	798	821	893	924
3	709	721	745	786	811	887	920
4	693	705	734	779	805	884	918
5	681	694	726	773	801	882	915
10	652	666	706	758	788	875	908
15	639	653	696	749	779	868	903

Aus der Tabelle 107 der Sterbenswahrscheinlichkeiten oder der Tabelle 108 der Absterbeordnung für das Kindesalter sind einige prinzipielle, d. h. für alle Bevölkerungen in Kulturstaaten geltende *Gesetzmäßigkeiten* zu ersehen:

1. Die im Vergleich zu den späteren kindlichen Altersstufen — wie schon erwähnt — *enorm hohe Sterblichkeit im* 1. *Lebensjahr (Säuglingsalter)*, die es rechtfertigt, für alle feineren Untersuchungen innerhalb des Kindesalters das Säuglingsalter gesondert zu betrachten, da hier offenbar völlig andere, mit der übrigen Kindheit gar nicht mehr vergleichbare Sterblichkeitsverhältnisse herrschen. Diese „*Säuglingssterblichkeit*“ wird nachfolgend im Zusammenhang besprochen.

2. *Ein durch die letzten etwa 60 Jahre gleichmäßiger Rückgang der Sterblichkeit aller kindlichen Altersstufen,* der ärztlich besonderes Interesse finden muß.

3. *Knaben weisen gegenüber Mädchen eine konstante Übersterblichkeit auf,* die in gewissen Einzelheiten noch besonders interessiert (vgl. S. 333).

Es sei darauf verzichtet, Sterbetafeln anderer Länder anzuführen, da diese den Rahmen des Buches, wo es nur auf das Prinzipielle ankommt, überschreiten würden.

Vor Besprechung der soeben genannten Sonderfragen sind indes noch einige weitere, aus den Sterbetafeln sich unmittelbar ableitende statistische Begriffe zu erläutern, da diese im Schrifttum viel gebraucht werden. Auch dabei erfolgt bezüglich aller Einzelwerte eine Beschränkung auf das Kindesalter.

„Mittlere Lebenserwartung“ („mittlere Lebensdauer“ [1]) des Lebendgeborenen. Sie ist definiert als *diejenige mittlere Zeitdauer, die ein Lebendgeborener durchleben würde unter den zu bestimmter Zeit herrschenden Sterbensverhältnissen, wenn diese während seiner ganzen Lebensdauer konstant blieben.*

Zur *Erläuterung ihrer einfachen Berechnung* soll die erste Spalte der Absterbeordnung Tabelle 108 für Knaben zugrundegelegt werden.

Von den 1000 ins Leben tretenden Knaben durchleben 747 ein erstes Jahr, 699 ein zweites Jahr, 676 ein drittes Jahr usw. Addiert man bis ans Ende weiter, so erhält man die von insgesamt 1000 lebendgeborenen Knaben durchlebten Jahre. Dazu kommt noch eine kleine *Korrektur.* Alle Personen, die innerhalb eines Altersjahres sterben, haben immerhin einen Teil dieses Altersjahres (im Durchschnitt etwa $^1/_2$ Jahr) weiterhin durchlebt. Aus diesem Grunde zählt man zur bisherigen Summe noch 1000 (= Zahl aller Absterbenden) *Halb*jahre hinzu, also 500 Jahre. Diese Gesamtsumme geteilt durch die Anzahl aller „Angetretenen“ (hier also 1000) ergibt die „mittlere Lebenserwartung“ (Lebensdauer) für den einzelnen.

Der Begriff ist von Bedeutung, weil er *zur „Bereinigung“ von Sterbeziffern* dient. Es wurde S. 311 schon erwähnt, daß die durch unmittelbare Zählung gewonnenen und auf eine Gesamtbevölkerung bezogenen „rohen Sterbeziffern“ für Vergleiche völlig unzulänglich sind, da sie weitgehend beeinflußt werden von der in der Gesamtbevölkerung herrschenden Stärke der Besetzung mit besonders stark absterbenden Altersklassen. Da in die soeben ermittelte „Lebenserwartung des Lebendgeborenen“ die gesamten in einer Bevölkerung momentan herrschenden Sterblichkeitsverhältnisse aller Altersstufen ihrer jeweiligen Stärke entsprechend eingegangen sind, eignet sich die Zahl bestens zur „Bereinigung“ von Sterbeziffern.

[1] Anmerkung: Dieser statistisch definierte Begriff darf nicht verwechselt werden mit der sog. „*Lebenswahrscheinlichkeit*“, ein Begriff, der für das weitere entbehrt werden kann. Diese ist definiert als Verhältniszahl zwischen der Anzahl Überlebender zur Anzahl der in die Altersperiode Eintretenden. Auch von ihr aus gelangt man übrigens zu einer (mit der vorigen zahlenmäßig identischen) Absterbeordnung.

Dazu dient folgende Überlegung: Ergäbe sich etwa für einen Neugeborenen eine „mittlere Lebenserwartung“ von 60 Jahren, so heißt das, unter gegenwärtigen Sterblichkeitsverhältnissen würde „im Mittel“ in jedem Kalenderjahr $^1/_{60}$ der Bevölkerung sterben. Bezogen auf 1000 Lebende, wie üblich, ergibt sich dann:

„Bereinigte Sterbeziffer“ (auch „ideelle Sterbeziffer“) in einer Bevölkerung

$$= \frac{1000}{\text{mittlere Lebenserwartung eines Lebendgeborenen}}.$$

Die Ziffer gibt also die Zahl der „eigentlich“ pro 1000 Einwohner und pro Kalenderjahr erfolgenden Todesfälle an. In Tabelle 109 ist die *mittlere Lebenserwartung* des Lebendgeborenen in Deutschland für verschiedene Zeiten angegeben. Der Sterblichkeitsrückgang findet hier also seinen Ausdruck in einem entsprechenden *Anstiege der Lebenserwartung* (s. auch S. 333).

Selbstverständlich lassen sich sinngemäß für jede Altersstufe (jedes Geschlechtes) die mittleren Lebenserwartungen bestimmen. Die entsprechenden Zahlen, deren Anführung hier aus Raumgründen unterbleibt, finden sich bei BURGDÖRFER u. a.

Tabelle 109. Mittlere Lebenserwartung (mittlere Lebensdauer) für den Lebendgeborenen in Jahren und „bereinigte Sterbeziffern“.

Nach den Sterblichkeitsverhältnissen	♂	♀	Im Durchschnitt beider Geschlechter	Daraus bereinigte Sterbeziffer in Deutschland
1871—1880	35,58	38,45	36,97	27,0
1881—1890	37,17	40,25	38,66	25,8
1891—1900	40,56	43,97	42,21	23,7
1901—1910	44,82	48,33	46,52	21,5
1924—1926	55,97	58,82	57,35	17,4
1932—1934	59,86	62,95	61,26	16,4

Zur Besprechung der oben (S. 316) schon angedeuteten Einzelheiten erfolgt zunächst am besten eine Unterteilung nach Altersklassen.

2. Schul- und Kleinkindersterblichkeit.

Im Mittelpunkte des Interesses steht der oben bereits erwähnte Sterblichkeitsrückgang dieser Altersklassen, dessen Ausmaß mit zunehmend jüngerem Lebensalter (allerdings nur bis zu einer noch extrauterin liegenden Altersgrenze [s. S. 327]) sich verstärkt.

In Tabelle 110 wurde der seit 1871/80 bzw. seit Jahrhundertbeginn erfolgte *Rückgang der Sterbenswahrscheinlichkeiten* nochmals prozentual ausgedrückt, wie es für viele Vergleiche zweckmäßig ist.

Tabelle 110. Die Sterbenswahrscheinlichkeiten des Kindesalters betrugen (abgerundet) prozentual gegenüber 1870 bzw. gegenüber Jahrhundertbeginn.

Für das Lebensalter	Seit 1871/80 = 100			Seit 1901/10 = 100	
	1901/10	1924/26	1932/34	1924/26	1932/34
			Knaben		
0	80	46	34	57	42
1	61	25	14	41	23
2	45	19	14	43	30
3	41	17	15	43	36
4	41	19	16	46	40
5	41	19	18	46	43
10	52	30	29	58	55
15	72	50	41	70	57
			Mädchen		
0	78	43	31	55	40
1	60	23	13	39	21
2	45	18	12	39	27
3	41	16	13	39	31
4	41	17	15	42	36
5	41	17	17	41	40
10	54	25	24	47	45
15	72	43	31	60	43

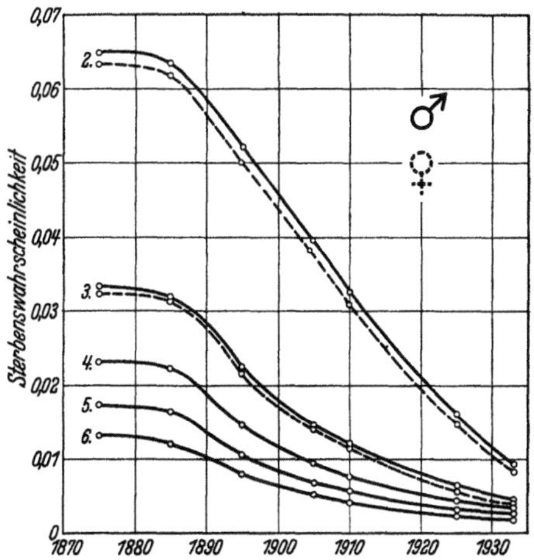

Abb. 18. Verlauf der Sterbenswahrscheinlichkeiten des 2.—6. Lebensjahres seit den 70er Jahren des vorigen Jahrhunderts (nach den für diese Zeitspanne vorliegenden 7 Sterbetafeln für das Deutsche Reich).

Den eindrucksvollen Rückgang der Sterbenswahrscheinlichkeiten seit den 70er Jahren veranschaulicht zunächst für das 2.—6. Lebensjahr die nebenstehende Abb. 18. Man ersieht nicht nur die Größe dieses Rückganges sowie die stets etwas niedrigere Sterblichkeit des weiblichen Geschlechtes, sondern insbesondere auch die nahezu einem gemeinsamen Fluchtpunkt zustrebende Konvergenz der Kurvenschar. (Der erhebliche Rückgang der Säuglingssterblichkeit wurde aus Maßstabsgründen weggelassen [vgl. dazu S. 326].)

In Abb. 19 ist dieser Sterblichkeitsrückgang im Kleinkindesalter bildlich dargestellt.

Gründe für diesen Rückgang. Wenn wir absehen von einer größeren Zahl relativ seltenerer Todeskrankheiten, die sich insgesamt naturgemäß summieren, so erhält die Sterblichkeit dieser Altersstufen ihr Gepräge durch das *Vorherrschen der Infektionskrankheiten* und deren Komplikationen als Todeskrankheiten. Dabei zeigt sich für die Mehrzahl eine *Zunahme der Verlaufsschwere*, also ein Ansteigen der Letalität *mit zunehmend jüngerem Lebensalter* (vgl. dazu auch S. 296). Von sämtlichen Todesfällen zwischen 1 und 5 Jahren entfallen heute etwa *60%* auf Infektionskrankheiten, dazu kommen weitere *20%* auf die damit in enger Verbindung stehenden Krankheiten der Atemwege (überwiegend Pneumonien).

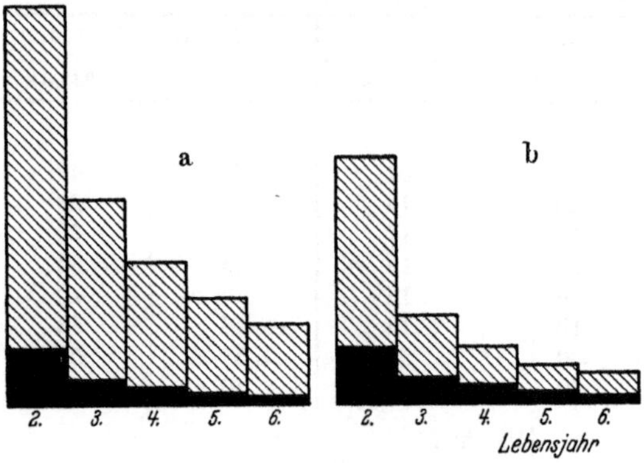

Abb. 19. Rückgang der Kleinkindersterblichkeit (2.—6. Lebensjahr). a seit 1871—1880; b seit 1901—1910. (Die frühere Sterbenswahrscheinlichkeit in schraffierten, die gegenwärtige von 1932/34 in schwarzen Säulen.)

Der genannte Rückgang der Kinder-, ganz besonders der Kleinkindersterblichkeit erweist sich denn auch in ausgedehntem Maße als *Folge eines Rückganges der Sterblichkeit an* vielen, und gerade den für das Kindesalter entscheidenden *Infektionskrankheiten*. Die Tabelle 111 soll einige Näherungswerte für diesen Rückgang bringen, wie er sich — bezogen auf die Gesamtbevölkerung — aus den Todesursachenstatistiken ergibt. Bezüglich zahlenmäßiger Belege für die einzelnen Altersstufen muß ich aus Raummangel auf einzelne Bearbeitungen (etwa von ELIASSOW, RIETZ [dort auch umfangreiche weitere Literatur]) verweisen.

Tabelle 111. Rückgang der Sterblichkeit an Infektionskrankheiten gegenüber dem letzten Viertel des 19. Jahrhunderts innerhalb der Gesamtbevölkerung (nach den amtlichen Todesursachenstatistiken).

Infektionskrankheit	Rückgang auf etwa
Masern	$^1/_{10}$—$^1/_{20}$
Keuchhusten . .	$^1/_{10}$
Scharlach . . .	$^1/_{10}$
Diphtherie . . .	$^1/_{30}$—$^1/_{40}$
Tuberkulose . .	$^1/_3$

Dieser Rückgang ist in seiner *kausalen Genese* wiederum ein sehr komplexes Problem, das bei jeder einzelnen Krankheit seine Besonderheiten aufweist. In ganz großen Zügen ist dabei zu unterscheiden der Sterblichkeitsrückgang:

a) durch *inneren Gestaltwandel* mancher Krankheiten, durch echte *Pathomorphosen*, wie sie namentlich bei Scharlach und Diphtherie vorliegen und einen *Teil* dieses Rückganges bedingen.

b) durch *erfolgreichen Kampf der wissenschaftlichen Medizin* in den letzten 50 Jahren, der gerade bei den Infektionskrankheiten Entscheidendstes geleistet hat. Eine Fülle von Einzeltatsachen müßten hier aufgezählt werden. Man denke nur, um Allerwesentlichstes zu nennen, an die Erfolge der Ansteckungsverhütung durch Methoden der allgemeinen, vor allem der städtischen Hygiene (z. B. bei Typhus, Ruhr), der Aufklärung, Fürsorge und Behandlung bei Tuberkulose, der Frühbehandlung mit dem Diphtherieserum, der Pneumonieverhütung (Rachitisprophylaxe!) und Pneumoniebehandlung (Freiluft, Hospitalisierung). Das sind nur wenige, sinnfälligste Beispiele, die zeigen, daß die Medizin der letzten Jahrzehnte auf erfolgreichen Wegen gewandelt ist.

3. Säuglingssterblichkeit.

Die logisch genaueste Bestimmungsweise wäre die Ermittlung jenes Hundertsatzes Lebendgeborener, der das erste Lebensjahr nicht vollendet. Dieses Vorgehen scheitert aus praktischen Gründen. Es müßte nämlich dazu das Lebensschicksal jedes einzelnen Lebendgeborenen über ein volles Jahr unmittelbar verfolgt werden, was aus naheliegenden Gründen für eine Gesamtbevölkerung nur mit größter Mühe und Organisation, aber auch dann wohl nur bis zu einem gewissen, wechselnden Anteil möglich wäre. So muß man sich auf ein anderes, technisch einfacheres und in allen Kulturstaaten durchführbares Verfahren festlegen.

Definition. *Die Säuglingssterblichkeit gibt an die Zahl der während eines Kalenderjahres vor Vollendung des 1. Lebensjahres Gestorbenen, bezogen auf die Zahl der im gleichen Kalenderjahr erfolgten Lebendgeburten.*

Man gibt die Säuglingssterblichkeit zumeist pro 100, zuweilen auch pro 1000 Lebendgeburten an.

Für ein Kalenderjahr ergibt sich also:

$$\frac{\text{Zahl der im 1. Lebensjahr Gestorbenen}}{\text{Zahl der Lebendgeburten}} \times 100 = \text{Säuglingssterblichkeit.}$$

Mängel dieser Zählweise. 1. Man sieht, daß die der Berechnung zugrundegelegte „Zahl der Gestorbenen" sich zusammensetzt teils aus Kindern, die noch im Stichjahr selbst geboren sind, also dem gleichen Kalenderjahr angehören wie die in Vergleich gesetzten Lebendgeborenen, teils aber auch aus Kindern, deren Geburt noch im Vorjahr erfolgte.

In Zeiten kaum sich ändernder Geburtenziffern ist das belanglos. *Ändert sich* indes *die Geburtenziffer* von einem Jahr zum andern nennenswert, so entsteht ein merklicher Fehler der resultierenden Ziffer der Säuglingssterblichkeit. In diesem Falle ist eine von Raths vorgeschlagene Korrektur nach folgender Formel üblich geworden:

$$\text{Säuglingssterblichkeit} = 100 \times \frac{T_0}{0{,}7 \times L_0 + 0{,}3 \times L_1},$$

wo T_0 die Zahl der im Kalenderjahr Gestorbenen des 1. Lebensjahres, L_0 die Zahl der Lebendgeburten dieses Kalenderjahres, L_1 die Zahl der Lebendgeburten des Vorjahres darstellt.

Die Formel entspringt der rein empirischen Erfahrung über die durchschnittliche Verteilung der Todesfälle auf die einzelnen Abschnitte des 1. Lebensjahres, die im folgenden noch gezeigt wird.

2. Die Bestimmung setzt voraus, daß die *Abgrenzung von Lebendgeburt und Totgeburt* eindeutig und gleichmäßig erfolgt. Wo indes die Neigung besteht, in der Geburt verstorbene Kinder noch als Totgeburt zu registrieren, wird die Säuglingssterblichkeit dadurch gesenkt und sinngemäß umgekehrt. Namentlich beim *Vergleich* der Säuglingssterblichkeit innerhalb Bevölkerungen verschiedener Länder, Rassen, Glaubensbekenntnisse usw. muß an solche Möglichkeiten gedacht werden (vgl. dazu S. 331).

Tabelle 112. Steigerung der Säuglingssterblichkeit künstlich Ernährter. Je 100 lebenden Säuglingen der betreffenden Altersklassen standen (nach M. BAUM) Todesfälle in der betreffenden Klasse gegenüber:

Alter in Vierteljahren	Natürlich Ernährte	Unnatürlich (künstlich) Ernährte
Jahreseinkommen des Vaters unter 1500 Mark		
I.	14,5	56,0
II.	7,8	32,7
III.	7,0	24,0
IV.	4,5	13,0
Jahreseinkommen des Vaters über 1500 Mark		
I.	9,7	30,2
II.	4,8	17,8
III.	6,2	11,6
IV.	6,0	9,2

Entscheidende äußere Einflüsse auf das Ausmaß der statistischen Säuglingssterblichkeit. Es sind eine Anzahl äußerer Umstände im Laufe der Zeit erkannt worden, welche die Säuglingssterblichkeit entscheidend beeinflussen. Ihre Kenntnis ist naturgemäß für jeden Arzt von Bedeutung.

1. Ernährung (Stillung). Besonders eindrucksvoll ist der Einfluß der unnatürlichen Ernährung (des *Nichtgestilltwerdens*), der steigernd auf die Säuglingssterblichkeit wirkt. Dabei ist ein derartiger Einfluß über die Zeitspanne der eigentlichen Stillperiode hinaus nachweisbar, d. h. das natürlich ernährte Kind erweist sich noch nach der Abstillung merklich widerstandsfähiger gegen Krankheit.

Zahlenmäßige Belege in dieser Richtung bringen die Feststellungen von M. BAUM an 6593 lebenden und 964 gestorbenen ehelichen Säuglingen eines deutschen Industriegebietes, sowie die eingehenden, statistisch sorgfältigsten Bearbeitungen zweier ländlicher und zweier städtischer Erhebungsbezirke von ERNST MEIER, deren allerwesentlichste Zahlen in Tabelle 112 bzw. 113 zusammengestellt sind. Die Säuglingssterblichkeit zwischen den beiden in der letzteren Tabelle wiedergegebenen Extremen fällt dabei gesetzmäßig mit zunehmend

Tabelle 113. Steigerung der Säuglingssterblichkeit künstlich Ernährter. Die Säuglingssterblichkeit betrug (nach E. MEIER)

	In den ländlichen Bezirken		In den Stadtbezirken	
	Lippe	Mecklenburg-Strelitz	Kassel	Augsburg
Bei voller Stillung während des 1. Jahres	3,59	4,82	3,72	3,15
Bei künstlicher Ernährung von Geburt an.	10,00	17,63	7,25	9,37

längerer Stilldauer, worüber im Original nachzulesen ist. Weitere Zahlenbeispiele finden sich bei Prinzing.

2. Wirtschaftslage der Eltern. Es ist eine allgemeine Erfahrung, daß die Säuglingssterblichkeit mit zunehmend schlechterer Wirtschaftslage der Eltern steigt. Eine fast unübersehbare Anzahl von wieder untereinander verketteten Faktoren wirkt hier zusammen und in gleichem Sinne, wie ohne weiteres verständlich. Man denke an Einflüsse von Pflege- und Wohnungsverhältnissen, von ärztlicher Versorgung, an Rachitisverbreitung, Infektionsgefährdung, geringeres Verständnis für gesundheitliche Fragen, größere Gleichgültigkeit gegen Gefahren bis zur Abstumpfung und zu sinkendem Aufzuchtswillen, nicht zuletzt wegen Belastung mit steigenden anderen wirtschaftlichen Sorgen, und vieles andere.

Einen zahlenmäßigen Beleg unter vielen in der Literatur vorhandenen bringt die vorstehende Tabelle 112. (Die Abtrennung der wirtschaftlich schlecht gestellten Familien in der Berechnung erhöht dort noch die Zuverlässigkeit der Gegenüberstellung Gestillter und Nichtgestillter.) Vgl. dazu auch noch weiter unten bei „Mindeststerblichkeit“.

Die beiden bisher genannten, entscheidenden Einflüsse auf die statistische Säuglingssterblichkeit kommen in den nunmehr noch zu erörternden Faktoren in indirekter Form und wechselndem Ausmaße zur Wirkung.

3. Ordnungsnummer der Geburt. Es zeigten sich hier folgende Abhängigkeiten (bezüglich einzelner zahlenmäßiger Belege muß ich auf Prinzing verweisen):

a) Die Säuglingssterblichkeit steigt vielfach (aber nicht immer) mit steigender Ordnungsnummer der Geburten.

b) Diese Beziehung fehlt zumeist in wirtschaftlich gut situierten Kreisen, eine *unmittelbare kausale Verkettung von Säuglingssterblichkeit und Geburtennummer besteht also nicht.* Das Fehlen dieser Verkettung hat sich auch bei den Untersuchungen über die Neugeborenensterblichkeit erneut ergeben (s. später).

c) Die Säuglingssterblichkeit ist in (später) kinderreichen Familien bereits bei der *Erst*geburt höher als in kinderarmen.

Die *Verkettung der einzelnen Glieder* dürfte also wohl folgende sein: Die Säuglingssterblichkeit ist wie eben erörtert, größer in schlechtsituierten Kreisen, was sich bei allen Geburtennummern zeigen muß. Mit steigender Geburtenziffer wächst aber gerade in diesen Kreisen die wirtschaftliche Belastung, die zeitliche Belastung der Mutter durch die Pflege, es sinkt also die Güte der Pflege, zuweilen auch, wie praktische Erfahrung zeigt, in gewissem Sinne der Aufzuchtswille. In gutsituierten Familien fehlen diese Einflüsse, die Säuglingssterblichkeit wird unabhängig von der Geburtennummer; da aber kinderarm-bleibende Familien bei den Gutsituierten häufiger sind, haben „kinderarme“ Familien auch schon unter den Erstgeburten eine niedrigere Säuglingssterblichkeit.

4. Uneheliche Geburt. In die Gruppe von komplexen Einflüssen gehört auch die uneheliche Geburt, da für diese die allgemeinen Aufzuchtsbedingungen durchwegs schlechtere sind als für eheliche (mütterliche Erwerbstätigkeit oft mit früher Abstillung, Anstaltspflege, schlechtere Wirtschaftslage u. a.). Die Säuglingssterblichkeit (übrigens auch bereits, wie weiter unten noch erwähnt werden wird, die Neugeborenensterblichkeit und Totgeburtlichkeit) ist bei Unehelichen vielfach reichlich doppelt so groß als jene ehelich Geborener (als Beispiel s. Tabelle 114).

Tabelle 114. Steigerung der Säuglingssterblichkeit bei unehelich Geborenen.

In den Jahren	Die Säuglingssterblichkeit pro 100 Lebendgeborene betrug	
	unter ehelich Geborenen	unter unehelich Geborenen
im gierungsbezirk Düsseldorf (nach M. Baum)		
1902—1906	15,7	37,0
1907—1911	14,1	29,9
1912—1915	11,8	23,6
1916—1920	11,4	24,0
1921—1925	10,2	22,4
in Berlin (nach Winkler und Wiese)		
1892	21,3	40,5
1900	20,5	41,7
1905	19,0	28,5
1910	14,2	21,4
1913	12,0	19,4
1920	12,2	33,0(!)
1923	11,1	26,7

5. Hitzeschäden — „Sommersterblichkeit“. Bis vor etwa 2 Jahrzehnten entfielen in manchen Gegenden *bis über 50% aller Säuglingstodesfälle eines Jahres auf die Sommermonate*, wobei die Höhe dieser Sommersterblichkeit eine deutliche Abhängigkeit von der mittleren Sommertemperatur ergab. Diese Sterblichkeits*steigerung* kam durch tödlich verlaufende „Ernährungsstörungen“ zustande (s. Abb. 20), so daß man lange Zeit an die Auswirkung bakteriell infizierter Nahrungen dachte.

Etwa seit der Jahrhundertwende setzte sich in Deutschland mehr und mehr die erstmalig 1887 von Meinert begründete Annahme durch, daß es sich hier um direkte Hitzeschäden auf den Säuglingsorganismus handelte. Die zum Tode führenden plötzlichen Erkrankungen waren nachweislich an heißen Tagen, und zwar ganz vorwiegend bei jenen Säuglingen aufgetreten, die in heißen und schlecht lüftbaren Dachwohnungen, in überhitzten Küchen u. dgl. untergebracht gewesen waren. Es lagen also Überhitzungen, sozusagen „Hitzschläge“ vor, die der Organismus in diesem Lebensalter sekundär mit Durchfallsreaktionen, Wasserverarmung, toxischen Zeichen — dem Bilde der „*Sommerintoxikation*“ der „*Cholera infantum*“, des „*sommerlichen Brechdurchfalles*“ — beantwortet.

Seit dieser Erkenntnis ist durch planmäßige Aufklärung auf dem Wege über die Fürsorge dieser Sommer-*Gipfel* fast allerorts verschwunden. Ein letzter Rest dieser Schäden ist mancherorts noch vorhanden; er genügt meist nicht mehr zur Erhöhung der Sterblichkeit in den Sommermonaten, sondern verbirgt sich, indem er das sonst an dieser Stelle jetzt zu erwartende „Tal“ der Kurve ausfüllt. Eine zeitlich gleichlaufende Stillpropaganda, die nachweislich zu häufigerer Stillung führte, wirkte indirekt im gleichen Sinne, nämlich gegen die Sommersterblichkeit, da

Flaschenkinder sich gegen die genannten Hitzeschäden empfindlicher als Brustkinder erwiesen.

Eine gute Begründung für die Auffassung eines fürsorgerischen Erfolges als Grund des Rückganges der Sommersterblichkeit gab neuerdings E. Busch in statistischen Untersuchungen. Die Argumentation ist etwa folgende: eine in gewissen Bezirken hohe *Gesamt*säuglingssterblichkeit spricht dafür, daß die fürsorgerische Erfassung der Säuglinge in diesen Bezirken noch eine ungenügende ist. Dort werden also vermeidbare Schäden und damit vermeidbare Todesursachen noch am ehesten eine entscheidende Rolle spielen, somit wird man in diesen Bezirken noch am ehesten auch einen Sommergipfel der Säuglingssterblichkeit erwarten können. Je mehr die *Gesamt*säuglingssterblichkeit in einem Bezirke sinkt bzw. je niedriger dieselbe in einem Bezirke überhaupt ist, um so weniger werden vermeidbare Todesursachen in diesen Bezirken noch eine Rolle spielen, um so niedriger wird hier die Sommersterblichkeit der Säuglinge sein müssen. An einer Untersuchung der Säuglingssterblichkeit in den einzelnen Regierungsbezirken von Preußen haben sich diese Verhältnisse tatsächlich statistisch bestätigt gefunden.

Der einzige Regierungsbezirk, welcher in den Jahren 1925—28 noch einen deutlichen Sommergipfel der Säuglingssterblichkeit aufwies (Stralsund), hatte die höchste Gesamtsäuglingssterblichkeit unter allen preußischen Regierungsbezirken. Die Bezirke mit seit Jahrzehnten niedriger Gesamtsäuglingssterblichkeit (Aachen, Wiesbaden, Aurich) haben einen in den Jahren 1907—10 noch (mit Ausnahme von Aurich) sehr deutlich vorhandenen Gipfel der Sommersterblichkeit gegen einen ausgesprochenen Wintergipfel in den Jahren 1925—28 vertauscht.

Der soeben genannte „*Wintergipfel*" *der Säuglingssterblichkeit*, der vielerorts heute deutlich in Erscheinung tritt, kommt durch das nunmehrige Überwiegen der Infektionen der Atemwege (Bronchopneumonie) als Todeskrankheit des Säuglingsalters zustande, da diese Infektionen aus bisher noch nicht völlig geklärter Ursache einen Gipfel in dieser Jahreszeit haben.

Rückgang der Säuglingssterblichkeit. In Tabelle 115 ist der Verlauf der Säuglingssterblichkeit im Deutschen Reiche seit Jahrhundertbeginn angegeben. Wie ersichtlich, ist die Säuglingssterblichkeit in den letzten Jahrzehnten auf früher nie gekannte Werte zurückgegangen.

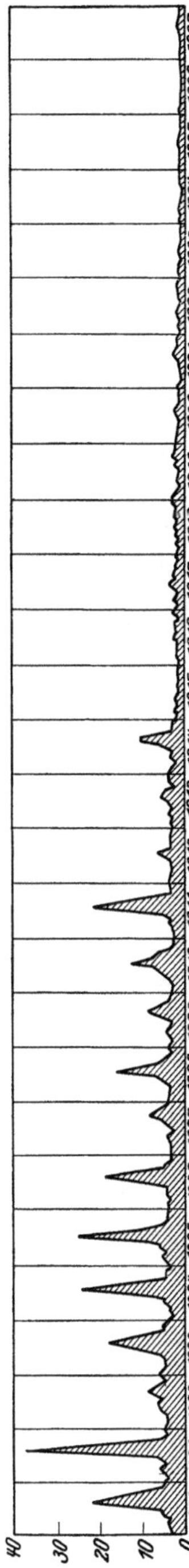

Abb. 20. Kurve der monatlichen Säuglingssterblichkeit *an Ernährungsstörungen* in den Jahren 1900—1927 für Hamburg (nach *Meyer-Delius*). Die Ordinaten geben (die auf 100 Lebendgeborene bezogene) Säuglingssterblichkeit an, die pro Jahr erreicht worden wäre, wenn die Säuglingssterblichkeit des betreffenden Monats während des ganzen Jahres geherrscht hätte.

Tabelle 115. **Säuglingssterblichkeit in Deutschland seit der Jahrhundertwende (nach Zahlen von Rott, sowie des Reichsgesundheitsamtes).**

Zeit	%	Zeit	%	Zeit	%
1900—1902	20,5	1921—1923	13,2	1932	7,9
1903—1905	20,2	1924—1926	10,6	1933	7,6
1906—1908	18,0	1927	9,7	1934	6,9
1909—1911	17,5	1928	8,9	1935	6,8
1912—1914	15,3	1929	9,7	1936	6,6
1915—1917	14,5	1930	8,5	1937	6,4
1918—1920	14,4	1931	8,3		

Die *kausale Erklärung* dieser in allen Kulturländern zu verzeichnenden Erscheinung war naturgemäß Gegenstand eingehender Untersuchung (vgl. bei Rott). Auf manche Einzelheiten kann hier nicht eingegangen werden. Zweifellos liegt hier ein sehr komplexes Geschehen vor, in dem zahlreiche Einflüsse sich — gleichsinnig wirkend — verstärkten.

Tatsache ist jedenfalls, daß durch die Fortschritte der Kinderheilkunde und durch planmäßige Fürsorge, welche die neuen Erkenntnisse ins Volk trug, die große Zahl früherer Pflege- und Ernährungsfehler zunächst ganz besonders eingeschränkt wurde — man denke hier auch an die Stillpropaganda sowie an die erhöhte Fürsorge für unehelich geborene Kinder; daß weiterhin durch bessere Krankenhauspflege und -behandlung eine große Zahl Schwerkranker noch gerettet werden konnte — man erinnere sich nur an die Bronchopneumonie als Todesursache; und daß endlich vorbeugende Betreuung des Kindesalters, ganz besonders im Sinne von Infektionsverhütung viele Menschenopfer sparte. Parallel zu diesen Einflüssen lief dann zweifellos der mit sinkender Kinderzahl steigende Aufzuchtswert und damit Aufzuchtswille in der Bevölkerung für das Einzelindividuum.

Es bedarf entgegen manchen oft leichtfertig hingesprochenen Behauptungen ganz besonderer Betonung, daß *die weit überwiegende Zahl der heute gegen früher geretteten Säuglinge vollwertige Menschen betrifft*, deren Erhaltung im Interesse des Gesamtvolkes liegt. Wie müßte unsere heutige Jugend degeneriert und mit unerwünschten Elementen massenhaft durchsetzt sein, wenn in ihr jener nunmehr überlebende hohe Prozentsatz auslesebedürftiger, aber etwa künstlich erhaltener, wenig lebenswerter Menschenleben enthalten wäre.

Mindeststerblichkeit. Bei diesem Absinken der Säuglingssterblichkeit erhebt sich die Frage, bis zu welchem Ausmaße ein weiteres Absinken überhaupt noch möglich bzw. noch wünschenswert ist. Wer sich die Tabelle 115 kurvenmäßig vorstellt — etwa die Säuglingssterblichkeit als Funktion der Zeit —, der wird erkennen, daß das Absinken kein lineares ist, sondern daß sich mehr und mehr eine Annäherung der Säuglingssterblichkeit an einen Grenzwert ausprägt, dem die Kurve immer langsamer zustrebt. Denn die noch übrig gebliebenen Todesfälle werden offenbar immer schwerer vermeidbar, ein weiteres Absinken der Sterblichkeit um einen bestimmten Betrag bedarf also unverhältnismäßig größerer Mühe als sie früher für den gleichen Betrag aufzuwenden war. Andererseits ist zur Erhaltung des Erreichten allerdings notwendig, daß die bisherigen Einflüsse in unveränderter Wirkungsstärke weiterwirken. Die überhaupt erreichbare Mindeststerblichkeit dürfte nach Gesamterbmasse eines Volkes, nach Milieu (im umfassendsten Sinne und jeweils „im Durchschnitt“ des Volksganzen) schwanken. Für Deutschland wurde sie zu etwa 3—4% geschätzt (SCHLOSSMANN, ROTT).

Es ist aber immerhin von Interesse, daß diese Ziffern wenigstens innerhalb gewisser Gruppen von Menschen schon unterschritten sind. So betrug die Säuglingssterblichkeit um die Jahrhundertwende, also zu einer Zeit, wo sie für die Gesamtbevölkerung Deutschlands um 20 lag, bei den Kindern der Fürstenhäuser Europas nur 2,6%. Diese Ziffer wurde noch unterboten von den bestsituierten Familien Schwedens (mit über 10000 Kr. Jahreseinkommen), in denen 1920 nur noch 1,43% Säuglingssterblichkeit herrschte (RIETZ). Die niedrigste Säuglingssterblichkeit der Welt innerhalb einer *Gesamt*bevölkerung besitzt seit Jahren die weiße Bevölkerung von Neuseeland (1936: 3,1). Sie entspricht also durchaus den genannten Schätzungswerten der für eine Bevölkerung erreichbaren „Mindeststerblichkeit“.

4. Neugeborenensterblichkeit (auch „Frühsterblichkeit“ [1]).

Zu grundsätzlich wichtigen Einblicken über das Zustandekommen der Säuglingssterblichkeit gelangt man, wenn man die innerhalb des 1. Lebensjahres erfolgenden Todesfälle nach dem Alter, in dem der Tod eintrat, weiter aufteilt. Es zeigt sich nämlich dann sofort, daß heute ein *entscheidender Anteil aller Säuglingstodesfälle sich auf die allererste Lebenszeit zusammendrängt*. Die Tabelle 116 enthält Beispiele für diese allgemeine Erscheinung.

Tabelle 116. Anteile der „Neugeborenensterblichkeit“ an der Säuglingssterblichkeit. Von 100 Säuglingstodesfällen entfielen:

Im Jahre	In	Auf die Lebenstage	Zahl
1925	Preußen	0—10	31
1929—1932	Düsseldorf	0—10	49,5
1929—1932	Wuppertal	0—10	53
1936	Chikago	0—15	61

Mit anderen Worten, die Säuglingssterblichkeit wird in außerordentlichem Ausmaße durch eine besonders hohe Sterblichkeit in der allerersten Lebenszeit belastet.

Da hier also besondere Ursachen eine Rolle spielen müssen, ist es zweckmäßig, die innerhalb des Säuglingsalters durch besonders hohe Mortalität ausgezeichnete erste Lebenszeit des „Neugeborenenalters“ abzutrennen und für sich zu untersuchen.

[1] Die letztere, vielfach gebrauchte Bezeichnung ist wegen Verwechslungsmöglichkeit mit anderen (z. B. intrauterinen) Formen *frühen* Sterbens mißverständlich, so daß v. PFAUNDLER mit Recht dafür die eindeutige Benennung „Neugeborenensterblichkeit“ vorschlägt.

In diesem Sinne spricht man von „Neugeborenensterblichkeit" als der Sterblichkeit innerhalb der ersten 7, 10, 15 Tage (die zeitliche Begrenzung schwankt noch bei den einzelnen Autoren).

Ätiologie. 1. Man erkennt sofort, daß diese Neugeborenensterblichkeit in engster Beziehung zur Geburt steht, daß hier also die *geburtsbedingten Todeskrankheiten* (cerebrale Geburtstraumen u. dgl.) als ätiologisch besonders stark beteiligt zu erwarten sein werden.

2. Dazu kommen Kinder mit *angeborenen Mißbildungen*, die ein längeres extrauterines Leben unmöglich machen.

3. Endlich Kinder, welche zwar definitionsgemäß „lebensfähig" sind, welche aber doch *nahe der Grenze der Lebensfähigkeit*, „lebensschwach" im strengen Sinne (d. h. ohne nachweisbaren pathologischen Befund) zur Welt kommen. Hierher zählt vor allem die *„Frühgeburt"* in wörtlichem Sinne.

Eine Aufspaltung der letzteren (3.) Gruppe in „Lebensschwache" und „Frühgeburten", wie sie in der Todesursachenstatistik erscheint, ist bei einfacher (zuweilen noch nicht einmal ärztlicher) Leichenschau kaum gerechtfertigt, ja es werden sich in dieser Gruppe auch eine Anzahl Kinder mit Geburtstraumen und inneren Mißbildungen finden. Diese Skepsis fand durch das Ergebnis der gleich noch zu besprechenden Chikagoer Erhebung eine volle Begründung, wo eine Übereinstimmung mit den offiziellen Diagnosen oft sehr schlecht war.

Tabelle 117.
Es starben in Deutschland im 1. Lebensmonat an „angeborener Lebensschwäche" und „Frühgeburt".

In den Jahren	Absolut	Auf 1000 Lebendgeborene
1932	31543	32,24
1933	30606	31,98
1934	32095	27,13

In Tabelle 117 sind daher die beiden statistischen Gruppen (auf Grund einer Statistik von Baland aus dem Reichsgesundheitsamt) vereinigt, um wenigstens eine Vorstellung von der Größenordnung dieses Verlustes an Menschenleben innerhalb des Deutschen Reiches zu geben. Daraus geht hervor, daß gegenwärtig etwa 3 Kinder pro 100 Lebendgeborene an „Lebensschwäche und Frühgeburt" sterben, daß die gegenwärtige Säuglingssterblichkeit also zu 40—50% *allein* durch *diese* Todesursache belastet wird.

Vorbildlich für genaue Ermittlungen über das Zustandekommen der Neugeborenensterblichkeit ist das von Bundesen eingeführte:

„Chikagoer Verfahren" zur Bestimmung der Neugeborenentodesursachen.

Technik. Von jedem Todesfall wird durch geschulte Kräfte die geburtshilfliche und klinische *Vorgeschichte* (einschließlich aller Laboratoriumsbefunde) *erhoben.* Das Kind wird durch einen Fachpathologen, „der mit der fetalen und Säuglingspathologie vertraut ist", *obduziert,* wobei eine *schriftliche* Niederlegung aller Befunde erfolgt (einschließlich Gehirnobduktion und mikroskopischer Untersuchung von Geweben, an denen makroskopisch eine exakte Diagnose nicht möglich). — Aus den genannten Protokollen wird in jedem Falle die wahrscheinliche

Todesursache durch eine aus Pathologen, Kinderärzten und Geburtshelfern bestehende *Kommission* festgelegt.

Ergebnis. Ein erster Bericht bringt das Ergebnis von 398 auf diese Weise festgelegten Ursachen von Frühtodesfällen (vor dem 15. Lebenstag). Es dürfte im Prinzip wenigstens für Großstädte allgemeine Gültigkeit haben, weshalb seine wesentlichsten Punkte hier angefügt seien[1].

Frühgestorbene, ausgetragene Lebendgeburten (> 2500 g Gewicht; 155 Fälle): Als Todesursachen überwiegen ganz besonders *angeborene Mißbildungen* (29%) und *cerebrale Blutung* (29,7%). Dann folgen *Pneumonien* (aller Arten) mit 12,3%.

Frühgestorbene Frühgeburten (400—2499 g; 243 Fälle): Hier ist für eine Übertragung auf unsere Statistiken zu berücksichtigen, daß auf Grund gesetzlicher Bestimmung in Chicago alle Früchte ab 400 g und 28 cm Körperlänge als „Frühgeburten“ zählen und daß unter den 243 ausgewerteten Fällen sich 54% befanden, die nach unserer Definition noch als Fehlgeburten gelten (s. S. 331). Als wichtigste Todesursache fand sich *cerebrale Blutung* (23%); sehr häufig *fehlte ein pathologischer Befund* beim Kinde (45%), wogegen *Krankheiten der Mutter* oft eine Rolle spielten (Lues nur in 1,2%). Angeborene Mißbildung des Kindes ist hier nur mit 7,4% als Todesursache beteiligt.

Die ermittelten Zahlen ergeben ohne weiteres Richtlinien, wo eine Bekämpfung der Neugeborenensterblichkeit einzusetzen hat. Sie bedürfen hier keiner Aufzählung im einzelnen.

Auch hier zeigt sich im übrigen bereits eine höhere Neugeborenensterblichkeit bei *unehelichen Geburten* gegenüber jener bei ehelichen, wie sie schon für die Gesamtsäuglingssterblichkeit auffiel (s. S. 324) (Reifarth).

Vollständigkeitshalber muß noch einer weiteren, wiederholt in Statistiken vermerkten Erscheinung im feineren Verlauf der Neugeborenensterblichkeit kurz gedacht werden. Das bisher Gesagte macht es ohne weiteres verständlich, daß bei Aufteilung der Neugeborenensterblichkeit auf die einzelnen Lebenstage die *Größe der Sterblichkeit vom ersten Lebenstage nach dem Ende der Neugeborenenzeit und über sie hinaus immer mehr fällt.* Dieser Abfall weist zahlenmäßig nicht selten gewisse „*Anomalien*“ auf. Besonders häufig, aber keineswegs konstant sind kurze Anstiege um den 6. und um den 14. Lebenstag (Beispiele bei Prinzing). Möglicherweise beruhen diese, den Zufall durchaus übertreffenden Steigerungen auf ungenauer statistischer Erfassung des Zeitpunktes des Todeseintritts — Statistiker kennen auch sonst die Neigung zur „Abrundung“ eines Lebensalters (hier etwa auf volle Lebenswochen) in der Bevölkerung. Immerhin wäre die Erscheinung einer gründlichen Untersuchung vielleicht wert (vgl. dazu v. Beckerath).

Anstieg der Neugeborenensterblichkeit. Die große Bedeutung der Neugeborenensterblichkeit liegt aber nicht nur in ihrem prozentual hohen Anteil, den sie an der Gesamtsäuglingssterblichkeit gegenwärtig stellt.

---

[1] Die Zahl der in den genannten Fällen enthaltenen Anstaltsentbindungen „entspricht etwa dem durchschnittlichen Anteil der Anstaltsgeburten an den Gesamtgeburten Chikagos“ (Bundesen, briefliche Mitteilung an den Verf.).

Was ganz besonders bemerkenswert erscheint, ist der Umstand, *daß die Neugeborenensterblichkeit den allgemeinen Rückgang der Säuglingssterblichkeit nicht nur nicht mitmachte, sondern dem entgegen sogar — absolut betrachtet — zunahm.*

Dieser *Anstieg* ist von zahlreichen Autoren als Tatsache eindeutig belegt, und zwar setzt er schon seit der Jahrhundertwende ein.

So starben beispielsweise von 100 Lebendgeborenen in Preußen innerhalb der ersten 3 Lebenstage 1901: 1,97, 1913: 2,34.

Als weiteres Beispiel ist in Tabelle 118 eine bis in die letzte Zeit gehende Erhebung von REIFARTH über die Neugeborenensterblichkeit innerhalb dieses Jahrhunderts in zwei Großstädten auszugsweise wiedergegeben.

Tabelle 118. Neugeborenensterblichkeits-Anstieg pro 100 Lebendgeborene innerhalb zweier Großstädte (nach REIFARTH).

Jahre	Es starben pro 100 Lebendgeborene innerhalb der ersten 7 Lebenstage	
	Düsseldorf	Wuppertal
1900—1904	2,64	2,65
1905—1909	2,77	2,57
1910—1914	2,80	3,06
1920—1924	3,26	3,02
1925—1928	3,58	3,17
1929—1932	3,64	3,18

Zunächst glaubte man, diesen Neugeborenensterblichkeitsanstieg durch rein *demographische Vorgänge* (relative Zunahme angeblich mehr gefährdeter Erstgeburten [ROTT], relative Zunahme alter Erstgebärender [MOLL]) erklären zu können. Diese Annahme wurde durch Untersuchungen von LUBINSKY und COSACK, REIFARTH, GUMMER widerlegt. Es zeigte sich *keine Mehrgefährdung der Erstgeburt* und auch kein Einfluß des Mutteralters auf die Frühsterblichkeit bis zum 35. Lebensjahr (nach diesem ist ein solcher Einfluß nicht konstant). So erscheint *dieses recht bedeutungsvolle Problem bisher ungeklärt.* Beachtenswert scheint hier die Tatsache, daß dieser *Anstieg* unter unehelichen Geburten stärker ist als unter ehelichen (REIFARTH), was für die Wirksamkeit äußerer Momente spricht (vgl. dazu S. 323).

5. Weitere Formen des Frühtodes.

Das Problem des Absterbens beginnt, wenigstens für den biologisch interessierten Arzt und für den Bevölkerungspolitiker nicht erst nach erfolgter Lebendgeburt, welche Voraussetzung für das Bisherige war. Gerade von der Neugeborenensterblichkeit — etwa jener des ersten Lebenstages — führen fast fließende Übergänge zum Tod während der Geburt oder kurz vor derselben und von hier wieder zum Tod in den letzten Schwangerschaftsmonaten. Alle diese letzteren Verluste an Menschenleben fallen unter den Begriff der Totgeburt, deren statistische Definition folgendermaßen lautet:

Totgeburt heißt ein zwar lebensfähiges (also mindestens 35 cm langes) Kind, das tot geboren wurde (nicht geatmet hat).

Für viele Untersuchungen ist es notwendig, auch die innerhalb einer Bevölkerung herrschende *Totgeburtlichkeit* zu erfassen, zumal wenn man bedenkt, daß auf 100 Geburten (also „lebensfähige Kinder") in Deutschland 3,2 Totgeburten treffen. Im heutigen Deutschland bedeutet das etwa 45000 Totgeburten pro Jahr.

Bekanntlich ist die *Grenze zwischen Lebendgeburt und Totgeburt* in der Praxis keine ganz scharfe. Es kann Einflüsse geben (vor allem solche religiöser Art, z. B. Wunsch nach Nottaufe in katholischen Bevölkerungen), welche manche Totgeburt noch als frühest verstorbene Lebendgeburt einreihen lassen; oder es mögen schwächste Atembewegungen übersehen und somit definitionsgemäße „Lebendgeburten" als Totgeburten gezählt werden. So können erhebliche zahlenmäßige Ungenauigkeiten auftreten, bzw. Verschiebungen, wie solche auch bei Vergleich von Bevölkerungen verschiedenen Glaubensbekenntnisses sehr wohl bekannt sind. Man hat für manche Zwecke diese Ungenauigkeit statistisch dadurch umgangen, daß man Todesfälle des 1. Lebenstages noch den Totgeburten zuzählte, was naturgemäß manche andere Nachteile bedingt.

Es führte im Rahmen dieses Buches zu weit, auf Einzelheiten des *Zustandekommens der Totgeburtlichkeit* einzugehen. Zunächst fällt auf, daß die Totgeburtlichkeit unter *unehelichen Geburten* stets sehr merklich höher ist als unter ehelichen Geburten (REIFARTH). Aus den interessanten Untersuchungen v. PFAUNDLERs zur Frage des Zustandekommens der Totgeburten mag nur erwähnt sein, daß sich hier zwei Einflußkreise summieren:

1. Geburten toter Kinder, also „*Totgeburten*" im wörtlichen Sinne, wobei als Ursachen für den Tod vorwiegend internistische Einflüsse maßgebend sind.

2. Todesfälle *in* der Geburt, als „*Geburts-Tode*", mit vorwiegend mechanischen (obstetrikalen) Todesursachen.

Da diese letzteren Ursachengruppen unmittelbar mit dem *Übergang* („metabasis") vom intra- zum extrauterinen Leben zusammenhängen, nennt sie v. PFAUNDLER zusammenfassend „*metabasisch*" und stellt ihnen die erstere Gruppe als „*ametabasisch*" gegenüber.

Verteilen sich die ametabasisch bedingten Todesfälle ziemlich gleichmäßig über die letzten drei Schwangerschaftsmonate, wo sie sozusagen den „Sockel" der Sterblichkeit darstellen, so sind die metabasischen ganz besonders am Zustandekommen des sich über diesen Sockel erhebenden perinatalen *Gipfels* der Sterblichkeit (vgl. Abb. 21) beteiligt. Bezüglich interessanter Besonderheiten des Geschlechtsverhältnisses innerhalb beider Todesursachengruppen vgl. S. 334.

Die Totgeburt ist durch bestimmte Mindestlänge abgetrennt von der

Fehlgeburt (standesamtlich nicht gezählt), d. h. eine Frucht unter 35 cm Körperlänge. Sie gilt als nichtlebensfähig (selbst wenn sie kurzdauernde Zeichen von Leben aufwies).

So präzise die *Grenze zwischen Totgeburt und Fehlgeburt* auch definiert ist, so muß man für Arbeiten mit diesen Begriffen wissen, daß „Grenzfälle", die innerhalb der Meßungenauigkeit auftreten müssen, sich auch hier *nicht* unter allen Umständen gleichmäßig (nämlich zufällig) auf beide Gruppen der Sterblichkeit verteilen.

Es gibt nämlich wirtschaftliche Einflüsse, welche — je nachdem sie Vorteile oder Nachteile bringen — im Zweifelsfalle die eine oder die andere Form der Meldung erstrebenswerter erscheinen lassen und die sich dann entsprechend auswirken. Dazu gehören etwa Beerdigungskosten, Sterbegeld, Wochenhilfe, Krankenkassenleistung, sobald für diese ein Unterschied zwischen „Fehlgeburt" und „Totgeburt" besteht. An Einflußmöglichkeiten dieser Art muß man also gegebenenfalls denken.

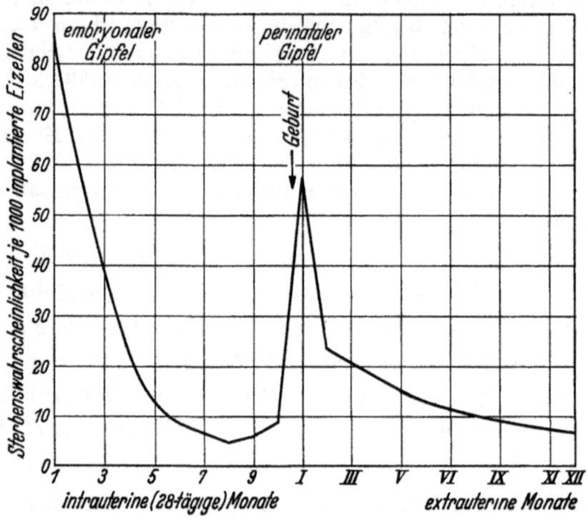

Abb. 21. Tausendfacher Wert der Sterbenswahrscheinlichkeit in der Fetal- und Säuglingsperiode (nach Zahlen v. Pfaundlers).

Von der Fehlgeburt führen dann weiter alle Übergänge über Abort in frühestem Stadium bis zur Ausstoßung einer befruchteten und implantierten Eizelle.

„Kyemsterblichkeit". Es kann für manche Fragen zweckmäßig sein, alle Formen des Absterbens *im Mutterleibe* unter einen Oberbegriff zusammenzufassen. v. Pfaundler prägte für diese Gesamtheit *intrauteriner Todesfälle* — da ein Wort dafür in unserer Sprache völlig fehlt (in sprachlich korrekterer Fassung eines in Amerika bereits verwendeten Ausdruckes) — die Bezeichnung *Kyemtod*[1].

Wie aus der späteren Tabelle 119 ersichtlich, ist gegenwärtig in Deutschland mit einer *Kyemsterblichkeit von etwa 23%* zu rechnen.

Perinatale Sterblichkeit. Endlich kann es für manche statistische und biologische Betrachtungen zweckmäßig sein, alles *Sterben lebensfähiger Kinder in zeitlicher Nähe der Geburt* zusammenzufassen, also Totgeburten

[1] τό κύημα = die Frucht im Mutterleibe; daraus das deutsche Lehnwort „*das Kyem*" (Mehrzahl: die Kyeme).

vor und in der Geburt sowie im Neugeborenenalter gestorbene Lebendgeburten. Für diese Zusammenfassung von Totgeburtlichkeit + Neugeborenensterblichkeit ist der Begriff der „*perinatalen Sterblichkeit*“ (v. PFAUNDLER) schon recht gebräuchlich geworden.

Mit Rücksicht auf den Rahmen des Buches müssen diese Begriffsbestimmungen hier genügen. Die *perinatale Sterblichkeit* ist nach bisherigem *mit etwa 6% aller lebensfähigen Kinder* anzusetzen.

Selbstverständlich kann man, wie v. PFAUNDLER gezeigt hat, nach Ermittlung oder vorsichtiger Schätzung der vorgenannten Gruppen des Absterbens auch angenäherte *Sterbenswahrscheinlichkeiten für diese allererste Lebenszeit* (in der oben gekennzeichneten Weise) errechnen (vgl. Abb. 21). Daraus werden zwei wichtige *Gesetzmäßigkeiten des Absterbens*, nämlich die *steilen Gipfel in der ersten intrauterinen Lebenszeit und „perinatal“* anschaulich. Man kann ebenso weiterhin aus diesen Sterbenswahrscheinlichkeiten eine *Absterbeordnung* entwickeln, die nicht bei der Lebendgeburt, sondern bei der Implantation der befruchteten Eizelle einsetzt.

Unter Fortlassung vieler wesentlicher Einzelheiten — lediglich um einen Begriff von Größenordnungen zu geben — finden sich einige Zahlen solcher Absterbeordnung in Tabelle 121.

Tabelle 119. Absterbeordnung für implantierte Eizellen unter gegenwärtig bestehenden Sterbeverhältnissen (nach Berechnungen v. PFAUNDLERS).

Es ist damit zu rechnen, daß von je 1000 implantierten Eizellen erreichen[1]:		
ein Alter von	6 Schwangerschaftsmonaten	791
	7 „	785
	8 „	780
	9 „	776
	10 „	769
	lebende Geburt	745
	1 Monat extrauterinen Lebens	702
	das Ende des 1. Lebensjahres	606 [2]

[1] Vorausgesetzt ist eine Ei-Implantation in dem dafür anzunehmenden Geschlechtsverhältnis (s. Tabelle 120); weiterhin ein Absterben, wie es jedem der beiden Geschlechter entspricht; endlich ein Fehlen krimineller Abtreibung.

[2] Diese Ziffer würde sich nach den Säuglingssterblichkeiten der letzten Jahre auf 690—700 erhöhen, während an den übrigen Zahlen keine *wesentliche* Änderung eingetreten sein dürfte, wie aus dem über Neugeborenensterblichkeit Gesagten hervorgeht.

D. Geschlechtsverhältnis (Sexualrelation).

Bereits in zahlreichen Tabellen vorangehender Abschnitte war eine *Übersterblichkeit der Knaben* aufgefallen, und zwar als konstante Erscheinung, die von recht großer Bedeutung im biologischen Geschehen eines Volkes ist. Einige allgemein interessierende Zahlen dazu sind in Tabelle 122 zusammengestellt. Man erkennt sofort, daß diese Übersterblichkeit nicht etwa durch die etwas höhere Geburtenziffer von Knaben zustande kommt, sondern daß diese letztere im Gegenteil sogar der noch verbleibende Rest ursprünglich sehr viel zahlreicherer männlicher Früchte darstellt, die dann nachweislich intrauterin in ungleich stärkerem Maße zum Absterben kommen als weibliche Früchte.

Tabelle 120. Geschlechtsverhältnis bei Geburt und Tod in der ersten Lebenszeit[1].

Auf je 1000 Mädchen treffen in Deutschland Knaben bei		
Implantation	etwa 1460	
Geburten überhaupt	1060—1085	
Totgeburten	1217—1280	
Lebendgeburten	1054—1080	
Tod im 1. Lebensmonat	etwa 1350	
,, ,, 3. ,,	etwa 1280	
,, ,, 6. ,,	etwa 1240	Tod im 1. Lebensjahr 1266
,, ,, 9. ,,	etwa 1020	
,, ,, 12. ,,	etwa 1080	

[1] Die Zahlen entstammen der deutschen Sterblichkeitsstatistik, zeigen also nach Zeit und Ort kleine Schwankungen; nur für jene der Implantation sind gewisse Annahmen (s. bei v. Pfaundler) nötig.

Diese bereits intrauterin stärkst ausgeprägte Knaben*über*sterblichkeit zeigt dabei allgemeinbiologisch interessante *Gesetzmäßigkeiten ihres Ausmaßes*. Sie ist in den ersten Monaten nach der Implantation besonders hoch, um dann merklich abzusinken. Während des insgesamt stark erhöhten perinatalen Sterbens (s. Abb. 21) steigt sie wiederum stark an, aber dieser *Anstieg trifft in besonderem Maße die durch metabasische Todesursachen* (s. S. 331) *zugrundegehenden Kinder*.

Die als Erklärung oft angeführten größeren *Körpermaße* (Kopfdurchmesser) der Knaben, welche geburtserschwerend wirken, können *nicht die einzigen Ursachen dieses Anstieges* sein. Denn dieser findet sich auch, wie v. Pfaundler ausführte, unter Kindsmorden, unter Schnittentbindungen, bei polytoken Tieren ohne Gebärschwierigkeiten durch Enge der Geburtswege, endlich setzt er beim Menschen bereits in einem Zeitpunkt der Schwangerschaft ein, wo Körpergrößen*unterschiede* noch nicht für den Tod maßgebend sein können.

Somit zeigt sich allgemein ein

„Gesetz der primären Resistenzschwäche der Knaben“ (v. Pfaundler): *Immer dann, wenn äußere Lebensanforderungen neu einsetzen* (in der ersten Zeit intrauterinen Lebens — perinatal — in der ersten Zeit des extrauterinen Lebens), *erweisen sich Knaben weniger widerstandsfähig als Mädchen und gehen in erhöhtem Maße zugrunde.*

Bei zahlenmäßiger Erfassung dieser Übersterblichkeit lassen sich dann, wie v. PFAUNDLER gezeigt hat, auch Absterbeordnungen für jedes der beiden Geschlechter gesondert vom Zeitpunkt der Implantation ab aufstellen, auf die hier nur verwiesen werden kann.

Mit der schon intrauterin sehr ausgeprägten Knabenübersterblichkeit, die im Ausmaße naturgemäß durch innere *und* äußere auf die Mutter wirkende Faktoren bedingt ist, erklären sich wahrscheinlich auch einige weitere statistische Gesetzmäßigkeiten, wie das schon LEXIS vor 60 Jahren vertreten hat:

1. *Das Geschlechtsverhältnis der Geborenen verschiebt sich bei unehelichen Geburten gegenüber ehelichen zugunsten der Mädchen.*

Die im Durchschnitt stärkeren äußeren Schäden, welche die uneheliche Mutter treffen (Frauenarbeit usw.) begünstigen Fehlgeburt und damit infolge der Resistenzschwäche der Knaben ein relativ stärkeres Absterben männlicher Früchte.

2. *Das Geschlechtsverhältnis der Geborenen verschiebt sich mit steigender Ordnungszahl der Geburt zugunsten der Mädchen* (vgl. Tabelle 121).

Tabelle 121. Geschlechtsverhältnis der Geborenen bei verschiedener Ordnungszahl der Geburt (nach FREUDENBERG für die ehelich Geborenen Berlins 1879—1913).

Ordnungszahl der Geburt	Knabengeburten auf je 100 Mädchengeburten
1.	106,84 ± 0,34
2.	106,36 ± 0,36
3. und weitere	105,13 ± 0,25

Mit steigender Geburtenziffer werden Uterusschädigungen häufiger und damit die Wachstumsbedingungen für die Frucht schlechter. So kommt es zu steigender Häufigkeit von Fehlgeburten, eine auch statistisch belegte Tatsache (Zahlen s. bei FREUDENBERG). Da aber *männliche* Früchte, wie gezeigt, gegen alle zu Fehlgeburt führenden Schäden sich empfindlicher erweisen, erfolgt ein stärkeres Absterben solcher, also ein verhältnismäßig stärkeres Überleben weiblicher Früchte.

Da aber mit steigender Geburtenziffer auch das Mutter- sowie zumeist auch automatisch das Vateralter ansteigt, folgt aus 2. sofort:

3. *Mit zunehmendem Alter der Mutter* (und damit statistisch — nicht kausal — auch mit zunehmendem Alter des Vaters) *verschiebt sich das Geschlechtsverhältnis der Geborenen zugunsten der Mädchen* (vgl. Tabelle 122).

Tabelle 122. Geschlechtsverhältnis der Geborenen mit steigendem Mutteralter (weiße Bevölkerung in USA. nach Zahlen der Metrop. Life Insurance Comp.).

Mutteralter Jahre	Knabengeburten auf je 100 Mädchengeburten: Einheimische	neu Zugewanderte
15—19	106,0	—
20—24	106,1	105,0
25—29	105,7	105,3
30—34	105,6	105,8
35—39	105,3	104,5
40—44	104,7	103,6

Möglicherweise besitzen 2 und 3 aber auch eine gemeinsame übergeordnete Ursache, nämlich mit zunehmendem Mutteralter (ohne Rücksicht auf vorausgegangene Geburten) steigende Ungunst der intrauterinen Wachstumsbedingungen, vor allem der Implantationsverhältnisse (endometritisch geschädigte Schleimhaut) und *dadurch* bedingte gehäufte Fehlgeburt, die sich infolge der geringeren Resistenz männlicher Früchte an diesen wieder stärker auswirkt. Im Falle vorausgegangener Geburten könnten sich Schädigungen durch diese mit den vorgenannten Schäden dann summieren, indem die Wahrscheinlichkeit von Uterusschädigungen durch Geburten noch erhöht würde. Man erinnere sich hier der „Nidationsschäden" beim Mongolismusproblem (VAN DER SCHEER, BENNHOLDT-THOMSEN).

Zwei weitere statistische Gesetzmäßigkeiten der Knabenübersterblichkeit, die sich ebenfalls in den Tabellen der einleitenden Abschnitte zeigen, seien (nach v. PFAUNDLER) wenigstens noch vermerkt:

Reziprozitätsgesetz. *Je größer die Gesamtsterblichkeit, um so kleiner wird die Knaben-Übersterblichkeit.*

Gesetz der Altersregression. *Die Knabenübersterblichkeit nimmt in ihrem Ausmaße vom 1. Lebensjahr nach der Pubertät zu fortgesetzt ab.*

Die erstere der genannten Erscheinungen war als statistische Tatsache schon im vorigen Jahrhundert aufgefallen; sie erweist sich sogar als zutreffend innerhalb der gleichen Krankheitsursache (z. B. bei Diphtherie, bei Masern).

Beide Gesetzmäßigkeiten hat v. PFAUNDLER durch biologisch fundierte Überlegungen über das Zustandekommen einer Resistenz und ihre statistische Verteilung beim Menschen aufzuklären versucht, Erörterungen, die hier im einzelnen nicht wiedergegeben werden können[1].

Es mag angefügt sein, daß sich *auch im Erkranken ganz bestimmte Eigentümlichkeiten im Verhalten der beiden Geschlechter* ergeben. Jedoch muß mit Rücksicht auf den verfügbaren Raum von einer Darstellung dieser (schon sehr in Fragen der speziellen Pathologie übergreifenden) Erscheinungen Abstand genommen werden; wiewohl auch in ihnen — was nur angedeutet sei — naturgemäß allgemein-biologisch unterschiedliche Verhaltensweisen beider Geschlechter vielfach zum Ausdruck kommen.

Genese der Knabenübersterblichkeit. Diese im Wesenskern seit langem aufgefallene Tatsache wurde von LENZ ursprünglich durch Annahme *recessiver geschlechtsgebundener Letal- oder Subletalfaktoren* zu erklären versucht. Solche den Träger „nicht oder nur bedingt lebensfähig" machenden Erbfaktoren würden nur beim männlichen Geschlecht phänotypisch in Erscheinung treten können, während ihnen beim weiblichen Geschlecht infolge der dort vorhandenen zwei Geschlechtschromosomen meist ein gesunder Partner gegenübertritt und damit die phänotypische Äußerung unterdrückt.

v. PFAUNDLER hat gegen diese LENZsche Auffassung folgende *Einwände* erhoben:

1. Nach den Erfahrungen der Genetiker sind *Träger von Letal- oder Subletalfaktoren* in der Regel auch phänotypisch *kenntlich* oder werden es doch im Laufe des Lebens, was beim männlichen Menschen nicht zutrifft.

---

[1] Wiener Vortrag 1937, der als noch ungedrucktes Manuskript dankenswerterweise dem Verfasser zur Verfügung stand.

2. Die Übersterblichkeit der Knaben äußert sich *gegenüber grundverschiedensten Anforderungen* in gleicher Weise. Äußere Schäden (Verletzungsfolgen, Infektionen) bedingen die Übersterblichkeit ganz ebenso wie endogene Momente.

3. Von den durch LENZ angenommenen Faktoren wäre zu erwarten, daß sie sich *innerhalb verschiedener Rassen* verschieden stark verbreitet finden. Die *Knabenübersterblichkeit* zeigt demgegenüber beim Menschen *keine Rassenabhängigkeit.*

Aus diesen Gründen vertrat v. PFAUNDLER folgende Vorstellung: Resistenz, Abwehr ist eine *polymere*, d. h. durch verschiedenste Gene in verschiedensten Chromosomen verankerte Gesamtleistung des Organismus. Unter diesen zahlreichen genotypisch festgelegten Leistungen würden eine oder einige wenige auch im Y-Chromosom ihren Sitz haben (die Abwehr würde also „partiell geschlechtsbegrenzt" sein). Diese letzteren Faktoren würden naturgemäß bei Knaben (mit eben nur *einem* Geschlechtschromosom) dann stets fehlen und diesen somit eine entsprechend geringere Abwehr zur Verfügung stehen.

Literatur.

BALAND, M.: Deutsches Ärzteblatt **1938**, 118.

BAUM, M.: In ENGEL-BAUMS Grundriß der Säuglings- und Kleinkinderkunde, 14. Aufl. München 1929.

BECKERATH, VON: Skand. Aktuarietidskrift **1938**, 152.

BUSCH, E.: Gesdh.fürs. Kindesalt. **7**, 249 (1932).

BUNDESEN, H. N., FISHBEIN and POTTER: J. amer. med. Assoc. **109**, 337 (1937) (sowie briefliche Mitteilung).

BURGDÖRFER, F.: Erg. soz. Hyg. u. Gesundheitsfürsorge **2**, 298 (1930); Aufbau und Bewegung der Bevölkerung. Leipzig 1935; Volk ohne Jugend, 3. Aufl. Heidelberg u. Berlin 1935.

ELIASSOW, W.: Veröff. Med.verw. **22**, 118 (1926).

FREUDENBERG, K.: Klin. Wschr. **1934 II**, 1797.

GUMMER, H.: Inaug. Diss. München 1934.

LEXIS, W.: Jb. nat. Ök. u. Stat. **27**, 209 (1876).

LUBINSKY u. COSACK: Z. Hyg. **111**, 143 (1930).

MEIER, E.: Allg. statist. Arch. **28**, 34 (1938).

MOLL: Gesdh.fürs. Kindesalt. **3**, 110 (1928).

PFAUNDLER, v.: Z. Kinderheilk. **57**, 185 (1935); **60**, 467 (1939).

PRINZING, FR.: Handbuch der medizinischen Statistik, 2. Aufl., Jena 1930.

RAHTS, J.: Dtsch. Statist. Zbl. **1916**, 185.

REIFARTH, K.: Z. Kinderheilk. **56**, 470 (1934).

RIETZ, E.: Acta paediatr. (Stockh.) 9, Suppl. III.

ROTT, F.: Gesdh. fürs. Kindesalt. **1**, 33 (1925); Erg. soz. Hyg. u. Gesundheitsfürsorge **1**, 85 (1929).

Statist. Bull. Metrop. Life Insur. Comp. **20**, Nr 4 (1939).

WIESE: Klin. Wschr. **1925 I**, 1075.

WINKLER: Mschr. öff. Gesdh.pflege **1921**, 146.

Wirtsch. u. Statist. **1936**, 722.

Nachträge zum Ersten Bande.

Von JOACHIM BROCK-Bad Dürrheim.

Erstes Kapitel.

Wachstum: Körpergewicht und Körperlänge. Proportionen. Habitus.

A. Fetale Entwicklung. Neugeborener (einschl. der untermaßigen Früchte).

Beginn der fetalen Entwicklung (Frage des Befruchtungszeitpunktes) (Bd. 1, S. 1—2). Die dort gebrachte Darstellung ist zum Teil überholt, insbesondere durch die Forschungen von HERMANN KNAUS, die er 1934 in seinem Buche „Die periodische Fruchtbarkeit und Unfruchtbarkeit des Weibes“ (2. Aufl., 1935) unter eingehender Berücksichtigung der sonstigen vorliegenden Forschungsergebnisse zusammengestellt hat.

Danach erfolgt die *Ovulation* im allgemeinen 15 Tage vor der Menstruation. Der nach Platzen des GRAAFschen Follikels sich ausbildende Gelbkörper (Corpus luteum) bewirkt auf hormonalem Wege die prägravide bzw. prämenstruelle Veränderung des Uterus (Erschlaffung seiner Muskulatur und Hyperplasie der Schleimhaut). Das Ei selber bleibt nach der Ovulation nur wenige Stunden befruchtbar! Damit es zur Befruchtung kommt, müssen also befruchtungsfähige Spermatozoen schon in der Tube auf dasselbe warten. Unter dem Einfluß der Bauchhöhlenwärme und unter Einwirkung der alkalischen Sekrete der akzessorischen männlichen Geschlechtsdrüsen, mit denen sie sich während der Ejaculation mischen, verlieren aber die Spermatozoen innerhalb der ersten 48 Stunden post coitum ihre Befruchtungsfähigkeit. Dadurch ist eine *Konzeption* frühestens 2 Tage vor der Ovulation möglich, und die *Imprägnation* fällt dann bei der nach Stunden bemessenen Befruchtungsfähigkeit des Eies praktisch mit dem Ovulationszeitpunkt zusammen. Erst am 10. Tage nach der Ovulation hat das inzwischen in den Uterus beförderte Ei Implantationsreife erlangt, und die *Implantation* darf jetzt auch keine Verzögerung erleiden, da diese nur 4 Tage vor dem Termin der nächsten Menstruation erfolgt, welche eintreten und das Eibett zerstören würde, wenn nicht durch die Hormone des jungen Chorionepithels das Corpus luteum metoestrum in ein Corpus luteum graviditatis umgewandelt würde.

Was nun die *Schwangerschaftsdauer* betrifft, so beträgt nach KNAUS die wahre Schwangerschaftsdauer (post impraegnationem) normalerweise 273 Tage. Da nun die Imprägnation nach KNAUS bei 28tägigem Zyklus durchschnittlich am 14. Tage desselben erfolgt, so würde danach also die Schwangerschaftsdauer post menstruationem im allgemeinen nicht 280, sondern 287 Tage betragen. Die Frage der Schwangerschaftsdauer ist aber nach KNAUS überhaupt noch als unentschieden zu betrachten und muß unter jedesmaliger Berücksichtigung des individuellen Menstruationstypus einer neuen Bearbeitung unterzogen werden.

B. Postfetales Wachstum.

V. Proportionen.

(Vordere) Rumpflänge (Vgl. Bd. 1, S. 46, Tabelle 35).

Nachdem, wie aus dieser Tabelle hervorging, Zahlenangaben für die Zeit zwischen Neugeborenen- und Schulalter bisher fehlten, haben BROCK und BROCKMANN die Werte für die ganze Wachstumsperiode ermittelt.

Tabelle 123. Relative Rumpflänge in den ersten 13 Lebensjahren. (Oberhessische Kinder nach BROCK und BROCKMANN.)

Alter	Relative Rumpflänge	Alter	Relative Rumpflänge ♀	Relative Rumpflänge ♂
0— 6 Monate	36,0	4 Jahre	30,5	30,5
7—12 ,,	36,1	5 ,,	31,0	30,0
13—18 ,,	35,2	6 ,,	30,7	30,2
19—24 ,,	33,2	7 ,,	29,6	29,3
25—30 ,,	32,7	8 ,,	30,0	28,9
31—36 ,,	32,3	9 ,,	29,7	28,5
37—42 ,,	31,2	10 ,,	28,0	28,8
		11 ,,	28,7	28,9
		12 ,,	28,6	28,8
		13 ,,	28,9	28,9

Tabelle 124. Relative Rumpflänge und ihre Variationsverhältnisse. (Oberhessische Kinder nach BROCK und BROCKMANN.)

Alter in Jahren	n	V	M	ε	v
0 — $1^1/_2$	46	29,25—40,00	35,45	1,75	5,21
$1^1/_2$— $2^1/_2$	22	27,25—36,75	32,90	2,21	6,09
$2^1/_2$— $3^1/_2$	19	26,75—35,50	31,74	1,51	4,75
$3^1/_2$— $5^1/_2$	25	24,50—33,50	30,53	1,11	3,63
$5^1/_2$— $7^1/_2$	54	26,25—35,00	29,84	1,17	3,92
$7^1/_2$— $9^1/_2$	61	26,00—32,00	29,23	1,18	4,35
$9^1/_2$—$11^1/_2$	59	22,00—31,75	28,65	1,18	4,11
$11^1/_2$—$13^1/_2$	56	26,50—36,50	29,16	1,18	4,05

Danach beträgt die relative Rumpflänge sogar noch bis zum Ende des 1. Lebensjahres über 36, fällt dann bis zum Ende des 2. Lebensjahres auf 33, um mit 4 Jahren die Werte bei Beginn der Schulperiode zu erreichen. Ein Minimalwert wird erreicht mit 9 Jahren bei den Mädchen, mit 10 Jahren bei den Knaben (bei den Schaffhauser Kindern von SCHWERZ mit 12—13 Jahren). Auf alle Fälle ist der Rumpf beim Adoleszenten und beim Erwachsenen wieder relativ länger als zur Zeit der Präpubertät bzw. Pubertät, wo er verhältnismäßig überhaupt am kürzesten ist.

Sitzhöhe (Vgl. Bd. 1, S. 47, Tabelle 36).

In dieser Tabelle sind infolge eines Versehens die absoluten Werte falsch eingesetzt, weshalb sie hier berichtigt folgt:

Tabelle 125. Sitzhöhe (nach KORNFELD).

Alter	*Sitzhöhe*		*Alter*	*Sitzhöhe*	
	absolut cm	relativ (in % der Körperlänge)		absolut cm	relativ (in % der Körperlänge)
Neugeborener	35	70	7 Jahre	64	55
$^1/_2$ Jahr	43	65	8 ,,	66	54
1 ,,	48	65	9 ,,	68	54
2 Jahre	52	62	10 ,,	70	52
3 ,,	55	59	11 ,,	72	53
4 ,,	57	57	12 ,,	75	54
5 ,,	60	58	13 ,,	77	53
6 ,,	62	56	14 ,,	80	53

Unterlänge (Symphysen- oder Trochanterenhöhe)
(Bd. 1, S. 59, Tabelle 61).

Für dieses Maß fehlten die Zahlen fürs Säuglingsalter, und für die Zeit danach standen nur die Messungen WEISSENBERGs an Wilnaer Juden zur Verfügung. Nachstehende Tabellen zeigen deshalb wieder die Verhältnisse während der gesamten Wachstumsperiode bis zum 13. Lebensjahr bei deutschen Kindern.

Tabelle 126. Relative Symphysenhöhe in den ersten 13 Lebensjahren. (Oberhessische Kinder nach BROCK und BROCKMANN.)

Alter	Relative Symphysenhöhe	Alter	Relative Symphysenhöhe	
			♂	♀
0— 6 Monate	36,2	4 Jahre	45,2	45,9
7—12 ,,	36,8	5 ,,	45,8	45,9
13—18 ,,	39,5	6 ,,	48,1	47,6
19—24 ,,	42,3	7 ,,	48,4	49,1
25—30 ,,	43,5	8 ,,	48,6	50,6
31—36 ,,	43,7	9 ,,	49,6	50,6
37—42 ,,	44,9	10 ,,	50,8	50,9
		11 ,,	50,5	50,9
		12 ,,	51,3	51,0
		13 ,,	51,2	50,9

Tabelle 127. Relative Symphysenhöhe und ihre Variationsverhältnisse. (Oberhessische Kinder, nach BROCK und BROCKMANN.)

Alter in Jahren	n	V	M	ε	v
0 — 1½	46	32,25—44,50	38,65	2,39	6,19
1½— 2½	22	39,75—47,50	43,00	1,67	3,88
2½— 3½	19	39,50—46,75	44,34	1,37	3,09
3½— 5½	25	43,00—48,75	45,73	1,14	2,49
5½— 7½	54	45,25—50,75	48,27	1,15	2,38
7½— 9½	61	47,50—53,00	49,90	1,10	2,20
9½—11½	59	47,50—53,75	50,85	0,89	1,75
11½—13½	56	45,50—54,00	51,05	1,10	2,14

Aus Tabellen 126/27 geht hervor, daß die Unterlänge nach dem 1. Lebensjahre im Verhältnis zur Körperlänge rasch zunimmt. Besonders gilt dies für die Zeit von 1—2½ Jahren, dann wird der Fortschritt etwas langsamer, wonach dann im 5.—7. Lebensjahre noch einmal ein erhebliches Fortschreiten erfolgt, der „ersten Streckung" von STRATZ entsprechend. Mit rund 48% ist jetzt schon beinahe die Hälfte der Körperlänge erreicht.

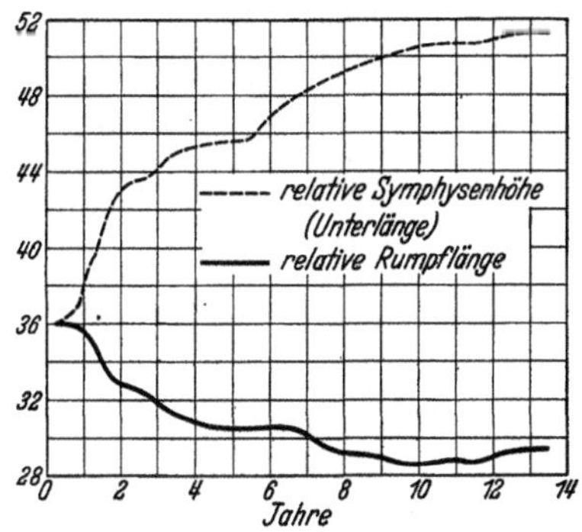

Abb. 22. Rumpf- und Unterlänge während der Wachstumsperiode.

Bis dies tatsächlich der Fall ist, dauert es nun etwa bis zum 10. Lebensjahre. Danach wird der Halbwert sogar überschritten und mit 12 Jahren rund 51% erreicht. Eine weitere Veränderung dieser Proportion findet jedenfalls nach den Zahlen von WEISSENBERG nicht mehr statt. *Die Wiederzunahme des Rumpfanteils an der Körperlänge zwischen Pubertät und Erwachsenenalter*, die wir oben feststellten, *kann also nur auf einer Abnahme des Kopf- und Halsanteils beruhen.* Eine solche geht ja auch aus den vorliegenden diesbezüglichen Daten einwandfrei hervor (vgl. Bd. 1, S. 42).

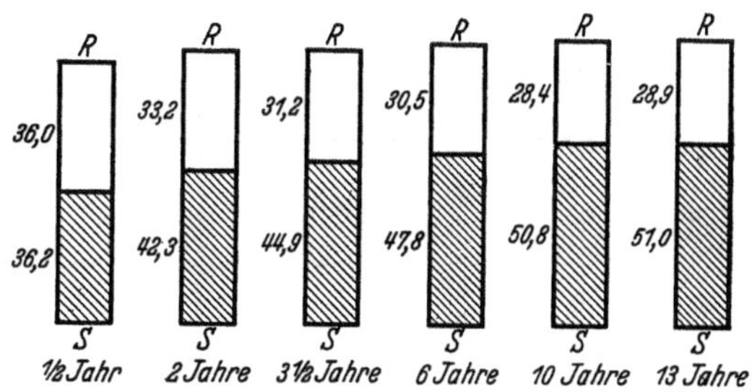

Abb. 23. Relative Rumpflänge (R) und relative Unterlänge (Symphysenhöhe S) während der Kindheit.

In den vorstehenden Abbildungen (nach BROCK und BROCKMANN) ist die Entwicklung von Rumpf und Unterlänge noch einmal kurvenmäßig und in Säulenform dargestellt.

Beide haben beim Säugling mit 36% denselben Anteil an der Körperlänge. Bis zum 13. Lebensjahre sinkt dann der Anteil des Rumpfes allmählich auf 29%, derjenige der Beine steigt auf 51%. Und diese Relativwerte gelten, da der Bezugswert für beide der gleiche ist, natürlich auch für das gegenseitige Verhältnis der *absoluten* Rumpf- und Unterlängen zueinander.

In anderer Weise hat kürzlich NOBÉCOURT die Wandlung im Verhältnis von Ober- zu Unterlänge während des Wachstums zur Darstellung gebracht. Er verwendete dazu den Index $\frac{\text{Unterlänge}}{\text{Sitzhöhe}}$.

Tabelle 128 (nach NOBÉCOURT).

Alter	Index	Alter	Index ♂	Index ♀
Neugeborene	0,50	9 Jahre	0,80	0,81
1 Jahr	0,66	10 ,,	0,81	0,90
2 Jahre	0,70	11 ,,	0,82	0,92
3 ,,	0,74	12 ,,	0,82	0,92
4 ,,	0,76	13 ,,	0,90	0,90
5 ,,	0,77			
6 ,,	0,77			
7 ,,	0,78			
8 ,,	0,80			

Dieser Index zeigt denselben Gang (von 0,50→0,90), wie ihn auch der Index $\frac{\text{Unterlänge}}{\text{Rumpflänge}}$ zeigen würde, nämlich von 1,0→1,8. Dies liegt daran, daß bis zum 13. Lebensjahre die Relativwerte von Sitzhöhe und vorderer Rumpflänge einander fast entsprechen.

Die Schulterbreite und ihr Verhältnis zum Brustkorb.

(Vgl. Bd. 1, S. 47—48, Tabellen 37 und 38).

Um das Verhältnis der Schulterbreite zu den Breitendimensionen des Brustkorbes studieren zu können, haben BROCK und BROCKMANN die

Tabelle 129. Relative Akromialbreite in den ersten 13 Lebensjahren. (Oberhessische Kinder nach BROCK und BROCKMANN.)

Alter	Relative Akromialbreite	Alter	Relative Akromialbreite ♂	Relative Akromialbreite ♀
0— 6 Monate	22,7	4 Jahre	22,5	22,9
7—12 ,,	23,5	5 ,,	22,4	21,8
13—18 ,,	24,2	6 ,,	22,2	22,0
19—24 ,,	23,7	7 ,,	21,6	22,2
25—30 ,,	23,5	8 ,,	21,9	22,0
31—36 ,,	23,0	9 ,,	22,0	21,4
37—42 ,,	22,9	10 ,,	21,8	21,5
		11 ,,	21,7	21,8
		12 ,,	21,9	21,8
		13 ,,	22,2	22,6

relative Schulterbreite (Akromialbreite) für die ganze Wachstumsperiode bis zum 13. Lebensjahr festgelegt (Tabellen 129 u. 130).

Tabelle 130. Relative Akromialbreite und ihre Variationsverhältnisse. (Oberhessische Kinder nach BROCK und BROCKMANN.)

Alter in Jahren	n	V	M	ε	v
0 — 1	57	18,75—26,50	23,10	1,39	6,05
1 — $2^1/_2$	66	20,50—26,75	23,90	1,06	4,43
$2^1/_2$— $4^1/_2$	81	20,25—25,50	22,95	0,78	3,39
$4^1/_2$— $7^1/_2$	131	19,00—24,75	22,10	0,83	3,30
$7^1/_2$— $9^1/_2$	62	19,50—23,75	21,85	0,67	3,06
$9^1/_2$—$11^1/_2$	59	20,00—23,75	21,75	0,70	3,22
$11^1/_2$—$13^1/_2$	56	20,00—24,75	22,10	1,09	4,93

Danach konnte der in Bd. 1 nach den Zahlen von WEISSENBERG ausgerechnete KRETSCHMERsche Index auch für die oberhessischen Kinder ermittelt werden:

Tabelle 131. KRETSCHMERscher Index (Schulterbreite in Prozenten des Brustumfanges) in den ersten 13 Lebensjahren. (Oberhessische Kinder nach BROCK und BROCKMANN.)

Alter	Index	Alter	Index	
			♂	♀
0— 6 Monate	35,97	4 Jahre	42,79	43,13
7—12 „	38,75	5 „	44,17	43,59
13—18 „	40,03	6 „	44,48	44,93
19—24 „	39,82	7 „	44,95	46,07
25—30 „	40,28	8 „	45,19	47,17
31—36 „	41,54	9 „	46,56	46,06
37—42 „	42,12	10 „	45,80	46,29
		11 „	45,56	47,67
		12 „	46,08	45,36
		13 „	46,26	47,08

Der Index steigt hier von 35,9 beim jungen Säugling allmählich auf 46,6 mit 13 Jahren. *Es steht hiernach also fest, daß auch das Kind im Verhältnis zum Brustkorb, wenn es am pyknischsten ist, die relativ schmälsten, wenn es am leptosomsten ist, die relativ breitesten Schultern hat, und zwar schwankt der Wert während der Wachstumsperiode innerhalb desselben Spielraumes, wie ihn erwachsene Pykniker und Leptosome zwischen sich aufweisen.*

Bei Betrachtung der menschlichen Gestalt setzt das Auge nun allerdings Schulterbreite und Thorax*breite* zueinander in Beziehung. BROCK hat deshalb einen neuen Brustschulterindex eingeführt. Dieser gibt die Schulterbreite in Prozenten der Thoraxbreite an.

Auch die Thorakalbreite sinkt, ebenso wie der Brustumfang, im Laufe des Wachstums im Verhältnis zur Längendimension ständig ab. So zeigt

Tabelle 132. BROCKscher Index (Schulterbreite in Prozenten der Thoraxbreite) in den ersten 13 Lebensjahren. (Oberhessische Kinder nach BROCK und BROCKMANN.)

Alter	Index	Alter	Index	
			♂	♀
0— 6 Monate	120,0	4 Jahre	135,8	137,8
7—12 „	118,0	5 „	139,3	137,9
13—18 „	123,1	6 „	140,1	140,7
19—24 „	123,0	7 „	141,8	143,5
25—30 „	128,3	8 „	140,1	145,3
31—36 „	128,2	9 „	145,5	144,4
37—42 „	133,4	10 „	143,2	142,6
		11 „	144,2	144,3
		12 „	147,3	144,9
		13 „	146,5	154,1

auch dieser neue Index etwa denselben Gang wie der von KRETSCHMER angegebene, d. h. die Schultern werden auch im Verhältnis zur Thoraxbreite immer breiter. Der Index steigt von 119 beim Säugling auf etwa 150 im 13. Lebensjahre (Tabelle 132).

Tabelle 133. BROCKscher Index (Schulterbreite in Prozenten der Thoraxbreite) und seine Variationsverhältnisse. (Oberhessische Kinder nach BROCK und BROCKMANN.)

Alter in Jahren	n	V	M	ε	v
0 — 1	57	95,50—153,00	119,00	7,36	6,2
1 — $2^1/_2$	66	105,25—139,00	124,50	6,95	5,9
$2^1/_2$— $4^1/_2$	81	116,00—149,00	133,19	5,12	3,8
$4^1/_2$— $7^1/_2$	131	110,00—153,75	141,00	5,00	3,5
$7^1/_2$— $9^1/_2$	82	118,00—160,50	143,75	6,78	4,7
$9^1/_2$—$11^1/_2$	59	129,25—161,00	143,70	5,58	3,9
$11^1/_2$—$13^1/_2$	56	134,75—162,00	148,00	5,87	3,9

Vorstehende Tabelle berücksichtigt die Variationsverhältnisse des neuen Index. Diese haben nun BROCK und BROCKMANN weiter studiert. Es erhob sich nämlich die interessante konstitutionsanatomische Frage, ob hier eine allgemeine Gesetzmäßigkeit vorliegt, d. h. ob ganz allgemein die Schultern im Verhältnis zum Brustkorb um so breiter zu sein pflegen, je schmäler der Brustkorb im Verhältnis zur Körperlänge ist. Dies geht nämlich aus Altersdurchschnittswerten noch keineswegs hervor, sondern hierüber kann nur die Korrelationsberechnung entscheiden, welche ergibt, ob und in welchem Grade 2 Merkmale gleichsinnig oder ungleichsinnig *variieren*. Wir haben sie deshalb für sämtliche 522 Kinder durchgeführt.

Die Korrelationsberechnung für den Brustschulterindex nach BROCK und den relativen Transversaldurchmesser des Thorax in den verschiedenen Altersgruppen ergab nun folgendes:

Tabelle 134.

Alter in Jahren	r
1	— 0,561
1— $2^1/_2$	— 0,620
$2^1/_2$— $4^1/_2$	— 0,743
$4^1/_2$— $7^1/_2$	— 0,514
$7^1/_2$— $9^1/_2$	— 0,807
$9^1/_2$—$11^1/_2$	— 0,752
$11^1/_2$—$13^1/_2$	— 0,620
	— 0,660

Es besteht eine erhebliche (ungleichsinnige) Korrelation: r schwankt zwischen —0,514 und —0,807 und beträgt im Durchschnitt —0,660. Anders ausgedrückt bedeutet dies, daß in 83% der Fälle auf einen relativ breiten Thorax im Verhältnis zu ihm schmale, auf einen relativ schmalen Brustkorb im Verhältnis zu ihm breite Schultern entfallen. Es besteht also tatsächlich in dieser Hinsicht eine allgemeine, in mehr als $^4/_5$ der Fälle gültige Gesetzmäßigkeit. Dieses morphologisch zu erklären, ist Sache der Anatomen. Soviel kann man wohl sagen — wenn man vom Verhalten der Weichteile, insbesondere der Muskulatur einmal absieht —, daß der Sachverhalt auf eine weitgehende Selbständigkeit der Entwicklung des Schlüsselbeins, von dessen Länge die Schulterbreite abhängt, von Entwicklung und Verlauf der Rippen, welche die Breite des Brustkorbes bedingen, hinausläuft. *Ärztlich, z. B. bei Schuluntersuchungen, wäre zu folgern, daß dem Eindruck der Breitschultrigkeit nicht eine falsche Bedeutung beigelegt werden darf, daß er vielmehr erst recht dazu auffordern muß, die konstitutionell und klinisch wichtigen Dimensionen des Brustkorbes zu beachten.*

Literatur.

BROCK: Mschr. Kinderheilk. **56**, 179 (1933).
BROCK u. A. W. BROCKMANN: Z. Kinderheilk. **56**, 227 (1934).
NOBÉCOURT: Progrès méd. **1929**, 2133.

Drittes Kapitel.

Das Blut.

Capilläre Resistenz (Vgl. Bd. 1, S. 98—99).

Angesichts der geschilderten Unstimmigkeiten haben BROCK und MALCUS (1934) an über 150 Kindern vom ersten Trimenon bis zum 13. Lebensjahr die Capillarresistenz systematisch geprüft und das aus nachstehender Tabelle 135 und Abb. 24 hervorgehende Ergebnis erhalten.

Beim Saugglockenversuch nach HECHT wurde die von MENGLER angegebene Technik benutzt. Unsere Saugnäpfe hatten einen Durchmesser von 28 mm. Der gewählte Unterdruck wirkte jedesmal 1 Minute ein, die Ablesung erfolgte sogleich nach Abnahme der Glocke. Der Versuch wurde als positiv bewertet, wenn innerhalb des Kreises mehr als 3 Petechien auftraten oder einzelne besonders große und deutliche. Stets wurde der geringste zu einem positiven Resultat ausreichende Unterdruck ermittelt. Als Hautstellen wurden benutzt die Gegenden unterm Schlüsselbein („Brust") sowie die Vorderseite des Unterarms („Arm").

Tabelle 135. Capillarresistenz im Kindesalter (nach Brock und Malcus).

Alter	n	R.L.+	Saugglockenversuch eben positiv bei einem Unterdruck von mm Hg					
			Brust			Arm		
		%	V	ε	M	M	ε	V
I. Trimenon	12	**25**	190—500	104	**380**	**340**	120	90—500
$^1/_4$— 1 Jahr	16	**50**	150—500	100	**280**	**290**	106	150—500
1— 2 Jahre	19	**52**	50—400	82	**200**	**340**	78	200—500
3— 6 „	28	**57**	50—300	42	**120**	**330**	87	100—500
7—10 „	25	**64**	50—220	37	**100**	**310**	115	110—500
11—13 „	30	**66**	50—220	39	**100**	**260**	91	100—500

Danach nimmt das erste Trimenon mit einer hohen Capillarresistenz bei allen Prüfungsarten eine Sonderstellung ein. (Vgl. dazu auch weiter unten die Capillarresistenz in der Neugeborenenperiode.)

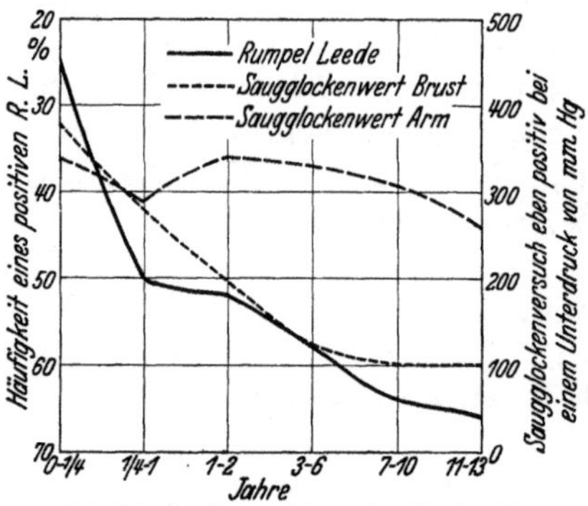

Abb. 24. Capillarresistenz im Kindesalter (nach Brock und Malcus).

Der Rumpel-Leede erreicht nach dem 1. Vierteljahr auch bei gesunden Kindern sehr bald eine Häufigkeit von über 60%. Da ein gesetzmäßiger Zusammenhang mit gleichzeitiger Erniedrigung der Saugglockenwerte nach Brock und Malcus vermißt wird und der Rumpel-Leede auch bei sicher vasogen bedingter hämorrhagischer Diathese negativ ausfallen kann, sollte er aus der klinischen Diagnostik verschwinden.

Die auf der Brust geprüften Saugglockenwerte zeigen dann ein allmähliches ständiges Absinken, und mit Beginn des Schulalters reicht unterm Schlüsselbein durchschnittlich ein Unterdruck von 100 mm Hg aus, um Petechien zu erzeugen, was dem Verhalten des Erwachsenen nach Mengler entspricht.

Die Durchschnittswerte für den Arm sind dagegen etwa alterskonstant und liegen um 300 mm Hg Unterdruck.

Inzwischen hat Lindquist (1937) bei einer umfassenden Untersuchung über die Capillarresistenz auch 108 Neugeborene (1.—7. Lebenstag) geprüft und bei ihnen entgegen den Angaben von Bayer ausnahmslos die allerhöchsten Werte gefunden, nämlich >500 mm Hg Unterdruck bei Prüfung auf der Brust. Dies dürfte wohl anatomisch bedingt sein und mit dem schräg aufsteigenden Verlauf und der unregelmäßigen Verteilung der Hautgefäße beim Neugeborenen zusammenhängen. Erst gegen Ende des ersten Trimenons wird nämlich der bleibende Zustand erreicht, bei dem die Hautgefäße horizontal verlaufen, wodurch sie der Saugwirkung natürlich stärker ausgesetzt sind. Durch eine solche Erklärung würde auch die hohe Capillarresistenz im ersten Trimenon und ihr ziemlich steiler Abfall am Ende derselben gut verständlich.

Bei unreifen Neugeborenen (Frühgeburten) fand LINDQUIST dagegen entsprechend früheren Feststellungen YLPPÖs eine erheblich erniedrigte Capillarresistenz, nämlich Brustwerte von 100—200 mm Hg Unterdruck bei Neugeborenen mit Geburtsgewichten von 1420—1700 g. Erst im Laufe von 1—2 Monaten steigen diese auf Normalwerte an.

Literatur.

BROCK u. MALCUS: Z. Kinderheilk. **56**, 237 (1934).
LINDQUIST: Acta paediatr. (Stockh.) **20**, Suppl. II (1937).

Blutgruppen (Bd. 1, S. 119—123).

Neben den bekannten Blutgruppen hat LANDSTEINER 1927 weitere agglutinable Blutkörpercheneigenschaften entdeckt, nämlich die Faktoren M und N. Das M N-System unterscheidet sich von dem A B O-System dadurch, daß dem menschlichen Blut entsprechende agglutinierende Fähigkeiten fehlen. Bei Blutübertragungen braucht man daher die Faktoren M und N nicht zu berücksichtigen! Die Prüfung erfolgt mit Seren von Kaninchen, bei welchen durch Einspritzung menschlicher Blutkörperchen mit den Eigenschaften M bzw. N entsprechende Immunagglutine erzeugt wurden.

Das Vorhandensein der Eigenschaften M und N beruht auf zwei allelen Genen M und N, von denen jeder Mensch in einem Chromosomenpaar ein Paar besitzt, und zwar verhalten sich Genotypus und Phänotypus zueinander folgendermaßen:

Genotypen	Phänotypen (Faktoren)
M M	M
N N	N
M N	M N

Infolge Verlustes des einen Chromosomensatzes vererbt der Mensch bei der Fortpflanzung auf seine Nackhommen immer nur *eines* dieser Gene. Bei der Paarung, die auch nach der MENDELschen Regel erfolgt, ergeben sich dann folgende Kombinationen:

Eltern (Phänotypen)	Kinder (Phänotypen)
M × M	M
N × N	N
M × N	M N
M × M N	M, M N
N × M N	N, M N
M N × M N	M, N, M N

Danach gilt folgendes:

1. Hat ein Kind die Eigenschaft M (Formel M M) bzw. N (Formel N N), so muß bei *beiden* Eltern das Gen M bzw. N vorhanden sein.

2. Hat ein Kind die Eigenschaft M N (Formel M N), so muß bei dem einen der Eltern das Gen M, bei dem anderen das Gen N vorhanden sein.

Dabei ist es, wie aus obiger Übersicht hervorgeht, in allen 3 Fällen möglich, daß das zu fordernde Gen M bzw. N bei dem betreffenden Elter auch in der Kombinationsform M N vorkommt!

Auf die forensisch interessierende Frage, wer bei bekannten Blutfaktoren von Mutter und Kind der Vater *nicht* sein kann, gibt folgende Übersicht Aufschluß.

Kind	*Mutter*	Vater kann *nicht* sein:
M M	M M oder M N	N N
N N	N N oder M N	M M
M N	M M	M M
M N	N N	N N

Da sich die Blutfaktoren M und N unabhängig von den Blutgruppen A B O vererben, bildet ihr Nachweis eine unter Umständen sehr wichtige Ergänzung der Blutgruppenuntersuchung, denn durch Prüfung der Blutfaktoren kann es möglich sein, noch zum Ausschluß einer Vaterschaft zu gelangen, wenn eine ungünstige Kombination der Blutgruppen dies auf Grund der alleinigen Blutgruppenbestimmung unmöglich macht. Infolgedessen hat in Deutschland auch das M N-System seine gerichtliche Anerkennung gefunden. Die Verteilung der Blutfaktoren innerhalb der deutschen Bevölkerung (Süddeutschland) ist nach Merkel folgende: M N 58,1%, M 25,6%, N 16,3%.

Über die Aufteilung der Blutgruppe A in 2 Untergruppen A_1 und A_2 sowie die Aufstellung eines Faktors N_2 neben dem Faktor N vgl. die nachstehend aufgeführte Literatur.

Literatur.

Dahr: Ziel u. Weg **1939**, 98—108.
Merkel: Ziel u. Weg **1939**, 250—257.

Senkungsgeschwindigkeit der Erythrocyten (Bd. 1, S. 114—119).

Zur *Technik der Mikromethode nach* Pantschenko, die sich auch weiter gut bewährt hat, wird folgende Ergänzung gegeben:

Es empfiehlt sich auf alle Fälle, bis 50 mm aufzuziehen und nach Ausblasen die Pipette zweimal mit Blut vollaufen zu lassen. Nach jedesmaligem Ausblasen des Blutes muß Citratlösung in die Pipette aufgezogen und wieder gut ausgeblasen werden. Da *rasches* Arbeiten erforderlich, vorher heißes Hand-Unterarmbad und tiefer Schneppereinstich, der auch bei Kleinkindern möglich, wenn der Einstich in die *Spitze* der Fingerkuppe, also in Richtung der Fingerachse erfolgt, so daß nie der Knochen getroffen werden kann.

Nachträge zum Zweiten Bande.

Achtes Kapitel.

Drüsen mit innerer Sekretion.

Von Erwin Thomas-Duisburg.

Einige kurze Ergänzungen zum allgemeinen Teil (Bd. 2, S. 22—27).

Die Frage, ob und in welchem Alter die innersekretorischen Drüsen beim Fetus zu arbeiten beginnen, ist von einer gewissen Bedeutung. Durch Tierversuche, Beobachtungen an Mißbildungen und der mütterlichen Hormone, sind manche Einblicke möglich. Weiterhin gestattet das Verhalten bei niederen Tieren einige Schlüsse, indem von da aus solche auf die menschliche Ontogenese gezogen werden können.

Man war bis vor kurzem der Anschauung, daß innersekretorische Drüsen beim wirbellosen Tier noch nicht nachweisbar sind. Dieselbe besteht heute aber wahrscheinlich nicht mehr ganz zu Recht. Es sind verschiedene Organe bei Wirbellosen beschrieben, welche wahrscheinlich als innersekretorische aufzufassen sind. Von den bekannten Hormonen ist wohl das Adrenalin dasjenige, welches, von den chromaffinen Bauchganglien mehrerer Anneliden produziert, hier genannt werden muß (s. bei Hanström). Auch Sexualhormone, von den Geschlechtsorganen gebildet, scheinen da und dort Wirkung zu erlangen. Es braucht nicht besonders hervorgehoben zu werden, daß innersekretorische Vorgänge, die nicht von eigens dafür ausgestatteten Geweben stammen, sondern im allgemeinen Sinne stattfinden, unendlich viel verbreiteter und früher auftreten, so: Beeinflussung einer Zelle B durch Absonderung einer Zelle A, oder gar innerhalb derselben Zelle: Beeinflussung eines Punktes B oder eines Vorganges durch Absonderungen von einem Punkt A aus. — Einen Überblick über die Entwicklung der innersekretorischen (wie auch der anderen) Organe beim Kinde nach der Geburt bietet die Darstellung von Wetzel und Peter.

Sexualhormone beim Kind (Bd. 2, S. 83—88).

E. Philipp geht neuerdings genauer auf die bekannten *Schwangerschaftsveränderungen des Neugeborenen* ein. Die mütterlichen Hormone, welche in den ersten Tagen nach der Geburt dieselben hervorrufen, stammen nach ihm durchweg aus der Placenta und ihrem chorialen Überzug. Auch Guggisberg vertrat diese Auffassung. Dobszay brachte noch einen Beweis dafür, daß die Schwangerschaftsreaktionen des Neugeborenen durch die Auswirkung der mütterlichen Hormone hervorgerufen sind. Während nach der Ausscheidung derselben die Veränderungen beim Neugeborenen rückläufig werden, gelang es ihm, bei älteren Säuglingen durch Injektion von 100000—150000 E Follikulin wieder Glykogenanreicherung in den Epithelzellen der Vagina, Auftreten von glykolytischem Ferment mit Bildung von Milchsäure und Abstoßung der Epithelzellen und schließlich reine Besiedelung mit DÖDERLEINschen Bacillen hervorzurufen, auch die Veränderung des Neugeborenenuterus (Vergrößerung, Öffnung des Muttermundes) zu reproduzieren (s. auch v. REUSS).

Bezüglich der Schwangerschaftsreaktion an der *Prostata* der Neugeborenen wurden die älteren Befunde durch MOORE bestätigt und erweitert.

Der *Aufbau der kindlichen Vagina* entspricht der geringen Menge von Ovarialhormon. HERRNBERGER hat kürzlich die Vaginalabstriche von 82 Mädchen untersucht. Sie zeigten große Einheitlichkeit aller Bilder. Charakteristisch für das Kindesalter ist der äußerst niedrige Aufbau der ruhenden Vaginalschleimhaut. Follikelhormon vermag die Schichthöhe derselben bis zur Höhe der Erwachsenen aufzubauen. Bekanntlich sind bei beiden Geschlechtern immer *beide* Keimdrüsenhormone fast während des ganzen Lebens vorhanden. ZONDEK und v. EULER fanden bei 9- und 11jährigen Mädchen sowie beim $6^1/_2$jährigen-Knaben im Harn eine Tagesausscheidung von *Follikulin* in der Höhe von 5—20 M.E. Diese blieb während des ganzen Lebens ungefähr auf gleicher Höhe, während der Zeit der Geschlechtsreife selbst kam es zu einer bedeutenden Steigerung. OESTING und WEBSTER fanden bezüglich des *männlichen Hormons* langsames Ansteigen bei beiden Geschlechtern bis zum Erwachsenenalter, während das *östrogene* beim Mädchen *und* beim Knaben erst mit dem 10. Lebensjahre auftritt. Es soll daher wichtige Beziehungen zum Epiphysenschluß haben. Auch DORFMAN und GREULICH fanden im Alter unter 10 Jahren kaum östrogenes Prinzip. Bei besonders gut entwickelten Individuen jenseits des Alters von 10 Jahren waren beide Hormone stärker vertreten. — Es ist sehr wohl möglich, daß die Thymusinvolution mit dem Erscheinen des östrogenen Prinzips zusammenhängt. (Über den Gehalt des männlichen Organismus an Östrin s. auch ENG.) FREED fand den Gehalt an *gonadotropen Substanzen* im Urin von 4jährigen Kindern sehr niedrig. Er stieg dann langsam an bis zum 10. Lebensjahre, wo er dem Gehalt des normalen Erwachsenen gleich war.

Thymus (Bd. 2, S. 47—51).

Die Beziehungen der Thymusdrüse zur ungestörten Muskelaktion erfahren eine weitere Beleuchtung von seiten der Pathologie und der Befunde bei Myasthenie (ADLER usw.). (Über die Beziehungen des Organs zu den Vitaminen, s. HAMMAR.) An dieser Stelle sei nochmals kurz jeder, der Thymusstudien betreiben will, auf die vier monumentalen Werke HAMMARs hingewiesen, von denen das letztere vor einiger Zeit erst erschienen ist. Die Werke behandeln: Menschenthymus normal, unter pathologische Verhältnissen, konstitutionsanatomische Studien am Kaninchen, schließlich normalmorphologische Thymusforschung im letzten Vierteljahrhundert usw. nebst Bemerkungen zur Funktionsfrage. Morphologisch sind die lymphoepitheliale Natur des Thymusparenchyms, die epitheliale und funktionsbedingte Natur der HASSALschen Körper festgestellt worden. Es sind in der Thymus gewisse, dem Stoffwechsel dienende Substanzen, „Wachstumsstoffe", nachgewiesen worden, von denen wenigstens einige auch anderen lymphocytenführenden Organen zukommen und daher wohl von den lymphocytären Komponenten des Thymus getragen werden. Der Lymphocytenbestand des Thymus wird durch Glieder des endokrinen Systems geregelt und einige Andeutungen liegen vor, daß solche Einflüsse von der Mutter auch auf Abkömmlinge übertragen werden können. In einer vorläufig unbekannten Weise können Wachstumsstoffe (Vitamine?) des Thymus ihre Wirkung durch Generationen akkumulieren, ohne eine erbfeste Veränderung zu bewirken. Für den Thymus selbst scheinen von Lymphocyten getragene Stoffe eine erhaltende Bedeutung zu haben und mittels der HASSALschen Körper in einer nicht näher klargelegten Weise das Organ in den Dienst der Immunisierungs- und Entgiftungsvorgänge des Organismus zu stellen. Bekannt ist die ablehnende Stellung HAMMARs gegenüber dem Thymustod. POLK und ROSE fanden, daß Röntgenbestrahlung der Thymusdrüse keinerlei Einfluß auf die spätere körperliche und geistige Entwicklung der Kinder nach Jahren hatte.

Die bekannten engen Beziehungen von Thymus, Fettgewebe und Lymphknoten gehen aus der Arbeit von HOEPKE und PETER deutlich hervor. Diese Autoren fanden, daß die Entfaltung der Thymus nach dem Winterschlaf bei saurer Ernährung viel rascher sich vollzieht als bei basischen. (Über den möglichen Zusammenhang der Thymusinvolution mit dem Erscheinen der östrogenen Substanz s. S. 350.)

Schilddrüse (Bd. 2, S. 37—44).

Bezüglich der *Gewichte* von Neugeborenenschilddrüsen finden sich bei WETZEL zahlreiche Angaben und eine sehr ausführliche Tabelle aus den verschiedensten Gegenden, welche eine Vorstellung von den außerordentlichen Verschiedenheiten geben. Der Zusammenstellung WETZELs wären die Ergebnisse von KOCH aus Lund (kropffreie Gegend) anzureihen. Das Gewicht betrug 2,2 $\pm$ 0,8 g im Durchschnitt, die kolloidreichen Follikel zeigten 45—70 μ im Durchmesser, die Epithelien waren 8—10 μ hoch. Das hohe Gewicht der Neugeborenenschilddrüse geht in der Folge nach den vorhandenen Mitteilungen in 4—6 Monaten zurück. Nach ARNDT beginnt kropfige Hyperplasie mit 3 g (Rußland).

Von Interesse ist die schon im Hauptteil erwähnte *rasche Steigerung des Schilddrüsengewichtes zwischen 2. und 3. Lebensjahr.* Wegelin fand an Kieler Material im 1. Jahr ein Durchschnittsgewicht von 2,4; im 2. von 3,73; im 3. von 6,1; im 4. von 6,12 g. Mit diesem Sprung ist nur zu vergleichen jener *zur Pubertätszeit.* An demselben Material fand derselbe Autor vom 11.—15. Jahr 11,2 g; vom 16.—20. Jahr das Doppelte. In der Kurve der Gebirgsschilddrüsen (s. o.) ist der erwähnte rasche Anstieg im 3. Lebensjahr ebenfalls deutlich. Man kann also mit einer *allgemeinen Erscheinung* rechnen. Gewichts- und Längenwachstum, auch Entwicklung der Knochenkerne, zeigen nichts, was als Korrelat betrachtet werden könnte. Weitere Untersuchungen wären daher von Wichtigkeit.

Die zuerst von Elkes beim Neugeborenen beobachtete und seither von zahlreichen Nachuntersuchern bestätigte *Ablösung von Schilddrüsenepithelien* von der Unterlage nebst Kolloidschwund (s. Bd. 2) ist offenbar durch katalytische und kadaveröse Einflüsse besonders verstärkt. Sie stellt aber sicher keine reine kadaveröse Erscheinung dar. (Literatur s. bei Wegelin, Wetzel, Watzka, Eggert.) Der Umstand, daß schon wenige Wochen später die Ablösung wesentlich geringer ist, spricht dagegen. Es wäre möglich, daß das Trauma der Geburt daran schuld ist. Der Umstand indessen, daß auch die Schilddrüsen eben ausgeschlüpfter Vögel solche Veränderungen aufweisen, spricht dagegen. Offenbar ist es die *Kälteeinwirkung,* welche vor allem diese Veränderung bedingt, in Übereinstimmung mit dem Ergebnis der Versuche von Adler, Cramer und Mills über den Einfluß differenter Temperaturen auf die Schilddrüse. Watzka faßt die Veränderungen der menschlichen Thyreoidea zur Zeit der Geburt folgendermaßen zusammen: „Bei älteren menschlichen Feten besteht die Schilddrüse, wie bei Kaninchen, Meerschweinchen und Schweinefeten aus kolloid gefüllten, ziemlich weiten, von kubischem Epithel ausgekleidete Follikeln. Unmittelbar vor der Geburt pflegen schon Kolloidschwund und die ihm folgenden Follikelveränderungen sichtbar zu werden. Aber immer erreichen diese Erscheinungen erst nach der Geburt den Höhepunkt, so daß die Schilddrüse in kurzem ihr charakteristisches Aussehen gänzlich einbüßt". Weiterhin wird geschildert, wie starke Hyperämie zu Blutungen führt. Dieses Bersten von Blutgefäßen konnte Cramer auch an Schilddrüsen von Ratten und Mäusen beobachten, wenn er die Tiere plötzlich starker *Kälte* aussetzte. Es kam auch hier zur Epitheldesquamation, so daß die Zellen innerhalb der Follikel angehäuft liegen. Die Zellen zeigen starke degenerative Veränderungen. Aus den ungeordneten Zellhaufen bilden sich aber wieder neue Follikel heraus. Beim Menschen können solche schon vom 6. Tag ab wieder angetroffen werden, bis schließlich volle Erholung eintritt. Diese Feststellungen bekräftigen die von E. Thomas vertretene Theorie der Schilddrüsenunterfunktion in der Zeit unmittelbar nach der Geburt.

(Bezüglich der Entwicklung der Schilddrüse beim Kinde sei auch auf die Arbeit von F. THOMAS hingewiesen.) Vielleicht hängt die initiale Temperatursteigerung der Neugeborenen nicht nur mit der Exsikkation, sondern auch mit der gestörten Schilddrüsenfunktion zusammen!

Bezüglich der *wirksamen Stoffe der Schilddrüse* sind weitere belangreiche Feststellungen nicht mehr gemacht worden. Die Untersuchungen von HARINGTON und SALTER sowie die Synthese der Substanz durch HARINGTON und BAYER ergaben weitere Stützen für die Auffassung, daß das KENDALLsche Thyroxin tatsächlich das Hormon der Schilddrüse ist. LELAND und FORSTER konnten 50% des organisch gebundenen Schilddrüsenjods als reines Thyroxin gewinnen, statt früher nur 14%. (s. auch VINCKE). Es hängt das mit der schonenden Verarbeitung des Materials zusammen. Es scheint außer Thyroxin und Dijdotyrosin keine organische Jodverbindung in der Schilddrüse zu sein. Die klinischen Heilergebnisse mit reinem Thyroxin sollen indes nicht immer jene mit der gesamten Schilddrüse erreichen.

WENDEL fand Darreichung von Thyreoidin bei gesunden Kindern ohne Einfluß auf den Blutwert der Lipase, während es beim Kaninchen zum Lipasesturz im Blutserum führt, und beim myxödematösen Kind etwa doppelt so hohe Werte gefunden wie beim gesunden.

Nebenniere (Bd. 2, S. 63—71).

Durch die Untersuchungen bei ADDISONscher Krankheit sowie experimentelle Arbeiten wurden wichtige Aufgaben der Nebennierenrinde festgestellt. Von besonderer Bedeutung ist ihr Einfluß auf den Elektrolythaushalt und den Wasser-Salzstoffwechsel (ROGOFF, LOCK, HARROP, KENDALL, ALLERS). Mangel der Rindensubstanz führt zu Verlust an Natrium, Vermehrung des Kaliums, zu Wasserverlust und Bluteindickung. Die Vermehrung des Kaliums und des Rest-N scheinen höher zu sein, als der Bluteindickung entspricht, während die alsdann festgestellten Veränderungen des Kohlehydrat- und Fettstoffwechsels, die rasche Ermüdung der Skeletmuskeln wahrscheinlich eine Folge der Verarmung an Natrium darstellen. Die normale Steuerung der Wasser- und Elektrolytverteilung zwischen Blut und Geweben, die normale Regelung der Durchlässigkeit der Zellwände sind wichtige Aufgaben der Nebennierenrinde. Die Nebenniere scheint demnach eine ähnliche Bedeutung für die Regulation des Natrium-Kalium-Elektrolythaushaltes zu besitzen wie die Epithelkörperchen für den Calcium-Phosphorhaushalt (RYNARSON, SNELL, HAUSNER, LIT).

Aus den experimentellen Untersuchungen VERZARs geht hervor, daß Fettresorption und Fettwanderung unter der Kontrolle der Nebennierenrinde stehen. Beziehungen zu den Verhältnissen beim Menschen sind bisher schon bei Nebennierenadenomen festgestellt, während BOMSKOV und SCHNEIDER, wie vorher REISS, bei Ratten eine Nebennierenfettsucht infolge Rindenhyperfunktion bei vollkommenem Darniederliegen der Schilddrüsenfunktion feststellen konnten.

Enge Beziehungen bestehen zwischen der Nebennierenrinde und verschiedenen Vitaminen. Zunächst zum Vitamin B_2, wenn sie auch vorläufig nur an Tieren sicher nachgewiesen sind. Nach VERZAR und seinen Mitarbeitern verlieren nebennierenlose Ratten die Fähigkeit, das Provitamin Lactoflavin durch Koppelung mit Phosphorsäure zur Lactoflavinphosphorsäure (gelbes Atmungsferment) zu komplettieren. Zufuhr desselben vermag das Nebennierenhormon zu vertreten.

Von allen Organen, auch innersekretorischen, besitzt die Rinde den höchsten Gehalt an Vitamin C. Die darauf aufgebauten therapeutischen Bestrebungen bei Nebenniereninsuffizienz haben bisher keinen Erfolg gehabt.

Die vielfach erörterte Frage, ob die eigenartige Umbildung der Säuglingsnebenniere mit physiologischen Eigentümlichkeiten und mit erkennbaren Umstellungen im Blutchemismus in diesem Alter einhergehe, wurde neuerdings von BRUCH und M. CUNE zu lösen gesucht. Es wurden weder bezüglich des spezifischen Gewichtes und des Kaligehaltes im Plasma, noch bezüglich der Alkalescenz im Plasma, des nicht auf das Eiweiß fallenden N-Gehaltes im Gesamtblut Abweichungen gefunden.

Zweifellos bestehen auch Beziehungen zwischen der Nebennierenrinde und *dem Wachstum* (LUCKE), welche schon früher vermutet wurden. Es ist aber wahrscheinlich, daß diese Beziehungen auf Grund des Zusammenwirkens mit der Hypophyse (interrenotropes Hormon) zustande kommen, wie auch jene zum Fettstoffwechsel.

Bezüglich der Frage, ob Rinde und Mark irgendeine gemeinsame Aufgabe, welcher ihrer Syntopie entspricht, zu erfüllen hätten, hat sich TRENDELENBURG auf einen scharf verneinenden Standpunkt gestellt. Die Frage ist *deswegen* hier *von Bedeutung, weil sich im Säuglingsalter die Bildung der einheitlichen Nebenniere vollzieht,* welcher dann eine über die Teilfunktionen der beiden Komponenten hinausgehende Rolle zukäme. Neuerdings sind durch v. LUCADOU und durch WESTPHAL Beiträge zu dieser Frage geleistet worden. Nach WESTPHAL werden die Lipoide in der Rinde aufgebaut, sezerniert und gespeichert. Die Lipoide flößen dann in die Markgefäße hinein und vereinigen sich mit dem Adrenalin. v. LUCADOU erklärte die WESTPHALschen Bilder als Kunstprodukt. Er selbst schuf auf Grund eingehender histologischer Studien auch mit Hilfe von Plattenrekonstruktionen eine neue Lehre vom Aufbau der Nebenniere. Das Rindengewebe sei ein zusammenhängendes System von Zellschläuchen, bei richtiger tangentialer Schnittführung wären in allen drei Zonen Lumina sichtbar. Die Schläuche gingen auch auf das Mark über. Rinde und Mark seien eine Einheit. Die lipoidhaltigen Zellen sollen durch ihren Zerfall das Corticosteron freimachen, nach der Art, wie die Talgdrüsen den Hauttalg absondern. Diese Untersuchungen stehen allerdings mit allem, was man über Entstehung von Mark und Rinde weiß, im Widerspruch. Bis zur Bestätigung der Befunde v. LUCADOUs kann also eine Synergie von Rinde und Mark in diesem weitgehenden Sinn nicht angenommen werden. Ausblicke auf die normalen Funktionen der Nebenniere geben die Referate von v. BERGMANN und BAUMANN nebst anschließender Erörterung auf dem Kongreß für innere Medizin und Kinderheilkunde, Wiesbaden 1938.

Von besonderer Bedeutung ist es, daß neuerdings das *Hormon* oder *die Hormone der Nebennierenrinde* aufgefunden wurden. Durch REICHSTEIN, KENDALL u. a. ist das Corticosteron isoliert. REICHSTEIN hat, von den Sexualhormonen ausgehend, das Desoxycorticosteron synthetisch aufgebaut. Indessen scheinen außer diesem bisher wirksamsten Rindenhormon noch andere vorhanden zu sein (s. ERHART, RUSCHIG, RIGLER). Alle sind Derivate des Progesterons (s. VINKE). Das Desoxycorticosteron ist nach REICHSTEIN die einfachste Verbindung, der an nebennierenlosen Tieren Cortinwirkung, d. h. Verlängerung der Lebensdauer um einen bestimmten Betrag, zukommt.

Hypophyse (Bd. 2, S. 29—34).

Bezüglich der *Hypophysenhormone* nimmt BOMSKOV soeben für den Vorderlappen 5 als erwiesen an, nämlich das Wachstumshormon, das thyreotrope, das gonadotrope (Follikelreifungshormon) das lactotrope und das diabetogene. Die Existenz eines pankreatotropen, eines Kohlehydratstoffwechselhormons, eines Fettstoffwechselhormons, eines lactogenen, eines corticotropen, adrenotropen Hypophysenhormons hält er unter eingehender Kritik für unerwiesen (s. auch soeben REISS). Nach den Erfahrungen aus der Pathologie dürfte aber das Vorhandensein eines interreno-corticotropen Hormons in der Hypophyse doch nicht so zweifelhaft sein. — ALBRECHT und FELLINGER nahmen auf Grund ihrer Versuche an, daß die Wachstumshemmung nach Schilddrüsenentfernung auf den Ausfall der Schilddrüsentätigkeit selbst zurückzuführen ist, und daß das Schilddrüsenhormon als eigener, unmittelbar und selbständig angreifender Wachstumsfaktor aufzufassen ist. Einen Überblick über die Hypophysenhormone (13 an Zahl), aber auch der übrigen Hypophyse gibt A. JORES. Zu den gonadotropen Hormonen s. S. 349. Eine eingehende Würdigung der Beziehungen von *Sellagröße* zur Hypophysengröße bringt O. BOCKELMANN.

Nachtrag zu den Verzeichnissen der Hormonpräparate.

(Vgl. Bd. 2 am Schluß der verschiedenen Abschnitte des Kapitels über die Drüsen mit innerer Sekretion).

Hypophyse.

Hypophysenvorderlappen.

Hypophysenvorderlappen „Henning“. Extrakt in Ampullen und Dragées, je 0,5 frischer Drüse entsprechend.

Pregnyl (Degewop). Gonadotropes Prinzip des Vorderlappens. Ampullen zu 100 Reifungseinheiten sowie Tabletten.

Preloban (I. G. Farben): Jetzt auch in Trockenampullen zur Injektion (1 Ampulle = 25 Reifungseinheiten).

Hypophysenhinterlappen.

Pituigan-Schnupfenpulver. Eine erbsengroße Partie entspricht ungefähr 30 Voegtlineinheiten.

Schilddrüse.

Thyrowop (Degewop). Jede Tablette zu 0,3 g enthält 50 mg Schilddrüsenpulver mit konstantem Gehalt von 0,2% organisch gebundenem Jod, wovon ungefähr 80% als Thyroxinjod vorliegen.

Dijodtyrosin liefert auch Degewop. 10 Stück je 100 mg Dijodtyrosindragées.

Jodgorgon (Promonta). 1 Tablette enthält 0,05 g 3,5-Dijodtyrosin.

Epithelkörper.

Ersatz des Hormons durch A.T 10 (Merck) = 0,5%ige Lösung von Dihydrotachysterin nach HOLTZ (s. Dtsch. med. Wschr. **1939 I**, Lit.)

Thymus.

Thymus liefert auch Dr. Henning, Berlin-Tempelhof. 1 Ampulle zu 2 ccm entspricht 10 g, 1 Dragée 1,2 g frischer Drüse. Standardisierung nicht möglich. Siehe auch DR. FRESENIUS, S. 357 unten.

Nebennierenrinde.

Cortenil (I. G. Farben). Synthetisch. 1 ccm enthält 5 mg Desoxycorticosteronacetat.

Cortidyn (Promonta). Gereinigter und konzentrierter Extrakt aus Nebennierenrinde, standardisiert und biologisch ausgewertet. In Ampullen und Tabletten.

Iliren (I. G. Farben). Adrenalinfreies Nebennierenrindenpräparat, oral gut wirksam. 1 Dragée = 3 g frischer Nebennierenrinde.

Testeshormone.

1. Die reinen, synthetisch aus Cholesterin herstellten Hormone.

a) Androsteron, als Androsteronbenzoat unter dem Namen *Proviron* (Schering) im Handel. Ampullen zu 5 mg. Indikationen: Sexualtonicum mit besonderer Wirkung auf das Allgemeinbefinden (geistige und körperliche Ermüdbarkeit, Gedächtnisschwäche, Schlafstörung, Depression usw.).

b) Testosteron, um ein vielfaches wirksamer als Testosteronpropionat. Handelsformen des letzteren: *Testoviron* (Schering), *Perandren* (Ciba). Von beiden Ampullen zu 5, 10 und 25 mg. Ferner das *Anertan* (Boehringer u. Söhne). Indikationen: Prostatahypertrophie, vorzeitige Impotenz, Infantilismus, Kryptorchismus (für letzteren 3—5 Injektionen von je 5—10 mg pro Woche vorgeschlagen).

2. Drüsenextrakte.

Testiglandol (Hoffmann-La Roche). 1 Ampulle oder 1 Tablette entspricht 4 g frischer Drüse.

Testotrat (Nordmark, Hamburg 21), Gesamtextrakt aus Testes junger Tiere. Körnchen und Bohnen (10 g = 200 g Drüse), Ampullen.

Androstina (Ciba) Biologisch standardisiert. 1 drag. Tablette enthält die wasser- und lipoidlöslichen Bestandteile aus 8 g frischer Drüse. Fermer in Ampullen A (wasserlösliche) und B (fettlösliche Bestandteile), zusammen 2 Ampullen 16 g frischer Drüse entsprechend.

Testis Panhormon (Henning) enthält neben Androsteron alle Wirkstoffe der männlichen Keimdrüse. Dragées, Suppositorien und Ampullen zu je 3 Hahnenkammeinheiten.

Novotestal „Merck“. 1 Tablette entspricht 10 g frischer Drüsensubstanz.

Ovarium.

1. Follikelhormon (Oestron).

Ovocyclin (Ciba). Synthetisches Follikelhormonpräparat.

Oestroglandol (Hoffmann-La Roche), enthält das krystallisierte Oestron. In Tabletten zu je 500 I.E. und Ampullen zu je 1000 I.E. [1].

Oestruzyl (Klinger, Berlin SO 36). Enthält die genannten Stoffe des Ovariums.

2. Corpus luteum-Hormon (Progesteron).

Lutren (I. G. Farben). Synthetisches Gelbkörperhormon (Progesteron). 1 ccm enthält 2 mg davon 2 I.E.

Progestin (Degewop). Ampullen zu 1 ccm = I 1.E.

Lutocyclin (Progesteron Ciba). Synthetisches Gelbkörperhormon, gewichtsmäßig dosiert.

Luteoglandol (Hoffmann-La Roche). 1 Tablette = 1 ccm der Ampullenlösung entsprechen 0,5 g Corpus luteum.

3. Follikelhormonersatzstoffe.

a) Cyren C, Diacetat des Diäthyldioxystilban (I. G. Farben). 0,75 mg entsprechen 10000 I.B.E. Follikelhormon.

Cyren B, Dipropionat des Diäthyldioxystilban (I. G. Farben). 0,50 mg entsprechen 10000 I.B.E. Follikelhormon.

b) Oestrostilban (Merck), 4,4′-Dioxy-x_1b-diäthylstilban, um ein Vielfaches wirksamer als Oestron.

Zu erwähnen sind noch die *Glandosane von* Dr. Fresenius Homburg v. o. H., welche getrocknete Substanz der einzelnen innersekretorischen Drüsen enthalten.

Die Anschriften der Firmen befinden sich in Bd. 2, S. 36. Verzeichnis der Indikationen Bd. 2, bei den einzelnen Drüsen.

Literatur.

Adler: Dtsch. med. Wschr. **1938 I.**

Adler, L.: Im Handbuch der normalen und pathologischen Physiologie, Bd. 17, S. 1. Berlin 1926.

Albrecht u. Fellinger: Klin. Wschr. **1938 II.**

[1] 1 Internationale Einheit = 1 Mäuseeinheit.

ARNDT: Kropf in Rußland. Jena 1931.
BAUMANN: Verh. dtsch. Ges. inn. Med. Wiesbaden **1938**.
BERGMANN, v.: Verh. dtsch. Ges. inn. Med. Wiesbaden **1938**.
BOMSKOV: Methodik der Hormonforschung. I. Teil: Schilddrüse, Nebenschilddrüse. — Nebenniere. — Pankreas, 1937. II. Teil: Keimdrüsen-Hypophysenvorderlappen. Leipzig 1938.
— u. SCHNEIDER: Klin. Wschr. **1939 I**, 12.
BRUCH, A., DONOVAN and J. MCCUNE: Amer. J. Dis. Childr. **52**, 863 (1936).
CRAMER, W.: Fever heat regul. climate and the thyreoidadrenal. apparatus. London 1928.
DORFMAN and FREULICH: Endocrinology **21**, 741 (1938).
DOBSZAY, L.: Amer. J. Dis. Childr. **56**, 670 (1938).
EGGERT, B.: Morphologie und Histophysiologie der normalen Schilddrüse. Leipzig 1938.
ENG, Z.: Kenntnis des Oestrins im männlichen Organismus. Oslo 1937.
ERHART, RUSCHIG u. RIGLER: Münch. med. Wschr. **1939 I**.
FREED, S. C.: Proc. Soc. exper. Biol. a. Med. **33**, 35 (1935).
GUGGISBERG, H. V.: Schweiz. med. Wschr. **1936 II**, 1001.
HAMMAR, J. A.: Z. Vitaminforsch. **6**, 162 (1937).
— Die normal-morphologische Thymusforschung etc. Leipzig 1936.
HANSTRÖM, B.: Erg. Biol. **14**, 143 (1937).
HARINGTON, C. R.: Erg. Physiol. **37**, 210 (1935).
HERRNBERGER, K.: Arch. Gynäk. **167**, 506 (1938).
HOEPKE u. PETER: Z. mikrosk.-anat. Forsch. **39**, 263 (1936).
JORES, A.: Klin. Wschr. **1938 I**.
KENDALL: J. of biol. Chem. **109** 1 (1935).
KOCH, F.: Acta path. scand. (København.) **15**, 198 (1938).
LELAND, J. P. and C. L. FOSTER: J. of biol. Chem. **95**, 165 (1932).
LUCADOU, v.: Beitr. path. Anat. **101**, 197 (1938).
MILLS, C. A.: Amer. J. Physiol. **46**, 322 (1918).
MOORE, ROBERT A.: Anat. Rec. **66**, 1 (1936).
NELSON: Endocrinology **18**, **33** (1934).
OESTING and WEBSTER: Endocrinology **22**, 307 (1938).
PHILIPP, E.: Klin. Wschr. **1938 I**, 797.
REICHSTEIN: Helvet. chim. Acta **20**, 1164 (1937).
— Erg. Vitamin- u. Hormonforsch. **1**, 334 (1938).
REISS: Hormonforschung. Berlin u. Wien 1934.
— Klin. Wschr. **1938 I**.
REUSS, v.: Mschr. Kinderheilk. **78**, 86 (1939).
RYNARSON, SNELL u. HAUSNER: Klin. Med. **1938 I** (Lit.).
SALTER, W. T. J. LERMAN and J. H. MEANS: J. clin. Invest. **14**, 37 (1935).
THOMAS, F.: Archives de Biol. **45**, 182 (1934).
VERZÀR, FR. u. L. L. LASZT: Enzymologia (Haag) **3**, Nr 16 (Lit.).
VINCKE: Vitamine und Hormone und ihre technische Darstellung. Leipzig 1938.
WATZKA, M.: Z. mikrosk.-anat. Forsch. **36**, 67 (1934).
WEGELIN, C.: Handbuch der speziellen pathologischen Anatomie, Bd. VIII. Berlin 1926.
WENDEL: Mschr. Kinderheilk. **66**, 288 (1936).
WESTPHAL: Verh. Kongr. inn. Med. Wiesbaden **1938**, 242.
WETZEL: Handbuch d. Anatomie d. Kindesalters, Bd. II. München 1936.
— u. PETER: Handbuch der Anatomie des Kindes, Bd. II (Schlußlieferung). München 1938.
ZONDEK u. v. EULER: Skand. Arch. Physiol. (Berl. u. Lpz.) **67**, 259 (1934).

Neuntes Kapitel.

Nervensystem.

Von ALBRECHT PEIPER-Wuppertal-Barmen.

I. Neue zusammenfassende Literaturdarstellungen.

BALDUZZI, O.: Riv. sper. Freniatr. **58**, 589 (1935).
MURCHISON, C.: A Handbook of Child Psychology, 2. Aufl. Worcester, Mass. Clark University Press. 1933.
PEIPER, A.: Unreife und Lebensschwäche. Leipzig 1937.
— Mschr. Kinderheilk. **64**, 385 (1936); **69**, 327 (1937); **71**, 448 (1937); **77**, 146 (1939).
Premier Congrès internat. de Psychiatr. infant. I. (Bedingte Reflexe). Lille 1937.

II. Der Saugvorgang (vgl. Bd. 1, S. 172 und Bd. 2, S. 116).

Mechanik des Saugvorganges. Da der Verlauf der Milchabsonderung bei der Frau noch nicht erforscht ist, können wir nur Tierbeobachtungen zum Vergleich heranziehen. Nach W. FLEISCHMANN wird die Milch bei der Kuh in zwei Phasen abgesondert: Die erste schließt sich an das Melken an; in ihr beginnt die Milchdrüse allmählich Milch abzusondern, bis sie bei stärkerer Füllung der Hohlräume ihre Tätigkeit langsam wieder einstellt. Die zweite Phase fällt in die Melkzeit; in deren Verlauf wird die Milch kurz, aber stürmisch abgesondert. Von den beiden Phasen, in denen etwa gleich große Milchmengen gebildet werden, dauert die eine etwa 10—15 Minuten, die andere 8 oder 12 Stunden. W. FLEISCHMANNs Zweiphasentheorie ist durch Tierversuche gut gestützt. Daß beim Menschen die Milchbildung in ähnlicher Weise in zwei Phasen verläuft, ist wahrscheinlich.

Der Austritt der Milch aus der Brustdrüse ist zum Teil eine Leistung der Mutter. Sekretionsdruck der Milch, unbedingte und bedingte Reflexe der Milchbildung und -entleerung treiben mehr oder weniger auch ohne das Saugen des Kindes die Milch vorwärts. Diese kann daher bereits abtropfen, sobald die Mutter an ihr Kind denkt oder sobald es ihr zum Anlegen gebracht wird (bedingter Reflex). Wie PFAUNDLER beschreibt, hält der Milchaustritt, tropfenweise oder im Strahle, manchmal noch eine Zeitlang an, wenn man das trinkende Kind plötzlich von der mütterlichen Brust entfernt.

Der Säugling erfaßt mit Hilfe der Suchreflexe die Brustwarze und den Warzenhof und drückt dabei seinen Mund fest gegen die mütterliche Brust. Damit er während des Trinkens unbehindert atmen kann, hält die Mutter ihre Brust mit den Fingern von der Nase des Kindes zurück. Die Brustwarze und ein Teil des Warzenhofes werden im Munde des Kindes zu einem zapfenförmigen Gebilde umgeformt. Dieser „Saugzapfen" (WETZEL) steckt so tief in der Mundhöhle, daß er durch den

Kieferschluß zusammengepreßt wird. Allerdings berührt ihn der Zahnfleischwall des Unterkiefers nicht unmittelbar; dieser drückt vielmehr die Zunge, die sich etwas vorstreckt und muldenförmig aushöhlt, mit ihrer Oberseite gegen die Unterseite des Saugzapfens. Gleichzeitig wird die Mundhöhle durch die Lippen, die sich etwas nach außen umstülpen, abgedichtet.

Die Saugbewegung erfolgt in zwei Abschnitten:

Das Hauptkennzeichen des ersten Abschnittes ist die Senkung des Unterkiefers. Hierdurch entsteht ein luftverdünnter Raum in der Mundhöhle, der die — vielleicht sich erigierende — Brustwarze tiefer in die Mundhöhle und die Milch in die Milchsäckchen und Milchgänge hineinsaugt. Die Zungenspitze bewegt sich in diesem Abschnitte vorwärts. Ob schon jetzt Milch aus der Brustdrüse in die Mundhöhle übertritt, ist nicht sicher festgestellt. Möglich wäre, daß ein derartiger Übertritt manchmal stattfindet und manchmal nicht.

Im zweiten Abschnitt macht der Unterkiefer die entgegengesetzte Bewegung: er hebt sich und preßt die vorgestreckte Zunge gegen die zurückweichende Brustwarze, deren Tonus jetzt nachläßt, und diese gegen den Oberkiefer. Die beiden Kiefer klappen nicht zangenförmig zusammen, vielmehr steht der Unterkiefer gegen den Oberkiefer etwas zurück. Während die Zungenspitze vom Unterkiefer gegen die Brustwarze gedrückt wird, zieht sie sich zurück, sie macht also an der Brustwarze von unten her eine Melk- oder Ausstreichbewegung. Die Lippen unterstützen wohl das Ausdrücken der Brustwarze, doch ist der von ihnen ausgeübte Druck gering. In diesem Saugabschnitt tritt Milch aus der Brust in die Mundhöhle.

Flaschentrinken. Wie das Trinken an der Brust ist auch das Flaschentrinken nur zum Teil ein richtiges Saugen. Nach Pfaundler kann man aus der Brust durch reines, ununterbrochenes Saugen beträchtliche Milchmengen gewinnen, da die Brustdrüse nachgiebige Wände hat. Versieht man dagegen die Flasche mit einem starren Ansatz, so erhält der Erwachsene durch reines Saugen nur wenig Flüssigkeit. Erst wenn durch die Öffnung im Ansatz Luftperlen einströmen und sich, durch die Flüssigkeitsschicht aufsteigend, mit der Luftblase am Flaschenboden vereinen, gelingt es wieder, einige Kubikzentimeter zu gewinnen. Der ganze Vorgang wird aber durch Verwendung eines nachgiebigen Saugers wesentlich vereinfacht: Dieser wird nämlich durch Kiefer- und Lippenschluß unter Mitarbeit der Zunge zusammengedrückt. Während der Kieferöffnung sucht sich der druckentlastete Gummi wieder auszudehnen und saugt dabei Luft aus der Mundhöhle in die Flasche. So ist der Gummihut ein wahrer „Sauger"; dagegen spielt die Saugbewegung, die an ihm geübt wird, nur eine untergeordnete Rolle (Pfaundler).

Der Säugling hat die Fähigkeit, sich unter Umständen auf ganz bestimmte Entleerungsformen einzustellen. So ist bei Wolfsrachen ein echtes Saugen unmöglich, ohne daß dadurch das Trinken an der Brust oder aus der Flasche verhindert würde. In diesem Falle wird die Milch aus der Flasche durch das Zusammendrücken des Saugers zwischen den Kiefern gewonnen (Harnapp). Andererseits kann der Säugling Brust und Flasche unter Umständen entleeren, die jede Druckwirkung ausschließen (Saughütchen auf gläsernem Ansatz, starrer Sauger aus Bein, Holz, Glas usw.) (Pfaundler).

Schluckbewegung. Wenn der Säugling regelmäßig und ohne Unterbrechung saugt und atmet, brauchen die Schluckbewegungen den Rhythmus nicht zu stören, vielmehr schluckt das Kind dann immer nur in der äußerst kurzen Pause, in der die Atemphase wechselt, d. h. die Ausatmung in die Einatmung oder umgekehrt die Einatmung in die Ausatmung übergeht. Die Nahrung versperrt beim Säugling den Kehlkopfeingang nur 0,15 Sekunden lang, während der Erwachsene, um zu schlucken, seine Atmung 1,5 Sekunden lang unterbrechen muß. Der Säugling atmet und schluckt also nicht völlig gleichzeitig, wie Hasse angenommen hat, sondern nacheinander (Hofmann und Peiper).

Das Zusammenspiel zwischen Saugzentrum und Atemzentrum ist nur zu beurteilen, wenn sich das Kind in völliger Ruhe befindet. Bewegungen, wie sie sich oft einstellen, verzerren das Bild bis zur Unkenntlichkeit.

Der gesunde Säugling atmet in der Ruhe etwa 35—45mal in der Minute, der Neugeborene noch etwas häufiger (Bd. 1, S. 14). Die Saugbewegungen erfolgen in der Minute 60—96mal, und zwar sind die niedrigen Werte häufiger als die hohen. Während der Nahrungsaufnahme entwickelt sich über kurz oder lang ein festes Verhältnis zwischen den Saug- und den Atembewegungen. Am häufigsten entfällt eine Saugbewegung auf eine Atembewegung, das Verhältnis kann aber auch 2:1, ausnahmsweise 3:1 betragen. Das Zusammenspiel wird dadurch erreicht, daß das Saugzentrum dem Atemzentrum seinen Rhythmus aufzwingt. Beim gesunden Kinde erhöht der Sieg des Saugzentrums über das Atemzentrum die Atemzahl. Er erniedrigt sie dagegen, wenn der Säugling an einer Lungenentzündung leidet; denn bei dieser Krankheit steigt die Atemzahl auf 60—80, seltener 100—120, ausnahmsweise auf 150, während die Zahl der Saugbewegungen unverändert bleibt. Die Überlegenheit des Saugzentrums über das Atemzentrum erklärt sich daraus, daß das Saugzentrum entwicklungs- und stammesgeschichtlich jünger ist. Ältere Zentren hängen in ihrer Tätigkeit von den jüngeren ab (Bd. 2, S. 115).

Bei Säuglingen mit Lungenentzündung oder Ernährungsstörung kommt es häufiger, bei gesunden Kindern seltener zu einer Saugstörung, bei der Stärke und Dauer des Erregungszustandes des Saugzentrums und — abhängig hiervon — die Einflüsse des Saugzentrums auf das Atemzentrum hin und her schwanken. Es lassen sich drei verschiedene Erregungsstufen des Saugzentrums unterscheiden: Die stärkste Erregung geht mit einer Hemmung, die mittlere mit einer Führung der Atmung einher, während die schwächste Erregung die Atmung unbeeinflußt läßt (Block zwischen Saugzentrum und Atemzentrum). Die Fähigkeit des Saugzentrums, das Atemzentrum zu führen, ist angeboren.

Periodische Saugbewegungen entstehen, wenn die nervöse Energie erlahmt, so bei reifen Säuglingen am Ende der Mahlzeit oder während schwerer Krankheit, bei unreifen oft von Anfang an (zentrale Saugschwäche). Es treten dabei Gruppen von 4—8 oder mehr Saugbewegungen auf, die durch Saugstillstände voneinander getrennt sind. Bei reifen, gesunden Säuglingen wird die Atmung durch die periodischen Saugbewegungen kaum beeinflußt; bei unreifen Säuglingen und bei reifen, die an Lungenentzündung leiden, kommt es häufig zu einer Pendelinduktion, bei der abwechselnd gesogen und geatmet wird. Wenn die nervöse Energie noch nicht oder nicht mehr für die gleichzeitige Tätigkeit der beiden lebenswichtigen Zentren ausreicht, so wechseln diese sich in ihrer Tätigkeit ab. Die Pendelinduktion kommt dadurch zustande, daß die periodisch auftretenden Saugbewegungen jedesmal die Atmung hemmen; sie können sie auch nur verlangsamen.

Die Saugstörung hat vieles mit der anderen zentralen Rhythmusstörung des Säuglings, der Atemstörung (Bd. 2, S. 115), gemeinsam: Beide Erkrankungen begünstigen das Entstehen von Perioden, die in gegenseitigem Wechsel als Pendelinduktion auftreten können. Beide Störungen entstehen bei unreifen Kindern durch die Unreife lebenswichtiger Zentren, bei reifen, aber kranken Säuglingen durch eine entsprechende Schädigung.

Literatur.

Fleischmann, W.: Das Molkereiwesen. Braunschweig 1876.

Harnapp, G. O.: Jb. Kinderheilk. **140**, 31 (1933).

Peiper, A.: Erg. inn. Med. **50**, 527 (1936) (Lit.).

— Jb. Kinderheilk. **149**, 201 (1937).

— Mschr. Kinderheilk. **75**, 78 (1938).

— Pflügers Arch. **240**, 312 (1938). Weitere Arbeit erscheint später.

Peiper, A. u. E. Hofmann: Klin. Wschr. **1935 II**, 1723.

Pfaundler, M. v.: Bl. Sglgsfürs. **8**, 33 (1916).

Wetzel, G.: In Peter, Wetzel und Heiderichs Handbuch der Anatomie des Kindes, Bd. 1, S. 635. München 1938.

Gesamtsachverzeichnis zu den Bänden I—III.

GPSR Compliance

The European Union's (EU) General Product Safety Regulation (GPSR) is a set of rules that requires consumer products to be safe and our obligations to ensure this.

If you have any concerns about our products, you can contact us on ProductSafety@springernature.com

In case Publisher is established outside the EU, the EU authorized representative is:

Springer Nature Customer Service Center GmbH
Europaplatz 3
69115 Heidelberg, Germany

Batch number: 10682323

Printed by Printforce, the Netherlands